➤ 激光与原子能、半导体、计算机并称为 20 世纪新四大发明。激光技术是促进产业技术升级，驱动高端装备制造、新一代电子信息、生物医药等战略性新兴产业发展的"国之重器"和"动力源泉"。

➤ 光纤激光器在器件结构、设计集成、输出性能等方面均比传统固体激光器更加紧凑、高效、稳定，展现出显著的应用优势，已成为当前从基础科学研究到广泛工业应用极富竞争力的高性能激光光源。

➤ 光纤放大器利用掺入玻璃光纤的激活离子作为增益介质，在泵浦光的激发下实现光信号放大。工作波长为 1.5 μm 的掺铒光纤放大器 (EDFA) 是当前光纤通信系统的核心器件。

有源光纤与光纤激光

张勤远　王伟超　著

科学出版社

北　京

内 容 简 介

本书围绕有源光纤、光纤激光器与光纤放大器，简明阐述和研讨其基本原理、典型特征及其应用与发展。全书分为三篇，共十四章。第一篇专注于有源光纤与光纤激光基础，简要介绍光致发光、受激辐射与激光、光纤激光器与光纤放大器基本原理、激光增益介质概况。第二篇致力于研讨有源光纤的制备、特性、应用与发展。第三篇专注于光纤激光器与光纤放大器，着重研讨各类型石英玻璃光纤激光器和特种玻璃光纤激光器的典型特征、研究现状与应用、面临挑战与未来发展。

本书可作为物理、光电技术、材料科学等相关领域的教学和科研参考用书。

图书在版编目（CIP）数据

有源光纤与光纤激光 / 张勤远，王伟超著. ——北京：科学出版社，2023.6

ISBN 978-7-03-075680-0

Ⅰ. ①有⋯ Ⅱ. ①张⋯ ②王⋯ Ⅲ. ①光纤器件–激光器 Ⅳ. ①TN248

中国国家版本馆 CIP 数据核字（2023）第 102164 号

责任编辑：牛宇锋 / 责任校对：王 瑞
责任印制：师艳茹 / 封面设计：蓝正设计

科 学 出 版 社 出版

北京东黄城根北街 16 号
邮政编码：100717
http://www.sciencep.com

北京通州皇家印刷厂 印刷

科学出版社发行　各地新华书店经销

*

2023 年 6 月第 一 版　开本：720×1000　1/16
2023 年 6 月第一次印刷　印张：29 1/2　插页：4
字数：577 000

定价：238.00 元

（如有印装质量问题，我社负责调换）

前　　言

　　激光与原子能、半导体、计算机并称为 20 世纪新四大发明。激光和光纤的发明极大地促进了信息技术革命，给人类现代生活和生产实践带来了深刻变革。特别是，20 世纪 80 年代中后期，随着掺杂光纤制备技术和半导体激光器的日趋成熟，光纤激光器在激光输出功率与效率、激光波长与调谐范围等方面均取得了重大进展。光纤激光器凭借其特殊的光波导结构，以掺杂有源光纤为核心增益介质，在器件结构、设计集成、热管理、输出性能等方面均比传统固体激光器更加紧凑、简单、高效、稳定，展现出极其显著的应用优势。在过去的数十年间，光纤激光器实现了跨越式发展，成为当前从基础科学研究到广泛工业应用极富竞争力的高性能激光光源。当前，光纤激光器已在通信、传感、激光加工、激光医疗等领域占据重要地位并迅速向其他更为广阔的激光应用领域扩展。特别是近年来，光纤激光器在引力波探测、地球磁力探测、大功率激光武器、卫星激光通信等科学前沿与国家安全领域不可或缺。本书将围绕有源光纤与光纤激光基础问题，简明阐述和研讨有源光纤、光纤激光器与光纤放大器的基本特征、研究现状及其典型应用与发展。

　　本书共三篇十四章，重点介绍基本原理和概念，力求表述简单明了，尽量避免繁复的推导。

　　第一篇专注于有源光纤与光纤激光基础，简要介绍光致发光、受激辐射与激光、光纤激光器与光纤放大器基本原理、激光增益介质概况。

　　第二篇致力于研讨有源光纤，重点阐述石英玻璃有源光纤、特种激光玻璃有源光纤及新型有源光纤的制备、特性、应用与发展；研讨激光玻璃形成区的计算与实验、激光玻璃物理与光谱性质的计算与实验。此外，本篇还将探讨有源光纤的掺杂与浓度猝灭、除杂除水等关键基础问题。最后对本篇进行总结，并展望有源光纤面临的挑战与未来的发展方向。

　　第三篇着重于光纤激光器与光纤放大器，主要阐述石英玻璃光纤激光器和各类型特种玻璃光纤激光器的典型特征、研究现状与应用发展；介绍稀土掺杂光纤放大器与过渡金属掺杂超宽带光纤放大器及其发展与应用。最后简要总结本篇要点，为光纤激光器与光纤放大器的后续研究提供借鉴。

　　非常荣幸地与业界同仁分享我们的所学、所思和所为。期望本书的出版能够激发更多丰富卓越的思维和研究方式，以及更多探讨有源光纤与光纤激光的研究兴趣。书中许多观点尚属一己之见，有些表述也不尽准确和完备，有待继续验证和完善，敬请读者不吝赐教。书中引证了国内外诸多专家学者的研究成果，有些不及面询允肯，敬请海涵。

作者由衷地感谢许多业界同仁及师长的关怀、鼓励和支持。特别感谢华南理工大学光通信材料研究所杨中民教授、徐善辉教授、陈东丹副教授等同事的大力支持，感谢团队董双丽、姬瑶、肖永宝、段太宇、万杰、贾延琪等同学在本书撰稿过程中的付出。

感谢国家自然科学基金对相关研究工作的资助。

再次向为本书出版付出辛勤努力的所有人表示诚挚的谢意！

作　者

2022 年 6 月

目　　录

第三篇　光纤激光器与光纤放大器

常用术语缩略语表

A(acceptor or activator)　　　　　　　　　　　受主或激活剂

ADL(aerodynamic levitation)　　　　　　　　　气动悬浮技术

ASE(amplified spontaneous emission)　　　　　放大自发辐射

BDFA(bismuth-doped fiber amplifier)　　　　　掺铋光纤放大器

BET(back energy transfer)　　　　　　　　　　反向能量传递

CR(cross relaxation)　　　　　　　　　　　　　交叉弛豫

CTE(coefficient of thermal expansion)　　　　热膨胀系数

CTS(charge transfer state)　　　　　　　　　　电荷迁移态

CUC(cooperative upconversion)　　　　　　　　合作上转换

CVD(chemical vapor deposition)　　　　　　　化学气相沉积

D(donor)　　　　　　　　　　　　　　　　　　施主

DBR(distributed Bragg reflector)　　　　　　　分布布拉格反射

DC(double-cladding)　　　　　　　　　　　　双包层

DFB(distributed feed-back)　　　　　　　　　　分布反馈

DWDM(dense wavelength division multiplexing)　密集波分复用

EDF(erbium-doped fiber)　　　　　　　　　　　掺铒光纤

EDFA(erbium-doped fiber amplifier)　　　　　　掺铒光纤放大器

EDFL(erbium-doped fiber laser)　　　　　　　　掺铒光纤激光器

EDTFA(erbium-doped tellurite fiber amplifier)　掺铒碲酸盐光纤放大器

EDX(energy dispersive X-ray)　　　　　　　　　能量色散 X 射线

EM(energy migration)　　　　　　　　　　　　能量迁移

ESA(excited state absorption)　　　　　　　　激发态吸收

ET (energy transfer)　　　　　　　　　　　　　能量传递

ETU(energy transfer upconversion)　　　　　　能量传递上转换

EXAFS(extended X-ray absorption fine structure)　扩展的 X 射线吸收精细结构

FBG(fiber Bragg grating)　　　　　　　　　　光纤布拉格光栅

FMF(few mode fiber)　　　　　　　　　　　　少模光纤

FRA(fiber Raman amplifier)　　　　　　　　　光纤拉曼放大器

FSR(free spectral range)　　　　　　　　　　自由光谱范围

FWHM(full width at half maximum) 半高宽

GC(glass-ceramic) 微晶玻璃

GFR(glass forming region) 玻璃形成区

GSA(ground state absorption) 基态吸收

GS-EDFA(gain-shifted EDFA) 增益平移掺铒光纤放大器

GS-TDFA(gain-shifted TDFA) 增益平移掺铥光纤放大器

HDFL(holmium-doped fiber laser) 掺钬光纤激光器

HMF(heavy metal fluoride) 重金属氟化物

HPCVD(high pressure chemical vapor deposition) 高压化学气相沉积

HRR-FFL(high repetition rate femtosecond fiber laser) 高重频飞秒光纤激光器

IR(infrared) 红外

LD(laser diode) 激光二极管

LiDAR(light detection and ranging) 激光雷达

LMA(large mode area) 大模场面积

MCF(multi core fiber) 多芯光纤

MCVD(modified chemical vapor deposition) 改进的化学气相沉积

MIR(mid infrared) 中红外

MOF(microstructured optical fiber) 微结构光纤

MOPA(master oscillator power amplifier) 主振荡功率放大器

MPR(multi-phonon relaxation) 多声子弛豫

NA(numerical aperture) 数值孔径

NDFL(neodymium-doped fiber laser) 掺钕光纤激光器

NIR(near infrared) 近红外

NL-SFL(narrow linewidth single-frequency fiber laser) 窄线宽单频光纤激光器

NP(nanoparticle) 纳米颗粒

NR(nonradiative transition) 非辐射跃迁(无辐射跃迁)

OTDRs(optical time domain reflectometers) 光学时域反射计

OVD(outside vapor deposition) 外部气相沉积

PAET(phonon-assisted energy transfer) 声子辅助能量传递

PAMF(pressure assisted melt filling) 压力辅助熔体填充

PCF(photonic crystal fiber) 光子晶体光纤

PDFA(praseodymium-doped fiber amplifier) 掺镨光纤放大器

PER(polarization extinction ratio) 偏振消光比

PIFL(pump-gain integrated fiber laser) 泵浦增益一体化光纤激光器

PM-WDM(polarization maintaining WDM) 保偏波分复用

QD (quantum dot)	量子点
QE(quantum efficiency)	量子效率
RFA(Raman fiber amplifier)	拉曼光纤放大器
RIN(relative intensity noise)	相对强度噪声
S(sensitizer)	敏化剂
SBS(stimulated Brillouin scattering)	受激布里渊散射
SC(super continuum)	超连续谱
SDM(space division multiplexing)	空分复用
SESAM(semiconductor saturable absorber mirror)	半导体可饱和吸收镜
SHG(second harmonic generation)	二次谐波产生
SNR(signal-to-noise ratio)	信噪比
SOA(semiconductor optical amplifier)	半导体光放大器
TDFA(thulium-doped fiber amplifier)	掺铥光纤放大器
TDFL(thulium-doped fiber laser)	掺铥光纤激光器
UC(upconversion)	上转换
UV(ultra violet)	紫外
Vis(visible)	可见
WDM(wavelength division multiplexing)	波分复用
WGM(whispering gallery mode)	回音壁模式
XRD(X-ray diffraction)	X 射线衍射
YDFL(ytterbium-doped fiber laser)	掺镱光纤激光器
ZBLAN(ZrF_4-BaF_2-LaF_3-AlF_3-NaF)	氟锆酸盐玻璃
d-d (dipole-dipole interaction)	电偶极-电偶极相互作用
d-q (dipole-quadrapole interaction)	电偶极-电四极相互作用
q-q (quadrapole-quadrapole interaction)	电四极-电四极相互作用
T_g	玻璃化转变温度

第一篇　有源光纤与光纤激光概述

第1章 本篇绪论

■ 稀土掺杂光纤激光器在器件结构、设计集成、热管理、输出性能等方面均比传统固体激光器更加紧凑、简单、高效、稳定，展现出显著的应用优势，已成为当前从基础科学研究到广泛工业应用极富竞争力的高性能激光光源。

■ 掺杂光纤放大器利用稀土掺杂石英玻璃光纤或特种玻璃光纤作为增益介质，在泵浦光的激发下实现光信号的放大，光纤放大器的特性主要由掺杂元素决定。工作波长为 1.5 μm 的掺铒光纤放大器(EDFA)是目前光纤通信系统核心器件之一。

■ 有源光纤是光纤激光器和光纤放大器的核心增益介质，从根本上决定了器件的性能和应用潜力。有源光纤主要包括石英玻璃有源光纤、特种玻璃有源光纤和新型有源光纤。

■ 石英玻璃光纤具有物理与化学性能稳定、机械强度高、损耗低、抗损伤阈值高、易于加工与制造、工艺成熟等优点，是目前光纤通信系统、低损耗光纤放大器和大功率光纤激光器的首选。

■ 特种玻璃光纤具有稀土离子溶解度高、声子能量可控、折射率可调、发光效率高、发射带宽可调等优势，可望成为新一代光纤通信、高性能光纤激光与光纤传感器等的重要候选。

1.1 内容概览

开篇第 1 章简要介绍光纤激光器、光纤放大器与有源光纤的发展与应用。第 2 章介绍有源光纤与光纤激光基础，主要包括光致发光基础、受激辐射与激光基础、光纤激光器基本原理、光纤放大器基本原理以及激光增益介质概况。第 3 章简要总结本篇要点，给出有源光纤与光纤激光面临的挑战与发展。

1.2 研究进展

激光与原子能、半导体、计算机并称为 20 世纪新四大发明，是促进产业技术升级，驱动高端装备制造、新一代电子信息、生物医药等战略性新兴产业发展的"国之重器"和"动力源泉"。

　　1960 年梅曼(Maiman)发明了第一台红宝石激光器，开启了激光科学技术研究与应用发展的新篇章。随后，各类激光器相继问世，包括氦氖激光器、砷化镓半导体激光器等，极大地推动了激光科学与技术的迅速发展。按工作介质分，激光器可分为固体激光器、气体激光器、半导体激光器和染料激光器四大类，近年来还发展了自由电子激光器。

　　20 世纪 80 年代中后期，随着掺杂光纤制备技术和半导体激光器的日益成熟，光纤激光器研究与应用取得了重大进展，光纤激光器在输出功率与效率、输出波长与调谐范围等方面均显著提高。以稀土元素掺杂的有源光纤作为增益介质构造光纤激光器，在器件结构、设计集成、输出性能上比传统固体激光器更加紧凑、简单、高效、稳定。光纤激光器凭借其特殊的光波导结构，在热管理、光束质量控制以及系统集成性和稳定性等方面相对传统激光器展现出显著的应用优势，在过去的数十年间实现了跨越式发展，成为当前从基础科学研究到广泛工业应用极富竞争力的高性能激光光源。

1.2.1　光纤激光器进展

　　1961 年，美国光学公司采用氙灯泵浦掺 Nd^{3+} 玻璃棒实现了激光输出，为光纤激光器的诞生奠定了基础[1]。三年后，他们演示了世界上首台光纤激光器，即掺 Nd^{3+} 钡冕玻璃光纤激光器，拉开了光纤激光器的研究序幕[2]。此后的很长一段时间内，光纤激光器发展缓慢甚至停滞不前，其原因主要是受当时光纤制备工艺技术不成熟和缺乏半导体二极管泵浦源的限制。当时的半导体激光器泵浦源不能在室温下长时间连续工作，使得光纤激光器和光纤放大器难以投入实际应用。直到 20 世纪 80 年代中期，随着光纤通信的迫切需求和快速发展，光纤制备工艺和半导体技术日趋成熟，特别是采用改进的化学气相沉积(MCVD)法制备低损耗石英玻璃光纤(也称石英光纤)之后，光纤激光器与放大器才进入了高速发展时期。石英光纤一般是由掺杂石英玻璃纤芯和石英玻璃包层组成的光纤，具有机械强度高、弯曲性能好以及很容易与光源耦合等优点，广泛用于商用光纤激光器。1985 年起，英国南安普敦大学在石英光纤的纤芯中掺杂各种稀土元素，实现了不同波段的光纤激光输出[3-10]。然而，由于当时一些客观条件的制约，如制备的光纤为单包层结构，很难将泵浦光高效耦合到光纤纤芯，并且泵浦源昂贵且输出功率和耦合效率低，严重阻碍了光纤激光器功率的提高。因此，当时的光纤激光器被认为只能是一种低功率的光学器件。直到 20 世纪 80 年代末，双包层石英光纤的发明结束了光纤激光器小功率输出的历史。之后，双包层光纤广泛应用于大功率光纤激光器，并且获得了千瓦甚至万瓦量级的高功率激光输出[11]。随着高功率半导体泵浦源的商业化和光纤制备工艺技术的日益成熟，以及双包层和微结构光纤等新型光纤结构设计、包层泵浦和激光合束等技术及其相关理论研究的快速发展与实际应用需求的驱动，光纤激光器在高功率、高效率、新波段等方向迅猛发展[3,9-11]。此外，通过设计新型光纤结构、优化光纤参数以及利用调 Q、锁模、功率放大等激光技术，光纤激光器还可以实现极高光学品质的超窄线宽单频激光输出、超短脉冲超高重频飞秒激光输出等。

21 世纪以来，研究者已经基于稀土离子掺杂有源光纤将光纤激光器的发射波长范围从紫外、可见光波段拓展到远红外至近中红外波段[12]。图 1-1 给出了近中红外稀土掺杂光纤激光器研究进展示意图，同时，表 1-1 列出了相关代表性成果的增益介质和激光特性参数[13-32]。具有代表性的近红外-中红外光纤激光器包括：发射波长为 0.9～1.1 μm 的 1 μm 光纤激光器，发射波长为 1.5 μm 的 1.5 μm 光纤激光器，发射波长为 1.9～2.5 μm 的 2 μm 光纤激光器，发射波长为 2.7～3.1 μm 的 3 μm 光纤激光器。这些不同波段的激光输出是通过在有源光纤纤芯中掺入不同的稀土离子实现的，主要包括钕(Nd^{3+})、镱(Yb^{3+})、铒(Er^{3+})、铥(Tm^{3+})、钬(Ho^{3+})、镝(Dy^{3+})、铈(Ce^{3+})、铽(Tb^{3+})等。

掺 Yb^{3+} 石英光纤激光器是目前平均输出功率最高的光纤激光器，具有可匹配商用大功率激光二极管(LD)吸收带和较低的量子亏损等优点。在过去 30 多年里，掺 Yb^{3+} 石英光纤激光器的输出功率从几瓦成倍增长到工业级的 100 kW[13]。Yb^{3+}、Nd^{3+} 和 Er^{3+} 掺杂光纤激光器在高功率激光器和飞秒光源的应用上也都取得了巨大成功[14]。将工作波长从传统的通信窗口扩展到近中红外区域，可以为科学探索和技

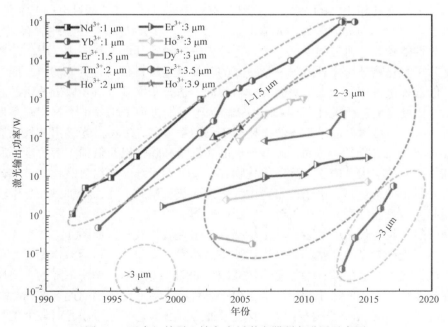

图 1-1　近中红外稀土掺杂光纤激光器研究进展示意图

表 1-1　近中红外光纤激光器的增益介质和激光特性参数

发射波长/μm	稀土离子	有源光纤	输出功率/W	斜率效率/%	年份	文献
1	Yb^{3+}	石英玻璃光纤	100000	35.4	2013	[13]
1.5	Er^{3+}	石英玻璃光纤	297	19 和 40	2007	[22]
2	Tm^{3+}	石英玻璃光纤	约 1050	53.2	2010	[23]
2.1	Ho^{3+}	石英玻璃光纤	约 140	55	2012	[24]
2.3	Tm^{3+}	氟化物玻璃光纤	1.24	37	2020	[25]
2.8	Er^{3+}	氟化物玻璃光纤	41.6	22.9	2018	[26]
2.86	Ho^{3+}	氟化物玻璃光纤	3.4	20.9	2014	[27]
3.24	Dy^{3+}	氟化物玻璃光纤	10.1	58	2019	[28]
3.55	Er^{3+}	氟化物玻璃光纤	5.6	26.4	2017	[29]
3.92	Ho^{3+}	氟化物玻璃光纤	约 0.2	10.2	2018	[30]
5.14/5.17/5.28	Ce^{3+}	硫系玻璃光纤	$<10^{-4}$	—	2021	[31]
5.38	Tb^{3+}	硫系玻璃光纤	$<10^{-5}$	—	2021	[32]

术进步提供巨大机会。在探索新型近中红外波段掺稀土玻璃、有源光纤和光纤激光的过程中，寻找具有高效发光和足够强度的玻璃基质是目前面临的主要挑战[15-17]。与石英玻璃光纤相比，氟化物玻璃光纤具有声子能量低、红外透过范围宽等优点，适合于实现 2～3 μm 波段的激光输出[18]。然而，氟化物玻璃存在一些固有缺点，如物化性能较差、机械强度低、原料毒性大等，导致其性能和应用受限。硫系玻璃是除了氟化物玻璃之外的另一种重要的红外透过材料，具有更低的声子能量、更宽的红外透过范围、大的吸收和发射截面，适合于实现 3 μm 以上波段的激光输出，因此受到广泛关注[19,20]。南安普敦大学早期报道了 1 μm 掺 Nd^{3+} 硫系玻璃光纤，俄罗斯科学院通过制备低损耗掺 Tb^{3+} 硫系玻璃光纤将激光输出波长拓展到中红外 5.38 μm[21,32]。然而，硫系玻璃的高毒性和脆性以及低稀土溶解度不利于中红外激光的输出及应用。除了氟化物和硫系玻璃光纤，多组分氧化物玻璃光纤由于其稀土掺杂量高、声子能量适中等优点而获得格外关注，特别是在近中红外单频和高重频光纤激光器中得到了广泛研究与应用。

　　一般，长波长波段的激光输出功率远小于短波长波段，如图 1-1 和表 1-1 所示。当把光纤激光器产生的最大连续波输出功率以发射波长为函数作图时，可以看到最大输出功率随波长增加呈指数衰减，如图 1-2 所示。功率下降的主要原因是在长波长处激光的量子亏损增加。由于光纤激光器通常采用商用 808 nm 和/或 980 nm 半导体激光器作为泵浦源，这种泵浦方式在获得长波段激光时较大的量子亏损产生的热造成了泵浦光的严重损失，因此发展高效的、更长波段的泵浦源和选择更合适的激光跃迁有望有效降低光纤激光器的量子亏损并改善激光输出性能。激光跃迁级联，即单个泵浦光子激发后多个跃迁同时发射激光，可以实现更高的光-光转换效率，有利于减少热负荷以及改善功率扩展的更长波长跃迁。例如，在 1.15 μm 二极管泵浦下，利用 Ho^{3+} 的 2.9 μm 和 2.1 μm 跃迁级联激光，可以实现输出功率为瓦量级的 3 μm 光纤激光[33]。

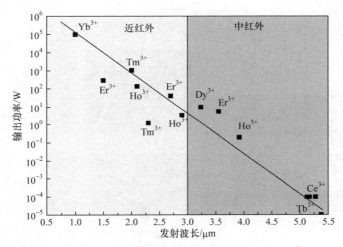

图 1-2 近中红外光纤激光器的发射波长和输出功率关系曲线

图 1-3 给出了一些典型的光纤激光器应用示意图。光纤激光器在光纤通信、光纤传感、临床医学、国防军工等领域具有广泛应用。特别地，2~3 μm 波段近中红外激光比传统的 1 μm 激光安全性更高，弥补了可见光和远红外之间的光谱间隙，在激光雷达(LiDAR)、无损医疗手术和诊断、材料加工、自由空间通信、大气污染监测、国防军事(如红外对抗、目标指示)等领域具有广阔的应用前景和巨大的商业价值[34]。近中红外波段激光的独特性还体现在具有与 H_2O、CO_2 和 CH_4 等大气分子相匹配的吸收带，该区域也被称为"指纹区"，如图 1-4 所示。一般，波长大于 1.4 μm 的激光被称为"人眼安全"激光，这是因为该波段激光在照射到对光非常敏感的视网膜之前就已经基本被眼角膜和晶状体完全吸收，因而对人眼危害较小。在医疗领域，由于该波段激光具有手术精度高、安全性好、穿透深度浅、创面小、止血性好等优点，可以和内窥镜同时使用而被誉为"最精确的手术刀"，广泛用于骨科、消化科、泌尿科、普外科和神经外科[35]。在材料加工领域，尤其是塑料和金属材料加工领域，2~3 μm 波段激光可以直接对材料进行加工而不需要额外添加任何吸收剂，因此优于其他波段的激光器。此外，它还可以监测空气中 10^{-6}(ppm)量级的有害气体，或用于相干多普勒雷达测量风切变和风速[36]。该波

段光纤激光器还可以为 3～5 μm 和 8～12 μm 可调谐光参量振荡器提供有效的泵浦源，而 3～5 μm 激光器在石油开采、天然气管道泄漏检测、温室气体检测等领域具有重要的民用价值。同时，2～3 μm 波段激光位于大气传输窗口(三个大气窗口分别位于 1～3 μm、3～5 μm 和 8～14 μm)之一，决定了其对大气和烟雾的穿透能力很强，传输损耗较小且保密性好。另一方面，因为材料的瑞利散射和波长的四次方成反比，所以以该波段激光作为新的通信波长能够大幅降低光纤损耗从而增加无中继通信距离[16]。在军事领域，红外制导导弹探测器的响应范围也在 3～5 μm，因而针对红外导引头的光电对抗系统迫切需要该波段激光光源[37]。

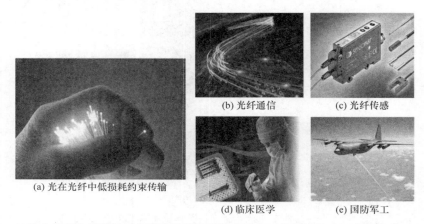

(a) 光在光纤中低损耗约束传输　(b) 光纤通信　(c) 光纤传感　(d) 临床医学　(e) 国防军工

图 1-3　(a)光在光纤中低损耗约束传输以及光纤激光器在(b)光纤通信、(c)光纤传感、(d)临床医学、(e)国防军工等领域的应用示意图

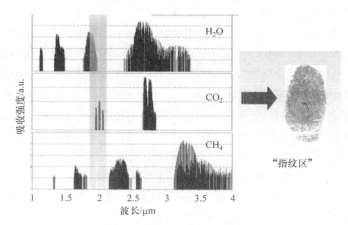

图 1-4　特定气体的吸收光谱和 "指纹区"

单频光纤激光器和高重频光纤激光器是两类非常重要的高性能光纤激光器。窄线宽单频光纤激光器(NL-SFL)因其激光线宽非常狭窄(可达 10^{-9} nm)、激光相干特性极其优异(相干长度可达数百公里)等优点,在超高精度和超远距离激光雷达、精密传感及超大容量光纤通信等领域具有极其广阔的应用前景和科学价值,如:①利用 NL-SFL 作为探测光源,能够实现数百公里精度小于 1 m 的探测,在超高精度和超远距离激光测距、多普勒激光测速雷达等方面有着强烈需求;②可以实现高精度远距离微弱信号的测量,使信号的测试灵敏度达到-100 dB(即百亿分之一),在引力波探测、电力系统电能损耗、石油天然气管道泄漏实时监测等方面应用前景广阔。高重频飞秒光纤激光器(HRR-FFL)则因作用时间短、刷新速度快、热扩散效应弱等优点,在超快测量、飞秒化学、强场物理学、生物医学、微纳加工等领域具有迫切与重大需求,是基础科学研究和工业加工领域的颠覆性技术,如:①在超快光学测量领域,HRR-FFL 能够同时实现超快的曝光时间(飞秒量级)和超高的刷新速度(吉赫兹量级),突破了传统低重频飞秒激光对光学测量速度的限制;②在材料微纳加工领域,HRR-FFL 是实现高速、无热损伤、精密激光微纳加工的关键,能极大提高微纳加工的质量和产能,是工业加工的革命性技术。

稀土离子掺杂的高增益玻璃光纤是 NL-SFL 和 HRR-FFL 的核心增益介质和关键科学难题。然而,目前有源玻璃光纤及其元器件主要以石英玻璃为核心工作介质,存在稀土离子掺杂量低、发光效率低、增益系数低等问题,严重制约着激光输出线宽、输出功率以及信噪比等。与石英玻璃相比,特种激光玻璃具备稀土离子掺杂量高、发光效率高、增益系数高、声子能量可调控等优势,可望成为新一代新型光纤激光器的核心工作介质。

1.2.2　光纤放大器进展

光信号在经过几十公里的石英光纤后会发生较大的衰减。最初,光信号的放大需要电子放大器,即光-电-光转换进行放大。而光纤放大器的发明使得直接对光信号进行在线放大成为可能。由于不需要经过光-电-光转换过程,从而使大范围、长距离光纤通信成为可能。光纤放大器的出现对建立全球电信网络至关重要。

1987 年,英国南安普敦大学报道了第一个掺铒光纤放大器(EDFA),这一重大突破被誉为"光纤通信中最伟大的发明之一"[5]。EDFA 的发明使得光信号可以"在线放大",从而有望进行长距离无损传输。随后十年内,第一条 EDFA 海底电缆也在美国和欧洲之间成功铺设。在此之前,普通的光缆最多只能传输 100 km,要想传输更远距离就必须采用昂贵的电子放大器。光纤放大器的发明成功扭转了这一局面,从而深刻改变了人类的生活和生产方式。

图 1-5 给出了光纤通信系统中各种波段及光纤放大器的适用范围。工作波长在 1.5 μm 的 EDFA 是目前最成熟的光纤放大器之一,此外其他新型光纤放大器包括增益平移掺铒光纤放大器(GS-EDFA)、掺铥光纤放大器(TDFA)、增益平移掺铥光纤放大器(GS-TDFA)、掺铒碲酸盐光纤放大器(EDTFA)、拉曼光纤放大器(RFA)、掺铋光

纤放大器(BDFA)等,将全波光纤的 C 波段扩展到 L 波段、S 波段,甚至扩展到整个 1.2～1.7 μm 的低损耗区域。在 EDFA 中,通过使用 1.48 μm 或 0.98 μm 波长的光泵浦,可以获得 1.55 μm 附近波长的受激发射引起的增益。EDFA 是紧凑、高效的设备,具有高增益和低噪声等优点。波分复用(WDM)技术允许将多个光信号组合成一个信号,以充分利用光通道的巨大带宽潜力。其基本原理是将光纤的巨大带宽划分为较低带宽的单个通道,从而实现低速多路接入。EDFA 的大增益带宽使密集波分复用(DWDM)系统的实现成为可能。在 DWDM 系统中,已经实现了兆比特/秒量级的数据速率。EDFA 工作在 C 波段(1530～1565 nm),而扩展波段 EDFA 可以提供 L 波段(1565～1625 nm)的增益。通过突破 S 波段(1480～1530 nm)和 S+波段(1430～1480 nm),可以扩展大多数光纤容量。早期的传输系统在 1310 nm 波段,可以延伸到 1280～1340 nm,也可以到 1400 nm 波段。可用的通信范围可以从 1270 nm 到 1650 nm,对应约 50 THz 的带宽,但目前这一范围的大部分 EDFA 都无法达到[38]。目前,在 WDM 和 DWDM 系统中,1550 nm 的 EDFA 已得到广泛应用。随着光纤网络和集成光学技术的迅速发展,如何扩大 DWDM 系统的容量并提高光纤放大器的带宽成为当前的科学难题。实际应用对光纤放大器从材料到器件都提出了更高效率、更小尺寸和更低成本的要求,进一步促进了许多新型光纤放大器的发展。通过采用新型非石英玻璃光纤和超宽带掺杂光纤放大器,极大地扩展了光纤通信系统的传输容量。光纤潜在的放大频带可以覆盖整个通信窗口,最高达 25 Tb/s。通过各种复用技术,单芯单模光纤的传输容量已经接近非线性香农传输极限 100 Tb/s。

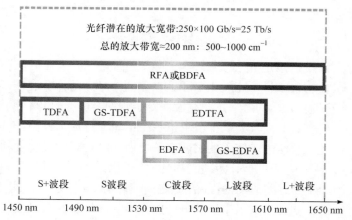

图 1-5　光纤通信系统中各种波段及光纤放大器的适用范围(见书后彩图)

1.2.3　有源光纤进展

　　有源光纤是光纤激光器和光纤放大器的核心增益介质,从根本上决定了光纤激光器和光纤放大器的性能和应用潜力。有源光纤主要包括石英玻璃有源光纤、特种玻璃有源光纤和新型有源光纤。石英光纤的基质材料为石英玻璃，特种玻璃光纤的基质材料则包括硅酸盐玻璃、磷酸盐玻璃、锗酸盐玻璃、碲酸盐玻璃以及非氧化物玻璃(如氟化物玻璃和硫系玻璃)等。此外，近年来还出现了一些新型有源玻璃光纤，如微晶玻璃有源光纤、过渡金属有源光纤、量子点有源光纤、微结构有源光纤等。不同玻璃组分或不同光纤结构的新型有源玻璃光纤的研究也极大地促进了各种光纤制备技术的快速发展，如各类型的气相沉积法、管棒法、双坩埚法、吮吸法、管内熔体法、堆叠法等。

有源光纤的基质材料从根本上决定了其应用范围及光纤激光的输出性能，不同的玻璃基质具有不同的物化和光学光谱特性，因此其所适合的激光波段也不同。例如，$1\sim1.5$ μm 波段稀土有源玻璃光纤的基质主要有石英玻璃和磷酸盐玻璃，石英玻璃光纤在产生该波段高功率激光输出方面具有显著优势，而磷酸盐玻璃光纤因高掺杂高增益特性在该波段单频和高重频激光输出等方面具有优势。2 μm 波段稀土有源玻璃光纤的基质主要包括石英玻璃和非石英多组分氧化物玻璃，如锗酸盐玻璃和碲酸盐玻璃等。3 μm 波段稀土有源玻璃光纤主要以氟化物玻璃为主，具有适中声子能量的锗酸盐玻璃和碲酸盐玻璃亦是极具前景的候选者。4 μm 波段以上稀土有源玻璃光纤的基质主要是硫系玻璃，氧化物玻璃则基本上无法应用。

玻璃基质的不同对稀土离子的光学光谱特性及激光特性的影响可以通过 Tm^{3+} 掺杂氟化物玻璃和石英玻璃为例进行比较说明。在氟化物玻璃中，$Tm^{3+}:^3F_4$ 能级的实验辐射寿命(11.1 ms)和理论辐射寿命(11.22 ms)非常接近，然而，石英玻璃中该能级的实验辐射寿命(0.42 ms)比理论辐射寿命(4.56 ms)则小了一个数量级，这是由石英玻璃的声子能量较大，其非辐射弛豫速率较高所致[39]。由于氟化物玻璃的最大声子能量只有石英玻璃的一半左右，其 $^3F_4$ 能级几乎不受无辐射猝灭的影响。对于 $^3H_4$ 能级，当 Tm^{3+} 浓度较高时，理论计算的氟化物玻璃中该能级的理论辐射寿命降低 78%，而石英玻璃中则降低了 97%。因此，Tm^{3+} 在石英玻璃中的猝灭更强。氟化物玻璃与石英玻璃的声子能量差异显著影响了稀土离子的弛豫，最终导致其激光性能的巨大差异。图 1-6 给出了掺 Tm^{3+} 氟化物玻璃光纤和石英玻璃光纤的斜率效率随光纤长度的变化。可见，氟化物玻璃光纤的斜率效率高于石英玻璃光纤，且两者间的差别随光纤长度的增加而增大。例如，石英玻璃光纤的最大斜率效率只有 18.82%，而氟化物玻璃光纤的最大斜率效率达 40.76%，是前者的 2 倍以上，而激光阈值比前者低 3 倍。此外，石英玻璃光纤的单位长度损耗吸收系数比氟化物玻璃光纤高 1.3 倍。氟化物玻璃在红外激光波长处的背景损耗低于石英玻璃，石英光纤基质材料的吸收始于 $1.8\sim1.9$ μm，而氟化物玻璃则远至红外。由于两种光纤的测试条件是相同的，所以激光性能的差异可归因于光纤材料本身。综上，氟化物玻璃光纤具有比石英玻璃光纤更高的斜率效率、更低的阈值和更低的红外损耗。

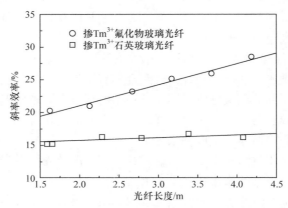

图 1-6　掺 Tm³⁺氟化物玻璃光纤和石英玻璃光纤的斜率效率随光纤长度的变化[39]

在实际应用中，还应考虑有源光纤的力学性能，如机械强度和断裂韧性，其由许多因素决定，如玻璃种类、玻璃成分、制备条件以及光纤中裂纹与缺陷的数量和分布[40]。光纤的抗弯强度可以通过两点弯曲法进行测试。弯曲数据取自一组光纤，然后绘制在韦布尔(Weibull)图中。每一段光纤可能具有不同的缺陷数量和不同的断裂强度，导致每个样品的最大应力值将不同，因此需要对强度数据进行统计分析，以确定平均强度。对失效数据的统计分析可获得光纤的失效概率(F)，一般采用最弱连接理论，即光纤在最弱处的统计随机点断裂获得累积失效概率。利用 Weibull 图可以描述光纤的累积失效概率，可以简单理解为光纤可以被安全弯曲的极限强度。反之，假定破坏强度的安全极限，也可以得到光纤的最小弯曲半径。图 1-7 为石英玻璃光纤、碲酸盐玻璃光纤、氟化物玻璃光纤和硫系玻璃光纤的 Weibull 图比较[40,41]。可以看到，石英玻璃光纤的抗弯强度最大(5 GPa)，其次是碲酸盐玻璃光纤(2 GPa)、氟化物玻璃光纤(0.15～1.5 GPa)和硫系玻璃光纤(0.7 GPa)。碲酸盐玻璃光纤的抗弯强度远小于石英玻璃光纤，归因于其较弱的力学性能。同样，硫系玻璃光纤的弹性模量(杨氏模量)远低于石英玻璃光纤，因此其抗弯强度也远低于后者。需要指出的是，光纤的拉伸强度通常小于弯曲强度，而在图 1-7(a)中，拉伸试验的测量长度相当短，因此在这种特殊情况下拉伸强度大于弯曲强度。光纤的失效本质上是一种统计结果，受光纤制备条件和后处理等影响。例如，应力或水的存在会使缺陷增大到一定尺寸，从而导致失效。在保护气氛下制备的光纤由于减少了水分的影响，所以比在空气气氛中拉制的光纤具有更高的强度。当光纤预制棒经过机械抛光或成型后受到化学腐蚀时，通过减少预制棒表面的缺陷和杂质，可以显著提高其强度。图 1-7(c)给出了氟化物玻璃光纤在不同环境气氛拉制和表面处理后的强度数据。A、B、C、D 分别代表具有氟乙烯丙烯包层的 ZBLYALi(ZrF₄-BaF₂-LaF₃-YF₃-AlF₃-LiF)氟化物玻璃光纤、干燥气氛下拉制的 ZBLYALi 氟化物玻璃光纤、NF₃/N₂ 气氛下拉制的 ZBLA(ZrF₄-BaF₂-LaF₃-AlF₃)

氟化物玻璃光纤、NF_3/N_2 气氛拉制的经 $ZrOCl_2$ 化学腐蚀的 ZBLA 氟化物玻璃光纤。一般而言，Weibull 模量(m 值)越高表明光纤中缺陷尺寸分布越窄。因此，在光纤表面涂覆具有良好机械保护的涂层会提高光纤的 m 值。在氟化物和硫系玻璃光纤中，得到双峰 Weibull 图，在这种情况下有两个斜率和两个不同的 m 值，初始斜率通常较小，其 Weibull 模量较小，这样的双斜率图表示缺陷尺寸的双峰分布，这样的光纤在实际应用中往往强度太弱或太脆。可以看出，A 和 B 玻璃光纤呈现两种低强度的 Weibull 分布，而 C 和 D 玻璃光纤呈现高强度的 Weibull 分布，表明气氛和后处理大幅提高了氟化物玻璃光纤的抗弯强度。

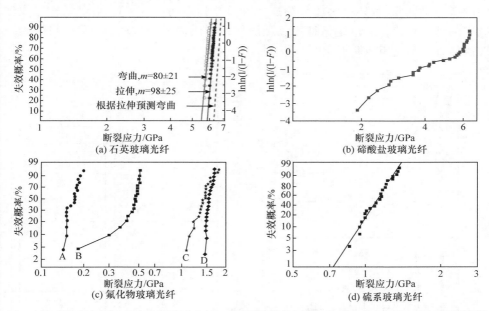

图 1-7　石英玻璃光纤、碲酸盐玻璃光纤、氟化物玻璃光纤和硫系玻璃光纤的 Weibull 图[40,41]

　　通常，光纤拉制必须满足以下三个基本条件：①纤芯的折射率大于包层玻璃，以确保光纤中发生全反射；②纤芯的热膨胀系数略大于包层，有利于纤芯与包层之间的气体完全排出，从而使两者紧密接触；③泵浦能量主要集中在纤芯区域，因此纤芯的软化温度应略高于包层，以利于提高激光诱导的损伤阈值。在大多数情况下，光纤的设计和制备只需要满足以上原则。但是，随着一些新型光纤的出现，预制棒的纤芯(包括玻璃、晶体、半导体和金属等)可能与包层截然不同。在这些情况下需要具备额外的特殊要求，例如至少一种光纤材料能够承受拉伸应力并持续且可控地变形，在黏性和固态时应表现出良好的附着力/润湿性，可以快速热冷却[42,43]。实际上，所有这些因素都与玻璃固有的黏度和玻璃形成能力有关。图 1-8(a)比较了各种玻璃典型的黏度-温度曲线，从该曲线可以确定光纤的工作温度范围，有助于确定预制棒拉制成光纤的难易度[17,44-46]。光纤预制棒挤压和光纤拉制所需的黏度范围分别在 $10^4 \sim 10^6$ dPa·s 和 $10^7 \sim 10^9$ dPa·s 之间，因此，根据此图可以确定出石英玻璃、磷酸盐玻璃、锗酸盐玻璃、碲酸盐玻璃、氟化物玻璃和硫系玻璃光纤等有源光纤的操作温度范围。考虑到玻璃的黏度和冷却速率密切相关，作者提出了一种黏度/冷却速率法，以揭示玻璃的结构特征和物理性能、玻璃形成和玻璃化转变之间的内在联系。根据对玻璃形成的热力学和动力学分析，可以得出玻璃熔体的临界冷却速率与其在熔点时的黏度存在反比例函数关系。此外，如图 1-8(b)、(c)所示，主要决定熔体黏度的因素包括化学键(如单键能、场强、电负性和空间占有率)、玻璃结构以及玻璃中的低共熔点。通过定量计算和预测玻璃形成能力和玻璃形成区，可以指导玻璃的理论研究和实际应用。

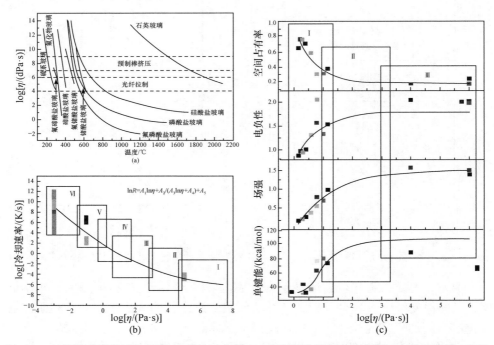

图 1-8　(a)几种玻璃典型的黏度-温度关系曲线；(b)玻璃形成的黏度和冷却速率关系曲线，Ⅰ区：由玻璃形成体组成三维网络结构，高黏度，自然冷却可成玻，Ⅱ区：三维网络结构向二维结构转变，黏度降低，自然冷却可成玻，Ⅲ区：二维网络结构向一维结构转变，黏度显著降低，鼓风冷却可成玻，Ⅳ区：孤岛状结构，快速冷却可成玻，Ⅴ区：离子键盐类化合物和低共熔化合物，快速冷却如对辊法、喷溅急冷等可成玻，Ⅵ区：低黏度离子键和金属键化合物，快速冷却如对辊法、喷溅急冷等可成玻；(c)黏度与化学键之间的关系曲线，Ⅰ区：不容易成玻的区域，　　　Ⅱ区：只能在快速冷却下成玻的区域，Ⅲ区：慢速冷却即可成玻的区域[17,44-46]

　　石英玻璃光纤主要采用改进的化学气相沉积(MCVD)法和溶胶凝胶法制备。MCVD 法的发明极大地促进了低损耗光纤和石英有源光纤的发展，并随后成为石英光纤最主要的制备方法[47,48]。MCVD 法是在高质量石英玻璃管(也称基管)的内壁沉积高纯度二氧化硅，形成具有不同折射率芯层和包层的光纤结构，其原理图如图 1-9 所示。该工艺方法具体如下：首先从基管的一端由氧气作为载体将待反应的原料带入基管，并且在基管外面用氢氧焰加热到 1900℃以上，间接加热基管内的反应原料而生成玻璃并沉积在基管内壁。没有沉积下来的反应原料随废气经尾部较大直径的灰粒收集管(也称尾管)进入灰粒收集箱，部分可被直接吸入洗涤塔进行处理。石英光纤的原材料通常以卤化物的形式引入，从而可以获得极高纯度。有时需要添加其他掺杂剂以改变光纤的折射率、稀土溶解度或光敏性，例如添加 $AlCl_3$、$POCl_3$ 和 $GeCl_4$ 等掺杂剂提高石英玻璃的稀土溶解度。然而，并不是所有的掺杂剂都可以直接通过气相沉积法引入到玻璃中，尤其是蒸气压较低的稀土掺杂剂前驱体。这个问题可以通过将稀土原料置于更高的温度下来解决，例如在 MCVD 的玻璃管中放入一个附加的掺杂剂腔室或一个热稀土盐类溶剂浸泡的多孔石英。利用溶液掺杂、气相掺杂、石英反应粉末烧结、溶胶凝胶浸涂、原子层沉积、直接纳米颗粒沉积和使用稀土氧化物涂覆的纳米颗粒的浸涂方法等可将激活离子如稀土/过渡金属或贵金属有效掺入玻璃而不产生团簇[49,50]。直接纳米颗粒沉积在微晶玻璃光纤的制备中具有重要作用，可以实现高掺杂浓度、良好的均匀性和精确控制的掺杂分布。除 MCVD 法外，粉末烧结技术也可用于制备掺稀土石英玻璃有源光纤[51]。

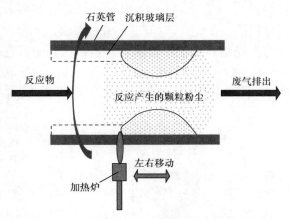

图 1-9　MCVD 法制备石英玻璃有源光纤的原理图

　　非石英基特种玻璃光纤由于组分复杂，难以采用 MCVD 法制备。为此，研究人员探索出了各种制备特种玻璃有源光纤的方法，如管棒法、双坩埚法、填充法等。管棒法是最常用的一种方法，可制备大多数的氧化物玻璃光纤，非氧化物玻璃光纤也可采用管棒法制备，但难度较大。管棒法需要先分别制备出纤芯玻璃和包层玻璃并组合成光纤预制棒，预制棒的包层玻璃管可以通过钻孔法或旋转法来制备。然后将预制棒置于拉丝塔中拉制成光纤，如图 1-10(a)所示，该方法已广泛用于制备绝大多数玻璃光纤。在光纤制备过程中，通常需要通入氧气、氮气或氩气等干燥气体，排出炉膛中的空气，以免空气中的水分子和羟基对预制棒造成不利影响。管棒法具有高灵活性、易操作和较低的设备要求等优点，缺点在于需要事先制备芯层玻璃和包层玻璃，大块玻璃的熔制、切割、钻孔、抛光等一系列工艺流程费时费力，并且纤芯-包层界面处的缺陷会导致光纤损耗呈指数级增加，在二次加热的光纤拉制过程中会导致潜在的结晶和分相风险，同时在连续的工业生产中光纤长度往往受到限制。另外，当光纤拉制温度范围较小时，如对于氟化物和硫系玻璃，制造难度加大。不同于管棒法，双坩埚法是一种一次成型的光纤制备方法，如图 1-10(b)所示[52,53]。这种方法可以同时将纤芯和包层玻璃配合料熔化在两个同心坩埚中，然后将合并的玻璃熔体拉出，以形成具有纤芯/包层结构的光纤。通过独立调节光纤拉丝速率、炉温和气压即可有效控制光纤的直径和纤芯/包层比[54,55]，已经广泛用于制备各种有源玻璃光纤，如硅酸盐、氟化物、硫系玻璃以及微晶玻璃光纤等[56-63]。与管棒法相比，双坩埚法不需要对玻璃钻孔，避免了钻孔带来的高光纤损耗，该方法适合于制备具有低损耗且纤芯/包层直径比连续可变的光纤，还可以用于制备光纤束。然而，在双坩埚法中，坩埚作为熔炼设备的主要元件，需要精确定位，比较复杂，并且在熔化期间难以消除坩埚中的污染，如 Fe^{2+} 和 Cu^{2+}，并且具有特定尺寸的光纤或多材料光纤也很难通过此方法制备[64]。填充法是另一类完全不同的特种玻璃光纤制备方法，可用于制备纤芯和包层为不同材料的杂化光纤，如图 1-10(c)所示。这种方法具体分为以下步骤：①首先从纤芯玻璃熔体中拉出玻璃丝，然后将其插入直径较大的石英毛细管中；②装配好后将其续接一段石英毛细管，并把包含纤芯玻璃丝的部分置于竖直放置的加热炉中，同时在上端的毛细管中通入高压氩气；③纤芯玻璃丝在玻

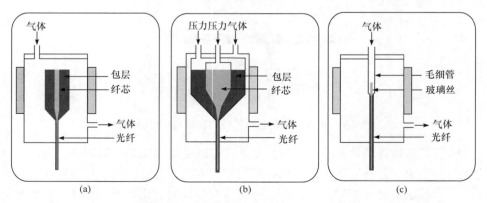

图 1-10　用于制备特种玻璃光纤的(a)管棒法、(b)双坩埚法和(c)填充法

璃软化温度加热保温一段时间后，在高压气体和自身重力下填充进入下端直径较小的石英毛细管中，形成芯包紧密结合的光纤结构。

压力辅助熔体填充(PAMF)法是填充法的一种典型代表，作者等采用该方法制备了非石英基玻璃为纤芯、石英玻璃为包层的杂化有源光纤[65]。图 1-11 给出了PAMF 光纤制备方法的原理图、制备的两种杂化光纤的结构示意图以及杂化光纤的侧面和端面照片。与加热拉制光纤的方法相比，PAMF 法在纤芯材料选择和加工条件上具有很高的灵活性，没有严格的材料相容性要求，高效且节省材料，但其对设备要求高，目前没有商业的光纤制备设备，仅限于个别实验室使用。与管棒法、堆叠法等光纤制备技术相比，PAMF 法避免了预制棒钻孔和/或抛光等预处理，也没有光纤拉制的过程，不需要拉丝塔设备，制备成本低、效率高。此外，由于纤芯材料被封装在石英毛细管中，所以它不受外部环境的影响，对于一些特殊的、具有吸湿或毒性的纤芯玻璃比较适合。PAMF 法要求纤芯材料在填充温度下具有足够低的黏度(如<10 Pa·s)，填充温度必须足够低(如<1200℃)，以避免与毛细管材料发生化学反应。与高压化学气相沉积(HPCVD)法相比，虽然都需要高压处理，但本质上不同。在 HPCVD 中，原料的前驱体混合物通过高压泵入石英毛细管，随着沉积的进行直到获得所需的光纤长度。相较而言，PAMF 法不涉及气相沉积过程，取而代之的是，光纤纤芯填充石英毛细管的过程。采用 PAMF 可以将石英玻璃包层与硫族化物、碲酸盐或磷酸盐玻璃纤芯结合制成杂化光纤[66,67]。

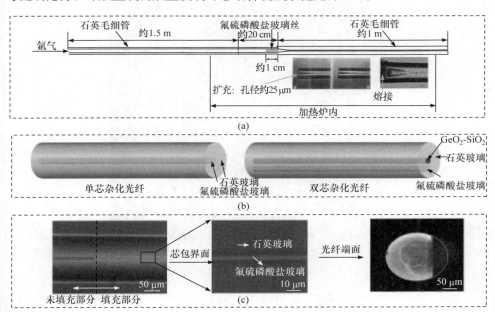

图 1-11 (a)PAMF 法的原理图；(b)制备的两种杂化光纤的结构示意图；(c)杂化光纤的侧面和端面照片

对于纤芯和包层性质相差很大且纤芯熔融温度远低于光纤拉制温度的特种有源玻璃光纤，除了 PAMF 法之外，研究人员还探索出了其他方法，包括针对半导体光纤的熔融纤芯法、用于多组分光纤的管内熔融纤芯法。华南理工大学基于管内熔融法制备了一系列微晶玻璃光纤、过渡金属有源玻璃光纤、晶体芯/玻璃包层有源光纤等新型有源光纤[68-73]。图 1-12 给出了微晶玻璃预制棒经普通光纤拉制方法拉制前后的照片以及采用管内熔融法制备新型有源玻璃光纤的原理图。管内熔融法的基本原理是纤芯玻璃在光纤拉制时保持熔融状态而包层处于软化状态，适合于制备纤芯熔融温度与包层玻璃相差较大的光纤。这种方法需要设计特殊的玻璃成分，并且在光纤制备时通过快速拉制以避免玻璃产生析晶或分相。与传统的管棒法相比，管内熔融法涉及纤芯的二次熔化过程而不是软化，快速拉制可以尽可能避免光纤拉制过程中晶体快速生长的不利因素，使其有利于制备具有较大结晶倾向的光纤。需要指出的是，该方法也由于存在潜在的相分离、热膨胀失配等问题往往导致光纤损耗较高，特别是熔融纤芯可能会对光纤包层造成一定程度的腐蚀，从而导致纤芯-包层界面处存在的缺陷在光纤中引起强烈的光散射，导致光纤损耗较高，最终影响输出功率和斜率效率等激光性能。尽管如此，这种方法在制备杂化光纤时仍然比传统的管棒法更具优势，因为后者经普通光纤拉制时会产生严重的析晶或分相现象(图 1-12(b))。

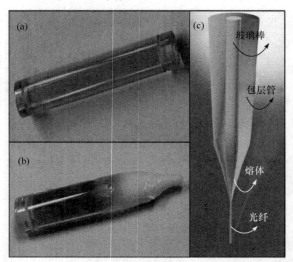

图 1-12　(a)(b)微晶玻璃预制棒经普通光纤拉制方法拉制前后的照片；(c)采用管内熔融法制备新型有源玻璃光纤的原理图[68]

此外，对于熔制温度较低(<1000℃)的软玻璃光纤，还出现了其他一些新的光纤制备方法，如吮吸法、挤压法、堆叠法等[74]。吮吸法(或称浇注法、毛细管法和纤芯吮吸技术)是通过将纤芯熔体倒入或吸入包层管中以形成预制棒，可以制备

质量较好的芯包层界面。此方法最初是为制备具有低黏度和/或复杂结构，如微结构光纤的各种软玻璃光纤而开发[75-78]。华南理工大学分别采用吮吸法、旋转法和挤压法制备了一系列碲酸盐玻璃光纤预制棒及有源光纤，如图 1-13 所示。这些方法需对制备条件进行综合考虑，如熔体温度、浇注速度、包层管的加热温度和模具放置角度等，否则容易产生气泡、条纹和变形等缺陷。包层管可以通过机械打孔获得，也可以通过旋转法制备，如图 1-13(b)所示。大量实验表明，严格控制熔炉温度、旋转速度和旋转时间是制备高质量包层管的关键。通过吮吸法和旋转法制备的预制棒一般为多模和大芯光纤。为了制备单模光纤，还需要对预制棒进行一层或多层包层套管，以增加包层与纤芯的比率。然后再通过挤压法将较厚的坯料挤压成较薄的坯料，如图 1-13(c)所示。但该过程对熔炉中的温度分布要求更高，因此增加了制备难度。例如，当挤压炉的温度梯度不明显时，所获得的预制棒厚度并不均匀。

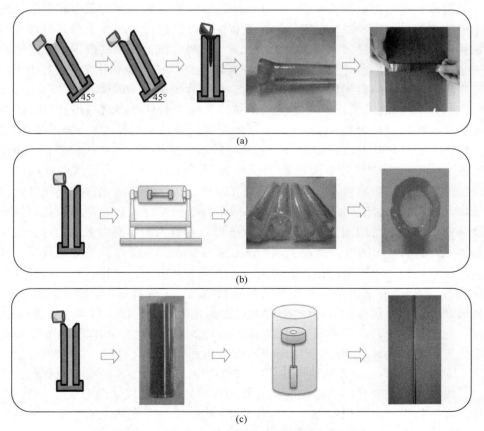

图 1-13　(a)吮吸法、(b)旋转法和(c)挤压法制备碲酸盐玻璃光纤预制棒及有源光纤

综上，得益于光纤制备技术的快速发展，近年来，涌现了一系列新型有源光纤与新型无源光纤，包括微晶玻璃光纤、过渡金属光纤、量子点光纤、微结构光纤、双包层光纤、大模场光纤、多材料光纤、半导体光纤等[79-86]。图 1-14给出了不同特种玻璃光纤制备技术及光纤端面照片，同时，表 1-2 总结了不同光纤制造技术的特点和典型应用[87-116]。新型有源光纤在成分、结构和功能上更加丰富和复杂，其制备方法根据步骤可大致概括为一步法和两步法。一步法是指将玻璃熔体直接拉成光纤，如双坩埚法，或直接形成具有芯包结构的预制棒，如 MCVD 法。双坩埚法可以制备出单模和多模氟化物玻璃光纤、硫系玻璃光纤以及硅酸盐玻璃光纤束。MCVD 法可以用于石英玻璃光纤、掺杂玻璃光纤、大模场光纤、扁平光纤等有源玻璃光纤的制备。两步法则需要先分别制备纤芯和包层玻璃并组合成光纤预制棒，然后将其拉制成光纤，或先制备纤芯玻璃，然后将其进行填充。绝大多数光纤是通过两步法制备的，当把拉丝塔中的预制棒加热到接近其软化点时，处于加热区域的预制棒会因重力和牵引力的作用而变细并发生颈缩。在光纤拉制过程中，可以通过自动或手动调节拉丝速率和炉温将光纤直径实时控制为所需尺寸。另外，在光纤拉制过程中通过聚合物涂层涂覆光纤形成外包层，可以起到提高光纤机械性能和化学保护的作用。管棒法是两步法的典型代表，在磷酸盐、锗酸盐等氧化物玻璃光纤、双包层光纤、晶体/玻璃杂化光纤、大模场光子晶体光纤方面具有广泛应用。吮吸法在碲酸盐、磷酸盐以及磷酸盐/石英杂化光纤等这类具有低黏度、低熔融温度和脆性较大的氧化物有源玻璃光纤方面具有较高的适用性。与吮吸法类似，浇注法也适用于黏度较低的有源玻璃光纤制备，如双包层或大芯径碲酸盐玻璃光纤、大芯径氟化物玻璃光纤、硫系玻璃光纤等。挤压法在氟化物玻璃光纤及微结构光纤、碲酸盐玻璃微结构光纤、铋掺杂微结构光纤等具有普通芯包结构或微结构光纤中广泛应用。前述的几种方法可以制备大多数有源光纤，对于光子晶体光纤，最常用的方法是堆叠法。该方法需要多个步骤以满足对光纤尺寸和结构复杂性的要求，由于存在大量的加工步骤，与管棒法一样，面临着光纤损耗高等问题。堆叠法目前已经用于制备硫系玻璃空芯光纤、空芯光子带隙光纤、金属光纤、分段包层光纤等。以 PAMF 法为代表的填充法，可以制备碲酸盐/石英光子晶体光纤、硫系玻璃/石英玻璃光子晶体光纤、金属纳米线阵列/石英杂化光纤、金纳米线/石英杂化光纤等微结构光纤和杂化光纤。这种光纤以晶体[87]、半导体[88]、贵金属纳米线[89]、溶液[90]和气体[91]等各种非常规材料为纤芯，以石英玻璃为包层所形成的特殊新型有源光纤，可以实现非线性、磁光、传感和生物光子学在内的多种功能和应用，为研发新型光功能器件提供了前所未有的机会[92,93]。

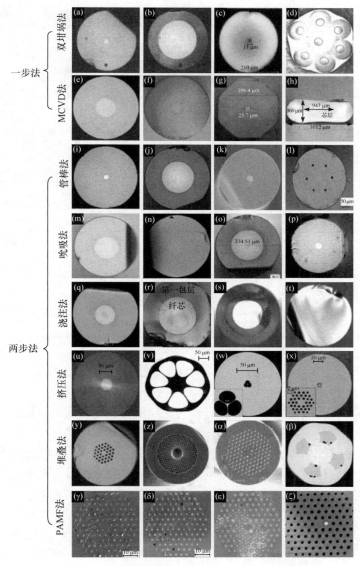

图 1-14 不同特种玻璃光纤制备技术及光纤端面照片

双坩埚法：(a)单模和(b)多模氟化物玻璃光纤[52]，(c)硫系玻璃光纤[62]，(d)硅酸盐玻璃光纤束[54]；MCVD 法：(e)石英玻璃光纤[94]，(f)掺杂玻璃光纤[95]，(g)大模场光纤[96]，(h)扁平光纤[97]；管棒法：(i)锗酸盐玻璃光纤[98]，(j)双包层光纤[99]，(k)晶体/玻璃杂化光纤[100]，(l)大模场光子晶体光纤[101]；吮吸法：(m)钨碲酸盐玻璃光纤[102]，(n)钡碲酸盐玻璃光纤[103]，(o)磷酸盐玻璃光纤[104]，(p)磷酸盐/石英杂化光纤[75]；浇注法：(q)双包层碲酸盐光纤[105]，(r)大芯径碲酸盐玻璃光纤[106]，(s)大芯径氟化物玻璃光纤[107]，(t)硫系玻璃光纤[108]；挤压法：(u)氟化物玻璃光纤[109]，(v)氟化物玻璃微结构光纤[110]，(w)碲酸盐玻璃微结构光纤[111]，(x)铋掺杂微结构光纤[112]；堆叠法：(y)硫系玻璃空芯光纤[113]，(z)空芯光子带隙光纤[114]，(α)金属光纤[115]，(β)分段包层光纤[116]；PAMF 法：(γ)碲酸盐/石英光子晶体光纤[66]，(δ)硫系玻璃/石英玻璃光子晶体光纤[66]，(ε)金属纳米线阵列/石英杂化光纤[92]，(ζ)金纳米线/石英杂化光纤[92]

表 1-2　不同光纤制备技术的特点和典型应用

分类	化学理论	制备方法	优点	缺点	典型应用
一步法	熔融	双坩埚法	高效，低损耗，避免钻孔，一次加热	对拉丝塔要求高，难以搅拌玻璃液和去除杂质	氟化物玻璃光纤，硫系玻璃光纤，硅酸盐玻璃光纤，微晶玻璃光纤
	蒸气沉积	MCVD	低损耗，工艺成熟，可大规模制备	只适合组分简单的石英玻璃	石英光纤
两步法	非蒸气沉积	管棒法	容易操作，适用性广	光纤损耗高，耗时，难以大规模生产	大多数氧化物玻璃光纤，非氧化物光纤可制备但难度大
		吮吸法/浇注法/挤压法	高效，节约原料，容易设计光纤结构	只适合低熔点玻璃，难以确定实验工艺参数	低熔点特种光纤
		堆叠法	容易设计光纤结构	光纤损耗高	微结构光纤
		压力辅助熔体填充法	高效，节约原料	光纤长度有限，主要用于低熔点纤芯的光纤	杂化光纤，纤芯有毒或易潮解的光纤
		管内熔融法	避免异质玻璃光纤析晶或分相	光纤损耗高，玻璃组分特殊	微晶玻璃光纤，量子点光纤，掺铋光纤

1.3　本　篇　主　旨

本篇第 1 章简要介绍了光纤激光器与光纤放大器的发展与应用，总结并研讨了有源光纤及其制造技术、典型特征、应用与发展。第 2 章将介绍与阐述有源光纤与光纤激光基础知识，主要包括光致发光基础、受激辐射与激光基础、光纤激光器基本工作原理、光纤放大器基本工作原理以及激光增益介质概况。第 3 章将简要总结本篇要点，给出有源光纤与光纤激光面临的挑战与发展。

参 考 文 献

[1] Snitzer E. Optical maser action of Nd^{3+} in a barium crown glass. Physical Review Letters, 1961, 7(12): 444-446.

[2] Koester C J, Snitzer E. Amplification in a fiber laser. Applied Optics, 1964, 310: 1182-1186.

[3] Mears R J, Reekie L, Poole S B, et al. Neodymium doped single-mode fibre lasers. Electronics Letters, 1985, 2117: 738-740.

[4] Reekie L, Mears R J, Poole S B, et al. Tunable single-mode fiber lasers. Journal of Lightwave Technology, 1986, 47: 956-960.

[5] Mears R J, Reekie L, Jauncey I M, et al. Low-noise erbium-doped fibre amplifier operating at 1.54 μm. Electronics Letters, 1987, 23(19): 1026-1028.

[6] Smart R G, Carter J N, Hanna D C, et al. Erbium doped fluorozirconate fibre laser operating at

1.66 and 1.72 μm. Electronics Letters, 1990, 26(10): 649-651.

[7] Alcock I P, Ferguson A I, Hanna D C, et al. Continuous-wave oscillation of a monomode neodymium-doped fibre laser at 0.9 μm on the $^4F_{3/2} \rightarrow ^4I_{9/2}$ transition. Optics Communications, 1986, 58(6): 405-408.

[8] Pask H M, Carman R J, Hanna D C, et al. Ytterbium-doped silica fiber lasers: Versatile sources for the 1-1.2 μm region. IEEE Journal of Selected Topics in Quantum Electronics, 1995, 1(1): 2-13.

[9] Hanna D C, Jauney I M, Percival R M, et al. Continous-wave oscillation of a monomode thulium-doped fiber laser. Electronics Letters, 1988, 28: 1222-1223.

[10] Hanna D C, Percival R M, Smart R G, et al. Continuous-wave oscillation of holmium-doped silica fibre laser. Electronics Letters, 1989, 25(9): 593-594.

[11] Snitzer E, Po H, Hakimi F, et al. Double clad, offset core Nd fiber laser//Optical Fiber Sensors, Optical Society of America, New Orleans,1988, PD5.

[12] Digonnet M J F. Rare-Earth-Doped Fiber Lasers and Amplifiers. 2nd ed. New York: Marcel Dekker Inc, 2001.

[13] Shcherbakov E A, Fomin V V, Abramov A A, et al. Industrial grade 100 kW power CW fiber laser//Advanced Solid-State Lasers Congress Technical Digest, Paris, France, 2013.

[14] Geng J H, Jiang S B. Fiber lasers: The 2 μm market heats up. Optics and Photonics News, 2014, 25(7): 34-41.

[15] Hu J, Meyer J, Richardson K, et al. Feature issue introduction: Mid-IR photonic materials. Optical Materials Express, 2013, 3(9): 1571-1575.

[16] Jackson S D. Towards high-power mid-infrared emission from a fibre laser. Nature Photonics, 2012, 6(7): 423-431.

[17] Wang W C, Zhou B, Xu S H, et al. Recent advances in soft optical glass fiber and fiber lasers. Progress in Materials Science, 2019, 101: 90-171.

[18] Schneider J, Carbonnier C, Unrau U B. Characterization of a Ho^{3+}-doped fluoride fiber laser with a 3.9 μm emission wavelength. Applied Optics, 1997, 36(33): 8595-8600.

[19] Adam J L, Zhang X H. Chalcogenide Glass: Preparation, Properties, and Applications. Cambridge: Woodhead Publishing Limited, 2014.

[20] Mescia L, Smektala F, Prudenzano F. New trends in amplifiers and sources via chalcogenide photonic crystal fibers. International Journal of Optics, 2012, 2012: 575818.

[21] Schweizer T, Samson B N, Moore R C, et al. Rare-earth doped chalcogenide glass fibre laser. Electronics Letters, 1997, 33: 414-416.

[22] Jeong Y, Yoo S, Codemard C A, et al. Erbium: ytterbium codoped large-core fiber laser with 297-W continuous-wave output power. IEEE Journal of Selected Topics in Quantum Electronics, 2007, 13(3): 573-579.

[23] Ehrenreich T, Leveille R, Majid I, et al. 1-kW, all-glass Tm: fiber laser. Proceedings of SPIE, 2010, 7580: 758016.

[24] Hemming A, Bennetts S, Simakov N, et al. Development of resonantly cladding-pumped holmium-doped fibre lasers. Fiber Lasers IX: Technology, Systems, and Applications.

International Society for Optics and Photonics, 2012, 8237: 82371J.

[25] Tyazhev A, Starecki F, Cozic S, et al. Watt-level efficient 2.3 μm thulium fluoride fiber laser. Optics Letters, 2020, 45(20): 5788-5791.

[26] Aydin Y O, Fortin V, Vallée R, et al. Towards power scaling of 2.8 μm fiber lasers. Optics Letters, 2018, 43(18): 4542-4545.

[27] Crawford S, Hudson D D, Jackson S D. 3.4 W Ho^{3+}, Pr^{3+} co-doped fluoride fibre laser//CLEO: Science and Innovations. Optical Society of America, 2014.

[28] Fortin V, Jobin F, Larose M, et al. 10-W-level monolithic dysprosium-doped fiber laser at 3.24 μm. Optics Letters, 2019, 44(3): 491-494.

[29] Maes F, Fortin V, Bernier M, et al. 5.6 W monolithic fiber laser at 3.55 μm. Optics Letters, 2017, 42(11): 2054-2057.

[30] Maes F, Fortin V, Poulain S, et al. Room-temperature fiber laser at 3.92 μm. Optica, 2018, 5(7): 761-764.

[31] Nunes J J, Crane R W, Furniss D, et al. Room temperature mid-infrared fiber lasing beyond 5 μm in chalcogenide glass small-core step index fiber. Optics Letters, 2021, 46(15): 3504-3507.

[32] Shiryaev V S, Sukhanov M V, Velmuzhov A P, et al. Core-clad terbium doped chalcogenide glass fiber with laser action at 5.38 μm. Journal of Non-Crystalline Solids, 2021, 567: 120939.

[33] Li J, Hudson D D, Jackson S D. High-power diode-pumped fiber laser operating at 3 μm. Optics Letters, 2011, 36(18): 3642-3644.

[34] Peterka P, Honzátko P, Kašík I, et al. Thulium-doped optical fibers and components for fiber lasers in 2 μm spectral range//19th Polish-Slovak-Czech Optical Conference on Wave and Quantum Aspects of Contemporary Optics. International Society for Optics and Photonics, 2014, 9441: 94410B.

[35] Seddon A B. A prospective for new mid-infrared medical endoscopy using chalcogenide glasses. International Journal of Applied Glass Science, 2011, 2(3): 177-191.

[36] Barnes N P, Walsh B M, Reichle D J, et al. Tm: fiber lasers for remote sensing. Optical Materials, 2009, 31(7): 1061-1064.

[37] Loh W H, Hewak D, Petrovich M N, et al. Emerging optical fibre technologies with potential defence applications//Electro-Optical Remote Sensing, Photonic Technologies, and Applications VI. International Society for Optics and Photonics, 2012, 8542: 85421F.

[38] Sirleto L, Ferrara M A. Fiber amplifiers and fiber lasers based on stimulated Raman scattering: A Review. Micromachines, 2020, 11(3): 247.

[39] Walsh B M, Barnes N P. Comparison of Tm: ZBLAN and Tm: silica fiber lasers; spectroscopy and tunable pulsed laser operation around 1.9 μm. Applied Physics B, 2004, 78(3): 325-333.

[40] Harrington J A. Infrared Fibers and Their Applications. Washington: SPIE-International Society for Optical Engineering, 2004.

[41] Churbanov M F, Moiseev A N, Snopatin G E, et al. Production and properties of high purity glasses of TeO$_2$-WO$_3$, TeO$_2$-ZnO systems. Physics and Chemistry of Glasses-European Journal of Glass Science and Technology Part B, 2008, 49(6): 297-300.

[42] Tao G M, Ebendorff-Heidepriem H, Stolyarov A M, et al. Infrared fibers. Advanced Photonics,

2015, 7: 379-458.

[43] Abouraddy A F, Bayindir M, Benoit G, et al. Towards multimaterial multifunctional fibres that see, hear, sense and communicate. Nature Materials, 2007, 6: 336-347.

[44] Ebendorff-Heidepriem H. Glasses for infrared fibre applications//39th European Conference and Exhibition on IET, London, UK, 2013.

[45] O'Donnell M D, Furniss D, Tikhomirov V K, et al. Low loss infrared fluorotellurite optical fibre. Physics and Chemistry of Glasses, 2006, 47: 121-126.

[46] Jiang Z H, Zhang Q Y. The formation of glass: A quantitative perspective. Science China Materials, 2015, 58: 378-425.

[47] Macchesney J B, O'connor P B, Presby H M. A new technique for the preparation of low-loss and graded-index optical fibers. Proceedings of SPIE, 1974, 62: 1278-1279.

[48] Schuster K, Unger S, Aichele C, et al. Material and technology trends in fiber optics. Advanced Optical Technologies, 2014, 3(4): 447-468.

[49] Dhar A, Paul M C, Pal M, et al. Characterization of porous core layer for controlling rare earth incorporation in optical fiber. Optics Express, 2006, 14(20): 9006-9015.

[50] Neff M, Romano V, Lüthy W. Metal-doped fibres for broadband emission: Fabrication with granulated oxides. Optical Materials, 2008, 31(2): 247-251.

[51] Leich M, Just F, Langner A, et al. Highly efficient Yb-doped silica fibers prepared by powder sinter technology. Optics Letters, 2011, 36(9): 1557-1559.

[52] Tokiwa H, Mimura Y, Nakai T, et al. Fabrication of long single-mode and multimode fluoride glass fibres by the double-crucible technique. Electronics Letters, 1985, 21(24): 1131-1132.

[53] Mimura Y, Tokiwa H, Shinbori O. Fabrication of fluoride glass fibres by the improved crucible technique. Electronics Letters, 1984, 20(2): 100-101.

[54] Beales K J, Day C R, Duncan W J. Low-loss graded index fibers by the double crucible technique. Physics and Chemistry of Glasses, 1980, 21: 25-29.

[55] Aulich H A, Grabmaier J G, Eisenrith K H. Fibre bundle comprising nineteen optical fibres drawn from the double crucible. Electronics Letters, 1978, 14(11): 347-348.

[56] Aulich H, Grabmaier J, Eisenrith K H, et al. High-aperture, medium-loss alkali-leadsilicate fibers prepared by the double crucible technique//Optical Fiber Transmission II Technical Digest, Williamsburg, Virginia, 1977.

[57] Méndez A, Morse T F. Specialty Optical Fibers Handbook. San Diego: Academic Press, 2007.

[58] Mossadegh R, Sanghera J S, Schaafsma D, et al. Fabrication of single-mode chalcogenide optical fiber. Journal of Lightwave Technology, 1998, 16(2): 214-217.

[59] Churbanov M F, Shiryaev V S, Scripachev I V, et al. Optical fibers based on As-S-Se glass system. Journal of Non-Crystalline Solids, 2001, 284(1-3): 146-152.

[60] Gattass R R, Shaw L B, Nguyen V Q, et al. All-fiber chalcogenide-based mid-infrared supercontinuum source. Optical Fiber Technology, 2012, 18(5): 345-348.

[61] Shiryaev V S, Churbanov M F. Trends and prospects for development of chalcogenide fibers for mid-infrared transmission. Journal of Non-Crystalline Solids, 2013, 377: 225-230.

[62] Galstyan A, Messaddeq S H, Fortin V, et al. Tm^{3+} doped Ga-As-S chalcogenide glasses and

fibers. Optical Materials, 2015, 47: 518-523.

[63] Tick P A, Borrelli N F, Reaney I M. The relationship between structure and transparency in glass-ceramic materials. Optical Materials, 2000, 15(1): 81-91.

[64] Tao G M, Abouraddy A F, Stolyarov A M. Multimaterial fibers. International Journal of Applied Glass Science, 2012, 3: 349-368.

[65] Wang W C, Yang X, Wieduwilt T, et al. Fluoride-sulfophosphate/silica hybrid fiber as a platform for optically active materials. Frontiers in Materials, 2019, 6: 148.

[66] Da N, Wondraczek L, Schmidt M A, et al. High index-contrast all-solid photonic crystal fibers by pressure-assisted melt infiltration of silica matrices. Journal of Non-Crystalline Solids, 2010, 356: 1829-1836.

[67] Jain C, Rodrigues B P, Wieduwilt T, et al. Silver metaphosphate glass wires inside silica fibers—A new approach for hybrid optical fibers. Optics Express, 2016, 24: 3258-3267.

[68] Fang Z J, Xiao X S, Wang X, et al. Glass-ceramic optic fiber containing $Ba_2TiSi_2O_8$ nanocrystals for frequency conversion of lasers. Scientific Reports, 2017, 7: 44456.

[69] Fang Z J, Zheng S P, Peng W C, et al. Fabrication and characterization of glass-ceramic fiber-containing Cr^{3+}-doped $ZnAl_2O_4$ nanocrystals. Journal of the American Ceramic Society, 2015, 98(9): 2772-2775.

[70] Fang Z J, Zheng S P, Peng W C, et al. Ni^{2+} doped glass ceramic fiber fabricated by melt-in-tube method and successive heat treatment. Optics Express, 2015, 23: 28258-28263.

[71] Peng W C, Fang Z J, Ma Z J, et al. Enhanced upconversion emission in crystallization-controllable glass-ceramic fiber containing Yb^{3+}-Er^{3+} codoped CaF_2 nanocrystals. Nanotechnology, 2016, 27: 405203.

[72] Huang X J, Fang Z J, Kang S L, et al. Controllable fabrication of novel all solid-state PbS quantum dot-doped glass fibers with tunable broadband near-infrared emission. Journal of Materials Chemistry C, 2017, 5(31): 7927-7934.

[73] Zhang Y M, Qian G Q, Xiao X S, et al. A yttrium alumino silicate (YAS) glass fiber with graded refractive index fabricated by melt-in-tube method. Journal of the American Ceramic Society, 2018, 101(4): 1616-1622.

[74] Wang X S, Nie Q H, Xu T F, et al. A review of the fabrication of optic fiber. Proceedings of SPIE, 2006, 6034: 60341D.

[75] Goel N K, Pickrell G, Stolen R. An optical amplifier having 5 cm long silica-clad erbium doped phosphate glass fiber fabricated by "core-suction" technique. Optical Fiber Technology, 2014, 20(4): 325-327.

[76] Chen Q, Wang H, Wang Q, et al. Modified rod-in-tube for high-NA tellurite glass fiber fabrication: Materials and technologies. Applied Optics, 2015, 54(4): 946-952.

[77] LeCoq D, Boussard-Plédel C, Fonteneau G, et al. A new approach of preform fabrication for chalcogenide fibers. Journal of Non-Crystalline Solids, 2003, 326: 451-454.

[78] Coulombier Q, Brilland L, Houizot P, et al. Casting method for producing low-loss chalcogenide microstructured optical fibers. Optics Express, 2010, 18(9): 9107-9112.

[79] Hecht J. Novel fiber lasers offer new capabilities. Laser Focus World, 2014, 50: 51-54.

[80] Russell P. Photonic crystal fibers. Science, 2003, 299: 358-362.

[81] Monro T M, Warren-Smith S, Schartner E P, et al. Sensing with suspended-core optical fibers. Optical Fiber Technology, 2010, 16(6): 343-356.

[82] Tao G, Abouraddy A F. Multimaterial fibers: A new concept in infrared fiber optics//Fiber Optic Sensors and Applications XI. International Society for Optics and Photonics, 2014, 9098: 90980V.

[83] Drachenberg D, Messerly M, Pax P, et al. First multi-watt ribbon fiber oscillator in a high order mode. Optics Express, 2013, 21(15): 18089-18096.

[84] Fang Z, Zheng S, Peng W, et al. Bismuth-doped multicomponent optical fiber fabricated by melt-in-tube method. Journal of the American Ceramic Society, 2016, 99(3): 856-859.

[85] Bhardwaj A, Hreibi A, Liu C, et al. PbS quantum dots doped glass fibers for optical applications//CLEO: Science and Innovations. Optical Society of America, 2012.

[86] Hemming A, Simakov N, Davidson A, et al. A monolithic cladding pumped holmium-doped fibre laser//Conference on Lasers and Electro-Optics, San Jose, CA, 2013.

[87] Dragic P, Hawkins T, Foy P, et al. Sapphire-derived all-glass optical fibres. Nature Photonics, 2012, 6(9): 627-633.

[88] Peng S, Tang G, Huang K, et al. Crystalline selenium core optical fibers with low optical loss. Optical Materials Express, 2017, 7(6): 1804-1812.

[89] Tuniz A, Chemnitz M, Dellith J, et al. Hybrid-mode-assisted long-distance excitation of short-range surface plasmons in a nanotip-enhanced step-index fiber. Nano Letters, 2017, 17(2): 631-637.

[90] Chemnitz M, Gebhardt M, Gaida C, et al. Hybrid soliton dynamics in liquid-core fibres. Nature Communications, 2017, 8(1): 1-11.

[91] Benabid F, Knight J C, Antonopoulos G, et al. Stimulated Raman scattering in hydrogen-filled hollow-core photonic crystal fiber. Science, 2002, 298: 399-402.

[92] Schmidt M A, Argyros A, Sorin F. Hybrid optical fibers—An innovative platform for in-fiber photonic devices. Advanced Optical Materials, 2015, 4: 13-36.

[93] Sorin F, Abouraddy A F, Orf N, et al. Multimaterial photodetecting fibers: A geometric and structural study. Advanced Materials, 2007, 19(22): 3872-3877.

[94] Saha M, Pal A, Sen R. Vapor phase doping of rare-earth in optical fibers for high power laser. IEEE Photonics Technology Letters, 2013, 26(1): 58-61.

[95] Paul M C, Bhadra S K. Metal nanoclusters in optical for new functional applications//12th International Conference on Fiber Optics and Photonics, Kharagpur, India, 2014.

[96] Peng K, Wang Y, Ni L, et al. Yb-doped large-mode-area laser fiber fabricated by halide-gas-phase-doping technique. Laser Physics, 2015, 25(6): 065801.

[97] Ambran S, Holmes C, Gates J C, et al. Fabrication of a multimode interference device in a low-loss flat-fiber platform using physical micromachining technique. Journal of Lightwave Technology, 2012, 30(17): 2870-2875.

[98] He X, Xu S, Li C, et al. 1.95 μm kHz-linewidth single-frequency fiber laser using self- developed heavily Tm^{3+}-doped germanate glass fiber. Optics Express, 2013, 21(18): 20800-20805.

[99] Li K, Zhang G, Wang X, et al. Tm^{3+} and Tm^{3+}-Ho^{3+} co-doped tungsten tellurite glass single

mode fiber laser. Optics Express, 2012, 20(9): 10115-10121.

[100] Ballato J, Hawkins T, Foy P, et al. Glass-clad single-crystal germanium optical fiber. Optics Express, 2009, 17(10): 8029-8035.

[101] Tang G, Zhu T, Lin W, et al. Single-mode large mode-field-area Tm^{3+}-doped lead-silicate glass photonic crystal fibers. IEEE Photonics Technology Letters, 2017, 29(5): 450-453.

[102] Li L X, Wang W C, Zhang C F, et al. 2.0 μm Nd^{3+}/Ho^{3+}-doped tungsten tellurite fiber laser. Optical Materials Express, 2016, 6(9): 2904-2914.

[103] Wang W C, Yuan J, Li L X, et al. Broadband 2.7 μm amplified spontaneous emission of Er^{3+} doped tellurite fibers for mid-infrared laser applications. Optical Materials Express, 2015, 5(12): 2964-2977.

[104] Manzani D, Gualberto T, Almeida J M P, et al. Highly nonlinear $Pb_2P_2O_7$-Nb_2O_5 glasses for optical fiber production. Journal of Non-Crystalline Solids, 2016, 443: 82-90.

[105] Lousteau J, Milanese D, Abrate S, et al. Tellurite glasses rare-earth doped optical fiber devices: Recent progress and prospects//Transparent Optical Networks, 12th International Conference on IEEE, Munich, Germany, 2010.

[106] Strutynski C, Picot-Clémente J, Lemiere A, et al. Fabrication and characterization of step-index tellurite fibers with varying numerical aperture for near-and mid-infrared nonlinear optics. The Journal of the Optical Society of America B, 2016, 33(11): 12-18.

[107] Waldmann M, Schütz S, Caspary R, et al. Large core fluoride fibres//Transparent Optical Networks. 12th International Conference on IEEE, Munich, Germany, 2010.

[108] Shiryaev V S, Boussard-Plédel C, Houizot P, et al. Single-mode infrared fibers based on TeAsSe glass system. Materials Science and Engineering B, 2006, 127(2-3): 138-143.

[109] Ebendorff-Heidepriem H, Lancaster D G, Kuan K, et al. Extruded fluoride fiber for 2.3 μm laser application//Conference on Lasers and Electro-Optics, Sydney, Australia, 2011.

[110] Ebendorff-Heidepriem H, Foo T C, Moore R C, et al. Fluoride glass microstructured optical fiber with large mode area and mid-infrared transmission. Optics Letters, 2008, 33(23): 2861-2863.

[111] Oermann M R, Ebendorff-Heidepriem H, Ottaway D J, et al. Tellurite glass for use in 2.3 μm thulium fibre lasers//Conference on Lasers and Electro-Optics, Sydney, Australia, 2011.

[112] Ebendorff-Heidepriem H, Monro T M. Extrusion of complex preforms for microstructured optical fibers. Optics Express, 2007, 15(23): 15086-15092.

[113] Brilland L, Smektala F, Renversez G, et al. Fabrication of complex structures of holey fibers in chalcogenide glass. Optics Express, 2006, 14(3): 1280-1285.

[114] Mangan B J, Farr L, Langford A, et al. Low loss (1.7 dB/km) hollow core photonic bandgap fiber//Optical Fiber Communication Conference, Los Angeles, California, 2004.

[115] Hou J, Bird D, George A, et al. Metallic mode confinement in microstructured fibres. Optics Express, 2008, 16(9): 5983-5990.

[116] Hooda B, Pal A, Rastogi V, et al. Segmented cladding fiber fabricated in silica-based glass. Optical Engineering, 2015, 54(7): 075103.

第 2 章　有源光纤与光纤激光基础

■　光纤激光器是以掺杂激活剂的玻璃纤维为增益介质的一类固体激光装置。

■　掺杂光纤放大器利用掺入石英或多组分光纤的激活剂作为增益介质，在泵浦光的激发下实现光信号的放大，光纤放大器的特性主要由掺杂激活剂决定。

■　有源光纤主要由光纤基质(材料主体)和激活剂(发光中心)组成。光纤主要有石英玻璃、特种玻璃(如硅酸盐玻璃、磷酸盐玻璃、锗酸盐玻璃、碲酸盐玻璃，以及非氧化物玻璃(如氟化物玻璃和硫系玻璃))等材料；激活剂可以是稀土离子、过渡金属离子、量子点等。

■　稀土离子掺杂的特种玻璃有源光纤，如磷酸盐激光玻璃光纤，具有稀土离子溶解度高、声子能量可控、发光效率高、发射带宽可调、折射率可调、热稳定性与化学耐久性及机械强度高等优势，可望成为新一代光纤通信、高性能光纤激光与光纤传感器等的重要候选。

2.1　光致发光基础

2.1.1　光致发光原理及过程

发光定义为除热辐射以外的电磁辐射[1]。按照激发方式，发光可分为光致发光、电致发光、机械力发光、热发光、阴极射线发光、化学发光、生物发光等。本书主要描述光致发光过程。光致发光是指物体依赖外界光源进行照射，从而获得能量，产生激发导致发光的现象，从本质上讲是一种涉及光子的激发-去激发过程。光致发光通常包含以下三步过程[2]：①激活剂离子的电子被激发到高能级(10^{-11} s)；②电子弛豫到激发态的最低能级(10^{-8} s)；③电子从激发态返回到基态同时发射一个光子(10^{-9}～10 s)。

无机固体发光材料一般由基质和光学活性中心组成(这里不讨论半导体发光、本征缺陷发光、量子点发光和贵金属纳米颗粒发光等)，其中涉及三种中心，分别是激活中心(激活剂)、敏化中心(敏化剂)和猝灭中心(猝灭剂)[2]。激活中心是材料的发光中心，即发光的来源；敏化中心的作用是将吸收的能量传递给激活中心，以提高发光强度；猝灭中心会耗散激发态能量，导致能量以热的形式损失掉。基质材料本身的离子、基团或分子也可能把吸收的激发能量传递给发光中心，这就是基质敏化。大部分基质都是非磁性且光学非活性，而大部分激活剂离子(发光离子)都具有未成对电子，如 $d^{1~9}$ 构型的过渡金属离子和 $f^{~13}$ 构型的稀土离子。本书讨论的发光过程主要针对激活剂离子，即稀土离子和过渡金属离子，它们的发光都是电子局域在离子壳层内轨道能级间的跃迁造成。

2.1.2　能级图

现代量子物理学认为，原子核外电子的可能状态是不连续的，因此各状态对应能量也不连续，这些能量值称为能级，用来表达在一定能层上而又具有一定性质电子云的电子。能级图就是按照微观粒子可能所处能量状态的高低，绘制出的各能级能量分布示意图。

稀土离子的能级首先取决于电子间的相互作用，其次是自旋与轨道相互作用，$4f^n$ 电子组态是由以上两种作用而形成的能级。在玻璃中稀土离子的能级和自由离子相差不多，配位场的作用可以看作是自由离子的能量受到微扰，配位场位能(V_L)的展开式如下[3]：

$$V_L = \sum_{k,q,i} B_q^k \left(C_{-q}^k \right)_i \tag{2-1}$$

式中，C_{-q}^k 为能量符号；B_q^k 为配位场作用参数(或称晶场参数)；k 为正整数，$q = -k, -(k-1), \cdots, k$。对 f 电子而言，$k \leqslant 6$。$i$ 指离子的第 i 个价电子，i 的总和即为离子的所有 4f 电子。在不同对称性的格位中，斯塔克(Stark)分裂数目取决于量子数 J，由群论方法确定出。从式(2-1)可以看出，多重态分裂的大小由相应的偶宇称部分决定，围绕稀土离子配位体种类和性质对能级的 Stark 分裂值的影响是主要的。而奇次项可以使不同宇称的状态相混淆，从而部分解除电偶极跃迁的宇称禁戒，使 $4f^n$ 组态内的 f→f 电偶极跃迁成为可能。

稀土离子一般以三价稳定存在，其发光特性来源于稀土特殊的电子结构。三价稀土离子的 4f 电子在空间上受到外层的 5s5p 壳层电子的屏蔽，不同的 4f 电子组态由于电子相互作用差异而构成了能量高低不等的能级，通常用光谱支项($^{2S+1}L_J$)表示。图 2-1 给出了三价稀土离子在 LaF_3 基质中的 $4f^n$ 能级图(也称为 Dieke 能级图)[4]。在不同的基质中 $4f^n$ 能级位置有所差异，但这种差异通常在几百个波数(cm^{-1})以内，因为 $4f^n$ 层电子被同层和外层电子屏蔽，不同基质对 $4f^n$ 电子能级位置影响很小。不同基质对 $4f^n$ 电子能级的最大影响在于，在基质中稀土离子格位晶体场对称性的作用下，会产生 Stark 能级分裂，通常约 10^2 cm^{-1}。基质的声子能量大小对中间亚稳激发态能级的非辐射跃迁概率影响较大。尽管如此，Dieke 能级图仍然能反映出不同基质中三价稀土离子 $4f^n$ 组态能级。

过渡金属离子的能级通常用 Tanabe-Sugano 谱项图(T-S 能级图)描述[5]。图 2-2 给出了部分常见的 d^n 组态在八面体环境中的 T-S 能级图，用于解释自由离子的电子组态谱项分裂出来的各种状态的能量与离子同它的配位环境间相互作用强度之间的关系。T-S 能级图以数值 Δ/B 作为横坐标，E/B 作为纵坐标，其中 Δ 为晶体场分裂能，B 为电子间排斥参数，E 为能量。横坐标和纵坐标不采用绝对单位，这样可以扩大这些图的应用范围而不局限于某种特定的离子。图的最左边 Δ 为零，为自由离子谱项的能量。在图的右边，是分裂状态的能量。图中所有的基态能量对于全部的 Δ 值都是零。因此，在基态发生改变的地方所有线的斜率都急剧变化，如图 2-2(b)所示。图中这些"扭折"是人为的，并不是状态能量不连续[6]。参数 Δ 和 B 值可从化合物或络合物的吸收光谱、发射光谱并结合谱项图(利用能态高低次序)计算拟合得到。

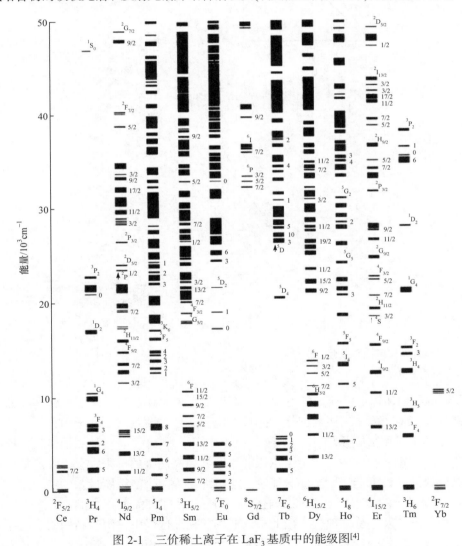

图 2-1　三价稀土离子在 LaF_3 基质中的能级图[4]

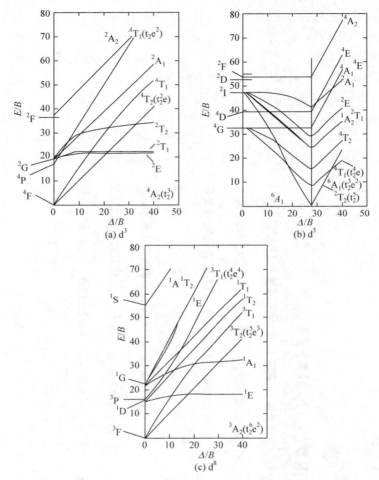

图 2-2　常用的 d^3、d^5、d^8 组态在八面体场中的 T-S 能级图[5]

2.1.3　辐射与非辐射跃迁

　　跃迁是指原子从一个能级状态过渡到另一能级状态的过程，包括非辐射跃迁(无辐射跃迁)和辐射跃迁。既不发射又不吸收光子的跃迁叫做非辐射跃迁，而辐射跃迁是指原子发射或吸收光子的跃迁。电子跃迁主要是激活离子内部能级的跃迁，本质上是组成物质的粒子(分子、原子或离子)中电子的一种能量变化。根据能量守恒原理，粒子的外层电子从低能级跃迁到高能级的过程中会吸收能量，而从高能级跃迁到低能级则会释放能量，能量大小为两个能级能量差的绝对值。

　　稀土离子的辐射跃迁主要是电偶极跃迁，对自由稀土离子的 4f 内壳层跃迁，由于不涉及宇称的改变，因此是禁戒的。在配位场中，由于结构网络的振动和配位场位能中的奇宇称部分，使得 4f 和 5d 混杂而消除了一定的禁戒，产生辐射跃迁。辐射跃迁辐射光子的过程可进一步分为自发辐射和受激辐射。

稀土离子的无辐射跃迁大致分为两种：①稀土离子间的相互作用；②稀土离子和基质之间的相互作用。由稀土离子间的相互作用引起的无辐射跃迁是一种共振能量传递过程，可以发生在同种或不同种稀土离子之间。稀土离子与基质间的相互作用是一种多声子弛豫过程，其无辐射弛豫概率取决于能级间的能量间隔和声子能量，前者由稀土离子的能级结构决定，后者由离子掺杂的基质结构决定。

原子中电子能级之间辐射跃迁遵从的规则叫做选择定则，该定则是量子力学角动量守恒定律和宇称守恒定律推导的结果。对于过渡金属离子或稀土离子来说，其电子跃迁选律(选择定则)还可以利用群论得到一般规律[6]。例如，对于一个简单的电偶极跃迁，跃迁概率 D 为

$$D = \left\langle \phi_i \middle| H \middle| \phi_j \right\rangle \tag{2-2}$$

式中，ϕ_i 是电子基态波函数；ϕ_j 为电子激发态波函数；H 为电偶极跃迁算符，它等于电量 e 与一长度矢量的乘积。从函数奇偶性的角度看，H 具有奇宇称。电子波函数可分离变量为独立的轨道波函数和自旋波函数，由于自旋波函数不含空间坐标，其轨道波函数就决定了电子波函数的宇称对称性。对于 d 电子，d 轨道波函数具有偶宇称，n 个 d 电子的总轨道波函数也是偶宇称，利用群论中直积关系式推断，对于所有 d→d 跃迁式(2-2)都为零，即都是宇称禁阻。而 d→f 和 p→d 跃迁则是允许的，跃迁前后电子自旋量子数不变。类似地，f 轨道波函数是奇宇称，无论有奇数个还是偶数个 f 电子，f→f 电偶极跃迁都是禁阻的。但磁偶极跃迁的选律刚好相反，因为它的算符表达式是偶宇称。不过固体中磁偶极跃迁不常见，因为多数情况下电偶极跃迁的强度远高于磁偶极跃迁。此外，虽然在很多情况下电偶极跃迁是禁阻的，但由于在晶格环境的影响下，电子波函数容易混入相反宇称的振动波函数(声子)；或混入其他组态，如 d 轨道中混入 p 轨道或 f 轨道中混入 d 轨道等；或积分中多了晶格畸变项。这些都会使式(2-2)不为零，即跃迁解禁。

掺稀土玻璃中的激光跃迁强烈地依赖于溶解于其中的离子的能级结构，由此产生辐射跃迁和无辐射跃迁的竞争。辐射跃迁包括自发辐射和受激辐射，大多数的无辐射过程高度耗散用于粒子数反转的泵浦光子能量。当离子衰减有许多通道时，总的概率是每个通道单个概率的总和。辐射和无辐射这两个主要的途径可以表达为[7]

$$\frac{1}{\tau} = \frac{1}{\tau_{rad}} + \frac{1}{\tau_{nr}} \tag{2-3}$$

式中，τ 是总寿命；τ_{rad} 和 τ_{nr} 分别是辐射寿命和无辐射寿命。辐射寿命源自荧光从激发态跃迁到所有更低的能级，无辐射寿命主要取决于玻璃组成和基质离子与稀土离子之间的振动耦合。在稀土离子浓度很高时，可能发生浓度猝灭效应，这

将降低激发态的寿命，当激光跃迁在外来杂质的吸收带附近时，浓度猝灭则占支配地位。比如 OH⁻与稀土离子形成类离子对的诱导加剧了浓度猝灭。辐射速率 (W_R)由吸收振子强度和发射振子强度决定[7]：

$$W_R = \frac{8(\pi en)^2}{(4\pi\varepsilon_0)mc^3\left(\lambda_{j\to i}\right)^2} \cdot \left(\frac{g_i}{g_j}\right)\varphi_{ab} \tag{2-4}$$

式中，$\lambda_{j\to i}$ 为受激发射情况下的发射波长，即激光波长；e 和 m 分别为电子的电量和质量；n 为折射率；ε_0 为介电常数；c 为真空中光速；g_i / g_j 为简并度；φ_{ab} 为吸收振子强度。$\left(\dfrac{g_i}{g_j}\right)\varphi_{ab}$ 等于发射振子强度 (φ_{em})，由式(2-4)可以看出，辐射速率与吸收振子强度、简并度以及材料的折射率成正比，因此对于给定的跃迁，折射率大的碲酸盐玻璃比折射率小的石英玻璃具有更大的辐射速率。利用 Judd-Ofelt 分析，可以计算出单个和总的辐射跃迁概率，其中最重要的两个参数是光学跃迁的总辐射速率和分支比，总辐射速率也依赖于无辐射部分，如多声子弛豫速率(W_{mp})和无辐射能量传递。从激发态到基态的弛豫过程可能不是完全辐射，用于激励的泵浦光子总能量的一部分将无辐射地损失，并且减少了激发态能级的寿命。当无辐射过程主要是多声子衰减时，掺杂离子的电子态可能通过几个临近重叠的声子桥连能级间隙无辐射地调整能量。重叠电子态和临近声子的强度代表了电子-声子耦合。耦合常数和临近声子能量决定了多声子弛豫速率。多声子弛豫速率是决定稀土离子寿命和量子效率最重要的参数之一，该参数可利用稀土离子能级的测试寿命(τ_m)和计算寿命(τ_{rad})进行求解[7]：

$$W_{mp} = \frac{1}{\tau_m} - \frac{1}{\tau_{rad}} \tag{2-5}$$

$$W_{mp} = W_0 \exp(-\alpha\Delta E) \tag{2-6}$$

式中，W_0 是外推到零能隙的多声子弛豫速率；α 是取决于基质材料的常数；ΔE 是两个能级之间的能隙。根据式(2-5)和式(2-6)，作者计算了钡碲酸盐玻璃中多声子弛豫速率与能隙的关系曲线，如图 2-3(a)所示。由玻璃的最大声子能量(770 cm⁻¹)可计算出 W_0 和 α 的值分别是 5.83×10^5 s⁻¹ 和 1.35×10^{-3} cm，这与 Reisfeld 和 Eyal 报道的 6.3×10^{10} s⁻¹ 和 4.7×10^{-3} cm 明显不同。这种差别来源于测试寿命所导致的误差，离子-离子相互作用会导致该值比真实值小。进一步计算了电子-声子耦合常数 γ[7]

$$\gamma = \exp(-\alpha h\omega) \tag{2-7}$$

式中，电子-声子耦合常数估计为 0.35；$h\omega$ 为基质的声子能量。该参数与硫系玻璃中的值类似，但比其他玻璃高 1～2 个数量级，这归因于不同玻璃中共价键强度的差异。

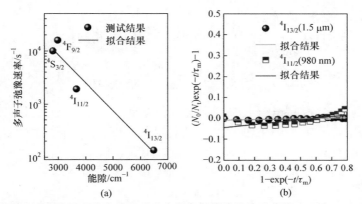

(a)　　　　　　　　　　　　(b)

图 2-3　(a)掺 Er^{3+}钡碲酸盐玻璃中多声子弛豫速率与能隙的关系曲线；(b)由 1.5 μm 和 980 nm 衰减曲线确定的$(N_0/N_t)\exp(-t/\tau_m)-1$ 和 $1-\exp(-t/\tau_m)$关系曲线，N_0 是泵浦功率关闭之后能级的粒子数，N_t 是与泵浦时间(t)相关的能级的粒子数

2.1.4　光谱理论

1. Judd-Ofelt 理论

Judd 和 Ofelt 从静态晶场引起相反宇称组态混杂的原理出发，推导了跃迁概率表达式，后来被称为 Judd-Ofelt 理论(或 Judd-Ofelt 模型，简称 J-O 理论或 J-O 模型)[8,9]，用于对稀土离子的光谱特性定量计算。到目前为止，J-O 理论是能够在一定精度内定量计算稀土离子的跃迁概率、受激发射截面、辐射寿命、荧光强度、荧光分支比和量子效率等参数的唯一有效理论方法。按照 J-O 理论，对于两个 J(自旋量子数 S 与轨道量子数 L 之间耦合的总角动量量子数)能级之间跃迁，即$|SLJ\rangle$(初态)$\rightarrow|S'L'J'\rangle$(终态)跃迁的电偶极振子强度为[8,9]

$$f_{ed}(J;J') = \frac{8\pi^2 m\upsilon}{3h(2J+1)e^2 n(\lambda)^2}\chi_{ed}S_{ed}(J;J') \tag{2-8}$$

式中，υ 是中心频率；$n(\lambda)$ 表示随波长变化的折射率；m、e、h 分别为电子质量、电量及普朗克(Planck)常数；χ_{ed} 是和折射率有关的局域场修正参数；J 和 J' 分别是初末态总角动量量子数；S_{ed} 为电偶极谱线强度，可以由下式计算得到。

$$S_{ed}(J;J') = \sum_{t=2,4,6}\Omega_t\left|\left\langle 4f^N(S,L)J\left\|U^{(t)}\right\|4f^N(S',L')J'\right\rangle\right|^2 \tag{2-9}$$

式中，$\Omega_t(t=2, 4, 6)$代表三个 J-O 参数，为谱线强度参数，取决于基质材料的配位场性质，与 J 无关。强度参量Ω_t 代表了稀土离子格点配位场的强度和对称性，不同化学环境下具有不同的电偶极子参量。一般认为Ω_2 与稀土离子的局域结构有关，受基质组分和场强影响最大，而Ω_4 和Ω_6 则与稀土离子格位的共价性有关。$\left|\left\langle 4f^N(S,L)J\left\|U^{(t)}\right\|4f^N(S',L')J'\right\rangle\right|$为跃迁约化矩阵元，基本上不随基质变

化，一般采用文献中的数据[10]。

实验振子强度（f_{exp}）可根据样品的吸收光谱由下式得到：

$$f_{\text{exp}} = \frac{m_e c^2}{\pi e^2 \bar{\lambda}^2 N_0} \int \alpha(\lambda)\mathrm{d}\lambda = \frac{m_e c^2}{\pi e^2 \bar{\lambda}^2 N_0} \frac{1}{0.43l} \int OD(\lambda)\mathrm{d}\lambda \tag{2-10}$$

式中，m_e、e、c 分别为电子的质量、电量和光速；$\bar{\lambda}$ 表示中心波长；$\alpha(\lambda)$ 为吸收系数；$OD(\lambda)$ 表示吸收带的光密度；l 为样品的厚度；N_0 为样品中稀土离子的浓度，可由下式计算：

$$N_0 = \frac{\rho N_A}{M_0 x} \tag{2-11}$$

式中，N_A 是阿伏伽德罗常数；M_0 是样品的摩尔质量；ρ 是样品的密度；x 是稀土离子的摩尔分数(%)。

通过测试玻璃的吸收光谱，从光谱中得到每个吸收带对应的 J' 值，初能级基态的量子数为 J。在吸收光谱中每个吸收带的面积就代表光密度，由此可以计算出吸收系数，据此再计算出吸收光谱中每个吸收带的实验振子强度 f_{exp}。

理论振子强度（f_{cal}）可表示为

$$f_{\text{cal}}^{\text{ed}} = \frac{8\pi^2 m_e c}{3h\bar{\lambda}(2J+1)} \frac{(n^2+2)^2}{9n} S_{\text{ed}} \tag{2-12}$$

值得注意的是，实验振子强度包括电偶极跃迁和磁偶极跃迁两部分的贡献，因此在利用最小二乘法对式(2-10)和式(2-12)拟合求 J-O 强度参数的过程中，需要扣除磁偶极跃迁的振子强度。大多数情况下，磁偶极跃迁的振子强度要比电偶极跃迁强度小 2～3 个数量级，因此可以忽略不计。但是对于满足选择定律，即 $\Delta S = \Delta L = 0$，$\Delta J = 0, \pm 1$ 的跃迁，磁偶极跃迁的振子强度不能被忽略，可以表示为

$$f_{\text{cal}}^{\text{md}} = \frac{2\pi^2 n}{3h m_e c \bar{\lambda}(2J+1)} \left| \sum_{S,L;S',L'} C(S,L)C(S',L') \left\langle 4f^N(S,L)J \| L+2S \| 4f^N(S',L')J' \right\rangle \right|^2$$

$$\tag{2-13}$$

式中，$C(S, L)$ 和 $C(S', L')$ 表示中介耦合系数，基本上不随基质变化而变化。$\left\langle 4f^N(S,L)J \| L+2S \| 4f^N(S',L')J' \right\rangle$ 为磁偶极运算符基元，可以按照下面公式计算：

当 $J' = J$ 时，为 $\hbar \left[\dfrac{2J+1}{4J(J+1)} \right]^{0.5} \left[S(S+1) - L(L+1) + 3J(J+1) \right]$ \hfill (2-14)

当 $J' = J-1$ 时，为 $\hbar \left\{ \left[(S+L+1)^2 - J^2 \right] \left[\dfrac{J^2 - (L-S)^2}{4J} \right] \right\}^{0.5}$ \hfill (2-15)

当 $J' = J+1$ 时，为 $\hbar\left\{\left[(S+L+1)^2 - (J+1)^2\right]\left[\dfrac{(J+1)^2 - (L-S)^2}{4(J+1)}\right]\right\}^{0.5}$　　(2-16)

结合上述公式，可以得到实验振子强度和计算振子强度，然后根据最小二乘法进行拟合求出三个强度参数 Ω_t。

为了评价拟合过程的准确性，可以求出电偶极振子强度的实验值和理论计算值之间的均方根偏差(δ_{rms})：

$$\delta_{\mathrm{rms}} = \left[\frac{\sum(f_{\mathrm{exp}} - f_{\mathrm{cal}}^{\mathrm{ed}})^2}{p - q}\right]^{0.5}\qquad(2\text{-}17)$$

式中，p 表示拟合过程中选取吸收带的个数；q 表示拟合参数的个数。由于稀土离子在基质中的强度参数不随具体跃迁的不同而变化，所以可选取吸收光谱中不包含磁偶极跃迁的波段进行拟合，计算误差主要来自吸收波段的选取和选取的数目。为了尽可能提高计算的准确性，进行拟合时应尽可能多地选取能够明显分辨的吸收波段，波段数目最好不低于 5 个。

在获得 J-O 强度参数 Ω_t 后，可以进一步计算从初始能级 $(S,L)J$ 到末态能级 $(S',L')J'$ 跃迁的自发辐射跃迁概率：

$$A\big[(S,L)J;(S',L')J'\big] = A_{\mathrm{ed}} + A_{\mathrm{md}} = \frac{64\pi^4 e^2}{3h\lambda^3(2J+1)}\left[\frac{n(n^2+2)^2}{9}S_{\mathrm{ed}} + n^3 S_{\mathrm{md}}\right]\quad(2\text{-}18)$$

$$A_{\mathrm{ed}}\left(J;J'\right) = \frac{64\pi^4 e^2}{3h\lambda^3\left(2J+1\right)}\frac{n\left(n^2+2\right)^2}{9}\sum_{t=2,4,6}\Omega_t\left|\left\langle 4f^N(S,L)J\left\|U^{(t)}\right\|4f^N(S',L')J'\right\rangle\right|^2$$

$$(2\text{-}19)$$

$$A_{\mathrm{md}}\left(J;J'\right) = \frac{64\pi^4 e^2}{3h\lambda^3\left(2J+1\right)}n^3 S_{\mathrm{md}}\qquad(2\text{-}20)$$

$$S_{\mathrm{md}}\left(J;J'\right) = \frac{1}{4m^2 c^2}\left|\left\langle (S,L)J\left\|L+2S\right\|(S',L')J'\right\rangle\right|^2\qquad(2\text{-}21)$$

式中，A_{ed} 和 A_{md} 分别表示电偶极和磁偶极跃迁的跃迁概率；S_{ed} 和 S_{md} 分别表示电偶极和磁偶极跃迁的谱线强度。

荧光分支比(β)和理论辐射寿命(τ_{rad})可以分别表示为

$$\beta(J;J') = \beta\big[(S,L)J;(S',L')J'\big] = \frac{A\big[(S,L)J;(S',L')J'\big]}{\displaystyle\sum_{(S',L')J'}A\big[(S,L)J;(S',L')J'\big]}\qquad(2\text{-}22)$$

$$\tau_{\mathrm{rad}} = \frac{1}{\displaystyle\sum_{(S',L')J'}A\big[(S,L)J;(S',L')J'\big]}\qquad(2\text{-}23)$$

相应的受激发射截面 σ_e 为

$$\sigma_e = \frac{\lambda_p^4}{8\pi cn^2}\frac{1}{\Delta\lambda_{eff}}A(J;J')\tag{2-24}$$

式中，λ_p 是荧光光谱的峰值波长；$\Delta\lambda_{eff}$ 为有效线宽。由于稀土离子在具有非周期性结构的玻璃材料中非均匀展宽，所以常用有效线宽取代通常的荧光半高宽来衡量荧光光谱宽带。发射截面是评估激光玻璃激光性能非常重要的参数，采用 J-O 理论计算时需要同时获得吸收光谱和发射光谱的数据。一般 τ_{rad} 可以通过 J-O 理论计算或通过接近热力学零度时相关能级的荧光寿命获得。

通过理论辐射寿命和实验测试的辐射寿命(τ_m)，可以进一步计算出量子效率(η)：

$$\eta = \frac{\tau_m}{\tau_{rad}}\tag{2-25}$$

用 J-O 理论分析了各种稀土离子在玻璃中的光谱性质。以掺 Tm^{3+} 氟锗酸盐玻璃为例，吸收光谱采用 Perkin-Elmer Lambda 900 UV/VIS/NIR 双光束吸收光谱仪测试，步长为 1 nm。图 2-4 给出了掺 Tm^{3+} 和 Yb^{3+}/Tm^{3+} 共掺玻璃在 250～2000 nm 典型的吸收光谱。掺 Tm^{3+} 样品的吸收光谱包含 6 个吸收峰，分别位于 356 nm、470 nm、684 nm、791 nm、1210 nm 和 1655 nm，对应从 $^3H_6$ 基态到 $^1D_2$、$^1G_4$、$^3F_{2,3}$、$^3H_4$、$^3H_5$ 和 $^3F_4$ 激发态的跃迁。对于 Yb^{3+}/Tm^{3+} 共掺的样品，除了可以看到 Tm^{3+} 的 6 个吸收峰之外，还存在一个位于 980 nm 附近非常强的吸收峰，其来源于 $Yb^{3+}:{}^2F_{7/2}\rightarrow{}^2F_{5/2}$ 跃迁。该吸收峰明显强于 Tm^{3+} 在 808 nm 的吸收峰，表明利用 980 nm LD 进行泵浦有望获得更加高效的吸收效率。

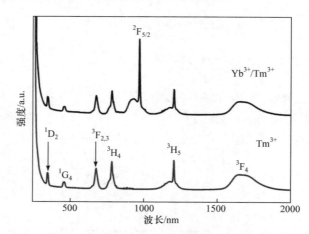

图 2-4　掺 Tm^{3+} 和 Yb^{3+}/Tm^{3+} 共掺氟锗酸盐玻璃的吸收光谱

基于图 2-4 的吸收光谱，根据 J-O 理论并采用最小二乘法可以拟合出 Tm^{3+} 的实验振子强度 f_{exp} 和 J-O 强度参数，计算结果如表 2-1 所示。这里 J-O 强度参数的误差值通过多次计算而得。在拟合过程中，采用了 $^3H_6$ 基态能级到 $^3F_4$、$^3H_4$、$^3F_{2,3}$、$^1G_4$ 和 $^1D_2$ 激发态能级的五个吸收峰。计算振子强度也列在表 2-1 中用于和实验振子强度进行对比。这里的约化矩阵元参考 Tanabe 的数据。拟合得到的均方差 (δ) 仅为 1.13×10^{-6}，表明拟合结果可以接受。Ω_t 可以进一步用于计算每一个激发态的跃迁概率 A、荧光分支比 β 和辐射寿命 τ_{rad}，表 2-2 总结了所有的计算结果。

表 2-1　单掺 Tm^{3+} 氟锗酸盐玻璃的实验和计算的振子强度、均方根和 J-O 强度参数

吸收	波长/nm	振子强度/10^6	
		f_{exp}	f_{cal}
$^3H_6 \rightarrow {}^3F_4$	1655	3.92	3.93
$^3H_6 \rightarrow {}^3H_4$	791	3.93	3.81
$^3H_6 \rightarrow {}^3F_{2,3}$	684	3.64	3.74
$^3H_6 \rightarrow {}^1G_4$	470	1.56	1.12
$^3H_6 \rightarrow {}^1D_2$	356	3.69	2.14
$\delta/10^{-6}$		1.13	
$\Omega_t/10^{-20}\ cm^2$		$\Omega_2 = 6.11 \pm 0.03,\ \Omega_4 = 1.41 \pm 0.01,\ \Omega_6 = 1.31 \pm 0.02$	

表 2-2　单掺 Tm^{3+} 氟锗酸盐玻璃的自发辐射跃迁概率 A、荧光分支比 β 和辐射寿命 τ_{rad}

初态	终态	A_{ed}/s^{-1}	A_{md}/s^{-1}	β	$\tau_{rad}/\mu s$
$^3F_4$	$^3H_6$	402		1.00	2491
$^3H_5$	$^3H_6$	333	78.85	0.99	2410
	$^3F_4$	3	0.14	0.01	
$^3H_4$	$^3H_6$	1794		0.90	510
	$^3F_4$	148	19.08	0.08	
	$^3H_5$	25	8.04	0.02	
$^3F_3$	$^3H_6$	2472		0.77	314
	$^3F_4$	79	55.30	0.04	
	$^3H_5$	571		0.19	
	$^3H_4$	6	0.33	0	
$^3F_2$	$^3H_6$	846		0.38	314
	$^3F_4$	1050		0.48	
	$^3H_5$	278		0.13	
	$^3H_4$	27		0.01	
	$^3F_3$	0.01	0.02	0	

续表

初态	终态	A_{ed}/s^{-1}	A_{md}/s^{-1}	β	$\tau_{rad}/\mu s$
	$^3H_6$	1513		0.45	
	$^3F_4$	198		0.06	
$^1G_4$	$^3H_5$	1000	8.17	0.34	298
	$^3H_4$	379	138.15	0.12	
	$^3F_3$	66	33.58	0.02	
	$^3F_2$	17	3.23	0.01	

2. Mc-Cumber 理论

Mc-Cumber(MC)理论可以将稀土离子的发射截面和吸收截面联系起来，是除 J-O 理论外常用来计算稀土离子发射截面的方法，它的一个假定是在能级多组态内建立热平衡的时间要小于其能级寿命。MC 理论对 $Er^{3+}:^4I_{15/2}\leftrightarrow^4I_{13/2}$、$Tm^{3+}$: $^3H_6\leftrightarrow^3H_4$、$Nd^{3+}:^4I_{9/2}\leftrightarrow^4I_{13/2}$ 跃迁的吸收和发射截面都显示出较高的准确度。

按照 MC 理论，发射截面和吸收截面的关系如下：

$$\sigma_e(\lambda) = \sigma_a(\lambda)\frac{Z_L}{Z_U}\exp\left(\frac{E_{ZL}-h\upsilon}{kT}\right) \tag{2-26}$$

式中，σ_e 表示受激发射截面；σ_a 表示吸收截面；Z_U 和 Z_L 分别表示低温下测试的上下能级的配分函数，二者的比值在高温范围也可以利用上下能级简并度之比近似代替；υ 表示光子频率；k 为玻尔兹曼(Boltzmann)常数；T 为热力学温度，kT 在室温下约为 200 cm^{-1}；E_{ZL} 表示零线能，即上下能级最低 Stark 能级之间的能量差值。对于 Tm^{3+} 而言，$Z_L/Z_U = 1.521$，上能级和下能级分别为 $^3F_4$ 和 $^3H_6$ 能级，λ_{ZL} 取 1768 nm。

吸收截面可以直接从测量的吸收光谱中计算得到：

$$\sigma_a(\lambda) = \frac{2.303OD(\lambda)}{N_0l} = \frac{\log(I_0/I)}{N_0l} \tag{2-27}$$

式中，$OD(\lambda)$ 表示吸收带的光密度；N_0 表示稀土离子的掺杂浓度(ions/cm^3)；l 表示样品的厚度；I 和 I_0 分别为入射光强和通过长度 l 的介质后的光强。

3. Fuchtbauer-Ladenburg 方程

受激发射截面还可以采用 Fuchtbauer-Ladenburg(F-L)方程进行确定，该方程能够将稀土离子的荧光光谱与自发辐射跃迁概率关联起来，并且还能够确定稀土离子中间能级之间跃迁的受激发射截面，这是使用 MC 理论不能够计算的。它可以表示为[7]

$$\sigma_{e}(\lambda) = \frac{A_{r}\lambda^{5}I(\lambda)}{8\pi n^{2}c\int \lambda I(\lambda)\mathrm{d}\lambda} \tag{2-28}$$

式中，A_{r} 表示稀土离子某一具体跃迁的自发辐射跃迁概率；$I(\lambda)$ 表示测试的荧光强度。

图 2-5 展示了掺 Tm^{3+} 氟锗酸盐玻璃的吸收截面和利用 MC 理论和 F-L 方程计算的发射截面。可以看到，Tm^{3+} 的 σ_{a}、σ_{e}^{MC} 和 σ_{e}^{FL} 的最大值分别为 $0.45\times10^{-20}\ cm^{2}$ (1652 nm 处)、$0.49\times10^{-20}\ cm^{2}$(1835 nm 处)和 $0.69\times10^{-20}\ cm^{2}$(1709 nm 处)，该值与其他玻璃中的值在同一数量级[7]。

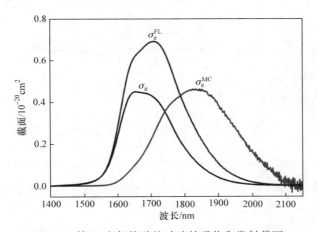

图 2-5　掺 Tm^{3+} 氟锗酸盐玻璃的吸收和发射截面

4. 增益特性

增益截面是稀土掺杂激光材料的另一个重要参数。对于 Tm^{3+}，1.8 μm 发光的终态能级是 $^{3}H_{6}$ 能级，即 Tm^{3+} 的基态，因此计算增益系数需要考虑信号光基态吸收(GSA)导致的重吸收。在这种情况下，增益系数通过下式计算[7]：

$$G(\lambda) = n(^{3}F_{4})\sigma_{e}(\lambda) - n(^{3}H_{6})\sigma_{a}(\lambda) \tag{2-29}$$

式中，$n(^{3}F_{4})$ 和 $n(^{3}H_{6})$ 分别是 $^{3}F_{4}$ 和 $^{3}H_{6}$ 能级的粒子数。假如 Tm^{3+} 的粒子仅在 $^{3}F_{4}$ 和 $^{3}H_{6}$ 能级布居，则增益系数可以通过 σ_{a} 和 σ_{e} 进行计算[7]：

$$G(\lambda) = N\left[p\sigma_{e}(\lambda) - (1-p)\sigma_{a}(\lambda)\right] \tag{2-30}$$

$$p = \frac{n(^{3}F_{4})}{N} \tag{2-31}$$

式中，$G(\lambda)$ 是计算在波长 λ 处从上能级到下能级跃迁的增益系数；N 为稀土离子的浓度；$G(\lambda)/N$ 即为增益截面；$p = 0\sim1.0$ 是反转因子，代表上激光能级占总粒子之比。图 2-6 展示了 Tm^{3+}:$^3F_4 \rightarrow {}^3H_6$ 跃迁的增益截面。曲线由下到上，p 从 0 增大到 1.0。值得注意的是，当 p 高于 0.2 时即可获得激光输出，这预示该玻璃可以获得较低的激光阈值，其增益的波长范围为 1836～2100 nm。掺 Tm^{3+} 玻璃的调谐发光性能显示出其在 1.8 μm 调谐激光器中的潜在应用。从图 2-6 中还可以看出，最大增益的峰位随着粒子数反转减小而向长波长处略有移动，这是准三能级激光系统的典型特征。

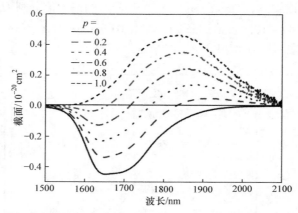

图 2-6　掺 Tm^{3+} 氟锗酸盐玻璃 $^3F_4 \rightarrow {}^3H_6$ 跃迁的增益截面

假设粒子数完全反转且不存在最大增益的重吸收损耗，增益系数也可以表达为饱和增益系数，并采用以下公式进行计算[7]：

$$g = 10\lg\left[\exp(\sigma_e N)\right] \tag{2-32}$$

计算得到饱和增益系数 g 高达 7.66 dB/cm，远高于碲酸盐玻璃(4.00 dB/cm[7])。因此，掺 Tm^{3+} 氟锗酸盐玻璃非常适合作为高增益光纤的基质材料。玻璃的光谱品质因子(FOM)也是一个重要的光谱参数，它可以预测激光运转的难易程度[7]：

$$\text{FOM} = \sigma_e \tau_m \tag{2-33}$$

计算可得该样品的 FOM 值高达 7.18×10^{-24} s · cm^2，与掺 Tm^{3+} 碲酸盐玻璃相当但小于氟化物玻璃[7]。由式(2-33)可知，这得益于玻璃较大的发射截面(0.69 × 10^{-20} cm^2)和较长的寿命(1.04 ms)。较大的 FOM 有利于玻璃获得较低的激光阈值，即容易产生激光输出。表 2-3 对掺 Tm^{3+} 氟锗酸盐玻璃的主要光谱参数进行了总结。

表 2-3　掺 Tm^{3+} 氟锗酸盐玻璃的主要光谱参数

参数	σ_a /10^{-20} cm^2	σ_e^{MC} /10^{-20} cm^2	σ_e^{FL} /10^{-20} cm^2	FOM/10^{-24} s · cm^2	g/(dB/cm)
计算值	0.45	0.49	0.69	7.18	7.66

　　有源光纤的增益系数需要通过实验测定。光纤的净增益系数是衡量增益光纤的重要参数，直接反映增益光纤放大光的能力，较高的净增益系数能带来更好的光纤激光性能。实验中采用光纤放大器来测试净增益系数，光纤放大器的原理与光纤激光器类似，同样是基于受激辐射实现。不同的是，光纤放大器没有谐振腔，而是需要输入信号激光。在泵浦光的作用下，增益光纤中的稀土离子实现受激辐射，产生与信号激光光子性质完全相同的光子，从而对信号光进行放大，放大的程度可用单位长度光纤的净增益来度量[11]：

$$G = \frac{10\lg\left(\dfrac{P_{\text{out}}}{P_{\text{in}}}\right)}{L} \tag{2-34}$$

式中，P_{in} 和 P_{out} 分别为输入和输出光纤光功率，单位为 mW；L 为测试光纤的长度，单位为 cm；G 为净增益系数，单位为 dB/cm。可见增益与损耗是两个相反的过程，实际的净增益系数是单位长度的内增益减去吸收损耗。

　　净增益系数测试过程及装置图如图 2-7 所示。实验中增益光纤与两端跳线采用陶瓷套管连接。具体步骤如下：①如图 2-7(a) 所示连接光路，首先打开信号光源，在输入增益光纤前测量末端跳线输出(即图中 P_1 所指位置)的功率为 P_1，随后关闭信号光源，将增益光纤与两端跳线连接好并固定；②打开泵浦光源，在输出端(图中 P_{2a} 所指位置)采用功率计测量此时的背景噪声功率 P_{2a}，注意此时的功率计波长应设置为此后应测试的信号光波长；③进一步将信号光源打开，测量此时输出端(图中 P_{2b} 所指位置)的信号光的输出功率 P_{2b}；④关闭泵浦和信号光源，如图 2-7(b) 所示，将与增益光纤两端连接的跳线与波分复用器(WDM)连接处截断后，并如图 2-7(c) 所示，一端与 1310 nm LD 输出端光纤熔接，并在熔接前测量 1310 nm LD 的输出功率 P_3，另一端可与另一根跳线熔接或者插入裸纤适配器；⑤打开 1310 nm LD，在输出端(图中 P_4)所示位置，测量此时的 1310 nm 输出功率 P_4。

　　设光纤的净增益系数为 G，实验测试的增益为 G_1，其中 G_1 满足下式[11]：

$$G_1 = 10\lg\left(\frac{P_{2b} - P_{2a}}{P_1}\right) \tag{2-35}$$

同时光纤与两端跳线的连接损耗 α_1 满足下式[11]：

$$\alpha_1 = 10\lg\left(\frac{P_3}{P_4}\right) \tag{2-36}$$

故有[11]

$$G = \frac{G_1 + \alpha_1}{L} \tag{2-37}$$

应指出，这里忽略了系统其他损耗，只考虑了光纤与两端跳线的连接损耗 α_1。如果存在特殊情况，则需标定其他损耗，进而修正式中 α_1 为系统总损耗 α_2，如所测波长不在 WDM 工作波长，则需要标定 WDM 对所测波长的信号光产生的损耗。在图 2-7(a)中 P_{2b} 所指位置测量不同泵浦功率(电流)下的信号光谱，若信号光强度随泵浦功率(电流)增加而增强，可证明所用的光纤放大器对信号光产生了放大作用。

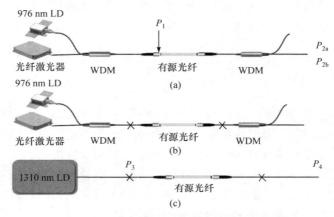

图 2-7　有源光纤的净增益系数测试方法及装置图[11]

2.1.5　荧光寿命

处于激发态的发光中心，电子以一定概率以辐射的方式回到基态，其余则以非辐射方式耗散掉能量后回到基态。假设它们分别有不同的速率 Γ 和 K_{nr}，那么发光中心激发态衰减速率为[12,13]

$$\frac{\mathrm{d}n(t)}{\mathrm{d}t} = -(\Gamma + K_{nr})n(t) \tag{2-38}$$

式中，$n(t)$ 表示 t 时刻处于激发态的发光中心数，可解得

$$n(t) = n_0 \mathrm{e}^{-(\Gamma + K_{nr})t} \tag{2-39}$$

荧光强度正比于处于激发态的发光中心数，所以式(2-39)又可以写成

$$I(t) = I_0 \mathrm{e}^{-(\Gamma + K_{nr})t} \tag{2-40}$$

式中，I_0 为时间为零时的荧光强度。

定义荧光寿命 τ 为荧光衰减速率的倒数：

$$\tau = \frac{1}{\Gamma + K_{nr}} \tag{2-41}$$

则式(2-40)可以写成

$$I(t) = I_0 \mathrm{e}^{-\frac{t}{\tau}} \tag{2-42}$$

荧光寿命可以理解为发光中心在激发态停留的统计平均时间。在实验数据处理上用荧光强度的对数对时间作图，求得的直线斜率就是 $-\dfrac{1}{\tau}$。

由于实际发光体系比较复杂，荧光衰减往往比较符合多指数衰减或非指数衰减：

$$I(t) = \sum_i \alpha_i I_0 \mathrm{e}^{-\frac{t}{\tau}} \tag{2-43}$$

式中，α_i 为第 i 项的指前因子。衰减方程的复杂性反映发光过程涉及多中心或发光中心存在状态的复杂性。

对于双指数荧光衰减曲线，可以通过双指数方程拟合[14]：

$$I = A_1 \exp\left(-\frac{t}{\tau_1}\right) + A_2 \exp\left(-\frac{t}{\tau_2}\right) \tag{2-44}$$

式中，A_1 和 A_2 是常数；τ_1 和 τ_2 是荧光寿命；I 代表时间 t 时的荧光强度。双指数衰减一般起因于玻璃中共存着两种活性中心或衰减通道。在这种情况下，衰减寿命可以采用平均寿命表达[15]：

$$\bar{\tau} = \frac{A_1 \tau_1^2 + A_2 \tau_2^2}{A_1 \tau_1 + A_2 \tau_2} \tag{2-45}$$

2.1.6　能量传递

能量传递和迁移是激光材料和发光材料中非常重要的物理过程，涉及发光的浓度猝灭、激活离子的敏化、激发态吸收的损耗、上转换发光等现象。一般把相同种类离子之间的能量交换称为能量转移(或能量迁移)，把不同种类离子之间的能量交换称为能量传递。当发光中心吸收激发能量后，电子从基态跃迁至激发态，激发态能量只能以辐射跃迁(发光)和无辐射跃迁(发热)两种方式耗散掉，同时伴随着电子从激发态返回到基态。能量传递是两个中心间相互作用引起的一种跃迁，在这个过程中失去能量成为供体(或称施主)，获得能量成为受体(或称受主)。能量传递和迁移是电、磁相互作用和交换作用的结果，在大多数材料中，能量传递由电偶极-电偶极相互作用引起。

如果在电子跃迁回到基态之前，激发态能量从一个中心传递至另一个中心即发生能量传递，此时产生一条额外的去激发能量通道，其激发态动力学过程变得较为复杂。发光材料中能量的传递与输运途径主要如下[12,16,17]。

(1) 辐射能量传递(再吸收)：指基质中一发光中心(敏化剂)发光后，光波在固体中传播，被另一发光中心(激活剂)所吸收的现象。这需要敏化剂的发射能级和激活剂的激发能级匹配，即敏化剂的发射光谱和激活剂的激发光谱重叠。输运能量的是光子，所以输运距离可以较大。这个过程受温度影响较小。

(2) 载流子传递：载流子是指导体和半导体中能够承载定向电流的带电粒子，半导体中的载流子包括导带中的电子和价带中的空穴。载流子传递这一过程一般发生在半导体这类禁带宽度较小的固体里，这类固体受激发后，产生载流子，在载流子的扩散过程中传递能量。这一过程以电流或光电导为特征，很容易受温度的影响。

(3) 激子能量传递：激子是绝缘体或半导体中电子和空穴由其间库仑相互作用而结合成的一个束缚态系统。激子(电子-空穴对)作为一个激发中心，通过与其他中心之间的再吸收、共振传递等途径将能量传输出去。由于激子自身的运动，很容易把能量从基质的一端晶格传输到基质的另一端晶格，传递距离很远。这一现象常发生在离子晶体中。

(4) 无辐射共振能量传递：指敏化剂中心通过电偶极子、电四偶极子、磁偶极子或交换作用等近场力的相互作用把激发能传给激活剂中心的过程。这同样要求两中心的能级匹配，如图 2-8(a)所示。共振能量传递的相互作用类型可以从两中心作用距离来判断，因为这些作用有不同的作用强度。一般共振能量传递的距离从一个原子的线度到 10 nm 左右，且传递概率与距离的几次方成反比，随着距离的扩大，传递概率迅速减小。

(5) 无辐射非共振能量传递：如果敏化中心的发射光谱和激活中心的吸收光谱不存在有效重叠，即不严格符合共振能量传递的条件，但在声子的辅助下，能量传递也可以发生，此过程即为非共振能量传递，如图 2-8(b)所示。由于该过程伴随着声子的产生与湮灭，所以又被称为声子辅助的能量传递(PAET)。

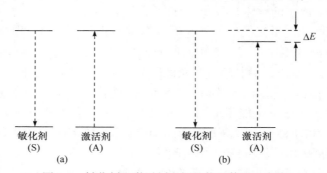

图 2-8　敏化剂和激活剂之间的能量传递示意图

(a) 无辐射共振能量传递；(b) 无辐射非共振能量传递，ΔE 是失配能量

在禁带宽度较大的非电导性材料中，特别是稀土或过渡金属离子作为发光中心的材料中，共振传递是主要的能量传递方式。20 世纪 40 年代，基于对电偶极相互作用的半经验量子化处理，Förster 初步建立了能量传递理论[18]。随后

Dexter[19]发展了这一理论，利用量子力学的方法，扩展引入高阶多极相互作用及交换作用。鉴于 Förster 和 Dexter 在构建能量传递理论方面的巨大贡献，该理论又称为 Förster-Dexter 能量传递理论。Dexter[19]提出，共振传递过程中施主离子(即敏化剂)和受主离子(即激活剂)之间的能量传递可以通过静电相互作用(图 2-9(a))或交换相互作用进行(图 2-9(b))。

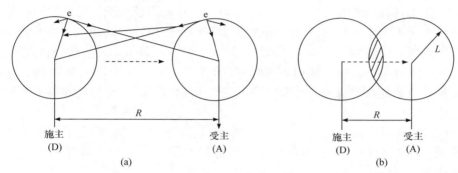

图 2-9　共振能量传递中的(a)静电相互作用示意图和(b)交换相互作用示意图

D 和 A 分别代表施主离子和受主离子，R 表示距离，e 代表电子，单箭头表示静电吸引力或静电排斥力，L 表示电子与原子核间的距离，阴影部分表示 D 和 A 的电子波函数交叠

(1) 静电相互作用：从物理模型上看表现为多极子相互作用。根据 D 和 A 的跃迁特点，多极子相互作用又分为电偶极-电偶极相互作用(d-d)、电偶极-电四极相互作用(d-q)、电四极-电四极相互作用(q-q)等。一般地，D 和 A 之间的能量传递概率 P_{DA} 可表示为

$$P_{\mathrm{DA}} = \frac{2\pi}{h}\left|\left\langle \mathrm{D}^*,\mathrm{A}\left|H_{\mathrm{DA}}\right|\mathrm{D},\mathrm{A}^*\right\rangle\right|^2 \int g_{\mathrm{D}}(E)g_{\mathrm{A}}(E)\mathrm{d}E \qquad (2\text{-}46)$$

式中，$\left\langle \mathrm{D}^*,\mathrm{A}\right|$ 和 $\left|\mathrm{D},\mathrm{A}^*\right\rangle$ 分别表示始态和终态；H_{DA} 是相互作用的哈密顿算符；h 表示普朗克常数。积分项 $\int g_{\mathrm{D}}(E)g_{\mathrm{A}}(E)\mathrm{d}E$ 表示 D 与 A 光谱重叠部分。更具体地，如对于电偶极-电四极相互作用(d-q)存在如下关系式：

$$P_{dq}(R) = \frac{135\pi\alpha c^8\hbar^9}{4n^6\tau_{\mathrm{D}}\tau_{\mathrm{A}}R^8}\int \frac{f_{\mathrm{D}}(E)F_{\mathrm{A}}(E)}{E^8}\mathrm{d}E \quad (\alpha = 1.266) \qquad (2\text{-}47)$$

式中，n 是基质的折射率；τ_{D} 和 τ_{A} 分别是 D 和 A 的本征辐射寿命；R 是 D 和 A 的距离；$f_{\mathrm{D}}(E)$ 和 $F_{\mathrm{A}}(E)$ 分别表示 D 发射光谱和 A 吸收光谱的形状，且都是归一化的；$E = h\nu$ 是传递的能量。从式(2-47)可以更直观地看出，传递概率与光谱叠加程度成正比，与 R^8 成反比。所以在基质不变的情况下，要提高能量传递效率就要增加光谱叠加程度和减小 R 值。事实上，一个传递过程很可能是多极子相互作用的共同结果，即包含了 d-d、d-q、q-q 等，所以传递概率为

$$P_s\left(R\right)=\frac{\alpha_{dd}}{R^6}+\frac{\alpha_{dq}}{R^8}+\frac{\alpha_{qq}}{R^{10}}+\cdots=\sum_{s=6,8,10}\frac{\alpha_s}{R^s} \tag{2-48}$$

式中，α_{dd}、α_{dq}、α_{qq} 分别为电偶极-电偶极、电偶极-电四极、电四极-电四极相互作用参数，最后一项 s=6,8,10 分别对应于 d-d, d-q, q-q 相互作用。如果对于 D 和 A 来说，电偶极跃迁都是允许的，那么 $\alpha_{dd}>\alpha_{dq}>\alpha_{qq}$，即电偶极-电偶极相互作用具有最大的传递概率。但当 D 或 A 的电偶极跃迁是禁阻的时候，如稀土离子 f→f 跃迁，那么具有指数更大的相互作用，如 d-q 或 q-q 的传递概率就可能更大，因为式(2-48)中在距离 R 很小时 d-q 和 q-q 对应的 R 的指数更大。在一个发光体系中，利用传递概率与距离(与 D 和 A 的浓度有关)的关系曲线，算出指数的取值就可以推断出这个发光体系 D 与 A 能量传递属于哪种作用机制。

(2) 交换相互作用：当 D 与 A 的距离足够近时，它们的电子波函数间存在交叠，这时它们之间的能量传递可以通过交换作用进行。传递概率 $P_{ex}(R)$ 可表示为

$$P_{ex}\left(R\right)=\frac{2\pi}{\hbar}K^2\exp(-2R/L)\int F_D\left(E\right)F_A\left(E\right)dE \tag{2-49}$$

式中，K^2 是常数；R 是 D 与 A 之间的距离；L 是有效 Bohr 半径，即激发态的 D 和基态的 A 的平均半径，后面的积分项表示 D 与 A 的光谱重叠积分。需要注意的是，这里既然要求 D 与 A 的电子云重叠，那么 D 与 A 就只能在近邻的格位。式(2-49)虽然要求 D 与 A 光谱重叠，但并没要求光谱强度，所以如果 D 或 A 的电偶极跃迁是禁阻的，只要 D 与 A 紧挨着，那么 D 与 A 通过交换作用传递能量的概率就可能大过多极子相互作用。

除了 D 和 A 之间有能量传递，D 与 D、A 与 A 之间都可以存在能量传递。当 D 与 D、A 与 A 之间的能量传递概率大于 D 和 A 之间的能量传递概率时，增加 D 或 A 浓度，就会导致 D 或 A 发光强度减弱，这就是浓度猝灭效应。浓度猝灭产生的可能机理有：激发能量由于激活剂之间的交叉弛豫(相同离子间由于共振能量传递而发生弛豫)而损失掉；激发能量在激活剂间的迁移随着激活剂浓度的增加而加剧，使得能量容易遇到距离较远的作为猝灭中心的缺陷或晶体表面；激活离子成对出现或聚集，成为猝灭中心。浓度猝灭在发光材料中是普遍现象。

由式(2-49)可知，如果两个稀土离子各自的激发态能级不匹配，那么能量传递的概率将为 0，因为光谱重合项为 0。但是，实验证明这种情况下能量传递仍然可能发生，即系统整体的能量通过声子的生成或湮灭来保持守恒，其中声子的能量接近 $k_B\Theta_d$，Θ_d 是基质材料的德拜温度[20]。当能量失配很小时(约 100 cm^{-1})，可以借助一个或两个声子的辅助而发生能量传递[21]。但是，在稀土离子的能量传递过程中，能量失配往往高达几千波数(cm^{-1})，远高于普通基质中的德拜截止

频率，这种情况下需要考虑多声子的参与。Miyakawa 和 Dexter[22]在理论上分析了多声子过程，他们得到类似于多声子弛豫(MPR)的依赖关系。依据他们的理论，声子辅助能量传递(PAET)的概率可以表示为

$$W_{\text{PAET}}(\Delta E) = W_{\text{PAET}}(0) e^{-\beta \Delta E} \tag{2-50}$$

式中，ΔE 为施主和受主电子能级之间的能量差；β 是一参数，其数值取决于电子-基质耦合的强度以及声子的性质；$W_{\text{PAET}}(0)$ 是能量差为零时的外推值。式(2-50)与 Miyakawa-Dexter 提出的多声子弛豫速率的公式具有相同的形式：

$$W_{\text{MPR}}(\Delta E) = W_{\text{MPR}}(0) e^{-\alpha \Delta E} \tag{2-51}$$

其中 α 由下式给出：

$$\alpha = \frac{1}{\hbar \omega} \{ \ln[N / g(n+1)] - 1 \} \tag{2-52}$$

式中，α 和 β 的关系是 $\beta = \alpha - \gamma$ ，$\gamma = \frac{1}{\hbar \omega}[\ln(1 + g_{\text{S}} / g_{\text{A}})]$ ，g 是电子-声子耦合常数，下标 S 和 A 分别表示敏化离子(S)和激活离子(A)；n 为激发的声子的数量；$\hbar \omega$ 为声子的能量；N 为声子发射的数量，且 $N = \Delta E / \hbar \omega$ 。研究者系统地研究了在 Y_2O_3 基质中稀土离子之间的非共振声子辅助能量传递[23]，发现 S 和 A 之间的能量差异在一个很大范围内变化，甚至高达 4000 cm^{-1}。另有研究者发现声子辅助能量传递的概率与能量差呈指数依赖关系[24]。

需要特别指出的是，以上讨论的都是一个 S 与一个 A 之间的能量传递过程。如果 S 的能级差是两个或多个 A 发射能量之和，即一个 S 与两个或多个 A 之间满足共振能量传递条件，此时能量传递也可以发生[25]。一个典型的例子是 Tm^{3+}-Yb^{3+}离子对之间的能量传递现象。在蓝光激发下，一个 Tb^{3+}同时与两个 Yb^{3+}相互作用，通过共振能量传递方式实现了 Tb^{3+}:$^5D_4 \rightarrow 2Yb^{3+}$:$^2F_{5/2}$ 能量传递[26]，这样的机理称为协作能量传递(或合作能量传递)，如图 2-10(a)所示。当 S 的电子从较高能级至中间能级的跃迁与 A 从基态到某一激发态的吸收跃迁满足共振能量传递条件时，能量传递也可以发生，此时 S 和 A 将都处于激发态，如图 2-10(b)所示，这种现象称为交叉弛豫。这两种特殊的共振能量传递过程是实现上能级转换和下能级转换多光子过程的重要机制。

稀土离子之间的能量传递参数可以通过能量传递效率和能量传递系数表征。以 Yb^{3+}敏化 Tm^{3+}的发光为例，从 Yb^{3+}到 Tm^{3+}的能量传递效率 η_{ET} 可以由下式确定[7]：

$$\eta_{\text{ET}} = 1 - \frac{\tau_0}{\tau} \tag{2-53}$$

式中，τ 和 τ_0 分别是单掺 Yb^{3+}和 Yb^{3+}/Tm^{3+}共掺玻璃中 Yb^{3+}:$^2F_{5/2}$ 能级的寿命。图 2-11 展示了 980 nm 泵浦下监测 Tm^{3+}:$^3F_4$ 和 Yb^{3+}:$^2F_{5/2}$ 能级的 1.8 μm 和 1.0 μm

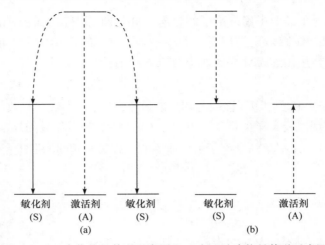

图 2-10　(a)合作能量传递示意图和(b)交叉弛豫能量传递示意图

的平均衰减寿命以及能量传递效率与 Tm$_2$O$_3$ 掺杂浓度的关系曲线。可以看到，Yb^{3+}和 Tm^{3+}的寿命从 0.57 ms 和 3.46 ms 显著地降低到了 0.20 ms 和 1.84 ms。相反地，能量传递效率则增大到了 80.7%。

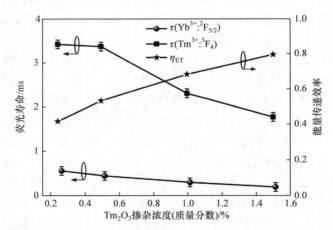

图 2-11　980 nm 泵浦下监测 Tm^{3+}:^{3}F$_4$(1.8 μm)和 Yb^{3+}:^{2}F$_{5/2}$(1.0 μm)能级的平均寿命以及能量传递效率与 Tm$_2$O$_3$ 掺杂浓度的关系

为了探索 Yb^{3+}/Tm^{3+}共掺样品中上转换过程发生的概率，给出了每一步上转换的具体过程和相应的能量失配：

$$Yb^{3+}{:}^2F_{5/2} + Tm^{3+}{:}^3H_6 \rightarrow Yb^{3+}{:}^2F_{7/2} + Tm^{3+}{:}^3H_5 \qquad \Delta E \approx 1940 \text{ cm}^{-1}$$

$$Yb^{3+}{:}^2F_{5/2} + Tm^{3+}{:}^3F_4 \rightarrow Yb^{3+}{:}^2F_{7/2} + Tm^{3+}{:}^3F_{2,3} \qquad \Delta E \approx 1289 \text{ cm}^{-1}$$

$$Yb^{3+}{:}^2F_{5/2} + Tm^{3+}{:}^3H_4 \rightarrow Yb^{3+}{:}^2F_{7/2} + Tm^{3+}{:}^1G_4 \qquad \Delta E \approx 1495 \text{ cm}^{-1}$$

可以看到，以上所有的过程都是非共振的，因此需要晶格振动补偿能量间隙，即需要一些声子弥补 Tm^{3+} 和 Yb^{3+} 能级的能量间隙完成这些非共振能量传递过程。从 Yb^{3+} 到 Tm^{3+} 的能量传递系数可以利用广义重叠积分理论计算。Yb^{3+} 离子 m 声子发射的发射截面和 Tm^{3+} 离子 k 声子吸收的吸收截面由下式计算[7]：

$$\sigma_{e(m\text{-phonon})}^{D} = \sigma_{e}^{D}\left(\lambda_{m}^{+}\right) \approx \frac{S_0^m e^{-S_0}}{m!}(\bar{n}+1)^m \sigma_{e(\exp t)}^{D}\left(E - m\hbar\omega_0\right) \tag{2-54}$$

$$\sigma_{a(k\text{-phonon})}^{A} = \sigma_{a}^{A}\left(\lambda_{k}^{-}\right) \approx \frac{S_0^k e^{-S_0}}{k!}(\bar{n})^k \sigma_{a(\exp t)}^{A}\left(E + k\hbar\omega_0\right) \tag{2-55}$$

式中，S_0 是黄昆因子，对于稀土离子取值为 0.31；n 是温度 T 时的声子模式，$\bar{n}$ $=1/(e^{\hbar\omega_0/\kappa_B^T}-1)$ 是平均占有率；$\lambda_m^+ = 1/(1/\lambda - m\hbar\omega_0)$ 和 $\lambda_m^- = 1/(1/\lambda + k\hbar\omega_0)$ 分别是 Yb^{3+} 离子 m 声子发射和 Tm^{3+} 离子 k 声子吸收后的波长。图 2-12 给出了在声子辅助下的吸收发射截面，其中 $^3F_4 \rightarrow ^3F_{2,3}$ 和 $^3H_4 \rightarrow ^1G_4$ 跃迁的激发态吸收截面取自 Jackson 和 King[27] 的计算结果。这里以 Yb^{3+} 两声子吸收为例详细介绍计算过程。$\sigma_{e(\exp t)}^{Yb^{3+}}(E - 2\hbar\omega_0)$ 是发射截面，等于由 MC 方程计算的 0 声子情况下的结果。$\hbar\omega_0$ 为锗酸盐玻璃的声子能量(848 cm^{-1})，因此通过计算可知 $\bar{n}$ 为 0.148。$\sigma_{e(2\text{-phonon})}^{Yb^{3+}}$ 可以由公式(2-54)计算，然后以 λ_2^+ 和 $\sigma_{e(2\text{-phonon})}^{Yb^{3+}}$ 分别作为 X 和 Y 轴绘制 Yb^{3+} 两声

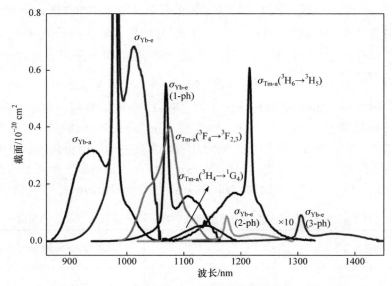

图 2-12　声子辅助下 Yb^{3+} 和 Tm^{3+} 的吸收发射截面

$\sigma_{Yb\text{-a}}$ 和 $\sigma_{Yb\text{-e}}$ 分别为 Yb^{3+} 的吸收和发射截面，$\sigma_{Yb\text{-e}}$ (1-ph)、$\sigma_{Yb\text{-e}}$ (2-ph)和 $\sigma_{Yb\text{-e}}$ (3-ph)分别为 Yb^{3+} 的 1 声子、2 声子和 3 声子发射截面，$\sigma_{Tm\text{-a}}$ ($^3F_4 \rightarrow ^3F_{2,3}$)、$\sigma_{Tm\text{-a}}$ ($^3H_4 \rightarrow ^1G_4$)、$\sigma_{Tm\text{-a}}$ ($^3H_6 \rightarrow ^3H_5$)分别为 Tm^{3+} 的 $^3F_4 \rightarrow ^3F_{2,3}$、$^3H_4 \rightarrow ^1G_4$ 和 $^3H_6 \rightarrow ^3H_5$ 跃迁的吸收截面

子发射的截面曲线，如图 2-12 所示。Yb^{3+}离子 3 声子的发射截面计算过程和前者类似。从图 2-12 可以看到，Yb^{3+}:$^2F_{5/2} \to {}^2F_{7/2}$ 跃迁的发射截面和 Tm^{3+}:$^3H_6 \to$ $^3H_5$ 或 $^3H_4 \to {}^1G_4$ 跃迁的吸收截面几乎没有重叠，而当基质吸收一个或两个声子之后它们则具有较大的重叠。此外，Tm^{3+}:$^3F_4 \to {}^3F_{2,3}$ 跃迁在没有声子辅助的情况下仍与 Yb^{3+}的发射具有大的重叠，该对比说明在 980 nm 泵浦下共掺体系中 Tm^{3+}: $^3F_4 \to {}^3F_{2,3}$ 跃迁比 Tm^{3+}:$^3H_4 \to {}^1G_4$ 跃迁更容易发生。

　　如前所述，Yb^{3+}的发射截面和 Tm^{3+}的基态吸收截面几乎没有重叠，在声子辅助能量传递的情况下，其相互作用的参数可以通过扩展重叠积分法计算。如果忽略 k 声子湮灭过程且只关注 m 声子的产生过程，前向(D→A)和后向(A→D)能量传递过程参数由下式获得：

$$C_{DA(AD)} = \frac{6cg_{low}^{D(A)}}{(2\pi)^4 \, n^2 \, g_{up}^{D(A)}} \sum_{N=0}^{\infty} \sum_{k=0}^{N} P_{(N-k)}^{+(-)} P_k^- P_k^+ \int \sigma_e^{D(A)}\left(\lambda_N^{+(-)}\right) \sigma_a^{A(D)}(\lambda) d\lambda \quad (2\text{-}56)$$

$$P_{(N-k)}^+ \cong \exp\left[-(2\bar{n}+1)S_0\right] \frac{S_0^{(N-k)}}{(N-k)!} (\bar{n}+1)^{(N-k)} \quad (2\text{-}57)$$

$$P_k^- \cong \exp(-2\bar{n}S_0) \frac{S_0^k}{k!} (\bar{n})^k \quad (2\text{-}58)$$

式中，$g_{low}^{D(A)}$ 和 $g_{up}^{D(A)}$ 分别是施主(受主)离子较低和较高能级的简并度；$N(N = m + k)$ 是能量传递过程中总的声子数；$P_{(N-k)}^+$ 和 P_k^- 分别代表施主离子$(N-k)$声子发射和受主离子 k 声子吸收的概率。相互作用的临界距离 R_c 可以采用下式估计[7]：

$$R_c^6 = C_{DA}\tau_0 \quad (2\text{-}59)$$

　　Yb^{3+}和 Tm^{3+}之间的能量传递性质列于表 2-4。可以看到，和非共振 Yb^{3+}→Tm^{3+}声子辅助能量传递过程相比，Yb^{3+}和 Tm^{3+}的共振迁移基本不需要声子辅助，因此是最有可能发生的过程。同时还可以发现，前向能量传递参数大约比后向能量传递参数高两个数量级，预示从 Yb^{3+}到 Tm^{3+}是一个非常高效的能量传递过程。在氟锗酸盐玻璃中 Yb^{3+}和 Tm^{3+}的临界半径和镧钨碲酸盐玻璃相当[7]。

表 2-4　Yb^{3+}和 Tm^{3+}之间的能量传递参数、声子参与比以及临界距离

能量传递	参与声子个数(N) (所占百分比/%)		能量传递系数/(cm^6/s)	R_c/nm
Yb^{3+}→Yb^{3+} ($^2F_{5/2}+{}^2F_{7/2} \to {}^2F_{7/2}+{}^2F_{5/2}$)	0	1	5.20×10^{-39}	1.31
	99.944	0.056		
Tm^{3+}→Tm^{3+} ($^3H_6, {}^3F_4 \to {}^3F_4, {}^3H_6$)	0	1	2.16×10^{-39}	1.25
	92.995	7.005		

续表

能量传递	参与声子个数(N) (所占百分比/%)			能量传递系数/(cm^6/s)	R_c/nm
$Yb^{3+} \rightarrow Tm^{3+}$ ($^2F_{5/2} \rightarrow {}^3H_5$)	1	2	3	3.04×10^{-41}	0.56
	78.647	21.319	0.034		
$Tm^{3+} \rightarrow Yb^{3+}$ ($^3H_5 \rightarrow {}^2F_{5/2}$)	1	2		4.63×10^{-43}	0.30
	99.857	0.143			

基于声子修饰的光谱重叠，Yb^{3+} 与 Tm^{3+} 之间的能量传递概率(W_{ET})可以表示为[28]

$$W_{ET} = \frac{e^{E_{ph}/kT}}{e^{E_{ph}/kT} - 1} \int \frac{f_D(E - E_{ph}) f_A(E)}{E^2} dE \qquad (2\text{-}60)$$

式中，E_{ph} 表示玻璃基质的声子能量；k 表示玻尔兹曼常数；T 表示温度；$f_D(E - E_{ph})$ 表示施主 Yb^{3+} 发射声子后发射截面的线性函数；$f_A(E)$ 表示受主 Tm^{3+} 吸收截面的线性函数。基于 Yb^{3+} 的发射截面和 Tm^{3+} 的吸收截面，它们之间的能量传递概率与声子能量的关系如图 2-13 所示。从图中可以看出，归一化的能量传递概率随着声子能量的增加而增加，当声子能量为 1600 cm^{-1} 时达到最大值。然而当声子能量超过 1600 cm^{-1} 后继续增加其值，能量传递概率反而减小甚至降到零。这表明 $Yb^{3+}:{}^2F_{5/2}$ 能级与 $Tm^{3+}:{}^3H_5$ 能级之间的能量差可以通过基质声子能量进行弥补。虽然高声子能量的基质如硅酸盐玻璃、磷酸盐玻璃以及硼酸盐玻璃有利于促进 Yb^{3+} 到 Tm^{3+} 的能量传递，但是它们高的声子能量也会加速 $Tm^{3+}:{}^3F_4$ 能级的非辐射跃迁概率，从而导致 1.8 μm 荧光强度降低。因此适中的基质声子能量是必要的。

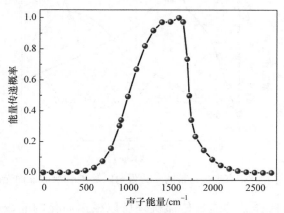

图 2-13　Yb^{3+}/Tm^{3+}共掺碲酸盐玻璃中能量传递概率与声子能量的关系

在这种需要声子辅助的情况下，Yb^{3+} 与 Tm^{3+} 之间的能量传递可以通过声子边带能量传递理论进行计算。在声子辅助的能量传递中，利用指数定律可以把声子的贡献引入施主离子发射截面以及受主离子吸收截面的多声子边带中。Stokes 边带截面可以表示为[28]

$$\sigma_{\text{Stokes}} = \sigma_{\text{elect}} \exp(-\alpha_S \Delta E) \tag{2-61}$$

式中，ΔE 表示电子跃迁和振动跃迁之间的能量差值；α_S 表示 Stokes 跃迁情况下与基质有关的参数，可以采用下式计算[28]：

$$\alpha_S = \frac{\ln\{(\overline{N}/S_0)[1 - \exp(-h\upsilon_{\max}/kT)]\} - 1}{h\upsilon_{\max}} \tag{2-62}$$

式中，$h\upsilon_{\max}$ 表示基质的最大声子能量；$\overline{N}$ 表示完成非共振能量传递所需的声子数量；S_0 表示电子和声子之间的耦合常数(0.04)；在室温下 $kT \approx 208\ \text{cm}^{-1}$。

利用式(2-61)表示式(2-63)中施主 Yb^{3+} 和受主 Tm^{3+} 截面重叠积分部分，就能够得到非共振能量传递情况下的 C_{DA} [26]：

$$C_{\text{DA}} = \frac{6c}{(2\pi)^4 n^2} \frac{g_{\text{low}}^{\text{D}}}{g_{\text{up}}^{\text{D}}} \int \sigma_e^{\text{D}}(\lambda) \sigma_a^{\text{A}}(\lambda) d\lambda \tag{2-63}$$

式中，n 表示折射率；c 表示光速；$\sigma_e^{\text{D}}(\lambda)$ 和 $\sigma_a^{\text{A}}(\lambda)$ 分别表示施主离子的发射截面和受主离子的吸收截面；$g_{\text{low}}^{\text{D}}$ 和 g_{up}^{D} 分别表示施主离子下能级和上能级的简并度。图 2-14 显示了利用式(2-61)获得的带有声子边带的 Yb^{3+} 发射截面以及 Tm^{3+} 吸收截面光谱。将图 2-14 给出的光谱重叠部分代入式(2-63)中，计算得到从 Yb^{3+} 到 Tm^{3+} 的能量传递系数为 $8.06 \times 10^{-41}\ \text{cm}^6/\text{s}$。

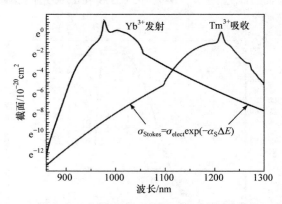

图 2-14　带有声子边带的 Yb^{3+} 发射以及 Tm^{3+} 吸收截面光谱

Yb^{3+}/Tm^{3+} 共掺样品的能量传递机理可以根据简化的能级图进行描述，见图 2-15。在 980 nm LD 泵浦下，Yb^{3+} 从 $^2F_{7/2}$ 基态能级抽运到 $^2F_{5/2}$ 激发态能级。然后，Yb^{3+} 将能量传递给邻近的 Tm^{3+} 并激发它从 $^3H_6$ 基态跃迁到 $^3H_5$ 激发态。最后，Tm^{3+} 在 $^3H_5$ 能级的粒子快速弛豫到 $^3F_4$ 能级并弛豫到基态，同时发射出 1.8 μm 光子。此外，Tm^{3+} 在 $^3F_4$ 能级上的一部分粒子通过能量传递(ET)和激发态吸收(ESA)进一步布居到 $^3F_{2,3}$ 能级，接着又无辐射弛豫(NR)到 Tm^{3+} 的 $^3H_4$ 能级，之后该能级的一部分粒子被激发到 $^1G_4$ 能级，然后辐射弛豫到 $^3H_6$ 或 $^3F_4$ 能级并分别辐射出 480 nm 和 650 nm 光子。随着 Tm_2O_3 浓度的增加，Tm^{3+} 在 $^3F_4$、$^3H_4$ 和 $^1G_4$ 能级的粒子数也随之增加，这导致 1.8 μm 和上转换发光同时增强。然而，当 Tm_2O_3 浓度过高时，Tm^{3+} 激光能级会将能量传递给周围的杂质或羟基离子，因此 1.8 μm 和上转换发光都在不断减弱。

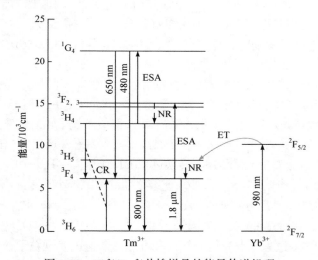

图 2-15　Yb^{3+}/Tm^{3+} 共掺样品的能量传递机理

对于 Er^{3+}，其发光机理涉及能量传递上转换(ETU1:$^4I_{11/2}$ + $^4I_{11/2} \rightarrow ^4F_{7/2}$ + $^4I_{15/2}$，ETU2:$^4I_{13/2}$ + $^4I_{13/2} \rightarrow ^4I_{9/2}$ + $^4I_{15/2}$)过程，作者根据下列速率方程计算了其能量传递上转换系数(C_{ETU2})[7]：

$$\frac{dN_t}{dt} = -\frac{N_t}{\tau_m} - 2C_{ETU2}N_t^2 \tag{2-64}$$

式中，C_{ETU2} 是能量传递上转换系数；N_t 是与泵浦时间相关的 $^4I_{13/2}$ 能级的粒子数。该方程可以进一步推导出以下方程[7]：

$$\frac{N_0}{N_t}\exp\left(-\frac{t}{\tau_m}\right) - 1 = 2C_{ETU2}N_0\tau_m\left[1 - \exp\left(-\frac{t}{\tau_m}\right)\right] \tag{2-65}$$

式中，N_0 是泵浦功率关闭之后 $^4I_{13/2}$ 能级的粒子数。式(2-65)在稳态时可以由下面的方程得以求解[7]：

$$N_0 = \frac{R\tau_m + 1}{4C_{ETU2}\tau_m}\left\{\left[1 + \frac{8C_{ETU2}N_{Er}R\tau_m^2}{(R\tau_m + 1)^2}\right]^2 - 1\right\} \tag{2-66}$$

式中，R 是泵浦速率；N_{Er} 是 Er^{3+} 浓度。由 1.5 μm 荧光衰减确定的 $(N_0/N_t)\exp(-t/\tau_m)-1$ 和 $1-\exp(-t/\tau_m)$ 关系曲线可表达为[7]

$$k = 2N_0C_{ETU2}\tau_m \tag{2-67}$$

由式(2-66)和式(2-67)，计算得到 C_{ETU2} 为 0.14×10^{-13} cm³/s。对 ETU1 的拟合过程与 ETU2 过程类似，拟合的 C_{ETU1} 为 0.66×10^{-16} cm³/s。可以看到，C_{ETU2} 大约为 C_{ETU1} 的 212 倍，较大的 C_{ETU2} 非常有利于实现 $^4I_{11/2}$ 和 $^4I_{13/2}$ 能级之间的粒子数反转。根据 Er^{3+} 的吸收发射截面可以计算出能量传递参数。对于偶极-偶极相互作用，当考虑声子辅助时，能量传递参数(C_{DA})可根据式(2-56)求解，计算可知 $^4I_{13/2}$ 能级的 C_{DA} 为 2.32×10^{-39} cm⁶/s。

基于以上讨论，掺 Er^{3+} 钡碲酸盐玻璃的近中红外和可见发光的机理可以由图 2-16 的能级简图进行解释。在 980 nm LD 泵浦下，Er^{3+} 离子 $^4I_{15/2}$ 的粒子通过基态吸收过程被激发到 $^4I_{11/2}$ 能级，随后 $^4I_{11/2}$ 能级的粒子辐射弛豫到 $^4I_{13/2}$ 能级并产生 2.7 μm 发光，接着 $^4I_{13/2}$ 能级的粒子继续弛豫到基态并产生 1.5 μm 发光。另一方面，$^4I_{11/2}$ 能级也会发生能量传递上转换过程(ETU1:$^4I_{11/2} + {}^4I_{11/2}\rightarrow{}^4F_{7/2} + {}^4I_{15/2}$)从而布居 $^4F_{7/2}$ 能级。$^4F_{7/2}$、$^2H_{11/2}$、$^4S_{3/2}$ 和 $^4F_{9/2}$ 能级之间的间隙很小，因此 $^4F_{7/2}$ 能级的粒子快速弛豫到低能级，然后分别通过 $^2H_{11/2}\rightarrow{}^4I_{15/2}$、$^4S_{3/2}\rightarrow{}^4I_{15/2}$ 和 $^4F_{9/2}\rightarrow{}^4I_{15/2}$ 跃迁产生 528 nm、546 nm 和 663 nm 荧光。同时，$^4I_{13/2}$ 能级也经历了 ETU2 过程($^4I_{13/2} + {}^4I_{13/2}\rightarrow{}^4I_{9/2} + {}^4I_{15/2}$)，这一过程非常有利于 $^4I_{11/2}$ 和 $^4I_{13/2}$ 能级之间实现粒子数反转。

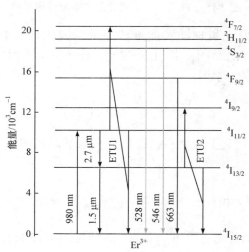

图 2-16　Er^{3+} 在 980 nm LD 泵浦时的能级简图

2.2　受激辐射与激光基础

2.2.1　激光原理

激光英文名为 "light amplification by stimulated emission of radiation" (简称 laser)，意为 "辐射的受激发射光放大"，也称镭射(laser 的音译)，激光产生的机理即受激辐射。

光与物质的相互作用可以归结为光与原子的相互作用，将发生受激吸收、自发辐射、受激辐射三种物理过程。这种相互作用实质上是组成物质的微观粒子吸收或辐射光子，同时改变自身运动状况的表现。当光子与物质相互作用时，粒子从一个能级跃迁到另一个能级，并相应地吸收或辐射光子。光子的能量值为此两能级的能量差 ΔE，频率为$\upsilon = \Delta E/h (h$ 为普朗克常数)。

1. 受激吸收

处于较低能级的粒子在受到外界的激发吸收了能量，即与其他的粒子发生了有能量交换的相互作用，如与光子发生非弹性碰撞，跃迁到与此能量相对应的较高能级。这一跃迁称为受激吸收，如图 2-17(a)所示。

2. 自发辐射

粒子受到激发而进入激发态，此时的粒子处于不稳定状态，如存在可以接纳粒子的较低能级，即使没有外界作用，粒子也有一定的概率自发地从高能级激发态(E_2)向低能级基态(E_1)跃迁；同时辐射出能量为 E_2-E_1 的光子，光子频率为$\upsilon = (E_2-E_1)/h$，如图 2-17(b)所示。这种辐射过程称为自发辐射。众多原子以自发辐射发出的光，不具有相位、偏振态、传播方向上的一致性，是物理上所说的非相干光。由于每个发生辐射的原子都可以看成是一个独立的发光体，它们之间毫无联系，且各原子开始发光的时间参差不齐，虽然光波的频率相同，但是振动方向、相位都不一定相同，即大量原子自发辐射过程是杂乱无章的随机过程，所以称自发辐射的光为非相干光。

3. 受激辐射

除自发辐射外，当频率为$\upsilon = (E_2-E_1)/h$ 的光子入射时，会引发处于高能级 E_2 上的粒子以一定的概率迅速地从能级 E_2 跃迁到能级 E_1，同时辐射两个与入射光子状态(频率、相位、偏振态以及传播方向)相同的光子。这一过程称为受激辐射，如图 2-17(c)所示。由于受激辐射产生的光子和外来光子具有完全相同的特征，因此将其称为相干光(或全同光子)。

可以设想，如果大量粒子处在高能级 E_2 上，当有一个频率$\upsilon = (E_2-E_1)/h$ 的光子入射，并激励 E_2 上的粒子产生受激辐射时，会得到两个特征完全相同的光子，这两个光子再激励 E_2 能级上的原子，又使其产生受激辐射，可得到四个特征相同的光子，这意味着原来的光信号被放大了。这种在受激辐射过程中产生并被放大的光就是激光。

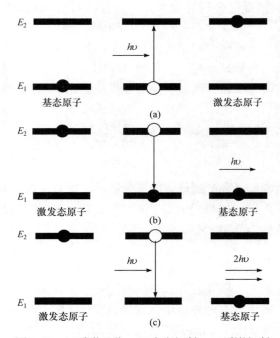

图 2-17　(a)受激吸收；(b)自发辐射；(c)受激辐射

4. 粒子数反转

普通光源中粒子产生受激辐射的概率极小。当频率一定的光射入工作物质时，受激辐射和受激吸收两过程同时存在，受激辐射使光子数增加，受激吸收却使光子数减小。物质处于热平衡状态时，粒子在各个能级上的分布，遵循热平衡条件下粒子的统计分布规律，即玻尔兹曼分布。按玻尔兹曼分布规律，处在较低能级 E_1 的粒子数必大于处在较高能级 E_2 的粒子数。这样光通过工作物质时，能量只会减弱不会加强。要想使受激辐射占优势，必须使处在高能级 E_2 的粒子数大于处在低能级 E_1 的粒子数。这种分布正好与平衡态时的粒子分布相反，称为粒子数反转分布，简称粒子数反转。从技术上实现粒子数反转是产生激光的必要条件之一。

假设原子或分子等微观粒子具有高能级 E_2 和低能级 E_1，E_2 和 E_1 能级上的布居数密度分别为 N_2 和 N_1，在两能级间同时存在着自发辐射跃迁、受激辐射跃迁和受激吸收跃迁三种过程。受激辐射跃迁所产生的受激发射光与入射光具有相同的状态(频率、相位、传播方向和偏振方向)。因此，大量粒子在同一相干辐射场激发下产生的受激发射光是相干的。受激辐射跃迁概率和受激吸收跃迁概率均正比于入射辐射场的单色能量密度。当两个能级的统计权重相等时，两种过程的概率相等。在热平衡情况下，$N_2 < N_1$，所以自发吸收跃迁占优势，光通过物质时通常因受激吸收而衰减。外界能量的激励可以破坏热平衡而使 $N_2 > N_1$，这种状态称为粒子数反转状态。在这种情况下，受激辐射跃迁占优势。光通过一段长为 l 的处于粒子数反转状态的激光工作物质(激活物质)后，光强增大为 e^{Gl} 倍。其中 G 为正比于 $N_2 - N_1$ 的系数，称为增益系数，其大小还与激光工作物质的性质和光波频率有关。一段激活物质相当于一个激光放大器，如果把一段激光工作物质(如增益光纤)放在两个互相平行的反射镜(其中至少有一个是部分透射的)构成的光学谐振腔中，处于高能级的粒子会产生各种方向的自发辐射。其中，非轴向传播的光波很快逸出谐振腔外。轴向传播的光波却能在腔内往返传播，当它在激光物质中传播时，光强不断增长。如果谐振腔内小信号单程增益因子 G^0l 大于平均单程损耗因子 δ，则可产生自激振荡。

2.2.2 激光的特点

原子中的电子吸收能量后从低能级跃迁到高能级，再从高能级回落到低能级的时候，所释放的能量以光子的形式放出，这些通过受激辐射产生的光子光学特性高度一致。因此，激光相比普通光源具有单色性好、方向性好、相干性好和亮度高等特点：①单色性好。激光器输出的激光，波长分布范围非常窄，颜色"极纯"。以输出红光的氦氖激光器为例，其光的波长分布范围可以窄到 10^{-9} nm 级别，是氖灯发射的红光波长分布范围的万分之二。②方向性好。普通光源通常是向四面八方发光，如果要让发射的光朝一个方向传播，需要给光源装上一定的聚光装置。而激光器发射的激光，接近平行，光束的发散度极小。③相干性好。激光是相干光，其频率、振动方向、相位等高度一致。④亮度高。激光定向发光，亮度极高，能量密度极高。红宝石激光器的激光亮度能超过氙灯的几百亿倍。

2.3 光纤激光器基本原理

激光器通常由泵浦源、增益介质和谐振腔组成。按增益介质分，激光器可分为固体激光器(晶体、半导体、玻璃)、气体激光器(分子、原子、离子、准分子)和液体激光器(染料)三大类，近来还发展了自由电子激光器。此外，还可以按照工作方式、脉冲宽度、功率等划分，如图 2-18 所示。光纤激光器是以掺杂激活剂的玻璃纤维为增益介质的一类固体激光装置。光纤激光器的腔镜可以采用对激光和泵浦光具有部分透过或反射的镀膜玻璃(二色镜，包括前腔镜和后腔镜)或直接在光纤中写入光栅结构，或利用光纤末端的反射作为后腔镜。光纤激光器以柔软的掺杂光纤作为增益介质，可以进行弯曲和盘绕，同时光纤具有极高的比表面积，因而散热性能优异。更重要的是，它容易和光纤光栅、光隔离器、波分复用器等光纤元器件进行耦合，从而有利于获得结构紧凑、稳定性高、体积小、重量轻的小型化或微型化的激光器件。正因如此，光纤激光器成为一种高效、强大和通用的波导谐振器件，广泛应用在光纤通信、光纤传感和光纤激光等领域[29]。

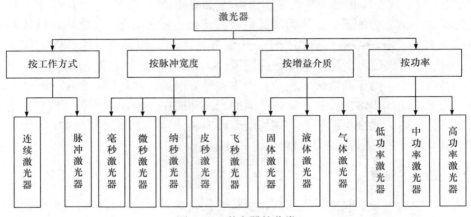

图 2-18　激光器的分类

　　光纤激光器的基本结构如图 2-19 所示，其中，泵浦源一般为高功率的半导体激光器，增益介质为掺稀土离子的玻璃光纤，谐振腔由前后腔镜或光纤光栅等构成。泵浦源的作用是对激光工作物质进行激励，将激活粒子从基态抽运到高能态，以实现粒子数反转；增益光纤为产生光子的增益介质；谐振腔的作用是使光子得到反馈并在工作介质中得到放大。抽运光进入增益光纤后被吸收，进而使增益介质中能级粒子数发生反转，当谐振腔内的增益高于损耗时在两个反射镜之间便会形成激光振荡，产生激光信号输出。光纤激光器中光纤纤芯很细，因此在泵浦光作用下，光纤内部功率密度高，使得激光能级出现"粒子数反转"，在此基础上，再通过正反馈回路构成谐振腔，便可在输出处形成激光振荡。

　　相对于其他激光器，光纤激光器具有以下典型特点：①光束质量好。光纤的波导结构决定了光纤激光器易于获得单横模输出，且受外界因素影响很小，能够实现高亮度的激光输出。②效率高。光纤激光器通过选择发射波长和掺杂稀土元素吸收特性相匹配的半导体激光器为泵浦源，可以实现很高的光-光转化效率。

图 2-19　典型的光纤激光器结构示意图

对于掺 Yb^{3+}高功率光纤激光器，一般选择 915 nm 或 975 nm 的半导体激光器，Yb^{3+}荧光寿命较长，能够有效储存能量以实现高功率运作。商业化光纤激光器的总体电光效率达 25%，有利于降低成本，节能环保。③散热特性好。光纤激光器采用细长的有源光纤作为激光增益介质，其表面积和体积比非常大，约为固体块状激光器的 1000 倍，在散热能力方面具有天然优势。在中低功率情况下，无须对光纤进行特殊冷却，高功率情况下采用水冷散热，也可以有效避免固体激光器中常见的由于热效应引起的光束质量下降及效率下降。④结构紧凑，可靠性高。由于光纤激光器采用细小而柔软的光纤作为激光增益介质，有利于压缩体积、节约成本。泵浦源也是采用体积小、易于模块化的半导体激光器，商业化产品一般可带尾纤输出，结合光纤布拉格光栅等光纤化的器件，只要将这些器件相互熔接即可实现全光纤化，对环境扰动免疫能力高，具有很高的稳定性，可节省维护时间和费用。

　　稀土掺杂光纤激光器在器件结构、设计集成、输出性能、服役特性等方面均比传统固体激光器更加紧凑、简单、高效、稳定，展现出显著的应用优势，已成为当前从基础科学研究到广泛工业应用极富竞争力的高性能激光光源。光纤激光器的具体优势主要表现为：①玻璃光纤制造成本低、技术成熟以及光纤的可弯曲性所带来的小型化、集约化；②玻璃光纤对入射泵浦光波长不需要像晶体那样与吸收峰的波长严格匹配，这是玻璃基质 Stark 分裂引起的非均匀展宽造成吸收带较宽的缘故；③光纤具有极低的比表面积，散热快、损耗低，所以激光效率较高、激光阈值低；④输出激光波长多，稀土离子种类多且能级丰富，可以实现从可见到中红外波段的激光输出；⑤可调谐性，稀土离子在玻璃光纤中的荧光谱较宽，激光输出波长可以在一定范围内调节；⑥由于光纤激光器的谐振腔内无光学镜片，具有免调节、免维护、高稳定性的优点，这是传统激光器无法比拟的；⑦光纤导出，使得激光器能轻易胜任各种多维任意空间加工应用，使机械系统的设计变得非常简单；⑧能胜任恶劣的工作环境，对灰尘、震荡、冲击、湿度、温度等具有很高的容忍度；⑨不需热电制冷和水冷，只需简单的风冷；⑩高的电光效率，综合电光效率高达 20%以上，大幅度节约工作时的耗电，节约运行成本；⑪高功率，目前已有万瓦级别的商用化光纤激光器。

　　综上，光纤激光器是一种以掺杂激活剂的玻璃光纤为增益介质来产生激光输出的固体激光装置，它以光纤为波导介质，耦合效率高，易形成高功率密度，散热效果好，无须庞大的制冷系统，具有高转换效率、低阈值、光束质量好和窄线宽等优点。与传统固体激光器相比，光纤激光器体积小，寿命长，易于系统集成，在高温高压、高振动、高冲击的恶劣环境中皆可正常运转，其输出光谱具有更高的可调谐性和选择性。目前，光纤激光器已在光纤通信、空间远距离通信、激光加工、激光打标、图像显示、工业制造、医疗卫生、生物工程以及军事国防安全等诸多领域广泛应用。

2.4 光纤放大器基本原理

光纤放大器是运用于光纤通信线路中实现信号放大的一种新型全光放大器。光纤通信利用光作为信息载体，在光纤的纤芯中传输进行通信。然而，并非所有的光都适合光纤通信，光的波长不同，在光纤中的损耗就不同。为了尽可能减小损耗，保证传输效果，研究人员一直在寻找波长最适合光纤传输的光。20世纪70年代初，通信用光波长为 850 nm 波段。随后经过长期的探索，人们逐渐总结出一个低损耗波长区域，即 1260~1625 nm 波段，该波长区域的光非常适合在光纤中传输。进一步将这个波段范围划分为五个波段，分别是 O 波段、E 波段、S 波段、C 波段和 L 波段，不同波段的光和光纤传输损耗也存在密切的联系，如图 2-20和图 2-21 所示。表 2-5 列出了光通信波长及其范围。O 波段(1260~1360 nm)的光由于色散导致的失真小，光损耗低，所以将其作为光通信波段。C 波段(1530~1565 nm)的损耗最低，广泛用于城域网、长途、超长途及海底光缆。传统 C 波段对应的频率是 191.6~195.9 THz，大约可以使用的频谱范围是 4 THz，在 50 GHz的间隔下该波段可以支持 80 个波长，因此该波段也称为 C80 波段。L 波段(1565~1625 nm)是损耗第二低的波段，当 C 波段不足以满足带宽需求时作为补充使用。S 波段(1460~1530 nm)的损耗高于 O 波段，通常用于无源光网络系统的下行波长。E 波段(1360~1460 nm)是五个波段中最不常见的波段，其特殊之处在于损耗曲线在该波段有个明显的不规则凸起，这是由于 1370~1470 nm 波段羟基吸收导致光纤损耗增大，这个吸收峰也称为水峰。早期石英光纤因为制备工艺不高，经常残留大量的羟基杂质，导致 E 波段的损耗最高，无法使用。随着光纤除水(或称脱水)技术的发明，人们研制出了低水峰或无水峰光纤，E 波段的损耗得到了极大降低。此外，还有用于网络监控的 U 波段(1625~1675 nm)。

近年来，随着网络数据流量不断增长，为了扩大光纤容量，人们又提出了更多的扩大通信容量的方法，包括：①采用调制技术、频谱整形技术以及各种复用技术(如偏振复用、空分复用、角动量复用等)；②增加单根光纤的纤芯数量，即多芯光纤；③增加频谱带宽和波道数量。针对第③种方法，研究人员对以上现有

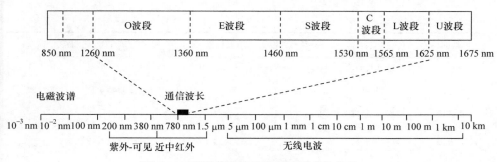

图 2-20　光通信波段在电磁波谱中的位置

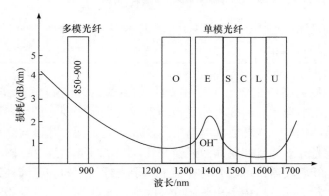

图 2-21　石英光纤传输损耗和波长之间的关系

波段进行了拓展，新的波段包括 CE 波段(1529.16～1567.14 nm)、C++波段(1524～1572 nm)、C+L 波段(1529～1611 nm)。CE 波段是在 C 波段的基础上向长波长拓展，大约可以使用的频率是 4.8 THz，在 50 GHz 的间隔下可以支持 96 个波长，因此也称为 C96 波段，该波段的传输容量相比 C80 波段增加了 20%。C++波段是在 C96 波段的基础上进一步向长波长拓展，大约可以使用的频率达到 6 THz，在 50 GHz 的间隔下可以支持 120 个波长，因此也称为 C120 波段或 super C 波段，该波段的传输容量相比 C80 波段增加了 50%。C+L 波段大约可以使用的频率接近 9.6 THz，在 50 GHz 的间隔下可以支持 192 个波长，传输容量提升接近 1 倍。此外还有 L++波段，也称为 super L 波段，即对 L 波段进一步向长波长拓展。

表 2-5　光通信波长及其范围

波段简称	中文名称	英文名称	波长范围/nm	频率范围/THz	通信窗口
850 nm 波段	850 nm 波段	850 nm band	770～910	329.7～389.6	第一
O 波段	原始波段	original band	1260～1360	220.4～237.9	第二
E 波段	拓展波段	expand band	1360～1460	205.3～220.4	第五

续表

波段简称	中文名称	英文名称	波长范围/nm	频率范围/THz	通信窗口
S 波段	短波长波段	short-wavelength	1460～1530	195.9～205.3	第五
C 波段	常规波段	conventional band	1530～1565	191.6～195.9	第三
L 波段	长波长波段	long-wavelength	1565～1625	184.5～191.6	第四
U 波段	超长波长波段	ultra-long-wavelength band	1625～1675	179.0～184.5	—
CE 波段	拓展的 C 波段	expand C band	1529.16～1567.14	191.4～196.2	—
C++波段	拓展的 CE 波段	super C band	1524～1572	190.8～196.9	—
C+L 波段	C+L 波段	C+L band	1529～1611	186.2～196.2	—

目前的光放大器件主要有半导体光放大器(SOA)和光纤放大器(OFA)。半导体光放大器利用半导体材料固有的受激辐射放大机制实现光放大，其原理和结构与半导体激光器相似。光纤放大器与半导体放大器不同，其增益介质是一段特殊的光纤或传输光纤，并且和泵浦激光器相连。当信号光通过这一段光纤时，信号光被放大。光纤放大器又可以分为掺稀土离子光纤放大器和非线性光纤放大器。像半导体放大器一样，掺稀土离子光纤放大器的工作原理也是受激辐射。而非线性光纤放大器是利用光纤的非线性效应放大光信号。实用化的光纤放大器有掺铒光纤放大器(EDFA)和拉曼光纤放大器(RFA)。掺稀土离子光纤放大器利用掺入石英或多组分光纤的激活剂作为增益介质，在泵浦光的激发下实现光信号的放大，光纤放大器的特性主要由掺杂激活剂决定，如工作波长约为 1.55 μm 的掺铒光纤放大器，工作波长约为 1.3 μm 的掺镨光纤放大器(PDFA)，工作波长为 1.47 μm 的掺铥光纤放大器(TDFA)等。目前，EDFA 最为成熟，是光纤通信系统核心器件之一。

光纤放大器的基本工作原理与光纤激光器相类似，以 EDFA 为例，其基本结构如图 2-22 所示，光纤放大器由泵浦源(一般为高功率的半导体激光器)、增益介质(掺杂激活剂的玻璃光纤)、谐振腔(耦合器或光纤光栅)等构成。EDFA 采用掺 Er^{3+} 单模光纤为增益介质，980 nm 和/或 1480 nm 激光为泵浦源。图 2-23 给出了稀土离子 Er^{3+}、Pr^{3+}、Tm^{3+}、Nd^{3+}的能级简图。当泵浦光(以 980 nm LD 为例)耦合到掺铒光纤中时，Er^{3+} 从基态 $^4I_{15/2}$ 能级跃迁到 $^4I_{11/2}$ 能级，该能级寿命较短，很快以非辐射弛豫的形式跃迁到 $^4I_{13/2}$ 亚稳态能级，并且在该能级和 $^4I_{15/2}$ 基态能级之间形成粒子数反转，信号光通过诱导处于激发态的离子实现 1.5 μm 受激辐射放大。信号光沿着光纤长度方向得到放大，泵浦光沿光纤长度不断衰减。

　　EDFA 的特点包括：①工作频带正好位于光纤损耗最低处(1525～1565 nm)(图 2-24
给出了石英光纤低损耗窗口与常见稀土离子近红外发光窗口)；②频带宽且能够
对多路信号同时放大-波分复用；③对数据率/格式透明，系统升级成本低；④增
益高(＞40 dB)、输出功率大(约 30 dBm)、噪声低(4～5 dB)；⑤全光纤结构，与
光纤系统兼容，增益与信号偏振态无关，故稳定性好；⑥所需的泵浦功率低(数
十毫瓦)。

　　EDFA 的主要作用有：①解决了系统容量提高的最大限制——光损耗；②补
偿了光纤本身的损耗，使长距离传输成为可能；③大幅度增加了功率预算的冗
余，使得系统中引入各种新型器件成为可能；④支持增加光通信容量最有效的方
式——WDM；⑤推动了全光网络的研究开发热潮。EDFA 的发明使得光纤通信
领域发生了革命性的进展。

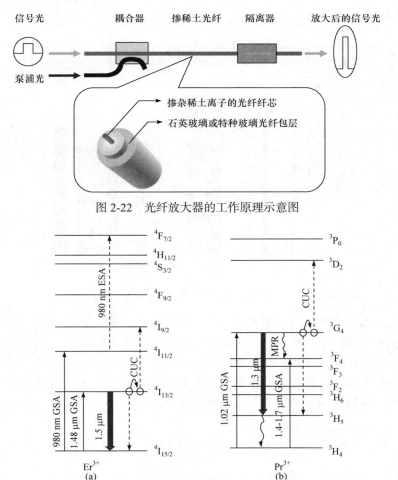

图 2-22　光纤放大器的工作原理示意图

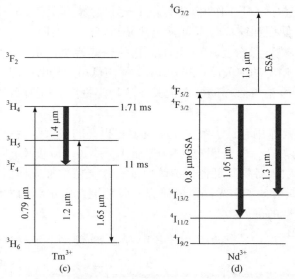

图 2-23　稀土离子(a)Er³⁺、(b)Pr³⁺、(c)Tm³⁺、(d)Nd³⁺的能级简图

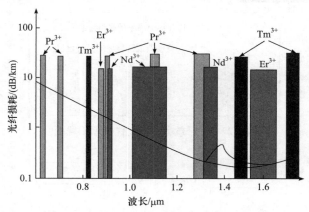

图 2-24　石英光纤低损耗窗口与常见稀土离子近红外发光窗口

　　总之，石英光纤可用的频谱范围已经拓展到了非常大的范围，但是其扩展频谱也面临着对光纤器件要求更高的挑战。EDFA 和光调制器等有源器件以及波长选择开关(WSS)这样的无源器件对新扩展的频谱范围无法直接支持，尤其是 L 波段在传输性能劣化方面更差，增加了运维复杂性和成本投入。此外，关于频谱扩展方案的具体标准也还有待进一步完善和明确。

2.5　激光增益介质

　　光纤即光导纤维，通常由纤芯和包层两部分组成。按纤芯特征与应用，光纤一般可分为有源光纤和无源光纤两种类型。有源光纤是指在纤芯中掺杂有稀土等激活离子，并可以通过泵浦使光纤发光或产生激光。有源光纤是光纤激光器和光纤放大器的核心增益介质，从根本上决定了光纤器件的性能和应用潜力。无源光纤是指用于传输光的光纤，其纤芯中没有掺杂稀土或其他激活离子。由于光纤具有体积小、重量轻、抗电磁干扰、光束质量好等优点，在通信、传感、探测、激光器和放大器等领域有着重要应用。

2.5.1　典型激光能级系统

典型的激光能级系统包括三能级系统、四能级系统和准三能级系统。在三能级激光系统中，如图 2-25(a)所示，激活离子在泵浦光的激发下从 E_1 基态跃迁到 E_3 激发态，然后无辐射弛豫到拥有更长寿命(即亚稳态)的 E_2 能级。随着泵浦的持续，E_1 能级上的布居数逐渐减少，E_2 亚稳态能级上的布居数不断增加，直到 E_2 和 E_1 之间的布居数发生粒子数反转(如 $Er^{3+}:^4I_{13/2} \rightarrow {}^4I_{15/2}$ 跃迁)。对于四能级激光系统，如图 2-25(b)所示，激活离子从 E_1 基态激发到 E_4 激发态，E_2 和 E_3 能级之间的粒子数反转可以通过 E_4 到 E_3 的快速非辐射弛豫实现(如 $Nd^{3+}:^4F_{3/2} \rightarrow {}^4I_{11/2}$ 跃迁，或 $Er^{3+}:^4I_{11/2} \rightarrow {}^4I_{13/2}$ 跃迁)。三能级系统和四能级系统的泵浦过程虽然相似，但有显著差异。对于三能级系统，一半以上的粒子数应该被泵浦到更高一级，因为大多数粒子处于基态。而在四能级体系中，较低的激光能级是 E_2 而不是基态，在热平衡时，该能级上的布居非常少。在这种情况下，当上激光能级的粒子数稍微增加时，很容易实现粒子数反转。因此，四能级系统对光学激励的要求比三能级系统低。这也表明，在相同的情况下，三能级系统的阈值高于四能级系统。此外，在三能级体系和四能级体系之间还存在准三能级体系，如图 2-25(c)所示。与具有几乎未布居的较低激光能级的四能级激光器相比，准三能级系统在能量传递上转换(ETU)、激发态吸收(ESA)或交叉弛豫(CR)过程中，在激光波长处表现出显著的重吸收[30]。因此，它比三能级系统更容易实现激光输出(如 $Tm^{3+}:^3F_4 \rightarrow {}^3H_6$ 跃迁或 $Ho^{3+}:^5I_7 \rightarrow {}^5I_8$ 跃迁)。

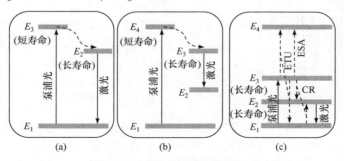

图 2-25　典型的激光能级系统

(a) 三能级系统；(b) 四能级系统；(c) 准三能级系统

　　图 2-26 给出了稀土离子近红外(NIR)-中红外(MIR)区发光的能级图和发射光谱。能产生 1～6 μm 荧光和激光的稀土离子主要包括 $Nd^{3+[31]}$、$Yb^{3+[32]}$、$Er^{3+[33]}$、$Tm^{3+[34]}$、$Ho^{3+[35]}$、$Dy^{3+[36]}$、$Ce^{3+[37]}$和 $Tb^{3+[38]}$等。大多数的近红外和一些中红外光纤激光器都是利用二极管激光器泵浦稀土离子的"近基态"终止跃迁。常见商用激光二极管(LD)主要有 808 nm LD 和 980 nm LD。在 1～2 μm 的近红外波长范围，Nd^{3+}、Yb^{3+}、Er^{3+}、Tm^{3+}和 Ho^{3+}的"近基态"终止跃迁是主要的跃迁，这些光纤激光器主要是基于石英玻璃光纤和少量多组分氧化物特种玻璃光纤。对于 2～3 μm 的近红外波长范围，主要是基于氟化物玻璃光纤，这个波段的发光需要低声子能量的玻璃基质。对于波长大于 3 μm 红外波长范围，激光上能级和下能级的能级间隙非常窄，特别是对于 Ce^{3+}和 Tb^{3+}的这种发射波长大于 4 μm 的稀土离子，它们的"近基态"和激发态距离非常近，因此，这种波长的激光目前只能在硫系玻璃光纤中得以实现。在这些稀土离子中，只有一小部分可以直接用二极管泵浦，在许多情况下，如一些缺乏合适泵浦波长或激光下能级寿命大于激光上能级的自终止跃迁，需要引入敏化剂或钝化剂离子，利用能量传递(ET)过程实现中红外发光。

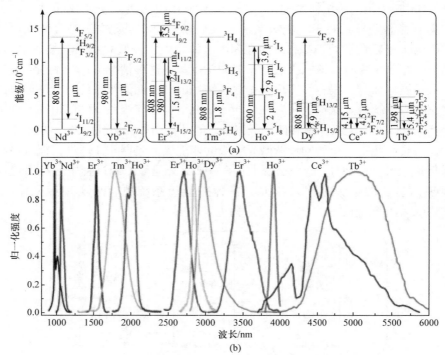

图 2-26　稀土近红外-中红外发光区的能级图和发射光谱

(a) 简化能级图以及激发和发射波长；(b) 不同稀土离子典型的发射光谱

2.5.2　稀土离子

1. 镱离子(Yb³⁺)

图 2-27(a)给出了 Yb³⁺掺杂玻璃的能级示意图，精确的亚能级劈裂取决于玻璃组成和 Yb³⁺浓度[39]。Stark 分裂使其可以成为三能级系统或四能级系统，取决于泵浦和激光波长的选择。Yb³⁺的特点是能级结构简单、荧光寿命长、不易发生浓度猝灭、量子亏损低。Yb³⁺能级结构的简单性还消除了如激发态吸收、多声子非辐射衰减和浓度猝灭等效应。图 2-27(b)给出了 Yb³⁺典型的吸收和发射截面。Yb³⁺具有相当宽的吸收光谱，可以从 850 nm 以下延伸到 1070 nm 以上，中心波长位于约 975 nm，可实现多波长泵浦方案，便于高功率运行，同时宽吸收带极大地放宽了对泵浦波长及其随温度的稳定性两方面要求，从而简化了光纤激光器的设计并降低了高功率光纤激光器的总体成本。Yb³⁺在 1010～1020 nm 波段的吸收虽然很弱，但是可以通过泵浦波段带内(或串联)抽运实现高功率光纤激光，这一方法对功率缩放到数千瓦量级非常重要。因此，可以利用多种固态激光器泵浦掺 Yb³⁺石英光纤，包括 AlGaAs(800～850 nm)和 InGaAs(约 980 nm)激光二极管，以及 Nd:YLF(1047 nm)和 Nd:YAG(1064 nm)激光器等。另一方面，掺 Yb³⁺石英玻璃的有效荧光范围大约为 970～1200 nm，宽带发射光谱使激光波长具有宽的可调谐特性，可以实现从 980 nm 到 1100 nm 以及低至几十秒到飞秒的短脉冲放大。因此，掺 Yb³⁺光纤可以实现多种波段的光纤激光，可广泛应用于光谱学或泵浦其他光纤激光器和放大器。此外，Yb³⁺还经常用于敏化剂与其他稀土离子，如 Er³⁺、Ho³⁺等共掺。通过共掺方式敏化其他激活离子，从而提高泵浦吸收效率。

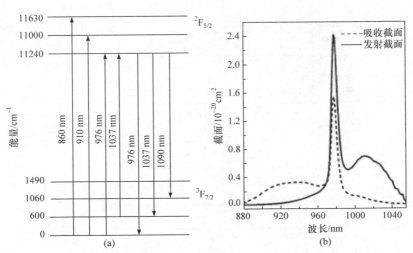

图 2-27　(a)Yb³⁺掺杂玻璃的能级示意图以及(b)典型的吸收和发射截面[39]

2. 钕离子(Nd^{3+})

图 2-28 给出了 Nd^{3+} 的能级图和吸收与发射截面等[40-42]。Nd^{3+}具有三个主要的激光能级跃迁，包括：$^4F_{3/2} \rightarrow {}^4I_{9/2}$、$^4F_{3/2} \rightarrow {}^4I_{11/2}$ 和 $^4F_{3/2} \rightarrow {}^4I_{13/2}$，发射波长分别对应 900 nm、1060 nm 和 1300 nm。其中，Nd^{3+}:$^4F_{3/2} \rightarrow {}^4I_{11/2}$(1060 nm)跃迁是最重要的激光跃迁之一，为典型的四能级系统。Nd^{3+}:$^4F_{3/2} \rightarrow {}^4I_{13/2}$(1300 nm)跃迁发射会受到激发态吸收(ESA)的影响，从而减小第二通信窗口的增益。与 Yb^{3+}不同，Nd^{3+}在紫外到近红外波段范围内具有丰富的吸收带，并与氙灯的发射光谱有较好重叠，非常适合大功率氙灯抽运[40-42]。正因如此，Nd^{3+}在固体激光器中的应用比光纤激光器更为广泛，基于石英、硅酸盐、磷酸盐或氟磷酸盐玻璃等的高功率掺 Nd^{3+}固态激光器在高能量密度科学领域发挥了重要作用[40,42-46]。

Nd^{3+}的发射波长、带宽、峰形、吸收与发射截面可以根据玻璃类型和玻璃成分来适当调整，并且在很大程度上取决于基质中存在的共掺剂。对于石英或硅酸盐玻璃中的低浓度 Nd^{3+}掺杂，$^4F_{3/2} \rightarrow {}^4I_{11/2}$ 跃迁的峰值波长约为 1088 nm。通过添加少量的铝会使该峰蓝移到 1064 nm 附近，而通过添加少量的磷可以将其移动到 1054 nm，峰值荧光也从 834 nm 泵浦的 1135 nm 移到 806 nm 泵浦的 1064 nm。这一效应给出了通过调控玻璃组成来调控激光波长的一种实用方法。掺 Nd^{3+}铝硅酸盐玻璃吸收光谱相当宽，可放宽对泵浦波长的要求，并放宽其对温度的稳定性。

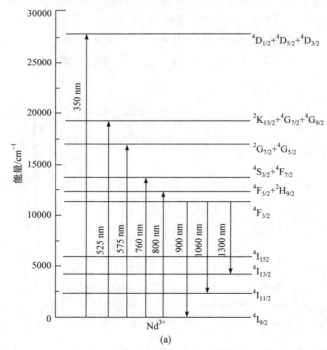

(a)

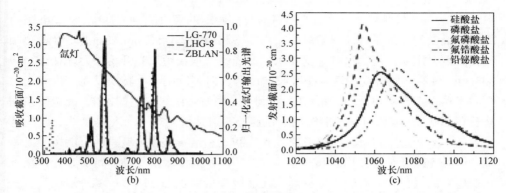

图 2-28　(a)Nd^{3+}的能级图，(b)氙灯输出光谱以及不同玻璃基质中的吸收截面与(c)发射截面[40-42]

在石英光纤中，一般实际掺杂的 Nd^{3+}浓度约为 9×10^{18} ions/cm^3(Nd^{3+}质量分数为 0.11%)，吸收系数在 1.2～8 dB/m 的范围内，这意味着需要几米的光纤长度才能吸收大部分泵浦功率。如果在石英光纤中引入 P$_2$O$_5$，则可较大地提高 Nd^{3+}掺杂量，从而降低光纤使用长度。Nd^{3+}在石英玻璃中 ^{4}F$_{3/2}$ 能级的荧光寿命的典型值约为 470 μs，而在高浓度时荧光寿命降低到约 200 μs。1.06 μm 的发射截面约为 10^{-20} cm^2，且发射截面最大值和相应的发射波长随玻璃体系和具体组成发生变化。

3. 铒离子(Er^{3+})

图 2-29 给出了 Er^{3+}的能级示意图及相关能级的寿命[47]。Er^{3+}在 800 nm、980 nm

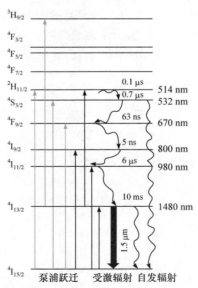

图 2-29　Er^{3+}的能级图及相关能级的寿命[47]

和 1480 nm 处与商用半导体激光器具有良好匹配的吸收波段，其中 980 nm 泵浦
能够以最低的噪声系数获得最高的输出功率和增益。1480 nm 泵浦波长在遥感领
域具有重要用途，因为这种情况要求泵浦光经过很长距离光纤传输后损耗很小。
808 nm 泵浦波段会受到激发态吸收的影响，但可以用于上转换发光产生绿光。
当激光器将 Er^{3+} 从 $^4I_{15/2}$ 基态能级泵浦到一个激发态能级，例如，$^4I_{9/2}$ 能级的泵浦
波长在 800 nm 波段，从该能级离子迅速非辐射弛豫到 $^4I_{13/2}$ 亚稳态能级，随后从
$^4I_{13/2} \rightarrow {}^4I_{15/2}$ 跃迁获得 1.5 μm 波段发光或激光。这一过程为典型的三能级激光系
统，即激光跃迁是在亚稳态和基态能级之间。泵浦能级的寿命非常短，允许离子
在亚稳态能级积累并在较高亚稳态激光能级和较低基态之间形成粒子数反转。

980 nm LD 通常用作掺 Er^{3+} 激光玻璃的泵浦源，但 Er^{3+} 在这一波长处的吸收
截面较小，泵浦吸收效率较低。此外，掺 Er^{3+} 激光器的 1.5 μm 波段作为一个三
能级激光系统，需要很高的泵浦效率才能实现"粒子数反转"。因此，泵浦光的
较低吸收导致激光阈值较高，限制了掺 Er^{3+} 激光玻璃的应用。为了提高泵浦吸收
效率，常用 Yb^{3+}/Er^{3+} 共掺杂的方法。图 2-30 给出了 Er^{3+} 和 Yb^{3+}/Er^{3+} 共掺体系的
能级图以及 $^4I_{13/2} \leftrightarrow {}^4I_{15/2}$ 跃迁的吸收和发射截面[48-50]。由图可知，与 Er^{3+} 相比，
Yb^{3+} 在 980 nm 具有更高的吸收截面，可以采用商用 980 nm LD 进行高效泵浦。
并且，Yb^{3+} 的发射光谱与 Er^{3+} 的吸收光谱有很大的重叠，保证了从 Yb^{3+} 到 Er^{3+} 高
的能量传递效率。此外，Yb^{3+} 的掺杂浓度可以是 Er^{3+} 的十几倍甚至几十倍，因此
可以极大地提高泵浦吸收效率。并且 Yb^{3+} 的引入还可以抑制 Er^{3+} 团簇的形成，
减弱了浓度猝灭效应。另一方面，Er^{3+} 在 1.5 μm 处的发射光谱与玻璃体系和特定
的玻璃成分密切相关。由于 Er^{3+} 在 1.5 μm 范围内的吸收光谱和发射光谱有较大
的重叠，在发射光谱的测量中存在荧光捕获效应，导致荧光光谱产生畸变。例
如，与石英玻璃相比，在碲酸盐玻璃中 Er^{3+} 具有更宽的吸收和发射光谱，产生展

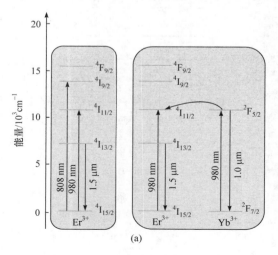

(a)

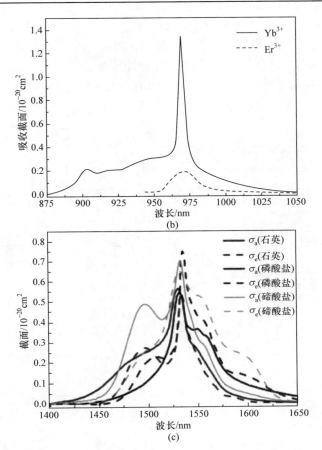

图 2-30　Er^{3+} 和 Yb^{3+}/Er^{3+} 共掺体系的(a)能级图以及(b)980nm 波段吸收截面和(c)$^4I_{13/2}\leftrightarrow{}^4I_{15/2}$ 跃迁的吸收和发射截面[48-50]

宽的因素包括多个结构单元的存在、孤对电子与修饰阳离子的相互作用以及 Er^{3+} 的多重配位[51]。在低掺杂浓度时，荧光捕获效应更加明显，使得光谱变得更宽。由于 Er^{3+} 在 1.5 μm 处的光谱不对称，采用有效线宽评价其放大性能更为合理。Er^{3+} 的有效线宽随着碱土金属氧化物离子半径的增大呈线性增加趋势，归因于阳离子与氧离子的相互作用减弱，导致 O^{2-} 与 Er^{3+} 相互作用增强[52]。此外，由于玻璃网络结构的长程无序性，各离子的配位场分布也不相同。当引入稀土金属氧化物后，阳离子的极化率随离子半径的增大而增大，影响了 Er^{3+} 的配位场。

Er^{3+} 在 808 nm 或 980 nm 波长下泵浦还可以实现源于 $Er^{3+}:{}^4I_{11/2}\to{}^4I_{13/2}$ 的 2.7 μm 波段激光。然而，所面临的主要问题是其下激光能级 $^4I_{13/2}$ 的寿命比上激光能级 $^4I_{11/2}$ 的寿命长，导致粒子数反转困难，限制了 2.7 μm 光纤激光器的发展。为了获得强而有效的 2.7 μm 发光与激光，需要尝试减少 Er^{3+} 的下能级布居或增加上能级布居。例如，通过双掺杂(如 $Yb^{3+}/Er^{3+[53]}$、$Nd^{3+}/Er^{3+[54]}$、$Tm^{3+}/Er^{3+[55]}$、$Pr^{3+}/Er^{3+[56]}$、$Ho^{3+}/Er^{3+[57,58]}$)或三掺杂(如 $Pr^{3+}/Tm^{3+}/Er^{3+[59]}$、$Er^{3+}/Tm^{3+}/Ho^{3+[60]}$、$Er^{3+}/Yb^{3+}/Eu^{3+[61]}$)实现敏化发光。图 2-31 给出了实现高效 2.7 μm 波段发光或激光的能级示意图以及典型的敏化方法与相应的泵浦波长和发射波长。其中，比较典型的例子是 Er^{3+}/Pr^{3+} 共掺体系，Pr^{3+} 可以猝灭 $Er^{3+}: {}^4I_{13/2}$ 的寿命，但几乎不影响

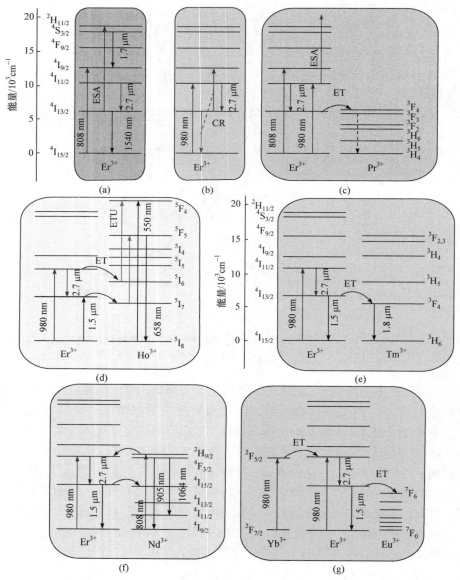

图 2-31　Er^{3+} 掺杂玻璃的主要泵浦和敏化方法及能级简图

$^4I_{11/2}$ 能级，使得 Er^{3+} 容易实现粒子数反转[62]。此外，研究表明，较高的 Er^{3+} 掺杂浓度，可促使 Er^{3+} 之间的交叉弛豫过程($^4I_{13/2}+^4I_{13/2}\rightarrow^4I_{15/2}+^4I_{9/2}$)，从而有利于产生强的 2.7 μm 发射[63]。

4. 铥离子(Tm^{3+})

图 2-32 给出了 Tm^{3+} 掺杂玻璃实现 2 μm 发光的主要泵浦和敏化方法及能级简图。Tm^{3+} 具有丰富的能级结构，其 $^3F_4\rightarrow^3H_6$ 电子跃迁可产生 2 μm 波段激光，广泛用于激光医疗、环境监测、红外遥感、激光雷达等领域。Tm^{3+} 的特点包括：①在紫外到红外波段范围内都有吸收和发射带，特别是在 808 nm 附近存在吸收带，可以直接用商用 808 nm 半导体激光器泵浦。②在激光玻璃中，Tm^{3+}: $^3H_6$ 能级具有明显的分裂特性，可产生约 300 nm 的宽带发射，非常适用于可调谐激光器。此外，宽的发射带宽还可以形成准三能级系统，比标准的三能级系统有更高的效率和较低的泵浦阈值功率。③高掺杂浓度时由于有效的交叉弛豫过程，还可以形成 200%的量子效率[64,65]。Tm^{3+} 实现 2 μm 波段荧光或激光通常采用的三种泵浦波长为 808 nm、1.06 μm 和 1.58 μm，分别对应 $^3H_6\rightarrow^3H_4$、$^3H_6\rightarrow^3H_5$ 和 $^3H_6\rightarrow^3F_4$，如图 2-32(a)~(c)所示。Tm^{3+} 在 808 nm 附近的吸收带对应 $^3H_6\rightarrow^3H_4$ 跃迁，该波段与商用 808 nm LD 的发射波长很好地重叠，因此成为 Tm^{3+} 最常用的泵浦方式。在 808 nm LD 的泵浦下，Tm^{3+} 从基态 $^3H_6$ 能级跃迁至 $^3H_4$ 能级。随后，Tm^{3+} 主要通过三个途径弛豫到激光亚稳态 $^3F_4$ 能级：①从 $^3H_4$ 能级辐射弛豫到 $^3F_4$ 能级，发出 1.46 μm 的荧光；②从 $^3H_4$ 能级经过两次无辐射弛豫到 $^3F_4$ 能级；③与邻近 Tm^{3+} 发生交叉弛豫过程(CR)即 $^3H_4+^3H_6\rightarrow^3F_4+^3F_4$。最后，从 $^3F_4$ 能级辐射跃迁到 $^3H_6$ 能级，发射出 1.8 μm 左右的荧光或激光。值得指出的是，在交叉弛豫作用下，Tm^{3+} 能够将吸收的一个 808 nm 的泵浦光子转换为两个 1.8 μm 左右的光子，其理论转换效率最高可达 200%。高的量子效率可以有效降低热效应，目前在 2 μm 波段光纤激光器中已经实现了高达 179%的量子效率。此外，还可以采用 1.06 μm 和 1.58 μm 的激光对 Tm^{3+} 进行泵浦。在 1.06 μm 激光激发下，Tm^{3+} 从基态 $^3H_6$ 能级跃迁至 $^3H_5$ 能级，然后快速无辐射弛豫到 $^3F_4$ 激光上能级，最后从 $^3F_4$ 能级辐射跃迁到基态 $^3H_6$ 能级，发射出 1.8 μm 左右的荧光或激光。但是，处于 $^3F_4$ 能级上的部分粒子会产生激发态吸收(ESA)，导致激光上能级的粒子数减少，对光纤激光器的性能产生不利影响。另外，也可以采用 1.58 μm 的激光对 Tm^{3+} 进行直接泵浦。在 1.58 μm 激光泵浦下，Tm^{3+} 从基态 $^3H_6$ 能级跃迁到激光亚稳态 $^3F_4$ 能级，然后从 $^3F_4$ 能级辐射跃迁到基态 $^3H_6$ 能级，发射出 1.8 μm 左右的荧光或激光。采用 1.58 μm 泵浦方式可以利用 $^3F_4$ 能级宽带吸收特性以及小的量子亏损，但是 $^3H_6\rightarrow^3F_4$ 跃迁的吸收截面比较小，降低了激光器的转换效率[36]。为了从激光玻璃中获得有效的 2 μm 发射，经常会引入敏化剂以提高泵浦

效率或实现灵活的泵浦方法。敏化剂包括稀土(如 Yb$^{3+[66]}$、Er$^{3+[67]}$、Ce$^{3+[68]}$)、过渡金属(如 Cr$^{3+[69]}$)、半金属(Bi$^{[70]}$)和贵金属(Ag$^{[71]}$)等。几种主要的泵浦和敏化方法以及相关的能级图，如图 2-32(d)~(g)所示。以 Yb^{3+}/Tm^{3+}共掺为例，在 980 nm LD 泵浦下，Yb^{3+}从基态 $^2F_{7/2}$ 能级跃迁至 $^2F_{5/2}$ 能级。随后，Yb^{3+}通过声子辅助的能量传递过程(Yb^{3+}: $^2F_{5/2}$ + Tm^{3+}: $^3H_6$→Yb^{3+}: $^2F_{7/2}$ + Tm^{3+}: $^3H_5$)，将能量传递给邻近 Tm^{3+} 的 $^3H_5$ 能级。$^3H_5$ 能级上的粒子迅速无辐射弛豫至激光亚稳态 $^3F_4$ 能级，最后 $^3F_4$→$^3H_6$ 辐射跃迁，发射 1.8 μm 荧光或激光。然而，处于 $^3F_4$ 能级上的粒子会产生激发态吸收(ESA)，导致 $^3F_4$ 激光上能级粒子数减少，对激光器性能产生不利影响。

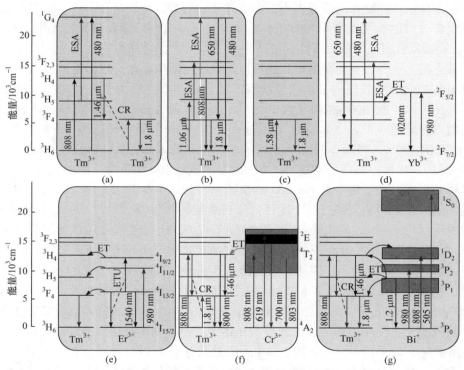

图 2-32　Tm^{3+}掺杂玻璃实现 2 μm 发光的主要泵浦和敏化方法及能级简图

5. 钬(Ho^{3+})

与 Tm^{3+}相比，Ho^{3+}具有更大的受激发射截面(约为 Tm^{3+}的 5 倍)，并且荧光寿命更长(约 8 ms)，有利于储存能量和实现调 Q 激光。另外，Ho^{3+}的发射波长比 Tm^{3+}长，与大气传输窗口有较好的匹配。掺 Ho^{3+}石英玻璃在可见到近红外区域具有多个吸收带，如图 2-33(a)所示[72]。然而，Ho^{3+}在常见的 808 nm 和 980 nm 泵浦带缺乏吸收，无法采用商用 808 nm 和 980 nm 激光二极管泵浦。通常会加入 Yb^{3+}或者 Tm^{3+}等敏化剂，通过稀土离子之间的能量传递过程实现 Ho^{3+}的 2.1 μm

激光。除了这种间接泵浦的方式之外，也有两种直接泵浦的例子，包括在 1.95 μm 处共振泵浦 $^5I_7$ 激光上能级，或在 1.15 μm 处泵浦 $^5I_6$ 能级，然后快速无辐射衰减到 $^5I_7$ 激光上能级，如图 2-33(b)所示。1.15 μm 激发光可以通过二极管或长波长运转的 Yb^{3+}光纤激光器获得，该泵浦方案高的量子亏损从根本上限制了 1.15 μm 泵浦掺 Ho^{3+}光纤的进一步功率缩放，因此只适用于一些脉冲和低功率连续波应用。利用 1.95 μm 共振泵浦 Ho^{3+}上能级的方法有望将掺 Ho^{3+}光纤激光器的量子亏损降至 7%。然而，这两种泵浦方案的泵浦源不易得到，目前还难以广泛应用。

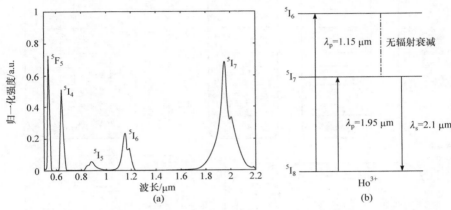

图 2-33 (a)掺 Ho^{3+}石英玻璃的吸收光谱和(b)一般实现 2.1 μm 激光的泵浦机制[72]

Ho^{3+}缺乏与商用高功率 808 nm 和 980 nm LD 相匹配的吸收带[73,74]，为了解决这一问题，通常采用多种敏化方案或间接泵浦方法，如图 2-34 所示，包括双掺杂(Tm^{3+}/Ho^{3+}[75]、Yb^{3+}/Ho^{3+}[76,77]、Er^{3+}/Ho^{3+}[78]、Cr^{3+}/Ho^{3+}[79]、Nd^{3+}/Ho^{3+}[80])和三掺杂 ($Yb^{3+}/Tm^{3+}/Ho^{3+}$[81]、$Yb^{3+}/Ho^{3+}/Er^{3+}$[82]、$Yb^{3+}/Ho^{3+}/Ce^{3+}$[83]、$Ho^{3+}/Er^{3+}/Ce^{3+}$[84]、$Cr^{3+}/Tm^{3+}/Ho^{3+}$[85]和 $Nd^{3+}/Yb^{3+}/Ho^{3+}$[86])。对于 Tm^{3+}/Ho^{3+}双掺杂体系，在 808 nm LD 泵浦下，Tm^{3+}从基态 $^3H_6$ 能级跃迁至 $^3H_4$ 能级，随后 Tm^{3+}通过三个途径弛豫到 $^3F_4$ 能级(同单掺 Tm^{3+})。处于 $^3F_4$ 能级上的粒子，一方面辐射跃迁到 $^3H_6$ 能级，发射出 1.8 μm 左右的荧光；另一方面将能量共振传递给邻近 Ho^{3+}的 $^5I_7$ 能级。最后，Ho^{3+}辐射跃迁到基态 $^5I_8$ 能级，发射出 2 μm 的荧光或激光。对于 Yb^{3+}/Ho^{3+}双掺杂体系，在 976 nm LD 泵浦下，Yb^{3+}: $^2F_{7/2} \rightarrow {}^2F_{5/2}$ 跃迁发生。随后，Yb^{3+}通过声子辅助的能量传递过程，即 Yb^{3+}: $^2F_{5/2}$ + Ho^{3+}: $^5I_8 \rightarrow Yb^{3+}$: $^2F_{7/2}$ + Ho^{3+}: $^5I_6$，将能量传递给邻近 Ho^{3+}的 $^5I_6$ 能级。Ho^{3+}的 $^5I_6$ 能级上的粒子快速无辐射弛豫至激光亚稳态 $^5I_7$ 能级。最后，从 $^5I_7$ 能级辐射跃迁到基态 $^5I_8$ 能级，发射出 2 μm 波段的荧光或激光。对于 $Yb^{3+}/Tm^{3+}/Ho^{3+}$三掺杂体系，在 980 nm LD 泵浦下，Yb^{3+}从基态跃迁到 $^2F_{5/2}$ 激发态，处于 $^2F_{5/2}$ 能级上的粒子一方面可以通过声子辅助的能量传递过程，即 Yb^{3+}: $^2F_{5/2}$ + Tm^{3+}: $^3H_6 \rightarrow Yb^{3+}$: $^2F_{7/2}$ + Tm^{3+}: $^3H_5$，将能量

传递给邻近 Tm³⁺的 ³H₅ 能级；另一方面也可以通过 Yb³⁺: ²F₅/₂ + Ho³⁺: ⁵I₈ → Yb³⁺: ²F₇/₂ + Ho³⁺: ⁵I₆ 能量传递过程，将能量传递给邻近 Ho³⁺的 ⁵I₆ 能级。接着 Ho³⁺的 ⁵I₆ 能级上的粒子通过共振能量传递将能量传递给邻近 Tm³⁺的 ³H₅ 能级，随后 ³H₅ 能级无辐射弛豫至 ³F₄ 能级。处于 ³F₄ 能级上的部分粒子辐射跃迁回到基态 ³H₆ 能级，产生 1.8 μm 左右的荧光，而剩下的粒子则将能量共振传递给 Ho³⁺的 ⁵I₇ 能级。最后，Ho³⁺从 ⁵I₇ 能级辐射跃迁至基态 ⁵I₈ 能级，发射出 2 μm 波段的荧光或激光。

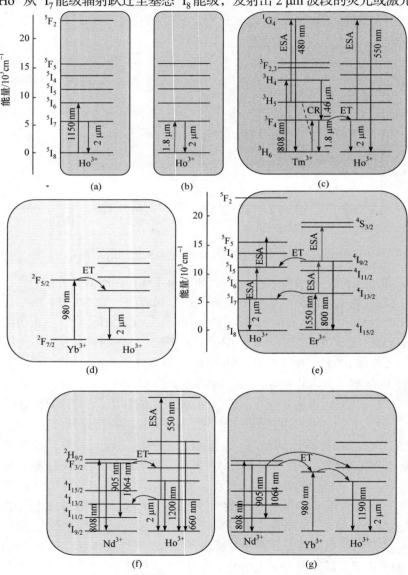

图 2-34　Ho³⁺掺杂玻璃实现 2 μm 发光的主要泵浦和敏化方法及能级简图

对于 Nd³⁺/Yb³⁺/Ho³⁺三掺碲酸盐玻璃，通过 Yb³⁺桥接可以增强 Ho³⁺的 2 μm 发光[86]。图 2-35 给出了 Nd³⁺/Yb³⁺/Ho³⁺掺杂碲酸盐玻璃实现 2 μm 增强发光的光谱性质。可以看出，在 808 nm 附近具有高吸收截面的 Nd³⁺在泵浦能量传递到 Ho³⁺: $^5I_5$ 能级中起重要作用。利用 Förster 光谱重叠模型计算了 Nd³⁺到 Yb³⁺的能量传递系数达 29.65×10⁴⁰ cm⁶/s，高于 Nd³⁺到 Ho³⁺的能量传递系数(3.87×10⁴⁰ cm⁶/s)。对比 Yb³⁺: $^2F_{7/2}\rightarrow^2F_{5/2}$ 和 Ho³⁺: $^5I_8\rightarrow^5I_5$ 的吸收截面，发现 Yb³⁺的吸收截面也显著高于 Ho³⁺的吸收截面[86]，有利于 Nd³⁺通过 Yb³⁺向 Ho³⁺的间接能量传递。此外，随着 Yb³⁺的引入，Ho³⁺的 2 μm 发射明显增强，Nd³⁺与 Ho³⁺和 Yb³⁺之间的能量传递效率从 36.4%显著提高到 89.5%[86]。

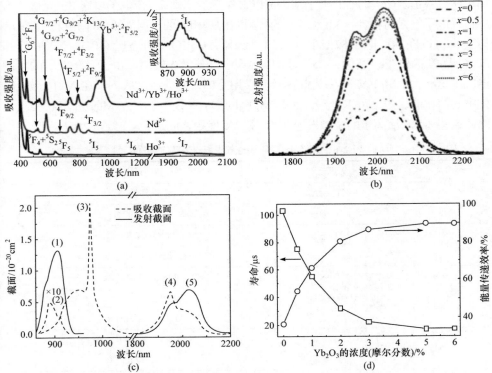

图 2-35　Nd³⁺/Yb³⁺/Ho³⁺掺杂碲酸盐玻璃的(a)吸收光谱、(b)发射光谱、(c)吸收发射截面、(d)荧光寿命和能量传递效率[86]

x 为 Yb₂O₃ 的掺杂浓度，Ho₂O₃ 和 Nd₂O₃ 的掺杂浓度固定为 0.5%；(c)图中的(1)Nd³⁺: $^4F_{3/2}\rightarrow^4I_{9/2}$; (2)Ho³⁺: $^5I_8\rightarrow^5I_5$; (3)Yb³⁺: $^2F_{7/2}\rightarrow^2F_{5/2}$; (4)Ho³⁺: $^5I_8\rightarrow^5I_7$; (5)Ho³⁺: $^5I_7\rightarrow^5I_8$, Ho³⁺在 900 nm 附近的吸收截面被放大了 10 倍

2.5.3　过渡金属离子

除了稀土离子之外，过渡金属离子也可以实现近中红外发光与激光。表 2-6 给出了过渡金属离子的激光跃迁和泵浦条件，其中二价过渡金属离子包括 V²⁺、

Cr^{2+}、Fe^{2+}、Co^{2+}、Ni^{2+}等，更高价态的过渡金属离子包括 Ti^{3+}、Cr^{3+}、Cr^{4+}、Mn^{5+}等。目前，能够实现激光输出的过渡金属离子掺杂基质材料仅局限于晶体或 Ⅱ-Ⅵ 族半导体(如 ZnS、ZnSe、CdTe 等)[87]。

　　图 2-36 给出了激光晶体中二价过渡金属离子的激光跃迁。$Cr^{2+}(3d^4)$和 $Fe^{2+}(3d^6)$ 的基态为 ^5D 态。在 Ⅱ-Ⅵ硫族化合物的四面体晶体场中，^5D 基态分裂成 $^5T_2$ 三重态和 ^5E 二重态。这些能级之间的跃迁在中红外光谱区。所有到其他 Cr^{2+}和 Fe^{2+}的多重态(^3H、^3G、$^3F_2$、^3D、$^3P_2$、^1I、$^1G_2$、^1F、$^1D_2$、$^1S_2$)的跃迁都是自旋禁止的[88]。在所有的 $Cr^{2+}(3d^4)$掺杂晶体中，$ZnSe:Cr^{2+}$最有前景实现宽带可调谐和超短脉冲中红外激光。$Fe^{2+}(3d^6)$可以产生约 3.53~4.54 μm 中红外发光，n 型 $InP:Fe^{2+}$半导体实现激光输出已有报道。Co^{2+}的 $3d^7$ 电子结构可以看作 $3d^{10-3}$，即三个电子填充 3d 壳层。由于这种电子空穴对称性，$3d^7$ 和 $3d^3$ 的各项结构是相同的，但能级顺序相反。类似的情况也可以在 $4f^n$ 电子构型中观察到，例如，$Ce^{3+}(4f^1)$和 $Yb^{3+}(4f^{13})$、$Nd^{3+}(4f^3)$和 $Er^{3+}(4f^{11})$等。和 Fe^{2+}类似，Co^{2+}也可以实现中红外激光输出。由于受激发射的可调谐范围足够大，$MgF_2:Co^{2+}$激光晶体及其应用受到人们关注。从 Ni^{2+}在 MgF_2 激光晶体中的简化能级图中可以看到，四方 MgF_2 的 Dq 参数小于立方 MgO 的 Dq 参数，因此这些 $3d^8$ 激活离子的受激发射在 $^3T_2$ 和 $^3A_2$ 能级之间进行。

表 2-6　过渡金属离子的激光跃迁和泵浦条件

过渡金属离子	跃迁	晶体和泵浦条件
V^{2+}	$^4T_2 \to {}^4A_2$	MgF_2，77 K，Xe
Cr^{2+}	$^5E \to {}^5T_2$	ZnS，ZnSe，300 K，激光
Fe^{2+}	$^5T_2 \to {}^5E$	n-InP，约 2 K，激光
		ZnSe，约 180 K，激光
Co^{2+}	$^4T_2 \to {}^4T_1$	MgF_2，77 K，Xe
	$^4T_2 \to {}^4T_1$	MgF_2，77 K，Xe
		MgF_2，300 K，激光
Ni^{2+}	$^3T_2 \to {}^3A_2$	MgF_2，77~240 K，Xe
	$^3T_2 \to {}^3A_2$	MgO，77 K，Xe
Ti^{3+}	$^2E \to {}^2T_2$	α-Al_2O_3，300 K，激光/Xe
Cr^{3+}	$^2E \to {}^4A_2$	α-Al_2O_3，300 K，激光/Xe
	$^2E,{}^4T_2 \to {}^4A_2$	$BeAl_2O_4$，300 K，激光
	$^4T_2 \to {}^4A_2$	$KZnF_3$，260 K，激光
		$(La,Lu)_3(Lu,Ga)_2Ga_3O_{12}$，300 K，激光
Cr^{4+}	$^3T_2 \to {}^3A_2$	Mg_2SiO_4，300 K，激光/Xe
Mn^{5+}	$^1E \to {}^3A_2$	$Ba_3(VO_4)_2$，300 K，激光

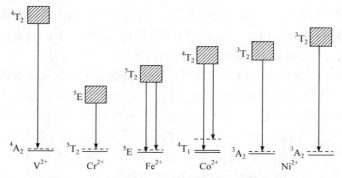

图 2-36　激光晶体中二价过渡金属离子的激光跃迁

图 2-37 给出了二价过渡金属离子(Cr^{2+}、Co^{2+}、Fe^{2+})掺杂硫族化物半导体在中红外波段的激光跃迁[89]。其典型特征包括具有宽的中红外发射带、大的受激发射截面(约 10^{-18} cm^2)、高的量子效率(＞70%)以及可以用商用激光源泵浦(包括激光二极管、激光二极管泵浦的掺 Er^{3+} 和 Tm^{3+}高功率光纤激光器)，其发射波长分别位于 2.1 μm、3.3 μm 和 4.3 μm。

图 2-38 给出了高价态过渡金属离子 Ti^{3+}、Cr^{3+}、Cr^{4+}、Mn^{5+}的能级图。Ti^{3+}在八面体晶体场中劈裂成两个子能级 ^2E 和 $^2T_2$。掺 Ti^{3+}蓝宝石激光器(钛宝石激

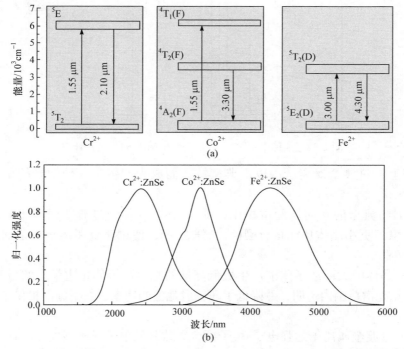

图 2-37　二价过渡金属离子(Cr^{2+}、Co^{2+}、Fe^{2+})掺杂硫族化物半导体在中红外波段的激光跃迁[89]

光器)可实现约 $0.66\sim1.18~\mu m$ 可调谐激光，目前广泛应用于可调谐激光以及皮秒和飞秒激光领域。Cr^{3+}是首个在晶体中实现激光的激活离子，通常位于八面体格位。由于红宝石(α-Al_2O_3)中强的八面体晶体场，Cr^{3+}的 $^4T_2$ 能级位于 ^2E 能级之上约 $2300~cm^{-1}$。因此在α-Al_2O_3中，只有 $^2E\rightarrow^4A_2$ 能级可实现发光和激光。大多数掺 Cr^{3+}氧化物和氟化物晶体可以产生 $^4T_2\rightarrow^4A_2$ 跃迁的激光，该跃迁的受激辐射波长具有最大的调谐宽度，在近红外区域约 $3300~cm^{-1}$。一些具有氟铝钙锂石结构的氟化物晶体，如 $LiSrAlF_6$ 和 $LiSrGaF_6$ 是 Cr^{3+}非常好的基质材料，可用于 LD 泵浦的全固态皮秒和飞秒激光器和放大器。含铬晶体特别是 Mg_2SiO_4 和 $Y_3Al_5O_{12}$ 具有宽带可调谐激光特性而得到广泛关注，Mg_2SiO_4:Cr 在氧化环境下生长，该宽带发射可能源于位于四面体格位 Cr^{4+}:$^3T_2\rightarrow^3A_2$ 跃迁。第一个含有 $3d^2$ 离子的激光晶体是掺 Mn^{5+}钒酸盐 $Ba_3(VO_4)_2$ 和 $Sr_3(VO_4)_2$，其受激发射可归因于 $^1E\rightarrow^3A_2$ 跃迁。

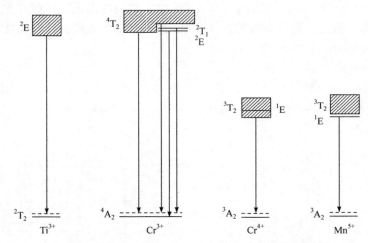

图 2-38　晶体中 Ti^{3+}、Cr^{3+}、Cr^{4+}和 Mn^{5+}的激光跃迁[88]

综上，过渡金属离子因以下典型特征而成为产生中红外激光的重要激活离子[88]：

(1) 与典型的八面体配位相比，II-VI族半导体中过渡金属离子的四面体配位提供了更小晶体场能量分裂(约二分之一)，使过渡金属离子掺杂剂的跃迁进入红外。

(2) 晶体的大阴离子团能产生极低能量的光学声子截止边带，使得II-VI族晶体在宽光谱范围内透明，并降低了非辐射弛豫的速率，在室温下提供了高产量的荧光。

(3) 过渡金属离子的强电子-声子耦合导致其发射带显著展宽(最高可达中心波长的 50%)，掺杂过渡金属离子的II-VI族增益介质对超宽中红外可调谐激光和超短脉冲激光产生具有重要意义。

(4) 化学性质稳定的二价过渡金属离子 $Cr^{2+}(3d^4)$ 和 $Fe^{2+}(3d^6)$ 等可实现可调谐中红外激光，并且具有宽吸收和发射带、高截面以及没有激发态吸收等特点而备受关注。

2.5.4 激光玻璃概况

激光玻璃具有光学光谱性能可调范围宽、制备成型和工艺性能容易掌握、米级大尺寸块体和微米级光纤容易获得等特点。特别是，与晶体比较，玻璃具有易制备、易加工、价格低廉、组分可在很大范围内调节、光学质量和光学均匀性好等优点。当前激光玻璃已在诸多领域得到广泛应用，如用于美国能源部的国家点火装置、法国兆焦耳装置和中国神光系列等激光惯性聚变大科学装置的钕玻璃，用于光通信用光纤放大器的掺铒石英玻璃，用于高功率光纤激光器的掺镱石英玻璃等。

激光玻璃由基质玻璃和激活离子组成，基质玻璃决定了激光玻璃各项物理化学性质，激活离子则决定了激光玻璃的光谱特性。同时，基质玻璃和激活离子之间存在相互作用。因此，激活离子对激光玻璃的物理化学性质具有一定的影响，而基质玻璃对激活离子的光谱性质的影响有时还相当重要。除石英玻璃外，常见激光玻璃包括硅酸盐玻璃、磷酸盐玻璃、氟磷酸盐玻璃、锗酸盐玻璃和碲酸盐玻璃等氧化物玻璃，以及非氧化物玻璃如氟化物玻璃和硫系玻璃。激活离子主要有稀土离子(如 Nd^{3+}、Yb^{3+}、Tm^{3+}、Ho^{3+}、Er^{3+})、过渡金属离子(如 Cr^{2+}、Cr^{3+}、Fe^{2+}、Ti^{3+}、Cr^{4+})、半金属离子(Bi^{3+})，此外还包括半导体量子点(如 PbS、PbSe)等。

激光玻璃通常需要满足以下基本要求：

(1) 良好的透明度，特别是对激光波长的吸收尽可能低。基质玻璃的透明度越高，泵浦光的能量就越能充分被激活离子吸收而转化为激光。而低透明度则增加了基质玻璃对泵浦光的吸收，使激光玻璃温度升高，影响激光输出性能。基质玻璃中如果含有铁、铜、铬、锰、钴、镍等过渡金属离子，在近紫外到红外都存在吸收，会使基质玻璃的透明度下降。

(2) 良好的光学均匀性。激光玻璃的光学不均匀性使激光通过玻璃后产生波面变形和光程差，导致激光阈值升高，效率降低，发散角增加，严重的甚至不产生激光振荡。

(3) 良好的光谱性质。对吸收光谱的性质要求包括在激发带具有高的吸收系数，吸收带与激发峰值尽可能重叠。对荧光光谱的性质要求包括发光强度高、受激发射截面大、量子效率高、内部的能量损耗小等。

(4) 良好的热光稳定性。激光玻璃中激活离子的非辐射跃迁损失和基质玻璃的紫外和红外吸收会使泵浦光的一部分转化为热能，从而使玻璃的温度升高，特别是在激光玻璃棒中，由于吸热和冷却条件的不同棒的径向会出现温度梯度，这些因素会导致激光玻璃的光学均匀性降低而影响激光性能，甚至导致激光玻璃损坏。

(5) 良好的物理化学性能。为了便于制造、加工和使用，要求激光玻璃具有优良的物理化学性能，包括析晶失透倾向小、化学稳定性高，有一定的机械强度和良好的光照稳定性和热导性等。

对于近中红外激光玻璃与光纤，除了应该具备一般激光玻璃的要求外，还要具有较低的声子能量以降低稀土离子的无辐射弛豫速率以及宽的红外透过范围，此外还有对稀土离子溶解度、光纤拉制难度、原材料纯度和加工特性等的要求。玻璃的最大声子能量($\hbar\omega$, cm^{-1})是玻璃基质中最大的分子振动能，也是所有分子振动中最有可能的能量分布，不仅影响稀土离子的光谱特性(如多声子弛豫速率、寿命衰减和能量传递过程)，而且与光纤激光器的激光性能(如热负载和量子效率)密切相关。玻璃基质中稀土离子的多声子弛豫速率可以根据下列公式计算[90]：

$$W_{mp}(T) = A_1 \exp(-\alpha_{ep}\Delta E)\left[1 + n(T)\right]^p \tag{2-68}$$

$$n(T) = \left[\mathrm{e}^{\frac{\hbar\omega}{\kappa_B^T}} - 1\right]^{-1} \tag{2-69}$$

$$p = \frac{\Delta E}{\hbar\omega} \tag{2-70}$$

式中，$W_{mp}(T)$是温度 T 下稀土离子的多声子弛豫速率；A_1 和 α_{ep} 是多声子弛豫参数；$n(T)$是有效声子模的玻色-爱因斯坦(Bose-Einstain)占据数(简称为声子模的玻色)，随温度变化满足玻色-爱因斯坦分布规律(即式(2-69))；κ_B^T 是玻尔兹曼常数；p 是上能级和下能级桥联能量间隙(ΔE)所需的声子数(或称声子阶数)；ω 是声子的角频率。从方程式(2-68)～式(2-70)可以推断，当掺杂剂的局域声子能量较小时，多声子弛豫速率将呈指数下降。一般的经验法则要求用少于五个声子来填补多声子弛豫的能量间隙[91]。

图 2-39 给出了不同玻璃的稀土离子多声子弛豫速率与能量间隙之间的关系和透射光谱[92-97]。对于具有 1.5 μm 发射的 Er^{3+}: $^4I_{13/2}{\rightarrow}^4I_{15/2}$ 跃迁，其能量间隙(约 6000 cm^{-1})很大，只有在具有极高声子能量的玻璃(如硼酸盐玻璃)中，可能存在显著的非辐射弛豫，其他具有较高声子能量的玻璃，如硅酸盐和磷酸盐玻璃也会导致寿命和量子效率的略微降低。相比之下，Tm^{3+}: $^3F_4{\rightarrow}^3H_6$ 和 Ho^{3+}: $^5I_7{\rightarrow}^5I_8$ 在 2 μm 波段的跃迁能量间隙减小到 5000 cm^{-1} 左右，因此，对于同一稀土离子的跃迁来说，硅酸盐玻璃的发光效率通常低于声子能量较低的锗酸盐和碲酸盐玻璃。对于能量间隙在 3000 cm^{-1} 以下(波长在 3 μm 以上)的跃迁，只有硫系玻璃具有高的量子效率。总体来说，硫系玻璃、氟化物玻璃、碲酸盐玻璃和锗酸盐玻璃体系

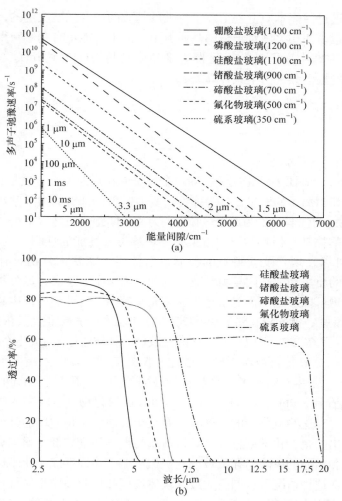

图 2-39　(a)不同玻璃的多声子弛豫速率与能级能隙的关系和(b)透射光谱[92-97]

的非辐射跃迁速率远低于硼酸盐玻璃、磷酸盐玻璃和硅酸盐玻璃，从可见光到红外的透光范围更宽。因此，这些玻璃更适合近中红外激光玻璃的应用。按多声子弛豫速率特性，激光玻璃体系大致可分为三类：①声子能量较低的玻璃(如硫系玻璃和氟化物玻璃，$\hbar\omega < 500$ cm^{-1})，具有较低的无辐射弛豫速率，广泛应用于近中红外激光玻璃材料；②具有中等声子能量的玻璃(如碲酸盐玻璃和锗酸盐玻璃，500 cm$^{-1} < \hbar\omega < 900$ cm^{-1})，其非辐射弛豫速率仅略高于硫系玻璃和氟化物玻璃，是一种很有前途的近中红外激光玻璃候选材料；③具有较高声子能量的玻璃(如硅酸盐玻璃、磷酸盐玻璃和硼酸盐玻璃，$\hbar\omega > 900$ cm^{-1})，这类玻璃中稀土离子的非辐射弛豫速率高，适合作为近红外激光的玻璃基质。

　　玻璃的透过性能本质上是由声子与玻璃基质的耦合强度决定的，即与玻璃的最大声子能量密切相关。对于玻璃基质，更小的声子能量有利于获得更大的透射范围，这与玻璃中离子键的吸收带边缘和振动频率(v)密切相关。在有序结构中，化合物的振动频率由下式计算[92]：

$$v = \frac{1}{2\pi} \sqrt{k/M} \tag{2-71}$$

$$M = \frac{m_1 m_2}{m_1 + m_2} \tag{2-72}$$

式中，M 为分子基团的约化质量，即两个原子的相对原子折合质量；m_1 和 m_2 分别为阳离子和阴离子的质量；k 为弹性回复力常数，即键的力学常数，通常用场强(Z/r^2)反映键的强弱，Z 为离子电荷，r 为离子间距。虽然以上公式不能准确表达无序结构的振动，但仍然可以近似指导玻璃透射性能的预测。从方程式(2-71)和式(2-72)可以发现，要获得宽的玻璃透射性能，需要化合物具有低的振动频率，对应高的质量和弹性回复力常数。例如，离子半径越大、场强越小、化学键越弱的化合物可以形成声子能量越小、透光率越高、红外透射范围越宽的玻璃。以传统的硅酸盐、硼酸盐和锗酸盐玻璃为例，其红外透过截止波长依次为 $GeO_2 > SiO_2 > B_2O_3$。从图 2-39 可以看到，锗酸盐玻璃的红外透过截止波长约为 5.3 μm，若想进一步拓宽氧化物玻璃的红外透过波长范围，需要引入高原子量、低场强的金属离子。表 2-7 给出了常见氧化物玻璃的阳离子质量、场强和原子折射因子[98]。可以看到，PbO、Bi_2O_3、Tl_2O 等重金属氧化物具有较高的质量和较低的场强，所以含有这些氧化物的玻璃将具有长于其他氧化物玻璃的红外透过截止波长。需要指出的是，化学键较弱会导致玻璃的键合强度较低，增加玻璃网络结构形成的难度和结晶的风险，导致玻璃的机械性能、物理性能、化学性能、光学均匀性较差。在这种情况下，制备大尺寸块体玻璃和拉制高质量光纤也很困难。因此，在实际应用中应兼顾这两方面。与非氧化物玻璃(如氟化物玻璃和硫系玻璃)相比，多组分氧化物软玻璃(如锗酸盐玻璃和碲酸盐玻璃)具有适中的声子能量和红外透射范围，以及更好的玻璃形成和机械性能，因而成为一种极具潜力的近中红外玻璃基质。

表 2-7　常见氧化物玻璃的阳离子质量、场强和原子折射因子[98]

阳离子	离子间距/Å	场强/Å^{-2}	质量/amu*	原子折射因子
B^{3+}	1.47	1.39	11	4.45
Si^{4+}	1.61	1.54	28	7.52
P^{5+}	1.52	2.16	31	8.1
Ge^{4+}	1.75	1.31	73	12.4

续表

阳离子	离子间距/Å	场强/Å⁻²	质量/amu*	原子折射因子
As^{5+}	1.85	1.46	75	13.9
Sb^{3+}	2.11	0.67	122	19.5
Te^{4+}	2.05	0.95	128	—
Pb^{2+}	2.53	0.31	207	27.4
Bi^{3+}	2.37	0.53	209	30.5
Al^{3+}	1.74	0.99	27	6.8
Fe^{3+}	2.00	0.75	56	—
Ga^{3+}	1.97	0.77	70	10.9
Zn^{2+}	2.10	0.46	65	9.7
Cd^{2+}	2.30	0.38	112	13.7
Ba^{2+}	2.71	0.27	137	16.8
Tl^{+}	2.85	0.12	204	30.6

*原子质量单位，碳 12 元素原子质量的 1/12。

1. 常见光纤基质玻璃

1) 石英玻璃

石英玻璃是硅酸盐玻璃中最简单的一个种类，也是迄今为止最重要的玻璃之一。根据大量的实验结果，一般倾向于用无规则网络学说的模型来描述石英玻璃的结构，认为石英玻璃结构主要是无序而均匀的，而其有序范围只有约 $0.7 \sim 0.8$ nm[99]。硅氧四面体$[SiO_4]$是熔石英玻璃和结晶态石英的基本结构单元。每个氧原子由两个硅原子共享，硅原子占据连接四面体的中心。硅氧四面体之间以顶角相连，形成一种向三维空间网络发展的架状结构。这种结构的无序性是通过连接相邻四面体的 Si—O—Si 键角的可变性得到的。通过相邻四面体围绕连接四面体的氧原子所占据的点旋转，以及围绕连接氧原子与硅原子之一的线旋转，引入了额外的无序。由于 Si—O—Si 键角和旋转是由分布范围来描述的，而不是确定的值，所以不存在长周期。Si—O 键是极性共价键，据估计共价性与离子性约各占 50%，因此，Si 原子周围 4 个氧的四面体分布必须满足共价键的方向性和离子键所要求的阴阳离子的大小比。Si—O 键强相当大(约为 106 kcal/mol)，整个硅氧四面体正负电荷重心重合，不带极性。所有这些都决定了熔石英玻璃黏度及机械强度高、热膨胀系数小、耐热、介电性能和化学稳定性好等一系列优良性能。因此，一般硅酸盐玻璃体系，SiO_2 含量越大，玻璃的上述各种性质就越好。

石英玻璃和石英晶体具有相同的结构单元，而排列方式不同。例如，石英玻璃的键角分布更广，约为 $120° \sim 180°$，中心点约落在 $145°$ 角上，键角的分布范围要比结晶态的方石英宽，然而，Si—O 和 O—O 的距离在玻璃中与相应的晶体中一样。石英玻璃结构的无序性，主要是由于 Si—Si 距离(即 Si—O—Si 键角)的可变性造成的。X 射线衍射分析证明，硅氧四面体[SiO_4]之间的旋转角度完全是无序分布的。这充分说明在石英玻璃中，硅氧四面体之间不可能以边相连或以面相连。根据 X 射线衍射分析，证明石英玻璃和方石英具有类似的结构，结构比较开放，内部存在许多空隙(估计空隙直径平均为 0.24 nm)。

2) 硅酸盐玻璃

石英玻璃的硅氧比值为 $1 : 2$，与 SiO_2 分子式相同，因此可以把它近似地看成是由硅氧网络形成的独立"大分子"。如果石英玻璃中加入碱金属氧化物，就使得原有的具有三维空间网络的"大分子"部分发生解聚，主要是碱金属氧化物提供氧，使硅氧比值发生改变所致。这时氧的比例已相对增大，玻璃中的每个氧无法被两个硅原子所共用(即桥氧)，从而开始出现一个与硅原子键合的氧(即非桥氧)，使硅氧网络发生断裂。非桥氧的过剩电荷被碱金属离子中和。碱金属离子处于非桥氧附近的网络空穴中，只带一个正电荷，与氧结合力较弱，故在玻璃结构中活动性较大，在一定条件下它能从一个网络空穴转移到另一个网络空穴。一般，玻璃的析晶和玻璃的电导等，大都来源于碱金属离子的活动[99]。非桥氧的出现使硅氧四面体失去原有的完整性和对称性。结果使玻璃结构减弱、疏松，并导致一系列物理、化学性能劣化，表现在玻璃黏度变小，热膨胀系数上升，机械强度、化学稳定性和透紫外性能均下降等。碱金属离子含量越大，玻璃性能变"坏"越严重。实践证明，二元碱硅酸盐玻璃由于性能不好，一般没有实用价值。当在碱硅二元玻璃中加入碱土金属氧化物时，情况则大为改观。例如，钠硅玻璃中加入 CaO 时，玻璃的结构和性质发生明显的变化，主要表现在结构加强，一系列物理化学性能变好，从而成为各种实用钠钙硅玻璃的基础。钙的这种约束作用来源于它本身的特性及其在结构中的地位，Ca^{2+} 的半径(0.99 Å)与 Na^+ 的半径(0.95 Å)近似，但 Ca^{2+} 的电荷比 Na^+ 大一倍，它的场强远大于后者，因此它具有强化玻璃结构和限制钠离子活动的作用。在硅酸盐玻璃中，如果含有两种或两种以上碱金属或碱土金属离子且它们的大小和电荷不同时，即使当氧化硅摩尔分数小于 50% 时，也能形成玻璃，而且玻璃的某些性能随金属离子数的增多而变好。在这种情况下，[SiO_4]四面体形成线性链或孤立环，这意味着玻璃结构中只有一个角可以共享，此时碱硅酸盐玻璃的结构包含孤立的四面体对或孤立的单个四面体和较长的链的混合物。在这些非三维连接的结构中，金属离子之间由范德瓦耳斯力连接，从而"逆转"了它们的作用，因此这类玻璃被称为逆性玻璃。

在碱金属和碱土金属铝硅酸盐玻璃中，三价铝离子并不总是起形成体的作用，因此玻璃的结构取决于氧化铝与碱金属氧化物(R_2O)或碱土金属氧化物($R'O$)的比值。一般认为，只要碱金属和/或碱土金属氧化物的总量等于或超过氧化铝的总量，这些玻璃中的铝大部分将出现在铝氧四面体中，这些四面体直接取代硅氧四面体进入网络。由此可见，氧化铝本身并不容易形成玻璃，但它可以很容易地取代玻璃网络中的二氧化硅。以这种方式起作用的氧化物被认为是玻璃形成体和改性体氧化物之间的中间体，因此被称为网络中间体。当$[Al_2O_3/R_2O]<1$ 时，Al^{3+}作为具有四面体配位的网络形成体进入玻璃结构。带有 4 个桥氧的铝氧四面体具有过量的负电荷，因此必须在每个这样的四面体附近存在一个阳离子，以保持局部电荷中性。可以把铝氧四面体想象成一个大的阴离子，有效的负电荷分布在整个阴离子上。阳离子可以位于该阴离子附近的任何地方，通过一个带+2 电荷的碱土金属离子补偿电荷，这需要两个铝氧四面体占据附近的位置，这样一个阳离子就可以同时对两个四面体进行电荷补偿。氧化铝对每个铝氧四面体只能提供 1.5 个氧，因此碱金属或碱土金属氧化物提供的氧需要满足每个四面体两个氧的要求才能完全连接四面体，即 Q^4 单元。R_2O 和 $R'O$ 提供的氧在铝氧四面体的形成过程中被消耗掉，因此不能形成非桥氧。由此可知，每增加一个铝离子就可以从结构中去除一个非桥氧。当$[Al_2O_3/R_2O]=1$ 时，修饰体氧化物的总量完全等于氧化铝的量，那么结构应该是一个由 Q^4 单元完全连接的网络，其中任何特定的 Q^4 单元中的阳离子都可以是硅或铝，而不存在非桥氧。继续增加氧化铝含量，当$[Al_2O_3/R_2O]>1$ 时，Al^{3+}作为八面体配位的修饰离子进入玻璃网络，此时铝氧八面体中约有 3 个氧是非桥氧，3 个是桥氧。

3) 磷酸盐玻璃

磷酸盐玻璃通常比硅酸盐玻璃的带隙更大，因此它具有更好的紫外透射性能。掺稀土磷酸盐玻璃具有低热光系数和高激发发射截面的特点，是高功率激光系统的重要基质材料。磷酸盐玻璃的玻璃化转变温度相对较低，约为 600～700℃，易于加工，热膨胀系数高，与金属热膨胀系数匹配良好，因而磷酸盐玻璃也常用于玻璃封接。此外，磷酸盐玻璃对较重的阳离子和阴离子具有较高的溶解度，尤其是对稀土离子的溶解度高，可以实现高掺杂高增益激光玻璃光纤，用于单频和高重频光纤激光器的增益介质。

磷酸盐玻璃体系研究历史较长，应用范围广，其结构与性能也得到了广泛而详细的研究。在已知的磷氧化合物中，P_2O_5 能够形成玻璃。和晶态 P_2O_5 一样，磷氧玻璃的基本结构单元是磷氧四面体[PO_4]，但每一磷氧四面体中有一个带双键的氧，这一点与 B_2O_3 和 SiO_2 不同。磷氧四面体都是以桥氧连接，带双键的磷氧四面体是磷酸盐玻璃结构中的不对称中心，它是导致磷酸盐玻璃黏度小、化学稳定性差和热膨胀系数大的主要原因。有人认为磷氧(P_2O_5)玻璃的结构和晶态 P_2O_5 相同，都是由分子 P_4O_{10} 组成。P_4O_{10} 分子之间由范德瓦耳斯力连接，P_2O_5 熔体的黏滞流动活化能与 B_2O_3 熔体很接近。因为 B_2O_3 是层状结构，所以，有人认为 P_2O_5 玻璃也是层状结构，层之间由范德瓦耳斯力维系。当 P_2O_5 熔体中加入 Na_2O 时，玻璃结构将从层状变为链状，链之间由 Na-O 离子键结合在一起。X 射线衍射结果证明，二元碱磷酸盐玻璃和二元碱硅酸盐玻璃有两个共同点[99]：①结构单元都是四面体；②加入修饰体氧化物都导致非桥氧增加。但是，在 $R'O$-P_2O_5 碱土磷酸盐玻璃中，情况却不同。当 $R'O$ 分子分数为 0%～50%时，随着 $R'O$ 含量的增加，玻璃的软化温度上升，热膨胀系数下降。因此，有人认为在 P_2O_5 玻璃中加入 $R'O$ 不是使磷氧网络断裂，而是使结构趋于强固。在 R_2O-P_2O_5(或 $R'O$-P_2O_5)系统的玻璃形成范围中都是单一均匀的液相，并不存在稳定的不混溶性，因为 P^{5+} 具有很大的阳离子场强，R^+ 和 R'^{2+} 在夺氧能力方面远低于 P^{5+}，积聚作用小，因此不容易发生不混溶性。然而在某些磷酸盐系统中还是可以观察到亚微观分相，例如，在 MgO-P_2O_5 玻璃中可以观察到液滴状结构。X 射线结构分析证明，正磷酸铝($Al_2O_3 \cdot P_2O_5$)和正磷酸硼($B_2O_3 \cdot P_2O_5$)中的[$AlPO_4$]和[BPO_4]结构和石英的[SiO_4]结构非常类似，因此，在一定范围内引入 Al_2O_3、B_2O_3 将使磷酸盐玻璃的一系列性能得到改善，如化学稳定性上升、热膨胀系数下降等。这是玻璃中形成[$AlPO_4$]和[BPO_4]基团，使得磷酸盐原有的层状或链状结构转变成架状结构所致。正磷酸铝和正磷酸硼都不能形成玻璃，只有 $AlPO_4$-BPO_4-SiO_2 系统才能制成玻璃。

如前所述，磷酸盐玻璃的基本结构单元是[PO_4]四面体，每个四面体都有一个较短的 $P=O$ 双键和三个较长的 P—O 键。P 外层电子($3s^23p^3$)形成 sp^3 杂化轨道，从而形成[PO_4]四面体[100]。这些四面体通过共价键连接氧形成各种磷酸根阴离子。磷酸盐玻璃网络结构相互连接的程度通常用聚合度表示，该值取决于引入阳离子的种类，如网络外体种类。[PO_4]四面体中存在一个 $P=O$ 双键连接使得电子离域化，其他三个氧原子可作为桥氧。磷酸基团通常用 $Q^{i=0\sim3}$ 表示，i 表示每个[PO_4]四面体中的桥氧数，如图 2-40 所示[100]。磷酸盐玻璃的结构为 Q^3/Q^2 单元交联形成网络，端部连接[PO_4]四面体。当每个[PO_4]四面体都能与外体的一个正电荷结合时，磷酸盐玻璃中将存在链结构。随着外体正电荷数增加，Q^2 链不断解聚，直到结构中只有 Q^1 和 Q^0 基团。这类玻璃结构以离子键连接为主，也属于逆性玻璃。用于描述这类玻璃的结构模型仍在发展。磷酸盐玻璃的网状结构可以按氧磷比(O/P)分类，氧磷比通过连接相邻的[PO_4]四面体之间的氧来确定四面体连接的数量。

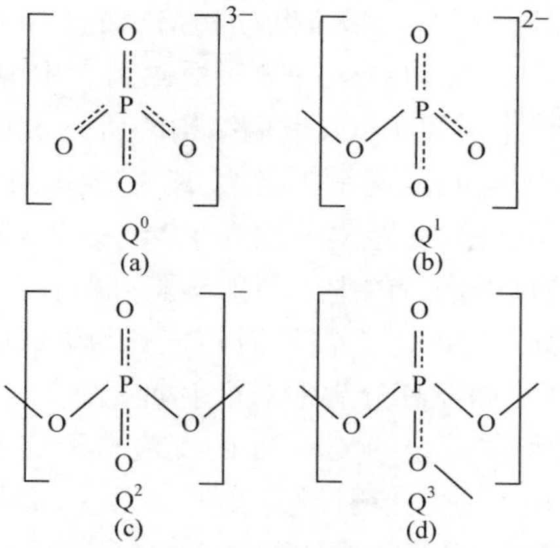

$$
\left[\begin{array}{c} O \\ \| \\ O = P = O \\ | \\ O \end{array} \right]^{3-} \qquad \left[\begin{array}{c} O \\ \| \\ O \diagdown P \diagup O \\ | \\ O \end{array} \right]^{2-}
$$

(a) Q⁰ のところは画像

图 2-40　[PO₄]四面体的 Qⁱ 基团[100]

i 代表与 P 连接的桥氧个数，Q⁰ 代表正磷酸盐，Q¹ 代表焦磷酸盐，Q² 代表偏磷酸盐，Q³ 代表中性磷酸盐

4) 锗酸盐玻璃

GeO_2 晶体存在两种晶型，即六方晶系和四方晶系[101]。六方晶系 GeO_2 晶体具有 α-类石英结构，配位数为 4，密度为 4.228 g/cm^3，稳定范围为 1033～1116℃，属于高温稳定型。与 α-石英的[SiO_4]四面体不同，[GeO_4]四面体由于 O—Ge—O 键角在四面体内的变化更大，扭曲程度更大，其范围为 106.3°～113.1°，Ge—O—Ge 键角为 130.1°。相比之下，α-石英的[SiO_4]四面体中的 O—Si—O 键角相对统一，从 108.3°到 110.7°，Si—O—Si 键角为 144°；这些差异导致 α-石英和 α-类石英结构 GeO_2 高压下有不同的机制。四方晶系 GeO_2 晶体具有类金红石结构，配位数为 6，密度为 6.239 g/cm^3，稳定范围为室温到 1033℃，属于低温晶型。高黏度 GeO_2 熔体冻结成无色透明玻璃，其密度为 3.64～3.66 g/cm^3，这与 GeO_2 高温晶型的密度值(4.228 g/cm^3)接近，说明 GeO_2 玻璃的锗离子对氧离子是四配位。与石英玻璃相同，GeO_2 玻璃也可以形成[GeO_4]空间网络。

许多研究者将 GeO_2 玻璃的衍射数据与基于 GeO_2 晶体的等效计算结果进行了比较，但得出的结果不尽相同[101]。有研究者认为，玻璃的中程有序类似于 α-类石英 GeO_2 结构的准晶模型，其相关长度为 10.5 Å，但在超过 4 Å 时出现差异[102]。也有人获得了玻璃与 α-类石英 GeO_2 同质多形体之间一致的结构，并得出了 GeO_2 玻璃包含六元环的结论[103]。还有人认为玻璃状 GeO_2 与玻璃状 SiO_2 一样，具有与鳞石英 SiO_2 同质多形体相同的短程序[104]。因此，可以将玻璃态 GeO_2 结构描述为随机定向的、轻微扭曲的类鳞石英区域，其尺寸至少可达 20 Å。然而，这些区域不同于晶体的有序结构，即没有微晶，但在玻璃和鳞石英中有类似的拓扑结构。在另一项研究中表明[105]，尽管 α-类石英和 α-类方石英 GeO_2 同质多形体存在相似之处，但由于扭转角分布不同，衍射数据与类准晶的大部分区域不一致。

　　中子衍射和 X 射线衍射数据是推断结构信息的补充工具。值得一提的是，利用 X 射线更容易分辨 Ge-O 和 Ge-Ge 离子对，而利用中子更容易分辨 Ge-O 和 O-O 离子对[101]。X 射线衍射对 GeO_2 玻璃结构的研究表明，Ge 原子可能位于基本的四面体单元之中，实空间分辨率较高的 X 射线衍射数据进一步证实了这一猜测，并确定了 Ge-O 和 Ge-Ge 距离分别为 1.74 Å 和 3.18 Å，四面体间键角为 133°[102,106]。在 GeO_2 玻璃中进行的中子衍射实验表明，在 1.72 Å 和 2.85 Å 处出现了两个强峰，这与 Ge-O 和 O-O 离子对相关，与[GeO_4]四面体一致[107]。最初确定 Ge-Ge 峰为 3.45 Å，而在高分辨中子衍射研究中为 3.21 Å。Ge-O 与 O-O 离子对的重叠，使得中子衍射确定的 Ge-Ge 距离略高于 X 射线衍射确定的 Ge-Ge 距离[107,108]。中子衍射和 X 射线衍射研究表明，GeO_2 玻璃中的 O—Ge—O 平均四面体间角比二氧化硅玻璃更扭曲，GeO_2 的 α-类石英晶型中的键角分布可能与之相当(即 106.3°～113.1°)[105]。这是因为 Ge 的半径比 Si 大，使得 O 原子更接近 Ge 原子。从 Ge-O 和 Ge-Ge 距离估计，Ge 的平均四面体间键角为 130.1°，范围为 121°～147°。该平均值经高能 X 射线衍射证实为 133°±8.3°，这种键角及其分布低于玻璃态二氧化硅[109]。Ge—O—Ge 键角变小可能是由于相对于玻璃状 SiO_2，GeO_2 网络中三元环的数量增加，因为这种平面环的 Ge—O—Ge 键角为 130.5°[110,111]。因此，玻璃态 GeO_2 的结构可以看作是一个连续的四面体角共享的随机网络，就像在二氧化硅中一样，但四面体的畸变更大，三元环的数目也更多。

　　锗酸盐玻璃的性质随组分的变化存在锗反常现象，这是一部分的锗原子从四面体[GeO_4]配位转变为八面体[GeO_6]配位所致。关于锗酸盐玻璃的结构及其与锗反常的关系已经有了很多研究，但是目前还没有一个清晰的认识。尚待解决的问题有两个：一是锗的配位是否较高，二是配位数是 5 还是 6。已报道的一系列锗酸铯玻璃的中子衍射数据表明，锗酸铯玻璃的 Ge-O 配位数超过了 4[112]。同时，配位数的成分依赖关系可以用来确定较高的配位数是 5 还是 6。已有的研究表明，纯锗玻璃具有[GeO_4]四面体单元之间的角共享形成的随机网络结构。所有的 Ge 原子都是四配位的，所有的氧原子都是桥接的(如它们连着两个锗)。随着改性体氧化物加入量的增加，在特定的组分下物理性质存在极大值或极小值，如密度和玻璃化转变温度(这种现象即为锗反常)，传统上认为它是由玻璃网络中[GeO_6]八面体数量的变化引起的。在锗酸盐玻璃中添加改性体氧化物会向网络中引入多余的氧，而本质上，正是由于需要容纳这些额外的氧，才导致结构的变化，而结构的变化是随着成分的变化而发生的[112]。过多的氧可以通过破坏氧桥以非桥氧的形式并入网络，也可以通过锗原子从低配位转变为高配位而并入网络。根据锗反常的传统描述，在改性体含量低时，氧以[GeO_6]单元的形成为主，而在改性体含量高时，以非桥氧的形成为主。

GeO_2 玻璃与 TeO_2 玻璃结构的根本区别在于 GeO_2 玻璃中没有孤对电子 (LPE)位点。根据结构中存在的修饰体成分，GeO_2 玻璃可以具有[GeO_4]四面体和[GeO_6]八面体。[GeO_6]八面体单元不是普遍存在的，它依赖于阳离子的存在，阳离子也控制着 GeO_2 晶体形态中的对称基团。四面体和八面体单元的组合可能有利于提高稀土氧化物的溶解度和热稳定性。在镓锗酸盐玻璃中，Ga^{3+}可以同时提供四配位四面体和六配位八面体位点，在这种情况下，离子可以同时作为网络形成体和修饰体，取决于其组成。Ga^{3+}还有望在双锥配位壳层中与氧形成五配位，相比之下，Na^+有望占据形成网状结构[GeO_4]、[GaO_4]和[GaO_5]附近的非桥氧位点。

5) 碲酸盐玻璃

基于二氧化碲(TeO_2)的碲酸盐玻璃由于其不同于其他典型的氧化物玻璃(如硅酸盐或磷酸盐玻璃等)的物理和化学性质而受到广泛关注。这种玻璃具有折射率高、声子能量低、红外透过率高、介电常数高、三阶非线性系数高、熔点低、稀土离子溶解度高、热光系数大等特点，这些优异的性能使其在可擦除光记录介质、光开关器件、激光基质、二次谐波产生和拉曼放大等方面具有广阔的应用前景[113]。

碲酸盐晶体中存在六种结构单元[114]。在碲酸盐玻璃中，这些结构单元可概括为三个基本的结构单元，即[TeO_4]双三角锥、[TeO_3]三角锥和[$TeO_{3+\delta}$]变形的三角锥。每个结构单元都有一对孤对电子，这些结构单元通过共顶连接形成三维网络结构。[TeO_4]单元有四个氧原子，它们与中心碲原子共价键合形成一个双三角锥，其中一个赤道氧位置未被占据。在双锥体结构中，两个赤道氧和两个顶点氧为桥氧，而第三个赤道位点为 LPE。[TeO_3]三角锥结构中有两个桥氧位点和一个非桥氧位点，后者是 Te=O 双键。[$TeO_{3+\delta}$]多面体实际上是[TeO_3]三角锥的畸变，因为存在过量的氧，所以配位数大于 3。在碲酸盐玻璃结构中，根据静电等效性，LPE 位点就像一个氧离子，因此它可能通过去中心化交换来提供平衡位置，从而实现网络的连续性。当所带电荷大于 1 的阳离子被纳入碲酸盐玻璃结构中时，这种情况尤其可能发生。碲酸盐玻璃的结构允许硅酸盐、硼酸盐、锗酸盐和磷酸盐的引入，这意味着玻璃网络能够为稀土离子形成多种电偶极环境。因此，可以在这种混合玻璃结构中设计荧光线型和辐射与非辐射速率。当碲酸盐玻璃的网状结构被 P_2O_5、WO_3、B_2O_3、Bi_2O_3 或 BaO 改性时，其结构、光学、热学和光谱性质均随组分的变化而发生显著变化[115]。

6) 卤化物玻璃

卤化物玻璃通常是由金属卤化物(主要是氟化物)组成的，包括氟或氯作为主要的阴离子，其结构特点是通过第Ⅶ族元素的桥联作用把结构单元连接成架状、层状或链状结构。氟化物玻璃具有超低折射和色散以及从近紫外到中红外的宽透过范围的特性，是重要的光学材料。为了防止氟化物氧化和挥发，氟化物玻璃一般在密闭坩埚中熔制。氟化物析晶倾向强烈,熔融后必须快速降温。它的析晶倾向大,因此一般不易获得较大的玻璃[99]。

与硅酸盐玻璃相比,氟化物玻璃的结构建模较为复杂。了解氟化物玻璃结构的主要困难在于其缺乏固定的结构单元,因为阴阳离子的平均配位不是一个整数。这意味着在氟锆酸盐玻璃(ZBLAN)中,并不是所有的 Zr^{4+} 都具有相同的环境,即使在纯 ZrF_4 中也是如此。这一结果与氟锆酸盐的晶体形态一致,其配位数为 6、7 和 8。这些不同的配位多面体如何结合在一起形成非晶态材料,以及它们如何受到添加修饰体或其他玻璃形成体的影响,是理解重金属氟化物玻璃结构的关键。人们很早已成功制成 BeF_2 玻璃。一般认为[BeF_4]四面体是它的结构单元,在玻璃中形成类似于 SiO_2 结构的空间排列,它的短程有序和 α-方石英相似。BeF_2 玻璃是由[BeF_4]四面体连接成的三维空间架状结构,而其他卤化物(如 Cl、Br、I)则常形成层状或链状结构。BeF_2 玻璃中也可以引入碱金属氟化物和 AlF_3,如 BeF_2-AlF_3-NaF 系统的某些组成的熔体急冷可形成玻璃。BeF_2-AlF_3-KF 系统形成玻璃的范围较大,而 BeF_2-AlF_3-LiF 系统则不易形成玻璃。BeF_2 和 $ZnCl_2$ 玻璃的特征分别是由角共享[BeF_4]和[$ZnCl_4$]四面体的三维随机网络和桥接卤素构成。

氟化物玻璃是一类重要的中红外窗口玻璃。1974 年,法国雷恩大学 Poulain 等发现了重金属氟化物玻璃[116],随后,雷恩大学的系列研究工作促进了氟化物玻璃体系的建立。ZrF_4-BaF_2-LaF_3 体系是最早和最重要的三元氟化物玻璃体系之一。20 世纪 80 年代,又发现了不含锆的重金属氟化物玻璃。与石英玻璃相比,氟化物玻璃的多声子边带由于较重离子的存在而转移到较长的波长,因此氟化物玻璃窗口可扩展到红外波长。由于瑞利散射在长波长下迅速减小,氟化物玻璃可用于超低损耗光纤。氟化物玻璃也有一个像石英玻璃的损耗最小波长,位于 2～3 μm 之间,取决于具体的成分。长波长的结果是减少了固有损耗,理论上接近 0.01 dB/km,比石英玻璃低一个数量级。最初研究氟化物玻璃的主要驱动力是发展超低损耗光纤通信系统,目标是用于跨洋、无中继的光纤,对于商业和国防需求具有重要应用。然而,石英光纤与 EDFA 光放大器的发展以及在实践中无法实现氟化物光纤较低的预期损耗,使得人们对氟化物光纤用于光传输的兴趣迅速下降。尽管如此,氟化物光纤在红外光谱等方面仍具有重要应用。许多重要的分子在红外区域都有吸收带。利用光纤作为信号传播的传输介质,可以实现远程监测。目前,氟化物玻璃正在进行医疗领域的使用测试,氟化物光纤可以将激光束传输到人体内部,用于高精度手术。氟化物光纤也已测试用于气体和液体传感器。氟化物玻璃也可以作为块体元件,由于它在中红外波段的吸收系数低,有效温度诱导光程差变化低,使得具有超低失真的高能化学激光窗成为可能。光程差是折射率温度系数、热膨胀和光弹性项的函数,对于某些氟化物玻璃组成,它可以非常接近于零。氟化物玻璃的性能远远优于 ZnS 或 ZnSe 晶体，与 CaF_2 晶体相当。然而，氟化物玻璃可以制造成比 CaF_2 晶体更大的尺寸。随着研究的深入，人们发现了更稳定的氟化物玻璃组分，各大氟化物光纤实验室选择了不同的玻璃成分用于其光纤制备，使得制备具有超低光损耗氟化物光纤具备了可能。氟化物玻璃在受到大气湿气或水的侵蚀时不如石英玻璃耐用。对于含氟玻璃和光纤来说，密封涂层的使用必不可少。利用射频等离子体辅助化学气相沉积技术，在氟化物块体玻璃和光纤上沉积 MgO 和 MgF_2 涂层，可以起到保护作用。通过在氟化物光纤中掺杂稀土离子，可以制备氟化物光纤激光器。这些光纤激光器的波长范围为 0.5~3 μm，在通信应用和中红外光谱中具有重要的应用价值。此外，所述掺杂光纤还可作为光纤通信系统中的放大器(例如，工作波长约 1.3 μm 的掺镨光纤放大器(PDFA))。在氟化物玻璃中，稀土离子的掺杂量比石英玻璃高，并且玻璃的声子能量较低，无辐射衰减速率较低，因此具有更高的效率，是高效中红外光纤激光器和放大器的重要基质材料。

　7) 硫系玻璃

　硫系玻璃是指以周期表第Ⅵ族主族的硫、硒、碲三元素为主要成分的玻璃。除了硫系单质或硫系元素本身互相结合的玻璃外，还包括硫系元素和类金属元素(如 As、Sb、Ge 等)相结合的玻璃。硫系玻璃大部分不含氧，因此也属于非氧化物玻璃。硫系玻璃是重要的半导体材料、透红外材料、易熔封接材料等，它具有特殊的开关效应，近年来已用作光开关的光电导体。此外，硫系玻璃具有高的非线性折射率，在一些非线性效应领域，如光子晶体光纤、微结构光纤、超连续光源等方面具有重要作用[99]。

　硫系玻璃具有透过范围广、光学损耗低、高非线性等特点，利用低光损耗的硫系光纤可以有效解决光学、光电子领域的许多技术问题。近年来，人们一直在积极研究硫系玻璃作为中红外光纤材料的可能性。硫系光纤有广泛的应用，从波长超过 10 μm 的新型被动红外波导，到高功率激光传输系统、热成像、航空航天和传感应用，以及主动应用，如与石英光纤兼容的高速光开关。近年来，对环境、生物医学和军事应用的需求和兴趣的增加，进一步推动了硫系玻璃作为中红外增益介质的研究。由 S、Se 或 Te 元素组成的硫系玻璃具有较低的声子能量($<$ 350 cm^{-1})(氟化物玻璃的声子能量一般大于 500 cm^{-1})，透射范围远至 10 μm 以上。由于稀土离子中红外发光的量子效率和辐射寿命在很大程度上取决于到下一个低能态的能隙和基质玻璃的声子能量，在硫系玻璃中可以观察到各种波段中红外发光，而在氧化物和氟化物玻璃中则非常有限。硫化物玻璃中获得的大多数发光波长在光通信窗口(1.3~1.7 μm)，而中红外发光主要来自于比硫化物具有更低声子能量的硒化物玻璃($<$250 cm^{-1})。人们已经利用 Ge-Ga-Sb-Se 硫系玻璃制备出了低损耗单模光纤，利用高功率激光二极管或工作在 1.48 μm 和 2 μm 的光纤

激光器都可以直接激发稀土掺杂硫系玻璃光纤，为制备中红外光纤激光器提供了可能。最近，硫系玻璃光纤在中红外光纤激光器的应用中也取得了重大突破，俄罗斯的研究人员通过制备低损耗掺 Tb^{3+} 硫系玻璃光纤，将激光输出的波长拓展到了 5.38 μm[117]。

2. 光纤基质玻璃基本物性参数

表 2-8 比较了不同光纤基质玻璃的基本物理性能参数(表中的数据均为某一种玻璃的典型值，而非绝对值，数据会随着具体的玻璃组分和制备工艺而有所差别)。目前近中红外激光玻璃主要集中在非氧化物玻璃(如氟化物玻璃、硫系玻璃)和声子能量适中的氧化物玻璃(如磷酸盐玻璃、锗酸盐玻璃、碲酸盐玻璃)等。由于 Si—O 键的伸缩振动引起了强烈的红外吸收，石英玻璃不适合获得大于 2 μm 的激光输出。石英玻璃稀土掺杂浓度较低、发光带较窄、增益系数较低等缺点也制约了相关材料和元器件的进一步发展。氟化物玻璃和硫系玻璃光纤具有优良的红外窗口特性，适合用于实现近中红外激光输出，然而，由于本征问题，如化学不稳定性、对水分的敏感性和复杂的制造过程，阻碍了其商业化进程。磷酸盐玻璃、锗酸盐玻璃和碲酸盐玻璃等特种玻璃作为一种可替代的氧化物玻璃，在光纤激光器和光纤放大器方面的应用引起了人们的格外关注。此类玻璃具有稀土溶解度高、声子能量可控、发光效率高、发射波段宽、折射率可调、热稳定性好、化学耐久性和机械强度高等特点，是新一代光纤通信、光纤激光和光纤传感器的重要候选材料。多声子弛豫参数和声子能量决定了多声子弛豫速率。从表 2-8 可以看出，不同玻璃的耦合常数相当恒定，而氧化物玻璃与非氧化物玻璃的多声子弛豫速率参数相差几个数量级。因此，从声子能量的角度来看，低声子能量玻璃的辐射跃迁概率要大于高声子能量玻璃的辐射跃迁概率。此外，要实现激光在玻璃光纤中的振荡，增益应大于光纤损耗。因此，大的吸收截面、发射截面和上激光能级的长荧光寿命是实现激光输出的必要条件。锗酸盐玻璃和碲酸盐玻璃的密度在所有玻璃中最高，其折射率仅次于硫系玻璃，这有利于稀土离子获得较大的吸收截面和发射截面，从而获得高效的中红外发光与激光。锗酸盐玻璃和碲酸盐玻璃具有较高的折射率，有利于获得较高的增益系数，从而实现高效的近中红外发光和激光。对于稀土离子在玻璃中的掺杂量，锗酸盐玻璃和碲酸盐玻璃要远远高于石英玻璃和硫系玻璃。锗酸盐玻璃和碲酸盐玻璃的不足之处在于，光纤损耗较大，比石英玻璃和硫系玻璃光纤高约 10^5 倍。光纤损耗主要来自于激光材料和激光腔内的吸收、反射、散射，以及原料和光纤制备过程中引入的杂质。

稀土离子在激光玻璃中的光谱性质随玻璃组分的变化具有可调性。以 Yb^{3+} 在不同玻璃基质中的低温 Stark 分裂为例[118]，可知硅酸盐玻璃、锗酸盐玻璃和氟磷酸盐玻璃具有比氟化物玻璃和磷酸盐玻璃更大的 Stark 分裂，使得 Yb^{3+} 在前

表 2-8 不同光纤基质玻璃的基本物理性能参数比较

性质	石英玻璃	磷酸盐玻璃	氟磷酸盐玻璃	锗酸盐玻璃	碲酸盐玻璃	氟化物玻璃	硫系玻璃
密度/(g/cm³)	2.2[115]	2.43~3.66[120]	3.46~3.52[120]	6.4[115]	5.5[115]	5[115]	4.5[115]
转变温度 T_g/℃	1250[115]	265~765[120]	420~480[120]	387~452[115]	280~430[115]	270~300[115]	305~435[115]
软化温度 T_s/℃	1600~1750[121]	450~700[121]	497~656[122]	570~675[123]	350~600[151]	300~400[124]	304~376[125]
热膨胀系数/(10⁻⁷/K)	5[115]	65~140[121]	138~165[128]	100~130[115]	120~170[115]	150[115]	140[115]
热导率/(W/(m·K))	0.55[127]	13.4[127]	0.8[128]	0.7[129]	12~17[127]	17.2[127]	14[127]
热光系数/(10⁻⁶ K)	12@1.06 μm[127]	−4.7[127]	−8.8~(−8.6)[130]	8@3.39 μm[131]	−16.4[127]	−14.75@1.06 μm[127]	10@10.6 μm[127]
最大声子能量/cm⁻¹	1100[92]	1200[91]	1128[126]	900[92]	700[92]	500[92]	350[92]
多声子池像参数/s⁻¹	1.4×10¹²[132]	5.4×10¹²[132]	(0.5~5)×10¹¹[133]	3.4×10¹⁰[132]	6.3×10¹⁰[132]	(1.59~1.88)×10¹⁰[132]	10⁶[132]
耦合常数/(10⁻³ cm)	4.7[132]	4.7[132]	—	4.9[132]	4.7[132]	5.19~5.77[132]	2.9[132]
透过范围/μm	0.2~2.5[115]	0.2~4[127]	0.28~4[134]	0.38~5[115]	0.4~5[115]	0.2~7[115]	0.45~11[115]
最长发光波长/μm	2.2[135]	2.7[135]	2.9[126]	4.3[36]	4.1*[130]	4.4[135]	7.4[135]
线性折射率 n_d	1.46[115]	1.7~2.1[121]	1.43~1.50[120]	1.7~1.8[115]	1.9~2.3[115]	1.4~1.6[115]	1.95~2.83[115]
非线性折射率 n_2/(m²/W)	10⁻²⁰[115]	9.9×10⁻²⁰[137]	(2.05~2.14)×10⁻²⁰[138]	10⁻¹⁹[115]	2.5×10⁻¹⁹[115]	10⁻²[115]	10⁻¹⁸~10⁻¹⁷[135]
阿贝数 ν_d	80[115]	33~71[120]	68.5~91.0[126]	25~40[115]	10~20[115]	60~100[115]	131~240[135]
光纤损耗/(dB/km)	0.2@1.55 μm[115]	4000@1.31μm[139]	130@0.37μm[134]	2340@1.49μm[140]	20@3 μm[115]	15@1.5 μm[115]	0.4@6.5 μm[115]
稀土溶解度/(10²⁰ ions/cm³)	0.1[127]	10[127]	10[126]	7.6[141]	10[120]	10[122]	0.1 mol%[127]
努氏硬度/(kg/mm²)	600[142]	321[143]	330[143]	512[144]	340[145]	225[146]	109~205[146]
断裂韧性/(MPa·m^{1/2})	0.72[142]	0.43~0.51[147]	0.33~0.40[145]	0.64[129]	0.25[149]	0.32[146]	0.2[146]
泊松比	0.17[142]	0.24~0.27[147]	0.24~0.27[147]	0.3[131]	0.34~0.37[150]	0.17[142]	0.24~0.26[146]
杨氏模量/GPa	70[142]	47~70[147]	60.6~91.1[147]	69.7[131]	38.6~61.9[151]	58.3[142]	16~21.9[146]
剪切模量/GPa	31.2[142]	20.2[148]	21.2~30.3[148]	18.1~40.5[150]	11.7~18.3[150]	20.5[142]	7[153]
毒性	安全	安全	安全	安全	安全	相对较高	相对较高

*由于 Ho³⁺在约 4 μm 处有谐振峰值，需要对数据进行确认。

三种玻璃基质中具有更宽的吸收光谱和发射光谱。较宽的吸收光谱有利于通过多种机制进行泵浦，宽带发射在调谐激光和短脉冲激光放大方面具有重要的应用前景。对比掺 Yb^{3+} 磷酸盐玻璃和石英玻璃典型的吸收截面和发射截面[119]可知，在 1 μm 以上长波长范围内，发射截面中存在另一个较低的峰值，磷酸盐玻璃中该峰值位于 1007 nm 附近，石英玻璃的则位于 1026 nm 附近。相比较而言，掺 Yb^{3+} 磷酸盐玻璃光纤更适合用于产生 1 μm 以下的短波长激光。此外，Yb^{3+} 的发射谱线与吸收谱线在 980 nm 附近几乎重合，峰值均落在 976 nm 波长处。这意味着掺 Yb^{3+} 光纤对 980 nm 波段激光的吸收和发射都比较强，导致掺 Yb^{3+} 光纤对 980 nm 波段激光存在强的重吸收现象，进一步助长了四能级跃迁的放大自发辐射。因此若想获得高性能的 980 nm 波段激光，掺 Yb^{3+} 光纤需要同时克服四能级跃迁的增益竞争和重吸收效应。表 2-9 对比了不同掺 Yb^{3+} 特种玻璃与石英玻璃的光谱特性。可以看到，Yb^{3+} 的吸收截面和发射截面对其局域环境的变化非常敏感，并随玻璃中结构单元不对称性的增加而增加。玻璃网络周围的阳离子场强和氧配位数的差异越大，不对称性越高。因此，具有丰富的混合玻璃形成体的玻璃有时比仅含一种玻璃形成体的玻璃表现出更好的光谱性能，如磷酸盐-铌酸盐玻璃、氟磷酸盐玻璃、锗碲酸盐玻璃等。具有较低最小激发分数(β_{min})、泵浦饱和强度(I_{sat})和最小泵浦强度(I_{min})的玻璃将获得更好的激光性能，高的发射截面和寿命以及低的最小吸收泵浦强度也可以为高效掺 Yb^{3+} 光纤激光器提供有吸引力的激光特性。

表 2-9　Yb^{3+} 在不同玻璃基质中的光谱性质比较

玻璃体系	玻璃简称	τ_m/ms	σ_e/10^{-20} cm^2	β_{min}	I_{sat}/(kW/cm^2)	I_{min}/(kW/cm^2)	参考文献
石英玻璃	SiO$_2$	0.800	0.55	0.0833	15.41	1.28	[154]
硅酸盐玻璃	LSY8	1.04	0.56	0.0785	22.23	1.75	[154]
硼硅酸盐玻璃	BS	0.820~1.001	0.89~1.11	0.0805~0.0861	10.14~12.73	0.82~1.09	[154]
硅铌酸盐玻璃	SN	1.00	1.92	0.0423	7.1	0.3	[130]
磷酸盐玻璃	PN	0.945~1.315	0.94~1.36	0.0595~0.0718	8.89~10.29	0.51~0.74	[154]
磷酸盐玻璃	PNB	0.964~1.360	0.89~1.33	0.0549~0.0593	7.90~9.67	0.11~0.57	[154]
磷酸盐玻璃	PNK	0.964~1.360	0.81~0.83	0.0808~0.0935	11.03~15.55	0.90~1.45	[154]
磷酸盐玻璃	ADY	1.58	1.03	0.0984	11.38	1.12	[130]
磷酸盐玻璃	PSB	0.69	0.66	0.0884	22.11	1.95	[130]
磷酸盐玻璃	QX	2.00	0.70	0.1946	10.97	2.1	[130]
磷酸盐玻璃	LY	1.68	0.80	0.167	11.68	1.95	[130]

续表

玻璃体系	玻璃简称	τ_m/ms	σ_e/10^{-20} cm^2	β_{min}	I_{sat}/(kW/cm^2)	I_{min}/(kW/cm^2)	参考文献
磷酸盐玻璃	PG1	2.27	0.59	0.15	6.66	0.98	[130]
磷酸盐玻璃	PG2	1.8	0.76	0.17	6.44	1.1	[130]
磷酸盐玻璃	PS	2.24	0.57	0.16	6.87	1.14	[130]
磷酸盐玻璃	PLY	1.21	1.32	0.1111	17.05	1.89	[155]
氟磷酸盐玻璃	FCD10	2.12	0.61	0.1001	8.65	0.87	[154]
氟磷酸盐玻璃	FP	1.50	0.68	0.1597	20.91	3.44	[130]
氟磷酸盐玻璃	FP12	1.8	0.96	0.16	6.6	1.06	[130]
磷硼酸盐玻璃	NPY	0.98~1.00	0.81~0.87	0.0581~0.0814	12.23~13.84	0.80~1.09	[154]
硼酸盐玻璃	BN	0.760~0.860	1.09~1.33	0.0586~0.0615	10.88~11.92	0.64~0.72	[154]
硼酸盐玻璃	BNS	0.710~0.780	1.15~1.39	0.0594~0.0628	10.85~12.69	0.65~0.80	[154]
磷硼酸盐玻璃	PSB1	0.691	0.66	0.0884	22.11	1.95	[154]
锗酸盐玻璃	BG	0.830~0.920	1.05~1.10	0.0742~0.0767	9.42~10.41	0.72~0.79	[154]
碲锗酸盐玻璃	GTN	0.90	2.29	0.0351	7.93	0.59	[130]
氟化物玻璃	ZBLAN	1.810	0.46	0.1000	11.24	1.12	[154]
铝酸盐玻璃	AY1	1.015	0.96	0.0963	11.62	1.12	[154]

表 2-10 总结了 Nd^{3+}高功率掺杂激光玻璃的典型玻璃体系、玻璃组成和掺杂浓度。表 2-11 列出了 Nd^{3+}在不同玻璃基质中的基础物理性质和光谱性质比较。与 Yb^{3+}不同，Nd^{3+}在紫外到近红外波段范围内具有丰富的吸收带，并与氙灯的发射光谱有重叠，适合大功率氙灯抽运[41,42]。Nd^{3+}在 808 nm 波长处也具有很大的吸收系数，因此 808 nm 激光二极管是其另一个非常合适的泵浦源。Nd^{3+}的发射波长、带宽和峰形可以根据玻璃类型和玻璃成分适当调整。从 20 世纪 80 年代到 90 年代，高功率掺 Nd^{3+}的激光玻璃经历了从硅酸盐玻璃到磷酸盐玻璃的转变。硅酸盐玻璃因其具有高强度和优异的化学耐久性等优点，用于最初的大功率激光装置，但热光性能差和增益较低阻碍了其进一步发展。磷酸盐玻璃具有良好的热光性能和较高的增益，已成为目前高功率激光器主要的玻璃增益介质。通过添加碱金属和碱土金属氧化物可以修饰玻璃的物理、机械、光学、光谱和激光特性，研究人员系统研究了多种磷酸盐玻璃体系。例如，在 HAP3 激光玻璃中，用 Li$_2$O 作玻璃改性剂，具有较低的热膨胀率、较高的热导率、较好的热光学性能和较高的发射截面。在 NAP2 激光玻璃中，由于结构相似，Nd$_2$O$_3$ 可以取代

表 2-10 Nd³⁺高功率掺杂激光玻璃的典型玻璃体系、玻璃组成和掺杂浓度

玻璃系统	玻璃简称	玻璃组成/%	Nd³⁺掺杂浓度	参考文献
硅酸盐玻璃	ED2	60SiO₂-27.5Li₂O-10CaO-2.5Al₂O₃(摩尔分数)	3.1%Nd₂O₃(质量分数)	[147]
	Nd-SG	96.03SiO₂-2.72Al₂O₃-1.25Nd₂O₃(质量分数)	1.25%Nd₂O₃(质量分数)	[158]
	LHG8	(56~60)P₂O₅-(13~17)K₂O-(10~15)BaO-(8~12)Al₂O₃(摩尔分数)	0%~2%Nd₂O₃(摩尔分数)	[130]
	HAP3	60P₂O₅-15SiO₂-10Al₂O₃-13Li₂O-2Nd₂O₃(摩尔分数)	2%Nd₂O₃(摩尔分数)	[159]
	LG770	(58~62)P₂O₅-(20~25)K₂O-(6~10)Al₂O₃-(5~10)MgO(摩尔分数)	0%~2%Nd₂O₃(摩尔分数)	[130]
	LG750	(55~60)P₂O₅-(13~17)K₂O-(10~15)BaO-(8~12)Al₂O₃(摩尔分数)	—	[160]
	Q89	P₂O₅-Al₂O₃-BaO-Li₂O(摩尔分数)	—	[159]
磷酸盐玻璃	KGSS0180	(57~63)P₂O₅-(10~13)BaO-(10~13)K₂O-(6~10)Al₂O₃-(2.5~3.4)B₂O₃-(1.8~2.5)SiO₂(摩尔分数)	$(0.5 \sim 5) \times 10^{20}$ cm⁻³	[160]
	N31	(55~60)P₂O₅-(13~17)K₂O-(10~15)BaO-(8~12)Al₂O₃(摩尔分数)	0%~2%Nd₂O₃(摩尔分数)	[130]
		(40~50)P₂O₅-(18~25)K₂O-(18~25)BaO-(8~12)Al₂O₃(摩尔分数)	0%~5%Nd₂O₃(摩尔分数)	[161]
	N41	(58~62)P₂O₅-(20~25)K₂O-(8~12)MgO-(6~12)Al₂O₃(摩尔分数)	1%~2%Nd₂O₃(摩尔分数)	[156]
	NAP2	(55~65)P₂O₅-(6~18)Al₂O₃-(10~18)Li₂O-(8~10)MgO-(0.5)BaO-(2~3)B₂O₃-(1~4)(La₂O₃+Y₂O₃+Nb₂O₅+Sb₂O₅)-(0~10)SiO₂(质量分数)	0.5%~4%Nd₂O₃(摩尔分数)	[161]
氟磷酸盐玻璃	NF1/NF2	(5~13)P₂O₅-(15~17)AlF₃-(7~11)MgF₂-(15~24)CaF₂-(8~16)SrF₂-(0~5)YF₃(摩尔分数)	0.5 %Nd₂O₃(质量分数)	[162]

表 2-11　Nd³⁺ 在不同玻璃基质中的基础物理性质和光谱性质比较

性质	符号和单位	Hoya					Schott					
		LHG80[40]	LHG8[40]	LHG5[163]	HAP4[159]	HAP3[163]	LG770[40]	LG750[40]	LG760[163]	APG1[159]	APG2[163]	APGt[159]
折射率	n_d(587.3 nm)	1.5429	1.5296	1.5410	1.5433	1.5298	1.5067	1.5257	1.5190	1.537	1.5127	1.511
	n_d(1053 nm)	1.5329	1.5201	1.5308	1.5331	1.5200	1.4991	1.5160	1.5080	1.526	1.5032	1.503
非线性折射率	n_2/10^{-13} esu	1.24	1.12	1.26	1.21	1.10	1.01	1.08	1.03	1.13	1.07	1.02
	γ/(10^{-20} m²/W)	3.36	3.08	3.45	3.32	3.05	2.78	2.98	2.88	3.1	2.98	2.85
阿贝数	ν_d	64.7	66.5	63.5	64.6	67.7	68.4	68.2	69.2	67.7	66.9	67.8
折射率-温度系数	dn/dT/(10^{-7}/℃)	−38	−53	−40	18	19	−47	−51	−6.8	12	3.4	40
热-光系数	Δ/(10^{-7}/℃)	18	6	42	57	57	12	8	−0.4	52	6.0	76
发射截面	σ_e/10^{-20} cm²	4.2	3.6	4.1	3.6	3.2	3.9	3.7	4.6	3.35	2.4	2.39
饱和通量	F_{sat}/(J/cm²)	4.5	5.2	4.6	5.3	5.9	4.8	5.1	4.1	5.6	7.9	7.9
辐射寿命	τ_0/μs	337	365	320	350	380	372	383	330	385	464	456
J-O 辐射寿命	τ_r/μs	327	351	320	—	372	349	367	320	361	456	456
J-O 参数	Ω_2/10^{-20}cm²	3.6	4.4	—	—	—	4.3	4.6	—	—	—	—
	Ω_4/10^{-20}cm²	5.0	5.1	—	—	—	5.0	4.8	—	—	—	—
	Ω_6/10^{-20}cm²	5.5	5.6	—	—	—	5.6	5.6	—	—	—	—
发射带宽	$\Delta\lambda_{eff}$/nm	23.9	26.5	26.1	27.0	27.9	25.4	25.3	23.5	26.7	31.5	31.5
浓度猝灭因子	Ω/10^{20}cm⁻³	10.1	8.4	8.5	—	—	8.8	7.4	10	16.7	10.6	10.6
荧光峰	λ/nm	1054	1053	1054	1054	1062	1053	1053.5	1054	1053.9	1054.6	1054.6
热导率	k/(W/(m·K))	0.59	0.58	0.77	1.02	1.38	0.57	0.60	0.57	0.83	0.84	0.86
热扩散系数	α/(10^{-7} m²/s)	3.2	2.7	—	5.2	7.5	2.9	2.9	2.9	3.74	4.1	—
比热容	C_p/(J/(g·K))	0.63	0.75	0.71	0.71	0.74	0.77	0.72	0.75	0.84	0.77	—
热膨胀系数	α_c/(10^{-7}/℃, 20~300℃)	130	127	98	72	1	134	132	150	76	62.6	64
转变温度	T_g/℃	402	485	455	486	—	461	450	350	450	549	549
密度	ρ/(g/cm³)	2.92	2.83	2.68	2.70	2.20	2.59	2.83	2.60	2.64	2.56	2.56
泊松比	N	0.27	0.26	0.24	0.24	0.16	0.25	0.26	0.27	0.24	0.24	0.24
断裂韧性	K_{IC}/MPa·m$^{1/2}$	0.46	0.51	0.42	0.83	0.80	0.43	0.45	0.47	0.60	0.64	0.80
硬度	H/GPa	3.35	3.43	4.2	4.7	—	3.58	2.85	3.18	3.09	—	—
杨氏模量	E/GPa	50	50	67.7	70	72.7	47	50	53.7	71	64	64
抗热冲击性	R_s/(W/m$^{1/2}$)	0.33[163]	0.34[163]	0.37[163]	1.01[163]	1.47[163]	0.32[163]	0.25[163]	0.24[163]	0.54[163]	1.03	—

性质	符号和单位	Kigre				OU	GOI		SIOM					
		Q88[40]	Q89[163]	Q98[163]	QX-Nd[163]	Nd-SG[163]	KGSS0180[157]	N2112[52]	N31[157]	N41[157]	NAP2[157]	NAP4[157]	NF[130]	NF2[130]
折射率	n_d(587.3 nm)	1.5449	1.559	1.555	1.538	1.4584	1.532	1.574	1.540	1.510	1.542	1.530	1.4647	1.5146
	n_d(1053 nm)	1.5363	—	1.546	1.53	1.4496	—	—	1.535	1.500	1.536	1.523	—	—
非线性折射率	$n_2/10^{-13}$ esu	1.14	—	1.31	1.17	0.87	1.1	1.3	1.18	1.04	1.22	1.130	0.6	0.86
	$\gamma/(10^{-20}\ \text{m}^2/\text{W})$	3.11	—	3.55	3.2	2.53	—	—	—	—	—	—	—	—
阿贝数	ν_d	64.8	63.6	63.6	66.0	67.9	—	64.5	65.7	67.5	67	66	88	77
折射率-温度系数	$dn/dT/(10^{-7}/°C)$	−5	—	−4.5	10	—	−40	−53	−43	−56	−8.7	19	−88	−86
热-光系数	$\Delta/(10^{-7}/°C)$	27	—	0	48	—	—	71	14	4	36	50	−18.6	−12
发射截面	$\sigma_e/10^{-20}\text{cm}^2$	4.0	3.8	4.5	3.34	1.4	3.6	3.5	3.8	3.9	3.7	3.2	2.7	3.4
饱和通量	$F_{sat}/(\text{J/cm}^2)$	4.7	5.0	4.2	5.6	13.4	—	—	—	—	—	—	—	—
辐射寿命	$\tau_0/\mu\text{s}$	326	350	308	353	376	360	—	348	351	380	400	510	430
	$\tau_r/\mu\text{s}$	326	—	—	—	512	—	—	—	—	—	—	—	—
J-O参数	$\Omega_2/10^{-20}\text{cm}^2$	3.3	—	—	—	—	—	—	—	—	—	—	—	—
	$\Omega_4/10^{-20}\text{cm}^2$	5.1	—	—	—	—	—	—	—	—	—	—	—	—
	$\Omega_6/10^{-20}\text{cm}^2$	5.6	—	—	—	—	—	—	—	—	—	—	—	—
发射带宽	$\Delta\lambda_{eff}/\text{nm}$	21.9	21.2	25.5	27.6	51.7	—	26.5	25.6	25.5	27.0	29.0	32.8	30.4
浓度猝灭因子	$Q/10^{20}\text{cm}^{-3}$	6.6	—	—	—	—	—	—	—	—	—	—	—	—
荧光峰	λ/nm	1054	1054	1053	1054	1062	—	1054	—	—	—	—	1053	1052
热导率	$k/(\text{W}/(\text{m·K}))$	0.84	0.82	0.82	0.85	1.38	—	—	0.56	0.56	0.76	0.86	—	—
热扩散系数	$\alpha/(10^{-7}\ \text{m}^2/\text{s})$	—	—	—	—	7.5	—	—	—	—	—	—	—	—
比热容	$C_p/(\text{J}/(\text{g·K}))$	0.81	—	0.80	—	0.74	—	—	—	—	—	—	—	—
热膨胀系数	$\alpha_c/(10^{-7}/°C, 20\sim300\ °C)$	104	88	99	84	10	116*	117	115*	118*	96*	71*	152	142
转变温度	$T_g/°C$	367	440	450	506	—	460	510	445	465	478	545	450	490
密度	$\rho/(\text{g/cm}^3)$	2.71	3.14	3.10	2.66	2.20	2.83	3.38	2.84	2.60	2.76	2.60	—	—
泊松比	N	0.24	—	0.24	0.26	0.16	—	0.26	—	—	—	—	—	—
断裂韧性	$K_{1c}/\text{MPa·m}^{1/2}$	—	—	—	—	0.80	—	—	—	—	—	—	—	—
硬度	H/GPa	—	—	—	—	—	—	—	—	—	—	—	—	—
杨氏模量	E/GPa	70	—	70.7	71	72.7	59	—	56.4	49.7	58	67	—	—
抗热冲击性	$R_s/(\text{W/m}^{1/2})$	—	—	—	—	20	—	—	—	—	—	—	—	—

*20~100°C; OU: 大阪大学; GOI: 俄罗斯瓦维洛夫国家光学研究所; SIOM: 中国科学院上海光学精密机械研究所; 其他为生产商。

La_2O_3，稀土溶解度高。除了玻璃成分的选择和优化外，研究人员还不懈地解决了如连续熔炼、去除羟基和铂金颗粒及包边等技术层面问题[154,155]。与硅酸盐玻璃相比，磷酸盐玻璃具有良好的热学和光学性能以及较高的增益。高功率掺 Nd^{3+} 磷酸盐激光玻璃研究的主要推动力是用于核聚变研究的超高功率激光器的开发，如美国的国家点火装置所开发的激光器。因此，从 20 世纪 80 年代到 90 年代，高功率掺 Nd^{3+} 激光玻璃的发展经历了从硅酸盐玻璃到磷酸盐玻璃的转变，磷酸盐玻璃目前已成为高功率固体激光器中主要的玻璃增益介质。磷酸盐玻璃特别适合用于紧凑的高功率固体激光器件，磷酸盐玻璃的稀土溶解度可与晶体 YAG 媲美，并且比石英玻璃高一至两个数量级。此外，磷酸盐玻璃具有光暗化效应低、非线性效应低和易于大规模制备的优点。

　　表 2-12 给出了 Er^{3+} 掺杂不同玻璃的主要光谱参数。稀土离子的辐射特性可以用 J-O 理论分析。$\sigma_e\tau_m$ 和 σ_eFWHM 这两个参数称为光谱品质因子，是评价掺 Er^{3+} 玻璃在光纤激光器和光纤放大器中的重要参数。$\sigma_e\tau_m$ 越大，激光阈值越低，越容易实现激光输出。σ_eFWHM 越大，光纤带宽越大，放大器的放大能力越强。吸收截面取决于 J-O 强度参数的总和 $3\Omega_2+10\Omega_4+21\Omega_6$，而 Ω_4 和 Ω_6 对稀土掺杂玻璃的吸收和发射截面的影响大于 Ω_2。发射截面随改性体的变化趋势与吸收截面的变化趋势一致。Er^{3+} 的自发辐射概率 A_r 受 Er—O 键的结构对称性和共价性的影响，自发辐射概率随着 Er—O 键的共价键减少而增加[50]。稀土的光谱性能显著受到玻璃组成的影响，主要取决于阴离子基团。中心离子和氧离子的影响随结构单元的中心原子的电负性降低而减弱，因此基质影响激活离子的吸收光谱。稀土的光谱性能也受到碱金属或碱土离子等修饰离子的影响。

表 2-12　Er^{3+} 掺杂不同玻璃的主要光谱参数

玻璃基质	σ_e /$10^{-21}cm^2$	τ_m /ms	FWHM /nm	$\sigma_e\tau_m$/$10^{-21}cm^2 \cdot ms$	σ_eFWHM /$10^{-21}cm^2 \cdot nm$	参考文献
硅酸盐玻璃	7.5	11.0	53	82	398	[51]
磷酸盐玻璃	8.0	7.9	55	63.2	440	[164]
锗酸盐玻璃	5.76	6.72	43	38.7	248	[165]
碲酸盐玻璃	8.5	7.5	76	64	645	[51]
氟化物玻璃	5.1	9.5	65	49	331	[51]

　　即使是同一种玻璃体系，具体成分不同也会影响玻璃的光学光谱性质。以掺 Er^{3+} 铝磷酸盐玻璃体系为例，表 2-13 给出了具有不同组分的 Er^{3+} 掺杂磷酸盐玻璃的光谱性质[52]。可以看出，在含有碱金属氧化物的磷酸盐玻璃中，吸收截面随着碱金属离子半径的增大而增大，而在含有碱土金属氧化物的掺 Er^{3+} 磷酸盐玻璃

中，如含 SrO 的玻璃的吸收截面达到最大值。吸收截面体现了玻璃基质对泵浦光的吸收效率，具有高吸收截面的玻璃可以有效吸收泵浦光，从而提高泵浦效率。

表 2-13　具有不同组分的 Er^{3+} 掺杂磷酸盐玻璃的光谱性质

玻璃组成/%	σ_a /10^{-21}cm^2	σ_e /10^{-21}cm^2	J-O 强度参数/10^{-20}cm^2			A_r /s^{-1}
			Ω_2	Ω_4	Ω_6	
$72P_2O_5$-$8Al_2O_3$-$20Li_2O$	6.73	7.54	6.34	1.76	1.07	121.9
$72P_2O_5$-$8Al_2O_3$-$20Na_2O$	7.41	8.23	6.84	1.94	1.29	133.9
$72P_2O_5$-$8Al_2O_3$-$20K_2O$	7.79	8.60	7.02	2.06	1.36	136.4
$77P_2O_5$-$8Al_2O_3$-$15Na_2O$	10.09	11.15	7.45	2.53	1.61	158.2
$67P_2O_5$-$8Al_2O_3$-$25Na_2O$	7.10	7.73	6.62	1.74	1.20	125.2
$62P_2O_5$-$8Al_2O_3$-$30Na_2O$	6.60	7.22	6.03	1.68	1.07	115.8
$57P_2O_5$-$8Al_2O_3$-$35Na_2O$	6.51	7.14	5.45	1.74	1.08	115.6
$72P_2O_5$-$8Al_2O_3$-$20MgO$	8.61	9.65	8.67	1.67	1.05	118.3
$72P_2O_5$-$8Al_2O_3$-$20CaO$	8.46	9.35	8.22	1.79	1.14	129.2
$72P_2O_5$-$8Al_2O_3$-$20SrO$	9.16	10.13	7.70	1.86	1.21	135.2
$72P_2O_5$-$8Al_2O_3$-$20BaO$	8.15	9.01	7.02	1.88	1.16	136.0
$77P_2O_5$-$8Al_2O_3$-$15BaO$	8.42	9.31	7.47	1.93	1.23	140.9
$67P_2O_5$-$8Al_2O_3$-$25BaO$	7.21	7.96	6.08	1.71	1.05	127.0
$62P_2O_5$-$8Al_2O_3$-$30BaO$	6.36	7.03	5.29	1.47	0.93	117.0
$57P_2O_5$-$8Al_2O_3$-$35BaO$	6.01	6.64	4.91	1.46	0.89	115.5

参 考 文 献

[1] Blasse G, Grabmeier B C. Luminescent Materials. Berlin/Heidelberg: Springer-Verlag, 1994.

[2] 洪广言. 稀土发光材料——基础与应用. 北京: 科学出版社, 2011.

[3] 干福熹. 玻璃的光学和光谱性质. 上海: 上海科学技术出版社, 1992.

[4] Dieke G H. Spectra and Energy Levels of Rare Earth Ions in Crystals. New York: Interscience Publishers, 1968.

[5] Kamimura H, Sugano S, Tanabe Y. Ligand Field Theory and its Applications. Tokyo: Syokabo, 1969.

[6] Cotton F A. Chemical Applications of Group Theory. New York: John Wiley & Sons, 1991. 科顿. 群论在化学中的应用. 刘春万, 游效曾, 赖伍江, 译. 福建: 福建科学技术出版社, 1999.

[7] 王伟超. 掺稀土多组分锗酸盐和碲酸盐玻璃光纤 2.0-3.0 μm 中红外高效发光. 广州: 华南理工大学, 2017.

[8] Ofelt G S. Intensities of crystal spectra of rare-earth ions. The Journal of Chemical Physics, 1962, 37(3): 511-520.

[9] Judd B R. Optical absorption intensities of rare-earth ions. Physical Review, 1962, 127(3): 750-761.

[10] Weber M J. Probabilities for radiative and nonradiative decay of Er^{3+} in LaF_3. Physical Review, 1967, 157(2): 262-272.

[11] 邝路东. 铒镱共掺氟硫磷酸盐玻璃光纤增益与激光性能的研究. 广州: 华南理工大学, 2022.

[12] Shionoya S, Yen M Y, Yamamoto H. Phosphor Handbook. Boca Raton: CRC Press, 1999.

[13] 房喻, 王辉. 荧光寿命测定的现代方法与应用. 化学通报, 2001, 64(10): 631-636.

[14] Pang R, Li C, Shi L, et al. A novel blue-emitting long-lasting proyphosphate phosphor $Sr_2P_2O_7$: Eu^{2+}, Y^{3+}. Journal of Physics and Chemistry of Solids, 2009, 70(2): 303-306.

[15] Zhang W J, Chen Q J, Zhang J P, et al. Enhanced NIR emission from nanocrystalline LaF_3: Ho^{3+} germanate glass ceramics for E-band optical amplification. Journal of Alloys and Compounds, 2012, 541: 323-327.

[16] 孙家跃, 杜海燕. 固体发光材料. 北京: 化学工业出版社, 2003.

[17] 徐叙瑢, 苏勉曾. 发光学与发光材料. 北京: 化学工业出版社, 2004.

[18] Förster T. Intermolecular energy transfer and fluorescence. Annalen der Physik Leipzig, 1948, 2: 55-75.

[19] Dexter D L. A theory of sensitized luminescence in solids. The Journal of Chemical Physics, 1953, 21(5): 836-850.

[20] Axe J D, Weller P F. Fluorescence and energy transfer in Y_2O_3: Eu^{3+}. The Journal of Chemical Physics, 1964, 40(10): 3066-3069.

[21] Orbach R. Relaxation and energy transfer//Optical Properties of Ions in Solids. Boston: Springer, 1975: 355-399.

[22] Miyakawa T, Dexter D L. Phonon sidebands, multiphonon relaxation of excited states, and phonon-assisted energy transfer between ions in solids. Physical Review B, 1970, 1(7): 2961-2969.

[23] Yamada N, Shionoya S, Kushida T. Phonon-assisted energy transfer between trivalent rare earth ions. Journal of the Physical Society of Japan, 1972, 32(6): 1577-1586.

[24] Reisfeld R. Excited states and energy transfer from donor cations to rare earths in the condensed phase. Structure and Bonding, 1976, 30: 65-97.

[25] Dexter D L. Possibility of luminescent quantum yields greater than unity. Physical Review, 1957, 108(3): 630.

[26] Vergeer P, Vlugt T J H, Kox M H F, et al. Quantum cutting by cooperative energy transfer in $Yb_xY_{1-x}PO_4$: Tb^{3+}. Physical Review B, 2005, 71(1): 014119.

[27] Jackson S D, King T A. Theoretical modeling of Tm-doped silica fiber lasers. Journal of lightwave technology, 1999, 17(5): 948-956.

[28] 袁健. 2.0 μm 波段稀土掺杂碲酸盐玻璃光纤及其光谱和激光实验研究. 广州: 华南理工大学, 2015.

[29] Shiner B. The fiber laser delivering power. Nature Photonics, 2010, 4(5): 290.

[30] Eichhorn M. Quasi-three-level solid-state lasers in the near and mid infrared based on trivalent rare earth ions. Applied Physics B, 2008, 93(2): 269-316.

[31] Xu W B, Wang M, Zhang L, et al. Effect of P^{5+}/Al^{3+} molar ratio on structure and spectroscopic

properties of Nd^{3+}/Al^{3+}/P^{5+} co-doped silica glass. Journal of Non-Crystalline Solids, 2016, 432: 285-291.

[32] Fang Z J, Li Y, Zhang F T, et al. Enhanced sunlight excited 1-μm emission in Cr^{3+}-Yb^{3+} codoped transparent glass-ceramics containing Y$_3$Al$_5$O$_{12}$ nanocrystals. Journal of the American Ceramic Society, 2015, 98(4): 1105-1110.

[33] Zhang F F, Zhang W J, Yuan J, et al. Enhanced 2.7 μm emission from Er^{3+} doped oxyfluoride tellurite glasses for a diode-pump mid-infrared laser. AIP Advances, 2014, 4(4): 047101.

[34] Wang W C, Yuan J, Liu X Y, et al. An efficient 1.8 μm emission in Tm^{3+} and Yb^{3+}/Tm^{3+} doped fluoride modified germanate glasses for a diode-pump mid-infrared laser. Journal of Non-Crystalline Solids, 2014, 404: 19-25.

[35] Wang W C, Zhang W J, Li L X, et al. Spectroscopic and structural characterization of barium tellurite glass fibers for mid-infrared ultra-broad tunable fiber lasers. Optical Materials Express, 2016, 6(6): 2095-2107.

[36] Richards B D O, Teddy-Fernandez T, Jose G, et al. Mid-IR (3-4 μm) fluorescence and ASE studies in Dy^{3+} doped tellurite and germanate glasses and a fs laser inscribed waveguide. Laser Physics Letters, 2013, 10(8): 085802.

[37] Nunes J J, Crane R W, Furniss D, et al. Room temperature mid-infrared fiber lasing beyond 5 μm in chalcogenide glass small-core step index fiber. Optics Letters, 2021, 46(15): 3504-3507.

[38] Churbanov M F, Denker B I, Galagan B I, et al. First demonstration of ~5μm laser action in terbium-doped selenide glass. Applied Physics B, 2020, 126(7):117.

[39] Zervas M N, Codemard C A. High power fiber lasers: A review. IEEE Journal of Selected Topics in Quantum Electronics, 2014, 20(5): 219-241.

[40] Campbell J H, Suratwala T I, Thorsness C B, et al. Continuous melting of phosphate laser glasses. Journal of Non-Crystalline Solids, 2000, 263: 342-357.

[41] Campbell J H, Suratwala T I. Nd-doped phosphate glasses for high-energy/high-peak-power lasers. Journal of Non-Crystalline Solids, 2000, 263: 318-341.

[42] Digonnet M J F. Rare-Earth-Doped Fiber Lasers and Amplifiers, Revised and Expanded. New York: CRC Press, 2001.

[43] 胡丽丽, 姜中宏. 磷酸盐激光玻璃研究进展. 硅酸盐通报, 2005, 5: 125-135.

[44] Kulkarni A P, Jain S, Kamath M P, et al. Measurement of the figure of merit of indigenously developed Nd-doped phosphate laser glass rods for use in high power lasers. Pramana Journal of Physics, 2014, 82: 159-163.

[45] Muñoz-Quiñonero M, Azkargorta J, Iparraguirre I, et al. Dehydroxylation processing and lasing properties of a Nd alumino-phosphate glass. Journal of Alloys and Compounds, 2022, 896: 163040.

[46] 姜中宏, 杨中民. 中国激光玻璃研究进展, 中国激光, 2010, 37: 2198-2201.

[47] Bellemare A. Continuous-wave silica-based erbium-doped fibre lasers. Progress in Quantum Electronicsics, 2003, 27(4): 211-266.

[48] Fu S J, Shi W, Feng Y, et al. Review of recent progress on single-frequency fiber lasers. Journal of the Optical Society of America B, 2017, 34: A49-62.

[49] Wang W C, Yuan J, Li L X, et al. Broadband 2.7 μm amplified spontaneous emission of Er^{3+} doped tellurite fibers for mid-infrared laser applications. Optical Materials Express, 2015, 5: 2964-2977.

[50] Hwang B C, Jiang S B, Luo T, et al. Cooperative upconversion and energy transfer of new high Er^{3+}- and Yb^{3+}-Er^{3+}-doped phosphate glasses. Journal of the Optical Society of America B, 2000, 17: 833-839.

[51] Jha A, Shen S, Naftaly M. Structural origin of spectral broadening of 1.5-μm emission in Er^{3+}-doped tellurite glasses. Physical Review B, 2000, 62(10): 6215-6227.

[52] 杨钢锋. 掺铒磷酸盐玻璃性质及除水工艺研究. 广州: 华南理工大学, 2004.

[53] de Sousa D F, Zonetti L F C, Bell M J V, et al. On the observation of 2.8 μm emission from diode-pumped Er^{3+}-and Yb^{3+}-doped low silica calcium aluminate glasses. Applied Physics Letters, 1999, 74(7): 908-910.

[54] Zhong H Y, Chen B J, Ren G Z, et al. 2.7 μm emission of Nd^{3+}, Er^{3+} codoped tellurite glass. Journal of Applied Physics, 2009, 106: 083114.

[55] Tian Y, Xu R, Hu L, et al. 2.7 μm fluorescence radiative dynamics and energy transfer between Er^{3+} and Tm^{3+} ions in fluoride glass under 800 nm and 980 nm excitation. Journal of Quantitative Spectroscopy and Radiative Transfer, 2012, 113(1): 87-95.

[56] Xu R, Tian Y, Hu L, et al. Enhanced emission of 2.7 μm pumped by laser diode from Er^{3+}/Pr^{3+}-codoped germanate glasses. Optics Letters, 2011, 36(7): 1173-1175.

[57] Huang F F, Li X, Liu X Q, et al. Sensitizing effect of Ho^{3+} on the Er^{3+}: 2.7 μm emission in fluoride glass. Optical Materials, 2014, 36: 921-925.

[58] Zhang L Y, Yang Z H, Tian Y, et al. Comparative investigation on the 2.7 μm emission in Er^{3+}/Ho^{3+} codoped fluorophosphate glass. Journal of Applied Physics, 2011, 110: 093106.

[59] Tian Y, Xu R R, Hu L L, et al. Enhanced 2.7 μm emission from Er^{3+}/Tm^{3+}/Pr^{3+} triply doped fluoride glass. Journal of the American Ceramic Society, 2011, 94: 2289-2291.

[60] Tian Y, Xu R R, Hu L L, et al. Intense 2.7 μm and broadband 2.0 μm emission from diode-pumped Er^{3+}/Tm^{3+}/Ho^{3+}-doped fluorophosphate glass. Optics Letters, 2011, 36: 3218-3220.

[61] Xia H P, Feng J H, Ji Y Z, et al. 2.7 μm emission properties of Er^{3+}/Yb^{3+}/Eu^{3+}: $SrGdGa_3O_7$ and Er^{3+}/Yb^{3+}/Ho^{3+}: $SrGdGa_3O_7$ crystals. Journal of Quantitative Spectroscopy and Radiative Transfer, 2016, 173: 7-12.

[62] Coleman D J, Jackson S D, Golding P S, et al. Heavy metal oxide and chalcogenide glasses as new hosts for Er^{3+} and Er^{3+}/Pr^{3+} mid-IR fiber lasers//Advanced Solid State Lasers, Davos, Switzerland, 2000.

[63] Wang R S, Meng X W, Yin F X, et al. Heavily erbium-doped low-hydroxyl fluorotellurite glasses for 2.7 μm laser applications. Optical Materials Express, 2013, 3: 1127-1136.

[64] Gaida C, Gebhardt M, Stutzki F, et al. Thulium-doped fiber chirped-pulse amplification system with 2 GW of peak power. Optics Letters, 2016, 41: 4130-4133.

[65] Jauregui C, Limpert J, Tünnermann A. High-power fibre lasers. Nature Photonics, 2013, 7: 861-867.

[66] Balaji S, Biswas K, Sotakke G, et al. Enhanced 1.8 μm emission in Yb^{3+}/Tm^{3+} co-doped tellurite

glass: Effects of Yb^{3+}/Tm^{3+} energy transfer and back transfer. Journal of Quantitative Spectroscopy and Radiative Transfer, 2014, 147: 114-120.

[67] Li M, Liu X Q, Guo Y Y, et al. ~2 μm fluorescence radiative dynamics and energy transfer between Er^{3+} and Tm^{3+} ions in silicate glass. Materials Research Bulletin, 2014, 51: 263-270.

[68] Chen P, Zhou J J, Fang Z J, et al. Near-mid infrared emission in Ce^{3+} and Tm^{3+} co-doped oxyfluoride glasses by excited at different wavelengths light. Journal of Non-Crystalline Solids, 2014, 391: 49-53.

[69] Wang W C, Yuan J, Chen D D, et al. Enhanced 1.8 μm emission in Cr^{3+}/Tm^{3+} co-doped fluorogermanate glasses for a multi-wavelength pumped near-infrared lasers. AIP Advances, 2014, 4: 107145.

[70] Wang W C, Yuan J, Chen D D, et al. Enhanced broadband 1.8 μm emission in Bi/Tm^{3+} co-doped fluorogermanate glasses. Optical Materials Express, 2015, 5: 1250-1258.

[71] Tang J Z, Lu K L, Zhang S Q, et al. Surface plasmon resonance-enhanced 2 μm emission of bismuth germanate glasses doped with Ho^{3+}/Tm^{3+} ions. Optical Materials, 2016, 54: 160-164.

[72] Hemming A, Simakov N, Haub J, et al. A review of recent progress in holmium-doped silica fibre sources. Optical Fiber Technology, 2014, 20(6): 621-630.

[73] 刘沛沛, 白杨, 仁兆玉, 等. 2 μm 光纤激光器的研究进展. 红外与激光工程, 2009, 38: 45-49.

[74] Jackson S D. High-power fiber lasers for the shortwave infrared. Laser Technology for Defense and Security VI. International Society for Optics and Photonics, 2010, 7686: 768608.

[75] Li M, Guo Y Y, Bai G X, et al. ~2 μm luminescence and energy transfer characteristics in Tm^{3+}/Ho^{3+} co-doped silicate glass. Journal of Quantitative Spectroscopy and Radiative Transfer, 2013, 127: 70-77.

[76] Zhou B, Pun E Y, Lin H, et al. Judd-Ofelt analysis, frequency upconversion, and infrared photoluminescence of Ho^{3+}-doped and Ho^{3+}/Yb^{3+}-codoped lead bismuth gallate oxide glasses. Journal of Applied Physics, 2009, 106: 103105.

[77] Balaji S, Sontakke A D, Sen R, et al. Efficient ~2.0 μm emission from Ho^{3+} doped tellurite glass sensitized by Yb^{3+} ions: Judd-Ofelt. Optical Materials Express, 2011, 1: 138-150.

[78] Huang F F, Liu X Q, Hu L L, et al. Optical properties and energy transfer processes of Ho^{3+}/Er^{3+}- codoped fluorotellurite glass under 1550 nm excitation for 2.0 μm applications. Journal of Applied Physics, 2014, 116: 033106.

[79] Zhang F F, Yuan J, Liu Y, et al. Efficient 2.0 μm fluorescence in Ho^{3+}-doped fluorogermanate glass sensitized by Cr^{3+}. Optical Materials Express, 2014, 4: 1404-1410.

[80] Yuan J, Shen S X, Chen D D, et al. Efficient 2.0 μm emission in Nd^{3+}/Ho^{3+} co-doped tungsten tellurite glasses for a diode-pump 2.0 μm laser. Journal of Applied Physics, 2013, 113: 173507.

[81] Richards B D O, Tsang Y H, Binks D J, et al. CW and Q-switched 2.1 μm Tm^{3+}/Ho^{3+}/Yb^{3+}-triply-doped tellurite fibre lasers//Lidar Technologies, Techniques, and Measurements for Atmospheric Remote Sensing IV. International Society for Optics and Photonics, 2008, 7111: 711105.

[82] Ma Y Y, Huang F F, Hu L L, et al. Efficient 2.05 μm emission of Ho^{3+}/Yb^{3+}/Er^{3+} triply doped

fluorotellurite glasses. Spectrochimica Acta Part A: Molecular and Biomolecular Spectroscopy, 2014, 122: 711-714.

[83] Zhang J P, Zhang W J, Yuan J, et al. Enhanced 2.0 μm emission and lowered upconversion emission in fluorogermanate glass-ceramic containing LaF_3: Ho^{3+}/Yb^{3+} by codoping Ce^{3+} ions. Journal of the American Ceramic Society, 2013, 96: 3836-3841.

[84] Huang F F, Cheng J M, Liu X Q, et al. Ho^{3+}/Er^{3+} doped fluoride glass sensitized by Ce^{3+} pumped by 1550 nm LD for efficient 2.0 μm laser applications. Optical Materials Express, 2014, 22: 20924-20935.

[85] Fei B J, Guo W, Huang J Q, et al. Spectroscopic properties and energy transfers in Cr, Tm, Ho triple-doped $Y_3Al_5O_{12}$ transparent ceramics. Optical Materials Express, 2013, 3: 2037-2044.

[86] Yuan J, Shen S X, Wang W C, et al. Efficient 2.0 μm emission from Ho^{3+} bridged by Yb^{3+} in $Nd^{3+}/Yb^{3+}/Ho^{3+}$ triply doped tungsten tellurite glasses for a diode-pump 2.0 μm laser. Journal of Applied Physics, 2013, 114: 133506.

[87] Kaminskii A A. Laser crystals and ceramics: Recent advances. Laser & Photonics Reviews, 2007, 1(2): 93-177.

[88] Mirov S B, Moskalev I S, Vasilyev S, et al. Frontiers of mid-IR lasers based on transition metal doped chalcogenides. IEEE Journal of Selected Topics in Quantum Electronics, 2018, 24(5): 1-29.

[89] Jackson S D, Jain R K. Fiber-based sources of coherent MIR radiation: Key advances and future prospects. Optics Express, 2020, 28(21): 30964-31019.

[90] Wang W C, Zhou B, Xu S H, et al. Recent advances in soft optical glass fiber and fiber lasers. Progress in Materials Science, 2019, 101: 90-171.

[91] Baker C C, Friebele E J, Burdett A A, et al. Nanoparticle doping for high power fiber lasers at eye-safer wavelengths. Optics Express, 2017, 25(12): 13903-13915.

[92] Pollnau M, Jackson S D. Mid-infrared fiber laser//Sorokina I T, Vodopyanov K L. Solid-state Mid-infrared Laser Sources. Berlin: Springer, 2003.

[93] Zhou B M, Rapp C F, Driver J K, et al. Development of tellurium oxide and lead-bismuth oxide glasses for mid-wave infra-red transmission optics. Oxide-based Materials and Devices IV. International Society for Optics and Photonics, 2013, 8626: 86261F.

[94] Dumbaugh W H. Infrared transmitting germanate glasses. Emerging optical materials. International Society for Optics and Photonics, 1982, 297: 80-85.

[95] Li K F, Wang G N, Zhang J J, et al. Broadband 2 μm emission in Tm^{3+}/Ho^{3+} co-doped TeO_2-WO_3-La_2O_3 glass. Solid State Communications, 2010, 150(39-40): 1915-1918.

[96] Brekhovskikh M N, Moiseeva L V, Batygov S K, et al. Glasses on the basis of heavy metal fluorides. Inorganic Materials, 2015, 51(13): 1348-1361.

[97] Karaksina E V, Shiryaev V S, Kotereva T V, et al. Preparation of high-purity Pr^{3+} doped Ge-As-Se-In-I glasses for active mid-infrared optics. Journal of Luminescence, 2016, 177: 275-279.

[98] 陈国荣, 程继健. 重金属氧化物玻璃进展. 硅酸盐学报, 1995, 5: 41-56.

[99] 赵彦钊, 殷海荣. 玻璃工艺学. 北京: 化学工业出版社, 2006.

[100] Brow R K. The structure of simple phosphate glasses. Journal of Non-Crystalline Solids, 2000,

263: 1-28.

[101] Micoulaut M, Cormier L, Henderson G S. The structure of amorphous, crystalline and liquid GeO_2. Journal of Physics: Condensed Matter, 2006, 18(45): 753-784.

[102] Leadbetter A J, Wright A C. Diffraction studies of glass structure II. The structure of vitreous germania. Journal of Non-Crystalline Solids, 1972, 7(1): 37-52.

[103] Bondot P. Study of local order in vitreous germanium oxide. Physica Status Solidi A: Applied Research, 1974, 22(2): 511-522.

[104] Konnert J H, Karle J, Ferguson G A. Crystalline ordering in silica and germania glasses. Science, 1973, 179(4069): 177-179.

[105] Desa J A E, Wright A C, Sinclair R. A neutron diffraction investigation of the structure of vitreous germania. Journal of Non-Crystalline Solids, 1988, 99(2-3): 276-288.

[106] Warren B E. X-ray determination of the structure of glass. Journal of the American Ceramic Society, 1934, 17(1-12): 249-254.

[107] Lorch E. Neutron diffraction by germania, silica and radiation-damaged silica glasses. Journal of Physics C: Solid State Physics, 1969, 2(2): 229-237.

[108] Ferguson G A, Hass M. Neutron diffraction investigation of vitreous germania. Journal of the American Ceramic Society, 1970, 53(2): 109-111.

[109] Neuefeind J, Liss K D. Bond angle distribution in amorphous germania and silica. Berichte der Bunsengesellschaft für Physikalische Chemie, 1996, 100(8): 1341-1349.

[110] Galeener F L. Planar rings in glasses. Solid State Communications, 1982, 44(7): 1037-1040.

[111] Barrio R A, Galeener F L, Martinez E, et al. Regular ring dynamics in AX_2 tetrahedral glasses. Physical Review B, 1993, 48(21): 15672-15689.

[112] Hannon A C, Di Martino D, Santos L F, et al. Ge-O coordination in cesium germanate glasses. The Journal of Physical Chemistry B, 2007, 111(13): 3342-3354.

[113] Tagiara N S, Palles D, Simandiras E D, et al. Synthesis, thermal and structural properties of pure TeO_2 glass and zinc-tellurite glasses. Journal of Non-Crystalline Solids, 2017, 457: 116-125.

[114] 陈东丹. 掺稀土碲酸盐玻璃与光纤应用基础问题研究. 广州: 华南理工大学, 2010.

[115] Jha A, Richards B, Jose G, et al. Rare-earth ion doped TeO_2 and GeO_2 glasses as laser materials. Progress in Materials Science, 2012, 57(8): 1426-1491.

[116] Aggarwal I D, Lu G. Fluoride Glass Fiber Optics. Bosten: Academic Press, 2013.

[117] Shiryaev V S, Sukhanov M V, Velmuzhov A P, et al. Core-clad terbium doped chalcogenide glass fiber with laser action at 5.38 μm. Journal of Non-Crystalline Solids, 2021, 567: 120939.

[118] Yang B H, Liu X Q, Wang X, et al. Compositional dependence of room-temperature Stark splitting of Yb^{3+} in several popular glass systems. Optics Letters, 2014, 39(7): 1772-1774.

[119] Wang C, Wang Y J, Zhang L Y, et al. Effect of GeO_2 on the lasing performance of Yb: Phosphate glass fiber. Optical Materials, 2017, 64:208-211.

[120] Ehrt D. Phosphate and fluoride phosphate optical glasses—Properties, structure and applications. Physics and Chemistry of Glasses-European Journal of Glass Science and Technology Part B, 2015, 56(6): 217-234.

[121] 杨昌盛. 异质玻璃光纤间的熔接研究. 广州: 华南理工大学, 2008.

[122] Matecki M, Poulain M. Transition metal fluorophosphate glasses. Journal of Non-Crystalline Solids, 1983, 56(1-3): 111-116.

[123] Wang M C, Wang J S, Hon M H. Effect of Na_2O addition on the properties and structure of germanate glass. Ceramics International, 1995, 21(2): 113-118.

[124] Tran D, Sigel G, Bendow B. Heavy metal fluoride glasses and fibers: a review. Journal of Lightwave Technology, 1984, 2(5): 566-586.

[125] Adam J L, Zhang X H. Chalcogenide Glass: Preparation, Properties, and Applications. Cambridge: Woodhead Publishing Limited, 2014.

[126] 田颖. 掺稀土氟磷酸盐玻璃中红外发光特性的研究. 上海: 中国科学院上海光学精密机械研究所, 2012.

[127] Lousteau J, Boetti N G, Negro D, et al. Photonic glasses for IR and mid-IR spectral range. International Conference on Space Optics—ICSO 2012. International Society for Optics and Photonics, 2017, 10564: 1056435.

[128] Philipps J F, Töpfer T, Ebendorff-Heidepriem H, et al. Spectroscopic and lasing properties of Er^{3+}: Yb^{3+}-doped fluoride phosphate glasses. Applied Physics B, 2001, 72(4): 399-405.

[129] Bayya S S, Chin G D, Sanghera J S, et al. Vis-IR transmitting BGG glass windows. Window and Dome Technologies VIII. International Society for Optics and Photonics, 2003, 5078: 208-215.

[130] Zhang L Y, Hu L L, Jiang S B. Progress in Nd^{3+}, Er^{3+}, and Yb^{3+} doped laser glasses at Shanghai Institute of Optics and Fine Mechanics. International Journal of Applied Glass Science, 2018, 9(1): 90-98.

[131] Bayya S S, Chin G D, Sanghera J S, et al. Germanate glass as a window for high energy laser systems. Optics Express, 2006, 14(24): 11687-11693.

[132] Gschneidner K A, LeRoy E, Gerry H L. Handbook on the Physics and Chemistry of Rare Earths. North Holland: Elsevier, 2002.

[133] Ebendorff-Heidepriem H, Ehrt D. Optocal spectroscopy of rare earth ions in glasses. Glass Science and Technology-Glastechnische Berichte, 1998, 71(10): 289-299.

[134] Zou X L, Itoh K, Toratani H. Transmission loss characteristics of fluorophosphate optical fibers in the ultraviolet to visible wavelength region. Journal of Non-Crystalline Solids, 1997, 215(1): 11-20.

[135] Wang J S, Vogel E M, Snitzer E. Tellurite glass: A new candidate for devices. Optical Materials, 1994, 3(3): 187-203.

[136] Zhang W J, Lin J, Sun G Y, et al. Stability, glass forming ability and spectral properties of Ho/Yb co-doped TeO_2-WO_3-ZnX (X=O/F_2/Cl_2) system. Optical Materials, 2014, 36(6): 1013-1019.

[137] Cimek J, Liaros N, Couris S, et al. Experimental investigation of the nonlinear refractive index of various soft glasses dedicated for development of nonlinear photonic crystal fibers. Optical Materials Express, 2017, 7(10): 3471-3483.

[138] Töpfer T, Hein J, Philipps J, et al. Tailoring the nonlinear refractive index of fluoride-phosphate

glasses for laser applications. Applied Physics B, 2000, 71(2): 203-206.

[139] Xu S H, Yang Z M, Liu T, et al. An efficient compact 300 mW narrow-linewidth single frequency fiber laser at 1.5 μm. Optics Express, 2010, 18(2): 1249-1254.

[140] Jiang X, Lousteau J, Shen S X, et al. Fluorogermanate glass with reduced content of OH⁻ groups for infrared fiber optics. Journal of Non-Crystalline Solids, 2009, 355(37-42): 2015-2019.

[141] Wen X, Tang G W, Yang Q, et al. Highly Tm^{3+} doped germanate glass and its single mode fiber for 2.0 μm laser. Scientific Reports, 2016, 6(1): 1-10.

[142] Zhu X S, Peyghambarian N. High-power ZBLAN glass fibers: Review and prospect. Advances in OptoElectronics, 2010, 2010: 501956.

[143] Stokowski S E, Martin W E, Yarema S M. Optical and lasing properties of fluorophosphate glass. Journal of Non-Crystalline Solids, 1980, 40(1-3): 481-487.

[144] Dumbaugh W H. Infrared-transmitting oxide glasses. Infrared Optical Materials and Fibers IV. International Society for Optics and Photonics, 1986, 618: 160-164.

[145] Yano T, Fukumoto A, Watanabe A. Tellurite glass: A new acousto-optic material. Journal of Applied Physics, 1971, 42(10): 3674-3676.

[146] Sanghera J S, Aggarwal I D. Active and passive chalcogenide glass optical fibers for IR applications: A review. Journal of Non-Crystalline Solids, 1999, 256: 6-16.

[147] 姜中宏, 刘粤惠, 戴世勋. 新型光功能玻璃. 北京: 化学工业出版社, 2008.

[148] Limbach R, Rodrigues B P, Möncke D, et al. Elasticity, deformation and fracture of mixed fluoride–phosphate glasses. Journal of Non-Crystalline Solids, 2015, 430: 99-107.

[149] Torres F, Benino Y, Komatsu T, et al. Mechanical and elastic properties of transparent nanocrystalline TeO_2-based glass-ceramics. Journal of Materials Science, 2001, 36(20): 4961-4967.

[150] Afifi H, Marzouk S. Ultrasonic velocity and elastic moduli of heavy metal tellurite glasses. Materials Chemistry and Physics, 2003, 80(2): 517-523.

[151] Inaba S, Fujino S, Morinaga K. Young's modulus and compositional parameters of oxide glasses. Journal of the American Ceramic Society, 1999, 82(12): 3501-3507.

[152] Hwa L G, Chao W C, Szu S P. Temperature dependence of elastic moduli of lanthanum gallogermanate glasses. Journal of Materials Science, 2002, 37(16): 3423-3427.

[153] Michel K, Bureau B, Pouvreau C, et al. Development of a chalcogenide glass fiber device for in situ pollutant detection. Journal of Non-Crystalline Solids, 2003, 326: 434-438.

[154] Zou X L, Toratani H. Evaluation of spectroscopic properties of Yb^{3+}-doped glasses. Physical Review B, 1995, 52: 889-897.

[155] Zhang L, Lin F Y, Hu H F. Spectroscopic properties of Yb^{3+}-doped tetraphosphate glass. Acta Physica Sinica, 2001, 50: 1378-1384.

[156] Suratwala T I, Steele R A, Wilke G D, et al. Effects of OH content, water vapor pressure, and temperature on sub-critical crack growth in phosphate glass. Journal of Non-Crystalline Solids, 2000, 263: 213-227.

[157] Hu L L, He D B, Chen H Y, et al. Research and development of neodymium phosphate laser

glass for high power laser application. Optical Materials, 2017, 63: 213-220.

[158] Fujimoto Y, Yoshida H, Nakatsuka M, et al. Development of Nd-doped optical gain material based on silica glass with high thermal shock parameter for high-average-power laser. Japanese Journal of Applied Physics, 2005, 44(4R): 1764.

[159] Campbell J H. Recent advances in phosphate laser glasses for high-power applications. Inorganic Optical Materials: A Critical Review. International Society for Optics and Photonics, Proceedings of SPIE, 1996, 10286: 1028602.

[160] Arbuzov V I, Fyodorov Y K, Kramarev S I, et al. Neodymium phosphate glasses for the active elements of a 128 channel laser facility. Glass Technology, 2005, 46(2): 67-70.

[161] Li W, He D, Li S, et al. Investigation on thermal properties of a new Nd-doped phosphate glass. Ceramics International, 2014, 40(8): 13389-13393.

[162] He D, Kang S, Zhang L, et al. Research and development of new neodymium laser glasses. High Power Laser Science and Engineering, 2017, 5: 1-6.

[163] Campbell J H, Hayden J S, Marker A. High-power solid-state lasers: A laser glass perspective. International Journal of Applied Glass Science, 2011, 2(1): 3-29.

[164] Jiang S, Myers M, Peyghambarian N. Er^{3+} doped phosphate glasses and lasers. Journal of Non-Crystalline Solids, 1998, 239(1-3): 143-148.

[165] Yang D L, Pun E Y B, Chen B J, et al. Radiative transitions and optical gains in Er^{3+}/Yb^{3+} codoped acid-resistant ion exchanged germanate glass channel waveguides. The Journal of the Optical Society of America B, 2009, 26: 357-363.

第 3 章　本篇结束语

3.1　内 容 精 要

　　激光与原子能、半导体、计算机并称 20 世纪新四大发明。激光和光纤的发明极大地促进了信息技术革命，给人类现代生活和生产实践带来了深刻变革。特别是，20 世纪 80 年代中后期，随着掺杂光纤制备技术和半导体激光器的日益成熟，光纤激光器在激光输出功率与效率、激光输出波长与调谐范围等方面均取得了重大进展。光纤激光器以掺杂有源玻璃光纤为核心增益介质，在器件结构、设计集成、输出性能上均比传统固体激光器更加紧凑、简单、高效、稳定。当前，光纤激光器已在光纤通信、光纤传感、激光加工、激光医疗等领域占据重要地位并迅速向其他更为广阔的激光应用领域扩展。特别是近年来，光纤激光器在大功率激光武器、卫星激光通信、引力波探测、地球磁力探测等国家安全与科学前沿领域不可或缺。掺杂光纤放大器则利用掺入石英或多组分光纤的激活剂作为增益介质，在泵浦光的激发下实现光信号的放大。光纤放大器可以直接对光信号进行在线放大，实现了光信号的远距离、实时、宽带、全光低损在线放大，不再需要经过复杂的光-电-光转换过程，从而使大范围、长距离光纤通信成为可能。光纤放大器的出现对建立全球电信网络的高速主干至关重要，它快捷海量地将文字、图片、声音和数据等传遍全球。

　　本篇简要介绍了光纤激光器、光纤放大器与有源光纤的发展与应用，阐述了有源光纤与光纤激光基础知识，主要包括光致发光基础、受激发射与激光基础、光纤激光器基本工作原理、光纤放大器基本工作原理以及激光增益介质概况。此外，本篇还研讨了有源光纤及其制造技术、典型特征、应用与发展。

　　图 3-1 给出了有源光纤与光纤激光研究路线图，研究涉及新材料(新型有源光纤)、新方法(除水除杂、敏化、制备与加工)、新器件(光纤激光器、光纤放大器)。当前，有源光纤与光纤激光尚存在一系列科学问题亟须研究和解决，如玻璃基质选择、玻璃性能研究、除水除杂、高质量玻璃与光纤的制备与加工、激活离子高效发光、激活离子高浓度掺杂机理、玻璃光纤结构和性能的复合以及玻璃光纤的设计、激光腔设计、光纤激光器设计等。

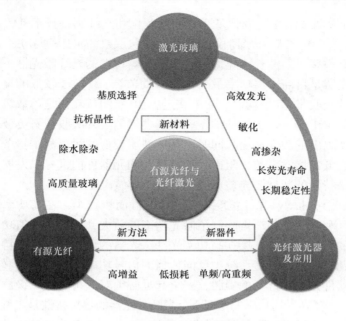

图 3-1　有源光纤与光纤激光研究路线图

3.2　挑战与展望

　　光纤激光器是现代激光技术的核心之一。光纤激光器以有源光纤为增益介质，具有光束质量高、结构紧凑、设计集成性能优异等不可比拟的优点，成为当前从基础科学研究到广泛工业应用极富竞争力的高性能激光光源。光纤激光器的物理原理与任何其他类型的激光器相同，不同的是光纤激光器的谐振遵循圆柱几何波导模式，基模选择技术不同于开放式光学谐振腔。由于有源光纤的长度长、横截面积小，光纤激光器的增益非常高，使得光纤激光器的泵浦-激光转换效率可达80%，从而获得高的转换效率。石英光纤拼接技术和光纤耦合元器件已经非常成熟，因此光纤激光器和光纤放大器系统可以实现全光纤化。未来光纤激光器的发展方向主要是进一步提高器件性能，如：扩展新的激光波段，扩展激光器的可调谐范围，提高输出功率，提高光束质量，压窄激光谱宽，极高峰值的超短脉冲(皮秒、飞秒)高亮度激光器，小型化、实用化、智能化等。

　　目前，光纤激光器与光纤放大器主要基于商用石英玻璃光纤，近年来多组分特种激光玻璃光纤因高增益、宽光谱、可调谐等特性受到广泛关注，并且已在超窄线宽单频光纤激光器、超高重频飞秒光纤激光器，以及超宽带光纤放大器等领域中扮演重要角色。然而，有源光纤、光纤激光器与光纤放大器的发展依然面临诸多挑战：

(1) 随着大功率激光二极管泵浦源的商业化和光纤制备技术的改进、光纤结构设计(如双包层和微结构光纤)和激光技术(如包层泵浦)的快速发展，近年来，具有大功率、高效率、新波长、宽调谐、窄线宽等特性的光纤激光器不断涌现。掺 Yb^{3+} 光纤激光器是目前输出功率最高的光纤激光器，得益于较低的量子数亏损以及匹配良好的吸收带，其平均输出功率在过去 30 年间从几瓦呈指数级增长到数百千瓦。然而，由于 Si—O 键的伸缩振动引起强烈的红外吸收，石英玻璃并不适用于获得 2 μm 以上的激光输出。同时，石英玻璃较低的稀土离子掺杂浓度、较窄的发光带和较低的增益系数，阻碍了相关材料和元器件的进一步发展，研发具备更优光学光谱特性的新型激光玻璃及光纤刻不容缓。

(2) 石英光纤的增益光纤长度较长、纤芯截面积较小，在高功率运转时产生的光学非线性和光学损伤严重限制了激光功率的放大，特别是峰值功率的放大。因此，面临的主要问题有：①在高功率光纤激光器的设计中，需要特别注意非线性和损伤问题。在光纤激光系统中反向传播的信号功率对光纤激光器或光纤放大器系统的元器件是一个巨大的威胁，安全起见必须对系统的每一级放大进行严格的光学隔离。②在高平均功率的情况下，光纤激光器的热抗扰性是光纤激光器设计过程中的一个关键问题，为了保证激光参数的可靠运行，必须考虑热管理。③可靠、低成本的光纤耦合光学元件的挑战，包括高效率大功率激光二极管泵浦源。

(3) 高功率光纤激光器需要大模场面积光纤以降低峰值强度和减少非线性效应，大多数情况下这些光纤是多模，通过引入足够的高阶模差分损耗而不影响基模损耗，在单模状态下运行。随着光纤尺寸的增加和模式有效折射率差的减小，这一方法变得越来越具有挑战性。此外，在高功率激光器和放大器中，需要较短的大模场有源光纤长度和较小的包层直径，以最大限度地提高泵浦吸收并尽可能降低与长度相关的非线性效应。然而，小包层直径和低数值孔径大模场光纤的缺点是对外力极其敏感，对效率和光束质量都有不利影响。

(4) 与石英玻璃相比，多组分特种玻璃具有稀土掺杂量高、发光带宽可调、折射率可调、声子能量可控和发光效率高等优势。近年来，掺稀土重金属氧化物玻璃 3 μm 中红外发光特性的报道已有较多，但迄今，以此为增益介质的 3 μm 光纤激光器却仍少有报道，利用特种玻璃光纤实现新波段的光纤激光极具吸引力。

(5) 对于大功率单频光纤激光器，低损耗高增益玻璃光纤是关键。在近中红外波段实现高效发光和激光，需要解决新型玻璃体系设计、稀土溶解能力和稀土高掺杂、敏化发光、羟基等杂质有效去除等关键问题。

(6) 研制高效、高功率、输出波长大于 3 μm 的中红外光纤激光器是当前光纤激光器研究工作的最前沿，低声子能量的卤化物玻璃和硫系玻璃是潜在的候选。目前已从掺 Ho^{3+} ZBLAN 光纤中获得了 3.22 μm 和 3.95 μm 长波长激光，从掺 Er^{3+} ZBLAN 光纤中获得了 3.45 μm 激光。中红外激光跃迁的能量相当于 ZBLAN 的五个或六个最大声子能量，每个跃迁的较高激光能级的寿命都很短，导致泵浦阈值增加。在硫系玻璃中掺杂稀土离子(包括 Ho^{3+}、Tm^{3+}、Tb^{3+}、Dy^{3+}、Pr^{3+} 和 Er^{3+})实现大于 3 μm 中红外发光已有较多报道。然而，掺杂浓度的限制、原料的纯度和毒性以及制造超低损耗光纤的困难等，阻碍了硫系玻璃在中红外光纤激光中的广泛应用。

(7) 除了光纤激光，低声子能量的卤化物玻璃和硫系玻璃在制造布拉格光栅、单模光纤、空芯光纤以及在非线性光学应用中同样具有重要意义，即除有源光纤材料亟须突破之外，缺乏广泛商业化的中红外无源光纤组件(如耦合器和光束组合器)是另一个重要问题。

(8) 随着互联网+、大数据、云计算和 5G 的快速发展，人们对带宽的需求与日俱增，波分复用、正交频分复用和偏振复用等复用技术，使得单芯单模光纤的传输容量已经接近传输极限 100 Tb/s，如何扩容是通信传输亟待解决的问题。新技术的实现往往需要开发新型光纤作为材料支撑。

(9) 空间复用是解决光传输网络宽带危机的一种有效方法。空间复用有两种方式，一是模式复用，即采用少模光纤；二是空间上的多芯复用，即单根光纤中具有多个单模芯的光纤，实现多路复用的新传输技术。目前实现空间复用的光纤包括多芯光纤(空分复用，SDM)、少模光纤(模分复用)和多芯光纤加少模光纤(空分复用+模分复用)。

(10) 多芯光纤(MCF)和少模光纤(FMF)是当前极受关注的光纤发展方向，在长途通信干线以及数据中心互联中的潜在应用前景有可能从根本上克服目前困扰光通信流量增长的非线性难题，同时也为光纤传感提供了新的思路。国内对多芯光纤的研究还处在比较零散的阶段，研究速度缓慢。多芯光纤概念的提出和深入研究将会给光纤通信系统带来新的技术变革，并引领信息技术革命不断发展。

第二篇　有　源　光　纤

第4章 本篇绪论

■　有源光纤是光纤激光器和光纤放大器的核心增益介质。有源光纤主要包括石英玻璃有源光纤、特种激光玻璃有源光纤和新型有源光纤。

■　石英玻璃光纤具有物理和化学性质稳定、机械强度高、损耗低、抗损伤阈值高、制造工艺成熟等优点，是目前大功率光纤激光器和低损耗光纤放大器的首选。然而，石英玻璃对稀土离子的溶解力较低，光纤增益不高，导致光纤长度动辄数米，器件小型化、高性能化受限。

■　特种玻璃有源光纤，如掺稀土磷酸盐激光玻璃光纤，具有稀土离子溶解度高、声子能量可控、折射率可调、发光效率高、发射带宽宽等优势，可望成为新一代光纤通信、高性能光纤激光与光纤传感器等的重要候选之一。

■　玻璃形成区通常位于相图中网络形成体含量较高的低共熔点附近。基于热力学方法探索玻璃形成区具有简单、快速、可预测的特点，理论预测对于实验探索具有重要的指导意义。

■　以相图中一致熔融化合物的结构和性质定量地预测玻璃物理和光学光谱性质，并通过高通量计算建立玻璃的组成-结构(基元)-性质数据库，直观地呈现在相图上，对激光玻璃研究具有指导意义。

4.1　内 容 概 览

本篇第4章首先简要介绍有源光纤，包括石英玻璃有源光纤、特种激光玻璃有源光纤及新型有源光纤。第5章和第6章分别介绍激光玻璃的玻璃形成区计算与实验验证和激光玻璃的成分-结构(基元)-性质计算预测，特别是激光玻璃物理性质与光学光谱性质的计算与实验验证，这部分基础工作为特种激光玻璃有源光纤及元器件的研究奠定理论和材料基础。第7章介绍石英玻璃光纤的制备与发展、石英玻璃有源光纤在光纤激光器与光纤放大器中的发展与应用。第8章主要介绍特种激光玻璃有源光纤的制备与发展以及激光玻璃与光纤的掺杂与浓度猝灭、除杂除水等关键基础问题，并探讨特种激光玻璃光纤当前存在的挑战与未来展望。第9章介绍一些新型有源光纤，包括微晶玻璃有源光纤、量子点有源光纤、过渡金属有源光纤、复合光纤等。第10章简要总结本篇要点，讨论有源光纤面临的挑战与未来的发展方向。

4.2　概　　述

有源光纤作为光纤激光器和光纤放大器的核心增益介质，从根本上决定了光纤激光器和光纤放大器的性能和应用潜力。有源光纤具有单位长度高增益、双包层设计实现的高效泵浦耦合/吸收、大表面积与体积比的高效热管理，以及可熔接为更为紧凑的系统等优势。因此，光纤激光器在器件结构、设计集成、输出性能上均比传统固体激光器更加紧凑、高效、稳定。当前，光纤激光器已在通信、传感、激光加工、激光医疗等领域占据重要地位并迅速向其他更为广阔的激光应用领域扩展。特别是近年来，光纤激光器在大功率激光武器、卫星激光通信、引力波探测、地球磁力探测等国家安全与科学前沿领域不可或缺。

石英玻璃具有物理与化学性质稳定、机械强度高、损耗低、抗损伤阈值高、易于加工以及制造工艺成熟等优点，特别是，利用改进的化学气相沉积(MCVD)法制备低损耗石英玻璃光纤的工艺已非常成熟，因此，石英光纤是目前制备有源光纤的首选材料。在过去的几十年内，国内外研究者针对石英玻璃有源光纤及其制备方法和性能突破等开展了大量研究工作。

基于石英玻璃有源光纤可实现 1 μm、1.5 μm 和 2 μm 波段激光。1 μm 光纤激光器因其在光纤通信、激光制导、倍频激光和泵浦光源等领域具有广泛应用而备受关注。能产生 1 μm 波段激光的稀土离子主要有 Nd^{3+}($^4F_{3/2} \rightarrow {}^4I_{11/2}$ 跃迁)和 Yb^{3+}($^2F_{5/2} \rightarrow {}^2F_{7/2}$ 跃迁)。1961 年，美国光学公司 Snitzer 等基于掺 Nd^{3+} 硅酸盐玻璃激光器，首次提出了光纤激光器的构想[1]。1973 年，Stone 和 Burrus 等展示了首台掺 Nd^{3+} 光纤激光器，并以 590 nm、514.5 nm 染料激光器和 Ar 离子激光器为泵浦源，在室温下获得了 1.06 μm 和 1.08 μm 激光输出[2]。尽管早期的光纤激光器只能以脉冲模式工作，且大多采用灯泵，激光器效率低下，但仍是当时最显著的科学成就之一[3]。与 Nd^{3+} 相比，Yb^{3+} 能级结构简单，具有不易发生浓度猝灭、量子亏损低、荧光寿命长等特点，以石英玻璃为基质的掺 Yb^{3+} 石英光纤已广泛应用于大功率光纤激光器。掺 Yb^{3+} 光纤激光器(YDFL)的输出功率在过去二十年内飞速发展，目前，已有大于 10 kW 的单模激光输出和大于 500 kW 的多模激光输出可投入实际应用[4]。掺 Yb^{3+} 激光玻璃也被认为是下一代最具前景的激光核聚变材料之一，有望取代掺 Nd^{3+} 激光玻璃。

在石英玻璃有源光纤中掺杂 Er^{3+} 可以获得 1.5 μm 波段激光。Er^{3+} 能级结构丰富，其中 1.5 μm 发射处于光纤通信低损耗窗口，且在 800 nm、980 nm 和 1480 nm 波段均有非常匹配的半导体激光二极管(LD)泵浦源。在光纤通信领域，掺 Er^{3+} 光纤(EDF)作为光放大介质受到广泛关注。与 Nd^{3+} 或 Yb^{3+} 的 1 μm 激光相比，1.5 μm 波段激光对人眼安全、透大气能力强，也非常适合远距离激光测距。1987 年，Mears 等报道了管内沉积法制备的掺 Er^{3+} 石英光纤，赋予其作为光纤放大器应用于第三通信窗口的可能性[5]。掺 Er^{3+} 石英光纤的另一个优点是可以与电信光纤直接熔合拼接，产生超低损耗接头，连接稳定性高。掺 Er^{3+} 石英光纤是当前光纤激光器和光纤放大器的核心增益介质，目前报道的峰值能量可达兆瓦量级，单频掺 Er^{3+} 光纤激光器也已达千瓦量级[6,7]。

Tm^{3+} 和 Ho^{3+} 可提供 2 μm 范围的发射，这也是石英玻璃中约 2.4 μm 多声子吸收边带允许的最长输出波长。2 μm 激光光源适用于塑料和特殊材料处理、中红外泵浦源和利用大气传输窗口定向遥感探测。掺 Tm^{3+} 光纤激光器(TDFL)可以获得 2 μm 激光输出，特别是通过高亮度约 790 nm 二极管泵浦和交叉弛豫过程可以实现高功率、高效率输出，其平均输出功率仅次于掺 Yb^{3+} 光纤激光器。1988 年，英国南安普敦大学的 Hanna 等首次在掺 Tm^{3+} 石英光纤中获得 2 μm 激光[8]。2010 年，掺 Tm^{3+} 光纤激光器最高输出功率已达 1 kW[9]。目前，进一步提升掺 Tm^{3+} 光纤激光器的功率受到泵浦亮度和石英光纤聚合物涂层热性能的限制。掺 Ho^{3+} 光纤激光器(HDFL)可产生高达 407 W 的输出功率，但效率仍在 50%以下[10]。1994 年，Ghisler 等采用 Tm^{3+} 敏化 Ho^{3+}，在 809 nm LD 泵浦下实现了 2.04 μm 波段激光输出[11]。由于石英玻璃较高的声子能量和较短的红外透过波长，不适合作为增益介质实现 2.1 μm 以上波段的激光输出[12]。

综上，石英有源光纤的物化性质稳定，制备工艺成熟，可与其他光纤元器件直接熔接，目前已经实现了商业化并广泛应用于 1~2 μm 波段的光纤激光器和光纤放大器领域。然而需要指出的是，尽管在石英有源光纤中已取得了巨大成功，但是由于其声子能量较大，导致激光效率较低，且对更长波长的激光来说，其应用受到很大限制。另一方面，石英光纤对稀土离子的溶解力较低，光纤增益不高，导致光纤长度动辄数米，对器件的小型化有一定限制。

除石英玻璃外，能够满足某些特殊要求，如更好的光学、电学、力学和热学性质的玻璃，都统称为特种玻璃。特种激光玻璃是指区别于传统石英光学玻璃体系，可以满足更长波长、更高增益、更好激光性能的特种玻璃，主要涵盖氧化物玻璃(如磷酸盐玻璃、锗酸盐玻璃、碲酸盐玻璃等)和非氧化物玻璃(如氟化物玻璃、硫系玻璃等)。氟化物玻璃和硫系玻璃光纤是近中红外激光玻璃的重要代表，然而，迄今这两类玻璃的内在问题，如化学稳定性、机械性能及复杂的制造工艺等阻碍了其全面商业化。作为替代方案，多组分氧化物特种玻璃，如磷酸盐玻璃、锗酸盐玻璃和碲酸盐玻璃等引起了诸多关注。特种氧化物激光玻璃具有高的稀土离子溶解度、可控的声子能量、高的发光效率、宽的发射带、可调节的折射率、更好的热稳定性以及良好的化学耐久性和机械强度等，成为新一代光纤通信、激光和传感器设备等的重要候选材料。

磷酸盐玻璃具有稀土离子掺杂浓度高、光谱性能好、声子能量适中等优点，是目前使用较广的激光玻璃。早在 20 世纪 70 年代人们就对磷酸盐激光玻璃展开了研究。迄今为止，国内外先后开发了掺 Nd^{3+}、掺 Er^{3+} 和掺 Yb^{3+} 磷酸盐激光玻璃[13]。在过去的几十年中，磷酸盐激光玻璃的制备工艺越来越成熟，发展十分迅速，已被广泛应用于激光聚变、激光测距、超短脉冲激光器应用和光通信波导放大器等领域。磷酸盐玻璃的缺点在于化学稳定性较差，玻璃表面易潮解。

碲酸盐玻璃具有声子能量低、红外透过率高、稀土离子溶解度高、折射率高、介电常数高、三阶非线性系数高、熔点低、热光系数大等特点，在可擦除光记录介质、光开关器件、激光基质、二次谐波产生和拉曼放大等方面具有广阔的应用前景。特别地，碲酸盐玻璃是高效率 2 μm 光纤激光器的重要基质材料，未来有望进一步实现更长波段的激光输出[14]。然而，碲酸盐玻璃与光纤的机械性能和抗热损伤性较差。

锗酸盐玻璃同样具有较高的稀土溶解度和折射率，这有利于获得较大的发射截面和较高的红外发光与激光增益系数。相比于碲酸盐玻璃，锗酸盐玻璃的机械性能和化学稳定更好，抗热损伤性能更高，因此在锗酸盐玻璃光纤中可以获得更高的 2 μm 激光输出功率。然而，锗酸盐玻璃光纤和碲酸盐玻璃光纤当前损耗较大(比石英和硫化物玻璃光纤的损耗高约 10^5 倍)，严重制约其应用和发展。多组分玻璃具有复杂的组成并且羟基去除工艺更加困难，用于制备玻璃预制棒的管棒法可能导致大的光纤损耗。其他外部缺陷(如羟基、气泡和杂质)可能会从原材料熔融、加工和光纤拉伸过程中引入并积累，对光纤损耗的影响约为材料本征损耗(即电子吸收、声子吸收和瑞利散射)的 $10^3 \sim 10^6$ 倍。

氟化物玻璃具有声子能量低、红外透过范围宽、稀土离子掺杂浓度高、受激发射截面大等特点，在中红外激光方面具有广泛应用。目前，以氟锆酸盐玻璃(ZBLAN)光纤为代表的氟化物玻璃光纤已经实现了长达 3.95 μm 波段激光发射[15-17]。而在声子能量更低的 InF_3 光纤中甚至获得了 4.3 μm 激光发射，这是目前氟化物玻璃光纤中可实现的最长激光波段[18]。然而，氟化物玻璃与光纤难以克服的缺点包括机械强度和化学稳定性差、制备工艺复杂、制备条件苛刻等，使得氟化物光纤的发展和应用受到较大影响。

随着现代工业的快速发展和增长需求，近年来，新型特种玻璃光纤和制备技术层出不穷，涌现了包括过渡金属有源光纤、微晶玻璃(GC)有源光纤、量子点(QD)有源光纤、Bi 掺杂有源光纤、微结构有源光纤(如光子晶体光纤(PCF))、悬芯有源光纤、多芯有源光纤、空芯有源光纤)、大模场面积(LMA)有源光纤、多材料有源光纤和带状有源光纤等大量新型有源光纤，具有蓬勃的发展趋势[19]。物联网和云计算的迅猛发展更加大了对各种新型有源光纤和新一代光电器件的需求。以微结构光纤为例，其具有无截止单模传输特性、灵活的色散调制、高非线性、高双折射、空气纤芯的超低色散及高激光损伤阈值等特性，通过灵活设计不同光纤结构和不同特性可以实现多种类型的微结构有源光纤，如无截止单模光纤、色散调制光纤、大模场面积光纤、高非线性光纤、高双折射光纤、超低损耗的反谐振光纤等，以满足医疗、通信、激光应用等不同领域的实际需求。

4.3 本 篇 主 旨

高增益有源光纤是光纤激光器与光纤放大器的核心工作介质和关键科学难题。目前，有源增益光纤主要包括石英玻璃稀土有源光纤、特种激光玻璃稀土有源光纤和新型有源光纤三大类。与石英玻璃光纤相比，特种激光玻璃光纤具备稀土离子掺杂量高、发光效率高、增益系数高、声子能量可控等优势，可望成为新一代新型高性能光纤激光器的核心工作介质。然而，激光玻璃与有源光纤当前尚存在一些基本问题亟须解决，如：①新玻璃体系的选择与成分设计及其成分-结构-性质的内在关联机制问题；②稀土离子在玻璃中的高掺杂与高效发光问题；③低损耗高增益有源玻璃光纤的设计及其服役特性问题等。本篇在介绍有源光纤的制备与发展及其在光纤激光器与光纤放大器中应用的基础上，将着重介绍特种激光玻璃的玻璃形成区计算与实验验证，以及特种激光玻璃的成分-结构-性质的计算预测与实验。这部分工作将为特种激光玻璃有源光纤及元器件研究和发展奠定理论和材料基础。此外，本篇还将阐述特种激光玻璃与光纤的掺杂与浓度猝灭、除杂除水等关键基础问题。最后，简要介绍一些新型有源光纤的应用与发展。

参 考 文 献

[1] Snitzer E. Optical maser action of Nd³⁺ in a barium crown glass. Physical Review Letters, 1961, 7(12): 444-446.

[2] Stone J, Burrus C A. Neodymium-doped silica lasers in end-pumped fiber geometry. Applied Physics Letters, 1973, 23: 388-389.

[3] Digonnet M J F. Rare-Earth-Doped Fiber Lasers and Amplifiers, Revised and Expanded. New York: CRC Press, 2001.

[4] IPG Photonics Corporation. 2017 Product Catalog. Available: http://www.ipgphotonics.com/en/products/lasers/high-power-cwfiber-lasers. [2022-6-1].

[5] Mears R J, Reekie L, Jauncey I M, et al. High-gain rare-earth-doped fiber amplifier at 1.54 μm//Optical Fiber Communication Conference. Optical Society of America, 1987.

[6] Desmoulins S, Di Teodoro F. High-gain Er-doped fiber amplifier generating eye-safe MW peak-power, mJ-energy pulses. Optics Express, 2008, 16(4): 2431-2437.

[7] Zhao Z, Xuan H, Igarashi H, et al. Single frequency, 5 ns, 200 μJ, 1553 nm fiber laser using silica based Er-doped fiber. Optics Express, 2015, 23(23): 29764-29771.

[8] Hanna D C, Jauney I M, Percival R M, et al. Continuous-wave oscillation of a monomode thulium-doped fiber laser. Electronics Letters, 1988, 28: 1222-1223.

[9] Ehrenreich T, Leveille R, Majid I, et al. 1 kW all glass Tm:fiber laser//SPIE Photonics West 2010: LASE, Fibre Lasers VII: Technology, Systems and Applications, Late-Breaking News, 2010.

[10] Hemming A, Simakov N, Davidson A, et al. A monolithic cladding pumped holmium-doped fibre laser//CLEO: 2013, San Jose, California, 2013.

[11] Ghisler C H, Lüthy W, Weber H P, et al. A Tm^{3+} sensitized Ho^{3+} silica fiber laser at 2.04 μm pumped at 809 nm. Optics Communications, 1994, 109: 279-281.

[12] Kamynin V A, Kurkov A S, Mashinsky V M. Supercontinuum generation up to 2.7 μm in the germinate-glass-core and silica-glass-cladding fiber. Laser Physics Letters, 2012, 9(3): 219-222.

[13] Zhang L Y, Hu L L, Jiang S B. Progress in Nd^{3+}, Er^{3+}, and Yb^{3+} doped laser glasses at Shanghai Institute of Optics and Fine Mechanics. International Journal of Applied Glass Science, 2018, 9(1): 90-98.

[14] Tsang Y, Richards B, Binks D, et al. A $Yb^{3+}/Tm^{3+}/Ho^{3+}$ triply-doped tellurite fibre laser. Optics Express, 2008, 16(14): 10690-10695.

[15] Brierley M C, France P W, Millar C A. Lasing at 2.08 μm and 1.38 μm in a holmium doped fluoro-zirconate fibre laser. Electronics Letters, 1988, 24(9): 539-540.

[16] Jackson S D. Continuous wave 2.9 μm dysprosium-doped fluoride fiber laser. Applied Physics Letters, 2003, 83(7): 1316-1318.

[17] Schneider J, Carbonnier C, Unrau U B. Characterization of a Ho^{3+}-doped fluoride fiber laser with a 3.9 μm emission wavelength. Applied Optics, 1997, 36: 8595-8600.

[18] Majewski M R, Woodward R I, Carreé J Y, et al. Emission beyond 4 μm and mid-infrared lasing in a dysprosium-doped indium fluoride (InF_3) fiber. Optics Letters, 2018, 43(8): 1926-1929.

[19] Wang W C, Zhou B, Xu S H, et al. Recent advances in soft optical glass fiber and fiber lasers. Progress in Materials Science, 2019, 101: 90-171.

第5章 激光玻璃形成区计算与实验

■　磷酸盐类激光玻璃(磷酸盐、氟磷酸盐、氟硫磷酸盐等玻璃)具有稀土离子溶解度高、受激发射截面大、光学光谱性质优异等特点，是高品质激光玻璃与高增益光纤的重要候选。

■　基于热力学方法探索玻璃形成区具有简单、快速、可预测的特点，理论预测对于实验探索具有科学的指导意义。

■　玻璃形成区通常位于相图中玻璃网络形成体含量较高的低共熔点附近。

■　基于 Gibbs 自由能理论和热力学原理能够定量计算与预测液相线和低共熔点参数。

■　低共熔点处的物质可以看作"准化合物"，其热力学参数，如熔化热和熔点等，可用于计算新的低共熔点，从而可以使用多重叠加法预测玻璃形成区。

5.1 玻璃形成区计算预测

相图是设计材料成分、预测材料性质的重要工具，然而新型光学玻璃体系，如磷酸盐玻璃体系等组分多变，且缺乏相关的相图资料(特别是三元相图及多元相图匮乏)，因此如果能够找到一些方法，结合已知的热力学参数和已有的相图资料，从而比较准确地预测新体系的玻璃形成区(也称成玻区)，将大幅度地减少实验工作量。

已有研究表明，玻璃形成区通常位于玻璃网络形成体含量较高的低共熔区附近，几乎所有的玻璃体系(如氧化物玻璃(硅酸盐、硼酸盐、硼硅酸盐、偏磷酸盐、锗酸盐、碲酸盐)、非氧化物玻璃(氟化物、氯化物、硫化物)以及金属玻璃等)都遵循这一规则[1]。Wang 等[2]报道最佳成玻区通常位于低共熔点到低共熔组分 1/2 的区域内，低共熔点及其附近区域均容易成为玻璃形成区(阴影部分)，如图 5-1 所示。大量研究表明，简单二元低共熔体系的玻璃形成区均遵循上述规则，这是玻璃化转变的共性。在共熔点附近，体系中多种结构共存，各结构之间相互影响，阻碍原子进入各自的晶格。再者，低共熔点附近，随温度降低，体系黏度急剧增加，阻碍成核和晶体生长而促进玻璃化转变过程。据此，低共熔点可以作为定量预测与计算玻璃形成区的切入点。

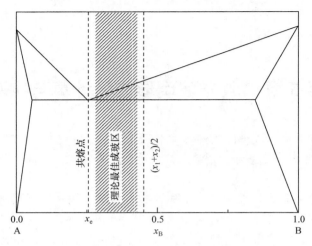

图 5-1　简单低共熔二元体系的最佳成玻区示意图[2]

低共熔点到组分中间位置的区域即为理论最佳成玻区，即阴影部分

在冶金物理化学领域，研究者通常依据几何热力学原理，通过成分-自由能图解法推算二元体系液相线[3]。图 5-2 给出了不同温度固相与液相的自由能。纯组分 A 和 B 在液态时完全互溶成一均匀相，自由能-成分的 G-x 曲线 G^L 为下凹形，在固态时则完全不互溶，形成二元分相体系，G-x 曲线 G^S 为直线，各温度下 G^L 和 G^S 的相互位置以切线规则定出能量较低的稳定相(图 5-2 中温度 $T_0 > T_1 > T_2 > T_e > T_3$)。$G^L$ 和 G^S 曲线均取纯液态 A、B 为初始状态。熔体在低共熔点附近，随温度降低，黏度急剧增加，阻碍成核和晶体生长而促进玻璃化转变过程。从制定相图的过程看，液相线同时受到热力学因素和动力学因素的影响。合金和金属化合物主要由金属键构成，析晶速度较快，通常情况下该类体系中动力学因素对相图液相线的影响较小，故采用热力学方法推导的相图准确度较高。卤素化合物等其他析晶速度较高的离子化合物体系熔融(凝固)过程受到动力学因素的影响较小，因此用上述方法推导的相图也较为准确。然而，传统玻璃态无机物质则不同，其一般具有混合键组成的网络结构，体系黏度较高，冷凝(或加热)过程中可能出现过冷(或过热)现象，体系液相线受动力学因素影响较大，这类物质的相图不如上述金属(合金)及离子化合物的相图准确，但是相对而言，动力学因素对共熔点组成的影响远小于对液相线温度的影响[4]。

由 Gibbs 理论可知[5]，当 A 和 B 两种化合物混合但不产生新的化合物时，体系液体混合自由能 G_M^L 和固体混合自由能 G_M^S 可分别描述为[6,7]

$$G_M^L = RT\left(x_A \ln x_A + x_B \ln x_B\right) \tag{5-1}$$

$$G_M^S = -\left(x_A \Delta G_{f,A} + x_B \Delta G_{f,B}\right) \tag{5-2}$$

$$\Delta G_{f,A} = \Delta H_{f,A}\left(1 - \frac{T}{T_A}\right) \tag{5-3}$$

$$\Delta G_{f,B} = \Delta H_{f,B}\left(1 - \frac{T}{T_B}\right) \tag{5-4}$$

式中，x_A 和 x_B 分别是化合物 A 和 B 的摩尔分数；T_A 和 T_B 分别为化合物 A 和 B 的熔点；$\Delta H_{f,A}$ 和 $\Delta H_{f,B}$ 分别为化合物 A 和 B 的熔化热；R 为摩尔气体常数。

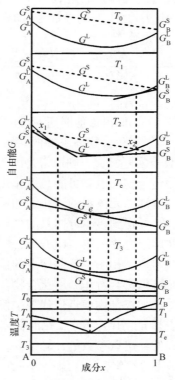

图 5-2　固液两相平衡条件下的自由能[3]

G_A^L 和 G_B^L 表示体系液体自由能，G_A^S 和 G_B^S 表示体系固体自由能

　　玻璃并非规则溶液，因此上述公式本来应代入活度 a 而非浓度 x 进行计算。但是，如果用活度 a 计算则不能直接得到组分值 x，所以本书计算过程仍采用浓度 x 并将计算值和实验值的差值作为计算误差。有别于 Slater[8]、Cottrell[9]及冶金物理化学研究领域所通常采用的方法，作者基于解析几何原理采用切线法而不是通过大量的计算确定固液两相平衡条件下的自由能(如图 5-2 所示)。通过求解最低平衡温度 T(不规则溶液)得到低共熔点的组分值 x。为了简化计算，将式(5-1)近似为抛物线方程：

$$G_M^L = 2.3x(x-1)RT - 0.1181RT \tag{5-5}$$

当两相平衡时，$G_M^L = G_M^S$，此时温度 T 相等，联立式(5-2)～式(5-5)解得 T：

$$T = \frac{\left(\Delta H_{f,A} - \Delta H_{f,B}\right)x_B - \Delta H_{f,A}}{2.3Rx_B^{\,2} + \left\{\dfrac{\Delta H_{f,A}}{T_A} - \dfrac{\Delta H_{f,B}}{T_B} - 2.3R\right\}x_B - \dfrac{\Delta H_{f,A}}{T_A} - 0.1181R} \tag{5-6}$$

方程(5-6)即为理论上 A-B 二元体系的熔点 T 和组分 B 的含量 x_B 之间的关系。将 T 看作 x_B 的函数 $T(x_B)$，则 $T(x_B)$ 对 x_B 的导数为 $T'(x_B)$，由 $T'(x_B) = 0$ 得

$$x_B = \frac{4.6R\Delta H_{f,A}\sqrt{\left(4.6R\Delta H_{f,A}\right)^2 - 4\times 2.3R\left(\Delta H_{f,B} - \Delta H_{f,A}\right)\left(0.1181R\Delta H_{f,B} - 2.4181R\Delta H_{f,A} + \dfrac{\Delta H_{f,A}\Delta H_{f,B}}{T_A} - \dfrac{\Delta H_{f,A}\Delta H_{f,B}}{T_B}\right)}}{4.6R\left(\Delta H_{f,B} - \Delta H_{f,A}\right)}$$

$$\tag{5-7}$$

由式(5-7)即可求出函数 $T(x_B)$ 取得极值时所对应的组分点 x_B，将所求出来的 x_B 代入方程(5-6)即得到 A-B 二元化合物体系的低共熔点温度 T_e。假若 $T'(x_B)=0$ 无解，或者解出来的 x_B 不具有实际意义，则通常是因为 A 和 B 两物质无法共熔，或者两者共熔后生成了新的化合物，也有可能是熔化热数据有误。

通过上述计算方法可以得到二元体系的液相线和低共熔点参数，实际玻璃体系通常包含三元或多元组分，要得到多组分体系的玻璃形成区需要进一步推导。大量实验结果表明，当低共熔混合物与第三组分混合时，若不形成新的化合物，则该体系可能出现更低的共熔点。相图中低共熔点的位置是确定的，换言之，其化学组成也是一定的，因此可以将其看作"准化合物"。依据"准化合物"假设低共熔点处混合物的熔化热由加权平均值近似代替，使用式(5-6)和式(5-7)求解新的低共熔点参数。据此，表 5-1 给出了部分二元混合体系低共熔点组分计算值。

根据二元体系液相线和低共熔点参数的计算结果，可以得到三元体系中两两二元组分的低共熔点参数。由"准化合物"组成另一个范围更小的"三元体系"，进一步计算得到两两"准化合物"的低共熔点参数，在三元相图中由三种"准化合物"计算而得的三个低共熔点所围成的区域便是玻璃形成区。图 5-3 给出了三元体系理论成玻区(阴影部分)示意图。对于两两组分之间均可成玻的三元体系(如氟化物)，先计算出两两组分之间的低共熔点(e_1，e_2，e_3)，然后将相邻两组分的低共熔化合物看作"准化合物"，计算相邻"准化合物"构成的二元体系的低共熔点(a，b，c)，连接两两"准化合物"的低共熔点所围成的区域即为三元体系的理论最佳成玻区。针对两两组分之间成玻能力差异较大的三元系统，如磷酸盐、氟磷酸盐和氟硫磷酸盐玻璃，成玻区的确定过程较为复杂，具体的体系则需要根据实际情况分析讨论。

表 5-1　部分二元混合体系低熔点组分计算值

系统 A-B	熔化热/(kcal/mol)[c]		熔点/K		w_B/%		共熔组成：计算/相图(质量分数)/%							
	ΔH_A	ΔH_B	T_A	T_B	计算/%	相图/%	Li_2O	Na_2O	K_2O	BaO	CaO	PbO	B_2O_3	SiO_2
$Na_2O \cdot 2SiO_2$-$Na_2O \cdot SiO_2$	8.50	12.5	1147	1361	20.73	23.35		36.90/37.31						63.09/62.69
$Na_2O \cdot 2SiO_2$-$Li_2O \cdot 2SiO_2$	8.50	12.86	1147	1307	27.69	23	5.45/5.51	24.35/24.24						70.20/70.24
$2PbO \cdot SiO_2$-$PbO \cdot SiO_2$	12.80	8.25	1016	1037	39.44	39						84.44/84.49		15.56/15.51
$K_2O \cdot SiO_2$-$Na_2O \cdot SiO_2$	11.50	12.50	1249	1361	34.53	30		17.53/15.23	39.48/42.22					42.94/42.55
$Li_2O \cdot 2SiO_2$-$Li_2O \cdot 2B_2O_3$	12.80	28.80	1307	1190	55.93	52	18.69/18.79						46.05/42.81	35.26/38.40
$2CaO \cdot B_2O_3$-$CaO \cdot SiO_2$	24.09	8.80	1585	1821	52.1(摩尔分数)	56.0(摩尔分数)					57.92/57.33		15.83/14.65	26.26/28.02
$Li_2O \cdot SiO_2$-$Li_2O \cdot 2B_2O_3$	6.7	28.80	1473	1190	65.76	62	22.99/23.58						54.14/51.04	22.87/25.38
$Li_2O \cdot B_2O_3$-$Li_2O \cdot 2B_2O_3$	8.09	28.80	1117	1190	30.68	25	26.22/27.92						73.78/73.08	
$BaO \cdot 2B_2O_3$-$Na_2O \cdot 2B_2O_3$	22.06[a]	19.40	1183	1016	78.39			24.15/—		11.33/—			64.52/—	
$3BaO \cdot 3B_2O_3 \cdot 2SiO_2$-$SiO_2$	82.14[b]	2.60	1282	1995	12.40	12.0				51.07/51.30			23.18/23.29	25.74/25.40

a. 数据来自文献[11]；b. 来自作者计算结果；1kcal=4.18kJ。

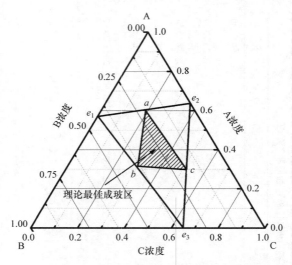

图 5-3　三元体系理论成玻区(阴影部分)示意图

e_1、e_2、e_3 处的物质看作"准化合物"，计算出三个"低共熔点"a、b、c，由 Δabc 围成的区域即为理论最佳成玻区

表 5-2 给出了 $Na_2O\text{-}B_2O_3\text{-}SiO_2$ 三元系统中两个低共熔点连线上计算的新的低共熔组成，新的低共熔点位于原有低共熔点和第三组分之间且温度更低。

对一些特殊化合物可采用估算法确定出物质的熔化热，如有的化合物(如 $Cd(NO_3)_2$)不能直接查到熔化热数据，但是其相图上有关热力学数据完整，则可以根据相图热力学原理，采用"凝固点下降法"进行估算，见式(5-8)[10]：

$$\Delta H_m = \frac{R(T_m)^2}{\Delta T_m} x_B \quad (x_B \ll 1) \tag{5-8}$$

式中，T_m 是所求化合物 B 在相图中的熔点；R 是摩尔气体常数；x_B 为化合物 B 的变化量；ΔT_m 为化合物 B 的含量变化对应的温度变化量；ΔH_m 为化合物 B 含量变化对应的热焓变化量。当 $x_B \ll 1$ 时，可以用 ΔH_m 近似代替化合物 B 的熔化热。

为了证明低共熔点混合物在计算上是否具有"准化合物"特性，作者测定并计算了两个低共熔混合物形成更低共熔点的情况。诚然，在相图中这类情况不多，但是仍可找到一些例子。表 5-2 列举了 $Na_2O\text{-}B_2O_3\text{-}SiO_2$ 三元相图中挑选的两个低共熔点，在其连线上计算出最低温度的组成与相图位置接近(图 5-4 和图 5-5)。进一步使用式(5-7)计算了硼酸盐、硼硅酸盐、硅酸盐和偏磷酸盐体系玻璃形成区内的低共熔点位置，计算得出的成分与已知相图上的成分一般相差在 7%以内，表明这一方法具有实用意义。

表 5-2　部分体系由"准化合物"计算的低共熔点组成

系统 A-B	熔化热/(kcal/mol)		熔点温度/K		w_B/%		共熔组成:计算/相图(质量分数)/%			
	ΔH_A	ΔH_B	T_A	T_B	计算	相图	Li_2O	Na_2O	SiO_2	B_2O_3
$Na_2O\cdot2SiO_2+Na_2O\cdot SiO_2$-$Li_2O\cdot2SiO_2$	10.66[b]	12.86	1119	1307	28.68	31	5.68/6.10	26.61/25.74	67.75/68.16	
$Na_2O\cdot2SiO_2+Na_2O\cdot SiO_2$-$Na_2O\cdot B_2O_3$	10.66[b]	8.66	1119	1239	38.89	36.25		41.12/40.86	38.31/39.96	20.57/19.18
$Na_2O\cdot2SiO_2+Na_2O\cdot SiO_2$-$Li_2O\cdot SiO_2$	10.66[b]	6.70	1119	1474	25.13	22	8.35/7.31	27.93/29.10	63.72/63.59	
$Na_2O\cdot2B_2O_3+Na_2O\cdot3B_2O_3$-$Na_2O\cdot2SiO_2$	17.40[b]	8.50	995	1147	38.62	31.58		30.03/29.61	25.61/20.94	44.36/49.45
$Na_2O\cdot2B_2O_3+Na_2O\cdot3B_2O_3$-$Na_2O\cdot SiO_2$	17.40[b]	12.50	995	1362	8.49	11.36		29.56/30.17	4.31/5.77	66.13/64.06
$Na_2O\cdot2SiO_2+Na_2O\cdot SiO_2$-$Na_2O\cdot2B_2O_3+$ $Na_2O\cdot3B_2O_3$	10.66[a]	17.40[a]	1119	995	66.12	71.0		30.98/30.51	21.24/18.18	47.78/51.31

a. 数据来自文献[11]；b. 来自作者计算结果。

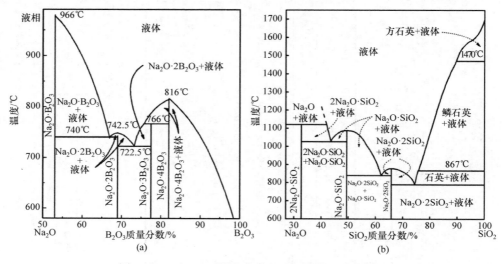

图 5-4 Na₂O-B₂O₃[12](a)和 Na₂O-SiO₂[13](b)二元相图

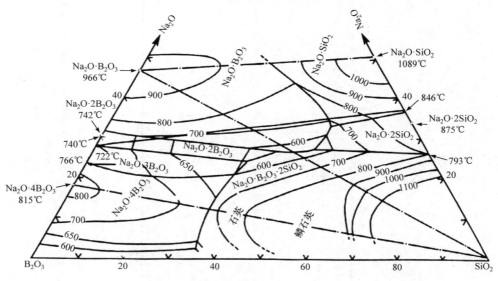

图 5-5 含液相线和等温线的 Na₂O-B₂O₃-SiO₂ 三元相图[14]

5.2 磷酸盐玻璃体系成玻区计算与实验

在新玻璃研究和制备过程中首先遇到的问题是如何选择玻璃组分，即如何选择比较稳定的成玻区。成玻区通常位于玻璃网络形成体化合物含量较高的低共熔区附近，因此研究玻璃体系的低共熔点或分相区与成分之间的关系具有重要的科学意义。然而，由于实际工作中相图数据较为缺乏，以往新玻璃的基础数据主要是通过大量的实验获得，耗费的人、财、物力巨大且效率低下。基于热力学方法计算成玻区具有简单、快速、可预测的特点，对新玻璃实验探索具有科学指导意义。本章节基于热力学方法，将计算预测和研讨典型三元磷酸盐体系 P_2O_5-Al_2O_3-R_2O(R = Li、Na、K)和 P_2O_5-Al_2O_3-MO(M = Mg、Ca、Ba)的成玻区。

已知的磷氧化物有 P_2O_3、P_2O_4、P_2O_5，其中，P_2O_5 属于玻璃网络形成体，可单独形成玻璃[15]。Al_2O_3 则是一种常见的中间体氧化物，通常情况不能单独形成玻璃，其作用介于网络形成体和网络外体之间。Al—O 键具有一定的共价性，但是离子性占主导地位。Al^{3+} 的配位数一般为 6，但在夺取"游离氧"后配位数可以变为 4，当配位数为 4 时，能够进入网络，起网络形成体的作用(又称为补网作用)。其他常见的中间体氧化物有 BeO、MgO、ZnO、Ga_2O_3、TiO_2 等，中间体氧化物同时存在夺取和给出"游离氧"的倾向。通常，阳离子电场强度大，夺取"游离氧"的能力大；阳离子电场强度小，则给出"游离氧"的能力大。在含有两种及以上中间体氧化物的复杂系统中，当游离氧不足时，中间体阳离子进入网络的次序大致如下：$[BeO_4] \to [AlO_4] \to [GaO_4] \to [BO_4] \to [TiO_4] \to [ZnO_4]$。决定这一次序的主要因素是阳离子电场强度，次序靠后未能夺得"游离氧"的阳离子将处于网络之外，起"积聚"作用。X 射线结构分析表明，Al_2O_3 在磷酸盐玻璃中具有特殊的作用，铝能与磷酸盐玻璃中带双键的氧形成铝氧四面体($[AlO_4]$)，进而形成$[AlPO_4]$，其结构与石英玻璃的$[SiO_4]$非常类似。因此，在一定范围内引入 Al_2O_3 将使磷酸盐玻璃的一系列性能得到改善，如化学稳定性提高、热膨胀系数降低，其原因是玻璃中形成的$[AlPO_4]$基团使磷酸盐原有的层状(或链状)结构转变为架状结构。所以，通常实际生产的磷酸盐玻璃都需要加入适量的 Al_2O_3。

表 5-3 给出了二元磷酸盐体系的低共熔点温度和 P_2O_5 含量。根据文献[16]、[17]，Al_2O_3-P_2O_5 二元体系中可形成三种稳定的中间态化合物：Al_3PO_7、$AlPO_4$、AlP_3O_9。其中，Al_3PO_7-$AlPO_4$ 体系低共熔点处温度为 1212℃，P_2O_5 的摩尔分数大于 60%；虽然 $AlPO_4$-$AlPO_3$ 与 Al_3PO_7-Al_2O_3 也能够形成二元低共熔体系，然而其低共熔点温度较高，分别是 1881℃和 1847℃，且网络形成体 P_2O_5 摩尔分数较低，分别为 32.5%和 23.5%。相对而言，Al_3PO_7-$AlPO_4$ 体系低共熔点附近形成玻璃的可能性更大，因此，本节选择该子系统进行计算。

R_2O(R = Li、Na、K)是玻璃中常用的碱金属氧化物。根据经典理论，该类物质属于网络外体，不参与网络结构，位于网络之外。R-O 键是离子键，电场强度较小，单键能小于 60 kcal/mol。网络外体因 R-O 键的离子性强，其中氧离子(O^{2-})易于摆脱阳离子的束缚，从而提供"游离氧"，起到断网作用，R^+同时

表 5-3　二元磷酸盐等体系低共熔点温度及 P_2O_5 含量

系统	子系统	熔点/℃	P_2O_5 摩尔分数/%
$Li_2O\text{-}P_2O_5$	$Li_2O \cdot P_2O_5\text{-}2Li_2O \cdot P_2O_5$	600	43.9[18]
	$2Li_2O \cdot P_2O_5\text{-}3Li_2O \cdot P_2O_5$	870	30.9[18]
$Na_2O\text{-}P_2O_5$	$Na_2O \cdot P_2O_5\text{-}2Na_2O \cdot P_2O_5$	490	43.5[19]
	$2Na_2O \cdot P_2O_5\text{-}3Na_2O \cdot P_2O_5$	943	30.1[19]
$K_2O\text{-}P_2O_5$	$K_2O \cdot P_2O_5\text{-}2K_2O \cdot P_2O_5$	610	43.4[20]
	$2K_2O \cdot P_2O_5\text{-}3K_2O \cdot P_2O_5$	1025	29.4[20]
$MgO\text{-}P_2O_5$	$MgO \cdot P_2O_5\text{-}2MgO \cdot P_2O_5$	1150	47.5[21]
	$2MgO \cdot P_2O_5\text{-}3MgO \cdot P_2O_5$	1282	27.6[21]
$CaO\text{-}P_2O_5$	$P_2O_5\text{-}CaO \cdot 2P_2O_5$	488	91.0[22]
	$CaO \cdot 2P_2O_5\text{-}CaO \cdot P_2O_5$	740	63.0[22]
	$CaO \cdot P_2O_5\text{-}2CaO \cdot P_2O_5$	980	48.8[22]
	$2CaO \cdot P_2O_5\text{-}3CaO \cdot P_2O_5$	1302	30.8[22]
	$3CaO \cdot P_2O_5\text{-}CaO$	1577	21.9[22]
$BaO\text{-}P_2O_5$	$BaO \cdot P_2O_5\text{-}2BaO \cdot P_2O_5$	870	47.4[23]
	$2BaO \cdot P_2O_5\text{-}3BaO \cdot P_2O_5$	1415	30.0[23]
	$3BaO \cdot P_2O_5\text{-}10BaO \cdot 3P_2O_5$	1570	23.7[23]
	$10BaO \cdot 3P_2O_5\text{-}BaO$	1480	21.4[23]
$Al_2O_3\text{-}P_2O_5$	$Al_2O_3 \cdot 3P_2O_5\text{-}Al_2O_3 \cdot P_2O_5$	1212	67.5[17]
	$Al_2O_3 \cdot P_2O_5\text{-}3Al_2O_3 \cdot P_2O_5$	1881	32.5[16]
	$3Al_2O_3 \cdot P_2O_5\text{-}Al_2O_3$	1847	23.5[16]
$Li_2O\text{-}Al_2O_3$	$Li_2O\text{-}Li_2O \cdot Al_2O_3$	1055[24]	—
	$Li_2O \cdot Al_2O_3\text{-}Li_2O \cdot 5Al_2O_3$	1652[24]	—
	$Li_2O \cdot 5Al_2O_3\text{-}Al_2O_3$	1915[24]	—
$Na_2O\text{-}Al_2O_3$	$Na_2O\text{-}Al_2O_3$	1540[25]	—
$K_2O\text{-}Al_2O_3$	$K_2O \cdot Al_2O_3\text{-}Al_2O_3$	1450[26]	—
$MgO\text{-}Al_2O_3$	$MgO\text{-}Al_2O_3$	1996[27]	—
$CaO\text{-}Al_2O_3$	$CaO\text{-}Al_2O_3$	1371[28]	—
$BaO\text{-}Al_2O_3$	$BaO\text{-}3BaO \cdot Al_2O_3$	1425[29]	—
	$3BaO \cdot Al_2O_3\text{-}BaO \cdot Al_2O_3$	1480[29]	—
	$BaO \cdot Al_2O_3\text{-}BaO \cdot 6Al_2O_3$	1620[29]	—
	$BaO \cdot 6Al_2O_3\text{-}Al_2O_3$	1875[29]	—

是断键的积聚者，这一特性对玻璃的析晶有一定的促进作用。当阳离子电场强度较小时，断网作用是主要方面；当阳离子电场强度较大时，积聚作用则是主要方面。

当 R_2O 加入到玻璃中时，可促使四面体间的连接断裂，增大非桥氧的数目，使玻璃结构疏松、减弱，导致一系列性能的变化，如热膨胀系数增大，电导和介电损耗、弹性模量、硬度、化学稳定性和黏度等下降。Li_2O、Na_2O、K_2O 在玻璃中的作用因其性质差异而有所不同。一般，离子半径大小关系为：$K^+ > Na^+ > Li^+$，电场强度大小次序为：$K^+ < Na^+ < Li^+$，故 K^+ 与氧的结合能力最弱，K_2O 给出游离氧的能力最大，Na_2O 次之，Li_2O 最小。通常，K^+ 和 Na^+ 在玻璃结构中主要起断网作用，而 Li^+ 主要起积聚作用。K^+ 和 Na^+ 同属惰性气体型离子，它们在玻璃物理化学性能和工艺性能方面的作用比较类似。Li^+ 不属于惰性气体型离子，而且其离子半径小，电场强度大，作用比较特殊，主要体现在(当 Li^+ 取代 Na^+ 或 K^+ 时)能提高玻璃的化学稳定性、表面张力和析晶能力。Li^+ 还具有高温助熔、加速玻璃化转变的作用。研究表明，在 R_2O-P_2O_5(R = Li、Na、K)体系玻璃形成范围内，都是单一均匀的液相，不存在稳定不混溶性。因为 P_2O_5 的阳离子场强较大，R^+ 在夺氧能力方面远小于 P^{5+}，"积聚"作用小，所以可以避免出现不混溶。

如表 5-3 所示，Li_2O-P_2O_5 二元体系可形成三种稳定的中间化合物：$LiPO_3$、$Li_4P_2O_7$、Li_3PO_4。其中，$LiPO_3$-$Li_4P_2O_7$ 体系低共熔点处温度为 600℃，P_2O_5 摩尔分数略小于 50%；$Li_4P_2O_7$-Li_3PO_4 体系低共熔点处温度为 870℃，P_2O_5 摩尔分数小于 33.33%。相同条件下体系温度越低，黏度越大，而成玻区通常位于网络形成体含量较高且黏度较大的低共熔点附近，因此选取 $LiPO_3$-$Li_4P_2O_7$ 组成的二元体系进行成玻区计算，该二元体系实际玻璃形成区中 P_2O_5 摩尔分数为 62%～100%。Na_2O-P_2O_5 体系可形成两种稳定的中间态化合物：$(NaPO_3)_4$ 和 $Na_4P_2O_7$。$(NaPO_3)_4$-$Na_4P_2O_7$ 体系具有低共熔点，P_2O_5 摩尔分数略小于 50%，故以此体系为计算对象。K_2O-P_2O_5 体系与 Li_2O-P_2O_5 体系相似，可形成三种稳定的中间态化合物：$(KPO_3)_3$、$K_4P_2O_7$、K_3PO_4。其中，$(KPO_3)_3$-$K_4P_2O_7$ 体系低共熔点温度为 610℃，P_2O_5 摩尔分数约为 40%；$K_4P_2O_7$-K_3PO_4 体系低共熔点温度为 1025℃，远高于前者，其 P_2O_5 摩尔分数为 30%左右，相对而言前者更易于形成玻璃。

碱土金属离子 Mg^{2+}、Ca^{2+}、Ba^{2+} 为+2 价，具有 8 电子外层结构，属于惰性气体型结构。Ca^{2+} 和 Ba^{2+} 通常发挥网络外体的作用，而 Mg^{2+} 在一定条件下表现为网络外体，在适当条件下则表现为中间体。Ca^{2+} 不参加网络结构，配位数一般为 6，其在结构中活动性较小，一般不易从玻璃中析出，在高温时活动性较大。Ca^{2+} 有极化桥氧和减弱 P—O 键的作用，也是降低玻璃黏度的原因之一。玻璃中 CaO 含量过多，一般使玻璃的料性变短，脆性增大，与 Ca^{2+} 的积聚作用有关。钡元素在碱土金属元素中原子序数最大、离子半径最大、碱性最强，决定了 BaO 具有提高玻璃折射率、色散、防辐射和助熔等一系列特性。Ba^{2+} 是典型的网络外体离子，在结构中的地位和对性能的影响介于其他碱土金属离子与碱金属离子之间，通常玻璃中以 BaO 取代 CaO 有增加料性的作用。

在 $MO\text{-}P_2O_5$($M = Mg$、Ca、Ba)玻璃体系中，当 MO 摩尔分数为 0%~50% 时，随着 MO 摩尔分数增加，玻璃的软化温度升高、热膨胀系数下降。因此有观点认为，在 P_2O_5 玻璃中加入 MO 不是使磷氧网络结构断裂，而是使结构趋于强化和稳固。通常，二价金属氧化物中离子半径大小与某些物理性质之间存在这一递变规律，如玻璃的折射率、密度、热膨胀系数随 M^{2+} 半径增大而上升，硬度随半径增大而下降。此外，同一玻璃体系中二价金属氧化物对碱金属氧化物有"压制效应"，实验证明，在无碱的二元玻璃中，玻璃电阻率随 MO 含量增加而下降，而在含碱硅酸盐玻璃中，同样增大 MO 含量，电阻不下降反而上升，这种现象也出现在化学稳定性和介电损耗等性质中。

如表 5-3 所示，$MgO\text{-}P_2O_5$ 体系可形成三种稳定的中间态化合物：MgP_2O_6、$Mg_2P_2O_7$、$Mg_3P_2O_8$。其中，$MgP_2O_6\text{-}Mg_2P_2O_7$ 体系低共熔点温度为 1150℃，P_2O_5 摩尔分数为 47.5 %；$Mg_2P_2O_7\text{-}Mg_3P_2O_8$ 体系低共熔点温度为 1282℃，P_2O_5 摩尔分数为 27.6%。相对而言，前者所含有的网络形成体数量更多，成玻倾向更大，故选择 $MgP_2O_6\text{-}Mg_2P_2O_7$ 体系进行成玻区计算。$CaO\text{-}P_2O_5$ 体系可形成 4 种稳定中间态化合物：CaP_4O_{11}、CaP_2O_6、$Ca_2P_2O_7$、$Ca_3P_2O_8$。该体系有 5 个子系统：$P_2O_5\text{-}CaP_4O_{11}$、$CaP_4O_{11}\text{-}CaP_2O_6$、$CaP_2O_6\text{-}Ca_2P_2O_7$、$Ca_2P_2O_7\text{-}Ca_3P_2O_8$、$Ca_3P_2O_8\text{-}CaO$，其低共熔点温度分别是 488℃、740℃、980℃、1302℃和 1577℃，P_2O_5 摩尔分数分别是 91.0%、63.0%、48.8%、30.8%和 21.9%。其中，子系统 $P_2O_5\text{-}CaP_4O_{11}$、$CaP_4O_{11}\text{-}CaP_2O_6$ 的低共熔点处玻璃形成体摩尔分数大于 60%，且温度较低，综合考虑以此二元体系为研究对象。$BaO\text{-}P_2O_5$ 二元体系包含 4 个子系统：$BaP_2O_6\text{-}Ba_2P_2O_7$、$Ba_2P_2O_7\text{-}Ba_3P_2O_8$、$Ba_3P_2O_8\text{-}Ba_{10}P_6O_{25}$、$Ba_{10}P_6O_{25}\text{-}BaO$，其低共熔点温度分别是 870℃、1415℃、1570℃和 1480℃，P_2O_5 摩尔分数分别是 47.4%、30.0%、23.7% 和 21.4%，因此选取低共熔点温度最低、玻璃形成体含量最高的 $BaP_2O_6\text{-}Ba_2P_2O_7$ 子系统为计算体系。$R_2O\text{-}Al_2O_3$($R=Li$、Na、K)和 $MO\text{-}Al_2O_3$($M=Mg$、Ca、Ba)体系缺乏网络形成体，通常情况下不能形成玻璃，故在计算中不予以考虑。

综合考虑，对于 $Al_2O_3\text{-}P_2O_5$、$R_2O\text{-}P_2O_5$、$MO\text{-}P_2O_5$ 体系而言，P_2O_5 含量越高相应的低共熔点温度越低，而体系黏度受温度影响较大，二者是反相关关系。由此可以推断，P_2O_5 含量越高的低共熔点处黏度越大，即形成玻璃的可能性越大。再者，P_2O_5 属于玻璃网络形成体，其含量越高越有利于成玻。对于 $R_2O\text{-}Al_2O_3$、$MO\text{-}Al_2O_3$ 体系，由于缺乏玻璃网络形成体，且低共熔点温度较高，通常情况下成玻可能性较小。故选取 $Al_2O_3\text{-}P_2O_5$、$R_2O\text{-}P_2O_5$、$MO\text{-}P_2O_5$ 体系中 P_2O_5 含量较高的低共熔点所在的子系统利用式(5-1)和式(5-2)计算，得到其低共熔点及液相线的理论值。

　　基于上述分析，三元磷酸盐玻璃体系的成玻区范围可缩小至相应浓度三角形内靠近 P_2O_5 组分点的区域。进一步分析表 5-3 中的数据发现，相对于 $Al_2O_3\text{-}P_2O_5$ 体系而言，$R_2O\text{-}P_2O_5$ 及 $MO\text{-}P_2O_5$ 体系低共熔点的玻璃形成体含量与之相当，然而后者低共熔点的温度更低。一方面，体系黏度对温度较为敏感，温度高则黏度小；另一方面，玻璃熔体在温度较高的条件下浇注冷却发生分相的可能性更大[18]。上述两点均不利于体系形成均匀稳定的玻璃，故进一步推测三元磷酸盐体系的玻璃形成区应当位于浓度三角形内靠近 $R_2O\text{-}P_2O_5$ 或 $MO\text{-}P_2O_5$ 体系且 P_2O_5 含量较高的区域内。因此，选取 $R_2O\text{-}P_2O_5$ 或 $MO\text{-}P_2O_5$ 体系最低共熔点所在子系统计算其液相线和低共熔点(e_1)，选取 $Al_2O_3\text{-}P_2O_5$ 体系最低共熔点所在子系统计算其低共熔点(e_2)，低共熔点 e_1、e_2 在相图中的位置确定，即组分确定，将其看作"准化合物"，组成新的二元体系。"准化合物"的熔化热可用子系统两组分熔化热的加权平均值近似代替，进一步计算得到新的低共熔点(e)，那么由 e、e_1、P_2O_5 组分点所形成的三角形区域即为三元磷酸盐体系的理论成玻区。需要注意的是，$P_2O_5\text{-}Al_2O_3\text{-}CaO$ 体系则有所不同，$CaO\text{-}P_2O_5$ 二元系统中 P_2O_5 摩尔分数大于 50%的低共熔点有两个，其附近均易于成玻，因此令其与 $Al_2O_3\text{-}P_2O_5$ 体系低共熔点组成新的三元体系，计算两两"准化合物"之间的低共熔点，得到其理论成玻区。

　　表 5-4 总结了三元磷酸盐玻璃体系中二元子系统的热力学参数及低共熔点组分计算值和实验值，图 5-6 给出了相应二元体系的计算液相线(虚线)和实际液相线(实线)。结果表明，低共熔点组分的计算值与实验值较为接近，摩尔分数绝对偏差小于 5%，而温度偏差较大。导致这一结果的主要原因是本书采用的计算方法从热力学理论推导而得，而玻璃熔体具有混合键组成的网络结构，体系黏度较大，冷凝(或加热)过程中容易出现过冷(或过热)现象，体系液相线受动力学因素影响较大。相对而言，动力学因素对共熔点组成的影响远小于对液相线温度的影响。此外，图 5-6 呈现的结果能够较好地证明计算方法的准确性以及熔化热数值的合理性，为进一步计算"准化合物"二元体系的低共熔点奠定了基础。

表 5-4　三元磷酸盐玻璃体系二元子系统热力学参数及低共熔点组分计算值和实验值

系统	子系统 A	子系统 B	熔点 T_m/°C T_A	T_B	熔化热 /(J/mol) $\Delta H_{f,A}$	$\Delta H_{f,B}$	低共熔点 x_B/% 计算值	实验值	T_g/T_L^d
P_2O_5-Al_2O_3-Li_2O	2Li_2O·P_2O_5	Li_2O·P_2O_5	885	665[18]	27118[a]	21819[8]	44.4	43.9[18]	—
	Al_2O_3·3P_2O_5	Al_2O_3·3P_2O_5	1489	2000[16]	20176[a]	48307[a]	31.4	35.2[16]	0.63
	e(2Li_2O·P_2O_5-Li_2O·P_2O_5)[c]	e(Al_2O_3·3P_2O_5-Al_2O_3·P_2O_5)	600	1212[16]	23594[b]	27349[b]	15.5	—	—
P_2O_5-Al_2O_3-Na_2O	2Na_2O·P_2O_5	Na_2O·P_2O_5	990	627[19]	21190[a]	27040[8]	44.5	43.5[19]	0.49
	Al_2O_3·3P_2O_5	Al_2O_3·3P_2O_5	1489	2000[16]	20176[a]	48307[a]	31.4	35.2[16]	0.63
	e(2Na_2O·P_2O_5-Na_2O·P_2O_5)	e(Al_2O_3·3P_2O_5-Na_2O·P_2O_5)	540	1212[16]	25051[b]	27349[b]	10.0	—	—
P_2O_5-Al_2O_3-K_2O	2K_2O·P_2O_5	K_2O·P_2O_5	1104	823[20]	20147[a]	55491[8]	43.8	43.4[20]	0.60
	Al_2O_3·3P_2O_5	Al_2O_3·3P_2O_5	1489	2000[16]	20176[a]	48307[a]	31.4	35.2[16]	0.63
	e(2K_2O·P_2O_5-K_2O·P_2O_5)	e(Al_2O_3·3P_2O_5-K_2O·P_2O_5)	610	1212[16]	20148[b]	27349[b]	18.5	—	—
P_2O_5-Al_2O_3-MgO	2MgO·P_2O_5	MgO·P_2O_5	1382	1165[21]	55295[a]	80577[8]	43.3	47.5[21]	0.45
	Al_2O_3·3P_2O_5	Al_2O_3·3P_2O_5	1489	2000[16]	20176[a]	48307[a]	31.4	35.2[16]	0.63
	e(2MgO·P_2O_5·MgO·P_2O_5)	e(Al_2O_3·3P_2O_5-MgO·P_2O_5)	1150	1212[16]	70464[b]	27349[b]	61.0	—	—
P_2O_5-Al_2O_3-CaO	CaO·P_2O_5	CaO·2P_2O_5	990	800[22]	57166[8]	30662[a]	62.6	63.0[22]	0.68
	Al_2O_3·3P_2O_5	Al_2O_3·3P_2O_5	1489	2000[16]	20176[a]	48307[a]	31.4	35.2[16]	0.63
	e(CaO·P_2O_5-CaO·2P_2O_5)	e(Al_2O_3·3P_2O_5-CaO·2P_2O_5)	740	1212[16]	37125[b]	27349[b]	29.5	—	—
P_2O_5-Al_2O_3-BaO	2BaO·P_2O_5	BaO·P_2O_5	1430	870[23]	54123[a]	57269[8]	48.4	47.4[23]	0.54
	Al_2O_3·3P_2O_5	Al_2O_3·3P_2O_5	1489	2000[16]	20176[a]	48307[a]	31.4	35.2[16]	0.63
	e(2BaO·P_2O_5-BaO·P_2O_5)	e(Al_2O_3·3P_2O_5-BaO·P_2O_5)	850	1212[16]	41266[b]	27349[b]	37.5	—	—

a. 凝固点下降法估算；b. 加权平均；c. e(2Li_2O·P_2O_5-Li_2O·P_2O_5)表示二元体系2Li_2O·P_2O_5-Li_2O·P_2O_5的低共熔点，其他类比；d. T_g为玻璃化转变温度，T_L为液相线温度，取低共熔点对应的温度值。数据来自文献[1]。

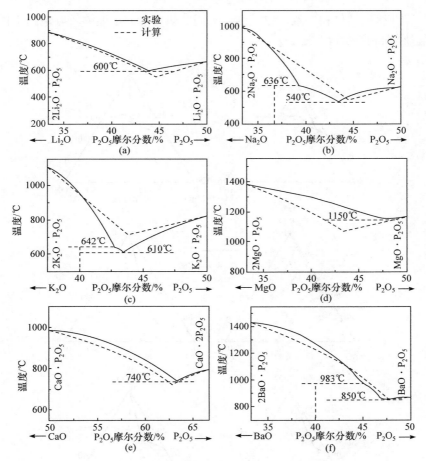

图 5-6　二元磷酸盐体系计算与实际液相线

根据二元磷酸盐体系 Al_2O_3-P_2O_5、R_2O-P_2O_5(R=Li、Na、K)、MO-P_2O_5(M = Mg、Ca、Ba)以及"准化合物"二元体系低共熔点的组分计算值，将其标识于三元磷酸盐体系 P_2O_5-Al_2O_3-R_2O 和 P_2O_5-Al_2O_3-MO 的浓度三角形，得到相应的理论成玻区(实线围成的区域)，如图 5-7 所示。图 5-7 中的实验成玻区(点画线围成的区域)来自 Kishioka 等[30]的研究工作(实验条件：配合料 20 g，熔制温度为 1350℃，P_2O_5 摩尔分数低于 50%的样品采用铂金坩埚熔制，并通过水冷却的铜板压轧淬火；P_2O_5 摩尔分数大于 50%的样品采用氧化铝坩埚熔制，电风扇风冷)。研究结果表明，理论成玻区与实验成玻区在浓度三角形的位置大致相同，即位于 R_2O(MO)-P_2O_5 二元系统附近且网络形成体 P_2O_5 含量较高的区域，理论成玻区与实验成玻区重叠程度较大。三元磷酸盐玻璃体系的实际形成区较大且较为独特，即使在 P_2O_5 含量较高的区域也不会发生分相，而 P_2O_5 的最低摩尔分数为 50%甚至更小，这与热力学方法计算获得的结果相一致。以上结果表明，热力学方法能够较好地用于预测三元磷酸盐玻璃的形成区。

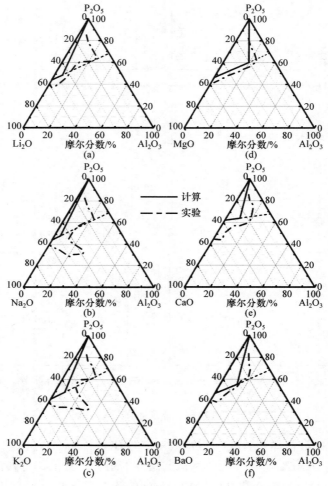

图 5-7　三元磷酸盐体系计算与实际成玻区

5.3　氟磷酸盐玻璃体系成玻区计算与实验

将磷酸盐与氟化物共熔可得到氟磷酸盐(FP)玻璃，[PO₄]四面体的交联结构中引入 F 后，玻璃结构聚合度、折射率与声子态密度降低，激光损伤阈值和发光效率增大。氟磷酸盐玻璃一定程度上保留了氟化物良好的光谱特性，较低的非线性折射率可以降低自聚焦和自损伤概率，磷酸盐的引入又增强了其成玻性能、稀土离子溶解能力、机械强度和化学稳定性。同时氟化物对降低玻璃中的羟基含量和损耗具有重要意义。氟磷酸盐玻璃的负色散特性使得激光脉宽压缩技术得以实施，从而更易实现超短脉冲激光输出。以上这些优点决定了氟磷酸盐玻璃在高功率超短脉冲激光器、上转换光纤激光器等技术领域有着广泛的应用前景。

氟磷酸盐玻璃通常以偏磷酸盐引入磷元素，根据引入偏磷酸盐组分和种类的不同，可以把氟磷酸盐玻璃分为 $NaPO_3$ 系统、$Al(PO_3)_3$ 系统、$Ba(PO_3)_2$ 系统。其中，$Al(PO_3)_3$ 系统比其他的偏磷酸盐系统耐潮解性更好，折射率更低，阿贝数更大，玻璃的紫外部分色散更低。氟磷酸盐玻璃在一定程度上综合了磷酸盐玻璃和氟化物玻璃的优点，改善了磷酸盐玻璃的易吸湿性和氟化物玻璃的易析晶性，其突出的特点还表现在玻璃形成区范围大，成玻组分可调范围大，从而带来一系列物理化学性质和光学性质的可调性。此外，氟磷酸盐玻璃具有非线性折射率低、光热系数小、稀土离子溶解度高等优点。低的非线性折射率使得氟磷酸盐玻璃具有低的非线性系数，减小了其在高功率激光下丝状破坏的可能性。氟磷酸盐玻璃高的稀土离子掺杂能力、长荧光寿命以及高量子产量有利于激光器的小型化和集成化，而宽的发射带宽可以获得平坦的增益曲线和宽的调谐范围。然而，氟磷酸盐玻璃尚存在光学均匀性在工艺上较难解决，除铂工艺效果比磷酸盐玻璃差等问题。Tick[31]最早通过实验证实阳离子对于氟化物玻璃的稳定性可以起到积极作用，后续研究发现一些氧化物，特别是 P_2O_5 在氟化物玻璃熔体中能有效稳定其玻璃态，而 $Al(PO_3)_3$ 可以提高熔体的透明度，从而促进了氟磷酸盐玻璃的一系列研究[32]。

在磷酸盐玻璃形成区的计算预测基础上，本章节对 AlF_3-$Al(PO_3)_3$-$RF(R = Na$、$K)$、AlF_3-$Al(PO_3)_3$-$MF_2(M = Mg$、Ca、Sr、$Ba)$、AlF_3-$Ba(PO_3)_2$-$RF(R = Li$、Na、$K)$、AlF_3-$Ba(PO_3)_2$-$MF_2(M = Mg$、Ca、Sr、$Ba)$、AlF_3-$NaPO_3$-$RF(R = Li$、Na、$K)$等氟磷酸盐体系玻璃形成区进行了计算预测。表 5-5 总结了三元氟磷酸盐玻璃系统中相关二元子系统的热力学参数及低共熔点组分计算值和实验值。图 5-8～图 5-12 分别给出了 AlF_3-$Al(PO_3)_3$-RF、AlF_3-$Al(PO_3)_3$-MF_2、AlF_3-$Ba(PO_3)_2$-RF、AlF_3-$Ba(PO_3)_2$-MF_2、AlF_3-$NaPO_3$-RF 三元氟磷酸盐体系理论计算成玻区(实线围成的区域)与实验成玻区(虚线围成的区域)。

表 5-6 总结了氟磷酸盐玻璃体系中(AlF_3-$Ba(PO_3)_2$-MgF_2、AlF_3-$Ba(PO_3)_2$-ZnF_2、AlF_3-$Zn(PO_3)_2$-ZnF_2)相关二元子系统的热力学参数及低共熔点组分计算值和实验值。图 5-13 给出了相应三元氟磷酸盐玻璃体系的计算成玻区与实验成玻区，其中，实验成玻区来自文献[33]。预测结果表明，计算成玻区落在实验成玻区范围内且重叠程度较大，表明热力学计算法能够较好地初步预测氟磷酸盐玻璃形成区。氟磷酸盐玻璃形成区大，成玻组分大范围可调，因此，其物理化学性质和光学光谱性质可调范围大，具有广泛的应用潜力。需要指出的是，实验与计算成玻区之间仍存在一定差异，主要原因有：①未考虑成玻过程的动力学因素，冷却速率会直接影响实验成玻区的大小[1]；②计算中存在以浓度代替活度

的近似过程，并且计算过程中用到的数据来源涵盖理论近似和实验；③熔融温度、湿度和坩埚等实验条件也会对实验成玻区产生影响；④高温熔制时组分的挥发，尤其是含氟组分的挥发等。

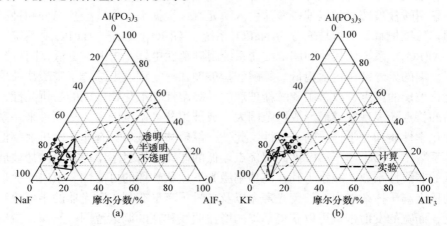

图 5-8　三元氟磷酸盐玻璃体系 AlF_3-$Al(PO_3)_3$-RF($R = Na$、K)计算成玻区与实验成玻区
(a) AlF_3-$Al(PO_3)_3$-NaF；(b) AlF_3-$Al(PO_3)_3$-KF

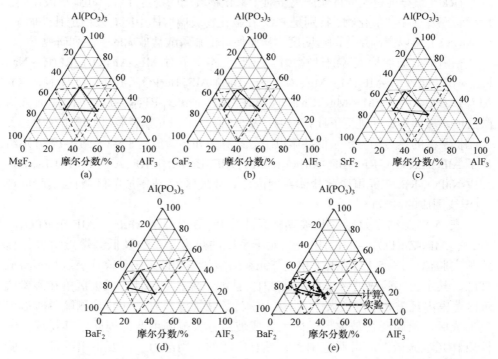

图 5-9　三元氟磷酸盐玻璃体系 AlF_3-$Al(PO_3)_3$-MF_2($M = Mg$、Ca、Sr、Ba)计算成玻区与实验成玻区
(a) AlF_3-$Al(PO_3)_3$-MgF_2；(b) AlF_3-$Al(PO_3)_3$-CaF_2；(c) AlF_3-$Al(PO_3)_3$-SrF_2；(d), (e) AlF_3-$Al(PO_3)_3$-BaF_2

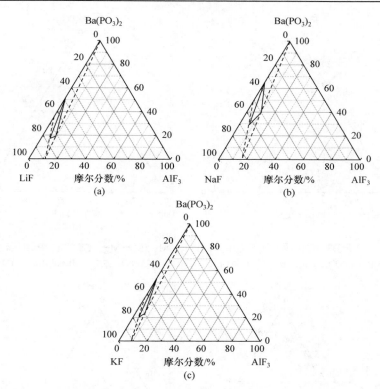

图 5-10　三元氟磷酸盐玻璃体系 AlF_3-$Ba(PO_3)_2$-RF(R = Li、Na、K)计算成玻区

(a) AlF_3-$Ba(PO_3)_2$-LiF；(b) AlF_3-$Ba(PO_3)_2$-NaF；(c) AlF_3-$Ba(PO_3)_2$-KF

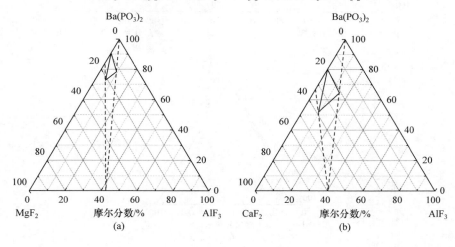

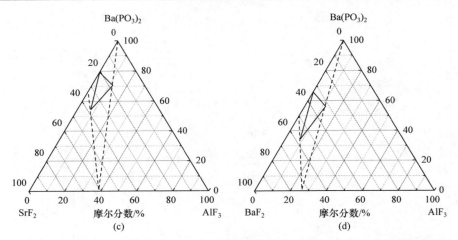

图 5-11　三元氟磷酸盐玻璃体系 AlF_3-$Ba(PO_3)_2$-$MF_2(M = Mg、Ca、Sr、Ba)$计算成玻区

(a) AlF_3-$Ba(PO_3)_2$-MgF_2; (b) AlF_3-$Ba(PO_3)_2$-CaF_2; (c) AlF_3-$Ba(PO_3)_2$-SrF_2; (d) AlF_3-$Ba(PO_3)_2$-BaF_2

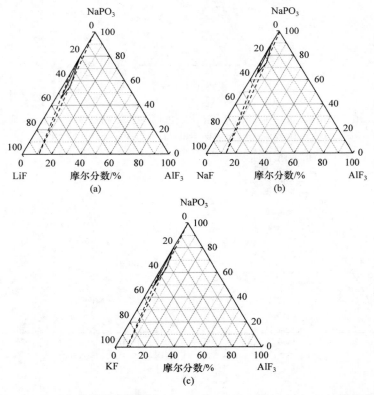

图 5-12　三元氟磷酸盐玻璃体系 AlF_3-$NaPO_3$-$RF(R = Li、Na、K)$计算成玻区

(a) AlF_3-$NaPO_3$-LiF; (b) AlF_3-$NaPO_3$-NaF; (c) AlF_3-$NaPO_3$-KF

表 5-5　$Al(PO_3)_3$ 和 $Ba(PO_3)_2$ 氟磷酸盐体系的热力学参数及低共熔点组分计算值和实验值

系统	子系统		熔点 T_m/K		熔化热/(J/mol)		低共熔点 x_B/%	
	A	B	T_A	T_B	ΔH_A	ΔH_B	计算值	实验值
AlF_3-$Al(PO_3)_3$-LiF	LiF	Li_3AlF_6	1121	1058	27090	44818[a]	47	42
	LiF	$Al(PO_3)_3$	1121	1693	27090	38128	18	—
	AlF_3	$Al(PO_3)_3$	1530	1693	98000	38128	54.5	—
	$e(LiF\text{-}Li_3AlF_6)$	$e(AlF_3\text{-}Al(PO_3)_3)$	921	1386	35422[b]	65369[b]	—	—
	$e(LiF\text{-}Li_3AlF_6)$	$e(LiF\text{-}Al(PO_3)_3)$	921[c]	1050[c]	35422[b]	26369[b]	44	
	$e(AlF_3\text{-}Al(PO_3)_3)$	$e(LiF\text{-}Al(PO_3)_3)$	1386[c]	1050[c]	65369[b]	26369[b]	93.5	
AlF_3-$Al(PO_3)_3$-NaF	AlF_3	$Al(PO_3)_3$	1530	1693	98000	38128	54.5	—
	NaF	$Na_{2.82}AlF_{5.82}$	1263	1285	33350	50893[a]	42	38.4
	NaF	$Al(PO_3)_3$	1263	1693	33350	38128	21	—
	$e(AlF_3\text{-}Al(PO_3)_3)$	$e(NaF\text{-}Na_{2.82}AlF_{5.82})$	1386[c]	1083[c]	65369[b]	40718[b]	86.5	
	$e(AlF_3\text{-}Al(PO_3)_3)$	$e(NaF\text{-}Al(PO_3)_3)$	1386[c]	1182[c]	65369[b]	34353[b]	76	
	$e(NaF\text{-}Na_{2.82}AlF_{5.82})$	$e(NaF\text{-}Al(PO_3)_3)$	1083[c]	1182[c]	40718[b]	34353[b]	45	
AlF_3-$Al(PO_3)_3$-KF	AlF_3	$Al(PO_3)_3$	1530	1693	98000	38128	54.5	—
	KF	K_3AlF_6	1148	1294	27200	44900[a]	33	24.8
	KF	$Al(PO_3)_3$	1148	1693	27200	38128	20	—
	$e(AlF_3\text{-}Al(PO_3)_3)$	$e(KF\text{-}Al(PO_3)_3)$	1386[c]	1068[c]	65369[b]	29385[b]	90.5	
	$e(AlF_3\text{-}Al(PO_3)_3)$	$e(KF\text{-}K_3AlF_6)$	1386[c]	1016[c]	65369[b]	33041[b]	97.5	
	$e(KF\text{-}Al(PO_3)_3)$	$e(KF\text{-}K_3AlF_6)$	1068[c]	1016[c]	29385[b]	33041[b]	52	
AlF_3-$Al(PO_3)_3$-MgF_2	AlF_3	$Al(PO_3)_3$	1530	1693	98000	38128	54.5	—
	MgF_2	AlF_3	1543	1530	58500	98000	43.5	
	MgF_2	$Al(PO_3)_3$	1543	1693	58500	38128	49.5	
	$e(AlF_3\text{-}Al(PO_3)_3)$	$e(MgF_2\text{-}Al(PO_3)_3)$	1386[c]	1343[c]	65369[b]	48415[b]	58	
	$e(AlF_3\text{-}Al(PO_3)_3)$	$e(AlF_3\text{-}MgF_2)$	1386[c]	1377[c]	65369[b]	75682[b]	48.5	
	$e(MgF_2\text{-}Al(PO_3)_3)$	$e(AlF_3\text{-}MgF_2)$	1343[c]	1377[c]	48415[b]	75682[b]	40.5	
AlF_3-$Al(PO_3)_3$-CaF_2	AlF_3	$Al(PO_3)_3$	1530	1693	98000	38128	54.5	—
	CaF_2	AlF_3	1689	1530	29300	98000	40.5	37.9
	CaF_2	$Al(PO_3)_3$	1689	1693	29300	38128	46	
	$e(AlF_3\text{-}Al(PO_3)_3)$	$e(CaF_2\text{-}Al(PO_3)_3)$	1386[c]	1310[c]	65369[b]	33360[b]	65.5	
	$e(AlF_3\text{-}Al(PO_3)_3)$	$e(CaF_2\text{-}AlF_3)$	1386[c]	1365[c]	65369[b]	57123[b]	54	
	$e(CaF_2\text{-}Al(PO_3)_3)$	$e(CaF_2\text{-}AlF_3)$	1310[c]	1365[c]	33360[b]	57123[b]	38.5	

续表

系统	子系统		熔点 T_m/K		熔化热/(J/mol)		低共熔点 x_B/%	
	A	B	T_A	T_B	ΔH_A	ΔH_B	计算值	实验值
AlF_3-$Al(PO_3)_3$-SrF_2	AlF_3	$Al(PO_3)_3$	1530	1693	98000	38128	54.5	—
	AlF_3	SrF_2	1530	1743	98000	28500	58.5	—
	$Al(PO_3)_3$	SrF_2	1693	1743	38128	28500	53	—
	$e(AlF_3\text{-}Al(PO_3)_3)$	$e(SrF_2\text{-}Al(PO_3)_3)$	1372[c]	1321[c]	65369[b]	33025[b]	64	—
	$e(AlF_3\text{-}Al(PO_3)_3)$	$e(AlF_3\text{-}SrF_2)$	1372[c]	1360[c]	65369[b]	57342[b]	53	—
	$e(SrF_2\text{-}Al(PO_3)_3)$	$e(AlF_3\text{-}SrF_2)$	1321[c]	1360[c]	33025[b]	57342[b]	39	—
AlF_3-$Al(PO_3)_3$-BaF_2	AlF_3	$Al(PO_3)_3$	1530	1693	98000	38128	54.5	—
	AlF_3	BaF_2	1530	1618	98000	17800	71	—
	BaF_2	$Al(PO_3)_3$	1618	1693	17800	38128	36.5	—
	$e(AlF_3\text{-}Al(PO_3)_3)$	$e(BaF_2\text{-}Al(PO_3)_3)$	1386[c]	1223[c]	65369[b]	25219[b]	75.5	—
	$e(AlF_3\text{-}Al(PO_3)_3)$	$e(BaF_2\text{-}AlF_3)$	1386[c]	1311[c]	65369[b]	41058[b]	62.5	—
	$e(BaF_2\text{-}Al(PO_3)_3)$	$e(BaF_2\text{-}AlF_3)$	1223[c]	1311[c]	25219[b]	41058[b]	38	—
AlF_3-$Ba(PO_3)_2$-NaF	AlF_3	$Ba(PO_3)_2$	1530	1153	98000	57269	—	—
	NaF	$Na_{2.82}AlF_{5.82}$	1263	1285	33350	50893[a]	42	—
	NaF	$Ba(PO_3)_2$	1263	1153	33350	57269	50.5	—
	$e(NaF\text{-}Ba(PO_3)_2)$	$Ba(PO_3)_2$	1034[c]	1153[c]	45429[b]	57269	33	—
	$e(NaF\text{-}Ba(PO_3)_2)$	$e(NaF\text{-}Na_{2.82}AlF_{5.82})$	1034[c]	1083[c]	45429[b]	40718[b]	46.5	—
	$Ba(PO_3)_2$	$e(NaF\text{-}Na_{2.82}AlF_{5.82})$	1153[c]	1083[c]	57269[b]	40718[b]	62.5	—
AlF_3-$Ba(PO_3)_2$-LiF	AlF_3	$Ba(PO_3)_2$	1530	1153	98000	57269	—	—
	LiF	Li_3AlF_6	1121	1058	27090	44818[a]	47	42
	LiF	$Ba(PO_3)_2$	1121	1153	27090	57269	36	—
	$e(LiF\text{-}Ba(PO_3)_2)$	$Ba(PO_3)_2$	980[c]	1153	37954[b]	57269	24.5	—
	$e(LiF\text{-}Ba(PO_3)_2)$	$e(LiF\text{-}Li_3AlF_6)$	980[c]	921[c]	37954[b]	35422[b]	57.5	—
	$Ba(PO_3)_2$	$e(LiF\text{-}Li_3AlF_6)$	1153	921[c]	57269	35422[b]	85	—
AlF_3-$Ba(PO_3)_2$-KF	AlF_3	$Ba(PO_3)_2$	1530	1153	98000	57269	—	—
	KF	K_3AlF_6	1148	1294	27200	44900[a]	33	24.8
	KF	$Ba(PO_3)_2$	1148	1153	27200	57269	38.5	—
	$e(KF\text{-}Ba(PO_3)_2)$	$Ba(PO_3)_2$	989[c]	1153	38776[b]	57269	25.5	—
	$e(KF\text{-}Ba(PO_3)_2)$	$e(KF\text{-}K_3AlF_6)$	989[c]	1016[c]	38776[b]	33041[b]	50	—
	$Ba(PO_3)_2$	$e(KF\text{-}K_3AlF_6)$	1153	1016[c]	57269	33041[b]	72	—

续表

系统	子系统		熔点 T_m/K		熔化热/(J/mol)		低共熔点 x_B/%	
	A	B	T_A	T_B	ΔH_A	ΔH_B	计算值	实验值
AlF_3-$Ba(PO_3)_2$-MgF_2	AlF_3	$Ba(PO_3)_2$	1530	1153	98000	57269	—	—
	MgF_2	AlF_3	1543	1530	58500	98000	43.5	—
	MgF_2	$Ba(PO_3)_2$	1543	1153	58500	57269	83.5	—
	$e(MgF_2$-$Ba(PO_3)_2)$	$Ba(PO_3)_2$	1119[c]	1153	57472[b]	57269	46	—
	$e(MgF_2$-$Ba(PO_3)_2)$	$e(AlF_3$-$MgF_2)$	1119[c]	1377[c]	57472[b]	75682[b]	15.5	—
	$Ba(PO_3)_2$	$e(AlF_3$-$MgF_2)$	1153	1377[c]	57269	75682[b]	20.5	—
AlF_3-$Ba(PO_3)_2$-CaF_2	AlF_3	$Ba(PO_3)_2$	1530	1153	98000	57269	—	—
	CaF_2	AlF_3	1689	1530	29300	98000	40.5	37.9
	CaF_2	$Ba(PO_3)_2$	1689	1153	29300	57269	67	—
	$e(CaF_2$-$Ba(PO_3)_2)$	$Ba(PO_3)_2$	1086[c]	1153	48039[b]	57269	40	—
	$e(CaF_2$-$Ba(PO_3)_2)$	$e(CaF_2$-$AlF_3)$	1086[c]	1365[c]	48039[b]	57123[b]	21	—
	$Ba(PO_3)_2$	$e(CaF_2$-$AlF_3)$	1153	1365[c]	57269	57123[b]	30	—
AlF_3-$Ba(PO_3)_2$-SrF_2	AlF_3	$Ba(PO_3)_2$	1530	1153	98000	57269	—	—
	AlF_3	SrF_2	1530	1743	98000	28500	58.5	—
	SrF_2	$Ba(PO_3)_2$	1743	1153	28500	57269	68	—
	$e(SrF_2$-$Ba(PO_3)_2)$	$Ba(PO_3)_2$	1088[c]	1153	48062[b]	57269	40	—
	$e(SrF_2$-$Ba(PO_3)_2)$	$e(AlF_3$-$SrF_2)$	1088[c]	1360[c]	48062[b]	57342[b]	21.5	—
	$Ba(PO_3)_2$	$e(AlF_3$-$SrF_2)$	1153	1360[c]	57269	57342[b]	30	—
AlF_3-$Ba(PO_3)_2$-BaF_2	AlF_3	$Ba(PO_3)_2$	1530	1153	98000	57269	—	—
	AlF_3	BaF_2	1530	1618	98000	17800	71	—
	BaF_2	$Ba(PO_3)_2$	1618	1153	17800	57269	52	—
	$e(BaF_2$-$Ba(PO_3)_2)$	$Ba(PO_3)_2$	1039[c]	1153	38323[b]	57269	32	—
	$e(BaF_2$-$Ba(PO_3)_2)$	$e(BaF_2$-$AlF_3)$	1039[c]	1311[c]	38323[b]	41058[b]	28	—
	$Ba(PO_3)_2$	$e(BaF_2$-$AlF_3)$	1153	1311[c]	57269	41058[b]	42	—

a. 凝固点下降法估算；b. 加和法估算；c. 通过热力学方程计算。

表 5-6　三元氟磷酸盐玻璃体系热力学参数及低共熔点组分计算值与实验值

系统	子系统		熔点 T_m/℃		熔化热/(J/mol)		低共熔点 x_B/%		T_g/T_L^d
	A	B	T_A	T_B	$\Delta H_{f,A}$	$\Delta H_{f,B}$	计算值	实验值	
AlF$_3$-Ba(PO$_3$)$_2$-MgF$_2$	Ba(PO$_3$)$_2$	MgF$_2$	880[8]	1260[34]	57269[8]	51844[a]	21.5	—	0.54
	Ba(PO$_3$)$_2$	AlF$_3$	880[8]	998[35]	57269[8]	27551[a]	53.0	—	0.61
	e(Ba(PO$_3$)$_2$-MgF$_2$)	e(Ba(PO$_3$)$_2$-AlF$_3$)	849[c]	750[c]	56103[b]	41518[b]	65.5	—	—
AlF$_3$-Ba(PO$_3$)$_2$-ZnF$_2$	Ba(PO$_3$)$_2$	ZnF$_2$	880[8]	947[36]	57269[8]	28311[a]	55.5	—	0.62
	Ba(PO$_3$)$_2$	AlF$_3$	880[8]	998[35]	57269[8]	27551[a]	53.0	—	0.61
	e(Ba(PO$_3$)$_2$-ZnF$_2$)	e(Ba(PO$_3$)$_2$-AlF$_3$)	740[c]	750[c]	41197[b]	41518[b]	49.0	—	—
AlF$_3$-Zn(PO$_3$)$_2$-ZnF$_2$	Zn(PO$_3$)$_2$	ZnF$_2$	863[37]	947[36]	29396[a]	28311[a]	46.0	—	0.59
	Zn(PO$_3$)$_2$	AlF$_3$	863[37]	998[35]	29396[a]	27551[a]	44.0	—	0.58
	e(Zn(PO$_3$)$_2$-ZnF$_2$)	e(Zn(PO$_3$)$_2$-AlF$_3$)	678[c]	689[c]	28897[b]	28584[b]	49.5	—	—

a. 凝固点下降法估算；b. 加权平均；c. 通过热力学方程计算；d. T_g 来自文献[33]，T_L 取低共熔点温度。

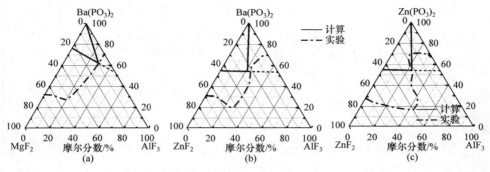

图 5-13　三元氟磷酸盐玻璃体系的计算成玻区与实验成玻区

5.4　氟硫磷酸盐玻璃体系成玻区计算与实验

在氟磷酸盐玻璃基质中进一步引入硫酸根离子，能够在一定程度上改善体系的玻璃形成能力，同时降低玻璃化转变温度。这种多阴离子玻璃系统存在多种配体结构，有望成为一类新型光学玻璃。根据铝元素引入的不同，可以把含铝氟硫磷酸盐玻璃分为 AlF_3 基和 $Al(PO_3)_3$ 基两种。本节在计算预测磷酸盐和氟磷酸盐玻璃形成区的基础上，对 AlF_3 基氟硫磷酸盐 AlF_3-R_2SO_4-RPO_3（R = Li、Na、K）、AlF_3-MSO_4-$M(PO_3)_2$（M = Ca、Sr、Ba）和 $Al(PO_3)_3$ 基氟硫磷酸盐 $Al(PO_3)_3$-R_2SO_4-RF（R = Li、Na、K）、$Al(PO_3)_3$-$BaSO_4$-BaF_2 两类体系的玻璃形成区进行了计算预测。表 5-7 总结了三元氟硫磷酸盐玻璃系统中相关二元子系统的热力学参数及低共熔点组分计算值和实验值。图 5-14 给出了 $LiPO_3$-Li_2SO_4、$NaPO_3$-Na_2SO_4、KPO_3-K_2SO_4 硫磷酸盐体系的计算液相线和实际液相线，图 5-15 给出了 LiF-Li_2SO_4、NaF-Na_2SO_4、KF-K_2SO_4 氟硫酸盐体系的计算液相线与实际液相线。结果表明，理论计算值与实验值符合较好，低共熔点组分位置较为接近，摩尔分数绝对偏差小于 6%，为三元氟硫磷酸盐玻璃形成区的计算预测奠定了良好的基础。

5.4.1　AlF_3 基氟硫磷酸盐玻璃

图 5-16 给出了 AlF_3 基三元氟硫磷酸盐体系计算成玻区与实验成玻区。图中实线围成的区域为三元氟硫磷酸盐体系的计算成玻区，虚线为作者等给出的实验成玻区。实验采用高纯度(纯度≥99%)原料，称取配合料 20 g 置于刚玉坩埚，于 1000~1200℃下熔制 40 min，随后浇注于预热的石墨模具，在 250~360℃退火 2 h 后以 8~10 K/h 的降温速率冷却至室温。研究表明，大部分实验成玻组分点落在计算成玻区范围内，现有实验结果与理论预测结果吻合程度较高[38]。在计算成玻区的划分中，考虑到 RPO_3（R = Li、Na、K）、$M(PO_3)_2$（M = Ca、Sr、Ba）为熔点较低的玻璃形成体，选择邻近区域的理论低共熔点进行副三角形划分及成玻区计算。

表 5-7 三元氟硫磷酸盐玻璃系统中相关二元子系统的热力学参数及低共熔点组分计算值和实验值

系统	子系统 A	子系统 B	熔点 T_m/℃ T_A	熔点 T_m/℃ T_B	熔化热/(J/mol) ΔH_{fA}	熔化热/(J/mol) ΔH_{fB}	低共熔点 x_B/% 计算值	低共熔点 x_B/% 实验值	T_g/T_L^d
AlF₃-Li₂SO₄-LiPO₃	LiPO₃	Li₂SO₄	634[40]	858[40]	21819[8]	13807[41]	47.0	52.5[40]	
	LiPO₃	AlF₃	634[40]	998[35]	21819[8]	27551ᵃ	26.0	—	
	LiPO₃	e(LiPO₃-Li₂SO₄)	634[40]	508[40]	21819[8]	18053ᵇ	62.0	—	0.54~0.67
	LiPO₃	e(LiPO₃-AlF₃)	634[40]	557ᶜ	21819[8]	23309ᵇ	55.0	—	
	e(LiPO₃-Li₂SO₄)	e(LiPO₃-AlF₃)	508[40]	557ᶜ	18053ᵇ	23309ᵇ	42.0	—	
AlF₃-Na₂SO₄-NaPO₃	NaPO₃	Na₂SO₄	627[42]	885[42]	27040[8]	23012[41]	36.5	31.5[42]	
	NaPO₃	AlF₃	627[42]	998[35]	27040[8]	27551ᵃ	26.5	—	
	NaPO₃	e(NaPO₃-Na₂SO₄)	627[42]	582[42]	27040[8]	25570ᵇ	55.0	—	0.49~0.64
	NaPO₃	e(NaPO₃-AlF₃)	627[42]	562ᶜ	27040[8]	27175ᵇ	56.0	—	
	e(NaPO₃-Na₂SO₄)	e(NaPO₃-AlF₃)	582[42]	562ᶜ	25570ᵇ	27175ᵇ	51.0	—	
AlF₃-K₂SO₄-KPO₃	KPO₃	K₂SO₄	798[43]	1069[43]	20299[8]	36819[41]	27.0	21.5[43]	
	KPO₃	AlF₃	798[43]	998[35]	20299[8]	27551ᵃ	36.0	—	
	KPO₃	e(KPO₃-K₂SO₄)	798[43]	714[43]	20299[8]	24759ᵇ	51.5	—	0.57~0.68
	KPO₃	e(KPO₃-AlF₃)	798[43]	632ᶜ	20299[8]	22910ᵇ	58.0	—	
	e(KPO₃-K₂SO₄)	e(KPO₃-AlF₃)	714[43]	632ᶜ	24759ᵇ	22910ᵇ	57.0	—	
AlF₃-CaSO₄-Ca(PO₃)₂	Ca(PO₃)₂	CaSO₄	968[8]	1400[41]	56974[8]	28033[41]	40.0	—	
	Ca(PO₃)₂	AlF₃	968[8]	998[35]	56974[8]	27551ᵃ	59.0	—	
	Ca(PO₃)₂	e(Ca(PO₃)₂-CaSO₄)	968[8]	867ᶜ	56974[8]	45398ᵇ	63.0	—	—
	Ca(PO₃)₂	e(Ca(PO₃)₂-AlF₃)	968[8]	791ᶜ	56974[8]	39614ᵇ	72.5	—	
	e(Ca(PO₃)₂-CaSO₄)	e(Ca(PO₃)₂-AlF₃)	867ᶜ	791ᶜ	45398ᵇ	39614ᵇ	59.0	—	
AlF₃-SrSO₄-Sr(PO₃)₂	Sr(PO₃)₂	SrSO₄	1004[8]	1650[44]	40033[8]	29135ᵃ	31.5	—	
	Sr(PO₃)₂	AlF₃	1004[8]	998[35]	40033[8]	27551ᵃ	56.0	—	—
	Sr(PO₃)₂	e(Sr(PO₃)₂-SrSO₄)	1004[8]	890ᶜ	40033[8]	35172ᵇ	59.5	—	

续表

系统	子系统 A	子系统 B	熔点 T_m/℃ T_A	熔点 T_m/℃ T_B	熔化热/(J/mol) ΔH_{fA}	熔化热/(J/mol) ΔH_{fB}	低共熔点 x_B/% 计算值	低共熔点 x_B/% 实验值	$T_g/T_L^{\,d}$
AlF$_3$-SrSO$_4$-Sr(PO$_3$)$_2$	Sr(PO$_3$)$_2$	e(Sr(PO$_3$)$_2$-AlF$_3$)	1004[8]	772c	40033[8]	32230b	67.5	—	—
	e(Sr(PO$_3$)$_2$-SrSO$_4$)	e(Sr(PO$_3$)$_2$-AlF$_3$)	1163c	772c	36600b	33168b	60.5	—	—
AlF$_3$-BaSO$_4$-Ba(PO$_3$)$_2$	Ba(PO$_3$)$_2$	BaSO$_4$	880[8]	1350[41]	57211[8]	40585[41]	25.0	—	—
	Ba(PO$_3$)$_2$	AlF$_3$	880[8]	998[35]	57211[8]	27551a	53.0	—	
	Ba(PO$_3$)$_2$	e(Ba(PO$_3$)$_2$-BaSO$_4$)	880[8]	831c	57211[8]	53055b	56.5	—	
	Ba(PO$_3$)$_2$	e(Ba(PO$_3$)$_2$-AlF$_3$)	880[8]	750c	57211[8]	41491b	69.5	—	
	e(Ba(PO$_3$)$_2$-BaSO$_4$)	e(Ba(PO$_3$)$_2$-AlF$_3$)	1104c	750c	53055b	41491b	62.5	—	
Al(PO$_3$)$_3$-Li$_2$SO$_4$-LiF	LiF	Li$_2$SO$_4$	848[45]	859[45]	27087[45]	13807[45]	60.0	58.7[46]	—
	Al(PO$_3$)$_3$	LiF	1420a	848[45]	38128a	27087[45]	82.0	—	
	Al(PO$_3$)$_3$	e_{F-S}	1420a	574c	38128a	19119c	100.0	—	
	LiF	e_{F-S}	848[45]	574c	27087[45]	19119c	74.0	—	
Al(PO$_3$)$_3$-Na$_2$SO$_4$-NaF	NaF	Na$_3$FSO$_4$	996[45]	785b	33137[45]	28074b	33.4	41.4[46]	—
	Na$_3$FSO$_4$	Na$_2$SO$_4$	785b	884[45]	28074b	23012[45]	73.7	71.2[46]	
	Al(PO$_3$)$_3$	NaF	1420a	996[45]	38128a	33137[45]	70.5	—	
	Al(PO$_3$)$_3$	Na$_3$FSO$_4$	1420a	785b	38128a	28074b	86.5	—	
	NaF	Na$_3$FSO$_4$	996[45]	785b	33137[45]	28074b	65.0	—	
Al(PO$_3$)$_3$-K$_2$SO$_4$-KF	KF	K$_3$FSO$_4$	857[45]	870b	28242[45]	32531b	23.3	17.2[46]	—
	K$_3$FSO$_4$	K$_2$SO$_4$	870b	1069[45]	32531b	36819[45]	67.3	58.0[46]	
	Al(PO$_3$)$_3$	KF	1420a	857[45]	38128a	28242[45]	81.0	—	
	Al(PO$_3$)$_3$	K$_3$FSO$_4$	1420a	870b	38128a	32530b	79.0	—	
	KF	K$_3$FSO$_4$	857[45]	870b	28242[45]	32530b	47.0	—	
Al(PO$_3$)$_3$-BaSO$_4$-BaF$_2$	BaF$_2$	BaSO$_4$	1290[45]	1350[45]	28451[45]	40585[45]	42.5	—	—
	Al(PO$_3$)$_3$	BaF$_2$	1420a	1290[45]	38128a	28451[45]	58.5	—	
	Al(PO$_3$)$_3$	e_{F-S}	1420a	983c	38128a	33608c	71.5	—	
	BaF$_2$	e_{F-S}	1290[45]	983c	28451[45]	33608c	60.0	—	

a. 凝固点下降法估算；b. 加和法估算；c. 通过热力学方程计算；d. T_g/T_L 通过 DSC 测试得到(10 K/min)。

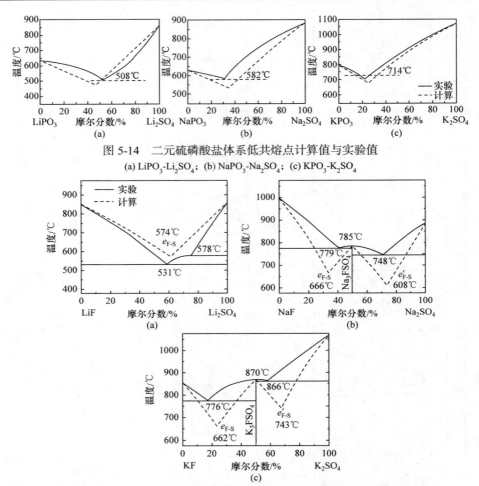

图 5-14　二元硫磷酸盐体系低共熔点计算值与实验值

(a) LiPO₃-Li₂SO₄；(b) NaPO₃-Na₂SO₄；(c) KPO₃-K₂SO₄

图 5-15　二元氟硫酸盐体系低共熔点计算值(虚线)与实验值(实线)

(a) LiF-Li₂SO₄；(b) NaF-Na₂SO₄；(c) KF-K₂SO₄

5.4.2　Al(PO₃)₃ 基氟硫磷酸盐玻璃

图 5-17 给出了 Al(PO₃)₃ 基氟硫磷酸盐玻璃形成区。图中实线围成的区域为三元氟硫磷酸盐体系的计算成玻区，虚线为实验成玻区。由于 Al(PO₃)₃ 熔点较高，熔制温度过高易导致组分的挥发和分解，因此在现有熔制温度下，根据氟硫磷酸盐中存在的一致熔融化合物，将相图划分为含有更多硫酸盐和氟化物的三角形。由于 Al(PO₃)₃ 基硫磷酸盐玻璃组分中同时存在高熔点的 Al(PO₃)₃ 与高挥发性的硫酸盐，故选择氟化物居多的副三角形进行成玻区计算[39]。

基于理论预测通过少量实验确定了上述体系的实验成玻区。理论预测为实验提供了重要指导，较大程度上减少了实验工作量，提高了工作效率。实验原料 RPO₃、M(PO₃)₂

与 Al(PO₃)₃ 均来自上海太洋科技有限公司(纯度≥99%)，其他组分原料为 RF(99.9%，Aladdin)、BaF₂(99.9%，Aladdin)、AlF₃(99.9%，无水级)、R₂SO₄(99.9%)和 MSO₄(分析纯，Aladdin)。根据名义组分，称取 20 g 混合料研磨均匀后置于铂金坩埚中，熔制好后将玻璃熔体直接浇注到铁板上，观察其透过性确定是否形成玻璃。

原料在高温下具有一定的挥发性，因此获得的氟硫磷酸盐玻璃的实际组分与名义组分相比存在一定的偏差，方便起见，这里的实际玻璃形成区均根据名义浓度标注。实验结果如图 5-17 所示，三元氟硫磷酸盐体系计算成玻区和实验成玻区重叠程度较大，表明热力学计算法对于新型氟硫磷酸盐玻璃的研究具有重要指导意义，为新玻璃的探索提供了简单、快速、可预测的思路。实验成玻区与计算成玻区之间存在差异的原因与其他玻璃体系类似。

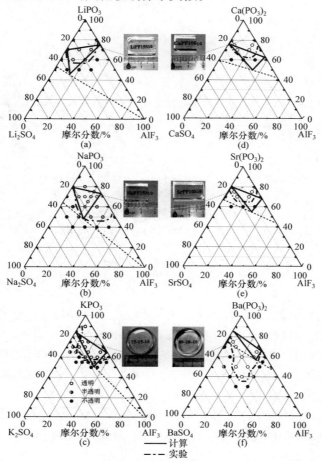

图 5-16　AlF₃ 基三元氟硫磷酸盐体系计算成玻区与实验成玻区

(a) AlF₃-Li₂SO₄-LiPO₃；(b) AlF₃-Na₂SO₄-NaPO₃；(c) AlF₃-K₂SO₄-KPO₃；(d) AlF₃-CaSO₄-Ca(PO₃)₂；
(e) AlF₃-SrSO₄-Sr(PO₃)₂；(f) AlF₃-BaSO₄-Ba(PO₃)₂

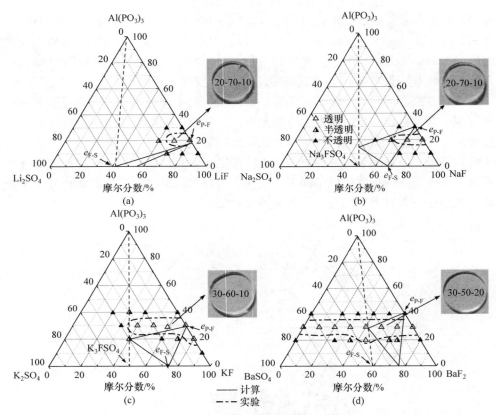

图 5-17　Al(PO₃)₃ 基三元氟硫磷酸盐体系计算成玻区与实验成玻区

(a) Al(PO₃)₃-Li₂SO₄-LiF；(b) Al(PO₃)₃-NaSO₄-NaF；(c) Al(PO₃)₃-K₂SO₄-KF；(d) Al(PO₃)₃-BaSO₄-BaF₂

5.5　小　　结

本章基于热力学方法计算预测了三元磷酸盐(P_2O_5-Al_2O_3-R_2O (R = Li、Na、K)、P_2O_5-Al_2O_3-MO (M = Mg、Ca、Ba))、氟磷酸盐(AlF_3-$Al(PO_3)_3$-RF(R = Na、K)、AlF_3- $Al(PO_3)_3$-MF_2(M = Mg、Ca、Sr、Ba)、AlF_3-$Ba(PO_3)_2$-RF(R = Li、Na、K)、AlF_3-$Ba(PO_3)_2$- MF_2(M = Mg、Ca、Sr、Ba)、AlF_3-$NaPO_3$-RF(R = Li、Na、K)以及 AlF_3-$Ba(PO_3)_2$-MgF_2、AlF_3-$Ba(PO_3)_2$-ZnF_2、AlF_3-$Zn(PO_3)_2$-ZnF_2)和氟硫磷酸盐(AlF_3-R_2SO_4-RPO_3(R = Li、Na、K)、AlF_3-MSO_4-$M(PO_3)_2$(M = Ca、Sr、Ba)、$Al(PO_3)_3$- R_2SO_4-RF(R = Li、Na、K)、$Al(PO_3)_3$-$BaSO_4$- BaF_2)体系的玻璃形成区，取得的主要结论如下：

(1) 二元磷酸盐体系 Al_2O_3-P_2O_5、R_2O-P_2O_5、MO-P_2O_5，硫磷酸盐体系 RPO_3-R_2SO_4 与氟硫酸盐体系 RF-R_2SO_4 的低共熔点组分计算值与实验值非常接近，摩尔

分数绝对偏差小于 6%，表明热力学方法在预测二元磷酸盐体系液相线及低共熔点方面具有重要的科学指导意义。

（2）基于二元体系低共熔点的计算，计算预测了三元磷酸盐、氟磷酸盐、氟硫磷酸盐体系的玻璃形成区。磷酸盐和氟磷酸盐体系中计算成玻区与文献报道的实验成玻区较为一致。此外，基于理论预测，通过少量实验确定了氟硫磷酸盐体系的实际成玻区，二者重叠程度较大。

（3）基于热力学方法探索玻璃形成区具有简单、快速、可预测的特点，理论预测对于实验探索具有重要的科学指导意义。然而，由于热力学计算方法依据"玻璃形成区通常位于网络形成体含量较高的低共熔点附近"这个半定量判据，成玻区位置判断需要结合化合物的特性和一定的经验推断。

参 考 文 献

[1] Jiang Z H, Zhang Q Y. The formation of glass: A quantitative perspective. Science China Materials, 2015, 58(5): 378-425.

[2] Wang L M, Li Z, Chen Z, et al. Glass transition in binary eutectic systems: Best glass-forming composition. The Journal of Physical Chemistry B, 2010, 114(37): 12080-12084.

[3] 张勤远, 姜中宏. 玻璃结构的相图模型. 北京: 科学出版社, 2020.

[4] 姜中宏, 胡新元, 赵祥书. 用热力学方法推导玻璃形成区内的共熔区及分相区. 硅酸盐学报, 1982, 10(3): 309-318.

[5] Gibbs J W. The Collected Works of J. Willard Gibbs. Vol. 1, Thermodynamics. New York: Yale University Press, 1928.

[6] Jiang Z H, Hu X Y, Zhao X S. Prediction of eutectics and phase separation in the glass formation range using a thermodynamic method. Journal of Non-Crystalline Solids, 1982, 52: 235-247.

[7] Charles R J, Wagstaff F E. Metastable immiscibility in the B_2O_3-SiO_2 system. Journal of the American Ceramic Society, 1968, 51: 16-20.

[8] Slater J C. Introduction of Chemical Physics. New York: McGraw-Hill Book Company, 1939.

[9] Cottrell A H. Theoretical Structural Metallurgy. New York: St. Martin's Press, 1955.

[10] 杨秋红, 姜中宏. 用等析晶点预测硝酸盐玻璃形成区. 无机材料学报, 1994, 9(4): 399-403.

[11] Barin I, Knacke O, Kubaschewski O. Thermochemical Properties of Inorganic Substances. Berlin: Springer-Verlag, 1977.

[12] Morey G W, Merwin H E. Phase equilibrium relationships in the binary system, sodium oxide-boric oxide, with some measurements of the optical properties of the glasses. Journal of the American Chemical Society, 1936, 58: 2248-2254.

[13] Kracek F C. The system sodium oxide-silica. The Journal of Physical Chemistry, 1930, 34: 1583-1598.

[14] Morey G W. The ternary system Na_2O-B_2O_3-SiO_2. Journal of the Society of Glass Technology, 1951, 35: 270-283.

[15] Zachariasen W H. The atomic arrangement glass. Journal of the American Ceramic Society,

1932, 44: 3841-3851.

[16] Tananaev I V, Maksimchuk E V, Bushuev Y G, et al. Formation of oxyphosphates in MPO_4-M_2O_3 (M=Al, Cr, Y) systems. Izvestiya Akademii Nauk SSSR, Neorganicheskie Materialy, 1978, 14(4): 719-722.

[17] Stone P E, Egan E P, Lehr J R. Phase relationships in the system CaO-Al_2O_3-P_2O_5. Journal of the American Ceramic Society, 1956, 39: 89-98.

[18] Nakano J I, Yamada T, Miyazawa S. Phase diagram for a portion of the system Li_2O-Nd_2O_3-P_2O_5. Journal of the American Ceramic Society, 1979, 62: 465-467.

[19] Markina I B, Voskresenskaya N K. Fusibility of a mutual system of sodium and potassium meta-and orthophosphates. Russian Journal of Inorganic Chemistry, 1969, 2214(2268): 1188-1192.

[20] Morey G W. The binary systems $NaPO_3$-KPO_3 and $K_4P_2O_7$-KPO_3. Journal of the American Ceramic Society, 1954, 76: 4724-4726.

[21] Break J. The system magnesium oxide-phosphorus pentoxide. Roczniki Chemii, 1958, 32(1): 17-22.

[22] Kreidler E R, Hummel F A. Phase relations in the system SrO-P_2O_5 and the influence of water vapor on the formation of $Sr_4P_2O_9$. Inorganic Chemistry, 1967, 6(5): 884-891.

[23] McCauley R A, Hummel F A. Phase relationships in a portion of the system BaO-P_2O_5. Transactions of the British Ceramic Society, 1968, 67: 619-628.

[24] Cook L P, Plante E R. Phase diagram of the system Li_2O-Al_2O_3. Ceramic Transactions, 1992, 27: 193-222.

[25] Aldén M. On the homogeneity range of β''-alumina in the Na_2O-MgO-Al_2O_3 system. Solid State Ionics, 1986, 20: 17-23.

[26] Moya J S, Criado E, De Aza S. The $K_2O \cdot Al_2O_3$-Al_2O_3 system. Journal of Materials Science, 1982, 17: 2213-2217.

[27] Hallstedt B. Thermodynamic assessment of the system MgO-Al_2O_3. Journal of the American Ceramic Society, 1992, 75: 1497-1507.

[28] Hallstedl B. Assessment of the CaO-Al_2O_3 system. Journal of the American Ceramic Society, 1990, 73: 15-23.

[29] Ye X, Zhuang W, Deng C, et al. Thermodynamic investigation on the Al_2O_3-BaO binary system. Calphad, 2006, 30: 349-353.

[30] Kishioka A, Hayashi M, Kinoshita M. Glass formation and crystallization in ternary phosphate systems containing Al_2O_3. Chemistry Society of Japan, 1976, 49: 3032-3036.

[31] Tick P A. The effect of oxygen on stability in CLAP glasses. Proceedings of SPIE, 1987, 843: 34-41.

[32] Yasui I, Hagihara H, Inoue H. The effect of addition of oxides on the crystallization behavior of aluminum fluoride-based glasses. Journal of Non-Crystalline Solids, 1992, 140: 130-133.

[33] Ehrt D. Phosphate and fluoride phosphate optical glasses—properties, structure and applications. Physical Chemistry of Glasses B, 2015, 56: 217-234.

[34] Olkhovaya L A, Fedorov P P, Ikrami D D, et al. Phase diagrams of MgF_2-$(Y,Ln)F_3$ systems.

Journal of Thermal Analysis, 1979,15: 355-360.

[35] Fuseya G, Sugihara C, Nagao N, et al. Measurements of the freezing points in the system cryolite-sodium fluoride-alumina. Journal of Electrochemistry Society of Japan, 1950, 18: 65-67.

[36] Thoma R E. Phase Diagrams of Nuclear Reactor Materials. Washington: Oak Ridge National Laboratory, 1959.

[37] Averbuch-Pouchot M T, Martin C, Rakotomahanina-Rolaisoa M, et al. Mise au pointsur les systemes KPO_3-$Mg(PO_3)_2$ et KPO_3-$Zn(PO_3)_2$, Donnees cristallographi-ques sur $ZnNa(PO_3)_3$. Bulletin Society France Mineral Cristallograph, 1970, 93: 282-286.

[38] Le Q H, Palenta T, Benzine O, et al. Formation, structure and properties of fluoro-sulfo-phosphate poly-anionic glasses. Journal of Non-Crystalline Solids, 2017, 477: 58-72.

[39] Thieme A, Möncke D, Limbach R, et al. Structure and properties of alkali and silver sulfophosphate glasses. Journal of Non-Crystalline Solids, 2015, 410: 142-150.

[40] Bergman A, Sholokhocich M. Vzaimnaya Sistema Adiagonalno-Poyasnogo Evtekticheskogo Tipa Iz Metafosfatov I Sulfatov Litiya I Kaliya. Zhurnal Obshchei Khimii, 1953, 23: 1075-1085.

[41] 胡建华, 叶大伦. 实用无机物热力学数据手册. 北京: 冶金工业出版社, 2002.

[42] Bergman A G, Matrosova V A. Ternary system of sodium sulfate, sodium metaphosphate, and sodium pyrophosphate. Russian Journal of Inorganic Chemistry, 1969, 14: 875-876.

[43] Bergman A G, Matrosova V A. The K ‖ BO2, PO3, SO4 system. Russian Journal of Inorganic Chemistry, 1969, 14: 710-711.

[44] Xiao Y B, Wang W C, Yang X L, et al. Predicition of glass forming regions in mixed-anion phosphate glasses. Journal of Non-Crystalline Solids, 2018, 500:302-305.

[45] Ye D L, Hu J H. Practical Handbook of Thermodynamic Data of Inorganic Compounds. Beijing: Metallurgical Industry Press, 1981.

[46] Sangster J, Pelton A. Critical coupled evaluation of phase diagrams and thermodynamic properties of binary and ternary alkali salt systems//Cook L P, McMurdie H F. Special Report to Phase Equilibria Program. Columbus: American Ceramic Society, 1987.

第 6 章　激光玻璃物理与光学光谱性质计算与实验

■　计算和预测玻璃的物理与光学光谱性质是科学指导新型激光玻璃研究的必由之路。

■　以往在新玻璃体系探索中主要依赖"试错法"，需要通过大量实验才得到一些结果，消耗的人财物力巨大、效率低下、实验周期长。传统统计法、加和法等计算方法则局限于简单的物理性质计算，对光学光谱性质等涉及甚少。

■　玻璃是过冷熔体，是熔融过冷的产物。相图中只有一致熔融化合物才能存在于玻璃中，非一致熔融化合物在高温时已经分解。玻璃的结构和性质只与玻璃相图中切实存在的一致熔融化合物相关，可以由相图中最邻近一致熔融化合物的结构和性质确定。

■　以相图中一致熔融化合物的结构和性质定量地预测玻璃物理和光学光谱性质，并通过高通量计算建立玻璃的组成-结构(基元)-性质数据库，直观地呈现在相图上，对激光玻璃研究具有科学指导意义。

6.1　引　　言

稀土掺杂激光玻璃是固体激光器、光纤激光器与光纤放大器的核心增益介质。以往在探索新型激光玻璃研究中，主要依赖大量实验而获得有限数据的"试错法"，消耗的人财物力巨大、效率低下、实验周期长、缺乏科学理论指导，极大地制约了研究与应用进展。为解决这一问题，国内外研究者致力于尝试建立玻璃组成-结构-性质之间的关联，通过玻璃组成计算预测各项性质，以减少实验成本和周期。然而，目前常用的传统统计法或加和法等仅局限于计算与预测玻璃的一般物理性质，对光学和光谱特性涉及甚少，难以有效指导新型激光玻璃的研究探索[1,2]。

玻璃是过冷熔体，是熔融过冷的产物。相图中只有一致熔融化合物(同成分熔融化合物)才能存在于玻璃中，非一致熔融化合物(异成分熔融化合物)在高温时已经分解。玻璃的结构和性质只与玻璃相图中切实存在的一致熔融化合物相关，可以由相图中最邻近一致熔融化合物的结构和性质确定[3,4]。基于大量的前期实验和理论研究工作，作者等提出了玻璃结构的相图模型。依据玻璃结构的相图模型，计算预测了多种类型玻璃体系的结构和物理性质，取得了良好的结果[5-7]。对稀土激光玻璃而言，光学与光谱性质至关重要，直接决定着激光玻璃的激光性能及其应用前景。由于稀土离子的光谱特性受到稀土离子局域环境、基质声子能量以及杂质等内在和外部多因素影响，理论预测具有更大的挑战性。研究表明，有别于其他模型和方法，玻璃结构的相图模型给出了玻璃的组成-结构(基元)-性质的内在关联，将该方法推广运用于与稀土离子局域环境密切相关的激光玻璃光学光谱特性的定量计算与预测具备可行性和合理性。

本章将探索计算与预测稀土离子 Nd^{3+} 或 Er^{3+} 掺杂多种激光玻璃体系(硅酸盐、磷酸盐、硼酸盐、锗酸盐、碲酸盐等)的物理性质与光学光谱特性，研讨和评估该方法理论与实验验证的误差、准确度和适用性。此外，本章还尝试将玻璃结构的相图模型与高通量程序计算相结合，借助计算机数据处理，快速计算玻璃体系中所有玻璃组成点的性质，建立玻璃组成-结构(基元)-性质数据库。以期依据数据库直接读出具备特定性能的玻璃成分，直观指导实际应用研究，以避免大量繁琐的实验过程，为计算科学在激光玻璃领域的应用和"材料基因"研究提供思路和示范[4,8]。

6.2 研 究 方 法

6.2.1 玻璃结构的相图模型方法

利用玻璃结构的相图模型计算预测玻璃结构与性质的方法如下。

1. 二元玻璃体系计算方法

二元相图主要分为如下三种类型，如图 6-1 所示：①A 与 B 之间没有任何化合物的二元相图；②A 与 B 之间具有一个一致熔融化合物的二元相图；③A 与 B 之间具有一个非一致熔融化合物的二元相图。

(1) 对于 A 与 B 之间没有任何化合物的二元相图，两种化合物在液态时能以任意比例互溶，形成单相溶液；固相完全不互溶，两种化合物各自从液相分别结晶；这是最简单的二元体系相图，如图 6-1(a)所示。玻璃组分为 D 的结构与性质计算公式为

$$a_D = L_A a_A + L_B a_B \tag{6-1}$$

式中，L_A 和 L_B 表示组分为 D 的玻璃根据杠杆原理分解为化合物 A 和化合物 B 的摩尔分数；a_A、a_B 和 a_D 表示组分为 A、B 和 D 的玻璃的结构或性质(包括物理性质和光谱性质)。

(2) 一致熔融化合物是一种稳定的化合物，与正常的纯物质一样具有固定的熔点，加热这样的化合物到熔点时，即熔化为液态，所产生的液相与化合物的晶相组成相同。含有这种化合物的典型相图如图 6-1(b)所示。整个相图可看成是由

两个最简单的相图所组成。玻璃组分为 E 和 F 的结构和性质计算公式为

$$a_E = L_A a_A + L_C a_C \tag{6-2}$$

$$a_F = L_B a_B + L'_C a_C \tag{6-3}$$

式中，L_A 和 L_C 分别表示组分为 E 的玻璃根据杠杆原理分解为化合物 A 和一致熔融化合物 C 的摩尔分数；L_B 和 L'_C 分别表示组分为 F 的玻璃根据杠杆原理分解为化合物 B 和一致熔融化合物 C 的摩尔分数；a_A、a_B、a_C、a_E 和 a_F 分别表示组分为 A、B、C、E 和 F 的玻璃的结构和性质(包括物理性质和光谱性质)。

(3) 非一致熔融化合物是一种不稳定的化合物，加热这种化合物到某一个温度便发生分解，分解产物是一种液相和另一种晶相，二者组成与原来化合物组成完全不同[9]。含有非一致熔融化合物的相图明显比前面两种相图复杂，如图 6-1(c) 所示。因为非一致熔融化合物在玻璃中不存在，所以无需考虑非一致熔融化合物 C，按第一类情况计算。

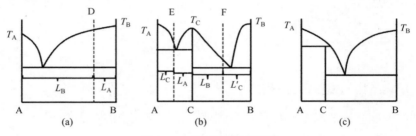

图 6-1　二元玻璃体系相图

(a) 具有一个低共熔点的二元相图；(b) 具有一个一致熔融化合物的二元相图；(c) 具有一个非一致熔融化合物的二元相图；T_A、T_B、T_C 分别为化合物 A、B、C 的熔点

2. 三元玻璃体系计算方法

三元玻璃体系的结构与性质计算比二元体系复杂，需要先划分有效三角形，再进行计算。其中划分三角形是最为关键的一步，分为两种情形：已知完整相图的三元玻璃体系和无完整相图的三元体系。

(1) 对于已知完整相图的三元玻璃体系，其三角形的具体划分步骤如图 6-2(a) 所示，具体说明如下：①确定晶区。晶区是由降温线(带箭头的实线)包围起来的含有稳定化合物成分点(A、B、C 和 S)的闭合区域(Ⓐ、Ⓑ、Ⓒ和Ⓢ)，晶区命名由所包含稳定化合物决定。②连接包围无变量点的三个相邻晶区的稳定化合物成分点，无变量点是相图中自由度为 0 的点(E_1、E_2 和 E_3 为无变量点，如包围 E_1 的三个相邻晶区分别是Ⓐ、Ⓑ和Ⓢ，三个晶区的稳定化合物成分点分别是 A、B 和 S，连接即得到三角形为△ABS)。

需要注意的是，在一个三元相图中，除多晶转变点和过渡点外，每个三元无变量点都有其自身对应的三角形，且各三角形之间不能重叠，例如无变量点 E_1 有且

仅有一个三角形，为△ABS。根据 Na_2O-CaO-SiO_2 三元体系的部分相图(图 6-2(b))，其有效三角形的划分如图 6-2(c)所示。

(2) 对于无完整相图的三元体系，其有效三角形的划分可直接连接相图中的稳定化合物得到。图 6-3(a)给出了此类情况的划分示意图，W、X、Y 和 Z 为相图中稳定化合物成分点，连接即得三角形△AWX、△WXZ、△BXZ、△BYZ、△CYZ和△CWZ。以 Na_2O-B_2O_3-MgO 体系为例，其三角形的划分如图 6-3(b)所示。化合物通过三元体系中两两组分的二元相图或者晶体数据库查找，按以下原则取舍：非一致熔融化合物不作为划分三角形的稳定化合物成分点，若不能确定三元化合物是否为一致熔融化合物则统一作为一致熔融化合物处理。这样取舍的原因是，在实际上许多三元玻璃体系无完整相图，且大多化合物难以判断其是否为一致熔融化合物。如果将其暂时统一视为一致熔融化合物处理，则可划分出更多的三角形，从而可以预测更多未知相图的玻璃体系。然而，值得注意的是这种取舍方法存在一定问题，即假如该化合物在实验上最终确定为非一致熔融化合物，则将其

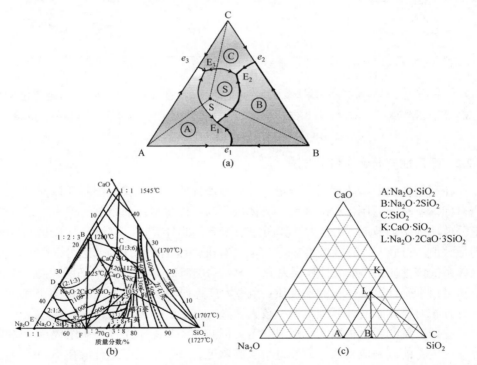

图 6-2　(a)已知完整相图的三元玻璃体系有效三角形的划分示意图(A、B、C 和 S 为稳定化合物成分点，Ⓐ、Ⓑ、Ⓒ和Ⓢ为晶区，E_1、E_2 和 E_3 为无变量点，e_1、e_2 和 e_3 为各二元体系的低共熔点，△ABS、△ACS 和△BCS 为有效三角形，带箭头的实线为降温线)；(b)Na_2O-CaO-SiO_2 三元体系的部分相图；(c)Na_2O-CaO-SiO_2 体系有效三角形的划分

作为划分三角形的组分点有可能会产生扩大化。尽管如此，这种处理方法仍有其存在的必要性。

完成划分三角形后，相图中任意组分点 P 的玻璃结构是其所在三角形中的三个稳定化合物结构的混合，其结构与性质可按下式计算：

$$a_P = m_X a_X + m_Y a_Y + m_Z a_Z \tag{6-4}$$

式中，m_X、m_Y 和 m_Z 为组分点 P 根据杠杆原理分解为三角形中三个稳定化合物的摩尔分数；a_X、a_Y、a_Z 和 a_P 为三个稳定化合物组成玻璃和 P 组分玻璃的结构或性质(包括物理性质和光谱性质)。

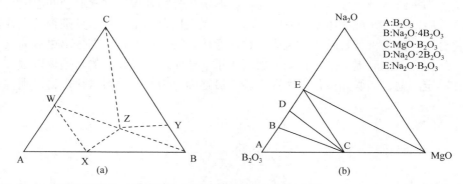

图 6-3　(a)无完整相图的三元玻璃体系有效三角形的划分示意图(W、X、Y 和 Z 为稳定化合物成分点，△AWX、△WXZ、△BXZ、△BYZ、△CYZ 和△CWZ 为有效三角形)；(b)Na₂O-B₂O₃-MgO 体系有效三角形的划分

6.2.2　适用性与准确性判定方法

在利用玻璃结构的相图模型定量计算玻璃性质之前，首先要验证该方法在预测目标体系时的适用性和准确性，具体操作为：以少量玻璃组分为代表，记这些组分玻璃为验证玻璃，用最大计算误差来衡量，即(计算值−实验值)/实验值×100%的最大值。当最大计算误差≤5%，表明计算准确度很高，计算方法可以精确计算该体系的该性质；当最大计算误差介于 5%～10%时，表明计算准确度较高，计算方法可以准确计算该体系的该性质；当最大计算误差＞10%时，表明准确度较低，计算方法对该体系的计算预测误差较大。

验证玻璃的数量根据实际情况确定，但必须满足两个条件：①组成点在玻璃形成区内，能制备成玻璃，方便进行实验验证；②组成点必须分散在不同计算三角区内，保证验证玻璃可代表整个体系。

6.2.3　数据库建立方法

依据玻璃结构的相图模型计算形成区内组分性质，每次均需进行一致熔融化合物确定、计算三角区选择、杠杆原理计算等步骤，该过程相对繁复、时间成本较高。作者采用 Java 语言将该计算过程编写为程序，运行后可快速获得大量组分点的性质数据。在程序输入步长足够小的前提下，可给出成玻区内所有组分性质。对建立目标玻璃体系性质数据库、指导新型激光玻璃的快速高效研究具有重要意义。

6.2.4　测试与表征方法

玻璃样品的密度根据阿基米德原理确定，浸泡液为蒸馏水，测量精度为 ± 0.005 g/cm^3。折射率采用棱镜耦合仪(Metricon Model 2010)测量，准确度为 ± 0.0005。热膨胀系数采用热膨胀仪(DIL 402 Expedis Classic)测量，升温速率为 10℃/min。热导率采用物理性质测试系统(PPMS-9)测量。吸收光谱由紫外/可见/近红外双光束分光光度计(Perkin-Elmer Lambda 900)测定，分辨率为 1 nm。荧光光谱通过光谱仪(iHR320)和液氮冷却的 PbSe 探测器在 980 nm LD 或 808 nm LD 激发下测得，荧光衰减曲线用数字示波器(Tektronix TDS3012C)记录。红外透过光谱由光谱仪(Vector-33 FTIR)测得。

6.2.5　光谱性质计算

有效线宽($\Delta\lambda_{\text{eff}}$)、发射截面($\sigma_{\text{e}}$)、吸收截面($\sigma_{\text{a}}$)、荧光分支比($\beta$)和理论辐射跃迁寿命($\tau_{\text{rad}}$)按式(6-5)～式(6-10)计算，荧光寿命($\tau_{\text{m}}$)由荧光衰减曲线经单指数或双指数拟合得到[10]：

$$\Delta\lambda_{\text{eff}} = \int \frac{I(\lambda)\mathrm{d}\lambda}{I_{\max}} \tag{6-5}$$

$$\sigma_{\text{e}}^{\text{FL}}(\lambda) = \frac{\lambda^5 \beta}{8\pi c n^2 \tau_{\text{rad}}} \frac{I(\lambda)}{\int \lambda I(\lambda)\mathrm{d}(\lambda)} \tag{6-6}$$

$$\sigma_{\text{a}}(\lambda) = \frac{2.303 \mathrm{OD}(\lambda)}{Nd} \tag{6-7}$$

$$\sigma_{\text{e}}^{\text{MC}}(\lambda) = \sigma_{\text{a}}(\lambda) \frac{Z_{\text{L}}}{Z_{\text{U}}} \exp\left[\frac{hc}{\kappa_{\text{B}}T}\left(\frac{1}{\lambda_{\text{ZL}}} - \frac{1}{\lambda}\right)\right] \tag{6-8}$$

$$\beta_{JJ'} = \frac{A[(S,L)J;(S',L')J']}{\sum\limits_{bJ'} A[(S,L)J;(S',L')J']} \tag{6-9}$$

$$\tau_{\text{rad}} = \left\{\sum\limits_{S',L',J'} A[(S,L)J;(S',L')J']\right\}^{-1} \tag{6-10}$$

式中，$I(\lambda)$ 是发射强度；$I_{\max}$ 是峰值发射强度；$\sigma_{\text{e}}^{\text{FL}}(\lambda)$ 和 $\sigma_{\text{e}}^{\text{MC}}(\lambda)$ 分别为利用 FL 公

式和 MC 公式计算的发射截面；c 是光速；N 为掺杂离子浓度；d 为样品厚度；$OD(\lambda)$ 为光密度；Z_L 与 Z_U 分别是下能级和上能级的配分函数；h 是普朗克常数；κ_B 是玻尔兹曼常数；T 是热力学温度；λ_{ZL} 是零声子线；A 是自发辐射概率；S、L、J 和 S'、L'、J' 分别为初态和末态的自旋量子数、轨道量子数和总角动量量子数。

6.3　钕掺杂二元玻璃体系性质计算与实验

钕(Nd^{3+})掺杂稀土激光玻璃在紫外、可见到近红外区具有一系列强吸收带，可以被氙灯或半导体激光器等有效泵浦。其中，Nd^{3+}: $^4F_{3/2} \rightarrow {}^4I_{11/2}$ 跃迁是典型的四能级跃迁激光发射，产生 1.06 μm 激光，其激光终态能级与基态能级差为 2000 cm^{-1}，能实现室温下的激光输出。Nd^{3+} 掺杂稀土激光玻璃还具有激光阈值低、受热效应影响小等特性，是典型的稀土掺杂激光玻璃体系[11]。玻璃结构的无序性促使 Nd^{3+} 的光学跃迁不均匀增宽，Nd^{3+} 掺杂激光玻璃激光器成为适用于高储能、高能量和高功率输出的固态激光器[11]。

1961 年，美国光学公司采用氙灯泵浦掺 Nd^{3+} 钡冕硅酸盐玻璃棒首次实现了激光输出，历经近 20 年，到 1980 年美国劳伦斯利弗莫尔国家实验室(LLNL)的 Shiva 核聚变激光系统建成。掺 Nd^{3+} 硅酸盐玻璃一直引起人们广泛关注，国内外相继研发了多种新型掺 Nd^{3+} 硅酸盐玻璃并在大型高功率激光系统中得到广泛应用。然而，硅酸盐玻璃热光学性能较差、增益较低，阻碍了高功率激光系统进一步提升。从 20 世纪 80 年代到 90 年代，掺 Nd^{3+} 激光玻璃经历了由硅酸盐激光玻璃向磷酸盐激光玻璃的转变。磷酸盐激光玻璃具有声子能量适中、稀土溶解度高、稀土离子受激发射截面大、色心缺陷小、非线性折射率小、折射率温度系数可为负值有利于热光系数的调节，以及工艺性能容易掌握等特点，成为以激光聚变为代表的高功率激光装置中应用最广的激光玻璃介质。此外，掺 Nd^{3+} 硼酸盐激光玻璃也有一些研究报道，但硼酸盐玻璃声子能量高，多声子弛豫导致的无辐射跃迁大、发光效率低、激光阈值高、激光输出能量低[12]。

以往，在激光玻璃研究中，其组分与性质设计主要借鉴已有报道的激光玻璃组分与性质，并在大量实验的基础上替换部分成分或引入新的成分进行组分微调，以期达到性质上的渐进式改良。本节作者将依据玻璃结构的相图模型，对 Nd^{3+} 掺杂钠硅酸盐、钡磷酸盐及钠硼酸盐等二元玻璃体系的物理性质(包括密度(ρ)、折射率(n)、热膨胀系数(α)、热导率(κ)、阿贝数(υ_d)、非线性折射率(n_2))与光谱性质(包括有 J-O 参量(Ω_2、Ω_4、Ω_6)、$\Delta\lambda_{eff}$、σ_a、σ_e、τ_{rad}、τ_m、β、增益带宽($\sigma_e \times \Delta\lambda_{eff}$)和光学增益($\sigma_e \times \tau_m$)等)进行计算预测与实验验证。

依据 Na_2O-SiO_2(NS)[13,14]、BaO-P_2O_5(BP)[15]、Na_2O-B_2O_3(NB)[16]二元相图(如图 6-4 所示)，确定各二元玻璃体系形成区(GFR)[17]内的一致熔融化合物。NS 体系

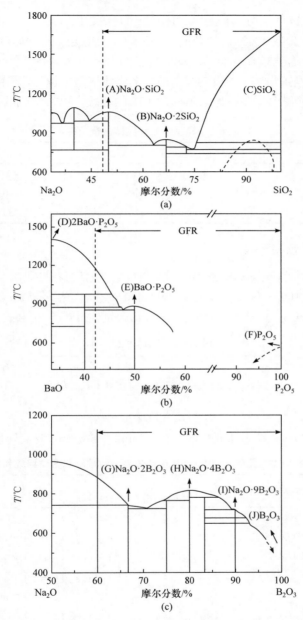

图 6-4 (a)Na$_2$O-SiO$_2$、(b)BaO-P$_2$O$_5$ 和(c)Na$_2$O-B$_2$O$_3$ 体系相图

玻璃形成区附近有三个一致熔融化合物：Na$_2$O · SiO$_2$、Na$_2$O · 2SiO$_2$ 和 SiO$_2$；BP
体系玻璃形成区附近有三个一致熔融化合物：2BaO · P$_2$O$_5$、BaO · P$_2$O$_5$ 和 P$_2$O$_5$；
NB 体系玻璃形成区附近有四个一致熔融化合物：Na$_2$O · 2B$_2$O$_3$、Na$_2$O · 4B$_2$O$_3$、

$Na_2O \cdot 9B_2O_3$ 和 B_2O_3。分别记为 A、B、C、D、E、F、G、H、I 和 J。采取熔融-淬冷法制备摩尔分数 1% Nd^{3+} 掺杂的 $Na_2O\text{-}SiO_2$、$BaO\text{-}P_2O_5$、$Na_2O\text{-}B_2O_3$ 二元体系中的一致熔融化合物玻璃和验证玻璃。样品组分和具体制备条件见表 6-1(实验条件：原料 25 g，刚玉坩埚，在预热石墨模具上浇注成型，退火时间为 2 h。在 $Na_2O\text{-}B_2O_3$ 玻璃制备过程中，多添加摩尔分数 10% 的硼酸，以补偿硼的挥发)。

表 6-1　样品组分和具体制备条件

玻璃体系	熔融条件	淬冷条件
$Na_2O\text{-}SiO_2$	1450~1550℃，30 min	450℃，2 h
$BaO\text{-}P_2O_5$	1300℃，30 min	400℃，2 h
$Na_2O\text{-}B_2O_3$	1150℃，30 min	350℃，2 h

6.3.1　物理特性预测及验证

表 6-2 给出了各一致熔融化合物的物理性质，包括机械性质 ρ；热学性质 α(温度范围 NB 体系为 100~200℃，其他为 100~400℃)和 κ；光学性质 $n_{@589\,nm}$，峰值折射率 n_p、n_2 和 υ_d。n_p 通过色散曲线确定；n_2 和 υ_d 分别通过式(6-11)和式(6-12)计算。

$$n_2 = \frac{68(n_d-1)\left(n_d^2+2\right)^2 \times 10^{-13}}{\upsilon_d\left\{1.517+\left[\left(n_d^2+2\right)^2(n_d+1)\upsilon_d\right]/6n_d\right\}^{\frac{1}{2}}} \tag{6-11}$$

$$\upsilon_d = (n_d-1)/(n_F-n_C) \tag{6-12}$$

式中，n_F、n_d 和 n_C 分别为 486.1 nm、587.6 nm、656.3 nm 波长处折射率。

表 6-2　掺 Nd^{3+} 二元 NS、BP、NB 玻璃体系一致熔融化合物组成和物理性质

编号	玻璃组成(摩尔分数)/%	ρ/(g/cm³)	α/(10⁻⁷/K)	κ/(W/(m·K))	$n_{@589\,nm}$	n_p	n_2/10⁻¹³	υ_d
A	$49.5SiO_2\text{-}49.5Na_2O\text{-}1Nd_2O_3$	2.650	233	0.95	1.5303	1.5169	1.78	49.1
B	$66SiO_2\text{-}33Na_2O\text{-}1Nd_2O_3$	2.574	167	0.97	1.5180	1.5061	1.61	51.3
Cᵃ	$99SiO_2\text{-}1Nd_2O_3$	2.298	23	1.25	1.4793	1.4671	1.14	58.4
Dᵃ	$33P_2O_5\text{-}66BaO\text{-}1Nd_2O_3$	4.367	163	1.09	1.6508	1.6367	1.81	61.3
E	$49.5P_2O_5\text{-}49.5BaO\text{-}1Nd_2O_3$	3.690	144	0.69	1.5921	1.5810	1.69	57.5
Fᵃ	$99P_2O_5\text{-}1Nd_2O_3$	2.436	108	0.52	1.5044	1.4915	1.41	54.4
G	$66B_2O_3\text{-}33Na_2O\text{-}1Nd_2O_3$	2.468	165	1.62	1.5221	1.5099	1.89	46.4
H	$79.2B_2O_3\text{-}19.8Na_2O\text{-}1Nd_2O_3$	2.407	128	0.95	1.5178	1.5054	1.53	52.9
I	$89.1B_2O_3\text{-}9.9Na_2O\text{-}1Nd_2O_3$	2.277	98	0.80	1.5112	1.4983	1.51	50.6
Jᵃ	$99B_2O_3\text{-}1Nd_2O_3$	2.102	90	0.72	1.5091	1.5046	1.23	61.9

a. 在表 6-1 所述的制备条件下，样品 C、D、F 和 J 无法成玻，它们的性质由相图模型逆向计算得到。

在此基础上，对几个二元玻璃的各项物理性质进行了定量预测和验证，结果如表 6-3 和图 6-5 所示。可以看出，计算值略高于或低于实验值，误差很小。ρ、α、κ、$n_{@589\,nm}$、n_p、n_2、υ_d 的最大相对误差在 NS 玻璃体系中分别为 -3.17%、6.27%、-6.97%、-0.16%、-0.14%、-6.04%、4.34%。在 NB 玻璃体系中分别为 -0.82%、3.30%、9.74%、-0.19%、-0.22%、-8.35%、6.33%。在 BP 玻璃体系中分别为 2.13%、-1.48%、8.47%、0.31%、0.20%、3.25%、-1.43%。一般来说，当相对误差小于 5% 时，认为可以精确预测；相对误差在 5%～10%，认为可以准确预测。因此，ρ、$n_{@589\,nm}$ 和 n_p 在所有三个体系中都可以通过各自的一致熔融化合物进行定量和精确的预测，而 n_2 和 υ_d 预测值仅在某些体系中是精确的，而在其他体系中是准确的。这一结论也与我们之前在其他玻璃体系中的结果一致，可以从各性能的影响因素和计算公式来解释。ρ、$n_{@589\,nm}$ 和 n_p 主要取决于堆积密度，在该方法中可以通过以杠杆比混合的最邻近的一致熔融化合物来准确描述，因此可以在大多数玻璃系统中进行精确预测。n_2 和 υ_d 是折射率的非线性导出量，因此预测误差相对较大。

表 6-3　掺 Nd^{3+} 二元 NS、BP、NB 玻璃体系物理性质计算值与实验值对比

编号	玻璃组成 (摩尔分数)/%			一致熔融化合物 (摩尔分数)/%			ρ/(g/cm³)			α/(10^{-7}/K)			κ/(W/(m·K))		
	SiO_2	Na_2O	Nd_2O_3	C	B	A	计算值	实验值	δ%	计算值	实验值	δ%	计算值	实验值	δ%
NS-1[a]	84.15	14.85	1	55	45	0	—	2.422	—	—	88	—	—	1.12	—
NS-2	79	20	1	39.39	60.61	0	2.465	2.502	−1.48	110	104	6.27	1.08	1.14	−5.24
NS-3	74	25	1	24.24	75.76	0	2.507	2.539	−1.26	132	129	2.77	1.04	1.09	−4.78
NS-4	69	30	1	9.09	90.91	0	2.549	2.589	−1.56	154	148	3.78	1.00	1.07	−6.97
NS-5	60	39	1	0	69.7	30.3	2.570	2.620	−1.91	187	186	0.57	0.96	1.00	−3.61
NS-6	57	42	1	0	45.45	54.55	2.566	2.640	−2.79	203	194	4.74	0.96	0.99	−3.12
NS-7	53	46	1	0	21.21	78.79	2.563	2.647	−3.17	219	208	5.31	0.95	0.93	2.61
	B_2O_3	Na_2O		J	I	H									
NB-1[a]	93	6	1	39	60.61	0	—	2.200	—	—	95	—	—	0.79	—
NB-2	85	14	1	0	58.59	41.41	2.331	2.350	−0.82	110	112	−1.31	0.86	0.83	3.87
				J	G	H									
NB-3	75	24	1	0	31.82	68.18	2.426	2.423	0.12	140	145	−3.19	1.16	1.06	9.74
NB-4	70	29	1	0	69.7	30.3	2.450	2.455	−0.2	154	149	3.30	1.42	1.46	−2.95
	P_2O_5	BaO		F	E	D									
BP-1[a]	69.3	29.7	1	40	60	0	—	3.188	—	—	129	—	—	0.62	—
BP-2	64.35	34.65	1	30	70	0	3.314	3.245	2.13	133	133	−0.23	0.64	0.65	−1.92
BP-3	59.4	39.6	1	20	80	0	3.439	3.368	2.12	137	139	−1.44	0.66	0.65	0.77
BP-4	54.45	44.55	1	10	90	0	3.564	3.523	1.18	140	142	−1.48	0.67	0.62	8.47
BP-5[a]	44.55	54.55	1	0	70	30	—	3.893	—	—	148	—	—	0.75	—

续表

编号	$n_{@589\,nm}$			n_p			$n_2/10^{-13}$			υ_d		
	计算值	实验值	$\delta\%$	计算值	实验值	$\delta\%$	计算值	实验值	$\delta\%$	计算值	实验值	$\delta\%$
NS-1[a]	—	1.4967	—	—	1.4847	—	—	1.35	—	—	55.2	—
NS-2	1.5028	1.5046	−0.12	1.4907	1.4926	−0.12	1.42	1.51	−5.65	54.1	52.0	3.99
NS-3	1.5086	1.5110	−0.16	1.4966	1.4988	−0.14	1.50	1.56	−4.04	53.0	51.6	2.72
NS-4	1.5145	1.5157	−0.08	1.5026	1.5035	−0.06	1.57	1.54	1.94	51.9	52.6	−1.29
NS-5	1.5217	1.5214	0.02	1.5094	1.5092	0.01	1.66	1.73	−3.98	50.6	49.2	2.94
NS-6	1.5247	1.5250	−0.02	1.5120	1.5122	−0.01	1.70	1.76	−3.05	50.1	49.1	2.11
NS-7	1.5277	1.5273	0.03	1.5146	1.5143	0.02	1.74	1.86	−6.04	49.6	47.5	4.34
NB-1[a]	—	1.5045	—	—	1.4949	—	—	1.40	—	—	54.8	—
NB-2	1.5139	1.5168	−0.19	1.5012	1.5045	−0.22	1.52	1.51	0.25	51.6	53.3	−3.22
NB-3	1.5192	1.5186	0.04	1.5068	1.5062	0.04	1.64	1.61	2.05	50.8	51.3	−0.90
NB-4	1.5208	1.5213	−0.04	1.5085	1.5090	−0.03	1.78	1.94	−8.35	48.4	45.5	6.33
BP-1[a]	—	1.5570	—	—	1.5452	—	—	1.58	—	—	56.3	—
BP-2	1.5658	1.5609	0.31	1.5520	1.5489	0.20	1.61	1.56	3.25	56.6	57.2	−1.16
BP-3	1.5746	1.5712	0.21	1.5617	1.5591	0.16	1.64	1.59	2.94	56.9	57.7	−1.43
BP-4	1.5833	1.5801	0.20	1.5713	1.5693	0.13	1.67	1.64	1.63	57.2	57.4	−0.45
BP-5[a]	—	1.6097	—	—	1.5977	—	—	1.73	—	—	58.6	—

a. 样品 NS-1、NB-1、BP-1、BP-5 性质分别用于计算 C、D、F 和 J 的性质。

6.3.2　光学光谱特性预测及验证

Nd^{3+} 是 1 μm 激光的重要稀土离子，因此，这里主要讨论 Nd^{3+}: $^4F_{3/2} \rightarrow {}^4I_{11/2}$ 跃迁在 1.06 μm 处的光谱特性。首先预测三个 J-O 参量 Ω_2、Ω_4 和 Ω_6，以深入了解稀土离子周围的局部结构和键合。在此基础上，分别研究了 β、τ_{rad} 和泵浦波长处的 σ_a，以分别反映跃迁概率、粒子数反转概率和泵浦效率。还研究了 σ_e、$\Delta\lambda_{eff}$ 和 $\sigma_e \times \Delta\lambda_{eff}$，以综合评估激光输出能力及其应用前景。

图 6-6 是一致熔融化合物的吸收光谱和在 808 nm 激光激发下的发射光谱。基于吸收光谱、发射光谱、折射率等数据，首先通过 J-O 理论计算出三个 J-O 参量 Ω_2、Ω_4 和 Ω_6，然后通过公式进一步得到 β、τ_{rad}、$\Delta\lambda_{eff}$、σ_a 和 σ_e。一致熔融化合物的光谱特性如表 6-4 所示。根据最邻近的一致熔融化合物的光谱特性，按照式(6-1)可定量预测二元玻璃的光谱特性，并与实验值对比，如表 6-5 和图 6-7 所示。

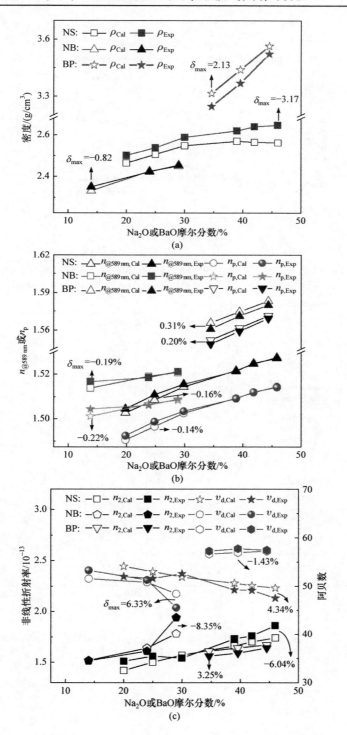

(a)

(b)

(c)

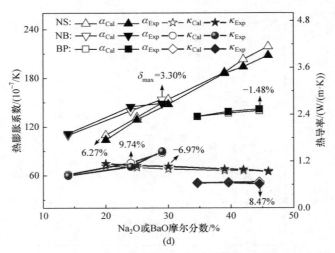

图 6-5　掺 Nd³⁺二元 NS、BP、NB 玻璃体系物理性质计算值与实验值

(a) 密度；(b) 折射率；(c) 非线性折射率和阿贝数；(d) 热膨胀系数和热导率

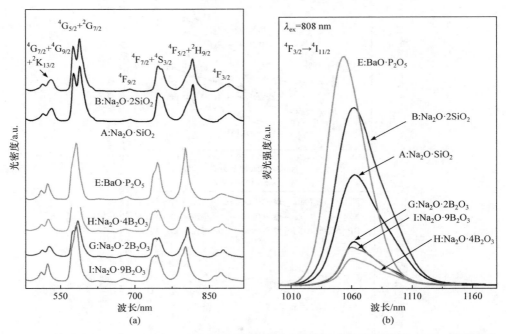

(a)　　　　　　　　　　　　　　　　　　(b)

图 6-6　掺 Nd³⁺二元 NS、BP、NB 玻璃体系一致熔融化合物(a)吸收光谱和(b)808 nm 激光激发

下发射光谱

表 6-4　掺 Nd³⁺二元 NS、BP、NB 玻璃体系一致熔融化合物光谱性质

编号	J-O 强度参数/10^{-20}cm²			β	τ_{rad}/ μs	$\Delta\lambda_{eff}$/ nm	σ_a/ 10^{-20}cm²	σ_e/ 10^{-20}cm²	$\sigma_e \times \Delta\lambda_{eff}$/ 10^{-26}cm³
	Ω_2	Ω_4	Ω_6						
A	4.93	3.85	4.07	0.477	449	47.54	1.68	1.61	7.66
B	4.41	3.50	3.61	0.475	513	47.34	1.42	1.43	6.78
C[a]	4.03	2.59	2.14	0.456	779	48.27	0.72	0.85	4.11
D[a]	2.37	4.94	4.37	0.465	295	41.11	2.29	2.28	9.39
E	3.07	4.71	4.50	0.473	337	39.12	2.30	2.31	9.05
F[a]	3.35	7.91	6.73	0.464	225	33.13	3.78	3.80	12.60
G	4.59	4.13	5.26	0.496	290	37.42	2.22	2.52	9.43
H	5.83	4.89	6.65	0.504	302	40.86	2.39	2.86	11.69
I	5.96	4.96	7.47	0.515	293	39.78	2.56	3.22	12.81
J[a]	4.58	4.78	7.57	0.525	311	40.52	2.91	3.16	12.80

a. 在表 6-1 所述的制备条件下，样品 C、D、F 和 J 无法成玻，它们的性质由相图模型逆向计算得到。

表 6-5　掺 Nd³⁺二元 NS、BP、NB 玻璃体系光谱性质计算值与实验值对比

编号	J-O 强度参数/10^{-20}cm²									β			τ_{rad}/μs		
	Ω_2			Ω_4			Ω_6								
	计算值	实验值	δ/%	计算值	实验值	δ/%	计算值	实验值	δ/%	计算值	实验值	δ/%	计算值	实验值	δ/%
NS-1[a]	—	4.20	—	—	3.00	—	—	2.80	—	—	0.465	—	—	659	—
NS-2	4.26	4.18	1.90	3.14	3.09	1.68	3.03	2.79	8.60	0.468	0.461	1.36	618	640	−3.50
NS-3	4.32	4.48	−3.63	3.28	3.33	−1.51	3.25	3.31	−1.72	0.470	0.471	−0.15	578	558	3.49
NS-4	4.38	4.63	−5.50	3.42	3.34	2.32	3.48	3.43	1.34	0.473	0.474	−0.26	537	542	−0.79
NS-5	4.57	4.63	−1.35	3.61	3.33	8.29	3.75	3.54	5.91	0.476	0.478	−0.48	494	527	−6.26
NS-6	4.69	4.75	−1.19	3.69	4.01	−7.96	3.86	3.77	2.41	0.476	0.465	2.32	479	463	3.30
NS-7	4.82	5.23	−7.84	3.78	3.55	6.36	3.97	4.03	−1.43	0.477	0.483	−1.31	463	472	−1.92
NB-1[a]	—	5.40	—	—	4.87	—	—	7.48	—	—	0.517	—	—	299	—
NB-2	5.91	6.13	−3.65	4.93	4.98	−0.98	7.13	7.03	1.43	0.511	0.507	0.60	302	301	0.06
NB-3	5.44	5.58	−2.59	4.65	4.41	5.40	6.21	5.95	4.33	0.501	0.502	−0.04	336	349	−3.97
NB-4	4.97	5.19	−4.32	4.36	4.66	−6.43	5.68	5.69	−0.16	0.498	0.492	1.35	362	349	3.85
BP-1[a]	—	3.18	—	—	5.99	—	—	5.39	—	—	0.469	—	—	292	—
BP-2	3.15	2.87	9.84	5.67	5.54	2.35	5.17	5.00	3.35	0.470	0.470	0.11	304	313	−3.03
BP-3	3.13	2.73	14.47	5.35	5.26	1.71	4.95	4.70	5.21	0.471	0.469	0.50	315	324	−2.96
BP-4	3.10	2.90	6.81	5.03	4.96	1.41	4.72	4.61	2.44	0.472	0.471	0.12	326	332	−1.80
BP-5[a]	—	2.86	—	—	4.78	—	—	4.46	—	—	0.473	—	—	325	—

续表

编号	$\Delta\lambda_{eff}$/nm			σ_a/10^{-20}cm²			σ_e/10^{-20}cm²			$\sigma_e\times\Delta\lambda_{eff}$/$10^{-26}$cm³		
	计算值	实验值	δ%	计算值	实验值	δ%	计算值	实验值	δ%	计算值	实验值	δ%
NS-1[a]	—	47.85	—	—	1.04	—	—	1.11	—	—	5.31	—
NS-2	47.42	46.00	3.09	1.15	1.17	−2.21	1.20	1.17	2.85	5.70	5.37	6.03
NS-3	47.39	46.46	2.00	1.25	1.36	−8.02	1.29	1.34	−3.98	6.11	6.24	−2.05
NS-4	47.36	45.85	3.30	1.36	1.49	−8.85	1.38	1.40	−1.80	6.53	6.43	1.44
NS-5	47.62	46.01	3.51	1.50	1.52	−1.62	1.49	1.44	3.41	7.08	6.61	7.04
NS-6	47.85	46.57	2.76	1.56	1.56	0.31	1.53	1.57	−2.27	7.32	7.29	0.43
NS-7	48.07	46.55	3.28	1.62	1.74	−6.91	1.57	1.60	−1.76	7.57	7.46	1.47
NB-1[a]	—	39.91	—	—	2.69	—	—	3.18	—	—	12.70	—
NB-2	40.23	40.71	−1.19	2.49	2.40	3.48	3.07	3.01	1.86	12.33	12.26	0.57
NB-3	39.77	39.93	−0.42	2.34	2.26	3.21	2.75	2.63	4.57	10.97	10.51	4.40
NB-4	38.46	38.50	−0.09	2.27	2.34	−3.01	2.62	2.67	−1.84	10.11	10.29	−1.68
BP-1[a]	—	36.73	—	—	2.89	—	—	2.91	—	—	10.69	—
BP-2	37.33	37.22	0.30	2.74	2.64	3.87	2.76	2.67	3.42	10.12	9.93	1.84
BP-3	37.93	37.44	1.31	2.59	2.50	3.83	2.61	2.52	3.58	9.76	9.44	3.42
BP-4	38.53	37.85	1.79	2.44	2.39	2.31	2.46	2.44	0.88	9.41	9.24	1.82
BP-5[a]	—	39.72	—	—	2.29	—	—	2.30	—	—	9.15	—

a. 样品 NS-1、NB-1、BP-1、BP-5 性质分别用于计算 C、D、F 和 J 的性质。

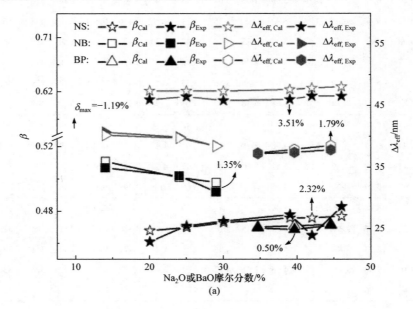

(a)

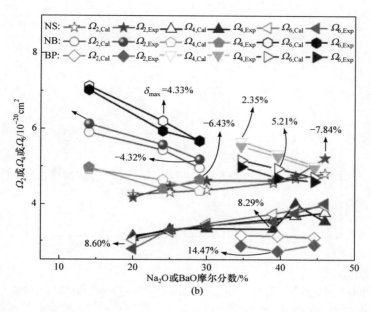

(b)

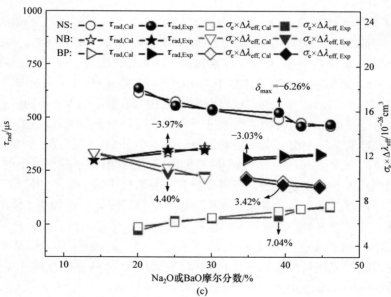

(c)

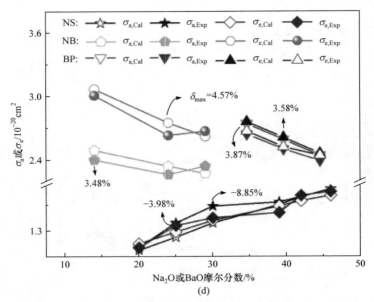

图 6-7　掺 Nd^{3+} 二元 NS、BP、NB 玻璃体系光谱性质计算值与实验值

(a) 荧光分支比和有效线宽；(b) J-O 强度参数；(c) 辐射寿命和增益带宽；(d) 吸收和发射截面

NS 玻璃体系中，Ω_2、Ω_4、Ω_6、β、τ_{rad}、$\Delta\lambda_{eff}$、σ_a、σ_e、$\sigma_e \times \Delta\lambda_{eff}$ 的最大相对误差分别为 -7.84%、8.29%、8.60%、2.32%、-6.26%、3.51%、-8.85%、-3.98%、7.04%；NB 玻璃体系中为 -4.32%、-6.43%、4.33%、1.35%、-3.97%、-1.19%、3.48%、4.57%、4.40%；BP 玻璃体系中为 14.47%、2.35%、5.21%、0.50%、-3.03%、1.79%、3.87%、3.58%、3.42%。可以看出，除 BP 玻璃体系 Ω_2 之外的所有光谱特性都可以通过一致熔融化合物的性能进行预测，误差小于 10%。此外，β 和 $\Delta\lambda_{eff}$ 在三个二元玻璃系统中均可实现精确预测，误差小于 5%。因为 β 是一个比率，随着玻璃基质的变化，它只在一个很小的范围内变化，这有助于获得精确的预测值。$\Delta\lambda_{eff}$ 是根据式(6-5)由发射光谱计算得出的，主要取决于稀土离子的局域环境，在计算时已经得以考虑，因此在大多数玻璃体系中预测误差相对较小。而对于其他光谱特性，应考虑更多的影响因素。以 σ_e 为例，从式(6-6)可以看出，σ_e 取决于 β、$\Delta\lambda_{eff}$、A 和 n。这些参数由不同的公式计算得到，受不同因素的影响。多种因素综合作用使得某些光谱特性偏离了杠杆原理，进而导致这些光谱性质计算误差比 β 和 $\Delta\lambda_{eff}$ 相对较大，但仍在可接受的范围内。

在 NS 玻璃体系中，按照 (C)SiO_2、(B)$Na_2O \cdot 2SiO_2$ 和 (A)$Na_2O \cdot SiO_2$ 的顺序，β、$\Delta\lambda_{eff}$、Ω_2、σ_a 和 σ_e 逐渐增大，而 τ_{rad} 逐渐减小。因为 Na_2O 起到破坏三维网络结构的作用，随着 Na_2O 的增加，结构对称性减弱，导致 NS 玻璃体系中的 Ω_2、不均匀展宽和 $\Delta\lambda_{eff}$ 增加。根据式(6-9)和式(6-10)，β 和 τ_{rad} 分别与 A

呈正相关和负相关，而 A 与 J-O 参量正相关。因此，随着 NS 玻璃体系中 Na_2O 的增加，β 增加而 τ_{rad} 减少。由式(6-6)和式(2-24)可知，σ_e 与 $\Delta\lambda_{eff}$ 和 A 相关。然而，随着 NS 玻璃体系中 Na_2O 的增加，前者对 σ_e 的增加作用大于后者对 σ_e 的降低作用，因此 σ_e 相应增加，从而基于 MC 公式的 σ_a 也增加。从本书的角度来看，当 Na_2O 摩尔分数从 14.85%到 33%变化时，玻璃是 SiO_2 和 $Na_2O \cdot 2SiO_2$ 的混合。随着 Na_2O 摩尔分数的增加，SiO_2 摩尔分数降低，而 $Na_2O \cdot 2SiO_2$ 摩尔分数增加，提高了玻璃的 β、$\Delta\lambda_{eff}$、Ω_2、σ_a 和 σ_e，但降低了 τ_{rad}。随着 SiO_2 摩尔分数从 33%增加到 46%，玻璃由 $Na_2O \cdot 2SiO_2$ 和 $Na_2O \cdot SiO_2$ 组成，其中 $Na_2O \cdot 2SiO_2$ 摩尔分数减少，$Na_2O \cdot SiO_2$ 摩尔分数增加，导致更大的 β、$\Delta\lambda_{eff}$、Ω_2、σ_a、σ_e 和更低的 τ_{rad}。需要注意的是，由于实验误差，部分实验数据点与上述趋势略有偏差。

6.4　钕掺杂三元玻璃体系性质计算与实验

钠钙硅酸盐(Na_2O-CaO-SiO_2(简称 NCS))玻璃是一类重要的硅酸盐光学玻璃，具有紫外透过率高、激光损伤阈值高、拉伸断裂强度高、抗热冲击性高、化学稳定性和耐久性高、热膨胀系数低以及良好的稀土溶解能力等特点。本节在 6.3 节 Nd^{3+} 掺杂二元玻璃体系性质预测的基础之上，以掺 Nd^{3+} 的 NCS 玻璃为例，探讨 Nd^{3+} 掺杂三元玻璃体系的物理性质(包括机械性质(ρ)、热学性质(α(温度范围为 100~400℃)、κ)、光学性质($n_{@589\,nm}$、n_p、n_2 和 υ_d))和光谱性质(包括 Ω_2、Ω_4、Ω_6、β、τ_{rad}、$\Delta\lambda_{eff}$、σ_a、σ_e 和 $\sigma_e\times\Delta\lambda_{eff}$)的理论计算与预测。$Nd^{3+}$ 掺杂 Na_2O-CaO-SiO_2 玻璃样品的熔制条件如表 6-6 所示。

表 6-6　掺 Nd^{3+} 三元 NCS 玻璃熔制条件

玻璃体系	熔融条件	淬冷条件
Na_2O-CaO-SiO_2	1450~1500℃，30 min	450℃，2 h

Na_2O-CaO-SiO_2 三元体系计算三角区[18]如图 6-8 所示。该体系玻璃形成区(图 6-8 中点画线与两条坐标轴围成的区域)内共有 5 个一致熔融化合物：$Na_2O \cdot SiO_2$、$Na_2O \cdot 2SiO_2$、SiO_2、$CaO \cdot SiO_2$、$Na_2O \cdot 2CaO \cdot 3SiO_2$ 分别记为 A、B、C、K、L。它们的结构信息分别是链状、层状、架状、环状。通过连接这些一致熔融化合物，可将成玻区划分为 3 个计算三角区，如图 6-8 所示。每个三角区中的玻璃结构是三角形顶点处一致熔融化合物结构的混合。例如，三角形 CKL 中的玻璃结构是架状(C)、链状(K)和环状(L)结构的混合。这样就确定了在摩尔分

数 50%～100% SiO_2、0～50% CaO、0～50% Na_2O 范围内的 NCS 玻璃结构，这些三角区从左到右分别代表环-架状、环-层-架状和环-层-链状结构。

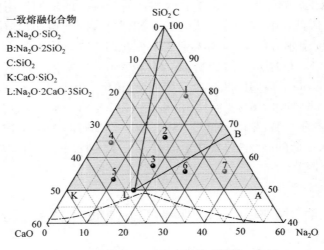

图 6-8　Na_2O-CaO-SiO_2 三元体系计算三角区

从图 6-8 可以看出，样品 NCS 1～7 位于三个不同的计算三角形区域，可以看作是整个玻璃系统的代表。因此，通过比较样品 NCS 1～7 性质的预测值和实验值，可验证利用一致熔融化合物性质，预测 NCS 三元玻璃各性质的适用性和准确性，包括机械、热、光学和光谱性质。

6.4.1　物理特性预测及验证

一致熔融化合物 A、B、C、K 和 L 的物理性质列于表 6-7。基于这些数据和上述方法，计算得到样品 NCS 1～7 的物理性质，并与表中所示的实验值进行比较，包括 ρ、α、κ、$n_{@589\,nm}$、n_p、n_2 和 υ_d，如表 6-8 和图 6-9 所示。可以看出，计算值与实验值最大相对误差分别为−1.58%、−9.89%、−4.75%、−0.76%、0.74%、8.84% 和 −5.09%。因此，以上七种物理性质都可以通过 NCS 玻璃体系中一致熔融化合物的性质定量预测，其中 ρ、κ、$n_{@589\,nm}$ 和 n_p 可以精确预测，误差小于 5%。

表 6-7　掺 Nd^{3+} 三元 NCS 玻璃体系一致熔融化合物组成和物理性质

编号	玻璃组成(摩尔分数)/%	ρ/(g/cm³)	α/(10^{-7}/K)	κ/(W/(m·K))	$n_{@589\,nm}$	n_p	$n_2/10^{-13}$	υ_d
A	49.5SiO_2-49.5Na_2O-1Nd_2O_3	2.650	233	0.95	1.5303	1.5169	1.78	49.1
B	66SiO_2-33Na_2O-1Nd_2O_3	2.574	167	0.97	1.5180	1.5061	1.61	51.3
C[a]	99SiO_2-1Nd_2O_3	2.298	23	1.25	1.4793	1.4671	1.14	58.4

编号	玻璃组成(摩尔分数)/%	$\rho/(g/cm^3)$	$\alpha/(10^{-7}/K)$	$\kappa/(W/(m \cdot K))$	$n_{@589\ nm}$	n_p	$n_2/10^{-13}$	υ_d
K	$49.5SiO_2$-$49.5CaO$-$1Nd_2O_3$	2.963	93	1.00	1.6327	1.6184	2.21	51.9
L	$49.5SiO_2$-$33CaO$-$16.5Na_2O$-$1Nd_2O_3$	2.838	130	1.18	1.5950	1.5812	2.24	48.0

a. 在表 6-6 所述的制备条件下，样品 C 无法成玻，它的性质由相图模型逆向计算得到。

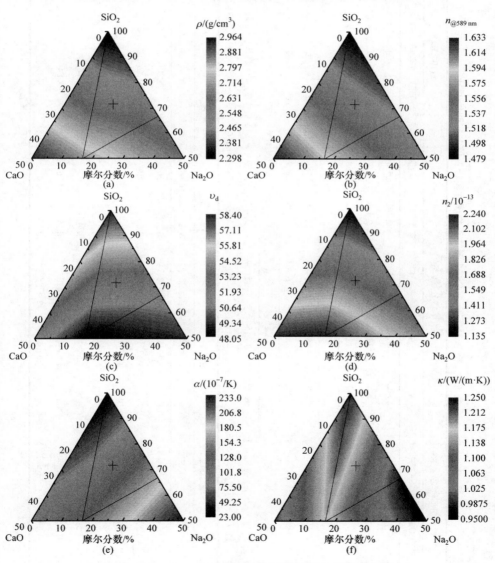

图 6-9　掺 Nd^{3+} 三元 NCS 玻璃体系物理性质(见书后彩图)

(a) ρ;　(b) $n_{@589\ nm}$;　(c) υ_d;　(d) n_2;　(e) α;　(f) κ

表 6-8　掺 Nd³⁺ 三元 NCS 玻璃体系物理性质计算值与实验值对比

编号	玻璃组成(摩尔分数)%				一致熔融化合物(摩尔分数)%			ρ/(g/cm³)			α/(10⁻⁷/K)			κ/(W/(m·K))		
	Na₂O	CaO	SiO₂	Nd₂O₃	C	B	K	计算值	实验值	δ%	计算值	实验值	δ%	计算值	实验值	δ%
NCS-1	16	5	78	1	43.94	40.91	15.15	2.493	2.524	-1.25	98	100	-1.72	1.11	1.17	-4.75
NCS-2	17	16	66	1	24.24	27.27	48.48	2.635	2.677	-1.58	114	115	-0.67	1.10	1.15	-3.95
NCS-3	18	24	57	1	9.09	18.18	72.73	2.741	2.758	-0.62	127	116	9.51	1.09	1.06	2.26
					C	J	K									
NCS-4	4	31	64	1	29.29	46.46	24.24	2.738	2.781	-1.56	82	91	-9.89	1.12	1.14	-2.13
NCS-5	10	36	53	1	7.07	32.32	60.61	2.840	2.809	1.11	111	108	2.32	1.13	1.13	0.02
					B	A	K									
NCS-6	27	17	55	1	33.33	15.15	51.52	2.722	2.733	-0.42	158	151	4.59	1.07	1.08	-0.15
NCS-7	37	7	55	1	33.33	45.45	21.21	2.664	2.663	0.05	189	185	2.23	1.00	1.00	0.65

编号	$n_{@589\,nm}$			n_p			$n_2/10^{-13}$			ν_d		
	计算值	实验值	δ%	计算值	实验值	δ%	计算值	实验值	δ%	计算值	实验值	δ%
NCS-1	1.5126	1.5148	-0.14	1.4985	1.5028	-0.28	1.50	1.42	5.20	53.9	55.4	-2.62
NCS-2	1.5392	1.5510	-0.76	1.5271	1.5373	-0.66	1.80	1.82	-1.15	51.4	50.6	1.68
NCS-3	1.5705	1.5735	-0.19	1.5597	1.5598	0.00	2.02	1.96	3.25	49.5	50.3	-1.55
NCS-4	1.5785	1.5862	-0.49	1.5649	1.5717	-0.43	1.90	1.86	2.05	52.8	53.3	-0.87
NCS-5	1.5990	1.5873	0.74	1.5851	1.5735	0.74	2.15	2.05	5.18	50.0	50.2	-0.45
NCS-6	1.5595	1.5605	-0.06	1.5464	1.5472	-0.05	1.96	1.80	8.84	49.3	51.9	-5.09
NCS-7	1.5398	1.5422	-0.16	1.5268	1.5288	-0.13	1.82	1.81	0.38	49.6	49.7	-0.31

6.4.2　光学光谱特性预测及验证

基于这些物理性质，通过最邻近一致熔融化合物的光谱特性进一步预测了 NCS 玻璃的 9 种光谱特性，这些光谱特性由图 6-10 中的光谱曲线计算得出并列于表 6-9 和图 6-11 中。表 6-10 对各样品光谱特性的预测值和实验值进行了比较。Ω_2、Ω_4、Ω_6、β、τ_{rad}、$\Delta\lambda_{eff}$、σ_a、σ_e、$\sigma_e \times \Delta\lambda_{eff}$ 的最大相对误差分别为 8.19%、−8.29%、−9.62%、−1.26%、19.91%、−2.58%、−8.00%、8.54%、−7.81%。结果表明，除了 τ_{rad} 之外，NCS 玻璃的所有光谱特性都可以通过一致熔融化合物的光谱特性定量预测。其中，β 和 $\Delta\lambda_{eff}$ 可以精确预测，误差小于 5%，进一步佐证了 6.3.2 节中的发现。进一步根据一致熔融化合物的性质，计算了掺 Nd^{3+} 三元 NCS 玻璃体系数据库，具体见附表 S6-1。

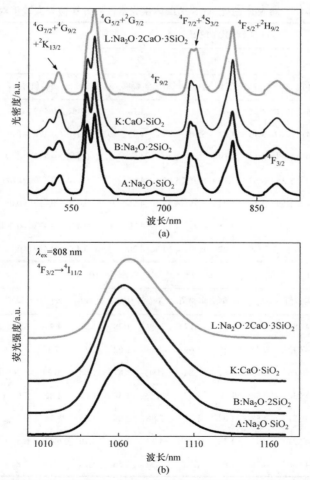

图 6-10　掺 Nd^{3+} 三元 NCS 体系一致熔融化合物玻璃的(a)吸收光谱和(b)发射光谱

表 6-9　掺 Nd³⁺三元 NCS 玻璃体系一致熔融化合物光谱性质

编号	J-O 强度参数/10⁻²⁰cm²			β	τ_{rad}/μs	$\Delta\lambda_{eff}$/nm	σ_a/10⁻²⁰cm²	σ_e/10⁻²⁰cm²	$\sigma_e\times\Delta\lambda_{eff}$/10⁻²⁶cm³
	Ω_2	Ω_4	Ω_6						
A	4.93	3.85	4.07	0.477	449	47.54	1.68	1.61	7.66
B	4.41	3.50	3.61	0.475	513	47.34	1.42	1.43	6.78
C[a]	4.03	2.59	2.14	0.456	779	48.27	0.72	0.85	4.11
K	3.60	3.91	4.23	0.475	357	48.63	1.70	1.77	8.62
L	3.95	4.50	5.01	0.478	330	46.59	2.05	2.11	9.85

a. 在表 6-6 所述的制备条件下，样品 C 无法成玻，它的性质由相图模型逆向计算得到。

表 6-10　掺 Nd³⁺三元 NCS 玻璃体系光谱性质计算值与实验值对比

编号	J-O 强度参数/10⁻²⁰cm²									β			τ_{rad}/μs		
	Ω_2			Ω_4			Ω_6								
	计算值	实验值	δ%	计算值	实验值	δ%	计算值	实验值	δ%	计算值	实验值	δ%	计算值	实验值	δ%
NCS-1	4.17	4.36	−4.30	3.25	3.04	6.98	3.17	3.10	2.42	0.467	0.465	0.55	602	598	0.61
NCS-2	4.09	4.34	−5.67	3.76	4.03	−6.60	3.93	4.35	−9.62	0.472	0.478	−1.26	489	407	19.91
NCS-3	4.04	3.99	1.27	4.14	4.19	−1.08	4.49	4.55	−1.22	0.476	0.477	−0.32	404	374	7.98
NCS-4	3.81	3.69	3.25	3.67	3.70	−0.91	3.81	4.03	−5.57	0.470	0.470	0.18	474	413	14.7
NCS-5	3.84	3.64	5.56	4.17	4.24	−1.55	4.55	4.55	0.11	0.476	0.476	−0.08	370	362	2.39
NCS-6	4.25	3.93	8.19	3.77	3.81	−0.94	4.40	4.79		0.477	0.477	−0.04	409	418	−2.13
NCS-7	4.55	4.62	−1.55	3.60	3.92	−8.29	4.12	4.28	−3.84	0.477	0.480	−0.73	445	423	5.27

编号	$\Delta\lambda_{eff}$/nm			σ_a/10⁻²⁰cm²			σ_e/10⁻²⁰cm²			$\sigma_e\times\Delta\lambda_{eff}$/10⁻²⁶cm³		
	计算值	实验值	δ%	计算值	实验值	δ%	计算值	实验值	δ%	计算值	实验值	δ%
NCS-1	47.64	47.84	−0.41	1.21	1.17	3.79	1.28	1.22	4.98	6.09	5.82	4.54
NCS-2	47.20	47.42	−0.46	1.56	1.69	−8.00	1.62	1.75	−7.38	7.65	8.29	−7.81
NCS-3	46.66	46.86	−0.43	1.82	1.84	−1.45	1.87	1.88	−0.54	8.74	8.83	−0.97
NCS-4	48.03	48.36	−0.68	1.50	1.57	−4.55	1.58	1.55	1.86	7.61	7.91	−3.80
NCS-5	47.25	48.51	−2.58	1.84	1.79	2.86	2.00	1.85	8.54	9.46	8.95	5.74
NCS-6	46.99	47.21	−0.48	1.78	1.71	4.17	1.81	1.70	6.47	8.50	8.03	5.97
NCS-7	47.27	47.36	−0.20	1.67	1.72	−2.88	1.66	1.70	−2.68	7.84	8.07	−2.87

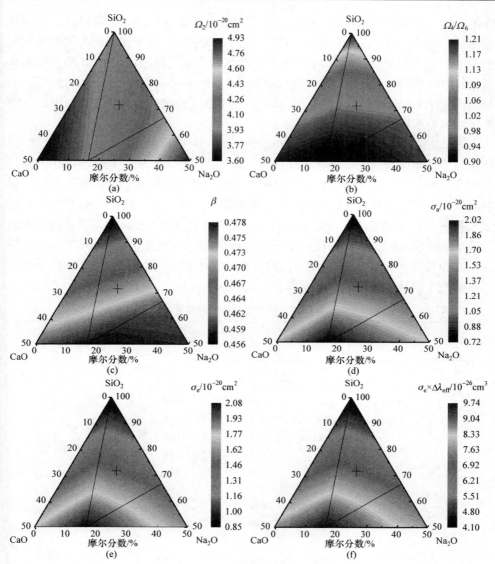

图 6-11　掺 Nd^{3+} 三元 NCS 玻璃体系光谱性质示意图

(a) Ω_2; (b) Ω_4/Ω_6; (c) β; (d) σ_a; (e) σ_e; (f) $\sigma_e \times \Delta\lambda_{eff}$

6.5　铒掺杂三元玻璃体系性质计算与实验

6.5.1　铒掺杂碲酸盐玻璃性质计算预测

碲酸盐玻璃具有稀土离子溶解度高(约 10^{21}ions/cm³)、最大声子能量低(约

700 cm^{-1})、红外透过范围宽(约 5 μm)、机械和物理化学性能稳定等特点，其相对较高的密度(约 5.5 g/cm^3)和折射率(1.9～2.3)有利于稀土离子获得较大的吸收和发射截面，从而得到高效的近-中红外发光和激光，是优异的近-中红外激光玻璃基质材料[19]。Er^{3+}掺杂碲酸盐激光玻璃通过 Er^{3+}: $^4I_{13/2} \rightarrow {}^4I_{15/2}$ 和 $^4I_{11/2} \rightarrow {}^4I_{13/2}$ 跃迁，可分别实现 1.5 μm 和 2.7 μm 发光和激光，在第三通信窗口、生物医疗、国防军事等领域具有重要应用。

　　本节以 Er^{3+}掺杂 BaO-Ga$_2$O$_3$-TeO$_2$(简称 BGT)玻璃体系为例，探讨玻璃结构的相图模型在碲酸盐激光玻璃性质计算预测，特别是光学光谱性质预测中的应用(包括密度、折射率、1530 nm 和 2710 nm 荧光有效线宽、吸收截面、发射截面、辐射跃迁寿命、荧光寿命、增益带宽和光学增益等)。进一步，通过 Java 程序建立性质数据库，并直观呈现在三元相图上，以充实碲酸盐激光玻璃的基础数据，为激光玻璃性质预测提供思路与范例。采用熔融-淬冷法制备 Er^{3+}掺杂 BGT 玻璃，样品组分和具体制备条件见表 6-11(实验条件：原料 10 g，刚玉坩埚，在预热石墨模具或倾倒于铜板上快压成型，马弗炉退火时间为 2 h)。

表 6-11　样品组分和制备条件

编号	xTeO$_2$-yBaO-zGa$_2$O$_3$-1Er$_2$O$_3$(摩尔分数)/%			熔融温度/℃	淬冷方法
	x	y	z		
1	89.10	0.00	9.90	900	
2	84.15	0.00	14.85	900	
3	84.15	9.90	4.95	1000	
4	89.10	9.90	0.00	1000	
5	84.15	14.85	0.00	1000	预热石墨模具
6	74.25	19.85	4.95	1000	
7	74.25	24.75	0.00	900	
8	64.35	29.70	4.95	900	
9	62.37	36.63	0.00	900	
10	59.40	39.60	0.00	900	
A	99.00	0.00	0.00	——	——
B	79.20	19.80	0.00	1000	预热石墨模具
C	74.25	0.00	24.75	1000	铜板
D	66.00	33.00	0.00	900	预热石墨模具
E	49.50	49.50	0.00	——	——

注：在 6.5.1 节所述制备条件下，样品 A、E 不能成玻。

1. 适用性和准确性研讨

依据 Ga$_2$O$_3$-TeO$_2$[20]和 BaO-TeO$_2$[21]二元相图(如图 6-12 所示)，确定 BGT 玻璃

体系中二元一致熔融化合物。在 BGT 玻璃体系形成区(图 6-13 中黑虚线与坐标轴围成的区域)[22]及附近，二元一致熔融化合物有 $BaO \cdot 4TeO_2$、$Ga_2O_3 \cdot 3TeO_2$、$BaO \cdot 2TeO_2$ 和 $BaO \cdot TeO_2$，分别记为 B、C、D 和 E。由于缺乏 BaO-Ga_2O_3-TeO_2 三元相图，三元一致熔融化合物存在与否尚不确定(根据第一性原理计算结果，推测无三元一致熔融化合物)。按照 6.2.1 节中提到的原则，连接二元一致熔融化合物 B、C、D、E，即可确定计算三角区。为方便表述，将 TeO_2 记为一致熔融化合物 A。样品 1、4 和 10 号分别用来逆向计算 C、A 和 E 的性质，其余为验证玻璃，组分点分散在三个计算三角区中。

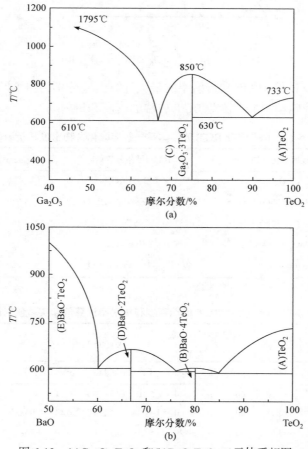

图 6-12　(a)Ga_2O_3-TeO_2 和(b)BaO-TeO_2 二元体系相图

2. 物理性质

表 6-12 给出了 Er^{3+} 掺 BGT 一致熔融化合物 A～E 的密度和折射率。基于玻璃结构的相图模型，计算得到验证玻璃密度与折射率的计算值，并与实验值比较，

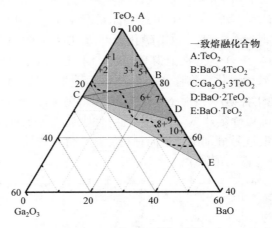

图 6-13　BGT 三元玻璃体系计算三角区

结果及误差见表 6-13。密度和折射率的最大计算误差分别为–1.54%和–0.84%。结果表明，可以精确预测 Er^{3+} 掺杂 BGT 玻璃的密度和折射率。

表 6-12　Er^{3+} 掺杂 BGT 玻璃体系一致熔融化合物密度和折射率

编号	一致熔融化合物	玻璃组成(摩尔分数)/%	$\rho/(g/cm^3)$	$n_{@633 nm}$
A	TeO_2	$99TeO_2$-$1Er_2O_3$	4.918[a]	1.9679[a]
B	$BaO \cdot 4TeO_2$	$79.20TeO_2$-$19.80BaO$-$1Er_2O_3$	5.328	1.9603
C	$Ga_2O_3 \cdot 3TeO_2$	$74.25TeO_2$-$24.75Ga_2O_3$-$1Er_2O_3$	5.395	1.9694[a]
D	$BaO \cdot 2TeO_2$	$66TeO_2$-$33BaO$-$1Er_2O_3$	5.421	1.9308
E	$BaO \cdot TeO_2$	$49.5TeO_2$-$49.5BaO$-$1Er_2O_3$	5.438[a]	1.8446[a]

a. 数据由玻璃结构相图模型逆向计算得到。

表 6-13　Er^{3+} 掺杂 BGT 玻璃密度和折射率计算值和实验值对比

编号	玻璃组成(摩尔分数)/%			一致熔融化合物(摩尔分数)/%			$\rho/(g/cm^3)$			$n_{@633 nm}$		
	BaO	Ga_2O_3	TeO_2	A	B	C	计算值	实验值	δ/%	计算值	实验值	δ/%
1	0.00	9.90	89.10	60	0	40	5.109	5.156	–0.91	—	1.9685[a]	—
2	0.00	14.85	84.15	40	0	60	5.204	5.227	–0.44	1.9688	1.9736	–0.24
3	9.90	4.95	84.15	30	50	20	5.219	5.256	–0.70	1.9688	1.9603	0.43
4	9.90	0.00	89.10	50	50	0	—	5.123[a]	—	—	1.9641[a]	—
5	14.85	0.00	84.15	25	75	0	5.226	5.260	–0.65	1.9622	1.9671	–0.25
				B	C	D						
6	19.80	4.95	74.25	50	20	30	5.369	5.302	1.26	1.9533	1.9483	0.26
7	24.75	0.00	74.25	62.5	0	37.5	5.363	5.447	–1.54	1.9492	1.9658	–0.84

续表

编号	玻璃组成(摩尔分数)/%			一致熔融化合物(摩尔分数)/%			$\rho/(\mathrm{g/cm^3})$			$n_{@633\,\mathrm{nm}}$		
	BaO	Ga$_2$O$_3$	TeO$_2$	C	D	E	计算值	实验值	δ/%	计算值	实验值	δ/%
8	29.70	4.95	64.35	20	60	20	5.419	5.395	0.44	1.9213	1.9271	−0.30
9	36.63	0.00	62.37	0	78	22	5.424	5.429	−0.09	1.9118	1.9132	−0.07
10	39.60	0.00	59.40	0	60	40	—	5.427^a	—	—	1.8963^a	—

a. 样品 1、4、10 性质实验值分别用来计算 C、A、E 性质。

3. 发光性质

表 6-14 给出了 Er^{3+}掺杂 BGT 一致熔融化合物 A~E 的 1530 nm 和 2710 nm 发光特性(包括有效线宽、吸收截面、发射截面、辐射跃迁寿命、荧光寿命、增益带宽和光学增益等)。其中，B、D 的上述发光性质由实验确定，A、E 由逆向计算得到，C 样品荧光寿命由逆向计算得到，其余性质则由实验确定。

实验确定 Er^{3+}掺杂一致熔融化合物光学光谱特性的过程如下：首先，实验测试确定吸收光谱、发射光谱和荧光衰减曲线，如图 6-14 和图 6-15 所示。其次，利用 J-O 理论，计算得到发光性质，计算如 6.2.5 节所述。

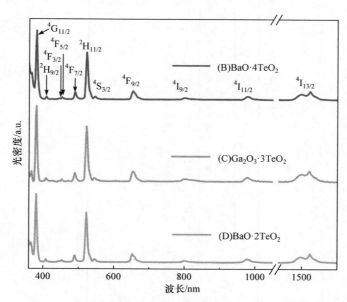

图 6-14　Er^{3+}掺杂 BGT 三元玻璃体系中一致熔融化合物吸收光谱

表 6-14　Er³⁺掺杂 BGT 玻璃体系一致熔融化合物发光性质

一致熔融化合物	1530 nm($^4I_{13/2} \rightarrow {}^4I_{15/2}$)							2710 nm($^4I_{11/2} \rightarrow {}^4I_{13/2}$)						
	$\Delta\lambda_{eff}$ /nm	τ_m /ms	τ_{rad} /ms	σ_a /10^{-21}cm²	σ_e /10^{-21}cm²	$\sigma_e \times \Delta\lambda_{eff}$ /10^{-26}cm³	$\sigma_e \times \tau_m$ /10^{-23}s·cm²	$\Delta\lambda_{eff}$ /nm	τ_m /ms	τ_{rad} /ms	σ_a /10^{-21}cm²	σ_e /10^{-21}cm²	$\sigma_e \times \Delta\lambda_{eff}$ /10^{-26}cm³	$\sigma_e \times \tau_m$ /10^{-23}s·cm²
(A) TeO₂	90.13[a]	2.92[a]	3.16[a]	7.01[a]	6.48[a]	5.83[a]	1.89[a]	144.3[a]	0.39[a]	2.33[a]	4.26[a]	7.22[a]	10.36[a]	0.29[a]
(B) BaO·4TeO₂	77.40	3.01	3.88	6.61	6.36	4.93	1.92	136.1	0.57	3.60	3.46	5.87	7.99	0.33
(C) Ga₂O₃·3TeO₂	81.48	1.95/3.48[a]	3.82	7.94	6.09	4.96	1.19	138.0	0.64[a]	3.22	3.69	6.26	8.64	0.40
(D) BaO·2TeO₂	72.39	4.00	4.10	7.16	6.67	4.83	2.67	141.5	0.64	3.26	3.57	6.05	8.56	0.39
(E) BaO·TeO₂	95.91[a]	3.56[a]	4.33[a]	8.18[a]	4.89[a]	4.94[a]	1.69[a]	132.8[a]	0.05[a]	3.62[a]	3.66[a]	7.95[a]	10.66[a]	0.11[a]

a. 数据由玻璃结构相图模型逆向计算得到。

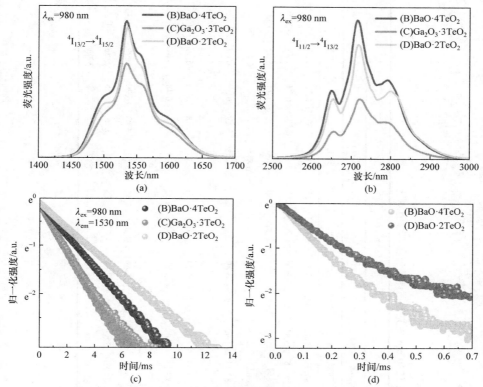

图 6-15　Er^{3+}掺杂 BGT 玻璃体系中一致熔融化合物在 980 nm 激发下的(a),(b)发射光谱和(c),(d)荧光衰减曲线

　　类似地,运用玻璃结构的相图模型计算预测验证玻璃的发光性质并与实验值作比较。1530 nm 发光性质的计算值、实验值和计算误差见表 6-15。其中,Er^{3+}掺杂 BGT 玻璃 1530 nm 有效线宽、吸收截面、增益带宽最大计算误差分别为-5.81%、-7.34%、-8.96%,绝对值介于 5%~10%之间,表明可以准确预测。辐射跃迁寿命、发射截面、荧光寿命和光学增益最大计算误差分别为 10.84%、-11.30%、16.44%和 14.74%,表明其计算预测存在一定误差。需要说明的是,验证玻璃 1530 nm 荧光寿命计算值和计算误差有两组数据,第一组数据最大计算误差为-24.03%,此时样品 C 荧光寿命按实验值 1.95 ms 代入计算。考虑到样品 C 不同冷却方式可能引入较大误差,为避免误差,将样品 C 荧光寿命逆向计算值 3.48 ms 代入重新计算,最大计算误差减小为 16.44%。

　　2710 nm 发光性质的计算值、实验值和计算误差见表 6-16。其中,有效线宽最大计算误差为-4.01%,表明可以精确预测。吸收截面、发射截面、增益带宽、辐射跃迁寿命、荧光寿命和光学增益的最大计算误差分别为-11.94%、-11.89%、-11.24%、19.58%、200.00%和 176.92%,表明在预测 Er^{3+}掺杂 BGT 玻璃 2710 nm 上述光学特性时,存在较大计算误差。

表6-15　Er³⁺掺杂BGT玻璃1530 nm发光性质计算和实验值对比

编号	玻璃组成(摩尔分数)/%			一致熔融化合物(摩尔分数)/%			1530 nm ($^4I_{13/2} \rightarrow {}^4I_{15/2}$)											
							$\Delta\lambda_{eff}$/nm			τ_{rad}/ms			σ_a/10⁻²¹cm²			σ_e/10⁻²¹cm²		
	BaO	Ga$_2$O$_3$	TeO$_2$	A	B	C	计算值	实验值	δ%	计算值	实验值	δ%	计算值	实验值	δ%	计算值	实验值	δ%
1	0.00	9.90	89.10	60	0	40	86.67	87.90	-1.40	3.43	3.43	0.00	7.38	7.12	3.65	6.32	6.26	0.96
2	0.00	14.85	84.15	40	0	60	84.94	90.18	-5.81	3.56	3.26	9.20	7.57	7.53	0.53	6.24	6.38	-2.19
3	9.90	4.95	84.15	30	50	20	82.04	85.03	-3.52	3.65	3.72	-1.88	7.00	7.46	-6.17	6.34	6.02	5.32
4	9.90	0.00	89.10	50	50	0	—	83.77[a]	—	—	3.52[a]	—	—	6.81[a]	—	—	6.42[a]	—
5	14.85	0.00	84.15	25	75	0	80.58	82.14	-1.90	3.70	3.80	-2.63	6.71	7.23	-7.19	6.39	6.09	4.93
				B	C	D												
6	19.80	4.95	74.25	50	20	30	76.71	80.06	-4.18	3.94	3.72	5.91	7.04	7.37	-4.48	6.40	6.50	-1.54
7	24.75	0.00	74.25	62.5	0	37.5	75.52	77.13	-2.09	3.97	3.73	6.43	6.82	7.36	-7.34	6.48	6.61	-1.97
				C	D	E												
8	29.70	4.95	64.35	20	60	20	78.91	76.65	2.95	4.09	3.69	10.84	7.52	8.07	-6.82	6.20	6.99	-11.30
9	36.63	0.00	62.37	0	78	22	77.56	74.80	3.69	4.15	4.08	1.72	7.38	7.31	0.96	6.28	6.58	-4.56
10	39.60	0.00	59.40	0	60	40	—	81.79[a]	—	—	4.19[a]	—	—	7.57[a]	—	—	5.96[a]	—

续表

编号	$\sigma_e \times \Delta\lambda_{eff}/10^{-26}\text{cm}^3$			1530 nm ($^4I_{13/2} \longrightarrow {}^4I_{15/2}$)						$\sigma_e \times \tau_m/10^{-23}\text{s}\cdot\text{cm}^2$		
				τ_m/ms								
	计算值	实验值	$\delta\%$	计算值	实验值	$\delta\%$	计算值'	$\delta'\%$		计算值	实验值	$\delta\%$
1	5.48	5.50	−0.36	3.14[a]	2.53	−19.43	—	—		1.98	1.97	0.51
2	5.31	5.76	−7.81	3.08	2.34	−24.03	3.30	7.14		2.03	1.97	3.05
3	5.20	5.12	1.56	3.40	2.77	−18.53	3.08	−9.41		1.95	2.05	−4.88
4	—	5.38[a]	—	2.97[a]	—	—	—	—		—	1.90[a]	—
5	5.15	5.00	3.00	3.31	2.99	−9.67	2.99	−9.67		1.91	2.02	−5.45
6	4.90	5.20	−5.77	2.92	3.10	6.16	3.40	16.44		2.18	1.90	14.74
7	4.89	5.10	−4.12	3.27	3.38	3.36	3.38	3.36		2.20	2.16	1.85
8	4.88	5.36	−8.96	3.39	3.50	3.24	3.81	12.39		2.36	2.37	−0.42
9	4.85	4.92	−1.42	3.94	3.90	−1.02	3.90	−1.02		2.45	2.59	−5.41
10	—	4.87[a]	—	3.82[a]	—	—	—	—		—	2.28[a]	—

a. 样品 1、4、10 性质实验值分别用来计算 C、A、E 性质。

表 6-16　Er³⁺掺杂 BGT 玻璃 2710 nm 发光性质计算值和实验值对比

编号	玻璃组成(摩尔分数)/%			一致熔融化合物(摩尔分数)/%			2710 nm ($^4I_{11/2}\rightarrow{}^4I_{13/2}$)											
							$\Delta\lambda_{eff}$/nm			τ_{rad}/ms			σ_a/10^{-21}cm²			σ_e/10^{-21}cm²		
	BaO	Ga₂O₃	TeO₂	A	B	C	计算值	实验值	δ%	计算值	实验值	δ%	计算值	实验值	δ%	计算值	实验值	δ%
1	0.00	9.90	89.10	60	0	40	141.79	143.43	-1.14	2.69	2.90	-7.24	4.03	3.85	4.68	6.83	6.53	4.59
2	0.00	14.85	84.15	40	0	60	140.52	144.75	-2.92	2.87	2.86	0.35	3.92	3.98	-1.51	6.64	6.75	-1.63
3	9.90	4.95	84.15	30	50	20	138.94	144.75	-4.01	3.14	3.14	0.00	3.60	3.60	0.00	6.35	6.11	3.93
4	9.90	0.00	89.10	50	50	0	—	140.21ᵃ	—	—	2.97ᵃ	—	—	3.86ᵃ	—	—	6.54ᵃ	—
5	14.85	0.00	84.15	25	75	0	138.15	140.40	-1.60	3.28	3.11	5.47	3.66	3.69	-0.81	6.21	6.26	-0.80
				B	C	D												
6	19.80	4.95	74.25	50	20	30	138.09	137.21	0.64	3.42	2.86	19.58	3.54	4.02	-11.94	6.00	6.81	-11.89
7	24.75	0.00	74.25	62.5	0	37.5	138.12	138.57	-0.32	3.47	3.11	11.58	3.50	3.74	-6.42	5.94	6.34	-6.31
				C	D	E												
8	29.70	4.95	64.35	20	60	20	139.06	140.50	-1.02	3.32	2.97	11.78	3.61	3.86	-6.48	6.47	6.55	-1.22
9	36.63	0.00	62.37	0	78	22	139.59	139.20	0.28	3.34	3.33	0.30	3.59	3.60	-0.28	6.47	6.10	6.07
10	39.60	0.00	59.40	0	60	40	—	138.02ᵃ	—	—	3.40ᵃ	—	—	3.60ᵃ	—	—	6.81ᵃ	—

续表

2710 nm ($^4I_{11/2} \longrightarrow {}^4I_{13/2}$)

编号	$\sigma_e \times \Delta\lambda_{eff}/10^{-26}cm^3$			τ_m/ms			$\sigma_e \times \tau_m/10^{-23}s \cdot cm^2$		
	计算值	实验值	$\delta\%$	计算值	实验值	$\delta\%$	计算值	实验值	$\delta\%$
1	9.67	9.37	3.20	—	0.49[a]	—	0.34	0.32	6.25
2	9.33	9.77	-4.50	0.54	0.51	5.88	0.36	0.35	2.86
3	8.83	8.84	-0.11	0.53	0.44	20.45	0.33	0.27	22.22
4	—	9.18[a]	—	—	0.48[a]	—	—	0.31[a]	—
5	8.58	8.79	-2.39	0.52	0.29	79.31	0.32	0.18	77.78
6	8.29	9.34	-11.24	0.60	0.20	200.00	0.36	0.13	176.92
7	8.20	8.79	-6.71	0.59	0.38	55.26	0.35	0.24	45.83
8	8.99	9.20	-2.28	0.52	0.51	1.96	0.33	0.34	-2.94
9	9.02	8.49	6.24	0.51	0.38	34.21	0.32	0.23	39.13
10	—	9.40[a]	—	—	0.40[a]	—	—	0.27[a]	—

a. 样品 1、4、10 性质实验值分别用来计算 C、A、E 性质。

　　综上，研究表明，对于 Er³⁺ 掺杂 BGT 玻璃体系，玻璃结构的相图模型可以精确预测密度、折射率和 2710 nm 荧光有效线宽，准确预测 1530 nm 荧光有效线宽和吸收截面以及增益带宽，其他光谱性质计算误差较大。

4. 误差分析

　　根据表 6-15 和表 6-16，针对最大计算误差大于 10% 的性质，绘制了验证样品的计算误差分布图，分别如图 6-16 和图 6-17 所示。图中红线表示计算值等于实验值，数据点越靠近红线表明计算值和实验值越接近，即误差越小。黄色、蓝色和白色区域分别表示计算误差小于 5%、介于 5%～10% 和大于 10%，括号内的数值表示相应性质最大计算误差值。由图 6-16 和图 6-17 可知，其中一些光谱性质，如 1530 nm 荧光发射截面、辐射跃迁寿命、光学增益和 2710 nm 荧光吸收截面、发射截面、增益带宽等，除个别样品外，其余样品计算误差均小于 10%。另外一些光谱性质，如 1530 nm 荧光寿命和 2710 nm 荧光寿命、辐射跃迁寿命、

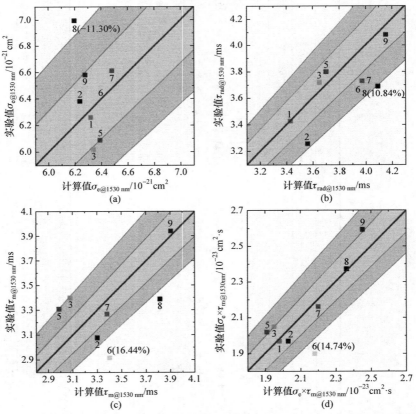

图 6-16　BGT 玻璃中 Er³⁺: $^4I_{13/2} \rightarrow \,^4I_{15/2}$(a)发射截面、(b)辐射跃迁寿命、(c)荧光寿命和(d)光学增益计算误差分布图(见书后彩图)

光学增益等，多个验证玻璃计算误差则都超过 10%。这些结果表明，可以准确预测 Er^{3+} 掺杂 BGT 玻璃体系的密度和折射率，计算误差小于 5%；有效线宽、吸收截面和发射截面计算误差除个别样品外，基本位于 5%～10%，可以准确预测；荧光寿命计算误差大多大于 10%，准确性较低。进一步的误差分析表明，误差来源主要包括：

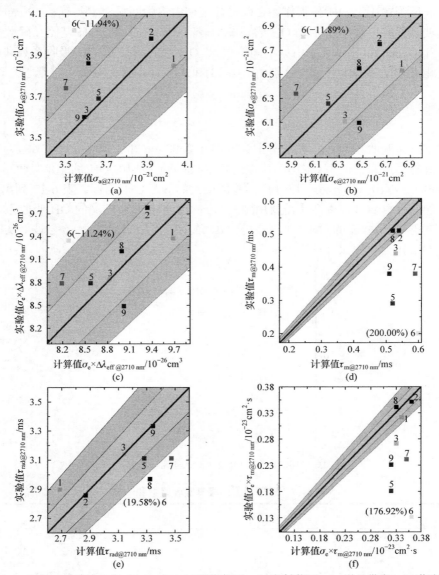

图 6-17　BGT 玻璃中 Er^{3+}: $^4I_{11/2} \rightarrow {}^4I_{13/2}$(a)吸收截面、(b)发射截面、(c)增益带宽、(d)荧光寿命、(e)辐射跃迁寿命和(f)光学增益计算误差分布图

(1) 样品冷却方式不同。预热石墨模具冷却和铜板快压制备的玻璃在结构和性质上会略有差异。部分一致熔融化合物直接冷却难以成玻,需采用铜板快压方式制备,计算通过石墨模具冷却制备的验证玻璃的性质,会引入一定误差。

(2) 样品羟基(OH$^-$)含量不同。OH$^-$对 Er^{3+} 1530 nm 和 2710 nm 荧光具有严重的猝灭作用,其作用机理如图 6-18 所示。与其他氧化物玻璃(如硅酸盐玻璃、锗酸盐玻璃等)相比,OH$^-$猝灭作用在碲酸盐玻璃中更为明显,主要有,一方面,碲酸盐玻璃低的熔制温度导致 OH$^-$含量相对较高;另一方面,OH$^-$基团在碲酸盐玻璃的[TeO$_4$]和[TeO$_3$]单元中占据不同位置[23],OH$^-$吸收峰较宽。OH$^-$吸收系数和OH$^-$浓度能直接反映 OH$^-$含量,分别由式(6-13)和式(6-14)计算[24]:

$$\alpha = \ln(T_0 / T) / d \tag{6-13}$$

$$N_{\text{OH}^-} = \frac{N}{\varepsilon}\alpha \tag{6-14}$$

式中,α 是吸收系数;T_0 和 T 分别为玻璃在 2600 nm 和 3000 nm 处红外透过率,可由红外透过光谱读出;N 为阿伏伽德罗常数;ε 是玻璃中 OH$^-$的摩尔吸收率,采用数值 49.1×10^3 cm^2/mol。以计算误差值最大的 6 号玻璃为例,表 6-17 列出了 6 号玻璃及计算 6 号玻璃性质需要用到的 B、D、1 号与 4 号玻璃的 OH$^-$吸收系数和OH$^-$浓度。5 个样品的 OH$^-$吸收系数及 OH$^-$浓度各不相同,因此,6 号玻璃实际受到的 OH$^-$猝灭作用比计算更为复杂。

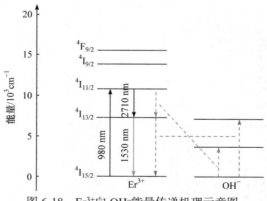

图 6-18　Er^{3+}向 OH$^-$能量传递机理示意图

表 6-17　玻璃样品的羟基吸收系数和浓度

编号	α /cm^{-1}	N_{OH^-} /10^{19} cm^{-3}
1	2.30	2.82
4	2.16	2.65
6	2.55	3.12
B	2.64	3.24
D	1.77	2.18

(3) 样品组分挥发。Er^{3+} 掺杂 BGT 玻璃体系的熔制温度在 900～1000℃之间，高于其他碲酸盐玻璃体系(如 Na_2O-ZnO-TeO_2)，高温熔制过程的组分挥发导致实际组分偏离名义组分，由此引入计算误差。

(4) 其他因素引起的样品质量差异，如混料均匀性和稀土离子分布均匀性差异、玻璃表面质量差异、加工质量差异、局部轻微析晶或分相等。

物理性质与光谱性质计算误差具有较大差异，其主要原因是上述误差来源对不同性质的影响程度不同：

(1) 物理性质，如密度和折射率主要受原子或分子堆积影响，主要由玻璃实际组成决定。上述误差来源对密度和折射率计算准确性影响不大，因此，密度和折射率计算误差最小。

(2) 发光性质，如有效线宽、吸收和发射截面受制于稀土离子所处的局域场，受组分挥发、分相及冷却方式不同造成的结构差异影响较大，此外更为复杂的测试与计算方法也引入了一定误差。因此，光学光谱特性计算误差比物理性质大。

(3) 一些发光性质如荧光寿命除前述影响因素外，对 OH^- 含量尤为敏感，特别是 2710 nm 的荧光，更容易被 OH^- 猝灭[25]。因此，样品 OH^- 含量不同，导致 2710 nm 荧光寿命误差更大。此外，2710 nm 荧光强度弱，衰减曲线测试和拟合也引入较大误差。

综上所述，除了计算方法本身引入的误差外，实验及玻璃质量差异也会对预测结果产生影响，且对于不同玻璃体系、掺杂离子及性质，误差大小与来源不同。

5. 数据库建立

为了提高计算效率和准确性，作者等借助 Java 软件，把计算玻璃形成区及附近大量组分(组分间隔摩尔分数 2%)玻璃性质的过程编写成程序，运行程序获得了 173 个组分点的性质数据，初步建立了 Er^{3+} 掺杂 BGT 玻璃性质数据库。TeO_2、BaO 和 Ga_2O_3 的摩尔分数分别在 50.59%～99.00%、0.00%～49.50%、0.00%～24.75% 范围内。密度、折射率、2710 nm 荧光有效线宽、1530 nm 荧光有效线宽和吸收截面以及增益带宽数值分别在 4.918～5.438 g/cm^3、1.8446～1.9694、132.8～144.3 nm、72.39～95.91 nm、6.61×10^{-21}～8.18×10^{-21} cm^2 和 4.83×10^{-26}～5.83×10^{-26} cm^3 范围内。这些性质对应的玻璃成分可从附表 S6-2 中快速检索，图 6-19 和图 6-20 分别直观地给出了 Er^{3+} 掺杂 BGT 玻璃物理与发光性质随组分的变化趋势，能够更直接地指导实际应用。例如，要设计折射率为 1.88 的玻璃，可直接从表格中获得玻璃成分；若以设计光纤放大器基质为前提，需要将增益带宽作为首要目标，并综合考量抗析晶性、热膨胀性能等，避免大量实验与计算，促使新型激光玻璃研发的高效流程化。

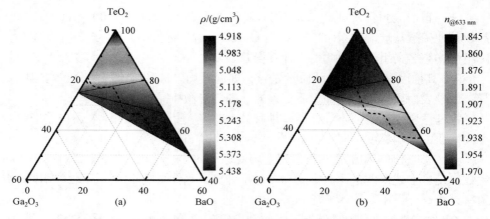

图 6-19　Er³⁺掺杂 BGT 三元玻璃体系(a)密度和(b)折射率示意图

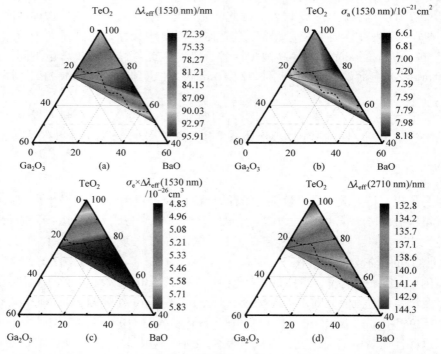

图 6-20　Er³⁺掺杂 BGT 三元玻璃体系 980 nm 激发下(a)和(d)有效线宽、(b)吸收截面和(c)增益带宽示意图(见书后彩图)

6.5.2　铒掺杂锗酸盐玻璃性质计算与预测

　　锗酸盐玻璃具有红外透过范围宽(约 6 μm)、最大声子能量低(约 850 cm⁻¹)、稀土离子溶解度高(约 10²¹ions/cm³)、机械和物理化学稳定性优异等特点，是中红外窗口和固体激光器等光子学应用的核心介质[26]。

本节将以 Er^{3+} 掺杂 BaO-CaO-GeO$_2$(BCG)玻璃为例,利用该玻璃体系中一致熔融化合物的性质计算预测物理性质和光学光谱性质(包括密度、折射率、1530 nm 和 2710 nm 波段的有效线宽、吸收截面、发射截面、辐射跃迁寿命、荧光寿命、增益带宽和光学增益等),并在此基础上,通过高通量程序,建立 Er^{3+} 掺杂 BCG 玻璃的组成-结构-性质数据库,直观地呈现在相图上,为锗酸盐激光玻璃性质的计算预测提供思路与范例。

采用熔融-淬冷法制备 Er^{3+} 掺杂 BCG 玻璃,样品组分和具体制备条件见表 6-18(实验条件:原料 10 g,刚玉坩埚,在预热石墨模具上成型,马弗炉退火时间为 2 h)(该玻璃体系可通过石墨模具冷却成玻,可以尽量减小由样品冷却方式不同产生的玻璃结构差异对预测结果的影响),其中样品 A 的组成点远离成玻区,无法成玻。

表 6-18 样品组分和制备条件

编号	xGeO$_2$-yBaO-zCaO-1Er$_2$O$_3$(摩尔分数)/%			熔制温度/℃
	x	y	z	
1	69.30	0.00	29.70	1350
2	74.25	4.95	19.80	1350
3	79.20	9.90	9.90	1350
4	69.30	9.90	19.80	1350
5	69.30	24.75	4.95	1350
6	59.40	14.85	24.75	1350
7	57.42	9.90	31.68	1350
A	49.50	0.00	49.50	—a
B	66.00	0.00	33.00	1350
C	79.20	0.00	19.80	1350
D	79.20	19.80	0.00	1450
E	49.50	49.50	0.00	1450

a. 在 6.5.2 节所述制备条件下,样品 A 不能成玻。

1. 物理特性预测及验证

依据 CaO-GeO$_2$ 和[27]BaO-GeO$_2$ 二元[28]相图(图 6-21)确定 BCG 玻璃体系形成区(图 6-22 中两条黑色虚线与坐标轴围成的区域)[29]及其附近的二元一致熔融化合物,包括 CaO · GeO$_2$、CaO · 2GeO$_2$、CaO · 4GeO$_2$、BaO · 4GeO$_2$ 和 BaO · GeO$_2$(如图 6-21 所示),分别标记为 A、B、C、D、E。由于缺乏 BaO-CaO-

GeO₂ 三元相图，三元一致熔融化合物存在与否尚不确定(根据第一性原理计算结果，推测该体系无三元一致熔融化合物)。根据面积最小原则连接一致熔融化合物 A～E，可确定 BCG 玻璃体系的计算三角形。样品编号根据其组成绘制在图 6-22 相应位置。7 号样品用于逆向法计算 A 的性质；其余为验证玻璃，位于三个不同的计算三角形中，作为整个体系的代表，通过比较其性质的预测结果和实验结果，探究利用一致熔融化合物性质定量计算 BCG 玻璃性质的适用性和准确性。

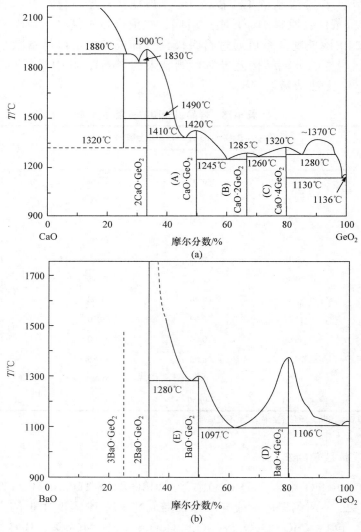

图 6-21　(a)CaO-GeO₂ 和(b)BaO-GeO₂ 二元体系相图

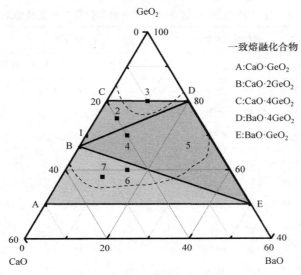

图 6-22　BCG 三元玻璃体系计算三角区

表 6-19 给出了 Er^{3+} 掺杂一致熔融化合物 A～E 的密度和折射率，其中，A 的密度和折射率由逆向法计算得到，B～E 的密度和折射率由实验确定。利用上述一致熔融化合物的密度与折射率，计算得到验证玻璃密度与折射率的计算值，并与实验值比较，结果及误差见表 6-20。结果表明，Er^{3+} 掺杂 BCG 玻璃的密度和折射率最大计算误差分别为 -2.05% 和 -0.97%，与 Er^{3+} 掺杂 BGT 玻璃相似(-1.54% 和 -0.84%)[30]，可以定量精确地计算预测。图 6-23 直观给出了不同玻璃样品密度和折射率计算值、实验值以及计算误差值。由图 6-23 可知，所有验证玻璃计算误差都小于 10%，其中样品 1、4 和 5 误差较小，而样品 2、3 和 6 误差相对稍大。结合 BCG 玻璃的成玻区发现，误差较小的样品 1、4 和 5 组成点位于成玻区中心位置，而误差稍大的样品 2、3 和 6 组成点位于成玻区边界附近，表明计算误差大小与玻璃组成点在成玻区中的位置有关，组成点越接近成玻区中心位置，预测准确性越高。

表 6-19　Er^{3+}掺杂 BCG 玻璃体系一致熔融化合物密度和折射率

一致熔融化合物	玻璃组成(摩尔分数)/%	$\rho/(g/cm^3)$	n				
			@488 nm	@632.8 nm	@655 nm	@1309 nm	@1533 nm
(A) CaO · GeO₂	49.5CaO-49.5GeO₂-1Er₂O₃	3.886[a]	1.7188[a]	1.7093[a]	1.7086[a]	1.6922[a]	1.6936[a]
(B) CaO · 2GeO₂	33.0CaO-66.0GeO₂-1Er₂O₃	3.986	1.7300	1.7145	1.7123	1.6961	1.6948
(C) CaO · 4GeO₂	19.8CaO-79.2GeO₂-1Er₂O₃	4.047	1.7016	1.6924	1.6896	1.6766	1.6744
(D) BaO · 4GeO₂	19.8BaO-79.2GeO₂-1Er₂O₃	4.532	1.7255	1.7091	1.7015	1.6928	1.6908
(E) BaO · GeO₂	49.5BaO-49.5GeO₂-1Er₂O₃	4.956	1.7599	1.7394	1.7367	1.7204	1.7202

a. 数据由玻璃结构相图模型逆向法计算得到。

表 6-20　Er³⁺掺杂 BCG 玻璃密度和折射率计算值和实验值对比

编号	玻璃组成(摩尔分数)/%			一致熔融化合物(摩尔分数)/%			ρ/(g/cm³)			$n_{@633\,nm}$		
	BaO	CaO	GeO₂	B	C	D	计算值	实验值	δ/%	计算值	实验值	δ/%
1	0.00	29.70	69.30	75.00	25.00	0.00	4.001	3.997	0.10	1.7090	1.7107	−0.10
2	4.95	19.80	74.25	37.50	37.50	25.00	4.146	4.217	−1.68	1.7049	1.6990	0.35
3	9.90	9.90	79.20	0.00	50.00	50.00	4.290	4.380	−2.05	1.7008	1.7175	−0.97
				B	D	E						
4	9.90	19.80	69.30	60.00	33.33	6.67	4.233	4.213	0.47	1.7144	1.7097	0.27
5	24.75	4.95	69.30	15.00	58.33	26.67	4.563	4.593	−0.65	1.7180	1.7162	0.10
				A	B	E						
6	14.85	24.75	59.40	10.00	60.00	30.00	4.267	4.184	1.98	1.7215	1.7092	0.72
7	9.90	31.68	57.42	32.00	48.00	20.00	—	4.148 [a]	—	—	1.7178 [a]	—

a. 样品 7 性质实验值用于计算 A 性质。

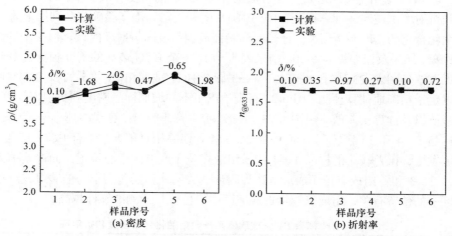

图 6-23　Er³⁺掺杂 BCG 玻璃密度和折射率计算误差分布图

2. 光谱特性预测及验证

表 6-21 给出了 Er³⁺掺杂一致熔融化合物 A～E 的 1530 nm 和 2710 nm 波段的发光性质，包括 $\Delta\lambda_{eff}$、σ_a、σ_e、τ_{rad}、τ_m、$\sigma_e \times \Delta\lambda_{eff}$ 和 $\sigma_e \times \tau_m$，其中 A 的发光性质由逆向法计算，B～E 的发光性质根据图 6-24 给出的吸收光谱、发射光谱和衰减曲线计算[30]。

利用 Er³⁺掺杂 BCG 玻璃的五种一致熔融化合物发光性质，确定该体系验证样品性质的计算值并与实验值相比较，结果见表 6-22。对于 1530 nm 波段发光，其 σ_a、σ_e、$\Delta\lambda_{eff}$、τ_{rad}、τ_m、$\sigma_e\times\Delta\lambda_{eff}$ 和 $\sigma_e\times\tau_m$ 的最大计算误差分别为−7.40%、7.84%、−5.98%、9.05%、−7.51%、7.01%和8.33%。而对于 2710 nm 波段的发光，其 σ_a、

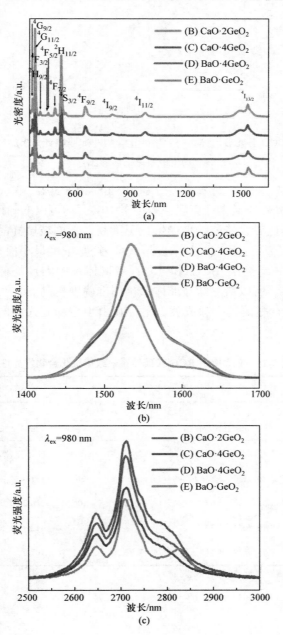

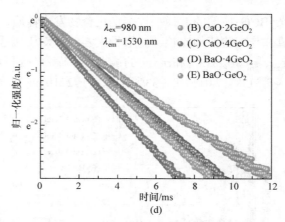

图 6-24　Er³⁺掺杂 BCG 三元玻璃体系一致熔融化合物的(a)吸收光谱(b), (c)发射光谱和(d)荧光衰减曲线(见书后彩图)

σ_e、$\Delta\lambda_{eff}$ 和 $\sigma_e \times \Delta\lambda_{eff}$ 的最大计算误差分别为 8.68%、8.50%、3.66% 和 6.17%。可见，上述所有发光性质最大计算误差均小于 10%，均可以准确预测。与 Er³⁺掺杂 BGT 玻璃体系相比较，锗酸盐玻璃熔化温度高，不同玻璃样品羟基含量差异小("羟基含量差异值"可用"(羟基浓度最大值−羟基浓度最小值)/羟基浓度最大值×100%"表示)，Er³⁺掺杂 BCG 和 BGT 玻璃体系中的羟基含量差异值分别为 15.53% 和 32.71%，所以锗酸盐玻璃体系预测准确度更高。此外，BCG 体系所有玻璃样品均通过石墨模具冷却成玻，不存在由于冷却方式不同而造成结构差异的影响。

表 6-21　Er³⁺掺杂 BCG 玻璃体系一致熔融化合物发光性质

一致熔融化合物	1530 nm ($^4I_{13/2} \leftrightarrow {}^4I_{15/2}$)							2710 nm ($^4I_{11/2} \leftrightarrow {}^4I_{13/2}$)			
	$\Delta\lambda_{eff}$ /nm	τ_m /ms	τ_{rad} /ms	σ_a/ $10^{-21}cm^2$	σ_e/ $10^{-21}cm^2$	$\sigma_e \times \Delta\lambda_{eff}$ /$10^{-26}cm^3$	$\sigma_e \times \tau_m$/ $10^{-23}s \cdot cm^2$	$\Delta\lambda_{eff}$ /nm	σ_a/10^{-21} cm^2	σ_e/ $10^{-21}cm^2$	$\sigma_e \times \Delta\lambda_{eff}$ /$10^{-26}cm^3$
(A)CaO · GeO₂	94.82ᵃ	2.95ᵃ	5.87ᵃ	6.14ᵃ	4.35ᵃ	4.11ᵃ	1.31ᵃ	117.8ᵃ	5.21ᵃ	6.01ᵃ	7.02ᵃ
(B)CaO · 2GeO₂	80.54	2.84	6.28	5.83	4.94	3.98	1.40	121.0	4.95	5.72	6.92
(C)CaO · 4GeO₂	92.28	2.33	6.28	5.47	4.47	4.12	1.04	116.2	5.30	6.11	7.10
(D)BaO · 4GeO₂	80.85	3.16	6.74	5.79	4.62	3.73	1.46	112.4	5.02	5.79	6.51
(E)BaO · GeO₂	66.96	3.75	8.78	5.51	4.14	2.77	1.55	107.9	4.07	4.70	5.07

a. 数据由玻璃结构相图模型逆向法计算得到。

表 6-22　Er³⁺掺杂 BCG 玻璃发光性质计算值和实验值对比

编号	玻璃组成(摩尔分数)/%			一致熔融化合物(摩尔分数)/%			1530 nm (⁴I₁₃/₂↔⁴I₁₅/₂)											
							$\Delta\lambda_{eff}$/nm			τ_m/ms			τ_{rad}/ms			σ_a/10⁻²¹cm²		
	BaO	CaO	GeO₂	B	C	D	计算值	实验值	δ%	计算值	实验值	δ%	计算值	实验值	δ%	计算值	实验值	δ%
1	0.00	29.70	69.30	75.00	25.00	0.00	83.48	88.79	−5.98	2.71	2.93	−7.51	5.84	6.11	−4.42	5.74	5.79	−0.86
2	4.95	19.80	74.25	37.50	37.50	25.00	85.02	85.30	−0.33	2.73	2.61	4.60	6.40	6.60	−3.03	5.68	5.58	1.79
3	9.90	9.90	79.20	0	50.00	50.00	86.56	86.87	−0.36	2.74	2.69	1.86	6.51	5.97	9.05	5.63	6.08	−7.40
4	9.90	19.80	69.30	60.00	33.33	6.67	79.74	83.24	−4.20	3.01	2.84	5.99	6.59	6.54	0.76	5.79	5.95	−2.69
5	24.75	4.95	69.30	15.00	58.33	26.67	77.10	77.87	−0.99	3.27	3.38	−3.25	7.21	7.66	−5.87	5.72	5.39	6.12
6	14.85	24.75	59.40	10.00	60.00	30.00	77.90	76.94	1.25	3.13	3.25	−3.69	6.99	7.34	−4.77	5.76	5.55	3.78
7	9.90	31.68	57.42	32.00	48.00	20.00	—	82.40ᵃ	—	—	3.06ᵃ	—	—	6.65ᵃ	—	—	5.86ᵃ	—

（一致熔融化合物栏中标注字母：E、D、E、B、A、B）

编号	σ_e/10⁻²¹cm²			1530 nm (⁴I₁₃/₂↔⁴I₁₅/₂)					
				$\sigma_e\times\Delta\lambda_{eff}$/10⁻²⁶cm³			$\sigma_e\times\tau_m$/10⁻²³cm²·s		
	计算值	实验值	δ%	计算值	实验值	δ%	计算值	实验值	δ%
1	4.82	4.63	4.10	4.02	4.11	−2.19	1.31	1.36	−3.68
2	4.68	4.57	2.41	3.97	3.90	1.79	1.28	1.19	7.56
3	4.54	4.80	−5.42	3.93	4.16	−5.53	1.25	1.29	−3.10
4	4.78	4.64	3.02	3.82	3.87	−1.29	1.43	1.32	8.33
5	4.54	4.21	7.84	3.51	3.28	7.01	1.48	1.42	4.23
6	4.64	4.48	3.57	3.63	3.45	5.22	1.44	1.46	−1.37
7	—	4.59ᵃ	—	—	3.78ᵃ	—	—	1.40ᵃ	—

续表

$$2710 \text{ nm } (^4I_{11/2} \leftrightarrow {}^4I_{13/2})$$

编号	$\Delta\lambda_{eff}$/nm			σ_a/10^{-21} cm²			σ_e/10^{-21} cm²			$\sigma_e \times \Delta\lambda_{eff}$/$10^{-26}$ cm³		
	计算值	实验值	δ%	计算值	实验值	δ%	计算值	实验值	δ%	计算值	实验值	δ%
1	119.2	120.7	-1.24	5.04	5.10	-1.18	5.81	5.89	-1.36	6.96	7.11	-2.11
2	116.0	111.9	3.66	5.11	5.24	-2.48	5.89	6.05	-2.64	6.83	6.77	0.89
3	114.3	117.8	-2.97	5.16	5.31	-2.82	5.95	6.13	-2.94	6.81	7.22	-5.68
4	117.2	121.1	-3.22	4.92	4.83	1.86	5.67	5.57	1.80	6.66	6.74	-1.19
5	112.5	115.2	-2.34	4.76	4.38	8.68	5.49	5.06	8.50	6.19	5.83	6.17
6	116.7	116.8	-0.09	4.72	4.52	4.42	5.44	5.22	4.21	6.37	6.09	4.60
7	—	117.4 [a]	—	—	4.86 [a]	—	—	5.61 [a]	—	—	6.58 [a]	—

a. 样品 7 性质实验值用来计算 A 性质。

图 6-25 和图 6-26 分别给出了不同玻璃样品 1530 nm 和 2710 nm 波段的发光性质计算误差分布图。对于 1530 nm 波段，5 个验证样品 $\Delta\lambda_{eff}$ 计算误差小于 5%，4 个验证样品 σ_a、σ_e、τ_m 和 $\sigma_e \times \tau_m$ 计算误差小于 5%，3 个验证样品 $\sigma_e \times \Delta\lambda_{eff}$ 计算误差小于 5%。对于 2710 nm 波段，6 个验证样品 $\Delta\lambda_{eff}$ 计算误差均小于 5%，5 个验

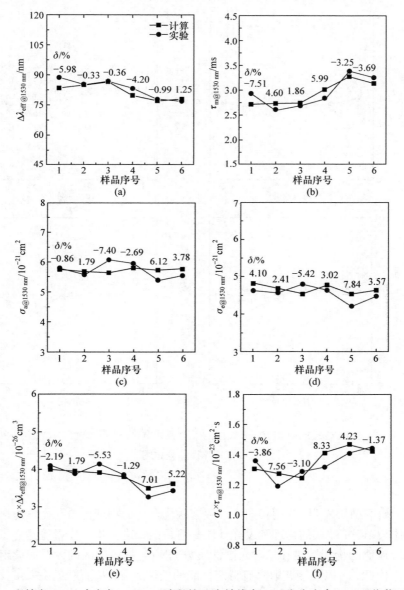

图 6-25　Er^{3+} 掺杂 BCG 玻璃中 1530 nm 波段的(a)有效线宽、(b)发光寿命、(c)吸收截面、(d)发射截面、(e)增益带宽和(f)光学增益计算误差分布图

证样品σ_a和σ_e计算误差小于5%，4个验证样品$\sigma_e \times \Delta\lambda_{eff}$计算误差小于5%。表明，就$\Delta\lambda_{eff}$、$\sigma_a$、$\sigma_e$和$\sigma_e \times \Delta\lambda_{eff}$而言，除了不同波段同一性质的最大计算误差不同以外，能够精确预测($\delta < 5\%$)的验证样品数量也不同，可归因于不同波段发光来自不同能级跃迁，受到不同因素的影响程度不同。

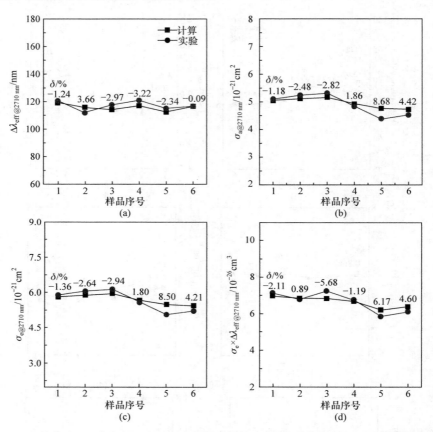

图 6-26　Er^{3+}掺杂 BCG 玻璃中 2710 nm 波段的(a)有效线宽、(b)吸收截面、(c)发射截面和(d)增益带宽计算误差分布图

3. 性质数据库建立

以上研究结果表明，利用相图中一致熔融化合物的物理性质和光学光谱性质计算 Er^{3+}掺杂 BCG 玻璃的物理和发光性质是可行的。进一步，作者等建立了 Er^{3+}掺杂 BCG 玻璃的物理性质和光学光谱性质数据库(包括成玻区内大量玻璃组分的性质数据)，由此，可以直接获取具有特定性能的玻璃成分，从而避免了大量反复试验和重复计算，对于实际应用具有指导意义。借助 Java 软件，将上述计算过程编写成高通量程序，实现了大量不同组分玻璃、不同性质的快速计算。如果组分间隔足

够小，该程序可以有效地计算几乎所有可能的 Er³⁺掺杂 BCG 玻璃的性质。以摩尔分数 2%的组分间隔为例，通过运行程序快速获得了 309 个组分点的性质数据。在该数据库中，GeO₂、BaO 和 CaO 的摩尔分数分别在 49.5%～79.2%、0%～49.5%、0%～49.5%范围内。玻璃的密度和折射率数值分别在 3.886～4.956 g/cm³ 和 1.6924～1.7394 范围内。对于 1530 nm 波段，其σ_a、σ_e、$\Delta\lambda_{eff}$、τ_{rad}、τ_m、$\sigma_e\times\Delta\lambda_{eff}$ 和$\sigma_e\times\tau_m$ 分别在 5.47×10^{-21}～6.14×10^{-21} cm²、4.14×10^{-21}～4.94×10^{-21} cm²、66.96～94.82 nm、5.87～8.78 ms、2.33～3.75 ms、2.77×10^{-26}～4.12×10^{-26} cm³ 和 1.04～1.55 cm² · s 范围内。对于 2710 nm 波段，其σ_a、σ_e、$\Delta\lambda_{eff}$ 和$\sigma_e\times\Delta\lambda_{eff}$ 分别在 4.07×10^{-21}～5.30×10^{-21} cm²、4.70×10^{-21}～6.11×10^{-21} cm²、107.9～121.0 nm 和 5.07×10^{-26}～7.10×10^{-26} cm³ 范围内，具体见附表 S6-3，同时，数据直观呈现在玻璃相图中，如图 6-27 和图 6-28 所示。在可接受的误差范围内，该数据库对于指导 Er³⁺掺杂 BCG 玻璃的实际应用具有指导意义，例如，需要设计用于 1.5 μm 光纤放大器的玻璃，可以选择 Er³⁺: ⁴I₁₃/₂→⁴I₁₅/₂跃迁发射$\sigma_e\times\Delta\lambda_{eff}$相对较大的发光性质优异的组成区域，并综合考量抗析晶性、热膨胀性能等影响玻璃应用的其他因素。该数据库也可以用来分析性质随组成调整的变化规律，例如，当 GeO₂ 摩尔分数不变时，$\Delta\lambda_{eff}$随着 CaO/BaO 比率增加而增加，归因于 Ca²⁺(0.33×10^{-16} esu/cm²)比 Ba²⁺(0.24×10^{-16} esu/cm²)场强更高[31]。

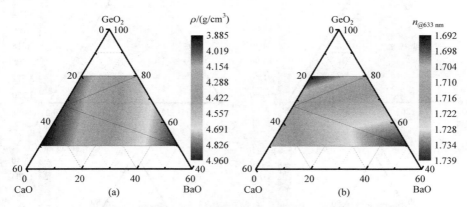

图 6-27　Er³⁺掺杂 BCG 三元玻璃体系(a)密度和(b)折射率示意图

表 6-23 给出了不同 Er³⁺掺杂玻璃体系的 1.5 μm 发光性质[32-41]。与其他玻璃体系相比，Er³⁺掺杂 BCG 玻璃具有较大的 $\Delta\lambda_{eff}$(67.0～94.8 nm)，其最大值高于所有氧化物和非氧化物玻璃体系。⁴I₁₃/₂ 能级 τ_{rad}(5.87～8.78 ms)仅次于磷酸盐和氟化物玻璃，并远大于硅酸盐、碲酸盐和其他锗酸盐玻璃体系，表明该体系可用于宽带光纤放大器或可调谐光纤激光器，最佳成分分别位于成玻区的左下角和右下角。

表 6-24 给出了不同 Er³⁺掺杂玻璃体系的 2.7 μm 发光性质比较[32,41-46]。Er³⁺掺杂 BCG 玻璃的 $\Delta\lambda_{eff}$(107.9～121.0 nm)仅次于碲酸盐玻璃，但远远大于其他锗酸盐

玻璃。$\sigma_e \times \Delta\lambda_{eff}$($507 \times 10^{-28} \sim 710 \times 10^{-28}$ cm^3)数值大小在锗酸盐玻璃中处于中间水平。表明，Er^{3+}掺杂 BCG 玻璃在 2.7 μm 可调谐光纤激光器和短脉冲光纤激光器上具有应用前景，最佳成分位于成玻区的左侧。

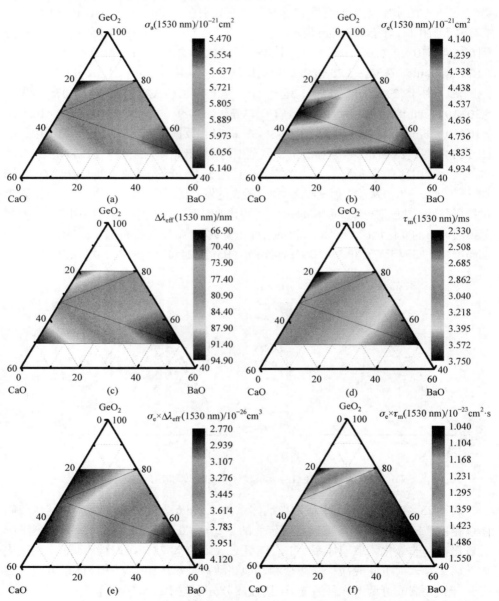

图 6-28　Er^{3+}掺杂 BCG 三元玻璃体系的(a)吸收截面、(b)发射截面、(c)有效线宽、(d)发光寿命、(e)增益带宽和(f)光学增益示意图

表 6-23　不同 Er³⁺掺杂玻璃体系 1.5 μm 发光性质比较

玻璃体系	组成	1530 nm($^4I_{13/2} \rightarrow {}^4I_{15/2}$)						参考文献
		$\Delta\lambda_{eff}$/nm	σ_e /10⁻²¹ cm²	τ_{rad}/ms	τ_m/ms	$\sigma_e \times \Delta\lambda_{eff}$ /10⁻²⁸ cm³	$\sigma_e \times \tau_m$ /10⁻²³ cm² · s	
锗酸盐	GeO₂-BaO-CaO	67.0～94.8	4.14～4.94	5.87～8.78	2.33～3.75	277～412	1.04～1.55	本工作
	GeO₂-Bi₂O₃-Ga₂O₃	23.0[a]	8.20	3.75	4.12	189	3.38	[32]
	GeO₂-Ga₂O₃-BaF₂	73.1[a]	6.50	6.43	4.45	475	2.89	[33]
	GeO₂-B₂O₃-ZnO	85.0	5.45	—	5.72	463	3.12	[34]
硅酸盐	SiO₂-GeO₂-BaO-CaO	77.0	9.60	5.36	0.78	739	0.75	[35]
碲酸盐	TeO₂-ZnO-Na₂O	63.0	7.90	3.35	3.30	498	2.61	[36]
磷酸盐	P₂O₅-Al₂O₃-Na₂O	52.0	5.60	10.6	7.86	291	4.40	[37]
	NaPO₃-TeO₂-AlF₃-NaF	39.3	11.7	11.7	—	460	—	[38]
氟化物	ZrF₄-BaF₂-YF₃-AlF₃	75.6	6.29	10.1	6.82	476	4.29	[39]
	ZBLAN	65.0	5.10	—	9.50	331	4.90	[40]

a. 数值由文献数据计算得到。

表 6-24　不同 Er³⁺掺杂玻璃体系 2.7 μm 发光性质比较

玻璃体系	组成	2710 nm ($^4I_{11/2} \rightarrow {}^4I_{13/2}$)			参考文献
		$\Delta\lambda_{eff}$/nm	σ_e/10⁻²¹ cm²	$\sigma_e \times \Delta\lambda_{eff}$/10⁻²⁸ cm³	
锗酸盐	GeO₂-BaO-CaO	107.9～121.0	4.70～6.11	507～710	本工作
	GeO₂-Ga₂O₃-BaF₂	81.1[a]	12.4	1006	[33]
	GeO₂-Bi₂O₃-Ga₂O₃	73.0	10.9	796	[41]
碲酸盐	TeO₂-Ga₂O₃-ZnO	134.4[a]	7.2	968	[42]
	TeO₂-ZnO-ZnF₂	145.8[a]	4.5	656	[43]
	TeO₂-Ta₂O₅-ZnO	184.7[a]	8.2	322	[44]
硫系	Ga₂S₃-GeS₂-CsCl	—	6.6	—	[45]
氟化物	ZrF₄-ZnF₂-BaF₂	92.1[a]	9.2	874	[46]

a. 数值由文献数据计算得到。

参 考 文 献

[1] Priven A I. General method for calculating the properties of oxide glasses and glass forming melts from their composition and temperature. Glass Technology, 2004, 45(6): 244-254.

[2] Liu H, Fu Z P, Yang K, et al. Machine learning for glass science and engineering: A review. Journal of Non-Crystalline Solids, 2019, 557: 119419.

[3] Jiang Z H, Zhang Q Y. The structure of glass: A phase equilibrium diagram approach. Progress in Materials Science, 2014, 61: 144-215.

[4] 张勤远, 姜中宏. 玻璃结构的相图模型. 北京: 科学出版社, 2020.

[5] Zhang Q Y, Zhang W J, Wang W C, et al. Calculation of physical properties of glass via the phase diagram approach. Journal of Non-Crystalline Solids, 2017, 457: 36-43.

[6] Tan L L, Mauro J C, Peng J, et al. Quantitative prediction of the structure and properties of Li_2O-Ta_2O_5-SiO_2 glasses via phase diagram approach. Journal of the American Ceramic Society, 2019, 102: 185-194.

[7] Huang S J, Wang W C, Zhang W J, et al. Calculation of the structure and physical properties of ternary glasses via the phase diagram approach. Journal of Non-Crystalline Solids, 2018, 486: 36-46.

[8] 杨小渝, 任杰, 王娟, 等. 基于材料基因组计划的计算和数据方法. 科技导报, 2016, 34: 62-67.

[9] 宋晓岚, 黄学辉. 无机材料科学基础. 北京: 化学工业出版社, 2006.

[10] 姜中宏, 刘粤惠, 戴世勋. 新型光功能玻璃. 北京: 化学工业出版社, 2005.

[11] 蒋亚丝. 硅酸盐激光玻璃——发展历程和高能高功率激光玻璃. 玻璃搪瓷与眼镜, 2020, 48(01): 43-52.

[12] 干福熹. 中国的激光材料研究和发展. 中国激光, 1978, Z1: 119-120.

[13] Zaitsev A I, Shelkova N E, Litvina A D, et al. Thermodynamic properties and phase equilibria in the Na_2O-SiO_2 system. Journal of Phase Equilibrium, 1999, 19(3): 191-199.

[14] Zaitsev A I, Shelkova N E, Mogutnov B M. Thermodynamics of Na_2O-SiO_2 melts. Inorganic Materials, 2000, 36(6): 529-543.

[15] McCauley R A, Hummel FA. Phase relationships in a portion of the system BaO-P_2O_5. Transations of British Ceramic Society, 1968, 67: 619-628.

[16] Milman T, Bouaziz R. Contribution to the study of sodium borates. Annales De Chimie France, 1968, 3:311-321.

[17] 赵彦钊, 殷海荣. 玻璃工艺学. 北京: 化学工业出版社, 2006.

[18] Dong S L, Jia Y Q, Ji Y, et al. Quantitatively predicting the optical and spectroscopicproperties of Nd^{3+}-doped laser glasses. Journal of the American Ceramic Society, 2023, 106: 1001-1014.

[19] Wang W C, Zhou B, Xu S H, et al. Recent advances in soft optical glass fiber and fiber lasers. Progress in Materials Science, 2019, 101: 90-171.

[20] Pavlova T M, Samplavskaya K K, Karapet'yants M K, et al. Phase diagrams of Ga_2O_3-TeO_2, In_2O_3-TeO_2 and Tl_2O-TeO_2 systems. Inorganic Materials,1976,12: 1557-1559.

[21] Mishra R, Phapale S, Samui P, et al. Partial phase diagram of BaO-TeO_2 system. The Journal of Phase Equilibria and Diffusion, 2014, 35 (2): 127-136.

[22] Li L X, Wang W C, Zhang C F, et al. Exploration of the new tellurite glass system for efficient 2 μm luminescence. Journal of Non-Crystalline Solids, 2019, 508: 15-20.

[23] Désévédavy F, Strutynski C, Lemière A, et al. Review of tellurite glasses purification issues for mid-IR optical fiber applications. Journal of the American Ceramic Society, 2020, 103: 1-18.

[24] Feng X, Tanabe S, Hanada T. Hydroxyl groups in erbium-doped germanotellurite glasses. Journal of Non-Crystalline Solids, 2001, 281: 48-54.

[25] Hayashi H, Sugimoto N, Tanabe S, et al. Effect of hydroxyl groups on erbium-doped bismuth-oxide-based glasses for fiber amplifiers. Journal of Applied Physics, 2006, 99(12): 1-8.

[26] Jha A, Richards B, Jose G, et al. Rare-earth ion doped TeO$_2$ and GeO$_2$ glasses as laser materials. Progress in Materials Science, 2012, 57: 1426-1491.

[27] Shirvinskaya A, Grebenshchikov R, Toropov N. Phase transitions in Ca$_2$GeO$_4$. Izv Akad Nauk SSSR Neorg Mater, 1966, 2: 332.

[28] Guha J. Phase equilibria in the system BaO-GeO$_2$. Journal of Materials Science, 1979, 14(7): 1744-1748.

[29] Margaryan A, Piliavin M. Germanate Glasses: Structure,Spectroscopy and Properties. American: Artech House, 1993.

[30] 董双丽, 贾延琪, 姬瑶, 等. Er^{3+}掺杂碲酸盐激光玻璃光学光谱特性的定量计算与预测. 中国科学: 物理学力学天文学, 2022, 52(3): 234211.

[31] Hayden J, Hayden Y, Campbell J. Effect of composition on the thermal, mechanical, and optical properties of phosphate laser glasses. Proceedings of SPIE, 1990, 1277: 121-139.

[32] Song X, Jin D, Zhou D, et al. Er^{3+}/Yb^{3+} co-doped bismuthate glass and its large-mode-area double-cladding fiber for 1.53 μm laser. Journal of Alloys and Compounds, 2020, 853:157305.

[33] Wei T, Tian Y, Chen F Z, et al. Mid-infrared fluorescence, energy transfer process and rate equation analysis in Er^{3+} doped germanate glass. Scientific Reports, 2014, 4: 6060.

[34] Lakshminarayana G, Qiu J R, Brik M G, et al. Spectral analysis of RE^{3+} (RE= Er, Nd, Pr and Ho): GeO$_2$-B$_2$O$_3$-ZnO-LiF glasses. Journal of Physis: Condensed Matter, 2008, 20(37): 375104.

[35] Wei T, Chen F Z, Tian Y, et al. Broadband 1.53 μm emission property in Er^{3+} doped germa-silicate glass for potential optical amplifier. Optics Communications, 2014, 315: 199-203.

[36] Rolli R, Montagna M, Chaussedent S, et al. Erbium-doped tellurite glasses with high quantum efficiency and broadband stimulated emission cross section at 1.5 μm. Optical Materials, 2003, 21(4):743-748.

[37] Reddy A A, Babu S S, Pradeesh K, et al. Optical properties of highly Er^{3+}-doped sodium-aluminium-phosphate glasses for broadband 1.5 μm emission. Journal of Alloys and Compounds, 2011, 509(9): 4047-4052.

[38] Moorthy L R, Jayasimhadri M, Saleem S A, et al. Optical properties of Er^{3+}-doped alkali fluorophosphate glasses. Journal of Non-Crystalline Solids, 2007, 353(13-15): 1392-1396.

[39] Huang F F, Liu X Q, Hu L L, et al. Spectroscopic properties and energy transfer parameters of Er^{3+}-doped fluorozirconate and oxyfluoroaluminate glasses. Scientific Reports, 2014, 4: 5053.

[40] Jha A, Shen S X, Naftaly M. Structural origin of spectral broadening of 1.5-μm emission in Er^{3+}-doped tellurite glasses. Physical Review B, 2000, 62(10): 6215-6227.

[41] Zhou D C, Jin D, Lan Z, et al. Preparation of Er^{3+}/Yb^{3+} co-doped citrate microstructure fiber of large mode field and its 3.0 μm laser performance. Journal of the American Ceramic Society, 2019, 102(4): 1686-1693.

[42] Wang W C, Mao L Y, Liu J L, et al. Glass-forming regions and enhanced 2.7 μm emission by Er^{3+} heavily doping in TeO$_2$-Ga$_2$O$_3$-R$_2$O (or MO) glasses. Journal of the American Ceramic Society, 2020, 103(9): 4999-5012.

[43] Zhang F F, Zhang W J, Yuan J, et al. Enhanced 2.7 μm emission from Er^{3+} doped oxyfluoride tellurite glasses for a diode-pump mid-infrared laser. AIP Advances, 2014, 4(4): 047101.

[44] Liu J L, Xiao Y B, Huang S J, et al. The glass-forming region and 2.7 μm emission of Er^{3+}-doped TeO$_2$-Ta$_2$O$_5$-ZnO tellurite glass. Journal of Non-Crystalline Solids, 2019, 522: 119564.

[45] Lin H, Chen D Q, Yu Y L, Wang Y. Enhanced mid-infrared emissions of Er^{3+} at 2.7 μm via Nd^{3+} sensitization in chalcohalide glass. Optics Letters, 2011, 36(10):1815-1817.

[46] Huang F F, Guo Y Y, Tian Y, et al. Intense 2.7 μm emission in Er^{3+} doped zinc fluoride glass. Spectrochimica Acta Part A: Molecular and Biomolecular Spectroscopy, 2017, 179: 42-45.

附　录

附表 S6-1　$xSiO_2\text{-}yCaO\text{-}zNa_2O\text{-}1Nd_2O_3$ 玻璃物理和发光性质数据库

编号	玻璃组成(摩尔分数)/%			一致熔融化合物组成(摩尔分数)/%			物理性质							J-O强度参数 /10^{-20}cm^2						光谱性质			
	x	y	z	C	K	L	ρ /(g/cm³)	α /(10^{-7}/K)	κ /(W/(m·K))	$n_{@589nm}$	n_p	n_2 /10^{-13}	υ_d	Ω_2	Ω_4	Ω_6	β	τ_{rad} /μs	$\Delta\lambda_{eff}$ /nm	σ_a /10^{-20}cm^2	σ_e /10^{-20}cm^2	$\sigma\times\Delta\lambda_{eff}$ /10^{-20}cm^3	Ω_4/Ω_6
1	94.5	4.5	0	90.91	9.09	0	2.358	29	1.23	1.4932	1.4809	1.24	57.8	3.99	2.71	2.33	0.458	741	48.30	0.81	0.93	4.52	1.16
2	89.5	9.5	0	80.81	19.19	0	2.426	36	1.20	1.5087	1.4961	1.35	57.2	3.95	2.84	2.54	0.460	698	48.34	0.91	1.03	4.98	1.12
3	85	10	4	71.72	4.04	24.24	2.456	52	1.22	1.5135	1.5009	1.45	55.6	3.99	3.11	2.92	0.462	653	47.88	1.08	1.19	5.68	1.06
4	84.5	14.5	0	70.71	29.29	0	2.493	44	1.18	1.5242	1.5114	1.45	56.5	3.90	2.98	2.75	0.462	655	48.38	1.01	1.12	5.43	1.08
5	79.5	19.5	0	60.61	39.39	0	2.560	51	1.15	1.5397	1.5267	1.56	55.8	3.86	3.11	2.96	0.463	613	48.41	1.11	1.21	5.89	1.05
6	79.5	14.5	5	60.61	9.09	30.3	2.522	62	1.21	1.5283	1.5154	1.57	54.7	3.97	3.29	3.20	0.464	605	47.79	1.21	1.32	6.26	1.03
7	74.5	24.5	0	50.51	49.49	0	2.627	58	1.13	1.5552	1.5420	1.67	55.2	3.82	3.24	3.17	0.465	570	48.45	1.21	1.31	6.34	1.02
8	74.5	19.5	5	50.51	19.19	30.3	2.589	69	1.18	1.5438	1.5307	1.68	54.0	3.92	3.42	3.41	0.466	562	47.83	1.31	1.41	6.71	1.00
9	69.5	29.5	0	40.4	59.60	0	2.694	65	1.10	1.5707	1.5573	1.78	54.5	3.77	3.38	3.39	0.467	528	48.48	1.30	1.40	6.80	1.00
10	69.5	24.5	5	40.4	29.29	30.3	2.656	76	1.16	1.5593	1.5460	1.79	53.3	3.88	3.56	3.62	0.468	519	47.87	1.41	1.50	7.17	0.98
11	69	20	10	39.4	0.00	60.6	2.625	88	1.21	1.5493	1.5361	1.81	52.1	3.98	3.75	3.88	0.469	507	47.25	1.53	1.61	7.59	0.97
12	64.5	34.5	0	30.3	69.70	0	2.761	72	1.08	1.5862	1.5726	1.89	53.9	3.73	3.51	3.60	0.469	485	48.52	1.40	1.49	7.25	0.98
13	64.5	29.5	5	30.3	39.39	30.3	2.724	83	1.13	1.5748	1.5613	1.89	52.7	3.84	3.69	3.83	0.470	477	47.90	1.51	1.59	7.63	0.96
14	64.5	24.5	10	30.3	9.09	60.61	2.686	94	1.18	1.5634	1.5500	1.90	51.5	3.94	3.87	4.07	0.471	469	47.28	1.62	1.70	8.00	0.95
15	59.5	39.5	0	20.2	79.8	0	2.829	79	1.05	1.6017	1.5878	1.99	53.2	3.69	3.64	3.81	0.471	442	48.56	1.50	1.58	7.71	0.96
16	59.5	34.5	5	20.2	49.5	30.3	2.791	90	1.11	1.5903	1.5766	2.00	52.0	3.79	3.82	4.04	0.472	434	47.94	1.61	1.69	8.08	0.95
17	59.5	29.5	10	20.2	19.19	60.61	2.753	101	1.16	1.5789	1.5653	2.01	50.8	3.90	4.00	4.28	0.473	426	47.32	1.71	1.79	8.45	0.93
18	54.5	44.5	0	10.1	89.9	0	2.896	86	1.03	1.6172	1.6031	2.10	52.6	3.64	3.78	4.02	0.473	400	48.59	1.60	1.68	8.16	0.94
19	54.5	39.5	5	10.1	59.6	30.3	2.858	97	1.08	1.6058	1.5918	2.11	51.4	3.75	3.96	4.26	0.474	391	47.98	1.71	1.78	8.54	0.93
20	54.5	34.5	10	10.1	29.29	60.61	2.820	108	1.13	1.5944	1.5806	2.12	50.2	3.86	4.13	4.49	0.475	383	47.36	1.81	1.88	8.91	0.92

续表

编号	玻璃组成(摩尔分数)%			一致熔融化合物组成(摩尔分数)%			物理性质							J-O强度参数/10⁻²⁰cm²						光谱性质			
	x	y	z	C	K	L	ρ/(g·cm³)	α/(10⁻⁷/K)	κ/(W/(m·K))	$n_{@589nm}$	n_p	n_2/10⁻¹³	υ_d	Ω_2	Ω_4	Ω_6	β	τ_{rad}/μs	$\Delta\lambda_{eff}$/nm	σ_a/10⁻²⁰cm²	σ_e/10⁻²⁰cm²	$\sigma_e\times\Delta\lambda_{eff}$/10⁻²⁶cm³	Ω_4/Ω_6
21	54	30	15	9.1	0.00	90.91	2.789	120	1.19	1.5845	1.5708	2.14	48.9	3.96	4.33	4.75	0.476	371	46.74	1.93	2.00	9.33	0.91
22	49.5	49.5	0	0	100	0	2.963	93	1.00	1.6327	1.6184	2.21	51.9	3.60	3.91	4.23	0.475	357	48.63	1.70	1.77	8.62	0.92
23	49.5	44.5	5	0	69.7	30.3	2.925	104	1.05	1.6213	1.6071	2.22	50.7	3.71	4.09	4.47	0.476	349	48.01	1.81	1.87	8.99	0.92
24	49.5	39.5	10	0	39.39	60.61	2.887	115	1.11	1.6099	1.5959	2.23	49.5	3.81	4.27	4.70	0.477	341	47.39	1.91	1.98	9.37	0.91
25	49.5	34.5	15	0	9.09	90.91	2.849	127	1.16	1.5984	1.5846	2.24	48.4	3.92	4.45	4.94	0.478	332	46.78	2.02	2.08	9.74	0.90
				C	B	L																	
26	96	0	3	90.91	9.09	0	2.323	36	1.22	1.4828	1.4706	1.18	57.8	4.06	2.67	2.27	0.458	755	48.19	0.78	0.90	4.35	1.18
27	91	5	3	83.33	1.52	15.15	2.384	41	1.24	1.4974	1.4850	1.31	56.7	4.02	2.89	2.60	0.460	707	48.00	0.93	1.05	5.02	1.11
28	91	0	8	75.76	24.24	0	2.365	58	1.18	1.4887	1.4766	1.25	56.7	4.12	2.81	2.50	0.461	715	48.04	0.89	0.99	4.76	1.13
29	86	5	8	68.18	16.67	15.15	2.426	63	1.19	1.5033	1.4909	1.38	55.6	4.08	3.03	2.82	0.463	667	47.86	1.04	1.14	5.42	1.07
30	86	0	13	60.61	39.39	0	2.407	80	1.14	1.4945	1.4825	1.33	55.6	4.18	2.95	2.72	0.463	674	47.90	1.00	1.08	5.16	1.08
31	81	10	8	60.61	9.09	30.3	2.487	69	1.20	1.5179	1.5052	1.52	54.6	4.04	3.25	3.14	0.464	619	47.68	1.19	1.28	6.09	1.03
32	81	5	13	53.03	31.82	15.15	2.468	85	1.15	1.5091	1.4968	1.46	54.6	4.14	3.17	3.04	0.465	626	47.72	1.14	1.23	5.83	1.04
33	81	0	18	45.45	54.55	0	2.449	102	1.10	1.5004	1.4884	1.40	54.5	4.24	3.09	2.94	0.466	634	47.76	1.10	1.17	5.57	1.05
34	76	15	8	53.03	1.52	45.45	2.548	74	1.21	1.5325	1.5196	1.65	53.6	4.00	3.47	3.47	0.466	571	47.49	1.34	1.43	6.76	1.00
35	76	10	13	45.45	24.24	30.3	2.529	90	1.16	1.5237	1.5111	1.59	53.5	4.10	3.39	3.37	0.467	578	47.54	1.29	1.37	6.50	1.01
36	76	5	18	37.88	46.97	15.15	2.509	107	1.11	1.5150	1.5027	1.53	53.5	4.20	3.31	3.27	0.468	586	47.58	1.25	1.31	6.23	1.01
37	76	0	23	30.3	69.7	0	2.490	123	1.05	1.5063	1.4943	1.47	53.5	4.29	3.22	3.16	0.469	594	47.62	1.21	1.25	5.97	1.02
38	71	15	13	37.88	16.67	45.45	2.589	96	1.17	1.5383	1.5255	1.72	52.5	4.06	3.61	3.69	0.469	531	47.35	1.44	1.52	7.16	0.98
39	71	10	18	30.3	39.39	30.3	2.570	112	1.12	1.5296	1.5170	1.66	52.5	4.16	3.53	3.59	0.470	538	47.39	1.40	1.46	6.90	0.98

续表

编号	玻璃组成(摩尔分数)/%			一致熔融化合物组成(摩尔分数)/%			物理性质							J-O强度参数 /10^{-20}cm^2						光谱性质			
	x	y	z	C	K	L	ρ /(g/cm³)	α /(10^{-7}/K)	κ /(W/(m·K))	$n_{d@589\text{nm}}$	n_p	n_2 /10^{-13}	υ_d	Ω_2	Ω_4	Ω_6	β	τ_{rad} /μs	$\Delta\lambda_{eff}$ /nm	σ_a /10^{-20}cm^2	σ_e /10^{-20}cm^2	$\sigma_e\times\Delta\lambda_{eff}$ /10^{-26}cm^3	Ω_4/Ω_6
40	71	5	23	22.73	62.12	15.15	2.551	129	1.07	1.5209	1.5086	1.60	52.4	4.25	3.44	3.49	0.471	546	47.44	1.36	1.40	6.64	0.99
41	71	0	28	15.15	84.85	0	2.532	145	1.01	1.5121	1.5002	1.54	52.4	4.35	3.36	3.39	0.472	553	47.48	1.31	1.34	6.38	0.99
42	66	20	13	30.3	9.09	60.61	2.650	101	1.18	1.5529	1.5398	1.85	51.5	4.02	3.83	4.01	0.471	483	47.17	1.59	1.67	7.83	0.95
43	66	15	18	22.73	31.82	45.45	2.631	117	1.13	1.5442	1.5314	1.79	51.4	4.11	3.75	3.91	0.472	490	47.21	1.55	1.61	7.57	0.96
44	66	10	23	15.15	54.55	30.3	2.612	134	1.08	1.5355	1.5229	1.73	51.4	4.21	3.67	3.81	0.473	498	47.25	1.50	1.55	7.31	0.96
45	66	5	28	7.58	77.27	15.15	2.593	150	1.02	1.5267	1.5145	1.67	51.3	4.31	3.58	3.71	0.474	505	47.30	1.46	1.49	7.04	0.97
46	66	0	33	0	100	0	2.574	167	0.97	1.5180	1.5061	1.61	51.3	4.41	3.50	3.61	0.475	513	47.34	1.42	1.43	6.78	0.95
49	64.5	20	14.5	25.76	13.64	60.61	2.663	107	1.17	1.5549	1.5417	1.87	51.1	4.03	3.87	4.08	0.472	471	47.13	1.62	1.69	7.95	0.95
50	64.5	15	19.5	18.18	36.36	45.45	2.644	124	1.12	1.5458	1.5330	1.81	51.1	4.13	3.79	3.98	0.473	478	47.16	1.58	1.63	7.69	0.93
51	59.5	25	14.5	18.18	6.06	75.76	2.724	113	1.18	1.5693	1.5559	2.00	50.1	3.99	4.09	4.40	0.474	423	46.94	1.77	1.84	8.62	0.93
52	59.5	20	19.5	10.61	28.79	60.61	2.705	129	1.13	1.5607	1.5476	1.94	50.1	4.09	4.01	4.30	0.475	430	46.99	1.73	1.78	8.36	0.93
53	59.5	15	24.5	3.03	51.52	45.45	2.686	146	1.07	1.5518	1.5391	1.88	50.0	4.19	3.93	4.20	0.476	438	47.03	1.69	1.72	8.09	0.93
54	54	25	20	1.52	22.73	75.76	2.764	137	1.13	1.5727	1.5594	2.08	48.8	4.05	4.24	4.64	0.476	378	46.70	1.88	1.93	9.05	0.91
				A	B	L																	
55	64.5	0	34.5	9.09	90.91	0	2.581	173	0.97	1.5191	1.5071	1.63	51.1	4.46	3.53	3.65	0.475	507	47.36	1.44	1.45	6.86	0.97
56	61	0	38	30	69.70	0	2.597	187	0.96	1.5217	1.5094	1.66	50.6	4.57	3.61	3.75	0.476	494	47.40	1.50	1.48	7.05	0.96
57	59.5	5	34.5	24.24	60.61	15.15	2.632	177	1.00	1.5326	1.5201	1.75	50.3	4.47	3.74	3.93	0.476	470	47.27	1.58	1.58	7.46	0.95
58	56	0	43	60.61	39.39	0	2.620	207	0.96	1.5255	1.5126	1.71	50.0	4.73	3.71	3.89	0.476	474	47.46	1.58	1.54	7.31	0.95
59	54.5	20	24.5	9.09	30.3	60.61	2.741	151	1.10	1.5658	1.5526	2.01	49.1	4.18	4.14	4.50	0.477	396	46.90	1.83	1.86	8.72	0.92
60	54.5	15	29.5	24.24	30.3	45.45	2.712	166	1.06	1.5560	1.5429	1.94	49.3	4.33	4.04	4.36	0.477	414	47.05	1.77	1.78	8.39	0.93

编号	玻璃组成（摩尔分数）/%			一致熔融化合物组成（摩尔分数）/%			物理性质							J-O强度参数 /10^{-20}cm²						光谱性质			
	x	y	z	C	K	L	ρ /(g/cm³)	α /(10^{-7}/K)	κ /(W/(m·K))	$n_{@589\text{nm}}$	n_p	n_2 /10^{-13}	υ_d	Ω_2	Ω_4	Ω_6	β	τ_{rad} /μs	$\Delta\lambda_{\text{eff}}$ /nm	σ_a /10^{-20}cm²	σ_e /10^{-20}cm²	$\sigma_e\times\Delta\lambda_{\text{eff}}$ /10^{-26}cm³	Ω_4 /Ω_6
61	54.5	10	34.5	39.39	30.3	30.3	2.684	182	1.03	1.5462	1.5331	1.87	49.4	4.48	3.94	4.22	0.477	432	47.19	1.71	1.71	8.06	0.93
62	54.5	5	39.5	54.55	30.3	15.15	2.655	197	0.99	1.5364	1.5234	1.80	49.6	4.62	3.84	4.07	0.477	450	47.34	1.66	1.63	7.73	0.94
63	49.5	25	24.5	24.24	0	75.76	2.792	155	1.12	1.5793	1.5656	2.13	48.3	4.19	4.34	4.78	0.478	359	46.82	1.96	1.99	9.32	0.91
64	49.5	20	29.5	39.39	0	60.61	2.764	171	1.09	1.5695	1.5559	2.06	48.4	4.34	4.24	4.64	0.478	377	46.96	1.90	1.91	8.99	0.91
65	49.5	5	44.5	84.85	0	15.15	2.678	217	0.98	1.5401	1.5266	1.85	48.9	4.78	3.95	4.21	0.477	431	47.40	1.74	1.69	7.99	0.94
66	49.5	0	49.5	100	0	0	2.650	233	0.95	1.5303	1.5169	1.78	49.1	4.93	3.85	4.07	0.477	449	47.54	1.68	1.61	7.66	0.95
67	49.5	10	39.5	69.7	0	30.3	2.707	202	1.02	1.5499	1.5364	1.92	48.8	4.63	4.05	4.35	0.477	413	47.25	1.79	1.76	8.32	0.93
68	49.5	15	34.5	54.55	0	45.45	2.735	186	1.05	1.5597	1.5461	1.99	48.6	4.48	4.15	4.50	0.477	395	47.11	1.85	1.84	8.66	0.92
69	49.5	30	19.5	9.09	0	90.91	2.821	139	1.16	1.5891	1.5754	2.20	48.1	4.04	4.44	4.92	0.478	341	46.68	2.02	2.06	9.65	0.90

附表 S6-2　xTeO$_2$-yBaO-zGa$_2$O$_3$-1Er$_2$O$_3$ 玻璃物理和发光性质数据库

编号	组成(摩尔分数)/%			ρ/(g/cm^3)	$n_{@633\,nm}$	1530 nm ($^4I_{13/2} \rightarrow {}^4I_{15/2}$)			2710 nm ($^4I_{11/2} \rightarrow {}^4I_{13/2}$)
	x	y	z			$\Delta\lambda_{eff}$/nm	σ_a /10^{-21}cm^2	$\sigma_e \times \Delta\lambda_{eff}$ /10^{-26}cm^3	$\Delta\lambda_{eff}$/nm
1	99.00	0.00	0.00	4.9181	1.9679	90.13	7.01	5.83	144.3
2	98.01	0.00	0.99	4.9372	1.9680	89.78	7.05	5.80	144.0
3	96.03	0.00	2.97	4.9753	1.9681	89.09	7.12	5.73	143.5
4	96.03	1.98	0.99	4.9782	1.9672	88.51	7.01	5.71	143.2
5	94.05	0.00	4.95	5.0135	1.9682	88.40	7.20	5.66	143.0
6	94.05	1.98	2.97	5.0163	1.9673	87.82	7.08	5.64	142.7
7	94.05	3.96	0.99	5.0192	1.9664	87.24	6.97	5.62	142.4
8	92.07	0.00	6.93	5.0516	1.9683	87.71	7.27	5.59	142.5
9	92.07	1.98	4.95	5.0545	1.9674	87.13	7.16	5.57	142.2
10	92.07	3.96	2.97	5.0573	1.9666	86.55	7.04	5.55	141.9
11	92.07	5.94	0.99	5.0602	1.9657	85.97	6.93	5.53	141.6
12	90.09	0.00	8.91	5.0898	1.9684	87.02	7.34	5.52	142.0
13	90.09	1.98	6.93	5.0926	1.9676	86.44	7.23	5.50	141.7
14	90.09	3.96	4.95	5.0955	1.9667	85.85	7.12	5.48	141.4
15	90.09	5.94	2.97	5.0983	1.9658	85.27	7.00	5.46	141.1
16	90.09	7.92	0.99	5.1012	1.9649	84.69	6.89	5.44	140.8
17	88.11	0.00	10.89	5.1279	1.9686	86.32	7.42	5.45	141.5
18	88.11	1.98	8.91	5.1308	1.9677	85.74	7.30	5.43	141.2
19	88.11	3.96	6.93	5.1336	1.9668	85.16	7.19	5.41	140.9
20	88.11	5.94	4.95	5.1365	1.9659	84.58	7.08	5.39	140.6
21	88.11	7.92	2.97	5.1393	1.9650	84.00	6.96	5.37	140.3
22	88.11	9.90	0.99	5.1422	1.9642	83.42	6.85	5.35	139.9
23	86.13	0.00	12.87	5.1661	1.9687	85.63	7.49	5.38	141.0
24	86.13	1.98	10.89	5.1689	1.9678	85.05	7.38	5.36	140.7
25	86.13	3.96	8.91	5.1718	1.9669	84.47	7.26	5.34	140.4
26	86.13	5.94	6.93	5.1746	1.9660	83.89	7.15	5.32	140.1
27	86.13	7.92	4.95	5.1775	1.9652	83.31	7.04	5.30	139.8
28	86.13	9.90	2.97	5.1803	1.9643	82.73	6.92	5.28	139.4
29	86.13	11.88	0.99	5.1832	1.9634	82.15	6.81	5.26	139.1
30	84.15	0.00	14.85	5.2042	1.9688	84.94	7.57	5.31	140.5
31	84.15	1.98	12.87	5.2071	1.9679	84.36	7.45	5.29	140.2
32	84.15	3.96	10.89	5.2099	1.9670	83.78	7.34	5.27	139.9
33	84.15	5.94	8.91	5.2128	1.9662	83.20	7.22	5.25	139.6
34	84.15	7.92	6.93	5.2156	1.9653	82.62	7.11	5.23	139.3

编号	组成(摩尔分数)/%			$\rho/(g/cm^3)$	$n_{@633\,nm}$	1530 nm ($^4I_{13/2}\to{}^4I_{15/2}$)			2710 nm ($^4I_{11/2}\to{}^4I_{13/2}$)
	x	y	z			$\Delta\lambda_{eff}$/nm	σ_a /$10^{-21}cm^2$	$\sigma_e\times\Delta\lambda_{eff}$ /$10^{-26}cm^3$	$\Delta\lambda_{eff}$/nm
35	84.15	9.90	4.95	5.2185	1.9644	82.04	7.00	5.21	138.9
36	84.15	11.88	2.97	5.2213	1.9635	81.45	6.88	5.19	138.6
37	84.15	13.86	0.99	5.2242	1.9626	80.87	6.77	5.17	138.3
38	82.17	0.00	16.83	5.2424	1.9689	84.25	7.64	5.24	140.0
39	82.17	1.98	14.85	5.2452	1.9680	83.67	7.53	5.22	139.7
40	82.17	3.96	12.87	5.2481	1.9672	83.09	7.41	5.20	139.4
41	82.17	5.94	10.89	5.2509	1.9663	82.51	7.30	5.18	139.1
42	82.17	7.92	8.91	5.2538	1.9654	81.92	7.18	5.16	138.8
43	82.17	9.90	6.93	5.2566	1.9645	81.34	7.07	5.14	138.4
44	82.17	11.88	4.95	5.2595	1.9636	80.76	6.96	5.12	138.1
45	82.17	13.86	2.97	5.2623	1.9628	80.18	6.84	5.10	137.8
46	82.17	15.84	0.99	5.2652	1.9619	79.60	6.73	5.08	137.5
47	80.19	0.00	18.81	5.2805	1.9690	83.56	7.72	5.17	139.5
48	80.19	1.98	16.83	5.2834	1.9682	82.98	7.60	5.15	139.2
49	80.19	3.96	14.85	5.2862	1.9673	82.39	7.49	5.13	138.9
50	80.19	5.94	12.87	5.2891	1.9664	81.81	7.37	5.11	138.6
51	80.19	7.92	10.89	5.2919	1.9655	81.23	7.26	5.09	138.2
52	80.19	9.90	8.91	5.2948	1.9646	80.65	7.14	5.07	137.9
53	80.19	11.88	6.93	5.2976	1.9638	80.07	7.03	5.05	137.6
54	80.19	13.86	4.95	5.3005	1.9629	79.49	6.92	5.03	137.3
55	80.19	15.84	2.97	5.3033	1.9620	78.91	6.80	5.01	137.0
56	80.19	17.82	0.99	5.3062	1.9611	78.33	6.69	4.99	136.7
57	78.21	0.00	20.79	5.3187	1.9692	82.86	7.79	5.10	139.0
58	78.21	1.98	18.81	5.3215	1.9683	82.28	7.68	5.08	138.7
59	78.21	3.96	16.83	5.3244	1.9674	81.70	7.56	5.06	138.4
60	78.21	5.94	14.85	5.3272	1.9665	81.12	7.45	5.04	138.1
61	78.21	7.92	12.87	5.3301	1.9656	80.54	7.33	5.02	137.7
62	78.21	9.90	10.89	5.3329	1.9648	79.96	7.22	5.00	137.4
63	78.21	11.88	8.91	5.3358	1.9639	79.38	7.10	4.98	137.1
64	78.21	13.86	6.93	5.3386	1.9630	78.80	6.99	4.96	136.8
65	78.21	15.84	4.95	5.3415	1.9621	78.22	6.88	4.94	136.5
66	78.21	16.83	3.96	5.3402	1.9613	77.98	6.83	4.93	136.5
67	78.21	18.81	1.98	5.3382	1.9599	77.51	6.74	4.93	136.5
68	78.21	20.79	0.00	5.3356	1.9583	77.03	6.65	4.92	136.5

续表

编号	组成(摩尔分数)/%			$\rho/(g/cm^3)$	$n_{@633\,nm}$	1530 nm ($^4I_{13/2}\rightarrow{}^4I_{15/2}$)			2710 nm ($^4I_{11/2}\rightarrow{}^4I_{13/2}$) $\Delta\lambda_{eff}/nm$
	x	y	z			$\Delta\lambda_{eff}/nm$	σ_a /$10^{-21}cm^2$	$\sigma_e\times\Delta\lambda_{eff}$ /$10^{-26}cm^3$	
69	76.23	0.00	22.77	5.3568	1.9693	82.17	7.87	5.03	138.5
70	76.23	1.98	20.79	5.3597	1.9684	81.59	7.75	5.01	138.2
71	76.23	3.96	18.81	5.3625	1.9675	81.01	7.64	4.99	137.9
72	76.23	5.94	16.83	5.3654	1.9666	80.43	7.52	4.97	137.6
73	76.23	7.92	14.85	5.3682	1.9658	79.85	7.41	4.95	137.2
74	76.23	8.91	13.86	5.3670	1.9650	79.61	7.36	4.95	137.2
75	76.23	10.89	11.88	5.3649	1.9635	79.14	7.27	4.94	137.3
76	76.23	12.87	9.90	5.3623	1.9619	78.66	7.18	4.93	137.3
77	76.23	14.85	7.92	5.3598	1.9603	78.19	7.09	4.93	137.3
78	76.23	16.83	5.94	5.3577	1.9589	77.72	7.00	4.92	137.3
79	76.23	18.81	3.96	5.3546	1.9571	77.23	6.91	4.92	137.3
80	76.23	20.79	1.98	5.3526	1.9557	76.76	6.83	4.91	137.3
81	76.23	22.77	0.00	5.3500	1.9540	76.29	6.74	4.91	137.3
82	74.25	0.00	24.75	5.3950	1.9694	81.48	7.94	4.96	138.0
83	74.25	0.99	23.76	5.3937	1.9686	81.24	7.90	4.96	138.0
84	74.25	2.97	21.78	5.3917	1.9672	80.77	7.81	4.95	138.0
85	74.25	4.95	19.80	5.3891	1.9656	80.30	7.72	4.95	138.0
86	74.25	6.93	17.82	5.3865	1.9639	79.82	7.63	4.94	138.0
87	74.25	8.91	15.84	5.3845	1.9625	79.35	7.54	4.94	138.1
88	74.25	10.89	13.86	5.3814	1.9607	78.86	7.45	4.93	138.1
89	74.25	12.87	11.88	5.3794	1.9593	78.40	7.36	4.93	138.1
90	74.25	14.85	9.90	5.3768	1.9577	77.92	7.27	4.92	138.1
91	74.25	16.83	7.92	5.3742	1.9561	77.44	7.18	4.92	138.1
92	74.25	18.81	5.94	5.3722	1.9547	76.97	7.09	4.91	138.1
93	74.25	20.79	3.96	5.3696	1.9530	76.50	7.00	4.90	138.1
94	74.25	22.77	1.98	5.3676	1.9516	76.03	6.91	4.90	138.2
95	74.25	24.75	0.00	5.3650	1.9500	75.55	6.82	4.89	138.2
96	72.27	4.95	21.78	5.3991	1.9596	81.81	7.91	4.95	137.9
97	72.27	6.93	19.80	5.4005	1.9599	80.14	7.80	4.94	138.5
98	72.27	8.91	17.82	5.4010	1.9597	79.07	7.71	4.93	138.9
99	72.27	10.89	15.84	5.3989	1.9583	78.61	7.62	4.92	138.9
100	72.27	12.87	13.86	5.3964	1.9567	78.13	7.53	4.92	138.9
101	72.27	14.85	11.88	5.3943	1.9553	77.66	7.44	4.91	138.9
102	72.27	16.83	9.90	5.3918	1.9536	77.18	7.35	4.91	138.9

编号	组成(摩尔分数)/%			$\rho/(g/cm^3)$	$n_{@633\,nm}$	1530 nm ($^4I_{13/2}\rightarrow{}^4I_{15/2}$)			2710 nm ($^4I_{11/2}\rightarrow{}^4I_{13/2}$)
	x	y	z			$\Delta\lambda_{eff}$/nm	σ_a /$10^{-21}cm^2$	$\sigma_e\times\Delta\lambda_{eff}$ /$10^{-26}cm^3$	$\Delta\lambda_{eff}$/nm
103	72.27	18.81	7.92	5.3892	1.9520	76.71	7.26	4.90	139.0
104	72.27	20.79	5.94	5.3871	1.9506	76.24	7.17	4.90	139.0
105	72.27	22.77	3.96	5.3840	1.9488	75.75	7.08	4.89	139.0
106	72.27	24.75	1.98	5.3820	1.9474	75.28	6.99	4.89	139.0
107	72.27	26.73	0.00	5.3794	1.9458	74.81	6.90	4.88	139.0
108	70.29	8.91	19.80	5.4025	1.9496	82.96	7.93	4.95	137.5
109	70.29	10.89	17.82	5.4039	1.9499	81.29	7.82	4.93	138.1
110	70.29	12.87	15.84	5.4053	1.9503	79.63	7.72	4.92	138.7
111	70.29	14.85	13.86	5.4067	1.9506	77.97	7.62	4.91	139.4
112	70.29	16.83	11.88	5.4088	1.9510	76.91	7.52	4.90	139.8
113	70.29	18.81	9.90	5.4062	1.9494	76.44	7.43	4.89	139.8
114	70.29	20.79	7.92	5.4036	1.9478	75.96	7.34	4.89	139.8
115	70.29	22.77	5.94	5.4016	1.9464	75.49	7.26	4.88	139.8
116	70.29	24.75	3.96	5.3990	1.9448	75.02	7.17	4.88	139.8
117	70.29	26.73	1.98	5.3970	1.9434	74.55	7.08	4.87	139.8
118	70.29	28.71	0.00	5.3944	1.9417	74.07	6.99	4.87	139.8
119	68.31	12.87	17.82	5.4059	1.9396	84.11	7.95	4.95	137.1
120	68.31	14.85	15.84	5.4073	1.9400	82.45	7.84	4.93	137.7
121	68.31	16.83	13.86	5.4087	1.9403	80.79	7.74	4.92	138.3
122	68.31	18.81	11.88	5.4101	1.9406	79.13	7.64	4.90	138.9
123	68.31	20.79	9.90	5.4115	1.9410	77.46	7.53	4.89	139.6
124	68.31	22.77	7.92	5.4128	1.9413	75.80	7.43	4.87	140.2
125	68.31	24.75	5.94	5.4165	1.9423	74.76	7.34	4.87	140.6
126	68.31	26.73	3.96	5.4134	1.9405	74.27	7.25	4.86	140.6
127	68.31	28.71	1.98	5.4114	1.9391	73.80	7.16	4.86	140.7
128	68.31	30.69	0.00	5.4088	1.9375	73.32	7.07	4.85	140.7
129	66.33	16.83	15.84	5.4093	1.9296	85.27	7.97	4.95	136.6
130	66.33	18.81	13.86	5.4107	1.9300	83.61	7.86	4.93	137.3
131	66.33	20.79	11.88	5.4121	1.9303	81.94	7.76	4.92	137.9
132	66.33	22.77	9.90	5.4135	1.9306	80.28	7.66	4.90	138.5
133	66.33	24.75	7.92	5.4149	1.9310	78.62	7.55	4.89	139.2
134	66.33	26.73	5.94	5.4162	1.9313	76.95	7.45	4.87	139.8
135	66.33	28.71	3.96	5.4176	1.9317	75.29	7.35	4.86	140.4
136	66.33	30.69	1.98	5.4190	1.9320	73.63	7.24	4.84	141.0

编号	组成(摩尔分数)/%			$\rho/(\mathrm{g/cm^3})$	$n_{@633\,nm}$	1530 nm ($^4I_{13/2} \rightarrow {}^4I_{15/2}$)			2710 nm ($^4I_{11/2} \rightarrow {}^4I_{13/2}$) $\Delta\lambda_{eff}/nm$
	x	y	z			$\Delta\lambda_{eff}/nm$	σ_a $/10^{-21}cm^2$	$\sigma_e \times \Delta\lambda_{eff}$ $/10^{-26}cm^3$	
137	66.33	32.67	0.00	5.4238	1.9335	72.59	7.15	4.84	141.5
138	64.35	20.79	13.86	5.4127	1.9197	86.42	7.98	4.94	136.2
139	64.35	22.77	11.88	5.4141	1.9200	84.76	7.88	4.93	136.9
140	64.35	24.75	9.90	5.4150	1.9201	83.09	7.78	4.91	137.5
141	64.35	26.73	7.92	5.4169	1.9207	81.43	7.68	4.90	138.1
142	64.35	28.71	5.94	5.4183	1.9210	79.77	7.57	4.89	138.7
143	64.35	30.69	3.96	5.4197	1.9213	78.11	7.47	4.87	139.4
144	64.35	32.67	1.98	5.4210	1.9217	76.45	7.37	4.86	140.0
145	64.35	34.65	0.00	5.4219	1.9218	74.78	7.26	4.84	140.6
146	62.37	24.75	11.88	5.4161	1.9097	87.58	8.00	4.94	135.8
147	62.37	26.73	9.90	5.4175	1.9100	85.91	7.90	4.93	136.4
148	62.37	28.71	7.92	5.4189	1.9103	84.25	7.80	4.91	137.1
149	62.37	30.69	5.94	5.4203	1.9107	82.59	7.69	4.90	137.7
150	62.37	32.67	3.96	5.4217	1.9110	80.93	7.59	4.88	138.3
151	62.37	34.65	1.98	5.4231	1.9114	79.27	7.49	4.87	138.9
152	62.37	36.63	0.00	5.4244	1.9117	77.60	7.39	4.85	139.6
153	60.39	28.71	9.90	5.4195	1.8997	88.73	8.02	4.94	135.4
154	60.39	30.69	7.92	5.4209	1.9000	87.07	7.92	4.93	136.0
155	60.39	32.67	5.94	5.4223	1.9004	85.40	7.82	4.91	136.7
156	60.39	34.65	3.96	5.4237	1.9007	83.74	7.71	4.90	137.3
157	60.39	36.63	1.98	5.4251	1.9010	82.08	7.61	4.88	137.9
158	60.39	38.61	0.00	5.4265	1.9014	80.42	7.51	4.87	138.5
159	58.41	32.67	7.92	5.4230	1.8897	89.88	8.04	4.94	135.0
160	58.41	34.65	5.94	5.4243	1.8900	88.22	7.94	4.93	135.6
161	58.41	36.63	3.96	5.4257	1.8904	86.56	7.84	4.91	136.2
162	58.41	38.61	1.98	5.4271	1.8907	84.90	7.73	4.90	136.9
163	58.41	40.59	0.00	5.4285	1.8911	83.23	7.63	4.88	137.5
164	56.43	36.63	5.94	5.4264	1.8797	91.04	8.06	4.94	134.6
165	56.43	38.61	3.96	5.4277	1.8800	89.38	7.96	4.92	135.2
166	56.43	40.59	1.98	5.4291	1.8804	87.71	7.86	4.91	135.8
167	56.43	42.57	0.00	5.4305	1.8807	86.05	7.75	4.89	136.4
168	54.45	40.59	3.96	5.4298	1.8697	92.19	8.08	4.94	134.2
169	54.45	42.57	1.98	5.4312	1.8701	90.53	7.98	4.92	134.8
170	54.45	44.55	0.00	5.4320	1.8702	88.86	7.87	4.91	135.4
171	52.47	44.55	1.98	5.4332	1.8597	93.35	8.10	4.94	133.7
172	52.47	46.53	0.00	5.4346	1.8601	91.68	8.00	4.92	134.4
173	50.49	48.51	0.00	5.4366	1.8498	94.50	8.12	4.93	133.3

附表 S6-3 $x\mathrm{GeO_2}$-$y\mathrm{BaO}$-$z\mathrm{CaO}$-$1\mathrm{Er_2O_3}$ 玻璃物理和发光性质数据库

编号	组成(摩尔分数)/%			ρ /(g/cm³)	$n_{@633\,nm}$	1530 nm($^4I_{13/2}\to{}^4I_{15/2}$)							2710 nm($^4I_{11/2}\to{}^4I_{13/2}$)			
	x	y	z			$\Delta\lambda_{eff}$ /nm	σ_a /10⁻²¹cm²	σ_e /10⁻²¹cm²	τ_{rad} /ms	τ_m /ms	$\sigma_e\times\lambda_{eff}$ /10⁻²⁶cm³	$\sigma_e\times\tau_m$ /10⁻²³cm²·s	$\Delta\lambda_{eff}$ /nm	σ_a /10⁻²¹cm²	σ_e /10⁻²¹cm²	$\sigma_e\times\Delta\lambda_{eff}$ /10⁻²⁶cm³
1	79.20	0.00	19.80	4.047	1.6924	92.28	5.47	4.47	6.28	2.33	4.12	1.04	116.2	5.30	6.11	7.10
2	79.20	1.98	17.82	4.096	1.6941	91.14	5.50	4.49	6.33	2.41	4.08	1.08	115.8	5.27	6.08	7.04
3	79.20	3.96	15.84	4.144	1.6957	89.99	5.53	4.50	6.37	2.50	4.04	1.12	115.4	5.24	6.05	6.98
4	79.20	5.94	13.86	4.193	1.6974	88.85	5.57	4.52	6.42	2.58	4.00	1.17	115.1	5.22	6.01	6.92
5	79.20	7.92	11.88	4.241	1.6991	87.71	5.60	4.53	6.46	2.66	3.96	1.21	114.7	5.19	5.98	6.86
6	79.20	9.90	9.90	4.290	1.7008	86.57	5.63	4.55	6.51	2.75	3.93	1.25	114.3	5.16	5.95	6.81
7	79.20	11.88	7.92	4.338	1.7024	85.42	5.66	4.56	6.56	2.83	3.89	1.29	113.9	5.13	5.92	6.75
8	79.20	13.86	5.94	4.387	1.7041	84.28	5.69	4.58	6.60	2.91	3.85	1.33	113.5	5.10	5.89	6.69
9	79.20	15.84	3.96	4.435	1.7058	83.14	5.73	4.59	6.65	2.99	3.81	1.38	113.2	5.08	5.85	6.63
10	79.20	17.82	1.98	4.484	1.7074	81.99	5.76	4.61	6.69	3.08	3.77	1.42	112.8	5.05	5.82	6.57
11	79.20	19.80	0.00	4.532	1.7091	80.85	5.79	4.62	6.74	3.16	3.73	1.46	112.4	5.02	5.79	6.51
12	78.21	0.00	20.79	4.043	1.6942	91.41	5.50	4.51	6.28	2.37	4.11	1.07	116.6	5.27	6.08	7.09
13	78.21	1.98	18.81	4.091	1.6959	90.26	5.53	4.52	6.33	2.45	4.07	1.11	116.2	5.25	6.05	7.03
14	78.21	3.96	16.83	4.140	1.6976	89.12	5.56	4.54	6.37	2.53	4.03	1.15	115.8	5.22	6.02	6.97
15	78.21	5.94	14.85	4.188	1.6992	87.98	5.59	4.55	6.42	2.62	3.99	1.19	115.4	5.19	5.98	6.91
16	78.21	7.92	12.87	4.237	1.7009	86.84	5.63	4.57	6.46	2.70	3.95	1.24	115.1	5.16	5.95	6.85
17	78.21	9.90	10.89	4.285	1.7026	85.69	5.66	4.58	6.51	2.78	3.91	1.28	114.7	5.13	5.92	6.79
18	78.21	11.88	8.91	4.334	1.7042	84.55	5.69	4.60	6.56	2.87	3.88	1.32	114.3	5.11	5.89	6.73
19	78.21	13.86	6.93	4.382	1.7059	83.41	5.72	4.61	6.60	2.95	3.84	1.36	113.9	5.08	5.86	6.67
20	78.21	15.84	4.95	4.431	1.7076	82.26	5.75	4.63	6.65	3.03	3.80	1.40	113.5	5.05	5.82	6.62
21	78.21	17.82	2.97	4.479	1.7093	81.12	5.79	4.64	6.69	3.12	3.76	1.45	113.2	5.02	5.79	6.56

续表

编号	组成(摩尔分数)/%			ρ /(g/cm³)	$n_{@633\,nm}$	1530 nm($^4I_{13/2}\rightarrow{}^4I_{15/2}$)							2710 nm($^4I_{11/2}\rightarrow{}^4I_{13/2}$)			
	x	y	z			$\Delta\lambda_{eff}$ /nm	σ_a /10⁻²¹cm²	σ_e /10⁻²¹cm²	τ_{rad} /ms	τ_m /ms	$\sigma_e\times\Delta\lambda_{eff}$ /10⁻²⁶cm³	$\sigma_e\times\tau_m$ /10⁻²³cm²·s	$\Delta\lambda_{eff}$ /nm	σ_a /10⁻²¹cm²	σ_e /10⁻²¹cm²	$\sigma_e\times\Delta\lambda_{eff}$ /10⁻²⁶cm³
22	76.23	0.00	22.77	4.034	1.6977	89.65	5.55	4.58	6.28	2.45	4.09	1.12	117.3	5.22	6.02	7.06
23	76.23	1.98	20.79	4.083	1.6994	88.51	5.58	4.59	6.33	2.53	4.05	1.16	116.9	5.19	5.99	7.00
24	76.23	3.96	18.81	4.131	1.7011	87.37	5.62	4.61	6.37	2.61	4.01	1.21	116.5	5.17	5.96	6.94
25	76.23	5.94	16.83	4.180	1.7027	86.23	5.65	4.62	6.42	2.69	3.97	1.25	116.2	5.14	5.93	6.88
26	76.23	7.92	14.85	4.228	1.7044	85.08	5.68	4.64	6.47	2.78	3.93	1.29	115.8	5.11	5.89	6.82
27	76.23	9.90	12.87	4.277	1.7061	83.94	5.71	4.65	6.51	2.86	3.89	1.33	115.4	5.08	5.86	6.77
28	76.23	11.88	10.89	4.325	1.7077	82.80	5.74	4.67	6.56	2.94	3.86	1.37	115.0	5.05	5.83	6.71
29	76.23	13.86	8.91	4.374	1.7094	81.65	5.78	4.68	6.60	3.03	3.82	1.42	114.6	5.03	5.80	6.65
30	76.23	16.83	5.94	4.443	1.7109	80.52	5.79	4.67	6.70	3.11	3.76	1.45	113.9	4.99	5.76	6.56
31	76.23	18.81	3.96	4.487	1.7113	80.17	5.78	4.64	6.78	3.15	3.72	1.46	113.2	4.97	5.73	6.49
32	76.23	20.79	1.98	4.530	1.7116	79.81	5.77	4.60	6.86	3.18	3.67	1.46	112.6	4.95	5.71	6.43
33	76.23	22.77	0.00	4.575	1.7121	79.46	5.76	4.57	6.94	3.22	3.63	1.47	112.0	4.93	5.68	6.37
34	74.25	0.00	24.75	4.026	1.7014	87.91	5.61	4.65	6.28	2.52	4.07	1.18	118.0	5.17	5.96	7.04
35	74.25	1.98	22.77	4.074	1.7030	86.77	5.64	4.66	6.33	2.61	4.03	1.22	117.7	5.14	5.93	6.98
36	74.25	3.96	20.79	4.123	1.7047	85.62	5.67	4.68	6.37	2.69	3.99	1.26	117.3	5.11	5.90	6.92
37	74.25	5.94	18.81	4.171	1.7064	84.48	5.70	4.69	6.42	2.77	3.95	1.30	116.9	5.08	5.87	6.86
38	74.25	7.92	16.83	4.220	1.7081	83.34	5.74	4.71	6.47	2.85	3.91	1.34	116.5	5.06	5.84	6.80
39	74.25	9.90	14.85	4.268	1.7097	82.19	5.77	4.72	6.51	2.94	3.87	1.39	116.1	5.03	5.80	6.74
40	74.25	11.88	12.87	4.317	1.7114	81.05	5.80	4.74	6.56	3.02	3.84	1.43	115.8	5.00	5.77	6.68
41	74.25	12.87	11.88	4.339	1.7114	80.65	5.80	4.73	6.59	3.05	3.81	1.44	115.5	4.99	5.76	6.65
42	74.25	14.85	9.90	4.383	1.7119	80.30	5.79	4.70	6.67	3.08	3.77	1.45	114.8	4.97	5.73	6.59

续表

编号	组成(摩尔分数)/%			ρ /(g/cm³)	$n_{@633\,nm}$	1530 nm($^4I_{13/2}\rightarrow{}^4I_{15/2}$)							2710 nm($^4I_{11/2}\rightarrow{}^4I_{13/2}$)			
	x	y	z			$\Delta\lambda_{eff}$ /nm	σ_a /10⁻²¹cm²	σ_e /10⁻²¹cm²	τ_{rad} /ms	τ_m /ms	$\sigma_e\times\Delta\lambda_{eff}$ /10⁻²⁶cm³	$\sigma_e\times\tau_m$ /10⁻²³cm²·s	$\Delta\lambda_{eff}$ /nm	σ_a /10⁻²¹cm²	σ_e /10⁻²¹cm²	$\sigma_e\times\Delta\lambda_{eff}$ /10⁻²⁶cm³
43	74.25	16.83	7.92	4.427	1.7124	79.95	5.78	4.67	6.75	3.12	3.73	1.45	114.2	4.95	5.71	6.52
44	74.25	18.81	5.94	4.471	1.7127	79.59	5.77	4.64	6.83	3.15	3.69	1.46	113.6	4.92	5.68	6.46
45	74.25	20.79	3.96	4.515	1.7132	79.24	5.76	4.60	6.92	3.19	3.65	1.46	112.9	4.90	5.66	6.40
46	74.25	22.77	1.98	4.559	1.7137	78.89	5.75	4.57	7.00	3.22	3.61	1.47	112.3	4.88	5.63	6.33
47	74.25	24.75	0.00	4.603	1.7142	78.53	5.74	4.54	7.08	3.26	3.57	1.48	111.6	4.86	5.61	6.27
48	72.27	0.00	26.73	4.017	1.7049	86.16	5.66	4.72	6.28	2.60	4.05	1.23	118.8	5.12	5.90	7.01
49	72.27	1.98	24.75	4.066	1.7065	85.01	5.69	4.73	6.33	2.68	4.01	1.27	118.4	5.09	5.87	6.95
50	72.27	3.96	22.77	4.114	1.7082	83.87	5.73	4.75	6.38	2.77	3.97	1.31	118.0	5.06	5.84	6.89
51	72.27	5.94	20.79	4.163	1.7099	82.73	5.76	4.76	6.42	2.85	3.93	1.36	117.6	5.03	5.81	6.83
52	72.27	7.92	18.81	4.211	1.7115	81.58	5.79	4.78	6.47	2.93	3.89	1.40	117.3	5.00	5.78	6.77
53	72.27	10.89	15.84	4.279	1.7125	80.43	5.80	4.76	6.56	3.02	3.83	1.43	116.5	4.97	5.73	6.68
54	72.27	12.87	13.86	4.323	1.7130	80.08	5.79	4.73	6.64	3.05	3.79	1.44	115.8	4.95	5.71	6.62
55	72.27	14.85	11.88	4.367	1.7133	79.72	5.78	4.70	6.72	3.09	3.75	1.45	115.2	4.92	5.68	6.55
56	72.27	16.83	9.90	4.411	1.7138	79.37	5.77	4.67	6.81	3.12	3.71	1.45	114.5	4.90	5.66	6.49
57	72.27	18.81	7.92	4.455	1.7142	79.01	5.76	4.64	6.89	3.16	3.67	1.46	113.9	4.88	5.63	6.43
58	72.27	20.79	5.94	4.499	1.7147	78.66	5.75	4.60	6.97	3.19	3.63	1.46	113.3	4.86	5.61	6.36
59	72.27	22.77	3.96	4.543	1.7152	78.31	5.74	4.57	7.05	3.23	3.59	1.47	112.6	4.84	5.59	6.30
60	72.27	24.75	1.98	4.587	1.7159	77.97	5.74	4.54	7.13	3.26	3.55	1.48	112.0	4.82	5.56	6.24
61	72.27	26.73	0.00	4.631	1.7163	77.62	5.73	4.51	7.22	3.30	3.51	1.48	111.4	4.80	5.54	6.17
62	70.29	0.00	28.71	4.009	1.7085	84.41	5.72	4.79	6.28	2.68	4.03	1.28	119.5	5.06	5.85	6.98
63	70.29	1.98	26.73	4.057	1.7102	83.27	5.75	4.81	6.33	2.76	3.99	1.33	119.1	5.04	5.81	6.92

续表

编号	组成(摩尔分数)/%			ρ /(g/cm³)	$n_{@633\,nm}$	1530 nm (⁴I₁₃/₂→⁴I₁₅/₂)							2710 nm (⁴I₁₁/₂→⁴I₁₃/₂)			
	x	y	z			$\Delta\lambda_{eff}$ /nm	σ_a /10⁻²¹cm²	σ_e /10⁻²¹cm²	τ_{rad} /ms	τ_m /ms	$\sigma_e\times\lambda_{eff}$ /10⁻²⁶cm³	$\sigma_e\times\tau_m$ /10⁻²³cm²·s	$\Delta\lambda_{eff}$ /nm	σ_a /10⁻²¹cm²	σ_e /10⁻²¹cm²	$\sigma_e\times\Delta\lambda_{eff}$ /10⁻²⁶cm³
64	70.29	3.96	24.75	4.106	1.7119	82.13	5.78	4.82	6.38	2.84	3.95	1.37	118.8	5.01	5.78	6.87
65	70.29	5.94	22.77	4.154	1.7135	80.98	5.81	4.84	6.42	2.93	3.91	1.41	118.4	4.98	5.75	6.81
66	70.29	6.93	21.78	4.175	1.7131	80.55	5.82	4.83	6.45	2.95	3.89	1.42	118.1	4.97	5.74	6.77
67	70.29	8.91	19.80	4.219	1.7135	80.20	5.81	4.80	6.53	2.99	3.85	1.43	117.4	4.95	5.71	6.71
68	70.29	10.89	17.82	4.263	1.7140	79.85	5.80	4.76	6.62	3.02	3.81	1.43	116.8	4.93	5.69	6.65
69	70.29	12.87	15.84	4.307	1.7143	79.49	5.78	4.73	6.70	3.06	3.77	1.44	116.1	4.90	5.66	6.58
70	70.29	14.85	13.86	4.351	1.7148	79.14	5.78	4.70	6.78	3.09	3.73	1.45	115.5	4.88	5.64	6.52
71	70.29	16.83	11.88	4.395	1.7153	78.79	5.77	4.67	6.86	3.13	3.69	1.45	114.9	4.86	5.61	6.46
72	70.29	18.81	9.90	4.439	1.7158	78.44	5.76	4.64	6.94	3.16	3.64	1.46	114.2	4.84	5.59	6.39
73	70.29	20.79	7.92	4.483	1.7163	78.09	5.75	4.60	7.02	3.20	3.60	1.46	113.6	4.82	5.56	6.33
74	70.29	22.77	5.94	4.527	1.7169	77.75	5.74	4.57	7.11	3.23	3.56	1.47	113.0	4.80	5.54	6.27
75	70.29	24.75	3.96	4.572	1.7174	77.39	5.73	4.54	7.19	3.27	3.52	1.48	112.3	4.78	5.51	6.20
76	70.29	26.73	1.98	4.615	1.7177	77.03	5.72	4.51	7.27	3.30	3.48	1.48	111.7	4.76	5.49	6.14
77	70.29	28.71	0.00	4.659	1.7182	76.68	5.71	4.48	7.35	3.34	3.44	1.49	111.1	4.74	5.46	6.08
78	68.31	0.00	30.69	4.000	1.7120	82.66	5.77	4.86	6.29	2.75	4.01	1.34	120.3	5.01	5.79	6.96
79	68.31	1.98	28.71	4.049	1.7137	81.52	5.80	4.88	6.33	2.84	3.97	1.38	119.9	4.98	5.76	6.90
80	68.31	4.95	25.74	4.115	1.7141	80.33	5.82	4.86	6.42	2.92	3.91	1.42	119.0	4.95	5.71	6.80
81	68.31	6.93	23.76	4.159	1.7146	79.98	5.81	4.83	6.51	2.96	3.87	1.42	118.4	4.93	5.69	6.74
82	68.31	8.91	21.78	4.203	1.7149	79.62	5.80	4.80	6.59	2.99	3.82	1.43	117.7	4.90	5.66	6.67
83	68.31	10.89	19.80	4.247	1.7154	79.27	5.79	4.76	6.67	3.03	3.78	1.43	117.1	4.88	5.64	6.61
84	68.31	12.87	17.82	4.291	1.7159	78.92	5.78	4.73	6.75	3.06	3.74	1.44	116.5	4.86	5.61	6.55

续表

编号	组成(摩尔分数)/%			ρ /(g/cm³)	n @633 nm	1530 nm($^4I_{13/2} \to {}^4I_{15/2}$)							2710 nm($^4I_{11/2} \to {}^4I_{13/2}$)			
	x	y	z			$\Delta\lambda_{eff}$ /nm	σ_a /10⁻²¹cm²	σ_e /10⁻²¹cm²	τ_{rad} /ms	τ_m /ms	$\sigma_e \times \Delta\lambda_{eff}$ /10⁻²⁶cm³	$\sigma_e \times \tau_m$ /10⁻²³cm²·s	$\Delta\lambda_{eff}$ /nm	σ_a /10⁻²¹cm²	σ_e /10⁻²¹cm²	$\sigma_e \times \Delta\lambda_{eff}$ /10⁻²⁶cm³
85	68.31	14.85	15.84	4.335	1.7164	78.57	5.77	4.70	6.83	3.10	3.70	1.45	115.8	4.84	5.59	6.49
86	68.31	16.83	13.86	4.379	1.7168	78.22	5.76	4.67	6.91	3.13	3.66	1.45	115.2	4.82	5.56	6.42
87	68.31	18.81	11.88	4.423	1.7175	77.87	5.75	4.64	7.00	3.17	3.62	1.46	114.6	4.80	5.54	6.36
88	68.31	20.79	9.90	4.468	1.7180	77.52	5.74	4.60	7.08	3.20	3.58	1.46	113.9	4.78	5.52	6.30
89	68.31	22.77	7.92	4.512	1.7184	77.17	5.73	4.57	7.16	3.24	3.54	1.47	113.3	4.76	5.49	6.23
90	68.31	24.75	5.94	4.555	1.7188	76.81	5.72	4.54	7.24	3.27	3.50	1.48	112.7	4.73	5.46	6.17
91	68.31	26.73	3.96	4.599	1.7192	76.46	5.71	4.51	7.32	3.31	3.46	1.48	112.0	4.71	5.44	6.11
92	68.31	28.71	1.98	4.643	1.7197	76.11	5.70	4.48	7.41	3.34	3.42	1.49	111.4	4.69	5.42	6.04
93	68.31	30.69	0.00	4.688	1.7202	75.76	5.69	4.44	7.49	3.38	3.38	1.49	110.7	4.67	5.39	5.98
94	66.33	0.00	32.67	3.992	1.7157	80.91	5.83	4.93	6.29	2.83	3.99	1.39	121.0	4.96	5.73	6.93
95	66.33	0.99	31.68	4.011	1.7147	80.46	5.83	4.92	6.31	2.86	3.96	1.40	120.6	4.95	5.72	6.89
96	66.33	2.97	29.70	4.055	1.7152	80.11	5.82	4.89	6.40	2.89	3.92	1.41	120.0	4.93	5.69	6.83
97	66.33	4.95	27.72	4.099	1.7156	79.76	5.81	4.86	6.48	2.93	3.88	1.42	119.4	4.90	5.67	6.77
98	66.33	6.93	25.74	4.143	1.7160	79.40	5.80	4.83	6.56	2.96	3.84	1.42	118.7	4.88	5.64	6.70
99	66.33	8.91	23.76	4.187	1.7164	79.05	5.79	4.80	6.64	3.00	3.80	1.43	118.1	4.86	5.62	6.64
100	66.33	10.89	21.78	4.231	1.7169	78.69	5.78	4.76	6.72	3.03	3.76	1.43	117.4	4.84	5.59	6.58
101	66.33	12.87	19.80	4.275	1.7174	78.34	5.77	4.73	6.80	3.07	3.72	1.44	116.8	4.82	5.57	6.52
102	66.33	14.85	17.82	4.319	1.7179	77.99	5.76	4.70	6.89	3.10	3.68	1.45	116.2	4.80	5.54	6.45
103	66.33	16.83	15.84	4.364	1.7185	77.65	5.75	4.67	6.97	3.14	3.64	1.45	115.6	4.78	5.52	6.39
104	66.33	18.81	13.86	4.408	1.7190	77.30	5.74	4.64	7.05	3.17	3.60	1.46	114.9	4.76	5.49	6.33
105	66.33	20.79	11.88	4.451	1.7193	76.94	5.73	4.60	7.13	3.21	3.56	1.46	114.3	4.73	5.47	6.26

续表

编号	组成（摩尔分数）/%			ρ /(g/cm^3)	$n_{@633\,nm}$	1530 nm($^4I_{13/2}\rightarrow{}^4I_{15/2}$)							2710 nm($^4I_{11/2}\rightarrow{}^4I_{13/2}$)			
	x	y	z			$\Delta\lambda_{eff}$ /nm	σ_a /10^{-21}cm^2	σ_e /10^{-21}cm^2	τ_{rad} /ms	τ_m /ms	$\sigma_e\times\Delta\lambda_{eff}$ /10^{-26}cm^3	$\sigma_e\times\tau_m$ /10^{-23}cm$^2\cdot$s	$\Delta\lambda_{eff}$ /nm	σ_a /10^{-21}cm^2	σ_e /10^{-21}cm^2	$\sigma_e\times\Delta\lambda_{eff}$ /10^{-26}cm^3
106	66.33	22.77	9.90	4.495	1.7198	76.59	5.72	4.57	7.21	3.24	3.52	1.47	113.6	4.71	5.44	6.20
107	66.33	24.75	7.92	4.539	1.7203	76.24	5.71	4.54	7.30	3.28	3.48	1.48	113.0	4.69	5.42	6.14
108	66.33	26.73	5.94	4.584	1.7208	75.88	5.70	4.51	7.38	3.31	3.44	1.48	112.4	4.67	5.39	6.07
109	66.33	28.71	3.96	4.628	1.7213	75.53	5.69	4.48	7.46	3.35	3.40	1.49	111.7	4.65	5.37	6.01
110	66.33	30.69	1.98	4.672	1.7219	75.19	5.68	4.44	7.54	3.38	3.35	1.49	111.1	4.63	5.34	5.95
111	66.33	32.67	0.00	4.716	1.7224	74.84	5.67	4.41	7.62	3.42	3.31	1.50	110.5	4.61	5.32	5.89
112	64.35	0.00	34.65	3.980	1.7155	82.04	5.87	4.89	6.24	2.85	4.00	1.39	120.8	4.98	5.75	6.94
113	64.35	1.98	32.67	4.022	1.7167	80.93	5.84	4.88	6.36	2.89	3.94	1.40	120.4	4.93	5.70	6.86
114	64.35	3.96	30.69	4.065	1.7179	79.81	5.82	4.87	6.48	2.92	3.89	1.41	120.0	4.89	5.64	6.78
115	64.35	6.93	27.72	4.127	1.7175	78.82	5.79	4.83	6.61	2.97	3.82	1.42	119.1	4.84	5.59	6.67
116	64.35	8.91	25.74	4.171	1.7180	78.47	5.78	4.80	6.69	3.00	3.78	1.43	118.4	4.82	5.57	6.61
117	64.35	10.89	23.76	4.215	1.7185	78.12	5.77	4.76	6.78	3.04	3.74	1.43	117.8	4.80	5.54	6.55
118	64.35	12.87	21.78	4.260	1.7191	77.78	5.76	4.73	6.86	3.07	3.70	1.44	117.2	4.78	5.52	6.48
119	64.35	14.85	19.80	4.304	1.7196	77.43	5.75	4.70	6.94	3.11	3.66	1.45	116.5	4.76	5.49	6.42
120	64.35	16.83	17.82	4.348	1.7201	77.07	5.74	4.67	7.02	3.14	3.62	1.45	115.9	4.74	5.47	6.36
121	64.35	18.81	15.84	4.391	1.7204	76.71	5.73	4.64	7.10	3.18	3.57	1.46	115.2	4.71	5.44	6.29
122	64.35	20.79	13.86	4.435	1.7209	76.36	5.72	4.60	7.19	3.21	3.53	1.46	114.6	4.69	5.42	6.23
123	64.35	22.77	11.88	4.480	1.7214	76.01	5.71	4.57	7.27	3.25	3.49	1.47	114.0	4.67	5.39	6.17
124	64.35	24.75	9.90	4.524	1.7218	75.66	5.70	4.54	7.35	3.28	3.45	1.48	113.3	4.65	5.37	6.10
125	64.35	26.73	7.92	4.568	1.7223	75.31	5.69	4.51	7.43	3.32	3.41	1.48	112.7	4.63	5.34	6.04
126	64.35	28.71	5.94	4.612	1.7230	74.97	5.68	4.48	7.51	3.35	3.37	1.49	112.1	4.61	5.32	5.98

编号	组成(摩尔分数)/%			ρ /(g/cm³)	$n_{@633\,nm}$	1530 nm($^4I_{13/2}\to{}^4I_{15/2}$)							2710 nm($^4I_{11/2}\to{}^4I_{13/2}$)			
	x	y	z			$\Delta\lambda_{eff}$ /nm	σ_a /10^{-21}cm²	σ_e /10^{-21}cm²	τ_{rad} /ms	τ_m /ms	$\sigma_e\times\Delta\lambda_{eff}$ /10^{-26}cm³	$\sigma_e\times\tau_m$ /10^{-23}cm²·s	$\Delta\lambda_{eff}$ /nm	σ_a /10^{-21}cm²	σ_e /10^{-21}cm²	$\sigma_e\times\Delta\lambda_{eff}$ /10^{-26}cm³
127	64.35	30.69	3.96	4.656	1.7235	74.62	5.67	4.44	7.60	3.39	3.33	1.49	111.4	4.59	5.30	5.92
128	64.35	32.67	1.98	4.700	1.7238	74.26	5.66	4.41	7.68	3.42	3.29	1.50	110.8	4.57	5.27	5.85
129	64.35	34.65	0.00	4.744	1.7243	73.91	5.65	4.38	7.76	3.46	3.25	1.51	110.2	4.55	5.25	5.79
130	62.37	0.00	36.63	3.967	1.7147	83.75	5.90	4.81	6.19	2.87	4.01	1.38	120.4	5.01	5.78	6.95
131	62.37	1.98	34.65	4.010	1.7159	82.63	5.88	4.81	6.31	2.90	3.96	1.39	120.0	4.96	5.73	6.87
132	62.37	3.96	32.67	4.053	1.7171	81.52	5.85	4.80	6.43	2.93	3.90	1.40	119.6	4.92	5.68	6.79
133	62.37	5.94	30.69	4.096	1.7183	80.40	5.83	4.79	6.54	2.96	3.85	1.41	119.2	4.87	5.63	6.71
134	62.37	7.92	28.71	4.138	1.7195	79.29	5.80	4.78	6.66	2.99	3.80	1.42	118.8	4.83	5.57	6.64
135	62.37	9.90	26.73	4.181	1.7207	78.17	5.78	4.77	6.78	3.03	3.74	1.43	118.4	4.78	5.52	6.56
136	62.37	12.87	23.76	4.244	1.7206	77.20	5.75	4.73	6.91	3.08	3.67	1.44	117.5	4.74	5.47	6.45
137	62.37	14.85	21.78	4.287	1.7210	76.84	5.74	4.70	6.99	3.11	3.63	1.45	116.8	4.71	5.45	6.39
138	62.37	16.83	19.80	4.332	1.7214	76.49	5.73	4.67	7.08	3.15	3.59	1.45	116.2	4.69	5.42	6.32
139	62.37	18.81	17.82	4.376	1.7219	76.14	5.72	4.64	7.16	3.18	3.55	1.46	115.6	4.67	5.40	6.26
140	62.37	20.79	15.84	4.420	1.7224	75.79	5.71	4.60	7.24	3.21	3.51	1.46	114.9	4.65	5.37	6.20
141	62.37	22.77	13.86	4.464	1.7229	75.44	5.70	4.57	7.32	3.25	3.47	1.47	114.3	4.63	5.35	6.13
142	62.37	24.75	11.88	4.508	1.7235	75.09	5.69	4.54	7.40	3.29	3.43	1.48	113.7	4.61	5.32	6.07
143	62.37	26.73	9.90	4.552	1.7240	74.74	5.68	4.51	7.49	3.32	3.39	1.48	113.0	4.59	5.30	6.01
144	62.37	28.71	7.92	4.596	1.7245	74.39	5.67	4.48	7.57	3.35	3.35	1.49	112.4	4.57	5.27	5.95
145	62.37	30.69	5.94	4.640	1.7248	74.03	5.66	4.44	7.65	3.39	3.31	1.49	111.8	4.54	5.25	5.88
146	62.37	32.67	3.96	4.684	1.7253	73.68	5.65	4.41	7.73	3.42	3.27	1.50	111.1	4.52	5.22	5.82
147	62.37	34.65	1.98	4.728	1.7258	73.33	5.64	4.38	7.81	3.46	3.23	1.51	110.5	4.50	5.20	5.76

续表

编号	组成(摩尔分数)/%			ρ /(g/cm³)	$n_{@633\,nm}$	1530 nm($^4I_{13/2}\rightarrow{}^4I_{15/2}$)							2710 nm($^4I_{11/2}\rightarrow{}^4I_{13/2}$)			
	x	y	z			$\Delta\lambda_{eff}$ /nm	σ_a /10⁻²¹cm²	σ_e /10⁻²¹cm²	τ_{rad} /ms	τ_m /ms	$\sigma_e\times\Delta\lambda_{eff}$ /10⁻²⁶cm³	$\sigma_e\times\tau_m$ /10⁻²³cm²·s	$\Delta\lambda_{eff}$ /nm	σ_a /10⁻²¹cm²	σ_e /10⁻²¹cm²	$\sigma_e\times\Delta\lambda_{eff}$ /10⁻²⁶cm³
148	62.37	36.63	0.00	4.772	1.7263	72.98	5.63	4.35	7.90	3.49	3.19	1.51	109.8	4.48	5.17	5.69
149	60.39	0.00	38.61	3.955	1.7139	85.45	5.94	4.74	6.14	2.88	4.03	1.37	120.0	5.04	5.82	6.96
150	60.39	1.98	36.63	3.998	1.7151	84.34	5.91	4.73	6.26	2.91	3.97	1.38	119.6	4.99	5.77	6.88
151	60.39	3.96	34.65	4.040	1.7163	83.22	5.89	4.73	6.38	2.94	3.92	1.39	119.2	4.95	5.71	6.80
152	60.39	5.94	32.67	4.083	1.7175	82.11	5.86	4.72	6.49	2.98	3.87	1.40	118.8	4.90	5.66	6.72
153	60.39	7.92	30.69	4.126	1.7187	80.99	5.84	4.71	6.61	3.01	3.81	1.41	118.4	4.86	5.61	6.65
154	60.39	9.90	28.71	4.169	1.7200	79.88	5.81	4.70	6.73	3.04	3.76	1.42	118.0	4.81	5.56	6.57
155	60.39	11.88	26.73	4.212	1.7212	78.77	5.79	4.69	6.84	3.07	3.71	1.43	117.6	4.77	5.50	6.49
156	60.39	13.86	24.75	4.254	1.7224	77.65	5.76	4.68	6.96	3.10	3.65	1.44	117.2	4.72	5.45	6.41
157	60.39	15.84	22.77	4.297	1.7236	76.54	5.74	4.68	7.08	3.14	3.60	1.45	116.8	4.67	5.40	6.33
158	60.39	18.81	19.80	4.360	1.7235	75.56	5.71	4.64	7.21	3.18	3.53	1.46	115.9	4.63	5.35	6.23
159	60.39	20.79	17.82	4.404	1.7239	75.21	5.70	4.60	7.29	3.22	3.49	1.46	115.3	4.61	5.32	6.16
160	60.39	22.77	15.84	4.448	1.7246	74.87	5.69	4.57	7.38	3.25	3.45	1.47	114.7	4.59	5.30	6.10
161	60.39	24.75	13.86	4.492	1.7251	74.52	5.68	4.54	7.46	3.29	3.41	1.48	114.0	4.57	5.27	6.04
162	60.39	26.73	11.88	4.536	1.7254	74.16	5.67	4.51	7.54	3.32	3.37	1.48	113.4	4.54	5.25	5.98
163	60.39	28.71	9.90	4.580	1.7259	73.81	5.66	4.48	7.62	3.36	3.32	1.49	112.7	4.52	5.22	5.91
164	60.39	30.69	7.92	4.624	1.7264	73.46	5.65	4.44	7.70	3.39	3.28	1.49	112.1	4.50	5.20	5.85
165	60.39	32.67	5.94	4.668	1.7268	73.11	5.64	4.41	7.79	3.43	3.24	1.50	111.5	4.48	5.17	5.79
166	60.39	34.65	3.96	4.712	1.7273	72.76	5.63	4.38	7.87	3.46	3.20	1.51	110.8	4.46	5.15	5.72
167	60.39	36.63	1.98	4.757	1.7280	72.41	5.62	4.35	7.95	3.50	3.16	1.51	110.2	4.44	5.13	5.66
168	60.39	38.61	0.00	4.801	1.7285	72.06	5.61	4.32	8.03	3.53	3.12	1.52	109.6	4.42	5.10	5.60

续表

编号	组成(摩尔分数)/%			ρ /(g/cm³)	$n_{@633\,nm}$	1530 nm($^4I_{13/2}\rightarrow{}^4I_{15/2}$)							2710 nm($^4I_{11/2}\rightarrow{}^4I_{13/2}$)			
	x	y	z			$\Delta\lambda_{eff}$ /nm	σ_a /10⁻²¹cm²	σ_e /10⁻²¹cm²	τ_{rad} /ms	τ_m /ms	$\sigma_e\times\lambda_{eff}$ /10⁻²⁶cm³	$\sigma_e\times\tau_m$ /10⁻²³cm²·s	$\Delta\lambda_{eff}$ /nm	σ_a /10⁻²¹cm²	σ_e /10⁻²¹cm²	$\sigma_e\times\Delta\lambda_{eff}$ /10⁻²⁶cm³
169	58.41	0.00	40.59	3.942	1.7130	87.15	5.98	4.67	6.09	2.89	4.04	1.36	119.6	5.07	5.85	6.97
170	58.41	1.98	38.61	3.985	1.7142	86.03	5.95	4.66	6.21	2.92	3.99	1.37	119.2	5.02	5.80	6.89
171	58.41	3.96	36.63	4.027	1.7154	84.92	5.93	4.65	6.33	2.96	3.93	1.38	118.8	4.98	5.75	6.81
172	58.41	5.94	34.65	4.070	1.7166	83.81	5.90	4.65	6.44	2.99	3.88	1.39	118.4	4.93	5.70	6.74
173	58.41	7.92	32.67	4.113	1.7178	82.69	5.87	4.64	6.56	3.02	3.83	1.40	118.0	4.89	5.64	6.66
174	58.41	9.90	30.69	4.156	1.7190	81.58	5.85	4.63	6.68	3.05	3.77	1.41	117.6	4.84	5.59	6.58
175	58.41	11.88	28.71	4.199	1.7202	80.46	5.82	4.62	6.79	3.08	3.72	1.42	117.2	4.80	5.54	6.50
176	58.41	13.86	26.73	4.242	1.7214	79.35	5.80	4.61	6.91	3.12	3.67	1.43	116.8	4.75	5.49	6.42
177	58.41	15.84	24.75	4.284	1.7226	78.23	5.77	4.60	7.03	3.15	3.61	1.44	116.4	4.71	5.43	6.35
178	58.41	17.82	22.77	4.327	1.7238	77.12	5.75	4.60	7.14	3.18	3.56	1.45	116.0	4.66	5.38	6.27
179	58.41	19.80	20.79	4.370	1.7250	76.01	5.72	4.59	7.26	3.21	3.51	1.46	115.6	4.61	5.33	6.19
180	58.41	21.78	18.81	4.413	1.7262	74.89	5.70	4.58	7.37	3.24	3.45	1.46	115.2	4.57	5.28	6.11
181	58.41	24.75	15.84	4.476	1.7265	73.94	5.67	4.54	7.51	3.29	3.38	1.48	114.3	4.52	5.23	6.01
182	58.41	26.73	13.86	4.520	1.7269	73.59	5.66	4.51	7.59	3.33	3.34	1.48	113.7	4.50	5.20	5.94
183	58.41	28.71	11.88	4.564	1.7274	73.23	5.65	4.48	7.68	3.36	3.30	1.49	113.1	4.48	5.18	5.88
184	58.41	30.69	9.90	4.608	1.7279	72.88	5.64	4.44	7.76	3.40	3.26	1.49	112.4	4.46	5.15	5.82
185	58.41	32.67	7.92	4.652	1.7284	72.53	5.63	4.41	7.84	3.43	3.22	1.50	111.8	4.44	5.13	5.75
186	58.41	34.65	5.94	4.697	1.7290	72.19	5.62	4.38	7.92	3.47	3.18	1.51	111.2	4.42	5.10	5.69
187	58.41	36.63	3.96	4.741	1.7295	71.84	5.61	4.35	8.00	3.50	3.14	1.51	110.5	4.40	5.08	5.63
188	58.41	38.61	1.98	4.785	1.7298	71.48	5.60	4.32	8.09	3.54	3.10	1.52	109.9	4.38	5.05	5.56
189	58.41	40.59	0.00	4.829	1.7303	71.13	5.59	4.28	8.17	3.57	3.06	1.52	109.3	4.36	5.03	5.50

续表

编号	组成(摩尔分数)/%			ρ /(g/cm³)	$n_{@633\ nm}$	1530 nm($^4I_{13/2}\rightarrow{}^4I_{15/2}$)							2710 nm($^4I_{11/2}\rightarrow{}^4I_{13/2}$)			
	x	y	z			$\Delta\lambda_{eff}$ /nm	σ_a /10⁻²¹cm²	σ_e /10⁻²¹cm²	τ_{rad}/ms	τ_m /ms	$\sigma_e\times\lambda_{eff}$ /10⁻²⁶cm³	$\sigma_e\times\tau_m$ /10⁻²³cm²·s	$\Delta\lambda_{eff}$ /nm	σ_a /10⁻²¹cm²	σ_e /10⁻²¹cm²	$\sigma_e\times\Delta\lambda_{eff}$ /10⁻²⁶cm³
190	56.43	0.00	42.57	3.929	1.7122	88.85	6.01	4.60	6.04	2.90	4.06	1.35	119.2	5.10	5.89	6.98
191	56.43	1.98	40.59	3.972	1.7134	87.74	5.99	4.59	6.16	2.94	4.00	1.36	118.8	5.06	5.84	6.90
192	56.43	3.96	38.61	4.015	1.7146	86.63	5.96	4.58	6.28	2.97	3.95	1.37	118.4	5.01	5.78	6.82
193	56.43	5.94	36.63	4.058	1.7158	85.51	5.94	4.57	6.39	3.00	3.90	1.38	118.0	4.96	5.73	6.75
194	56.43	7.92	34.65	4.101	1.7170	84.40	5.91	4.57	6.51	3.03	3.84	1.39	117.6	4.92	5.68	6.67
195	56.43	9.90	32.67	4.143	1.7182	83.28	5.89	4.56	6.63	3.06	3.79	1.40	117.2	4.87	5.63	6.59
196	56.43	11.88	30.69	4.186	1.7194	82.17	5.86	4.55	6.74	3.10	3.74	1.41	116.8	4.83	5.57	6.51
197	56.43	13.86	28.71	4.229	1.7206	81.05	5.84	4.54	6.86	3.13	3.68	1.42	116.4	4.78	5.52	6.43
198	56.43	15.84	26.73	4.272	1.7218	79.94	5.81	4.53	6.98	3.16	3.63	1.43	116.0	4.74	5.47	6.36
199	56.43	17.82	24.75	4.315	1.7230	78.83	5.79	4.52	7.09	3.19	3.57	1.43	115.6	4.69	5.42	6.28
200	56.43	19.80	22.77	4.358	1.7242	77.71	5.76	4.52	7.21	3.22	3.52	1.44	115.2	4.65	5.36	6.20
201	56.43	21.78	20.79	4.400	1.7254	76.60	5.73	4.51	7.33	3.26	3.47	1.45	114.8	4.60	5.31	6.12
202	56.43	23.76	18.81	4.443	1.7266	75.48	5.71	4.50	7.44	3.29	3.41	1.46	114.4	4.55	5.26	6.04
203	56.43	25.74	16.83	4.486	1.7278	74.37	5.68	4.49	7.56	3.32	3.36	1.47	114.0	4.51	5.21	5.97
204	56.43	27.72	14.85	4.529	1.7290	73.25	5.66	4.48	7.67	3.35	3.31	1.48	113.6	4.46	5.15	5.89
205	56.43	30.69	11.88	4.593	1.7296	72.32	5.64	4.44	7.81	3.40	3.24	1.49	112.8	4.42	5.10	5.78
206	56.43	32.67	9.90	4.637	1.7301	71.97	5.63	4.41	7.89	3.44	3.20	1.50	112.1	4.40	5.08	5.72
207	56.43	34.65	7.92	4.681	1.7306	71.61	5.62	4.38	7.98	3.47	3.16	1.51	111.5	4.38	5.05	5.66
208	56.43	36.63	5.94	4.725	1.7309	71.25	5.60	4.35	8.06	3.51	3.12	1.51	110.9	4.35	5.03	5.59
209	56.43	38.61	3.96	4.769	1.7314	70.90	5.60	4.32	8.14	3.54	3.08	1.52	110.2	4.33	5.00	5.53
210	56.43	40.59	1.98	4.813	1.7318	70.55	5.59	4.28	8.22	3.58	3.03	1.52	109.6	4.31	4.98	5.47

续表

编号	组成(摩尔分数)/%			ρ /(g/cm³)	n @633 nm	1530 nm($^4I_{13/2}\rightarrow{}^4I_{15/2}$)							2710 nm($^4I_{11/2}\rightarrow{}^4I_{13/2}$)			
	x	y	z			$\Delta\lambda_{eff}$ /nm	σ_a /10⁻²¹cm²	σ_e /10⁻²¹cm²	τ_{rad} /ms	τ_m /ms	$\sigma_e\times\Delta\lambda_{eff}$ /10⁻²⁶cm³	$\sigma_e\times\tau_m$ /10⁻²³cm³·s	$\Delta\lambda_{eff}$ /nm	σ_a /10⁻²¹cm²	σ_e /10⁻²¹cm²	$\sigma_e\times\Delta\lambda_{eff}$ /10⁻²⁶cm³
211	56.43	42.57	0.00	4.857	1.7323	70.20	5.58	4.25	8.30	3.61	2.99	1.53	108.9	4.29	4.95	5.41
212	54.45	0.00	44.55	3.917	1.7114	90.56	6.05	4.53	5.99	2.92	4.07	1.34	118.8	5.13	5.92	6.99
213	54.45	1.98	42.57	3.960	1.7126	89.45	6.02	4.52	6.11	2.95	4.02	1.35	118.4	5.09	5.87	6.91
214	54.45	3.96	40.59	4.003	1.7138	88.33	6.00	4.51	6.23	2.98	3.96	1.36	118.0	5.04	5.82	6.84
215	54.45	5.94	38.61	4.045	1.7150	87.22	5.97	4.50	6.34	3.01	3.91	1.37	117.6	5.00	5.77	6.76
216	54.45	7.92	36.63	4.088	1.7162	86.10	5.95	4.49	6.46	3.05	3.86	1.38	117.2	4.95	5.71	6.68
217	54.45	9.90	34.65	4.131	1.7174	84.99	5.92	4.49	6.58	3.08	3.80	1.39	116.8	4.90	5.66	6.60
218	54.45	11.88	32.67	4.174	1.7186	83.87	5.90	4.48	6.69	3.11	3.75	1.40	116.4	4.86	5.61	6.52
219	54.45	13.86	30.69	4.217	1.7198	82.76	5.87	4.47	6.81	3.14	3.70	1.40	116.0	4.81	5.56	6.45
220	54.45	15.84	28.71	4.259	1.7210	81.64	5.85	4.46	6.93	3.17	3.64	1.41	115.6	4.77	5.50	6.37
221	54.45	17.82	26.73	4.302	1.7222	80.53	5.82	4.45	7.04	3.21	3.59	1.42	115.2	4.72	5.45	6.29
222	54.45	19.80	24.75	4.345	1.7234	79.42	5.80	4.44	7.16	3.24	3.54	1.43	114.8	4.68	5.40	6.21
223	54.45	21.78	22.77	4.388	1.7246	78.30	5.77	4.44	7.28	3.27	3.48	1.44	114.4	4.63	5.35	6.13
224	54.45	23.76	20.79	4.431	1.7258	77.19	5.75	4.43	7.39	3.30	3.43	1.45	114.0	4.58	5.29	6.06
225	54.45	25.74	18.81	4.473	1.7270	76.07	5.72	4.42	7.51	3.33	3.38	1.46	113.6	4.54	5.24	5.98
226	54.45	27.72	16.83	4.516	1.7282	74.96	5.70	4.41	7.62	3.37	3.32	1.47	113.3	4.49	5.19	5.90
227	54.45	29.70	14.85	4.559	1.7294	73.84	5.67	4.40	7.74	3.40	3.27	1.48	112.9	4.45	5.14	5.82
228	54.45	31.68	12.87	4.602	1.7306	72.73	5.65	4.39	7.86	3.43	3.21	1.49	112.5	4.40	5.08	5.74
229	54.45	33.66	10.89	4.645	1.7318	71.62	5.62	4.39	7.97	3.46	3.16	1.50	112.1	4.36	5.03	5.67
230	54.45	36.63	7.92	4.709	1.7324	70.68	5.60	4.35	8.11	3.51	3.09	1.51	111.2	4.31	4.98	5.56
231	54.45	38.61	5.94	4.753	1.7329	70.33	5.59	4.32	8.19	3.55	3.05	1.52	110.6	4.29	4.96	5.50

续表

编号	组成(摩尔分数)/%			ρ /(g/cm³)	$n_{@633\,nm}$	1530 nm ($^4I_{13/2} \rightarrow {}^4I_{15/2}$)							2710 nm ($^4I_{11/2} \rightarrow {}^4I_{13/2}$)			
	x	y	z			$\Delta\lambda_{eff}$ /nm	σ_a /10⁻²¹cm²	σ_e /10⁻²¹cm²	τ_{rad} /ms	τ_m /ms	$\sigma_e\times\lambda_{eff}$ /10⁻²⁶cm³	$\sigma_e\times\tau_m$ /10⁻²³cm²·s	$\Delta\lambda_{eff}$ /nm	σ_a /10⁻²¹cm²	σ_e /10⁻²¹cm²	$\sigma_e\times\Delta\lambda_{eff}$ /10⁻²⁶cm³
232	54.45	40.59	3.96	4.797	1.7334	69.98	5.58	4.28	8.28	3.58	3.01	1.52	109.9	4.27	4.93	5.44
233	54.45	42.57	1.98	4.842	1.7340	69.63	5.57	4.25	8.36	3.62	2.97	1.53	109.3	4.25	4.91	5.37
234	54.45	44.55	0.00	4.886	1.7345	69.28	5.56	4.22	8.44	3.65	2.93	1.54	108.7	4.23	4.88	5.31
235	52.47	0.00	46.53	3.904	1.7106	92.27	6.09	4.46	5.95	2.93	4.09	1.33	118.4	5.16	5.96	7.00
236	52.47	1.98	44.55	3.947	1.7118	91.15	6.06	4.45	6.06	2.96	4.03	1.34	118.0	5.12	5.91	6.93
237	52.47	3.96	42.57	3.990	1.7130	90.04	6.03	4.44	6.18	2.99	3.98	1.35	117.6	5.07	5.85	6.85
238	52.47	5.94	40.59	4.033	1.7142	88.92	6.01	4.43	6.29	3.03	3.93	1.36	117.2	5.03	5.80	6.77
239	52.47	7.92	38.61	4.076	1.7154	87.81	5.98	4.42	6.41	3.06	3.87	1.36	116.8	4.98	5.75	6.69
240	52.47	9.90	36.63	4.119	1.7166	86.69	5.96	4.42	6.53	3.09	3.82	1.37	116.4	4.94	5.70	6.61
241	52.47	11.88	34.65	4.161	1.7178	85.58	5.93	4.41	6.64	3.12	3.77	1.38	116.0	4.89	5.64	6.54
242	52.47	13.86	32.67	4.204	1.7190	84.46	5.91	4.40	6.76	3.15	3.71	1.39	115.6	4.84	5.59	6.46
243	52.47	15.84	30.69	4.247	1.7202	83.35	5.88	4.39	6.88	3.19	3.66	1.40	115.2	4.80	5.54	6.38
244	52.47	17.82	28.71	4.290	1.7214	82.24	5.86	4.38	6.99	3.22	3.60	1.41	114.8	4.75	5.49	6.30
245	52.47	19.80	26.73	4.333	1.7226	81.12	5.83	4.37	7.11	3.25	3.55	1.42	114.4	4.71	5.43	6.22
246	52.47	21.78	24.75	4.375	1.7238	80.01	5.81	4.36	7.23	3.28	3.50	1.43	114.0	4.66	5.38	6.15
247	52.47	23.76	22.77	4.418	1.7250	78.89	5.78	4.36	7.34	3.31	3.44	1.44	113.6	4.62	5.33	6.07
248	52.47	25.74	20.79	4.461	1.7262	77.78	5.76	4.35	7.46	3.35	3.39	1.45	113.3	4.57	5.28	5.99
249	52.47	27.72	18.81	4.504	1.7274	76.66	5.73	4.34	7.57	3.38	3.34	1.46	112.9	4.52	5.22	5.91
250	52.47	29.70	16.83	4.547	1.7286	75.55	5.71	4.33	7.69	3.41	3.28	1.47	112.5	4.48	5.17	5.83
251	52.47	31.68	14.85	4.589	1.7298	74.44	5.68	4.32	7.81	3.44	3.23	1.48	112.1	4.43	5.12	5.76
252	52.47	33.66	12.87	4.632	1.7310	73.32	5.66	4.31	7.92	3.47	3.18	1.49	111.7	4.39	5.07	5.68

续表

| 编号 | 组成(摩尔分数)/% | | | ρ /(g/cm³) | $n_{@633\text{ nm}}$ | 1530 nm($^4I_{13/2}\rightarrow{}^4I_{15/2}$) | | | | | | | 2710 nm($^4I_{11/2}\rightarrow{}^4I_{13/2}$) | | | |
	x	y	z			$\Delta\lambda_{\text{eff}}$ /nm	σ_a /10^{-21}cm²	σ_e /10^{-21}cm²	τ_{rad} /ms	τ_m /ms	$\sigma_e\times\Delta\lambda_{\text{eff}}$ /10^{-26}cm³	$\sigma_e\times\tau_m$ /10^{-23}cm²·s	$\Delta\lambda_{\text{eff}}$ /nm	σ_a /10^{-21}cm²	σ_e /10^{-21}cm²	$\sigma_e\times\Delta\lambda_{\text{eff}}$ /10^{-26}cm³
253	52.47	35.64	10.89	4.675	1.7323	72.21	5.63	4.31	8.04	3.51	3.12	1.50	111.3	4.34	5.01	5.60
254	52.47	37.62	8.91	4.718	1.7335	71.09	5.61	4.30	8.16	3.54	3.07	1.51	110.9	4.30	4.96	5.52
255	52.47	39.60	6.93	4.761	1.7347	69.98	5.58	4.29	8.27	3.57	3.02	1.52	110.5	4.25	4.91	5.44
256	52.47	42.57	3.96	4.826	1.7356	69.06	5.56	4.25	8.41	3.62	2.95	1.53	109.6	4.21	4.86	5.34
257	52.47	44.55	1.98	4.869	1.7359	68.70	5.55	4.22	8.49	3.66	2.91	1.54	109.0	4.19	4.83	5.28
258	52.47	46.53	0.00	4.913	1.7364	68.35	5.54	4.19	8.58	3.69	2.87	1.54	108.4	4.17	4.81	5.21
259	50.49	0.00	48.51	3.892	1.7098	93.97	6.12	4.39	5.90	2.94	4.10	1.32	118.0	5.19	5.99	7.01
260	50.49	1.98	46.53	3.935	1.7110	92.86	6.10	4.38	6.01	2.98	4.05	1.33	117.6	5.15	5.94	6.94
261	50.49	3.96	44.55	3.978	1.7122	91.74	6.07	4.37	6.13	3.01	4.00	1.33	117.2	5.10	5.89	6.86
262	50.49	5.94	42.57	4.020	1.7134	90.63	6.05	4.36	6.24	3.04	3.94	1.34	116.8	5.06	5.84	6.78
263	50.49	7.92	40.59	4.063	1.7146	89.51	6.02	4.35	6.36	3.07	3.89	1.35	116.4	5.01	5.78	6.70
264	50.49	9.90	38.61	4.106	1.7158	88.40	6.00	4.34	6.48	3.10	3.83	1.36	116.0	4.97	5.73	6.62
265	50.49	11.88	36.63	4.149	1.7170	87.28	5.97	4.34	6.59	3.14	3.78	1.37	115.6	4.92	5.68	6.55
266	50.49	13.86	34.65	4.192	1.7182	86.17	5.95	4.33	6.71	3.17	3.73	1.38	115.2	4.88	5.63	6.47
267	50.49	15.84	32.67	4.234	1.7194	85.06	5.92	4.32	6.83	3.20	3.67	1.39	114.8	4.83	5.57	6.39
268	50.49	17.82	30.69	4.277	1.7206	83.94	5.90	4.31	6.94	3.23	3.62	1.40	114.4	4.78	5.52	6.31
269	50.49	19.80	28.71	4.320	1.7218	82.83	5.87	4.30	7.06	3.26	3.57	1.41	114.0	4.74	5.47	6.23
270	50.49	21.78	26.73	4.363	1.7230	81.71	5.84	4.29	7.18	3.30	3.51	1.42	113.6	4.69	5.42	6.16
271	50.49	23.76	24.75	4.406	1.7242	80.60	5.82	4.29	7.29	3.33	3.46	1.43	113.3	4.65	5.36	6.08
272	50.49	25.74	22.77	4.449	1.7254	79.48	5.79	4.28	7.41	3.36	3.41	1.44	112.9	4.60	5.31	6.00
273	50.49	27.72	20.79	4.491	1.7266	78.37	5.77	4.27	7.52	3.39	3.35	1.45	112.5	4.56	5.26	5.92

续表

编号	组成(摩尔分数)/%			ρ /(g/cm³)	n@633 nm	1530 nm($^4I_{13/2}\to{}^4I_{15/2}$)							$\Delta\lambda_{eff}$ /nm	2710 nm($^4I_{11/2}\to{}^4I_{13/2}$)		
	x	y	z			$\Delta\lambda_{eff}$ /nm	σ_a /10^{-21}cm²	σ_e /10^{-21}cm²	τ_{rad} /ms	τ_m /ms	$\sigma_e\times\Delta\lambda_{eff}$ /10^{-26}cm³	$\sigma_e\times\tau_m$ /10^{-23}cm²·s		σ_a /10^{-21}cm²	σ_e /10^{-21}cm²	$\sigma_e\times\Delta\lambda_{eff}$ /10^{-26}cm³
274	50.49	29.70	18.81	4.534	1.7278	77.26	5.74	4.26	7.64	3.42	3.30	1.46	112.1	4.51	5.21	5.84
275	50.49	31.68	16.83	4.577	1.7290	76.14	5.72	4.25	7.76	3.46	3.24	1.47	111.7	4.46	5.15	5.77
276	50.49	33.66	14.85	4.620	1.7303	75.03	5.69	4.24	7.87	3.49	3.19	1.48	111.3	4.42	5.10	5.69
277	50.49	35.64	12.87	4.663	1.7315	73.91	5.67	4.23	7.99	3.52	3.14	1.49	110.9	4.37	5.05	5.61
278	50.49	37.62	10.89	4.705	1.7327	72.80	5.64	4.23	8.11	3.55	3.08	1.50	110.5	4.33	5.00	5.53
279	50.49	39.60	8.91	4.748	1.7339	71.68	5.62	4.22	8.22	3.58	3.03	1.51	110.1	4.28	4.94	5.45
280	50.49	41.58	6.93	4.791	1.7351	70.57	5.59	4.21	8.34	3.62	2.98	1.52	109.7	4.24	4.89	5.38
281	50.49	43.56	4.95	4.834	1.7363	69.45	5.57	4.20	8.46	3.65	2.92	1.53	109.3	4.19	4.84	5.30
282	50.49	45.54	2.97	4.877	1.7375	68.34	5.54	4.19	8.57	3.68	2.87	1.54	108.9	4.15	4.79	5.22
283	50.49	48.51	0.00	4.942	1.7384	67.42	5.52	4.16	8.71	3.73	2.80	1.55	108.0	4.10	4.74	5.12
284	49.50	0.00	49.50	3.886	1.7093	94.82	6.14	4.35	5.87	2.95	4.11	1.31	117.8	5.21	6.01	7.02
285	49.50	1.98	47.52	3.928	1.7105	93.71	6.11	4.34	5.99	2.98	4.06	1.32	117.4	5.16	5.96	6.94
286	49.50	3.96	45.54	3.971	1.7117	92.59	6.09	4.33	6.10	3.01	4.00	1.33	117.0	5.12	5.91	6.86
287	49.50	5.94	43.56	4.014	1.7129	91.48	6.06	4.32	6.22	3.05	3.95	1.34	116.6	5.07	5.85	6.79
288	49.50	7.92	41.58	4.057	1.7141	90.36	6.04	4.32	6.34	3.08	3.90	1.35	116.2	5.03	5.80	6.71
289	49.50	9.90	39.60	4.100	1.7153	89.25	6.01	4.31	6.45	3.11	3.84	1.36	115.8	4.98	5.75	6.63
290	49.50	11.88	37.62	4.142	1.7165	88.13	5.99	4.30	6.57	3.14	3.79	1.37	115.4	4.94	5.70	6.55
291	49.50	13.86	35.64	4.185	1.7177	87.02	5.96	4.29	6.68	3.17	3.73	1.38	115.0	4.89	5.64	6.47
292	49.50	15.84	33.66	4.228	1.7189	85.90	5.94	4.28	6.80	3.21	3.68	1.39	114.6	4.85	5.59	6.40
293	49.50	17.82	31.68	4.271	1.7201	84.79	5.91	4.27	6.92	3.24	3.63	1.40	114.2	4.80	5.54	6.32
294	49.50	19.80	29.70	4.314	1.7213	83.68	5.89	4.27	7.03	3.27	3.57	1.41	113.8	4.75	5.49	6.24

续表

编号	组成(摩尔分数)/%			ρ /(g/cm^3)	n @633 nm	1530 nm($^4I_{13/2}\rightarrow{}^4I_{15/2}$)							2710 nm($^4I_{11/2}\rightarrow{}^4I_{13/2}$)			
	x	y	z			$\Delta\lambda_{eff}$ /nm	σ_a /10^{-21}cm^2	σ_e /10^{-21}cm^2	τ_{rad} /ms	τ_m /ms	$\sigma\times\Delta\lambda_{eff}$ /10^{-26}cm^3	$\sigma\times\tau_m$ /10^{-23}cm$^2\cdot$s	$\Delta\lambda_{eff}$ /nm	σ_a /10^{-21}cm^2	σ_e /10^{-21}cm^2	$\sigma_e\times\Delta\lambda_{eff}$ /10^{-26}cm^3
295	49.50	21.78	27.72	4.356	1.7225	82.56	5.86	4.26	7.15	3.30	3.52	1.42	113.4	4.71	5.43	6.16
296	49.50	23.76	25.74	4.399	1.7237	81.45	5.84	4.25	7.27	3.33	3.47	1.43	113.0	4.66	5.38	6.08
297	49.50	25.74	23.76	4.442	1.7250	80.33	5.81	4.24	7.38	3.37	3.41	1.43	112.7	4.62	5.33	6.01
298	49.50	27.72	21.78	4.485	1.7262	79.22	5.79	4.23	7.50	3.40	3.36	1.44	112.3	4.57	5.28	5.93
299	49.50	29.70	19.80	4.528	1.7274	78.10	5.76	4.22	7.62	3.43	3.31	1.45	111.9	4.53	5.22	5.85
300	49.50	31.68	17.82	4.571	1.7286	76.99	5.74	4.22	7.73	3.46	3.25	1.46	111.5	4.48	5.17	5.77
301	49.50	33.66	15.84	4.613	1.7298	75.88	5.71	4.21	7.85	3.49	3.20	1.47	111.1	4.43	5.12	5.69
302	49.50	35.64	13.86	4.656	1.7310	74.76	5.69	4.20	7.97	3.53	3.15	1.48	110.7	4.39	5.07	5.62
303	49.50	37.62	11.88	4.699	1.7322	73.65	5.66	4.19	8.08	3.56	3.09	1.49	110.3	4.34	5.01	5.54
304	49.50	39.60	9.90	4.742	1.7334	72.53	5.64	4.18	8.20	3.59	3.04	1.50	109.9	4.30	4.96	5.46
305	49.50	41.58	7.92	4.785	1.7346	71.42	5.61	4.17	8.31	3.62	2.98	1.51	109.5	4.25	4.91	5.38
306	49.50	43.56	5.94	4.827	1.7358	70.30	5.59	4.17	8.43	3.65	2.93	1.52	109.1	4.21	4.86	5.30
307	49.50	45.54	3.96	4.870	1.7370	69.19	5.56	4.16	8.55	3.69	2.88	1.53	108.7	4.16	4.80	5.23
308	49.50	47.52	1.98	4.913	1.7382	68.07	5.54	4.15	8.66	3.72	2.82	1.54	108.3	4.12	4.75	5.15
309	49.50	49.50	0.00	4.956	1.7394	66.96	5.51	4.14	8.78	3.75	2.77	1.55	107.9	4.07	4.70	5.07

第 7 章　石英玻璃有源光纤

■　石英玻璃光纤具有物理与化学性能稳定、机械强度高、损耗低、抗损伤阈值高、易于加工与制造、工艺成熟等优点，是目前光纤通信系统、低损耗光纤放大器和大功率光纤激光器的首选。

■　石英玻璃光纤对稀土离子的溶解力较低，光纤增益不高，导致光纤长度动辄数米，器件的小型化受限。

■　掺 Yb^{3+} 石英玻璃光纤激光器(YDFL)是高功率光纤激光器的典型代表，最高输出功率达 100 kW 以上，在工业和军事领域前景广阔。

■　掺 Er^{3+} 石英玻璃光纤放大器(EDFA)是光纤通信系统核心器件之一，其工作频带位于石英玻璃光纤低损耗窗口(1525～1565 nm)，全光纤结构可以和光纤系统兼容，增益与信号偏振态无关，稳定性好，泵浦功率低(数十毫瓦)。

■　掺 Tm^{3+} 和 Ho^{3+} 石英玻璃光纤可用于 2 μm 光纤激光器和光纤放大器，在生物医疗、大气污染监测、红外对抗等领域具有广泛应用。

7.1　石英玻璃光纤

石英玻璃具有较高的稳定性，针对石英玻璃预制棒和光纤的制备工艺已较为成熟。1970 年，康宁公司采用玻璃粉末内沉积的方法制备出了高纯石英玻璃光纤，该方法是将 TiO_2 掺杂的 SiO_2 颗粒沉积在石英管的内部，通过氢氧焰烧结使沉积的玻璃粉末形成透明无气泡的光纤预制棒芯层，再经过高温拉丝制备出 TiO_2 掺杂的石英玻璃光纤。该工艺的优点是通过气相合成氧化物颗粒，降低了过渡金属离子杂质浓度，减少了光纤的吸收损耗。另外，该工艺还减少了芯/包层之间的结构缺陷，降低了光纤的散射损耗。在康宁公司的研究基础上，世界各国陆续开展了高纯石英玻璃光纤的研究工作，内容主要集中于：①精确控制纤芯和包层的折射率分布；②在高浓度掺杂下石英玻璃的析晶问题；③大幅度降低玻璃中过渡金属离子和 OH^- 的含量[1]。

1974 年，美国贝尔实验室利用改进的化学气相沉积法(MCVD)研制出了在 1.06 μm 波段传输损耗为 1.1 dB/km 的石英光纤。该方法结合了康宁公司玻璃粉末内沉积和化学气相沉积两种方法，具体步骤是：将卤化物气体原料随氧气带入到高纯石英玻璃管内，在氢氧焰加热下，卤化物气体原料氧化生成细小的玻璃粉，沉积在石英管的内壁上，然后立即被烧结成透明玻璃，最后形成光纤预制棒。这里用卤化物原料代替了氢化物原料，减少了过渡金属离子和 OH⁻的污染，该方法可将 OH⁻的浓度从 100 ppm(1 ppm = 10^{-6})降至 10 ppm，降低光纤损耗。利用横向移动的氢氧焰代替电炉加热，沉积效率大幅提高，因此可以沉积出较厚的包层玻璃。1979 年，日本电报电话公司(NTT)拉制出了传输波长为 1.55 μm、损耗为 0.2 dB/km 的低损耗石英光纤，该损耗已接近石英光纤在 1.55 μm 波段的理论损耗。图 7-1 给出了石英玻璃光纤典型的损耗和光子能量与波长的关系曲线。最低损耗出现在 1560 nm 附近，目前该波段的损耗可低至 0.14 dB/km。总损耗包括了吸收损耗和散射损耗两大类因素。散射损耗中的瑞利散射对光纤的损耗贡献最大，其他的损耗来源包括红外吸收、紫外吸收、过渡金属吸收、羟基(OH⁻)离子吸收以及光纤波导结构缺陷导致的损耗。纤芯和包层几何尺寸和黏度等的不一致导致波导缺陷，从而引起损耗。过渡金属吸收和 OH⁻的吸收都可以通过材料的提纯和工艺的改进来进行消除。瑞利散射损耗和波长的四次方成反比，由材料中的

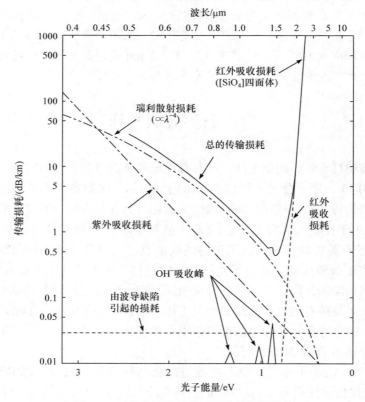

图 7-1　石英玻璃光纤典型的传输损耗曲线

密度波动和浓度波动导致的损耗组成。减少掺杂材料的浓度可以减少瑞利散射损耗,因而纯硅纤芯的损耗要明显低于常规的掺锗纤芯的损耗。纯硅纤芯带来的益处不仅仅是低损耗,由于减去了锗掺杂,纤芯的折射率相应降低,提高了光在纯硅纤芯的传播速度,对于长途光纤通信而言可以降低信号延迟。此外,瑞利散射损耗和温度成正比,降低预制棒的制备温度可以减少瑞利散射损耗,这同样也成为了低损耗光纤的制备技术之一。

利用 MCVD 法制备出低损耗石英玻璃光纤后,对石英玻璃光纤的研究工作主要集中在如何提高沉积效率以及降低光纤生产成本。世界范围内各实验室相继发明了等离子体化学气相沉积法(PCVD)、管外气相沉积法(OVD)和轴向气相沉积法(VAD)等方法,图 7-2 给出了这些方法的工作原理示意图[2]。PCVD 对折射率分布的控制更为精确,且沉积效率高,可达 2~3 g/min,沉积速度快,有利于消除 SiO_2 层沉积过程中的微观不均匀性,从而降低光纤中散射造成的本征损耗,适合制备复杂折射率剖面的光纤。OVD 的优点是沉积速度快,适合批量生产,该方法要求环境清洁、严格脱水,可以制得 0.16 dB/km@1.55 μm 的单模光纤,几乎接近石英光纤在 1.55 μm 窗口的理论极限损耗。VAD 的工作原理与 OVD 相同,不同之处在于它不是在母棒的外表面沉积,而是在其端部(轴向)沉积,如图 7-2(f)所示。VAD 的特点是可以连续生产,适合制造大尺寸预制棒,从而可以拉制较长的连续光纤[3]。光纤预制棒的生产在 20 世纪 80 年代以前均采用"一步法",即通过选定的工艺技术直接进行预制棒芯层及包层的生产。该方法受外围技术设备和工艺技术本身的制约,生产出的预制棒可拉丝长度受到了极大的限制,阻碍了生产效率的提高,对提高光纤产量、降低成本以及光纤普及极为不利。80 年代以后,预制棒的生产多采用"两步法"复合工艺技术,即先制造预制芯棒,然后在芯棒外采用不同技术制备外包层或直接套管。在不影响光纤性能的前提下增加预制棒单棒可拉丝长度,能够极大地提高生产效率。预制棒包层的制备工艺可采用管棒法、外沉积法、等离子喷涂法以及溶胶-凝胶法等。管棒法制备石英玻璃光纤是在预制棒的芯棒外层套上高纯石英玻璃套管,在高温拉丝过程中套管和芯层结合在一起。火焰水解法(SOOT)泛指 OVD 和 VAD 等火焰水解外沉积工艺,它是在芯棒外层通过气相沉积制备多孔光纤预制棒,然后将其烧结形成透明的玻璃光纤预制棒。等离子喷涂是通过加热粉末颗粒,将熔融或半熔融的液滴喷射到基材表面,具体的工艺如图 7-2(d)所示。溶胶-凝胶法是 20 世纪 80 年代初提出的一种新型的材料制造技术,于 80 年代中期开始用于光纤制造。与传统的制造方法比较,该方法采用液相反应,可极大改善材料的均匀性,具有掺杂浓度高、所得材料纯度高、可精确控制材料的折射率、处理温度较低等优点,在降低光纤制造成本方面也具有巨大潜力。

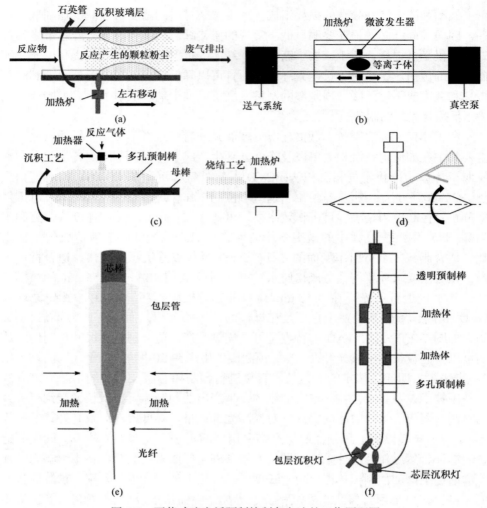

图 7-2　石英玻璃光纤预制棒制备方法的工作原理图
(a) MCVD；(b) PCVD；(c) OVD；(d) 等离子喷涂法；(e) 套管法；(f) VAD

图 7-3 给出了利用拉丝塔拉制光纤的示意图。拉丝塔的结构主要包括加热炉、丝径测定仪、涂覆装置、固化系统、拉丝绞盘以及卷丝系统。在光纤拉制时，将光纤预制棒置入加热炉的热区进行加热，当炉内温度达到玻璃的软化温度附近时预制棒会发生软化、颈缩等过程，在重力和牵引力的共同作用下最终拉制出具有一定尺寸的光纤。石英光纤的拉丝温度一般为 1800～2200℃，拉丝速度为 800～1000 m/min，专用的拉丝生产线甚至达到 1500 m/min 的生产速度。提高拉丝速度不仅能在经济上提高生产效率，降低制造成本，而且有利于提高光纤质量。然而，提高拉丝速度要解决裸光纤及涂覆光纤的冷却和光纤涂

覆等主要问题。

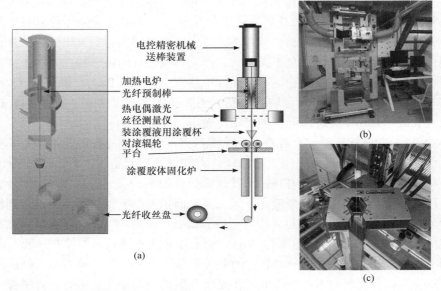

图 7-3　(a)光纤拉丝塔示意图；(b)光纤拉丝塔底部照片；(c)光纤拉丝塔顶部照片

7.2　有　源　光　纤

　　在石英玻璃光纤的纤芯中掺杂稀土发光离子，如 Er^{3+}、Yb^{3+}、Tm^{3+}等，即形成稀土有源石英光纤，常用于光纤激光器和放大器的增益介质。根据纤芯中掺杂的稀土离子种类不同，稀土有源石英光纤具有不同的用途，激光输出范围可覆盖紫外到近中红外波段。石英玻璃以硅氧四面体$[SiO_4]$为基本结构单元，通过顶点连接成坚固的三维空间网络结构。这种结构使其具有优异的机械性能、化学稳定性和加工性能，成为稀土有源光纤的重要基质。另一方面，石英玻璃紧密的结构也导致可容纳进入玻璃的稀土离子含量较少，稀土溶解度低，限制了增益系数的提高。

　　稀土掺杂石英玻璃有源光纤的工作波段主要有 1 μm、1.5 μm 和 2 μm。能产生 1 μm 波段激光的稀土离子主要有 Nd^{3+}($^4F_{3/2} \rightarrow {}^4I_{11/2}$ 跃迁)和 Yb^{3+}($^2F_{5/2} \rightarrow {}^2F_{7/2}$ 跃迁)。与 Nd^{3+}相比，Yb^{3+}能级结构简单，具有不易发生浓度猝灭、激发态吸收低、量子亏损低、光-光转换效率高、荧光寿命长和热负荷低等特点。宽的吸收光谱允许更多的泵浦波长选择，可从 800 nm 扩展到 1064 nm。同时，Yb^{3+}掺杂石英玻璃具有较宽的发射光谱，在调谐以及短脉冲放大方面也具有重要应用。在双包层掺 Yb^{3+}石英光纤中，泵浦光和信号的波导分离，从而使得可承受的功率提升，激光输出功率得到大幅提升。在此基础上通过设计非对称内包层结构，石英有源光纤中纤芯吸收效率得到极大改善，进一步提高了光纤激光输出功率[4]。掺 Yb^{3+} 光纤需要高浓度掺杂从而有效吸收泵浦光，高浓度掺杂还可以减小光纤长度并抑制非线性效应。然而，纯石英光纤中高浓度掺杂容易发生团簇，甚至使预制棒芯部出现析晶，呈白色不透明状，严重影响光纤的传输特性。为了提高石英玻璃的稀土溶解度，可以在纯石英光纤中掺入 Al_2O_3 和 P_2O_5。掺杂 Al_2O_3 不仅能够有效减少稀土团簇，抑制磷的挥发，还能够优化光谱性能，同时共掺 P_2O_5 可以大大减小高功率光纤激光器的光暗化效应。

掺 Yb^{3+} 有源石英玻璃光纤在高功率光纤激光器中具有重要应用。为了实现万瓦级高功率激光输出，中国工程物理研究院设计并制备了一种(8+1)型泵浦增益一体化复合功能激光光纤(PIFL)，其截面照片如图 7-4(a)所示[5]。这种泵浦光纤可以均匀地分布所吸收的泵浦光，大的泵浦面积有助于提高横模不稳定阈值，整个光纤长度上的泵浦吸收非常均匀，热沉积小。该光纤由 8 根多模泵浦光纤紧密包围着镱掺杂铝磷硅玻璃(简称 Yb-APS)信号光纤并将它们熔接在一起，确保界面上没有杂质和涂层聚合物残留，有效地避免了"热点"。该增益光纤的一个显著特点是信号光纤和 8 根泵浦光纤不是物理隔离，而是相互熔合。将增益光纤分为两个区域：熔接区作为耦合和工作区，非熔接区作为泵浦和信号引入部分(见图 7-4(b))。引入的泵浦光通过熔接区以分布式的方式反向耦合到 Yb-APS 光纤，使信号光沿熔接体逐渐放大两个数量级。因此，这种结构充分将 PIFL 光纤和反向泵浦相结合，避免了强泵浦吸收，将热负荷分布在整个光纤长度，使得受激拉曼散射和横模不稳定性的阈值提高。光纤中 Al^{3+}、P^{5+}、Yb^{3+} 的元素分布如图 7-4(c)～(e)所示，测试结果表明，Al_2O_3、P_2O_5、Yb_2O_3 的浓度分别为 700 ppm、10000 ppm 和 16000 ppm。Al/Yb 和 P/Yb 的摩尔比分别超过 10%和 15%，因此有效地抑制了 Yb^{3+} 的团簇，并增强了它的量子效率。更重要的是，共掺 Al 和 P 降低了折射率差，从而实现了小的数值孔径并有效抑制了光暗化效应。此外，还可以看出，与外部纤芯区域相比，中心区域的三种离子掺杂浓度均较低。这是由于在 MCVD 过程中 P_2O_5 的升华带走了部分的 Yb_2O_3 和 Al_2O_3。基于这一特性，可以采用扁平模式光纤设计来制造一种特殊的光纤，这种光纤能够扩大有效模式面积，因此有利于抑制高功率激光运转中的非线性效应(如自聚焦效应)。

掺 Er^{3+} 有源石英玻璃光纤常用于 1.5 μm 光纤激光器和光纤放大器。Er^{3+} 能级结构丰富，其中 1540 nm 发射处于光通信低损耗窗口，且在 800 nm、980 nm 和 1480 nm 波段有非常匹配的 LD 泵浦源，因此在光纤通信领域作为光放大介质而受到广泛关注。与 Nd^{3+} 或 Yb^{3+} 的 1 μm 激光相比，该波长激光对人眼安全，透大气能力强，也适合远距离测距。Er^{3+} 的 800 nm 泵浦带受制于严重的激发态吸收(ESA)，采用 980 nm 泵浦更有利于提升其效率。掺 Er^{3+} 石英光纤同样可应用于光

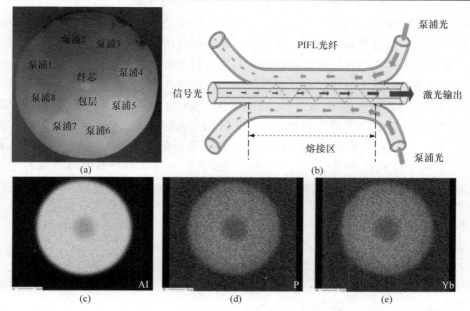

图 7-4　(a)(8+1)型 PIFL 复合功能激光光纤的截面图；(b)端面图；EPMA 测试的(c)Al^{3+}、
(d)P^{5+}、(e)Yb^{3+}分布[5]

纤放大器，由于 Er^{3+}在 980 nm 处吸收带较弱，通常采用 Yb^{3+}共掺的能量传递过程改善其吸收效率。

　　掺 Tm^{3+}和 Ho^{3+}有源石英玻璃光纤可用于 2 μm 光纤激光器和光纤放大器。Tm^{3+}在 800 nm 附近有吸收带，因此可以利用商用 808 nm LD 进行泵浦。Tm^{3+}吸收泵浦光从基态 $^3H_6$ 能级跃迁到 $^3F_4$ 能级，高能级粒子存在很强的自发辐射。当 Tm^{3+}掺杂浓度较高(质量分数约 5%)时，会发生 $^3H_4 + ^3H_6 \rightarrow ^3F_4 + ^3F_4$ 的交叉弛豫过程，理论量子效率可达 200%[6]。掺 Tm^{3+}石英玻璃光纤一般采用 D 型双包层结构，尽管相对于传统的固体激光器而言受激辐射截面小，但只要提供足够的长度则能够获得较高的增益。与 Tm^{3+}相比，Ho^{3+}具有诸多优势，如受激发射截面约是 Tm^{3+}的 5 倍、荧光寿命长(8 ms)、有利于储能、可用于实现调 Q 激光输出、在短脉冲运转时不易引起材料的破坏等。而且掺 Ho^{3+}光纤可以发出超过 2.1 μm 波长的激光，而掺 Tm^{3+}光纤通常仅限于 2.05 μm。Ho^{3+}最大的缺点是缺少与高功率商用泵浦源匹配的吸收带，因此一般需要引入敏化剂进行间接泵浦。

7.3　问题与展望

　　石英玻璃有源光纤具有力学性能优异、化学耐受性高、稳定性好等特点，已广泛应用于光纤通信、遥感传输、材料加工等领域，特别是在高功率光纤激光器中具有无可比拟的巨大优势。然而,受限于石英玻璃本征特性,石英玻璃有源光纤仍存在如下难以避免的问题:其一,石英玻璃的声子能量较高,导致稀土离子的无辐射弛豫速率高,发光效率较低。其二,石英玻璃对稀土离子溶解度低,导致高浓度掺杂时稀土离子易出现团簇现象和光谱性质劣化。为了减轻稀土团簇,往往在光纤芯区引入氧化铝(Al_2O_3)或五氧化二磷(P_2O_5)共掺剂,但形成的 $AlPO_4$ 型结构单元会导致纤芯的折射率降低,光纤数值孔径变大。在单频激光方面,虽然掺稀土石英玻璃光纤也可以通过线性腔实现,但是其强的受激布里渊散射(SBS)制约了激光性能的提升[7]。石英玻璃的低稀土溶解度导致吸收系数和增益系数低,从而限制了单频激光最大输出功率在毫瓦级。尽管可以使用放大技术将激光输出功率提高到瓦级,但激光强度噪声和相位噪声相当高,这直接限制了其在相干技术中的应用。为了增加光纤的增益系数,必须增加稀土含量,或是采用多组分特种光学玻璃代替石英玻璃。例如,在单频光纤激光器中显示出广阔应用潜力的多组分磷酸盐玻璃。此外,也可采用磷酸盐纤芯复合石英包层,这种复合光纤结合了磷酸盐玻璃的高稀土溶解能力及石英玻璃的稳定性,在高性能光纤激光器中具有一定的应用前景[8]。

参 考 文 献

[1] Sudo S. Optical Fiber Amplifiers: Materials, Devices, and Applications. NewYork: Artech House, 1997.

[2] 唐仁杰. 光纤预制棒技术的最新发展. 光通信研究, 2000, 5: 54-58.

[3] 姜中宏, 刘粤惠, 戴世勋. 新型光功能玻璃. 北京: 化学工业出版社, 2008.

[4] Snitzer E, Po H, Hakimi F, et al. Double clad, offset core Nd fiber laser//Optical Fiber Sensors, Optical Society of America, 1988, 2: 533-536.

[5] Zhan H, Peng K, Liu S, et al. Pump-gain integrated functional laser fiber towards 10 kW-level high-power applications. Laser Physics Letters, 2018, 15(9): 095107.

[6] 周俊, 董淑福, 周义建, 等. 2 μm 光纤激光器的研究进展. 激光杂志, 2008, 29(3): 1-3.

[7] Lee Y W, Digonnet M J F, Sinha S, et al. High-power Yb^{3+}-doped phosphate fiber amplifier. IEEE Journal of Selected Topics in Quantum Electronics, 2009, 15(1): 93-102.

[8] Egorova O N, Semjonov S L, Velmiskin V V, et al. Phosphate-core silica-clad Er/Yb-doped optical fiber and cladding pumped laser. Optics Express, 2014, 22(7): 7632-7637.

第 8 章　特种激光玻璃有源光纤

■　特种玻璃有源光纤，如磷酸盐玻璃有源光纤，具有稀土离子溶解度高、声子能量可控、发光效率高、发射带宽可调等优势，有望成为新一代光纤通信、高性能光纤激光器与光纤传感器的重要候选材料。

■　特种玻璃有源光纤面临诸多挑战，如：①新玻璃体系的选择与成分设计及其成分-结构-性质的内在关联机制问题；②稀土离子在玻璃中的高浓度掺杂与高效发光问题；③低损耗高增益有源玻璃光纤的设计及其服役特性问题等。

■　发光猝灭主要源自稀土离子之间的相互作用、稀土离子与杂质的相互作用、稀土离子与玻璃基质的相互作用等，其机理包括能量传递、交叉弛豫和合作上转换过程等。

■　特种激光玻璃光纤的损耗是限制稀土掺杂光纤激光器发展的重要因素之一。玻璃的损耗可分为内部损耗和外部损耗，前者由电子吸收、多声子吸收和瑞利散射构成，后者主要由气泡、过渡金属、OH⁻以及其他杂质或缺陷的吸收和散射引起。

8.1　特种玻璃光纤

8.1.1　硅酸盐玻璃光纤

和石英玻璃相似，硅酸盐玻璃以 SiO_2 为主成分，通过硅氧四面体$[SiO_4]$基本结构单元构成三维网络结构。$[SiO_4]$以强的 Si—O 共价键构成，从而使玻璃具有高的机械强度、优异的抗析晶性以及高的抗激光损伤阈值等特性。不同的是，硅酸盐玻璃中加入了碱金属氧化物等网络改性体，因此，其网络结构比石英玻璃更疏松。在硅酸盐玻璃中，稀土离子的掺杂浓度比石英玻璃更高，更适合作为高增益光纤激光器及光纤放大器的增益介质。另一方面，石英玻璃光纤一般采用 MCVD 法制备，工艺成熟，光纤损耗极低，可以大批量规模化生产。而硅酸盐玻璃光纤的组分复杂且不易控制，难以使用气相沉积法制备，并且玻璃熔制和光纤拉制温度相对较低，一般采用熔融冷却法结合管棒法制备。

常见的硅酸盐激光玻璃组成大致为(65～80)SiO_2-(10～20)R_2O-(5～10)RO-(0～5)R_2O_3(分子分数(%)，R 为一价碱金属、二价碱土金属或三价金属离子)[1]。SiO_2是硅酸盐激光玻璃的主要成分，其含量多少在很大程度上影响了激光玻璃的物化性质和光学光谱性质。对于高硅玻璃系统而言，当 SiO_2 的分子分数超过 85%时，过高的熔制温度会给制备工艺带来困难。同时，在高硅区玻璃容易发生分相，导致光学均匀性降低、损耗增加，并且稀土离子的团簇也会使玻璃的发光性质降低。硅酸盐玻璃中引入的一价碱金属氧化物主要是 Na_2O 和 K_2O，一般同时引入这两种氧化物以改善玻璃的化学稳定性和抗析晶性能。引入的二价碱土金属氧化物大多采用 CaO 和 BaO，加入后玻璃的成玻性能更好，有利于降低熔制温度并改善玻璃的物化性质，引入离子半径大的碱土氧化物还可以改善稀土离子的光学光谱性质。引入的三价氧化物一般是 Al_2O_3 或 B_2O_3，含硼硅酸盐玻璃的荧光寿命较短、荧光强度低、荧光猝灭效应大，而含铝硅酸盐玻璃的荧光猝灭效应相对较弱。三价氧化物通常在玻璃中扮演网络中间体的作用，可以进入玻璃网络，也可以处于网络间隙，改善玻璃的多种物理化学性质，不过引入量一般较低。此外，在硅酸盐激光玻璃中有时还会引入少量的 Sb_2O_3 或 Ce_2O_3 作为高温澄清剂，消除玻璃中的气泡，在掺 Nd^{3+} 激光玻璃中还可以起到提高抗辐照稳定性的作用。

硅酸盐激光玻璃的研究较早，种类繁多，光学性能较好，制备工艺较为成熟，机械强度、抗热冲击性能和化学稳定性均高于其他非石英基氧化物玻璃和非氧化物玻璃。硅酸盐激光玻璃的声子能量较低(约 1100 cm^{-1})，低于磷酸盐玻璃(约 1200 cm^{-1})和硼酸盐玻璃(约 1400 cm^{-1})，较低的声子能量有利于提高稀土离子的辐射概率，发光效率更高。此外，硅酸盐玻璃原材料价格低廉，硅酸盐玻璃光纤易于与商用石英光纤进行低损耗熔接。在光致暗化方面，硅酸盐玻璃光纤的光暗化效应低于石英玻璃光纤和锗酸盐玻璃光纤。然而，硅酸盐激光玻璃的声子能量又显著高于锗酸盐玻璃(约 900 cm^{-1})、碲酸盐玻璃(约 700 cm^{-1})、氟化物玻璃(约 500 cm^{-1})和硫系玻璃(约 350 cm^{-1})，红外透过范围较窄，因此，不适用于 2 μm 以上中红外波段激光输出。表 8-1 和表 8-2 分别给出了目前广泛应用的三类硅酸盐激光玻璃体系的特点及典型成分[1]。

表 8-1　三类硅酸盐激光玻璃及其特点

硅酸盐激光玻璃系统	优点	缺点
K_2O-BaO-SiO_2	熔制温度低、玻璃工艺条件较易掌握、荧光寿命长、激光输出效率高、热光系数低	化学稳定性差，在低温阶段有析晶和使玻璃变乳白的倾向，对耐火材料的腐蚀性较大
R_2O-CaO-SiO_2	较低的熔制温度和较成熟的工艺性能，化学稳定性和机械强度比钡冕玻璃好，析晶倾向和对耐火材料的腐蚀相对较低	热光系数较高，稀土离子的荧光寿命较短
Li_2O-MgO/CaO-Al_2O_3-SiO_2	高的弹性系数，机械强度和抗热冲击性能好	对坩埚的腐蚀性较大

表 8-2 硅酸盐激光玻璃典型的成分(质量分数，%)

序号	SiO$_2$	TiO$_2$	Al$_2$O$_3$	Sb$_2$O$_3$	La$_2$O$_3$	BaO	CaO	MgO	K$_2$O	Na$_2$O	Li$_2$O
1	56.9		2.7	1		25.2			12.4	2.8	
2	59			1		25			15		
3	63		6				11				15
4	71		1	1			12			15	
5	67.04	0.56		(As$_2$O$_3$)2.03	3.76	1.73	0.63	(ZnO)0.34	21.06		
6	56.7		5.7	0.6							
7	67.19		0.57	(Sb+As)0.38			10.8			0.19	15.93

(1) K$_2$O-BaO-SiO$_2$ 体系的钡冕玻璃。这种玻璃最早用作掺 Nd^{3+} 激光玻璃，具有熔制温度低、玻璃工艺条件较易掌握、荧光寿命长、激光输出效率高、热光系数低等优点，但同时存在化学稳定性差的缺点，在低温阶段有析晶和使玻璃变乳白的倾向。此外，由于该玻璃体系中含有大量 K$_2$O 和 BaO，玻璃熔体对耐火材料的腐蚀性较大。类似的玻璃系统还有 K$_2$O-La$_2$O$_3$-SiO$_2$ 玻璃，以 SiO$_2$ 和 K$_2$O 为主，少量 La$_2$O$_3$ 可以增大玻璃的黏度并改善玻璃的其他物理化学性质。同时，在该玻璃中稀土离子具有较长的荧光寿命。

(2) R$_2$O-CaO-SiO$_2$ 体系的钙冕玻璃。这种硅酸盐激光玻璃和钡冕玻璃类似，熔制温度较低，工艺性能较成熟，其化学稳定性和机械强度优于钡冕玻璃，析晶倾向和对耐火材料的腐蚀相对较低，但玻璃的热光系数较高，稀土离子的荧光寿命较短。

(3) Li$_2$O-MgO/CaO-Al$_2$O$_3$-SiO$_2$ 体系的高弹性玻璃。这种玻璃具有高的弹性系数，并且可以通过高温离子交换使玻璃表面产生应力层，从而提高玻璃的机械强度和抗热冲击性能，然而，该玻璃对坩埚的腐蚀性较大。

尽管硅酸盐激光玻璃已经较为成熟，然而，大多数硅酸盐激光玻璃在拉丝过程中会出现不同程度的析晶，导致光纤损耗显著增大，激光阈值提高，严重降低光纤激光器的激光输出效率，甚至难以实现激光输出。因此，需要对玻璃组成进行优化，寻找适合制备硅酸盐激光玻璃光纤的组成和工艺。华南理工大学通过对多种硅酸盐激光玻璃体系进行成分和制备工艺优化，研制了摩尔组成为(60%～85%)SiO$_2$-(0%～5%)R$_2$O$_3$-(10%～20%)R$_2$O-(5%～10%)RO 的硅酸盐激光玻璃光纤，纤芯和包层玻璃在 632.8 nm 的折射率分别为 1.548 和 1.542，数值孔径为 0.136，光纤损耗为 0.19 dB/cm(图 8-1)[2]。拉制特种玻璃光纤的拉丝塔如图 8-1(d)～(f)所示，可制备拉丝温度低于 1000℃的特种玻璃光纤。

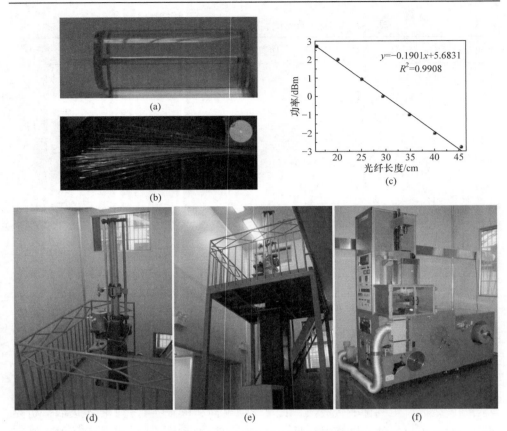

图 8-1   (a)硅酸盐激光玻璃预制棒；(b)光纤照片(内插图为光纤端面)；(c)光纤损耗曲线；(d)、
(e)特种玻璃光纤拉丝塔顶部和底部照片；(f)紧凑型特种玻璃光纤拉丝塔照片

8.1.2   磷酸盐玻璃光纤

在已知的磷氧化合物中，只有 P_2O_5 才能形成玻璃，而 P_2O_3 和 P_2O_4 却不能。和晶态 P_2O_5 一样，磷氧玻璃的基本结构单元也是磷氧四面体$[PO_4]$，每个$[PO_4]$中包含一个带双键的氧，造成了$[PO_4]$结构不对称，导致磷酸盐玻璃黏度小、化学稳定性差、热膨胀系数大。在二元磷酸盐玻璃系统中，当 P_2O_5 含量高于偏磷酸盐成分时其极易挥发，制备的玻璃易潮解。此外，大多数磷酸盐玻璃化学耐久性差的另一个主要原因是存在$[P—O^-]$键，容易吸附环境水中的羟基。在磷酸盐玻璃中引入过渡金属氧化物 WO_3、Nb_2O_5、MoO_3 和 TiO_2 等，可以增加玻璃的机械性能和化学稳定性，得益于这些氧化物在玻璃中含量较高时具有不同氧化态和高配位数。玻璃制备中磷元素通常采用偏磷酸盐、P_2O_5、磷酸氢二铵$((NH_4)_2HPO_4)$等形式引入，其中由偏磷酸盐形成的磷酸盐玻璃最稳定，因此宜将偏磷酸盐作为磷酸盐玻璃系统的基础成分。对于三元或多元磷酸盐玻璃，其能形成稳定玻璃的区域也位于各种偏磷酸盐组分连线的区域。

　　磷酸盐激光玻璃光纤在紧凑型光纤器件，如超窄线宽单频光纤激光器和高重频光纤激光器中展现出了诸多优势，其开放和无序的玻璃结构可以溶入较多的稀土离子(达 10^{21} ions/cm^3)，比石英玻璃高 1～2 个数量级，且不易发生团簇，发光猝灭效应弱，光纤长度因此可以大大缩短，非线性效应降低。此外，磷酸盐玻璃基本上不受光暗化影响，已经证明磷酸盐玻璃光纤中 Yb^{3+}的最大浓度在 660 nm 波长处的光暗化初值至少比标准商用石英光纤高 56 倍，比高掺铝石英光纤高 6 倍[3]。在热机械性能方面，磷酸盐玻璃具有典型的低玻璃化转变温度(400～700℃)、低软化温度(500～800℃)的特点，而在石英玻璃中这两个特征温度分别为 1000～1200℃ 和 1500～1600℃。磷酸盐玻璃光纤的热学特性在玻璃熔制和光纤拉制方面具有一定优势，但在大功率运转时则不利。在高功率激光运转期间，磷酸盐玻璃光纤可能会发生热降解，因此需要采取特别措施和后续冷却。另一方面，磷酸盐玻璃和石英玻璃之间的特征温度、折射率等物理性质差异较大，导致光纤在熔接时较难获得低损耗和高强度连接。尽管如此，通过非对称熔接技术等方法，可以将磷酸盐玻璃光纤与石英玻璃光纤以及光纤元件(如耦合器和光纤布拉格光栅)进行有效拼接，并且具有较低的损耗和高强度。

　　目前，磷酸盐激光玻璃光纤已经实现了商业化(表 8-3 给出了磷酸盐激光玻璃光纤的典型成分和研制单位)，主要包括美国 Kigre 公司生产的 MM-2 和 QX 型磷酸盐激光玻璃光纤，德国 Schott 公司生产的 LG750 型磷酸盐激光玻璃光纤，美国 NP 光子公司生产的铝磷酸盐激光玻璃光纤。在已报道的磷酸盐玻璃光纤中，主要玻璃体系为 P$_2$O$_5$-Al$_2$O$_3$-MO、P$_2$O$_5$-Al$_2$O$_3$-R$_2$O 和 P$_2$O$_5$-R$_2$O-MO。磷酸盐玻璃光纤主要采用管棒法制备，此外也有吮吸法、堆叠法等。图 8-2 给出了华南理工大学研制的稀土掺杂磷酸盐玻璃光纤预制棒及光纤，光纤在 1310 nm 的传输损耗为 0.03 dB/cm[4]。

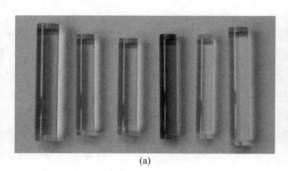

(a)　　　　　　　　　　　　　　　　(b)　　　(c)

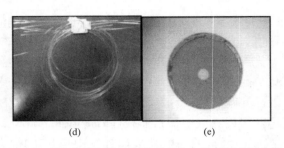
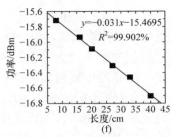

(d)　　　　　　　　　　　(e)　　　　　　　　　(f)

图 8-2　(a)用于制备磷酸盐激光玻璃光纤的纤芯和包层玻璃；(b)自然光下的光纤预制棒；(c)
激光照射下的光纤预制棒；(d)光纤照片；(e)光纤端面；(f)光纤损耗

表 8-3　磷酸盐激光玻璃光纤的主要研究单位、玻璃牌号或组成

单位	牌号或组成	参考文献
Kigre 公司	MM-2，QX	[5],[6]
Schott 公司	LG750	[7]
NP 光子公司	$64P_2O_5$-$12Al_2O_3$-$3.5(Er_2O_3+La_2O_3)$-$20.5MO$ (M= Mg,Ca,Ba)(质量分数，%)； $64P_2O_5$-$3.5(Er_2O_3+La_2O_3)$-$(21.5-x)Al_2O_3$-$(11+x)BaO$, x=0, 3.5, 6.5, 9.5(质量分数，%)； $63P_2O_5$-$3(Er_2O_3+Yb_2O_3+La_2O_3)$-$8.5Al_2O_3$-$(0\sim25.5)BaO/CaO/MgO$-$(0\sim25.5)ZnO$(摩尔分数，%)	[8],[9]
上海光机所	$63.8P_2O_5$-$4.1Al_2O_3$-$3.2K_2O$-$10.3BaO$-$2.1B_2O_3$-$13.3La_2O_3$-$2.6Nd_2O_3$-$0.6Yb_2O_3$(质量分数，%)； $64.5P_2O_5$-$4.2Al_2O_3$-$3.2K_2O$-$10.4BaO$-$2.1B_2O_3$-$13.5La_2O_3$-$2.1Y_2O_3$(质量分数，%)； $72.3P_2O_5$-$7.8Al_2O_3$-$15.9K_2O$-$3.4MgO$-$0.6B_2O_3$(质量分数，%)；	[10]
	$60P_2O_5$-$16K_2O$-$5Na_2O$-$10BaO$-$6Al_2O_3$-$0.5Sb_2O_3$-$0.5La_2O_3$-$1Nb_2O_5$-$1Y_2O_3$, $3Yb_2O_3$(摩尔分数，%)	[11]
华南理工大学	$(71-x)P_2O_5$-$29(B_2O_3$-K_2O-BaO-Al_2O_3-Nb_2O_5-$Sb_2O_3)$-xYb_2O_3, x=2,3,6(质量分数，%)； $60P_2O_5$-$4B_2O_3$-$8Al_2O_3$-$10K_2O$-$18BaO$(质量分数，%)； $63.5P_2O_5$-$2.2Al_2O_3$-$13K_2O$-$14.3BaO$-$0.6Nb_2O_5$-$0.25Sb_2O_3$-$1.15La_2O_3$-$5Tb_2O_3$(质量分数，%)； $60.9P_2O_5$-$16K_2O$-$12BaO$-$6.5Al_2O_3$-$0.6Nb_2O_5$-$0.25Sb_2O_3$-$3La_2O_3$-$0.75Y_2O_3$(摩尔分数，%)	[12],[13]

8.1.3　重金属氧化物玻璃光纤

　　基于锗氧化物(GeO_2)的锗酸盐玻璃和基于碲氧化物(TeO_2)的碲酸盐玻璃可归类为重金属氧化物玻璃。这两类玻璃都具有稀土溶解度高、声子能量低、红外透过范围宽、损伤阈值高和机械强度高等特点，是优异的近中红外激光玻璃基质材料[14]。锗酸盐玻璃的可见-红外窗口可从 0.3 μm 覆盖到 5 μm，适合作为中红外光学窗口和激光应用。锗酸盐玻璃的基本结构单元为锗氧四面体$[GeO_4]$和锗氧八面体$[GeO_6]$，Ge^{4+} 和 O^{2-}具有强的离子间力，因此，锗酸盐玻璃具有比碲酸盐、氟化物和硫系玻璃等其他红外玻璃更好的热稳定性和机械强度。碲酸盐玻璃的结构单元包括$[TeO_3]$三角锥、$[TeO_4]$三角双锥和$[TeO_{3+\delta}]$变形多面体。氧化碲中存在一

对孤对电子，从而减少了结构中可能的排列组合数量。单一二氧化碲通过熔体或蒸气淬冷很难单独形成玻璃。然而，当少量的化合物(摩尔分数约 2%)加入到二氧化碲时，形成玻璃的趋势显著增加。这意味着一些阳离子，如 ZnO 和 WO₃ 等可以和碲的孤对电子键合，降低孤对电子格点的总库仑排斥，在玻璃网络结构中提供一定的刚度。许多氧化物，如 R_2O、RO、R_2O_3、RO_2 和 RO_3 等(包括稀土氧化物)，都可以加入到二氧化碲中形成玻璃。在一些碲酸盐玻璃中，稀土氧化物的溶解度甚至可以高达摩尔分数 25%[15]。

钡镓锗酸盐玻璃(BaO-Ga_2O_3-GeO_2)是红外窗口和近中红外光纤激光器重要的基质材料之一。华南理工大学采用管棒法研制了钡镓锗酸盐玻璃光纤(BaO-Ga_2O_3-GeO_2-(La_2O_3+Y_2O_3))，光纤纤芯和包层玻璃的热学参数、折射率和数值孔径等如表 8-4 所示[16]。光纤的数值孔径 $NA = \sqrt{n_1^2 - n_2^2}$，其中 n_1 和 n_2 分别为纤芯玻璃和包层玻璃的折射率，计算得到的光纤数值孔径为 0.132。制备的特种玻璃光纤的纤芯和包层直径以及数值孔径应和光纤光栅尽量匹配，否则会造成较大的熔接损耗。此外，为了实现单模激光输出，设计的光纤还必须满足归一化频率(V_c)小于 2.405，其计算公式为

$$V_c = \frac{2\pi}{\lambda_0} a \sqrt{n_1^2 - n_2^2} = \frac{2\pi}{\lambda_0} a NA < 2.405 \tag{8-1}$$

式中，a 为纤芯半径；λ_0 为截止波长，表示当传输的光波长超过该波长时，光纤只能传播一种模式(基模)的光，而在该波长之下光纤可以传播多种模式(包含高阶模)的光。若设计 2 μm 波段单模激光玻璃光纤，则可以取 λ_0=1.64 μm，由式(8-1)可得设计光纤纤芯的截止尺寸 a_c 为

$$a_c = \frac{1.202\lambda_0}{\pi\sqrt{n_1^2 - n_2^2}} \tag{8-2}$$

计算可得 a_c 为 4.7 μm，对应的光纤纤芯直径为 9.4 μm。标准光纤的外包层直径为 125 μm，根据比例 $2a_c$:125=d_{core}:$D_{cladding}$，其中 d_{core} 为光纤预制棒的芯棒直径，$D_{cladding}$ 为光纤预制棒的包层棒直径，这样即可设计出需要制备的光纤预制棒尺寸。考虑拉丝炉膛大小、预制棒打孔的大小以及原料成本，实验中设计纤芯棒和包层棒的直径分别为 2 mm 和 26.5 mm。

表 8-4　钡镓锗酸盐玻璃光纤的热学参数、羟基吸收系数、折射率和数值孔径[16]

钡镓锗酸盐玻璃光纤	玻璃化转变温度/℃	初始析晶温度/℃	抗析晶特性参数ΔT/℃	软化温度/℃	热膨胀系数/(10⁻⁶/℃)@30~900℃	羟基吸收系数/cm⁻¹	折射率	数值孔径
纤芯	685	872	187	760	5.5	0.39	1.759	0.132
包层	687	855	168	755	5.7	0.43	1.754	

图 8-3 给出了钡镓锗酸盐玻璃光纤的端面图。实验测得光纤纤芯和包层的直径分别为 9.2 μm 和 125 μm(与设计值吻合)[16]。同时，光纤纤芯和包层具有较高的圆度，没有偏芯现象，纤芯和包层结合良好。特种玻璃光纤在经过商用切割刀处理后难以获得非常平整的端面(图 8-3(a))，因此在测试光纤损耗、增益以及激光性能前需要利用光纤抛光机对光纤端面研磨抛光，以获得高质量的光纤端面(图 8-3(b))，同时可以提高测试结果的准确度。采用截断法测得光纤在 1310 nm 的传输损耗为 0.095 dB/cm，损耗较大的原因包括芯包界面的缺陷、熔制过程中引入了杂质等。

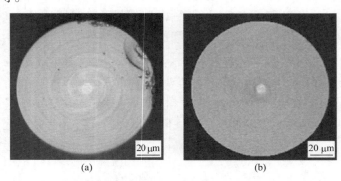

图 8-3　管棒法制备的钡镓锗酸盐玻璃光纤端面[16]

(a) 切割刀处理；(b) 研磨抛光处理

碲酸盐玻璃(如 $ZnO-Na_2O-TeO_2$、$WO_3-La_2O_3-TeO_2$ 和 $BaO-La_2O_3-TeO_2$)是高效近中红外光纤激光器的重要基质材料之一。作者等采用吮吸法研制了钨碲酸盐玻璃光纤($TeO_2-WO_3-ZnO-La_2O_3$，TWZL)[17]。表 8-5 给出了优化后钨碲酸盐玻璃的物理性质参数。可以看出，设计的纤芯和包层的玻璃化转变温度分别为 436℃和427℃，在差热曲线测试温度范围内纤芯和包层玻璃中均没有观察到析晶峰。在拉丝温度范围内，纤芯和包层玻璃的热膨胀系数分别为 15.32×10⁻⁶/℃ 和15.75×10⁻⁶/℃，两者仅相差 4.3×10⁻⁷/℃。另外纤芯和包层玻璃的软化温度分别为482℃和488℃，仅相差 6℃。以上结果表明，设计的纤芯和包层玻璃具有优异的抗析晶稳定性，且各项性能匹配，满足光纤制备的要求。

表 8-5　钨碲酸盐玻璃的物理性质参数

钨碲酸盐玻璃	玻璃化转变温度/℃	初始析晶温度/℃	折射率@633 nm	热膨胀系数/(10⁻⁶/℃)	软化温度/℃
纤芯	436	—	2.127	15.32	482
包层	427	—	2.122	15.75	488

图 8-4 给出了吮吸法制备的钨碲酸盐玻璃的光纤预制棒、预制棒底部和顶

部、光纤端面、光纤照片以及光纤损耗曲线。可以看出，光纤端面规整，纤芯和包层较圆，没有出现变形，光纤包层和纤芯直径分别为 125 μm 和 40 μm。另外，纤芯处于光纤的正中心，与包层接触非常紧密，没有缝隙和气泡等缺陷。采用截断法测得钨碲酸盐玻璃光纤的损耗为 0.044 dB/cm，低于管棒法制备的锗酸盐玻璃光纤，表明采用吮吸法可以获得高质量的碲酸盐玻璃光纤[18,19]。

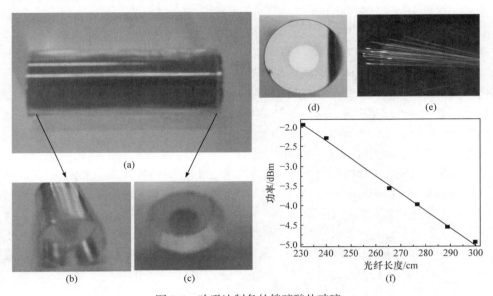

图 8-4　吮吸法制备的钨碲酸盐玻璃
(a) 光纤预制棒；(b) 预制棒底部；(c) 预制棒顶部；(d) 光纤端面；(e) 光纤照片；(f) 光纤损耗

8.1.4　氟化物玻璃光纤

氟化物玻璃因声子能量低、红外透过特性优异等而备受关注。氟化物玻璃体系包括 BeF$_2$ 基、ZrF$_4$ 基、InF$_3$ 基和 AlF$_3$ 基氟化物玻璃。BeF$_2$ 基氟化物玻璃的研究较早，但因其含有剧毒性 BeF$_2$，应用和研究受到了很大限制。ZrF$_4$ 基氟化物玻璃体系中的典型代表是 ZBLAN(ZrF$_4$-BaF$_2$-LaF$_3$-AlF$_3$-NaF)玻璃，其具有透过范围宽、声子能量低以及化学稳定性相对较高的特点。InF$_3$ 基氟化物玻璃具有更宽的透射范围和更低的声子能量，在长波长范围具有更大潜力。对于 AlF$_3$ 基玻璃，其机械强度强于上述两种，同时抗潮解能力更好。氟化物玻璃和氧化物玻璃相比最大的缺点是化学耐久性较差，空气中水分的侵蚀不可避免地会导致光纤强度下降，因此氟化物光纤通常采用丙烯酸酯聚合物以及各种金属或高度稳定的氧化物和氟化物涂层提高其耐久性。

氟化物玻璃光纤预制棒通常在惰性环境的手套箱中制备和加工，主要的制备方法为浇注法，包括芯包浇注、内置浇注和旋转浇注等，此外也可以采用管棒法和挤压法制备。在浇注过程中，氟化物玻璃具有较大的结晶倾向，因此在玻璃熔体冷却过程中必须迅速通过液相线与玻璃化转变温度之间的临界温度范围。在典型的氟化物玻璃组成中，PbF_2 和 BiF_3 提高了玻璃的折射率，而 LiF 和 AlF_3 则相反。用 HfF_4 取代 ZrF_4 会导致玻璃的折射率小幅下降，因此后者常用于包层玻璃组成。为了降低氟化物光纤的结晶速率，应在光纤拉制过程中精确控制预制棒的下棒速度和拉丝速度，并且在尽可能低的温度下(340~400℃)以较高的拉丝速度拉制光纤。空气中的水会通过水化反应引起氟化物玻璃晶化，因此在氟化物玻璃光纤涂覆涂层之前，所有的引导装置都需要用干燥氮气冲洗。需要注意的是，对于每一个特定的玻璃组成，可以制成的最大块体玻璃由它在冷却过程中的结晶速率决定。因此，管棒法和挤压法制备的光纤预制棒尺寸有限，每一次拉制的光纤总长度有限，在设计大功率双包层氟化物光纤时应考虑这一点。采用双坩埚法可以直接拉制近乎无限长的氟化物光纤，但拉制过程中难以消除结晶。此外，这种方法不能用于制备具有特殊结构的光纤，如 D 形或矩形泵浦包层的双包层光纤和微结构光纤。

目前，低损耗氟化物玻璃光纤的制备技术已经较为成熟，日本 FiberLabs、美国 Thorlabs 和法国 Le Verre Fluoré 公司已经实现了氟化物玻璃光纤的商业化，表 8-6 给出了商用氟化物玻璃光纤的损耗参数[20]。这些光纤在 0.5~3.5 μm 波长范围内的背景损耗一般小于 50 dB/km，双包层氟化物玻璃光纤在 2.6 μm 的背景损耗甚至低于 10 dB/km[21]。与石英玻璃光纤相比，氟化物光纤的损耗还有较大的改善空间。随着光纤制备技术的不断进步，有望进一步降低氟化物玻璃光纤的损耗。

表 8-6　商用氟化物玻璃光纤的损耗参数

研究单位	玻璃体系	光纤类型	损耗/(dB/m)
FiberLabs	ZBLAN	单模	< 0.1@1.5 μm
		多模	< 0.1@2.5 μm
	AlF_3	多模	< 0.1@2.9 μm
Thorlabs	ZBLAN	单模	< 0.2@2.3~3.6 μm
		单模	≤0.2@2.0~3.6 μm
	InF_3	多模	< 0.45@3.2~4.6 μm
		单模	≤ 0.3@2.0~4.6 μm
Le Verre Fluoré	ZBLAN	多模	< 0.01@2.5 μm
		单模	< 0.01@2.2 μm
	InF_3	多模	< 0.01@3.5 μm
		单模	< 0.035@3.5 μm
	AlF_3	多模	< 0.06@2.2 μm

8.1.5　硫系玻璃光纤

硫系玻璃是以元素周期表ⅥA族元素 S、Se、Te 为主,引入一定量 As、Sb、Ge 等其他金属或非金属元素形成的非晶态玻璃。硫系玻璃具有比氧化物玻璃和氟化物玻璃更低的声子能量(约 350 cm^{-1})、更宽的红外透过范围、更高的非线性系数等特点,可以采用精密模压技术制备,适合大规模生产,在红外光学材料、超连续谱产生以及中红外光纤激光器等领域具有重要应用前景。

硫系玻璃体系包括 As$_2$S$_3$、As$_2$Se$_3$、Ge-As-Se、Ge-La-S、Ge-Sb-Se、Ge-Ga-Sb-S、Ga-Ge-As-Se 等。其中,Ga-La-S 体系是一个典型的硫系玻璃系统,英国南安普敦大学较早在该玻璃体系中实现了 1 μm 波段激光输出[22]。硫系玻璃的高折射率和较低的声子能量有利于稀土离子获得较长的荧光寿命、较高的吸收和发射截面,以及较低的非辐射多声子弛豫速率,为稀土离子提供了比石英和氟化物玻璃更高的量子效率。然而,硫系玻璃的稀土溶解度低、背景损耗大、脆性大、激光效率和输出功率相对较低,并且在很长一段时间内都无法实现更长波段的激光输出。近年来,俄罗斯科学院和诺丁汉大学通过改善硫系玻璃光纤的制备工艺,优化玻璃体系和组成,相继在硫系玻璃光纤中实现了 5 μm 以上波长的激光输出[23,24]。

在国内,宁波大学、西安光机所、江苏师范大学等也开展了硫系玻璃光纤的研究[25-27]。硫系玻璃光纤是高功率激光传输、化学传感、热成像和温度监测的中红外应用的理想材料。基于硫系玻璃的高非线性和优异的红外透过特性,通过设计和制备多种新结构硫系玻璃微结构光纤,获得了可以输出中红外超连续谱的新型硫系玻璃光纤及宽带光源。这种利用激光在非线性光纤中产生的超连续谱光源以其高相干性、高亮度和极宽谱输出等特点,日益成为红外波段极具吸引力的光源。在低损耗稀土掺杂硫系玻璃光纤方面,采用多步管棒法和挤压法可以制备低损耗硫系玻璃单模双包层光纤。在光纤传像束方面,设计并制备的高分辨率柔性硫系玻璃光纤传像束可以实现高质量的红外图像传递。

8.2　特种玻璃有源光纤

8.2.1　用于 1 μm 光纤激光的特种玻璃有源光纤

1 μm 波段掺 Yb^{3+}稀土有源光纤主要有掺 Yb^{3+}石英光纤和掺 Yb^{3+}磷酸盐玻璃光纤。磷酸盐激光玻璃因受激发射截面大、输出功率高、非线性折射率低、工艺性能较易掌握等优点,成为当前高功率固体激光器、惯性约束激光核聚变装置等大装置的核心工作介质。磷酸盐玻璃的稀土溶解特性非常优异,可以在很短的光纤长度上对泵浦光进行高效吸收,从而获得高的光学增益,其增益系数一般比石英光纤高 1~2 个数量级。

　　华南理工大学研制了掺 Yb³⁺ 高增益磷酸盐玻璃光纤,实现了 1 μm 波段千赫兹超窄线宽激光输出[12,28]。在磷酸盐激光玻璃中 Yb³⁺ 掺杂浓度达质量分数 15.2%,纤芯中 Yb³⁺ 的荧光寿命达 1.84 ms,光纤在 1310 nm 的损耗为 0.06 dB/cm,净增益系数达 5.7 dB/cm[29]。图 8-5 给出了掺 Yb³⁺ 磷酸盐玻璃光纤进一步优化后的单位长度增益特性[30]。当泵浦功率逐渐增加时,光纤的单位长度净增益逐渐增大并趋于饱和,在 1064 nm 处掺 Yb³⁺ 磷酸盐玻璃光纤最大的净增益系数达 12.1 dB/cm(掺 Yb³⁺ 磷酸盐玻璃光纤长度为 2.4 cm,波长为 1064 nm 的信号功率(P_{in})为 −30 dBm),比商用掺 Yb³⁺ 石英玻璃光纤的增益值高约 30 倍。通过设计和优化具有温度梯度场分布的非对称熔接工艺及熔接参数,两种光纤的熔接损耗降低至 0.3 dB,相对抗弯强度达 85%,解决了两种异质光纤在软化温度、热膨胀系数和折射率等方面差异较大的问题[31]。

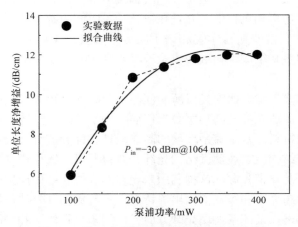

图 8-5　掺 Yb³⁺ 磷酸盐玻璃光纤的增益曲线

8.2.2　用于 1.5 μm 光纤激光的特种玻璃有源光纤

　　用于 1.5 μm 波段光纤激光的稀土有源光纤包括掺 Er³⁺ 和 Er³⁺/Yb³⁺ 共掺石英玻璃光纤、硅酸盐玻璃光纤以及磷酸盐玻璃光纤,其中磷酸盐玻璃光纤因其高增益特性而在紧凑型光纤器件中具有突出优势。据报道,美国 Kigre 公司研制的掺 Er³⁺ 磷酸盐玻璃光纤的增益系数为每厘米几个分贝,比传统的石英光纤高 1~2 个数量级。NP 光子公司基于 8 cm 长的 NP/MMP-10 型单模双包层掺 Er³⁺ 磷酸盐玻璃光纤,研制出了用于 C 波段信号补偿的微型光纤放大器(EMFA),尺寸仅为 26.3 mm×33.5 mm×12 mm,在 1535 nm 的增益达 43 dB,整个 C 波段的增益达 21 dB[32]。

　　华南理工大学研制了 Er³⁺/Yb³⁺ 共掺单模高增益磷酸盐玻璃光纤,实现了在

1535 nm 处，光纤的单位长度净增益达 5.2 dB/cm[33]。图 8-6 给出了掺 Er^{3+}/Yb^{3+}高增益磷酸盐光纤的增益和噪声特性。在 1525～1565 nm 波长范围内，得到的信号噪声值均小于 5.5 dB，与目前商用稀土掺杂石英光纤的噪声系数基本接近。该磷酸盐玻璃光纤纤芯中 Er^{3+} 和 Yb^{3+}的掺杂浓度分别为摩尔分数 3%和 5%，在 4 cm 长的光纤中测得激光上能级寿命为 8.1 ms。在 1534 nm 处，Er^{3+}的吸收和发射截面分别为 $5.96×10^{-21}$ cm^2 和 $7.17×10^{-21}$ cm^2。纤芯和包层玻璃的折射率分别为 1.535 和 1.522，纤芯直径为 5.4 μm，1.5 μm 处的数值孔径为 0.206，纤芯-包层偏移小于 0.4 μm。在 1550 nm 处，模场直径估计为 6.24 μm，截止波长为 1470 nm。采用截断法，测得光纤在 1310 nm 的损耗低于 0.04 dB/cm。通过对其掺杂浓度的进一步优化，可以进一步将光纤的增益系数提高到 12.6 dB/cm[30]。

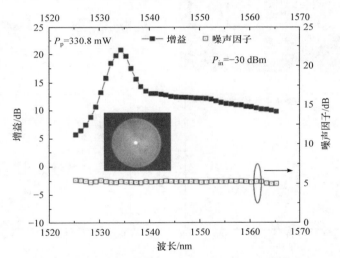

图 8-6　Er^{3+}/Yb^{3+}共掺磷酸盐玻璃光纤的增益和噪声特性

插图为光纤端面，泵浦功率 P_p = 330.8 mW，信号输入功率 P_{in} = –30 dBm，光纤长度为 4 cm

在磷酸盐玻璃的基础上引入氟化物可以得到氟磷酸盐(FP)玻璃，其声子密度低于磷酸盐玻璃，有利于降低稀土离子的无辐射弛豫速率[34]。同时，FP 玻璃的非线性折射率更低，可减少高能激光装置中的自聚焦与自损伤[35]。进一步在 FP 玻璃中引入少量硫酸盐可得到新型氟硫磷酸盐(FSP)玻璃，FSP 玻璃具有相对优异的成玻性能与稳定性，且掺杂的稀土离子具有更丰富的配位环境和良好的光谱特性，有望应用于高性能新型有源光纤激光器[36,37]。最近，华南理工大学报道了 Er^{3+}/Yb^{3+}共掺高增益氟硫磷酸盐玻璃光纤(简称为 FSP-EYDF)[38,39]。图 8-7 给出了 FSP-EYDF 光纤端面的电镜照片、元素分布以及光纤净增益曲线。光纤的圆度和同心度较高，纤芯和包层尺寸分别为 7.6 μm 和 125 μm，稀土元素均匀分布在光纤纤芯中，没有发生明显的元素扩散。当泵浦功率为 245 mW 时，光纤在 1535 nm 的单位长度净增益为 4.7 dB/cm，略高于相同掺杂浓度的磷酸盐玻璃光纤(4.2 dB/cm)，略低于摩尔分数 3%Er^{3+}/5%Yb^{3+}共掺的磷酸盐玻璃光纤(5.2 dB/cm)。FSP-EYDF 的峰值增益在 1535 nm 左右，整个 C 波段的增益系数均大于 3 dB/cm。FSP-EYDF 在 1310 nm 处的传输损耗为 0.045 dB/cm，与磷酸盐玻璃光纤(0.040 dB/cm)相当。

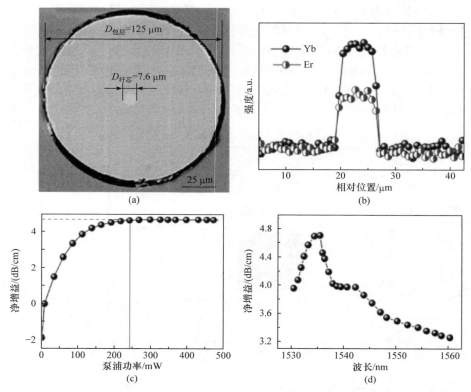

图 8-7　(a)FSP-EYDF 光纤端面的电镜照片；(b)EPMA 线扫描测试光纤截面中心 Er^{3+}和 Yb^{3+}元素的分布；(c)不同泵浦功率时的净增益曲线及(d)不同波长处的净增益曲线

8.2.3　用于 2 μm 光纤激光的特种玻璃有源光纤

　　2 μm 波段稀土有源玻璃光纤主要包括掺 Tm^{3+}或掺 Ho^{3+}石英光纤、硅酸盐玻璃光纤、锗酸盐玻璃光纤以及碲酸盐玻璃光纤等。石英光纤由于其优异的物理和光学性能而广受关注，但传统的石英光纤由于稀土掺杂量受限，难以实现高掺杂，激光效率较低。例如，在石英光纤中，Tm^{3+}的掺杂浓度一般小于质量分数 2%，限制了交叉弛豫过程，而这一过程的发生需要 Tm^{3+}的浓度不低于质量分数 4%～6%，受限的交叉弛豫导致 Tm^{3+}通过合作上转换过程产生可见和紫外发射，加速了石英光纤的暗化。在硅酸盐玻璃中，稀土离子的掺杂浓度可以很高，Tm$_2$O$_3$ 掺杂浓度有望超过质量分数 10%。美国 AdValue 公司在 2009 年研制了高掺

Tm^{3+}双包层硅酸盐玻璃光纤，Tm$_2$O$_3$质量分数达 5%，单位增益大于 2 dB/cm[40,41]。该光纤的玻璃组成主要基于 SiO$_2$-Al$_2$O$_3$-Li$_2$O-Na$_2$O-CaO-BaO 玻璃体系，其中部分组成可由其他碱金属和碱土金属以及三价氧化物进行替代[42]。天津大学基于摩尔组成为 40%SiO$_2$-20%(Na$_2$O+K$_2$O)-20%(CaO+BaO)-20%(ZnO+B$_2$O$_3$)的玻璃体系研制了高掺杂硅酸盐玻璃光纤，纤芯中 Tm$_2$O$_3$ 的掺杂浓度达质量分数 8%，光纤的增益为 1.7 dB/cm@1950 nm[43]。此外，台北科技大学基于 SiO$_2$-Al$_2$O$_3$-BaO-ZnO-La$_2$O$_3$ 玻璃体系，研制了高增益硅酸盐激光玻璃光纤，Tm$_2$O$_3$ 的掺杂浓度高达质量分数 7%，光纤在 976 nm 的传输损耗为 0.7 dB/cm，理论预测的平均单位长度净增益为 6.45 dB/cm@1945 nm[44,45]。

与石英玻璃和硅酸盐玻璃相比，锗酸盐玻璃的声子能量更低、稀土离子溶解度更高，有利于实现 2 μm 波段高掺杂高增益。华南理工大学研制了高增益掺 Tm^{3+}镓锗酸盐玻璃光纤[46]。纤芯和包层玻璃的摩尔组成分别为 60%GeO$_2$-19%BaCO$_3$-15%Ga$_2$O$_3$-4.2%(La$_2$O$_3$+Y$_2$O$_3$)-1.8%Tm$_2$O$_3$ 和 60%GeO$_2$-20%BaCO$_3$-15%Ga$_2$O$_3$-5%(La$_2$O$_3$+Y$_2$O$_3$)。经测试，光纤直径为 125 μm，纤芯直径为 8.3 μm，可以实现 2 μm 单模激光传输。当泵浦功率达到 1.5 W 时，光纤的单位增益达到饱和，增益系数达 3.6 dB/cm，如图 8-8 所示。采用截断法，测得光纤在 1310 nm 处的传输损耗为 0.07 dB/cm。

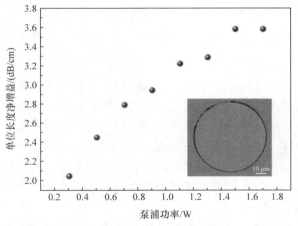

图 8-8　掺 Tm^{3+}镓锗酸盐玻璃光纤的增益特性
插图为光纤端面

掺稀土碲酸盐玻璃光纤是另一种高效的 2 μm 激光玻璃光纤。英国利兹大学报道了一系列基于 Yb^{3+}/Tm^{3+}、Tm^{3+}/Ho^{3+} 和 Yb^{3+}/Tm^{3+}/Ho^{3+}掺杂的碲酸盐玻璃光纤，极大地推动了碲酸盐玻璃有源光纤在 2 μm 波段光纤激光的应用[47]。华南理工大学基于钨碲酸盐玻璃体系，采用吮吸法制备了低损耗高增益 Nd^{3+}/Ho^{3+}共掺和 Tm^{3+}/Ho^{3+}共掺碲酸盐玻璃光纤[48-51]。图 8-9 给出了不同长度 Tm^{3+}/Ho^{3+}共掺碲酸盐玻璃光纤的发射光谱、荧光半高宽及峰值发射波长的变化规律[51]。可以看到，2 μm 和 1.47 μm 发射强度随着光纤长度的增加同时增加，表明光纤吸收了更多的泵浦光。同时，2 μm 发光的增幅比 1.46 μm 更为显著，说明从 $Tm^{3+}: {}^3F_4$ 到 $Ho^{3+}: {}^5I_7$ 的能量传递过程随着增加光纤长度变得更加有效。当光纤长度从 4 cm 增加到 12 cm，光纤中的发光强度逐渐降低，可归因于光纤损耗增强的负面作用。此外，由于光纤的限域效应和复杂的能量传递过程，2 μm 发射的荧光半高宽(FWHM)从 382 nm 单调递减到 216 nm，同时 2 μm 发光的中心波长随着光纤长度的增加从 1971 nm 红移到了 2022 nm(图 8-9(b))，可能是由不断增加的辐射捕获效应所致。

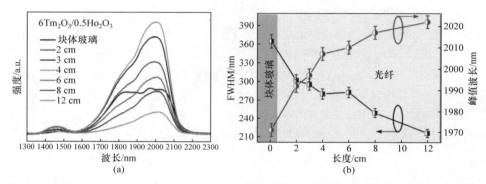

图 8-9　不同长度 Tm^{3+}/Ho^{3+} 共掺碲酸盐玻璃光纤和块体玻璃中的(a)发射光谱和(b)荧光半高宽及峰值发射波长的变化规律(见书后彩图)

　　迄今，研究人员已经研制了用于 2 μm 波段光纤激光的多种石英光纤和特种玻璃光纤。特种玻璃光纤可以实现更高的光学增益，但其面临的主要问题是如何进一步降低光纤中的杂质和羟基含量并提高稀土有效掺杂浓度，以进一步提高光纤净增益。解决这一问题需要探索出更先进的光纤预制棒制备方法和更加优异的玻璃组成。此外，人们已经通过共掺杂获得了更高效的 2 μm 波段发光特性。然而，一方面，这些研究大部分都基于块体玻璃，如何在光纤中实现更高效的发光或激光有待进一步研究探索[52]。另一方面，当采用稀土离子敏化时，玻璃中可能出现强的上转换发光，与 2 μm 发光相互竞争，造成能量损失[53]。因此，如何有效利用敏化剂提高 2 μm 稀土有源光纤的增益性能，是今后另一个重要的研究方向。

8.2.4　用于 3 μm 光纤激光的特种玻璃有源光纤

　　目前，用于 3 μm 波段光纤激光的掺稀土有源玻璃光纤主要是掺 Er^{3+} 氟化物玻璃光纤。日本 FiberLabs 公司、法国 Le Verre Fluoré 公司以及美国 IR-Photonics 公司已经实现了掺 Er^{3+} 氟化物玻璃光纤的商业化，光纤参数见表 8-7[54-58]。基于商用

掺 Er^{3+} 氟化物玻璃光纤，日本京都大学、加拿大拉瓦尔大学以及澳大利亚阿德莱德大学的研究人员纷纷开展了 3 μm 光纤激光的研究。2010 年，京都大学基于 FiberLabs 公司研制的 3.8 m 长掺 Er^{3+} 氟化物玻璃光纤，实现了源自 $^4I_{11/2} \to ^4I_{13/2}$ 跃迁的 2.77～2.88 μm 激光输出[54]。该光纤为 D 型双包层结构，ErF_3 的掺杂浓度达摩尔分数 6 %，纤芯损耗小于 0.001 dB/cm@2780 nm，光纤内包层直径为 350 μm，泵浦吸收系数约为 3 dB/m@975 nm，光纤外包层为高分子涂层，直径为 450 μm。基于 Le Verre Fluoré 公司的高掺 Er^{3+} 氟化物玻璃光纤，拉瓦尔大学的研究人员获得了更高功率、更高效率的 3 μm 波段激光输出[55-57]。这种光纤的结构为截圆形，纤芯直径为 16 μm，纤芯损耗为 6×10^{-5} dB/cm。此外，为了获得源自 $^4F_{9/2} \to ^4I_{9/2}$ 跃迁的 3.5 μm 波段激光输出，阿德莱德大学采用 IR-Photonics 公司的低掺 Er^{3+} (仅为摩尔分数 1%)氟化物玻璃光纤作为增益介质，较低掺杂浓度有利于降低 Er^{3+} 的能量传递上转换过程[58]。

表 8-7　商用掺 Er^{3+} 氟化物玻璃光纤的掺杂浓度、芯包尺寸以及光纤损耗参数

研究机构	Er^{3+} 浓度(摩尔分数)/%	纤芯	内包层
FiberLabs	6	d=25 μm, NA=0.12	D 型, d=350 μm, NA=0.51, 泵浦吸收约 3 dB/m@975 nm
Le Verre Fluoré	7	d=16 μm, NA=0.12	截圆形, d=260 μm, 平行面距离=240 μm
IR-Photonics	1	d=10 μm, NA=0.15	—

研究机构	外包层	纤芯损耗	光纤长度/m	参考文献
FiberLabs	高分子, d=450 μm	<0.001 dB/cm@2780 nm	3.8	[54]
Le Verre Fluoré	氟丙烯酸酯	≤6×10^{-5} dB/cm@2940 nm	4.6, 10, 0.2	[55]～[57]
IR-Photonics	—	—	0.18	[58]

碲酸盐和锗酸盐玻璃光纤是极具前景的 3 μm 波段掺稀土有源玻璃光纤的候选材料，近年来引起研究人员的广泛关注。作者采用吮吸法研制了掺 Er^{3+} 钡碲酸盐玻璃光纤[59]。图 8-10 给出了吮吸法的制备流程示意图，可以看到，采用吮吸法制备的纤芯玻璃能够很好地位于预制棒的中心，没有发生偏移或扭曲，经测量其吮吸长度约为 4 cm。该光纤能够围绕成直径约为 15 cm 的圆圈，表明光纤具有优异的柔韧性。通常情况下，紧凑型光纤激光器要求激光腔中的光纤环绕尺寸小于 50 cm，因此掺 Er^{3+} 钡碲酸盐玻璃光纤有望实现中红外激光器的小型化。实验测得该光纤在 1310 nm 处的损耗为 0.03 dB/cm。该数值远低于管棒法制备的掺 Tm^{3+} 锗酸盐玻璃光纤 (0.05 dB/cm)和堆叠法制备的硅酸盐玻璃光纤(0.07 dB/cm)[14]。光纤损耗的来源主要包括由 OH^- 和过渡金属等杂质引起的散射和吸收等，可能是由玻璃原料以及在玻璃熔制、光纤拉制过程中大气环境的引入所致。

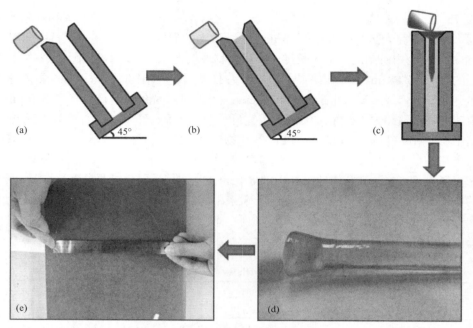

图 8-10　吮吸法制备掺 Er^{3+}钡碲酸盐光纤预制棒示意图(见书后彩图)

(a) 将铜模具倾斜 45°；(b) 倒入包层玻璃；(c) 放平模具并倒入纤芯玻璃液；(d) 光纤预制棒和(e)光纤照片

　　电子探针显微分析(EPMA)可以表征光纤预制棒在经过光纤拉制的再加热过程之后纤芯和包层中的元素分布情况。图 8-11 给出了掺 Er^{3+}钡碲酸盐玻璃光纤的端面和元素分布[59]。经测试，光纤的纤芯和包层直径分别约为 60.5 μm和 254.6 μm，芯包界面非常清晰规整且结合紧密，无气泡和杂质等缺陷。从图 8-11(c)、(d)中看到，Te 和 La 的相对浓度在界面处显示出突变，这是由于纤芯和包层中两者的浓度不同，与实验设计一致。同时，Er^{3+}均匀分布在纤芯中，并且几乎没有向包层区域发生扩散(图 8-11(e))。每一种元素的分布边界形成的圆圈与图 8-11(b)中光纤纤芯的大小非常接近。结果表明，光纤结构在拉制过程中受到了很好的保护，并且在整个光纤拉制过程中纤芯和包层之间没有发生明显的内部扩散。

　　图 8-12 给出了在 980 nm LD 激发下掺 Er^{3+}钡碲酸盐玻璃光纤 2.7 μm 波段的光谱特性[59]。研究发现，2.7 μm 的发射谱随光纤长度增加变得更加尖锐和不对称，表明实现了放大自发辐射光谱(ASE)输出。随着光纤长度增加，2.7 μm 发光逐渐增强，在 6 cm 左右达到最大值。然后光纤增益逐渐达到饱和，能量向杂质的传递逐渐增强，导致 2.7 μm 发光强度减小。1.5 μm 发光强度的变化规律与此类似。不同的是，在 528 nm、546 nm 和 663 nm 处上转换可见光的发光强度不断增加，如图 8-12(c)所示[59]。为了研究 $^4I_{11/2}$ 能级的发光衰减动力学过程，监测了

808 nm LD 激发下 Er^{3+} 在 980 nm 的发光，可以看到随着光纤长度的增加，由于辐射捕获效应，发光波长从 978 nm 红移到了 990 nm(图 8-12(d))。

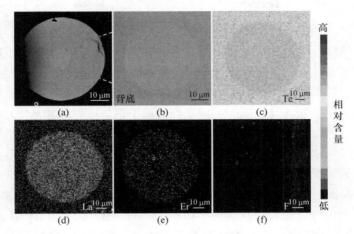

图 8-11　掺 Er^{3+} 钡碲酸盐玻璃光纤的端面图和元素分布

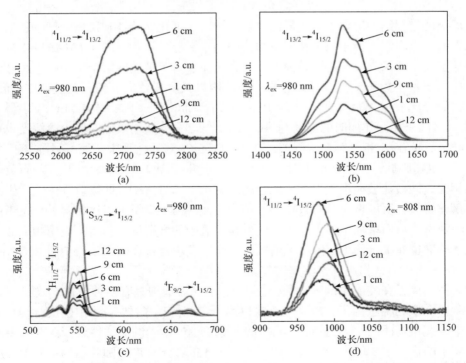

图 8-12　不同长度下掺 Er^{3+} 钡碲酸盐玻璃光纤在不同波段的光谱特性

(a) 2550～2850 nm；(b) 1400～1700 nm；(c) 500～700 nm；(d) 900～1150 nm

8.3　掺杂与浓度猝灭

有源光纤的单位长度增益与稀土离子掺杂浓度密切相关，然而，稀土离子在玻璃中的溶解度有限，甚至在某些玻璃体系中较小的掺杂浓度便发生聚集并形成团簇，导致浓度猝灭，从而导致产生激光效率降低、阈值增加、激发态寿命降低等不利影响。石英玻璃存在稀土溶解度低的问题，研究人员进行了许多尝试，例如在石英玻璃中添加 Al_2O_3 或 P_2O_5 以提高其稀土溶解度。添加 Al_2O_3 可以大大减轻团簇现象，因为 Al^{3+} 会在稀土离子周围形成溶剂壳，并且生成的络合物易于结合到石英玻璃网络中。同时，Al^{3+} 的引入有助于控制稀土离子的分布，从而提高光纤放大器的效率。然而，由于额外引入了折射率不均匀性，添加这些掺杂剂会使光纤的瑞利散射增加。

玻璃的稀土溶解能力与其结构密切相关。图 8-13(a)和(b)给出了石英玻璃和硅酸盐玻璃的结构简图[60,61]。石英玻璃主要由具有较强 Si—O 极性共价键的硅氧四面体$[SiO_4]$构成，$[SiO_4]$以一定角度连接延伸形成三维网络结构。一方面，石英玻璃的牢固结构决定了其优异的热稳定性、物理化学特性和机械强度等；但另一方面，也限制了稀土离子在网络结构中的存在，导致稀土离子的溶解度极低。玻璃基质中的稀土离子需要较大的配位数，而在石英玻璃网络结构中缺乏足够的非桥氧与稀土离子配位，导致容易产生团簇以共享非桥氧。纯石英玻璃中 Nd^{3+}的初始猝灭浓度约为 10^{19} cm^{-3}(约 1000 ppm)，而石英光纤放大器中 Er^{3+}发生显著的离子-离子相互作用时的浓度约 10^{18} cm^{-3}[62]。石英玻璃较低的稀土溶解度也可以通过石英-稀土相图解释。例如，在 Yb_2O_3-SiO_2 二元体系中，液-液不混溶区位于高 SiO_2 区域，在掺杂稀土时很容易发生分相(如图 8-13(c)所示[61])。与石英玻璃相比，硅酸盐玻璃由于引入了碱金属或碱土金属氧化物等网络改性体，产生了大量非桥氧，所以玻璃具有较松散的结构，使得稀土离子可以比较容易地位于网络间隙中，从而增加了稀土离子在硅酸盐玻璃中的溶解度。与石英玻璃相类似，硫系玻璃也面临着稀土溶解度低的挑战，研究发现通过在硫系玻璃中引入 Ge 和/或 Ga 等可以有效提高稀土溶解度[63]。

稀土离子在玻璃中的配位数为 6～9，且在玻璃中具有多种配位形式[28]。作为激活介质的稀土离子在玻璃中主要以离子键和阴离子(如 O^{2-})相连接，其在玻璃中的配位场(稀土离子周围配位体所形成的配位电场)的对称性较低。玻璃中激活离子的作用主要取决于阴离子团对激活离子的作用程度，随着结构单元中心原子电负性的下降，中心离子与氧离子的作用变弱，因而阴离子的作用大小次序如下：$[ClO_3]^-<[PO_3]^-<[BO_3]^-<[SiO_4]^-<[BO_4]^-$。利用"晶体化学"模型可以评估稀土离子在玻璃中的溶解度及局部环境，该模型考虑了稀土离子在玻璃中的配

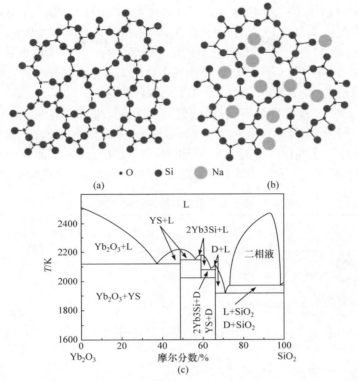

图 8-13 (a)石英玻璃和(b)硅酸盐玻璃的结构模型以及(c)Yb_2O_3-SiO_2相图

位数、离子周围位点的规则性和离子之间的间距[64]。在该模型中，较小的稀土阳离子(如 Yb^{3+}、Er^{3+}和 Tm^{3+})仅具有 6 配位结构(或在非常高的稀土离子浓度下具有 7 配位结构)以及较高的位点对称性。相比之下，较大的阳离子(如 Nd^{3+}、Pr^{3+}和 Eu^{3+})的配位数为 7~9，位点对称性较低。以 CaO-Al_2O_3-SiO_2 玻璃系统为例，Al^{3+}充当玻璃改性体(6 配位)，而非玻璃形成体(4 配位)。稀土离子更倾向于在富含改性体的区域中形成铝—氧—稀土(Al—O—RE)键，而不是稀土—氧—稀土(RE—O—RE)键。与不含铝的石英玻璃相比，含铝硅酸盐玻璃中的稀土离子之间产生了更大的空间。而在氟化物玻璃中，由于各元素具有强的离子性，情况有所不同。F^-半径较小，与所有稀土离子均可形成 7~9 配位，从而导致较大的稀土-氟比率(RE/F)。与氧化物玻璃相比，氟化物玻璃结构聚合能力较弱。由于稀土离子和氟离子之间的离子化程度更高，导致稀土离子占据的位置比在氧化物玻璃中具有更高的对称性，也意味着稀土阳离子在氟化物玻璃中起中间体而非改性体的作用。

表 8-8 给出了一些稀土离子高浓度掺杂的特种玻璃系统[65]。多组分特种光学玻璃，特别是磷酸盐玻璃、锗酸盐玻璃和碲酸盐玻璃，其稀土溶解度均大于石英

玻璃。此类多组分玻璃通常具有至少一种玻璃网络形成体(如 SiO_2、P_2O_5、GeO_2 和 TeO_2)，一种改性体(如 Li_2O、Na_2O、K_2O 和 BaF_2)，一种网络中间体(如 Al_2O_3、Ga_2O_3、La_2O_3 和 Y_2O_3)。改性体氧化物破坏了玻璃网络，从而为稀土高浓度掺杂提供更多位点，减少了团簇作用。中间体氧化物增加网络强度并改善了玻璃的化学稳定性。以碲酸盐玻璃为例，在一种 TeO_2-V_2O_5 玻璃中，稀土 Sm_2O_3 的溶解度可达摩尔分数 30%，而不产生析晶或分相[66]。碲酸盐玻璃较高的稀土溶解度和较小的浓度猝灭作用可归因于其玻璃内部具有多种结构单元，如 TeO_4 三角双锥、TeO_3 三角锥和 $TeO_{3+\delta}$ 多面体。在表 8-8 所列的新型锗酸盐玻璃中，稀土氧化物甚至还可以作为玻璃形成体，含量可以超过摩尔分数 50%，成为特种玻璃的主要成分。

表 8-8　稀土离子高浓度掺杂的特种玻璃系统

玻璃体系	名义组成/%	猝灭浓度/%	备注	参考文献
硅酸盐玻璃	$55SiO_2$-$2.5Al_2O_3$-$8.75Li_2O$-$8.75Na_2O$-$12.5CaO$-$12.5BaO$ (2%~$15\%Tm_2O_3$, 0.1%~$3\%Ho_2O_3$，质量分数)	5~7(质量分数)	光纤激光器	[45],[67]
	$55SiO_2$-$10Al_2O_3$-$30PbO$-$5La_2O_3$(5% Tm_2O_3，质量分数)	3(质量分数)	光纤激光器	[68]
	$30SiO_2$-$30GeO_2$-$6Al_2O_3$-$17CaO$-$17BaO$ (4%~$7\%Tm^{3+}$, 0.2%~2% Ho^{3+}，质量分数)	—	光纤激光器	[42]
	$30SiO_2$-$10AlF_3$-$10BaF_2$-$50TbF_3$(摩尔分数)	—	玻璃	[69]
	$9.9SiO_2$-$0.9Al_2O_3$-$7.4B_2O_3$-$0.1CeO_2$-$72.7Tb_2O_3$(或 $58.3\%Yb_2O_3$,或 $57.6\%Er_2O_3$，质量分数)	—	玻璃	[70]
	$32SiO_2$-$9Al_2O_3$-$31.5CaF_2$-$18.5PbF_2$-$5.5ZnF_2$-$3.5DyF_3$(摩尔分数)	—	微晶玻璃	[71]
磷酸盐玻璃	$71P_2O_5$-$29(B_2O_3$-K_2O-BaO-Al_2O_3-Nb_2O_5-$Sb_2O_3)$ ($18.3\%Yb^{3+}$)($3\%Er^{3+}/5\%Yb^{3+}$，摩尔分数)	—	光纤激光器	[12], [33], [72]
	$55.22P_2O_5$-$5.66Al_2O_3$-$22.5BaO$-$1.01ZnO$-$2.7Er_2O_3$-$13.48Yb_2O_3$ (质量分数)	—	光纤激光器	[73]
氟磷酸盐玻璃	$12Ba(H_2PO_4)_2$-$43BaF_2$-$5ZnF_2$-$20MgF_2$-$8YF_3$-$12KF$, $10TmF_3$(摩尔分数)	6(摩尔分数)	玻璃	[74]
	$5Ba(PO_3)_2$-$25AlF_3$-$17.5CaF_2$-$10BaF_2$-$18.5SrF_2$-$10MgF_2$-$15LnF_3$(Ln = Er, Ho, Dy, Yb, Tb, Nd, Eu, Pr, Ce, Sm)(摩尔分数)	—	微晶玻璃	[75]
锗酸盐玻璃	$60GeO_2$-$20BaO$-$4.6Ga_2O_3$-$3.2(La_2O_3+Y_2O_3)$-$2.2Tm_2O_3$(摩尔分数)	1.8(摩尔分数)	光纤激光器	[76]
	$59.7GeO_2$-$7.1Al_2O_3$-$16.7BaO$-$6.5Na_2O$-$10Tm_2O_3$(质量分数)	4~5(质量分数)	光纤激光器	[77]~[79]
	$30GeO_2$-$10AlF_3$-$10BaF_2$-$50LnF_3$(Ln=Ho, Tb)(摩尔分数)	—	玻璃	[69]

续表

玻璃体系	名义组成/%	猝灭浓度/%	备注	参考文献
锗酸盐玻璃	$60GeO_2$-$10AlF_3$-$20BaF_2$-$10LnF_3$ (Ln=La～Lu)(摩尔分数)	—	玻璃	[69]
	$40GeO_2$-$20BaF_2$-$40LnF_3$ (Ln=La～Nd, Sm～Lu)(摩尔分数)	—	玻璃	[69]
	$16.5GeO_2$-$21.5B_2O_3$-$37Al_2O_3$-$25Tb_2O_3$(摩尔分数)	14(摩尔分数)	法拉第旋光	[80]
碲酸盐玻璃	$75TeO_2$-$20ZnO$-$5Na_2O$ ($10Tm^{3+}$)(摩尔分数)	1.45(摩尔分数)	玻璃	[81]
	$72.55TeO_2$-$7.91B_2O_3$-$7.72Al_2O_3$-$7.05Na_2O$-$4.77Tm_2O_3$(质量分数)	—	玻璃	[77]
	$47.6TeO_2$-$38.1BaF_2$-$4.8Na_2CO_3$-$9.5Er_2O_3$(摩尔分数)	9.5(摩尔分数)	玻璃	[82]
	$42TeO_2$-$28V_2O_5$-$30Sm_2O_3$(摩尔分数)	—	玻璃	[66]

　　稀土离子的高浓度掺杂有利于提高有源光纤的单位长度增益，然而，过高浓度掺杂往往会对光纤激光器性能产生负面影响，如浓度猝灭和热管理问题等。浓度猝灭指随着稀土浓度的增加，发光强度、荧光寿命以及量子效率等不增反降的现象。在过高浓度掺杂情况下，稀土离子彼此之间的距离过近，导致激发态粒子数降低，最终使稀土离子的发光强度和寿命降低，甚至导致玻璃失透。以 Nd^{3+} 在不同玻璃基质中的掺杂浓度与寿命为例，表 8-9 给出了一些 Nd^{3+} 掺杂特种玻璃及其 $^4F_{3/2}$ 能级寿命减少 1 倍时的猝灭浓度[62]。可以看出，磷酸盐玻璃的猝灭浓度高，而氟磷酸盐玻璃较低，不过这些猝灭浓度都处于同一数量级，并且小于这些玻璃的稀土溶解度(约 10^{21} ions/cm³)。当在这些玻璃中的稀土掺杂量高于猝灭浓度时就会发生浓度猝灭效应。

表 8-9　Nd^{3+}掺杂特种玻璃 $^4F_{3/2}$ 能级寿命的猝灭浓度

玻璃体系	硅酸盐玻璃	磷酸盐玻璃	氟磷酸盐玻璃	氟锆酸盐玻璃	氟铍酸盐玻璃
猝灭浓度/(10^{20} ions/cm³)	3.9～6	3.9～8.6	3～4	4.2	3.8～5.3

　　稀土离子的浓度猝灭主要归因于稀土离子之间的相互作用，其机理包括能量传递(ET)、交叉弛豫(CR)和合作上转换(CUC)过程[62]。在稀土掺杂材料与器件中，离子之间的碰撞与能量交换不断发生。这种能量交换不仅可以发生在相同离子之间，也可以在不同离子之间传递、共享或获取能量，其对发光的作用是有利还是不利取决于稀土离子的局域环境。例如，许多光纤激光器采用稀土共掺杂的方法实现高效的光谱特性和激光输出性能，包括提高吸收效率(如 Er^{3+}/Yb^{3+} 共掺

杂系统)、提供合适的泵浦波长(如 808 nm 泵浦的 Tm³⁺/Ho³⁺共掺杂系统)或猝灭较低激光能级的粒子数(如发射 2.7 μm 的 Er³⁺/Pr³⁺共掺杂系统)。然而，对于 1.5 μm掺 Er³⁺光纤放大器，Er³⁺之间的能量传递过程却是一个重要的能量耗散过程。在高浓度掺 Er³⁺玻璃中，Er³⁺发射出一个光子，然后被另一个 Er³⁺吸收(重吸收过程，如图 8-14(a)所示)。在大多数情况下，它不会导致过多的能量传递，而重吸收过程甚至会使激发态寿命增加。然而，离子与晶格之间的相互作用决定了能量传递过程是温度依赖性的。当所涉及的离子存在跃迁能量失配时，声子的吸收和发射必须消耗能量。即使在共振能量传递的情况下，声子辅助过程仍然占主导地位。此外，当两种不同的离子共掺在玻璃中且施主(D)离子的浓度较高时，强耦合施主离子之间会发生能量传递机制。例如，经常通过高浓度掺杂 Yb³⁺提高 Er³⁺的泵浦效率。但是，如果受主(A)是一个陷阱，或施主具有合作弛豫机制而不是将能量传递到期待的受主，则该过程由于激发能量的损失而变得有害。稀土离子的这些负面影响难以控制，因此许多能量传递过程在光纤器件中尚未得到广泛应用。交叉弛豫过程是 Nd³⁺发光猝灭的主要机制之一，如图 8-14(b)所示。当离子被激发到 $^4F_{3/2}$ 亚稳态能级时，它会通过能量传递过程与基态的相邻离子相互作用，使其共同布居到 $^4F_{15/2}$ 能级。由于 $^4I_{15/2}$ 能级接近较低能级，间隙非常小，位于 $^4I_{15/2}$ 能级的离子会迅速以非辐射方式弛豫到基态并产生热量。合作上转换是浓度猝灭的另一种机制(见图 8-14(c))，在掺 Er³⁺光纤放大器中较为常见。当两个 $^4I_{13/2}$ 能级的激发态离子相互作用时，其中一个离子将能量传递给另一个，使得一个离子弛豫到 $^4I_{15/2}$ 基态，另一个则跃迁到更高的 $^4I_9$ 能级。最后，处于 $^4I_{9/2}$ 能级的离子通过非辐射弛豫返回 $^4I_{13/2}$ 能级，或者通过上转换过程直接返回基态。在高功率泵浦中，合作上转换通常很显著，这会导致严重的猝灭过程，降低光纤增益和输出饱和功率，尤其是在需要高浓度激发态布居的三能级系统中更为突出。

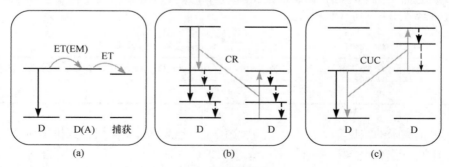

图 8-14　稀土离子的浓度猝灭机理
(a) 能量传递(能量迁移)；(b) 交叉弛豫；(c) 合作上转换

在一个激发态的稀土离子(施主)和一个非激发态的稀土离子(受主)之间的电偶极相互作用过程中，施主-受主之间的相互作用概率(W_{DA})和相互作用参数

(C_{DA})成正比，与施主-受主之间的距离的六次方(R^6)成反比($W_{DA} = C_{DA}/R^6$)[28]。这表明，要得到小的浓度猝灭效应，必须满足两个条件：相互作用参数较小且稀土离子之间的距离较大。从宏观上看，含低场强修饰体的磷酸盐玻璃和有高度交叉链接的磷酸盐玻璃符合上述要求。由于磷酸盐玻璃由长的磷酸盐链组成，修饰体阳离子位于链中并与邻近的多面体形成下层结构。在有低场强修饰体离子的情况下，由于修饰体离子和稀土离子场强的巨大差异，导致修饰体离子多面体和稀土离子多面体之间形成一种规则变形，因此，稀土离子多面体被修饰体离子多面体相互隔离。另外，低场强的修饰体离子会减弱稀土离子格位的配位场，使得相互作用参数降低，从而使得磷酸盐玻璃中具有较低的浓度猝灭。有研究者通过 X 射线吸收精细结构分析发现，没有 Er^{3+} 短程成簇的证据存在，认为在高浓度下的浓度猝灭是两个激活离子间长程力作用的结果，并且由于一定含量碱金属磷酸盐玻璃可形成只含有两个桥氧的[PO_4]四面体长链，因此当稀土离子掺入磷酸盐玻璃时，有可能得到更好的隔离环境，减弱浓度猝灭现象[83]。

稀土团簇与"相互作用团簇"和"化学团簇"相关，仅仅几埃(Å)化学团簇的空间扩展就可极大地增加离子-离子的相互作用[84]。在石英玻璃中，即使低浓度掺杂也会发生团簇，但在多组分玻璃中不易发生。稀土离子之间的能量扩散可分为有限扩散模型和快速扩散模型，前者适用于强的自猝灭基质，而后者则适用于弱的自猝灭基质。当猝灭中心是与稀土离子的第一激发态发生共振或准共振的杂质时，猝灭概率几乎与所考虑的子系统内扩散的传递概率相同。在这种情况下，猝灭和扩散的概率很接近。假设为电偶极-偶极相互作用，可以采用有限扩散模型的定量方法优化光纤放大器和激光器的增益介质浓度[85,86]：

$$\tau(N) = \frac{\tau_0}{1 + \frac{9}{2\pi}\left(\frac{N}{N_0}\right)} \tag{8-3}$$

式中，τ_0 是在稀土低浓度掺杂下测得的寿命；N 是稀土掺杂浓度；N_0 是自猝灭过程的临界浓度。据此，可计算得到锗酸盐玻璃中 Tm^{3+}：$^3H_4 \rightarrow {}^3F_4$ 和 $^3F_4 \rightarrow {}^3H_6$ 跃迁的最佳浓度约为 2.88×10^{20} ions/cm³[87]。在掺 Er^{3+} 磷酸盐玻璃中采用有限扩散模型，可知 Er^{3+} 的猝灭浓度达 9.92×10^{20} ions/cm³[88]。

有限扩散模型也可以计算掺 Tm^{3+} 碲酸盐玻璃的猝灭浓度。通过监测和拟合 Tm^{3+} 的 $^3F_4$ 和 $^3H_4$ 能级在不同掺杂浓度下的寿命，计算所得的猝灭浓度分别约为摩尔分数 1.6% 和 1%。此外，可以通过假设几乎所有离子都处于基态计算 Tm^{3+} 的交叉弛豫参数(C_R)[89]：

$$C_R = \frac{1}{2N_0\tau_{31}}(kR - 1) \tag{8-4}$$

式中，τ_{31} 是 Tm^{3+}：$^3H_4 \rightarrow {}^3F_4$ 跃迁的寿命；k 为常数；R 是发射光谱的比率。可以

看到，即使对于最高掺杂为摩尔分数 10%Tm³⁺的玻璃，交叉弛豫参数也与 Tm³⁺浓度几乎呈线性关系。交叉弛豫参数最大为 $20×10^{-17}$ cm³/s，并且其斜率为 $1.81×10^{-17}$ cm³/(s · mol)。

对于快速扩散机制，Auzel 等[86]提出以下方程：

$$\tau(N) = \frac{\tau_0}{1 + 1.45\dfrac{N}{N_{0ss}}\exp\left(-\dfrac{\beta\Delta E}{4}\right)} \tag{8-5}$$

式中，N_{0ss} 为临界浓度；β为指数参数。运用快速扩散模型拟合掺 Er³⁺磷酸盐玻璃的实验寿命，得到 N_{0ss} 的值仅为 $2.5×10^{20}$ ions/cm³[90]。可以看到，尽管两种扩散模型的计算结果不同，但猝灭浓度基本处于相同量级。此外，和表 8-9 中的结果相比可以看出，不同稀土离子在各种玻璃基质中的猝灭浓度也都处于 10^{20} ions/cm³ 这一量级。另一方面，该方法仍然存在多个实验值拟合、拟合度和适用性较差等问题。

Van Uitert[91]建立了发光强度 I 与掺杂离子浓度 C 之间关系的唯象模型，用下式表示：

$$I(C) = \frac{C}{K\left(1 + \beta C^{Q/3}\right)} \tag{8-6}$$

式中，K 和 β 是体系常数；Q 代表稀土离子之间的相互作用类型，$Q=3,6,8,10$，分别代表交换相互作用、电偶极-电偶极相互作用(d-d)、电偶极-电四极相互作用(d-q)、电四极-电四极(q-q)相互作用。该方法可以精确计算猝灭浓度，这主要是因为其基于多个实验值拟合发光强度，原理同实验法确定猝灭浓度。但是该方法没有减少实验量，且影响发光强度的因素较多，易使不同浓度下的发光强度绝对值偏离该模型，难以拟合参数，适用性较差。

基于荧光寿命预测发光猝灭浓度是另一种可能的方法。荧光强度的衰减规律为

$$I(t) = I(0)e^{-t/\tau} \tag{8-7}$$

式中，$\tau=1/(A+W)$，A 和 W 分别为亚稳态能级到基态能级的自发辐射概率和无辐射跃迁概率，其中无辐射跃迁概率 W 为

$$W = 1/\tau - 1/\tau_0 \tag{8-8}$$

式中，τ 为实测寿命；τ_0 为 J-O 理论计算的自发辐射跃迁寿命。

在只考虑离子间的能量传递 W_{ET} 时，Inokuti-Hirayama(I-H)假设能量传递主要通过供体-受体进行能量传递，从而描述了荧光强度衰减规律，即 I-H 模型[92]：

$$I(t) = I(0)\exp\left(-\frac{t}{\tau_0} - \gamma\sqrt{t}\right) \tag{8-9}$$

式中，γ 为离子间偶极相互作用，$\gamma = \gamma_0 x_A$，x_A 是受体离子的相对浓度，在此处 x_A 为稀土离子掺杂浓度 x。

Burshtein[93] 在 I-H 模型基础上，假设能量传递会借助跳跃过程通过供体-供体进行能量迁移，描述了荧光强度衰减规律，即 Burshtein 模型或跳跃模型：

$$I(t) = I(0)\exp\left(-t/\tau_0 - \gamma\sqrt{t} - \omega t\right) \tag{8-10}$$

式中，ω 为稀土离子间的迁移作用，$\omega = \omega_0 x_A x_D$，$x_D$ 是施主离子的相对浓度，在单掺情况下 $\gamma = \gamma_0 x$，$\omega = \omega_0 x^2$，其余参数同 I-H 模型。

猝灭浓度也可以根据激励过程中稀土能级上的粒子数布居进行计算。在连续激励的情况下，t 时刻激发态布居数可看作 $0 \sim t$ 时刻无数个脉冲激发在 t 时刻作用的累积结果。t'时刻的一个脉冲激发光在 t 时刻产生的布居数为 $N(t-t')$，故连续激励条件下 t 时刻激发态的布居数为[94,95]

$$N_{cw} = \lim_{t \to \infty} \int_0^t N(t-t')\mathrm{d}t' \tag{8-11}$$

令 $t'' = t - t'$

$$N_{cw} = \lim_{t \to \infty} \int_0^t N(t')\mathrm{d}t' \tag{8-12}$$

$$N_{cw} = \int_0^\infty N(0)\exp\left(-t/\tau_0 - \gamma\sqrt{t} - \omega t\right)\mathrm{d}t \tag{8-13}$$

而 $N(0)$ 与激活离子的相对浓度 x 成正比，即 $N(0) \propto x$，计算得到[94,95]

$$N_{cw} \propto x\left\{\frac{1}{\omega + \frac{1}{\tau_0}} - \frac{\gamma\sqrt{\pi}\exp\left[\frac{\gamma^2}{4\left(\omega + \frac{1}{\tau_0}\right)}\right] \times \left[1 - \mathrm{erf}\left(\frac{\gamma}{2\left(\omega + \frac{1}{\tau_0}\right)^{1/2}}\right)\right]}{2\left(\omega + \frac{1}{\tau_0}\right)^{3/2}}\right\} \tag{8-14}$$

根据跳跃模型描述的荧光强度衰减规律，可推导在单掺情况时激发态粒子布居数 N 与掺杂浓度 x 之间的关系[94]：

$$N \propto \frac{x\tau_0\left[2 + 2\omega_0\tau_0 x^2 - \mathrm{erfc}\left(\frac{\gamma_0 x}{2\sqrt{\omega_0 x^2 + \frac{1}{\tau_0}}}\right)\mathrm{e}^{\frac{\tau_0\gamma_0^2 x^2}{4 + 4\tau_0\omega_0 x^2}}\sqrt{\pi}\tau_0\gamma_0 x\sqrt{\omega_0 x^2 + \frac{1}{\tau_0}}\right]}{2\left(1 + \omega_0\tau_0 x^2\right)^2} \tag{8-15}$$

式中，τ_0、ω_0 和 γ_0 均为不随掺杂离子浓度变化的常数；$\mathrm{erfc}(x) = 1-\mathrm{erf}(x)$，$\mathrm{erfc}(x)$ 为互补误差函数，$\mathrm{erf}(x)$ 为误差函数。

当 $\omega=0$ 时，表示离子间无迁移作用，主要为离子间的偶极作用。离子间的偶极作用对发光强度的影响与时间成正比，在这种情况下激发态粒子布居数与最佳掺杂浓度的近似解为[94]

$$N_{\mathrm{cw}} \propto x\tau_0 \left[1 - \frac{\sqrt{\pi}\gamma_0 . x\sqrt{\tau_0}\,\mathrm{e}^{\frac{\tau_0\gamma_0^2 x^2}{4}}}{2} \times \mathrm{erfc}\left(\frac{\sqrt{\tau_0}\gamma_0 x}{2} \right) \right] \tag{8-16}$$

$$x = \frac{1}{\gamma_0\sqrt{\pi\tau_0}\,\mathrm{erfc}\left(\dfrac{\sqrt{\tau_0}\gamma_0 x_0}{2} \right)} \tag{8-17}$$

当 $\gamma = 0$ 时，表示离子间无偶极-偶极相互作用，主要为离子间的迁移作用。离子间的迁移作用对发光强度的影响与时间成正比，在此情况下激发态粒子布居数与最佳掺杂浓度的关系为

$$N_{\mathrm{cw}} \propto \frac{1}{\omega_0 x^2 + \dfrac{1}{\tau_0}} \tag{8-18}$$

$$x = \sqrt{\frac{1}{\omega_0\tau_0}} \tag{8-19}$$

当 $\omega = \gamma = 0$ 时，表示在没有离子间的相互作用时，激发态粒子布居数与掺杂浓度成正比，这与发光效率与掺杂浓度成正比一致，此时 $N_{\mathrm{cw}} \propto \tau_0 x$。

作者等利用连续光激励时激光玻璃上能级布居数衰减规律，推导了激光玻璃上能级粒子布居数与掺杂浓度的关系表达式以及猝灭浓度近似解，并提出仅利用一个低浓度掺杂玻璃的自发辐射跃迁寿命和实测寿命即可预测猝灭浓度的方法。在荧光强度衰减公式中，当 τ_0 为自发辐射跃迁寿命时(即 J-O 理论计算值)，$1/\tau_0$ 代表辐射跃迁速率。非辐射跃迁作用包括非辐射能量传递以及能量传递到杂质(包括羟基、过渡金属、其他稀土离子)等过程。在激光玻璃中存在其他杂质，可作为猝灭中心导致发光强度降低。假设该作用对发光强度的影响呈指数衰减，因此可定义 w 表示非辐射跃迁作用参数。当稀土离子的直接猝灭作用(包含迁移作用与能量传递给杂质的作用)远大于稀土离子间的偶极相互作用，忽略稀土离子间的偶极相互作用，即 $\gamma = 0$ 时可推导出非辐射跃迁作用参数 w 为

$$w = \frac{1}{\tau_{\mathrm{m}}} - \frac{1}{\tau_0} \tag{8-20}$$

进一步可得猝灭浓度估算值为

$$x = \sqrt{\dfrac{x_0^2}{\dfrac{\tau_0}{\tau_m} - 1}} \qquad\qquad (8\text{-}21)$$

式中，x 只与一个样品的掺杂浓度以及相应的自发辐射跃迁寿命和实测寿命相关。

　　以 Er^{3+} 掺杂钡镓锗酸盐(BGG)玻璃为例，作者采用不同的理论模型预测计算了猝灭浓度，同时通过制备一系列具有掺杂浓度梯度的样品验证了理论预测的准确性。图 8-15 是基于 I-H 模型拟合不同浓度 Er_2O_3 掺杂 BGG 玻璃荧光强度衰减曲线及拟合参数 γ，拟合公式为 $y = \exp(-t/0.0067 - \gamma t^{1/2})$。由图可知，低浓度($Er_2O_3$ 质量分数 1%)时，I-H 模型与荧光强度衰减曲线拟合度较好，而随着 Er_2O_3 掺杂浓度增加，I-H 模型拟合曲线偏差较大，这与 Sontakke 等[96]在掺 Nd^{3+}磷酸盐玻璃中的结论一致。Er^{3+}: $^4I_{13/2}$ 激发态粒子布居数与掺杂浓度之间的关系如图 8-15(f)所示，所有曲线都呈现出随浓度增加激发态布居数先增加后降低的趋势，在极大值处对应猝灭浓度。对于质量分数 4%与 5%掺杂的样品，由于参数 γ_0 相近，两条曲线重合。不同浓度下的拟合参数 γ 和 γ_0 随浓度增大而增大，表明随着浓度增加，Er^{3+}之间偶极-偶极相互作用增强，而计算猝灭浓度减小，这与理论猝灭浓度与参数 γ_0 成反比结论一致。计算猝灭浓度范围分布在质量分数6.4%～12.6%，与实验猝灭浓度(质量分数 3%)相差较大。

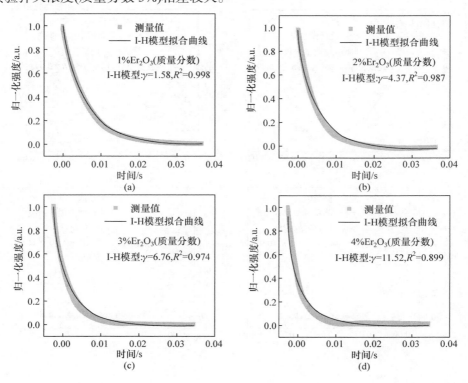

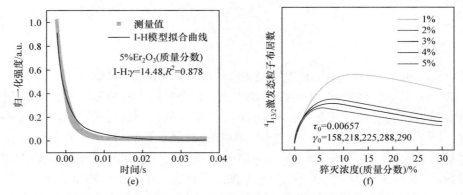

图 8-15 基于 I-H 模型拟合 Er$_2$O$_3$ 掺杂 BGG 玻璃的猝灭浓度

(a)～(e) 不同掺杂浓度的荧光强度衰减曲线；(f) 激发态布居数与猝灭浓度关系

图 8-16 是基于跳跃模型拟合不同浓度 Er$_2$O$_3$ 掺杂 BGG 玻璃荧光强度衰减曲线及拟合参数γ、ω结果，拟合公式为 $y = \exp(-t/0.0067 - \gamma\sqrt{t} - \omega t)$。由图可知，相比于 I-H 模型，在高浓度掺杂时，跳跃模型拟合度更好。不同浓度下的拟合参数γ都为 0，参数ω随浓度增大而增大，这表明离子间的迁移作用远大于离子间偶极相互作用，且随着浓度增加，稀土离子间迁移作用增强。Er^{3+}: ^{4}I$_{13/2}$激发态粒

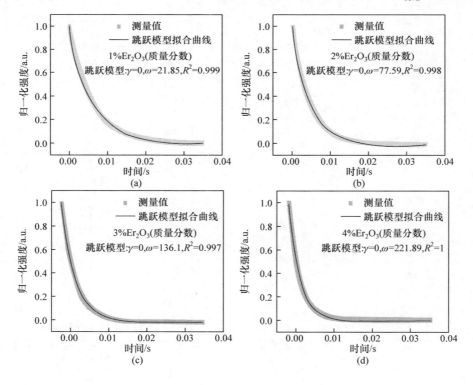

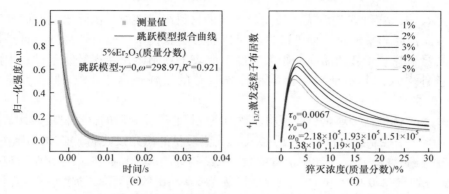

图 8-16　基于跳跃模型拟合 Er_2O_3 掺杂 BGG 玻璃的猝灭浓度

(a)~(e) 不同掺杂浓度的荧光强度衰减曲线；(f) 激发态布居数与猝灭浓度关系

子布居数与掺杂浓度之间的关系见图 8-16(f)，所有曲线仍呈现出随浓度增加，激发态布居数先增加后降低的趋势。随浓度增加，ω_0 减小，计算猝灭浓度增大，这与理论猝灭浓度与 ω_0 成反比结论一致。计算结果分布在质量分数 2.6%~3.6% 范围内，与实验猝灭浓度(质量分数 3%)相差较小。

　　总之，基于 I-H 模型和跳跃模型描述的荧光强度衰减规律(荧光寿命曲线)可以建立激发态粒子布居数与浓度之间关系，进一步利用少量实验光谱数据(吸收光谱、荧光寿命)可以从理论上计算得到猝灭浓度。以低浓度下(质量分数 1%)的计算结果为标准，I-H 模型由于没有参数 ω，该模型计算结果与实验值相差大，绝对误差为质量分数 9.6%。相比之下，利用跳跃模型的方法计算绝对误差较小，为质量分数 0.4%。这些结果表明，基于跳跃模型计算猝灭浓度具有简单、准确性高和适用性好等优点，且只需要低浓度下少量的实验数据。此外，利用自发辐射跃迁寿命和实测寿命可以预测猝灭浓度，相比于利用跳跃模型拟合参数 ω，基于计算参数 w 的方法更加快捷简便，减少了拟合参数过程中的拟合误差。本工作为理论预测激光玻璃的猝灭浓度提供了一种新的思路，对新型激光玻璃的研究和应用具有指导意义。

8.4　除 杂 除 水

　　激光玻璃与光纤的损耗可分为本征损耗和外部损耗，前者由玻璃本征的电子吸收、多声子吸收和瑞利散射等所致，后者主要由过渡金属(如 Pt、Fe 和 Co)杂质、羟基(OH⁻)、气泡以及其他杂质或缺陷的吸收和散射引起。在光纤激光器中，还会引入光纤熔接损耗、失配损耗、弯曲损耗等。光纤总的本征损耗可表达为[97]

$$\alpha\left(dB/km\right) = A\exp\left(\frac{a}{\lambda}\right) + B\exp\left(-\frac{b}{\lambda}\right) + C\lambda^{-4} \tag{8-22}$$

式中，A、a、B 和 b 均取决于玻璃与光纤的材料组成性质。消除激光玻璃与光纤的本征损耗非常困难，而外部损耗可以通过实验技术手段有效降低，且是损耗的主要来源。光纤的品质在很大程度上取决于预制棒，在光纤制备过程中由加工条件引入的非本征缺陷会累积并导致总的损耗远高于本征损耗(可能大 $10^3 \sim 10^6$ 倍)[97]。

掺 Nd^{3+} 磷酸盐玻璃是目前高功率激光系统核心工作介质的首选材料，其制备过程需要严格控制杂质含量。为了获得高光学质量的激光钕玻璃，必须使用铂金坩埚熔制。然而，由于玻璃中金属铂微粒夹杂物等的形成和存在(尺寸在亚微观范围，直径通常在 $0.1 \sim 5$ μm 以下)，使得激光玻璃输出效率下降，抗激光破坏程度大大降低，严重影响激光玻璃的正常工作，如何解决这一问题始终是一个难点。

作者等利用热力学和动力学判据与实验相结合的方法，研究了磷酸盐激光玻璃熔制过程中可能发生的液-固、气-固、气-液等化学反应的方向和限度，预测和判定金属铂颗粒的产生、迁移和去除机理等，以实现"无铂颗粒"高质量激光玻璃的制备[98]。

由化学热力学定律，对于任一反应[98]：

$$0 = \sum_{B} V_B B \tag{8-23}$$

式中，B 表示物质的化学式；V_B 表示物质 B 的化学计量数。

化学反应的摩尔吉布斯自由能可以表示为[98]

$$\Delta_r G_m = \sum_{B} V_{B\text{-}B} \tag{8-24}$$

式中，$V_{B\text{-}B}$ 为物质 B 的化学势。当摩尔吉布斯自由能小于 0 时，反应正向自发进行，否则反应不可能发生。利用热力学方法判断磷酸盐激光玻璃熔制过程中化学反应的方向及进程，首要解决的问题是铂及特定元素磷酸盐、偏磷酸盐化合物的热力学参数的确定和计算。作者曾给出了由阳离子标准电极电位 ($h^{\ominus}$) 计算氯化物盐类的生成热 ($\Delta H_{298}^{\ominus}$) 和生成自由能 ($\Delta G_{298}^{\ominus}$)，以及由氯化物盐类的生成热和生成自由能预测计算氢氧化物盐类的生成热和生成自由能的两类简单方法。类似地，上述关系式同样可推广至磷酸盐、偏磷酸盐、硅酸盐等其他盐类化合物热力学参数的计算。由上述方法获得的钕磷酸盐激光玻璃中可能存在的铂离子化合物的热力学参数为：$Pt_3(PO_4)_2$，$\Delta G_f^{\ominus} = -1736.0$ kJ/mol，$\Delta H_f^{\ominus} = -1990.3$ kJ/mol；$Pt(PO_3)_2$，$\Delta H_f^{\ominus} = -1827.5$ kJ/mol。

图 8-17 分别给出了由阳离子标准电极电位和氯化物盐类的生成热或生成自由能预测计算磷酸盐化合物的生成热或生成自由能的关系图。由上述两种方法获得的磷酸盐化合物($M_3(PO_4)_x$，M 为一价或二价阳离子)生成热及生成自由能数据与实验值的平均相对偏差分别为 1.2%、0.18% 和 0.17%、2.46% 和 0.84%、0.59% 和

2.73%、2.43%，均小于 5%，表明这两种方法具有较高的计算精度。

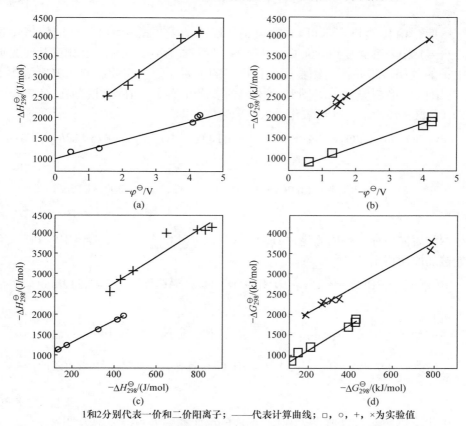

1和2分别代表一价和二价阳离子；——代表计算曲线；□、○、+、×为实验值

图 8-17 由阳离子标准电极电位预测计算磷酸盐化合物的(a)生成热和(b)生成自由能的关系图，以及由氯化物盐类的生成热预测计算磷酸盐化合物的(c)生成热和(d)生成自由能的关系图[98]

当温度为 T 时，单个原子由熔体转变为晶体时吉布斯自由能降低为

$$\Delta G = -l_{\mathrm{m}} \frac{\Delta T}{T_{\mathrm{m}}} \tag{8-25}$$

式中，l_{m} 为单个原子的熔化潜热($l_{\mathrm{m}}=L_{\mathrm{m}}/N_0$)，$L_{\mathrm{m}}$ 为摩尔相变潜热；T_{m} 为熔点温度，熔体过冷度为 $\Delta T=T_{\mathrm{m}}-T$。过冷度越大，则自由能 ΔG 越大，析晶驱动力就越大。玻璃浇注过程中，过饱和析晶是激光玻璃中金属铂颗粒产生的主要原因之一。实验表明，从高温 1200℃直接浇注的玻璃中存在较多 Pt 金属颗粒，而将高温熔体由 1200℃降至 950℃再浇注的玻璃中 Pt 金属离子含量极少，因此工艺过程中应避免由高温直接浇注。

以往认为，激光玻璃中铂颗粒的产生主要是由铂的气相转移所致，即气氛与铂坩埚发生气-固反应：

$$Pt^0 + \frac{n}{4}O_2 \rightleftharpoons Pt^{n+} + \frac{n}{2}O^{2-} \tag{8-26}$$

然而，由化学热力学可知式(8-26)一般不能发生($\Delta G > 0$)，且铂的氧化物($PtO_x(x=1,2)$)分解温度约 800℃，高温下一般不能存在。因此，在磷酸盐激光玻璃中铂的气相转移并不是铂金属颗粒形成的主要原因。实验表明，玻璃熔体中Pt^{n+}的浓度与熔制温度、时间和熔体中的氧含量有关。在酸性(存在 H_3PO_4 或 HPO_3 时)氧化环境下，Pt 可氧化进入玻璃熔体，即[98]

$$6Pt + 3O_2 + 4H_3PO_4 = 2Pt_3(PO_4)_2 + 6H_2O, \quad \Delta G_{1573\,K} = -876.1\,kJ/mol < 0 \tag{8-27}$$

$$2Pt + O_2 + 4HPO_3 = Pt(PO_3)_2 + 2H_2O, \quad \Delta G_{1573\,K} = -294.3\,kJ/mol < 0 \tag{8-28}$$

因为熔体中存在游离氧化物 BaO、Al_2O_3、Nd_2O_3 等，所以熔体中的 Pt^{n+} 又有可能被还原而析出，如

$$2Pt(PO_3)_2 + 2BaO = 2Pt + 2Ba(PO_3)_2 + O_2, \quad \Delta G_{1573\,K} = -741.5\,kJ/mol < 0 \tag{8-29}$$

磷酸盐激光玻璃中金属铂颗粒的化学迁移和形成可概括为[98]

$$2Pt^0 + \frac{n}{2}O_2 + 2nH^+ \longrightarrow 2Pt^{n+} + nH_2O(Pt氧化), \quad Pt^{n+} \rightarrow Pt^0(Pt还原) \tag{8-30}$$

由化学热力学，激光玻璃中 Pt^{n+} 形成的反应速率方程可表示为[98]

$$\frac{dx}{dt} = k(1-x)^m y^n \tag{8-31}$$

$$k = A\exp\left(-\frac{E_a}{RT}\right) \tag{8-32}$$

式中，k 为反应速率常数；t 为时间；x 为转化率；y 为氧分压；m 和 n 为反应级数；T 为反应温度；E_a 为表观活化能；A 为频率因子。对于一般的反应温区和 E_a，以 $\lg[-\ln(1-x)/T^2]$ 对 $1/T$ 作图可得一条直线，斜率为 $-E_a/(2.3R)$。玻璃熔体中反应生成的 Pt^{n+} 浓度与反应温度符合下式：$\ln C_{Pt}^{n+} \propto 1/T$，即 Pt^{n+} 浓度的对数与玻璃熔制温度的倒数成线性关系。同时，Pt^{n+} 浓度与熔制时间及熔体中的氧含量成正比，这与以往的研究结果一致。

图 8-18 给出了实验获得的 Pt^{n+} 浓度与温度的关系。实验表明，搅拌有利于激光玻璃去除气泡和条纹，以提高激光玻璃的质量。当熔融温度较低时，由于熔体

边界层较厚，搅拌样品反应生成的 Pt^{n+} 远多于不搅拌样品。然而，当熔制温度较高时，由于熔体边界层较薄，搅拌与不搅拌反应生成的 Pt^{n+} 相差不多。高温熔体、气氛与铂坩埚壁发生液-固、气-固机械碰撞、侵蚀形成铂颗粒夹杂物是玻璃中金属铂颗粒的另一个重要来源。铂颗粒的数量与搅拌速率、通气流量以及铂坩埚的体积和形态密切相关。一般而言，坩埚体积及表面积越大，则形成铂金属颗粒越多。

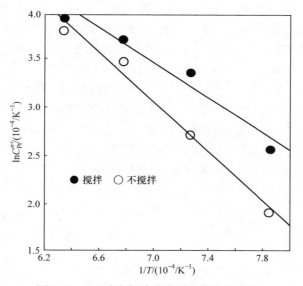

图 8-18　Pt^{n+} 浓度与玻璃熔制温度的关系[98]

　　掺 Nd^{3+} 磷酸盐激光玻璃中铂的可能存在方式包括铂金属微粒、铂金属颗粒夹杂物、可溶的铂离子态化合物(如 $Pt(PO_4)_2$、$Pt(PO_3)_2$)以及少量铂的气态化合物($如 PtO_x(x=1,2)$、$PtCl_x(x=1,2,3,4)$)等。除铂的本质是将铂颗粒转化为不吸收强激光的离子或气态化合物，即"溶解法"(这也是目前最有效的除铂方法之一)。从反应热力学可知，当将 $POCl_3$ 气体用于磷酸盐激光玻璃除铂时，熔体中可能发生以下化学反应[98]：

$$3POCl_3 + Pt + 3H_2O = Pt(PO_3)_2 + PCl_3 + 6HCl, \quad \Delta G_{1573K} = -355.7 \text{ kJ/mol} < 0$$

(8-33)

$$4POCl_3 + 2Pt + 6H_2O + O_2 = 2Pt(PO_3)_2 + 12HCl, \quad \Delta G_{1573K} = -467.0 \text{ kJ/mol} < 0$$

(8-34)

　　这些反应可以较好地从热力学角度解释 $POCl_3$ 气体除铂的机制，同时也给出了除铂所必需的条件，铂的去除必须在氧化气氛和玻璃熔体中存在残余水分的条件下进行。在除铂过程中，应始终向熔体内部通入 O_2 以保持氧化气氛，防止铂离子被还原而析出，同时去除玻璃熔体中剩余的 Cl⁻。此外，使用 POCl₃ 和 O₂ 除铂时必须严格控制通气流量，过快易带入 Pt 金属颗粒，过慢则达不到保护效果。

羟基(OH⁻)是激光玻璃与光纤特别是红外玻璃与光纤的主要外部损耗之一。通常，玻璃原料中的大多数自由水会在熔制过程中挥发，但仍然存在一些以羟基形式存在的结合水，水的留存量取决于原料和熔化过程。对于掺稀土玻璃光纤，羟基不仅会增加光纤损耗，而且会显著降低玻璃的基本理化性能[99-101]。此外，稀土离子也会将能量传递给 OH⁻，增加非辐射弛豫速率并缩短其荧光寿命。稀土离子和 OH⁻基团的高能量伸缩振动之间的耦合导致发光效率降低，最终使光纤激光器的性能变差。因此，在整个制备过程中减少羟基含量非常重要。

20 世纪 70 年代初，研究者发现，即使玻璃中的 OH⁻含量仅为摩尔分数 0.01%，硅酸盐玻璃的黏度和玻璃化转变温度也会显著降低[102]。在特种玻璃中，多组分和多结构单元并存使情况复杂化，与不同桥氧和非桥氧结合的 OH⁻基团及其基频吸收带的位置和形状随玻璃成分和玻璃结构而变化。常用的降低 OH⁻含量的方法包括在原料中引入氟化物(或氯化物和 NH₄H₂PO₄)、反应气氛法(简称 RAP，如在玻璃熔制过程中通入 CCl₄、Cl₂、SOCl₂ 和 POCl₃)、鼓泡和/或干燥气体(如 O₂、N₂ 和 Ar)保护、在真空中干燥原料、调节熔制工艺(如提高熔化温度和熔化时间，在超干燥气氛或真空环境下在手套箱中熔制玻璃)，或同时使用上述几种方法。

玻璃中的 OH⁻吸收系数 ($\alpha_{\mathrm{OH^-}}$) 和 OH⁻浓度 ($N_{\mathrm{OH^-}}$) 可通过下式确定[103,104]：

$$\alpha_{\mathrm{OH^-}} = \frac{\ln\left(T_0 / T\right)}{l} \tag{8-35}$$

$$N_{\mathrm{OH^-}}\left(\mathrm{ppm}\right) = 30 \times \alpha_{\mathrm{OH^-}}\left(\mathrm{cm}^{-1}\right) \tag{8-36}$$

$$N_{\mathrm{OH^-}}\left(\mathrm{ions} / \mathrm{cm}^3\right) = \frac{N}{\varepsilon \cdot l}\ln\frac{1}{T} \tag{8-37}$$

式中，T 和 T_0 分别为样品在 OH⁻吸收峰波长(3000~3500 cm⁻¹)处的透过率和最大透过率；l 是玻璃样品厚度；ε 为摩尔吸收系数($\varepsilon = 49.1 \times 10^3$ cm²/mol)；N 为阿伏伽德罗常数。当通过 Al(OH)₃ 引入铝时，在硅酸盐玻璃中 3520 cm⁻¹ 处出现强吸收带以及在 2500 cm⁻¹ 处出现较小的吸收肩带[105]。当用 Al₂O₃ 代替原料时，该吸收峰可大幅减弱。如果额外鼓入干燥氮气或使用干燥氩气作为炉内气氛并通入氧气鼓泡，羟基吸收峰将进一步减弱。另外，使用稀土氟化物代替稀土氧化物可以继续降低羟基吸收。值得注意的是，在 3520 cm⁻¹ 处的吸收带代表"游离"OH⁻基团，与 2500 cm⁻¹ 处的"键合"OH⁻基团相比，更容易从玻璃中去除。

　　华南理工大学系统研究了 OH$^-$基团对掺 Er^{3+}磷酸盐激光玻璃物理与光学性能的影响，如图 8-19 所示[28]。磷酸盐玻璃具有线性链状网络，当磷酸盐熔体与 OH$^-$反应时被水解成两条以 P—OH 键结尾的链，玻璃网络被破坏，网络空间增大，致密度降低，玻璃的密度和折射率减小。同时，疏松的网络还降低了玻璃化转变温度和软化温度，增加了玻璃的热膨胀系数并降低了化学稳定性。类似于碱金属离子，OH$^-$基团可以在一定程度上破坏玻璃网络，因此，OH$^-$含量直接影响玻璃黏度。在具有较高 OH$^-$浓度的玻璃中，较低温下的玻璃黏度明显降低，并且该效果在高黏度范围内变得更加明显，在低黏度范围内则没有显著变化。另一方面，OH$^-$基团在红外范围内具有很强的吸收，并且与稀土离子相互作用，通过多声子猝灭机制导致稀土离子非辐射跃迁概率增加。对于 Er^{3+}:^{4}I$_{13/2}$→^{4}I$_{15/2}$ 跃迁，非辐射跃迁仅需要 2～3 个声子，OH$^-$的振动频率又远高于磷酸盐玻璃中的结合键，因此在 OH$^-$含量较高的条件下，Er^{3+}的发射强度和寿命大幅降低。OH$^-$基团对稀土离子荧光寿命的影响可以通过下式定量描述[28]：

$$\frac{1}{\tau} = \frac{1}{\tau_0} + k_{OH^-} N \alpha_{OH^-} \tag{8-38}$$

式中，$1/\tau$ 为总衰减速率，为稀土离子发光寿命的倒数；$1/\tau_0$ 为 OH$^-$含量为 0 时稀土离子的衰减速率，可以通过延长 OH$^-$吸收系数与总衰减速率的拟合曲线确定；N 是稀土离子的浓度；k_{OH^-} 是在能量迁移情况下稀土离子和 OH$^-$基团之间相互作用的强度参数。由式(8-38)可知，稀土离子的衰减速率与 OH$^-$吸收系数存在线性关系。该式已被广泛用于评估各种掺稀土特种玻璃中稀土离子和 OH$^-$基团之间的相互作用。表 8-10 给出了稀土离子 Yb^{3+}、Nd^{3+}、Er^{3+}和 Tm^{3+}在不同玻璃中的k_{OH^-} 参数和寿命。由表可知，掺 Er^{3+}特种玻璃的k_{OH^-}具有很大差异，其在硫系玻璃中的值几乎是磷酸盐或锗酸盐玻璃的 10^3 倍，这意味着在硫系玻璃中，Er^{3+}的猝灭现象更加严重。

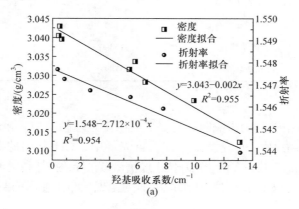

(a)

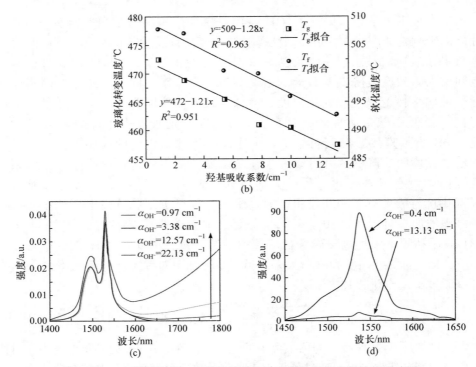

图 8-19　OH‑基团对掺 Er³⁺磷酸盐激光玻璃的物理和光学性能影响[28]

(a) 密度和折射率；(b) 玻璃化转变温度和软化温度；(c) 吸收系数；(d) 发光强度

表 8-10　Yb³⁺、Nd³⁺、Er³⁺和 Tm³⁺在不同玻璃中的 k_{OH^-} 参数和寿命

稀土离子	玻璃基质	k_{OH^-} /(10^{-20} cm⁴/s)	τ_0/ms	参考文献
Yb³⁺	磷酸盐玻璃	91	—	[106]
Nd³⁺	磷酸盐玻璃	62	0.053~0.32	[106]
Er³⁺	磷酸盐玻璃	12.5	8.26	[28]
Er³⁺	锗酸盐玻璃	17.5	7.14*	[107]
Er³⁺	碲酸盐玻璃	140	—	[108]
Er³⁺	硫系玻璃	10800	—	[109]
Tm³⁺	锗酸盐玻璃	789	6.41	[53]

*根据文献中的数据计算。

　　当考虑玻璃中羟基的影响时，有必要先确定羟基的类型。在玻璃中，羟基到底以何种方式存在呢？研究发现，在石英光纤中，OH‑基团的振动峰一般位于 3700 cm⁻¹(2.73 μm)，其高次谐波正好位于通信窗口，导致损耗高达 1 dB/km。研究发现高纯度 SiO₂ 中的 OH⁻是单独出现而不是成对出现，部分通过氢键连接到桥氧[110]。

石英玻璃中 OH⁻伸缩振动的基本吸收带可以分解为四个高斯分量，包括在 3690 cm⁻¹±2 cm⁻¹ 处不相互作用的游离单个≡Si—OH 基团，在 3660 cm⁻¹±4 cm⁻¹ 处与桥氧轻微键合的单个 OH⁻基团和以线性构型氢键结合的 OH⁻基团对，在 3630 cm⁻¹± 6 cm⁻¹ 处与≡Si—O—Si≡氢键连接的单个 OH⁻基团和以线性构型氢键结合的 OH⁻基团对，以及在 3565 cm⁻¹±14 cm⁻¹ 处以氢键成环结构和线性键合成对的 OH⁻。在特种玻璃中，由于其多组分和复杂结构单元共存，问题变得更复杂。表 8-11 列出了一些特种光学玻璃中 OH⁻基团的吸收带及其归属。由表可知，不同玻璃体系中羟基的吸收带存在差异，不同结构单元和羟基的组合会导致明显不同的吸收带强度、带宽和峰位。

表 8-11 特种光学玻璃中 OH⁻基团的吸收带及其归属

玻璃体系	波数/cm⁻¹	波长/μm	峰的归属	参考文献
硅酸盐玻璃	3735~4744	2.11~2.67	各种结合模式，包括(Si)O—H 的特定第一振动	[111]
	5250	1.90	各种结合模式，包括 H_2O 分子的特定第一振动	
	6200	1.61	未指明的与水相关的模式	
	7021	1.42	某些 m(Si)O—H 振动的第一谐波	
磷酸盐玻璃	1640	6.10	H—O—H 弯曲振动	[28]
	2300	4.35	P—OH 伸缩振动	
	2880	3.47	氢键和非桥氧结合的 OH 振动	
	3570	2.80	桥氧的 OH 振动	
	4180	2.39	OH⁻和磷氧四面体的结合振动	
	5000	2.00	H_2O 的结合振动	
	5760	1.74	氢键和非桥氧的谐波	
锗酸盐玻璃	3460	2.89	环形结构中的≡Ge—OH 氢键基团对	[112]
	3530	2.83	来自≡Ge—OH 基团的贡献——氢键与≡Ge—O—Ge≡键；来自成对的≡Ge—OH 的 OH⁻基团，氢键呈线性构型	
	3585	2.79	单个≡Ge—OH 基团和在线性结构中来自≡Ge—OH 离子对的 OH⁻基团	
碲酸盐玻璃	2290	4.37	强氢键 Te—OH 基团的伸缩模式	[113]
	3060	3.27	弱氢键 Te—OH 基团的伸缩模式	
	3300	3.03	游离 Te—OH 基团的伸缩模式和/或水分子的伸缩模式	

在玻璃中，羟基主要以 OH⁻基团的形式存在，并与玻璃网络紧密结合，因此很难从玻璃基质中完全除去 OH⁻基团。对于多组分特种光学玻璃，由于玻璃组成复杂且制备工艺不同，与石英玻璃相比，除 OH⁻(俗称除水)变得更加困难和复杂。以掺 Nd³⁺磷酸盐激光玻璃为例，在过去几十年中研究人员已对其进行了广

泛而深入的研究。磷酸盐玻璃对 OH^- 基团的亲和力强于硅酸盐玻璃，导致玻璃中残留更多的 OH^- 基团及对激光玻璃产生更严重的不利影响。玻璃中的羟基主要来自原料中的水分子(如游离水和结合水)，可发生如下可逆反应[99]：

$$2OH^-(\text{熔体}) \longleftrightarrow H_2O(g) + O^{2-} \tag{8-39}$$

由于这种可逆反应的存在，炉内气氛周围的水分子将进入玻璃熔体并形成更多的羟基。因此，有必要控制可逆反应的平衡并促进反应正向发生以除去尽可能多的 OH^-。此外，激光玻璃的除水还取决于物理扩散过程，这意味着优化时间-温度依赖性至关重要。从原料到光纤拉制过程，都需要严格而有效的除水措施。特种玻璃中常用的反应气氛法和卤化物除水技术的机理如下[114,115]：

$$OH^- + F^- \longrightarrow HF(g) + O^{2-} \tag{8-40}$$

$$H_2O + F^- \longrightarrow HF(g) + O^{2-} \tag{8-41}$$

$$OH^- + Cl^- \longrightarrow HCl(g) + O^{2-} \tag{8-42}$$

$$H_2O + Cl^- \longrightarrow HCl(g) + O^{2-} \tag{8-43}$$

$$OH^- + Cl_2(g) \longrightarrow HCl(g) + O_2(g) \tag{8-44}$$

$$H_2O + Cl_2(g) \longrightarrow HCl(g) + O_2(g) \tag{8-45}$$

$$OH^- + CCl_4(g) \longrightarrow HCl(g) + CO_2(g) \tag{8-46}$$

$$H_2O + CCl_4(g) \longrightarrow HCl(g) + CO_2(g) \tag{8-47}$$

实际上，玻璃的除水过程涉及动力学过程和热力学过程两个方面。在动力学中，有必要从化学反应速率和外界条件(如介质、温度、压力和其他因素)揭示反应机理。首先需要确定化学反应的级数，以磷酸盐玻璃为例，采用 CCl_4 除水的反应过程如式(8-46)和式(8-47)所示。在此过程中，由于反应中 CCl_4 的浓度远大于 H_2O 的浓度，可以认为 CCl_4 的浓度恒定，仅考虑一级或二级反应，然后通过下式给出除水速率[28]：

$$-\frac{d[OH]}{dt} = k[OH]^\alpha \tag{8-48}$$

式中，t 为反应时间；k 为与浓度无关的比例常数，称为反应速率常数；$\alpha = 1$ 或 2，为反应指数。根据式(8-48)连同除水时间和相应的 OH^- 吸收，可以计算出速率常数。当 $\alpha = 1$ 时，反应速率近似恒定，即可确定该反应为一级或准一级反应。

进一步研究反应速率与气体流量、熔制温度和熔体体积之间的关系，发现磷酸盐玻璃的除水过程涉及"笼效应"，即当羟基和 CCl_4 发生反应的可能性越高，除水速率越快，而当玻璃熔体中的羟基或 CCl_4 很少时，它们相遇的可能性降低，除水速率相应降低。

在热力学中，可以通过一些热力学参数计算吉布斯自由能和系统的平衡常数，确定除水反应的方向和极限[28]。在磷酸盐玻璃中，吉布斯自由能在研究的温度范围内为负，表明该反应可以进行。另外，随着温度的升高，反应平衡常数略有降低，这意味着从热力学分析的角度来看，当提高反应温度时，玻璃中除水反应的极限降低，即玻璃中的羟基含量增加。但这与实际情况有所不同，可能有三个原因：①在热力学理论分析中讨论的研究对象是等温和等压封闭系统，而实际研究对象是开放系统；②因为反应发生在玻璃熔体中，所以不同温度的熔体对除水反应的程度有影响；③除水反应是可逆过程，通过除水反应可以降低熔体中的羟基含量。另一方面，玻璃熔体也可以吸收外部环境中的水。因此必须结合动力学因素考虑除水反应。又由于鼓泡过程是不间断的过程，玻璃中的除水反应需要在开放系统中解决。

　　根据反应热力学理论，物质的摩尔分数变化会引起反应摩尔分数商的变化[28]：

$$\left(\frac{\partial \ln Q_x}{\partial x_{\mathrm{B}}}\right)_{T,P,n_{C\neq B}} = \frac{1}{1-x_{\mathrm{B}}}\left(\frac{v_{\mathrm{B}}}{x_{\mathrm{B}}}-f\right) \tag{8-49}$$

式中，v_{B} 是物质 B 的化学计量数，对反应物取负值，对生成物取正值；x_{B} 是物质 B 的摩尔分数；Q_x 是反应的摩尔分数商。假设玻璃熔体中的反应是均相反应，则式(8-49)可以写为[28,116]

$$\left(\frac{\partial \ln Q_x}{\partial x_{\mathrm{CCl_4}}}\right)_{T,P} = \frac{1}{1-x_{\mathrm{CCl_4}}}\left(\frac{-1}{x_{\mathrm{CCl_4}}}-2\right) = \frac{1}{x_{\mathrm{CCl_4}}-1}\left(\frac{1}{x_{\mathrm{CCl_4}}}+2\right) \tag{8-50}$$

　　由于 CCl_4 的摩尔分数在 0～1 之间，可以推断当 CCl_4 继续通过熔体时，$\ln Q_x <0$。根据方程 $\mathrm{d}\ln Q_x = \mathrm{d}Q_x/Q_x$，$Q_x>0$，则 $\mathrm{d}Q_x<0$。Q_x 减少意味着反应正向进行，反之亦然。因此，鼓泡气体中的 CCl_4 使除水过程成为可能，当鼓泡时间达到一定程度时，系统中 CCl_4 的浓度将趋于固定值，即[28]

$$\left(\frac{\partial \ln Q_x}{\partial x_{\mathrm{CCl_4}}}\right)_{T,P} = \frac{1}{A-1}\left(\frac{1}{A}+2\right) = C \tag{8-51}$$

式中，C 是常数。因为 $\partial \ln Q_x$ 是与 $\partial x_{\mathrm{CCl_4}}$ 同阶的无穷小量，所以当 $\partial \ln Q_x \to 0$，Q_x 基本不再变化。在这种情况下，可以认为反应达到平衡，即随着鼓泡时间延长，玻璃熔体中羟基浓度的降低将达到平衡状态。

　　表 8-12 中给出了一些激光玻璃体系的除水方法及羟基吸收系数。通过优化特种光学玻璃的除水方法和实验条件可以极大地降低玻璃中的羟基含量[117]。在众多玻璃体系中，对碲酸盐玻璃的除水研究最多且效果最为显著，OH^-吸收系数已降低至 0.001 cm^{-1}[118]，甚至有报道 OH^-吸收系数降到约 0 [119]。在碲酸盐玻璃中通过以下方法可将 OH^-吸收系数降低至几乎为零：①通过真空蒸馏高纯度原料；②氟化物试剂；③混合料在纯氧或真空中干燥；④在石英玻璃反应器中的纯氧气氛中于金或铂坩埚中熔化。

表 8-12　一些激光玻璃体系的除水方法及羟基吸收系数

玻璃体系	玻璃组成	除水技术	关键工艺条件	OH⁻吸收系数	文献
硅酸盐玻璃	SiO₂-Al₂O₃-CaO-MgO-SrO-BaO-Tm₂O₃	RAP	CCl_4	$0.018\ cm^{-1}$	[125]
磷酸盐玻璃	P₂O₅-Al₂O₃-Na₂O-BaO-La₂O₃-Er₂O₃	RAP	CCl_4+O_2	$0.28\ cm^{-1}$	[28]
锗酸盐玻璃	GeO₂-Na₂O-Ga₂O₃-PbF₂	氟化物	摩尔分数 31% PbF₂+纯化 O₂ 气氛中熔制 6 h	$0.006\ cm^{-1}$ @3.1 μm	[97]
碲酸盐玻璃	TeO₂-GeO₂-ZnO	RAP	CCl_4+O_2		
	TeO₂-ZnO-Na₂O	RAP	(a) 原料纯度 99.99% (b) 干燥 Cl₂ 和 O₂ (c) 手套箱 (d) 黄金坩埚 (e) 原料纯化 (f) 优化熔制条件	最低吸收损耗：60 dB/m	[115]
	TeO₂-PbO-PbCl₂	卤化物+手套箱	黄金坩埚、手套箱	$0.17\ cm^{-1}$ @3.4 μm	[101]
	TeO₂-ZnO-ZnF₂	氟化物+原料提纯+手套箱+纯化氧气	(a) 原料纯度约 99.999% (b) 铂金坩埚 (c) 在真空和氧气下干燥原料 (d) 配合料在干燥氧气气氛下处理 2 h (e) 搅拌	$0.008\ cm^{-1}$ @3.5 μm	[126]
	TeO₂,ZnO-BaCl₂ (或 NaCl, PbCl₂)	卤化物+手套箱	(a) 干燥 N₂ 气氛 (b) 原料纯度大于 99.999% (c) 黄金坩埚	最低吸收损耗：50 dB/m	[127]

续表

玻璃体系	玻璃组成	除水技术	关键工艺条件	OH⁻吸收系数	文献
	TeO_2-WO_3-$TeCl_4$	卤化物+原料提纯+纯化氧气+手套箱	(a) 在真空下升华提纯纯 $TeCl_4$ (b) 真空下将原料放入安瓿中预干燥 70 h (c) 手套箱系统 (d) 铂金坩埚 (e) 三步热处理(包括在过滤的干燥氧气和搅拌熔体)	吸收损耗: 9 dB/m	[114]
碲酸盐玻璃	TeO_2-WO_3-La_2O_3	纯化氧气气氛	(a) 通过真空蒸馏获得高纯原料 (b) 氟化物试剂 (c) 在纯化氧气流中或在真空中干燥配合料 (d) 在石英玻璃反应器内的纯化氧气中干黄金或铂金坩埚中熔化	$0.001\ cm^{-1}$ @约3μm	[118]
	TeO_2-WO_3-La_2O_3	RAP	干燥氧气和 CCl_4	$0.68\ cm^{-1}$ @约3 μm	[128]
	TeO_2-ZnF_2-Na_2O	物理和化学除水技术(PCDH)	(a) PCDH 技术,10 kPa 超干燥 O_2 氧化气氛 (b) 高纯原料	约0 cm^{-1} @约3 μm	[119]

在干燥气氛中使用挤压法可以将无氟碲酸盐玻璃光纤在 2 μm 波长处的损耗降低至 0.8 dB/m，而在 1.56 μm 处光纤损耗最低仅为 0.02 dB/m[120]。在硫系玻璃光纤中，3 μm 处的损耗可低至 0.012 dB/m，通过使用化学气相沉积法可以进一步减小[121,122]。此外，硫系光子晶体光纤有望在中红外光谱区域实现小于 1 dB/km 的损耗[123]。在石英玻璃光纤中，研究人员通过计算机仿真发现，在低压下将玻璃加热冷却的淬火过程会在二氧化硅原子之间形成较大的空隙，而当该过程发生在 4 GPa 以上的高压时大多数空隙消失，光纤的瑞利散射可以减小 50%，这为制备超低损耗光纤提供了另一种可能的途径[124]。

综上，激光玻璃与有源光纤的除杂除水基础科学研究和相关技术已取得重大进展。然而，与石英光纤相比，有源光纤的杂质与羟基含量仍然远大于石英光纤，较高的光纤损耗限制了特种有源光纤激光器性能的进一步提高。

参 考 文 献

[1] 《激光玻璃》编写组. 激光玻璃. 上海: 上海人民出版社, 1975.

[2] 龚凯蒂. 掺铥硅酸盐玻璃的光谱特性及光纤制备研究. 广州: 华南理工大学, 2015.

[3] Boetti N G, Pugliese D, Ceci-Ginistrelli E, et al. Highly doped phosphate glass fibers for compact lasers and amplifiers: A review. Applied Sciences, 2017, 7(12): 1295.

[4] 张料林. 可见和近红外激光玻璃基础研究. 广州: 华南理工大学, 2014.

[5] Lange M R, Bryant E, Myers M J, et al. High gain coefficient phosphate glass fiber amplifier//National Fiber Optic Engineering Conference (NFOEC) paper, 2003:126.

[6] Wu R, Myers J D, Myers M J. New generation high power rare-earth-doped phosphate glass fiber and fiber laser//Advanced Solid State Lasers. Optical Society of America, 2001:MB2.

[7] Morkel P R, Jedrzejewski K P, Taylor E R. Q-switched neodymium-doped phosphate glass fiber lasers. IEEE Journal of Quantum Electronics, 1993, 29(7): 2178-2188.

[8] Jiang S B, Luo T, Hwang B C, et al. Er^{3+}-doped phosphate glasses for fiber amplifiers with high gain per unit length. Journal of Non-Crystalline Solids, 2000, 263-264: 364-368.

[9] Jiang S B, Spiegelberg C P. Rare-earth doped phosphate-glass single-mode fiber lasers: US Patent, 6816514B2. 2004.

[10] Lin Z, Yu C, He D, et al. Dual-wavelength laser output in Nd^{3+}/Yb^{3+}co-doped phosphate glass fiber under 970 nm pumping. IEEE Photonics Technology Letters, 2016, 28(23): 2673-2676.

[11] Yan S S, Yue Y, Wang Y J, et al. Effect of GeO$_2$ on structure and properties of Yb: Phosphate glass. Journal of Non-Crystalline Solids, 2019, 520: 119455.

[12] 钱奇, 杨中民. Yb^{3+}掺杂磷酸盐玻璃光纤与 1.06 μm 单频激光器的研制. 光学学报, 2010, 30(7): 1904-1909.

[13] Zhang L L, Peng M Y, Dong G P, et al. An investigation of the optical properties of Tb^{3+}-doped phosphate glasses for green fiber laser. Optical Materials, 2012, 34(7): 1202-1207.

[14] 王伟超. 掺稀土多组分锗酸盐和碲酸盐玻璃光纤 2.0-3.0 μm 中红外高效发光. 广州: 华南理工大学, 2017.

[15] Jha A, Richards B, Jose G, et al. Rare-earth ion doped TeO$_2$ and GeO$_2$ glasses as laser materials. Progress in Materials Science, 2012, 57: 1426-1491.

[16] 温馨. 2 μm 波段钡镓锗酸盐玻璃单模光纤的研究. 广州: 华南理工大学, 2015.

[17] 袁健. 2.0 μm 波段稀土掺杂碲酸盐玻璃光纤及其光谱和激光实验研究. 广州: 华南理工大学, 2015.

[18] 王建文. 掺铥钡镓锗酸盐玻璃光纤的研制. 广州: 华南理工大学, 2011.

[19] 徐茸茸. 掺稀土锗酸盐玻璃光纤中红外光谱与激光性能的研究. 上海: 中国科学院上海光学精密机械研究所, 2012.

[20] Wang P F, Wang X S, Guo H T, et al. Mid-Infrared Fluoride and Chalcogenide Glasses and Fibers. Singapore: Springer, 2022.

[21] Bernier M, Fortin V, Henderson-Sapir O, et al. High-power continuous wave mid-infrared fluoride glass fiber lasers//Mid-Infrared Fiber Photonics. Woodhead Publishing, 2022: 505-595.

[22] Schweizer T, Samson B N, Moore R C, et al. Rare-earth doped chalcogenide glass fibre laser. Electronics Letters, 1997, 33(5): 414-416.

[23] Shiryaev V S, Sukhanov M V, Velmuzhov A P, et al. Core-clad terbium doped chalcogenide glass fiber with laser action at 5.38 μm. Journal of Non-Crystalline Solids, 2021, 567: 120939.

[24] Nunes J J, Crane R W, Furniss D, et al. Room temperature mid-infrared fiber lasing beyond 5 μm in chalcogenide glass small-core step index fiber. Optics Letters, 2021, 46(15): 3504-3507.

[25] Wang Y Y, Dai S X. Mid-infrared supercontinuum generation in chalcogenide glass fibers: A brief review. PhotoniX, 2021, 2(1): 1-23.

[26] Xiao X S, Xu Y T, Cui J, et al. Structured active fiber fabrication and characterization of a chemically high-purified Dy^{3+}-doped chalcogenide glass. Journal of the American Ceramic Society, 2020, 103(4): 2432-2442.

[27] Qi S S, Zhang B, Zhai C C, et al. High-resolution chalcogenide fiber bundles for longwave infrared imaging. Optics Express, 2017, 25(21): 26160-26165.

[28] 杨钢锋. 掺铒磷酸盐玻璃性质及除水工艺研究. 广州: 华南理工大学, 2004.

[29] Xu S H, Yang Z M, Zhang W N, et al. 400 mW ultrashort cavity low-noise single-frequency Yb^{3+}-doped phosphate fiber laser. Optics Letters, 2011, 36(18): 3708-3710.

[30] 杨昌盛. 高性能大功率 kHz 线宽单频光纤激光器及其倍频应用. 广州: 华南理工大学, 2015.

[31] 杨昌盛. 异质玻璃光纤间的熔接研究. 广州: 华南理工大学, 2008.

[32] 杨刚. 多组分磷酸盐激光玻璃表面处理的研究. 广州: 华南理工大学, 2010.

[33] Xu S H, Yang Z M, Liu T, et al. An efficient compact 300 mW narrow-linewidth single frequency fiber laser at 1.5 μm. Optics Express, 2010, 18(2): 1249-1254.

[34] Philipps J F, Töpfer T, Ebendorff-Heidepriem H, et al. Spectroscopic and lasing properties of Er^{3+}: Yb^{3+}-doped fluoride phosphate glasses. Applied Physics B, 2001, 72(4): 399-405.

[35] Töpfer T, Hein J, Philipps J, et al. Tailoring the nonlinear refractive index of fluoride-phosphate glasses for laser applications. Applied Physics B, 2000, 71(2): 203-206.

[36] Wang W C, Le Q H, Zhang Q Y, et al. Fluoride-sulfophosphate glasses as hosts for broadband optical amplification through transition metal activators. Journal of Materials Chemistry C, 2017,

5(31): 7969-7976.

[37] Le Q H, Palenta T, Benzine O, et al. Formation, structure and properties of fluoro-sulfo-phosphate poly-anionic glasses. Journal of Non-Crystalline Solids, 2017, 477: 58-72.

[38] 肖永宝, 邝路东, 王伟超, 等. 掺铒氟硫磷酸盐高增益激光光纤. 科学通报, 2022, 10: 1012-1020.

[39] Xiao Y B, Kuang L D, Hu X, et al. All-fiber mode-locked gigahertz femtosecond laser at 1610 nm using a self-developed long-wavelength gain fiber. Optics Letters, 2022, 47(4): 981-984.

[40] Geng J H, Wang Q, Luo T, et al. Single-frequency narrow-linewidth Tm-doped fiber laser using silicate glass fiber. Optics Letters, 2009, 34(22): 3493-3495.

[41] Wang Q, Geng J H, Luo T, et al. Mode-locked 2 μm laser with highly thulium-doped silicate fiber. Optics Letters, 2009, 34(23): 3616-3618.

[42] Jiang S B, Luo T. Thulium and/or holumium doped silicate glasses for two micron lasers: US Patent, No. 2012/0128013A1. 2012.

[43] 张钧翔, 史伟, 史朝督, 等. 新型高掺铥硅酸盐玻璃光纤及其光纤激光的研究. 红外与激光工程, 2021, 50(9): 20200424.

[44] Lee Y W, Tseng H W, Cho C H, et al. Heavily Tm^{3+}-doped silicate fiber for high-gain fiber amplifiers. Fibers, 2013, 1: 82-92.

[45] Lee Y W, Ling H Y, Lin Y H, et al. Heavily Tm^{3+}-doped silicate fiber with high gain per unit length. Optical Materials Express, 2015, 5(3): 549-557.

[46] 唐国武. 复合玻璃光纤的研究. 广州: 华南理工大学, 2017.

[47] Richards B, Jha A, Tsang Y, et al. Tellurite glass lasers operating close to 2 μm. Laser Physics Letters, 2010, 7(3): 177-193.

[48] Yuan J, Shen S X, Chen D D, et al. Efficient 2.0 μm emission in Nd^{3+}/Ho^{3+} co-doped tungsten tellurite glasses for a diode-pump 2.0 μm laser. Journal of Applied Physics, 2013, 113(17): 173507.

[49] Yuan J, Shen S X, Wang W C, et al. Enhanced 2.0 μm emission from Ho^{3+} bridged by Yb^{3+} in Nd^{3+}/Yb^{3+}/Ho^{3+} triply doped tungsten tellurite glasses for a diode-pump 2.0 μm laser. Journal of Applied Physics, 2013, 114(13): 133506.

[50] Li L X, Wang W C, Zhang C F, et al. 2.0 μm Nd^{3+}/Ho^{3+}-doped tungsten tellurite fiber laser. Optical Materials Express, 2016, 6: 2904-2914.

[51] Wang W C, Zhang W J, Li L X, et al. Spectroscopic and structural characterization of barium tellurite glass fibers for mid-infrared ultra-broad tunable fiber lasers. Optical Materials Express, 2016, 6(6): 2095-2107.

[52] Wang W C, Yuan J, Chen D D, et al. Enhanced 1.8 μm emission in Cr^{3+}/Tm^{3+} co-doped fluorogermanate glasses for a multi-wavelength pumped near-infrared lasers. AIP Advances, 2014, 4(10): 107145.

[53] Wang W C, Yuan J, Liu X Y, et al. An efficient 1.8 μm emission in Tm^{3+} and Yb^{3+}/Tm^{3+} doped fluoride modified germanate glasses for a diode-pump mid-infrared laser. Journal of Non-Crystalline Solids, 2014, 404: 19-25.

[54] Tokita S, Hirokane M, Murakami M, et al. Stable 10 W Er: ZBLAN fiber laser operating at 2.71-

　　　　2.88 μm. Optics Letters, 2010, 35(23): 3943-3945.

[55] Faucher D, Bernier M, Androz G, et al. 20 W passively cooled single-mode all-fiber laser at 2.8 μm. Optics Letters, 2011, 36(7): 1104-1106.

[56] Fortin V, Bernier M, Bah S T, et al. 30 W fluoride glass all-fiber laser at 2.94 μm. Optics Letters, 2015, 40(12): 2882-2885.

[57] Bernier M, Michaud-Belleau V, Levasseur S, et al. All-fiber DFB laser operating at 2.8 μm. Optics Letters, 2015, 40(1): 81-84.

[58] Henderson-Sapir O, Munch J, Ottaway D J. Mid-infrared fiber lasers at and beyond 3.5 μm using dual-wavelength pumping. Optics Letters, 2014, 39(3): 493-496.

[59] Wang W C, Yuan J, Li L X, et al. Broadband 2.7 μm amplified spontaneous emission of Er^{3+} doped tellurite fibers for mid-infrared laser applications. Optical Materials Express, 2015, 5(12): 2964-2977.

[60] 白功勋. 掺稀土离子硅酸盐玻璃 2 μm 光谱性质的研究. 上海: 中国科学院上海光学精密机械研究所, 2011.

[61] Ballato J, Dragic P. Materials development for next generation optical fiber. Materials, 2014, 7: 4411-4430.

[62] Digonnet M J F. Rare-Earth-Doped Fiber Lasers and Amplifiers. 2nd Edition. New York: Marcel Dekker Inc., 2001.

[63] Scheffler M, Kirchhof J, Kobelke J, et al. Increased rare earth solubility in As-S glasses. Journal of Non-Crystalline Solids, 1999, 256: 59-62.

[64] Wang J, Brocklesby W S, Linclin J R, et al. Local structures of rare-earth ions in glasses: the 'crystal-chemistry' approach. Journal of Non-Crystalline Solids, 1993, 163: 261-267.

[65] Wang W C, Zhou B, Xu S H, et al. Recent advances in soft optical glass fiber and fiber lasers. Progress in Materials Science, 2019, 101: 90-171.

[66] Culea E, Rada S, Culea M, et al. Structural and optical behavior of vanadate tellurate glasses containing PbO or Sm_2O_3//Theophile T. Infrared Spectroscopy-Materials Science, Engineering and Technology. InTech, 2012.

[67] Geng J H, Wang Q, Luo T, et al. Single-frequency narrow-linewidth Tm-doped fiber laser using silicate glass fiber. Optics Letters, 2009, 34: 3493-3495.

[68] Liu X Q, Wang X, Wang L F, et al. Realization of 2 μm laser output in Tm^{3+}-doped lead silicate double-cladding fiber. Materials Letters, 2014, 125: 12-14.

[69] Yonezawa S, Nishibu S, Leblanc M, et al. Preparation and properties of rare-earth containing oxide fluoride glasses. Journal of Fluorine Chemistry, 2007, 128: 438-447.

[70] Jiang S B. Highly rare-earth doped fiber: US Patent, US8346029. 2011.

[71] Tikhomirov V K, Driesen K, Görller-Walrand C. Low-energy robust host heavily doped with Dy^{3+} for emission at 1.3 to 1.4 μm. Physica Status Solidi, 2007, 204: 839-845.

[72] Xu S H, Li C, Zhang W N, et al. Low noise single-frequency single-polarization ytterbium-doped phosphate fiber laser at 1083 nm. Optics Letters, 2013, 38: 501-503.

[73] Jiang S B, Spiegelberg C P. Rare-earth doped phosphate-glass single-mode fiber lasers:US Patent, EP03708841.6. 2004.

[74] Li R B, Tian C, Tian Y, et al. Mid-infrared emission properties and energy transfer evaluation in Tm^{3+} doped fluorophosphate glasses. Journal of Luminescence, 2015, 162: 58-62.

[75] Burdaev P A, Aseev V A, Kolobkova E V, et al. Nanostructured glass ceramics based on fluorophosphate glass with a high content of rare-earth ions. Glass Physics and Chemistry, 2015, 41: 132-136.

[76] Wen X, Tang G W, Yang Q, et al. Highly Tm^{3+} doped germanate glass and its single mode fiber for 2.0 μm laser. Scientific Reports, 2016, 6: 20344.

[77] Jiang S B. Thulium-doped heavy metal oxide glasses for 2 μm lasers: US Patent, US10990869. 2007.

[78] Wu J F, Yao Z D, Zong J, et al. Highly efficient high-power thulium-doped germanate glass fiber laser. Optics Letters, 2007, 32: 060638.

[79] Geng J H, Wu J F, Jiang S B. Efficient operation of diode-pumped single-frequency thulium-doped fiber lasers near 2 μm. Optics Letters, 2007, 32: 355-357.

[80] Gao G J, Winterstein-Beckmann A, Surzhenko O, et al. Faraday rotation and photoluminescence in heavily Tb^{3+}-doped GeO$_2$-B$_2$O$_3$-Al$_2$O$_3$-Ga$_2$O$_3$ glasses for fiber-integrated magneto-optics. Scientific Reports, 2015, 5: 8942.

[81] Taher M, Gebavia H, Taccheo S, et al. Lifetime and cross-relaxation in highly Tm-doped glasses for 2 micron lasers. Proceedings of SPIE, 2011, 7934: 793407.

[82] Wang R S, Meng X W, Yin F X, et al. Heavily erbium-doped low-hydroxyl fluorotellurite glasses for 2.7 μm laser applications. Optical Materials Express, 2013, 3: 1127-1136.

[83] Peters P M, Houde-Walter S N. Local structure of Er^{3+} in multicomponent glasses. Journal of Non-Crystalline Solids, 1998, 239(1-3): 162-169.

[84] Auzel F, Goldner P. Towards rare-earth clustering control in doped glasses. Optical Materials, 2001, 16: 93-103.

[85] Auzel F, Bonfigli F, Gagliari S, et al. The interplay of self-trapping and self-quenching for resonant transitions in solids; role of a cavity. Journal of Luminescence, 2001, 94: 293-297.

[86] Auzel F, Baldacchini G, Laversenne L, et al. Radiation trapping and self-quenching analysis in Yb^{3+}, Er^{3+}, and Ho^{3+} doped Y$_2$O$_3$. Optical Materials, 2003, 24:103-109.

[87] Balda R, Fernández J, Arriandiaga M A, et al. Effect of concentration on the infrared emissions of Tm^{3+} ions in lead niobium germanate glasses. Optical Materials, 2006, 28: 1253-1257.

[88] Pugliese D, Boetti N G, Lousteau J, et al. Concentration quenching in an Er-doped phosphate glass for compact optical lasers and amplifiers. Journal of Alloys and Compounds, 2016, 657: 678-683.

[89] Taher M, Gebavi H, Taccheo S, et al. Novel calculation for cross-relaxation energy transfer parameter applied on highly thulium-doped tellurite glasses//Optical Components and Materials IX. SPIE, 2012, 8257: 46-51.

[90] Rivera-López F, Babu P, Jyothi L, et al. Er^{3+}-Yb^{3+} codoped phosphate glasses used for an efficient 1.5 μm broadband gain medium. Optical Materials, 2012, 34: 123540.

[91] Van Uitert L. Characterization of energy transfer interactions between rare earth ions. Journal of the Electrochemical Society, 1967, 114(10): 1048-1053.

[92] Inokuti M, Hirayama F. Influence of energy transfer by the exchange mechanism on donor luminescence. The Journal of Chemical Physics, 1965, 43(6): 1978-1989.

[93] Burshtein A I. Hopping mechanism of energy transfer. Soviet Journal of Experimental and Theoretical Physics, 1972, 35(5): 882-885.

[94] 黄莉蕾, 陈继勤, 赵渭忠, 等. RE: YAG 晶体中掺杂离子 (Ho, Nd, Tm) 的最佳浓度. 量子电子学, 1995, 12(2): 227-231.

[95] 胡晓, 洪方煜, 邬良能. 四能级和准四能级激活离子的最佳掺杂浓度. 物理学报, 2002, 51(9): 2002-2010.

[96] Sontakke A D, Biswas K, Mandal A K, et al. Concentration quenched luminescence and energy transfer analysis of Nd^{3+} ion doped Ba-Al-metaphosphate laser glasses. Applied Physics B, 2010, 101(1): 235-244.

[97] Jiang X, Lousteau J, Richards B, et al. Investigation on germanium oxide-based glasses for infrared fibre development. Optical Materials, 2009, 31: 1701-1706.

[98] 张勤远, 胡丽丽, 姜中宏. 钕磷酸盐激光玻璃中金属铂颗粒的产生与迁移. 中国激光, 2000, 27(11): 1035-1039.

[99] 岳静, 薛天锋, 李夏, 等. 中红外重金属氧化物玻璃羟基的去除研究进展. 激光与光电子学进展, 2014, 9: 19-26.

[100] Ebendorff-Heidepriem H, Kuan K, Oermann M R, et al. Extruded tellurite glass and fibers with low OH content for mid-infrared applications. Optical Materials Express, 2012, 2: 432-442.

[101] Feng X, Shi J D, Segura M, et al. Towards water-free tellurite glass fiber for 2-5 μm nonlinear applications. Fibers, 2013, 1: 70-81.

[102] 姜中宏, 刘粤惠, 戴世勋. 新型光功能玻璃. 北京: 化学工业出版社, 2008.

[103] Feng X, Tanabe S, Hanada T. Hydroxyl groups in erbium-doped germanotellurite glasses. Journal of Non-Crystalline Solids, 2001, 281:48-54.

[104] Ebendorff-Heidepriem H, Seeber W, Ehrt D. Dehydration of phosphate glasses. Journal of Non-Crystalline Solids, 1993, 163: 74-80.

[105] Kuhn S, Tiegel M, Herrmann A, et al. Effect of hydroxyl concentration on Yb^{3+} luminescence properties in a peraluminous lithium-alumino-silicate glass. Optical Materials Express, 2015, 5: 430-440.

[106] Zhang L, Hu H F. The effect of OH^- on IR emission of Nd^{3+}, Yb^{3+} and Er^{3+} doped tetraphosphate glasses. Journal of Physics and Chemistry of Solids, 2002, 63: 575-579.

[107] 江小平, 杨中民, 冯洲明. OH^-对掺 Er^{3+}/Yb^{3+}钡镓锗玻璃发光的影响及除水研究. 无机材料学报, 2009, 24(2): 243-246.

[108] Dai S X, Yu C L, Zhou G, et al. Effect of OH^- content on emission properties in Er^{3+}-doped tellurite glasses. Journal of Non-Crystalline Solids, 2008, 354: 1357-1360.

[109] Sun J, Nie Q H, Dai S X, et al. Effect of OH^- content on mid-infrared emission properties in Er^{3+}-doped Ge-Ga-S-CsI glasses. Journal of Inorganic Materials, 2011, 26: 836-840.

[110] Plotnichenko V G, Sokolov V O, Dianov E M. Hydroxyl groups in high-purity silica glass. Journal of Non-Crystalline Solids, 2000, 261:186-194.

[111] Efimov A M, PogaReva V G, Shashkin A V. Water-related bands in the IR absorption spectra of

silicate glasses. Journal of Non-Crystalline Solids, 2003, 332: 93-114.

[112] Plotnichenko V G, Sokolov V O, Mashinsky V M, et al. Hydroxyl groups in germania glass. Journal of Non-Crystalline Solids, 2001, 296: 88-92.

[113] O'Donnell M D, Miller C A, Furniss D, et al. Fluorotellurite glasses with improved mid-infrared transmission. Journal of Non-Crystalline Solids, 2003, 331: 48-57.

[114] Boivin M, El-Amraoui M, Poliquin S, et al. Advances in methods of purification and dispersion measurement applicable to tellurite-based glasses. Optical Materials Express, 2016, 6: 1079-1086.

[115] Joshi P, Richards B, Jha A. Reduction of OH$^-$ ions in tellurite glasses using chlorine and oxygen gases. Journal of Materials Research, 2013, 28: 3226-3233.

[116] Yang G F, Zhang Q Y, Zhao S Y, et al. Dehydration of Er^{3+}-doped phosphate glasses using reactive agent bubble flow method. Journal of Non-Crystalline Solids, 2006, 352: 827-831.

[117] Jiang X, Lousteau J, Shen S X, et al. Fluorogermanate glass with reduced content of OH- groups for infrared fiber optics. Journal of Non-Crystalline Solids, 2009, 355(37-42): 2015-2019.

[118] Dorofeev V V, Moiseev A N, Churbanov M F, et al. Characterization of high-purity tellurite glasses for fiber optics. In: Specialty optical fibers, Toronto, Canada, 2011.

[119] Lin A X, Ryasnyanskiy A, Toulouse J. Fabrication and characterization of a water-free mid-infrared fluorotellurite glass. Optics Letters, 2011, 36: 740-742.

[120] Mori A. Tellurite-based fibers and their applications to optical communication networks. Journal of the Ceramic Society of Japan, 2008, 116: 1040-1051.

[121] Hewak D W. The promise of chalcogenides. Nature Photonics, 2011, 5: 474.

[122] Snopatin G E, Churbanov M F, Pushkin A A, et al. High purity arsenic-sulfide glasses and fibers with minimum attenuation of 12 dB/km. Journal of Optoelectronics and Advanced Materials, 2009, 3: 669-671.

[123] Shiryaev V S. Chalcogenide glass hollow-core microstructured optical fibers. Frontiers in Materials, 2015, 2: 1-10.

[124] Yang Y J, Homma O, Urata S, et al. Topological pruning enables ultra-low Rayleigh scattering in pressure-quenched silica glass. NPJ Computational Materials, 2020, 6(1): 1-8.

[125] Wang X, Li K F, Yu C L, et al. Effect of Tm$_2$O$_3$ concentration and hydroxyl content on the emission properties of Tm doped silicate glasses. Journal of Luminescence, 2014, 147: 341-345.

[126] Savelii I, Desevedavy F, Jules J C, et al. Management of OH absorption in tellurite optical fibers and related supercontinuum generation. Optical Materials, 2013, 35: 1595-1599.

[127] Feng X, Shi J D, Kannan P, et al. OH-free halo-tellurite glass mid-infrared optical fiber//Optical fiber communication conference and exposition and the national fiber optic engineers conference, Anaheim, 2013.

[128] Li K R, Zhang L L, Yuan Y, et al. Influence of different dehydration gases on physical and optical properties of tellurite and tellurium-tungstate glasses. Applied Physics B, 2016, 122: 1-7.

第 9 章　新型有源光纤

■　随着现代工业技术水平的快速发展，新型光纤及其制备技术层出不穷。

■　由于高密度光通信、非线性光学、红外功率传输、超连续谱及高功率激光输出等的快速发展，涌现了微晶玻璃有源光纤、量子点有源光纤、微结构有源光纤和复合光纤等新型光纤。

■　过渡金属离子掺杂的光纤放大器有望实现超宽带光放大。

■　微结构光纤和标准石英光纤在模场直径上差异巨大，熔接困难。非石英光纤与标准石英光纤低损耗连接是本领域难点和焦点之一。

9.1　微晶玻璃有源光纤

微晶玻璃(GC，也称玻璃陶瓷)是一种同时复合有微晶相和玻璃相的材料。玻璃是由高温熔体快速冷却制备而成，高温时原子之间的无序化排列状态得以保存。玻璃可以看作具有高黏度的过冷液体，处于介稳态，具有析晶趋向。当把玻璃置于玻璃化转变温度(T_g)之上时，由于黏度的下降玻璃开始发生析晶行为。理想的激活离子掺杂微晶玻璃具有高的析晶密度与纳米尺寸微晶颗粒。高的析晶密度可以实现高密度的激活离子掺杂，从而可提高掺杂基质的发光强度。通过控制成核速率与晶体生长速率，可以控制析晶颗粒的尺寸与密度，以到达微晶颗粒的纳米尺寸，从而降低散射效应，提高微晶玻璃的透过率。

一般通过设计特殊的前驱体玻璃成分，在适当的热处理下控制结晶制备所需性能的微晶玻璃[1]；也可以通过直接掺杂法，采用共熔技术将纳米晶混入玻璃熔体中制备微晶玻璃。此外，还可以使用飞秒激光从玻璃中诱导生长纳米微晶[2-4]。掺稀土氟氧微晶玻璃因具有低声子能量、高发光效率、高机械强度、高化学稳定性以及易于加工等特性引起广泛关注[5-10]。由于散射，微晶玻璃中纳米晶的存在会导致额外的光学损耗。瑞利损耗(α_{Rayleigh})可通过以下方程表达[11]：

$$\alpha_{\text{Rayleigh}} = 4.34 C_{\text{Rayleigh}} N_d \Gamma \tag{9-1}$$

$$C_{\text{Rayleigh}} = \frac{(2\pi)^5}{48} \frac{d^6}{\lambda^4} n_m^4 \frac{n_n^2 - n_m^2}{n_n^2 + 2n_m^2} \tag{9-2}$$

式中，N_d 是粒子密度；Γ 是导模与光纤中包含纳米晶区域之间的重叠因子；

$C_{Rayleigh}$ 是瑞利散射系数; d 是纳米晶尺寸; n_n 和 n_m 分别是纳米晶和玻璃基质的折射率。

　　为了获得透明的微晶玻璃, 较低的光吸收和散射必不可少。当晶体尺寸远小于可见光的波长或它的折射率与玻璃基体匹配性高时, 可以实现较低的散射[12]。当玻璃基体和纳米晶之间的折射率差小于 0.1 时, 为了获得透明性, 纳米晶半径应小于 15 nm[13]。同时, 纳米晶体的数量应控制在没有团聚的情况下。两个近邻纳米晶体之间的距离应与粒径(即纳米晶的直径)相当, 并且粒径分布必须尽可能窄。

　　图 9-1 给出了纳米颗粒相关的瑞利损耗与纳米颗粒直径间的函数关系[11]。对于微晶玻璃光纤, 所需的长度通常为几厘米到几米, 可接受的损耗为 0.1 dB/m。此外, 由于稀土离子在氟化物晶体中的溶解度高于氧化物玻璃中的溶解度, 稀土离子优先富集在氟化物晶体中, 并可用作氟化物晶体的成核剂。由于声子能量的减小和对称配位场环境的改善, 可以在微晶玻璃基质中优化稀土离子的发光性能。

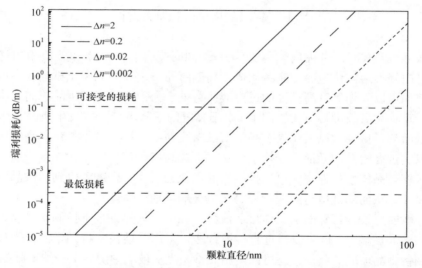

图 9-1　纳米颗粒相关的瑞利损耗与纳米颗粒直径间的函数关系[11]
上下两条虚线分别对应于石英玻璃可接受的损耗和最低损耗

　　微晶玻璃的发光特性由纳米晶体决定, 因此, 研究稀土离子的掺杂行为和稀土离子在纳米晶中的分布是一项重要课题。目前, 微晶玻璃的形态分析主要采用TEM、XRD 以及 NMR 等测试方法。在掺稀土微晶玻璃中, 稀土离子是否进入晶体及其浓度是关键问题之一。稀土离子分布的难易程度取决于玻璃的组成、微晶类型、稀土离子种类和制备技术。通常, 利用微晶玻璃中的 XRD 峰可以定性或定量地估计稀土离子的分布比例, 也可以通过比较具有相同晶体类型的前驱体和块状晶体的吸收或发射强度确定稀土离子的比例[14]。例如，研究者比较了 LaF$_3$ 晶体和微晶玻璃中 Tm^{3+} 的积分吸收光谱，估计进入微晶玻璃晶相的 Tm^{3+} 的量相当于 2%～4% 的掺杂浓度，由 XRD 确定在 LaF$_3$ 晶体中的体积分数大约为 15%[15]。根据稀土光谱、速率方程及在玻璃和结晶相配位环境中能级的寿命，也可以估算掺入结晶相中的稀土离子比例。研究发现，结合到微晶中的稀土离子比例随稀土离子的不同变化很大，并且可能受到特定稀土掺杂离子与所取代的 La^{3+} 之间离子半径不匹配的强烈影响。与 La^{3+} 相比，Pr^{3+} 由于半径差较小，进入晶相的数量可达到 50%～75%，而进入晶相具有较大半径差的 Er^{3+} 的量仅为大约 2%[16]。通过计算含 LaF$_3$ 纳米晶的掺 Er^{3+} 微晶玻璃在双光子合作能量传递过程中的能量传递系数，发现 Er^{3+} 进入晶相的量约为 19%[14]。

为了研究玻璃成分对微晶玻璃结晶和发光性能的影响，作者选择合适的热处理条件，通过调节不同 Na$_2$O/NaF 比的玻璃成分制备了一系列透明的氟氧化物微晶玻璃。图 9-2 给出了不同成分微晶玻璃的 XRD 图谱和元素分布。A、B、C 样品中 Na$_2$O/NaF 比分别为 2:3、1:1、3:2。可以看出，经热处理的样品表现出尖锐

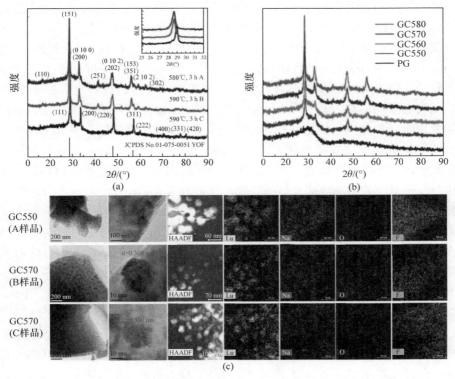

图 9-2　不同热处理条件下微晶玻璃的 XRD 图谱和元素分布(见书后彩图)

(a) 在 580℃(A)和 590℃(B，C)热处理并保温 3 h；(b) A 样品在不同温度下热处理；(c) 三个微晶玻璃样品中的 TEM 图和元素分布

的衍射峰，表明玻璃中析出了晶体，并且 C 样品的峰位向高角度发生了偏移。由于热处理过的 A 和 B 样品的结晶峰型和强度基本相同，因此这两种微晶应该相似，而 C 样品中的 XRD 峰显示出与前两个样品不同的特性。进一步的研究表明，A 样品和 B 样品微晶玻璃中的晶体是正交晶相，C 样品是立方晶相。通过比较 XRD 标准卡片，可以确定 A 和 B 玻璃中是 $Lu_nO_{n-1}F_{n+2}$ 相，而 C 玻璃中是 LuOF 晶相。从图 9-2(c)中可以看出，类球形的氟氧化物纳米颗粒密集地分布在三组样品的玻璃基体中，平均尺寸约为 30 nm。较小的颗粒尺寸有利于微晶玻璃保持较高的透明度，大量的氟氧化物纳米晶析出有利于掺杂的稀土离子富集到低声子能量的纳米晶周围，从而获得高效的发光。以上结果表明，玻璃组成中 Na_2O/NaF 比的变化可以有效地控制玻璃中的晶体类型。

表 9-1 给出了一些微晶玻璃光纤激光器的进展及激光特性。与常规玻璃光纤相比，微晶玻璃光纤在光学增益、放大带宽、光暗化、效率和猝灭现象方面具有许多优势[17,18]。一般，通过管棒法制备微晶玻璃光纤有两种方法：一种是直接使光纤预制棒结晶，制成微晶玻璃光纤预制棒，然后将其放入拉丝塔中拉制成光纤；另一种方法是先将光纤预制棒拉制成光纤，然后将光纤放入退火炉中进行热处理，析晶后得到微晶玻璃光纤。有研究表明，相较前一种方法，后一种方法更容易获得透明微晶玻璃光纤[19]。这是因为一般在实验中光纤的直径仅约为 50～200 μm，由表面结晶作用导致的结晶过程非常快。尽管使用前一种方法的温度相对较高，但微晶玻璃预制棒在拉丝塔的加热炉中停留的时间非常短(通常少于1 min)，因此在光纤拉丝过程中不会引起严重的结晶。针对后一种方法，通过减少热处理时间和温度以控制晶粒尺寸改进。1972 年，美国托莱多大学首次报道了透明块体微晶玻璃的激光输出[20]。然而，微晶玻璃较大的光散射和阈值导致激光效率远低于前驱体玻璃。此后，康宁公司的研究人员通过使用双坩埚法和管棒法，在一系列的微晶玻璃光纤中实现了有效的激光输出[21,22]。大芯 Yb_2O_3 掺杂的分相微晶玻璃光纤也可以用于光纤激光器，同时采用纳米粒子掺杂技术实现稀土的高浓度掺杂，纳米材料直接添加到光纤中[23]。另外，也可以将稀土离子嵌入 MCVD 制备的石英基预制棒中原位生长氧化物纳米晶，这种方法有两个好处[24]：①在制造过程中原位生长纳米晶；②无须对纳米晶进行处理。该方法利用了 MCVD 技术典型的非常规成分控制和纯度，但是也存在一些挑战，例如，纳米颗粒在光纤拉丝阶段的稳定性、溶解或改性，以及散射引起的损耗[25]。尽管如此，在掺有 Y_2O_3(或 $Y_3Al_6O_{12}$)纳米晶体的掺 Yb^{3+} 双包层光纤中还是得到了高功率激光输出[26]。该微晶玻璃光纤在 1285 nm 处的背景损耗在 0.04～0.40 dB/m 之间。测试结果证实了光纤中存在 Y_2O_3 晶体，并且能量色散 X 射线(EDX)谱还显示 Y^{3+} 和 Yb^{3+} 在分相的粒子中占主导地位。此外，晶体的直径在5～8 nm 范围内，具有均匀的尺寸分布。在 977 nm LD 的泵浦下，微晶玻璃光

纤随着泵浦功率的逐渐增加，在 1040～1075 nm 处变成宽带振荡，这种特殊的激光运转与传统光纤有很大不同。进一步的实验表明，微晶玻璃光纤的斜率效率高达 79%，120 W 的泵浦功率下最高输出功率达到 85 W[27]。最近，研究者通过纳米粒子掺杂技术制备了掺 Er^{3+} 和 Ho^{3+} 的石英基微晶玻璃光纤[28]。总之，微晶玻璃光纤在拉丝过程中精确控制晶体的生长和聚集的难度较大，这也导致光纤往往存在较大损耗，难以获得高效的近红外和中红外发光或激光。对于特种微晶玻璃光纤的制备，管内熔融法相较于管棒法更合适。然而，如前所述，该方法的明显缺点是熔融的芯严重腐蚀光纤包层，纤芯-包层界面处存在的缺陷在光纤中引起强烈的光散射，显著增加光纤损耗，最终阻碍激光性能的提升。

表 9-1　微晶玻璃光纤的进展及激光特性

纤芯玻璃组成/%	时间	掺杂离子	制备方法	光纤损耗
$30SiO_2$-$15Al_2O_3$-$29CdF_2$-$17PbF_2$-$4YF_3$	2001	Nd^{3+}	双坩埚法	1 dB/m@1300～1500 nm
SiO_2-Ga_2O_3-Al_2O_3-K_2O-Na_2O-Li_2O	2002	Ni^{2+}	管棒法	15 dB/m@1310 nm
SiO_2-Al_2O_3-P_2O_5-Li_2O-BaO	2009	Yb^{3+}	MCVD+溶液	0.04～0.45 dB/m@1285 nm
石英玻璃	2017	Er^{3+}	MCVD+纳米粒子	<0.04 dB/m@1300 nm
石英玻璃	2017	Ho^{3+}	MCVD+纳米粒子	<0.04 dB/m@1300 nm
石英玻璃	2017	Ho^{3+}	MCVD+纳米粒子	<0.04 dB/m@1300 nm
石英玻璃	2018	Er^{3+}	MCVD+纳米粒子	<0.04 dB/m@1300 nm
$37B_2O_3$-$18SiO_2$-$20K_2O$-$15ZnO$-$10YF_3$-$1ErF_3$-$1YbF_3$	2019	Er^{3+}/Yb^{3+}	管内熔融法	6.7～10 dB/m@1310 nm
$74TeO_2$-$13Bi_2O_3$-$12ZnO$-Tm_2O_3-$39B_2O_3$	2021	Tm^{3+}	管内熔融法	4.89～9.45 dB/m@1310 nm
$20SiO_2$-$10ZnO$-$20Na_2O$-$10YF_3$-$1YbF_3$	2022	Yb^{3+}	管内熔融法	4.41～7.40 dB/m@1310 nm

晶体类型	微晶尺寸/nm	激光波长/nm	最高输出功率/mW	斜率效率/%	文献
CdF_2,PbF_2,YF_3	≤10	1055	60	约 30	[21]
$Li(Ga,Al)_5O_8$, γ-$(Ga,Al)_2O_3$	约 10	约 1200	0.1	—	[22]
Y_2O_3, $Y_3Al_6O_{12}$	<20	约 1045	8.5×10^4	76	[27]
LaF_3	50～150	1605	约 7×10^3	74.4	[28]
LaF_3	50～150	约 2090	约 7×10^3	82.3	[28]
Lu_2O_3	50～150	约 2090	约 7.5×10^3	85.2	[28]
—	—	约 1603	>3×10^4	约 63	[29]

晶体类型	微晶尺寸/nm	激光波长/nm	最高输出功率/mW	斜率效率/%	文献
KYF_4	14.2～26.8	1550	约 22.5	6.9～11.8	[30]
$Bi_2Te_4O_{11}$	11～24	1950	55	4.6～14.1	[31]
$NaYF_4$	11.1～27.4	1064	约 65	24.2～30	[32]

9.2　过渡金属有源光纤

大数据、云计算等新一代信息技术的迅猛发展对网络数据传输容量提出了更高的要求。超宽带通信网络的信息传输容量取决于光纤放大器的增益带宽。国际电信联盟将传输波段分为六个，分别为 O 波段(1260～1360 nm)、E 波段(1360～1460 nm)、S 波段(1460～1530 nm)、C 波段(1530～1565 nm)、L 波段(1565～1625 nm)、U 波段(1625～1675 nm)。在光通信技术发展之初，人们采用的是多模光纤进行光信号传输。多模光纤的纤芯直径大，不同模式的光可以在一根光纤中传输。然而多模光纤存在严重的色散问题，极大地限制了光信号的传输速度。随后人们研发了单模石英光纤，把光传输的频率固定在光纤的低损耗 C 波段附近，进一步克服了光纤色散与损耗问题，使光纤传输距离和容量得到极大提升。但此时光信号在光纤中还是以单一的频率进行传输，光纤中巨大的带宽容量未得到充分利用。

20 世纪 80 年代，波分复用(WDM)技术实现了光纤低损耗波段带宽的充分利用。波分复用技术是指将光纤的传播窗口划分为若干个信道，不同频率的光信号可以互相独立传播的同时分别在这些信道中传播，从而实现了在一条光纤上多种频率光信号的复用传输。波分复用技术有效利用了光纤的物理带宽，提高了信号传输的容量。然而到目前为止，商用的 WDM 主要应用于 C 波段和 L 波段，其他几个波段的带宽资源无法利用，其根本原因在于光纤放大器的放大带宽有限。目前商用的掺杂 Er^{3+} 光纤放大器(EDFA)，受稀土离子窄带发光特性的影响，仅能提供约 35 nm 的增益带宽，成为制约超宽带数据传输的瓶颈。

近年来，随着通信带宽增长的迫切需求，具有本征宽带发光的激活离子(如过渡金属离子)掺杂的光纤放大器被认为是最有潜力实现超宽带光放大的器件之一。过渡金属元素位于元素周期表中 d 区，共包含ⅢB～Ⅷ族 25 个元素。过渡金属元素的电子构型特点是具有未填满电子的 d 轨道，其价电子组态可以表示为 $(n-1)d^{1\sim9}ns^{1\sim2}$。过渡金属元素发光所对应的能级跃迁来自于其最外层 d 轨道的跃迁，因为 d 轨道直接暴露于周围基质环境中，没有最外层电子的屏蔽效应，所以其能级跃迁对周围的基质环境如配位场十分敏感。过渡金属离子在没有外电场的自由状态下，具有能量相近或者简并的 d 轨道，分别称为 d_{xy}、d_{yz}、d_{zx}、$d_{x^2-y^2}$、d_{z^2} 轨道。当过渡金属离子周围存在配位场时，就会产生配位场效应。根据晶体场理论，由于过渡金属离子与周围的配位离子存在电荷排斥或吸引，会导致过渡金属离子简并的 d 轨道发生能级劈裂，使有的能级升高，有的能级降低。配位场根据配位离子数目不同可以分为四配位、六配位、八配位等。配位场的不同，以及配位场畸变的程度不同，都会影响过渡金属离子 d 轨道的能级劈裂程度，因而过渡金属离子的发光由其周围晶体场能量决定[33]。

过渡金属离子 d→d 轨道跃迁的吸收和发射峰都是带状光谱，基于振动效应、Janh-Teller 效应与自旋-轨道耦合效应，其半高宽都较大，掺杂在基质材料中可以作为理想的光纤放大器增益介质。由于过渡金属离子最外层 d→d 轨道跃迁受周围环境影响明显，如果掺杂基质为玻璃材料，玻璃网络结构无序化会导致其发生严重的无辐射跃迁，发光效率低。为实现过渡金属离子的高效发光，以往通常采用晶体作为增益介质，然而，晶体材料制备工艺复杂，生长缓慢，光纤化困难，因此过渡金属离子掺杂的晶体目前尚难以应用在光纤放大器领域。近年来，过渡金属离子掺杂的微晶玻璃克服了晶体基质与玻璃基质存在的缺点，成为最有潜力的光纤放大器增益介质材料。微晶玻璃既具有玻璃的透光性高、可加工性好、制备工艺简单、组分结构易于调整设计、容易拉制成光纤等优点，又具有晶体的强晶体场特性，为过渡金属离子提供了类似晶体中局部规则配位环境，从而降低无辐射弛豫过程并提高发光效率[33]。

过渡金属离子掺杂的增益介质具有宽带发光特性，在宽带光纤放大器领域展示出巨大应用潜力。研究表明，Cr^{4+} 和 Ni^{2+} 在过渡金属离子中最有可能实现光通信波段信号放大[34]。1988 年，Alfano 课题组基于 Cr^{4+} 掺杂镁橄榄石晶体实现了在室温下发光中心位于 1235 nm 的激光输出[35]。因 Cr^{4+} 的发光位于光通信窗口，Cr^{4+} 掺杂的晶体材料受到关注。然而如前所述，晶体光纤化困难，难以用作光纤放大器。此后，Cr^{4+} 掺杂微晶玻璃进入研究者的视野。根据 Cr^{4+} 的激活特点，将其掺杂到 Mg_2SiO_4、Ga_2GeO_4、Li_2MgSiO_4 等微晶玻璃体系实现了近红外波段的宽带发光[36,37]。然而，到目前为止，Cr^{4+} 掺杂的微晶玻璃增益介质尚未应用于光纤放大器，存在的主要问题有：①微晶玻璃的析晶过程难以精确控制。为了获得高发光强度的微晶玻璃，需要析出高密度的纳米微晶，然而这往往会导致微晶尺寸过大从而使微晶玻璃的透过率下降。②Cr 离子的价态难以控制。Cr^{3+} 与 Cr^{4+} 往往同时存在，发光中心 Cr^{4+} 的数量减少以及 Cr^{3+} 与 Cr^{4+} 之间的能量传递会导致微晶玻璃发光强度下降。③Cr^{4+} 的激活需要特定的六配位八面体环境，对微晶玻璃析出纳米微晶的晶体结构要求比较严格，目前尚缺乏有效的能够激活 Cr^{4+} 的玻璃体系。

Ni^{2+} 掺杂微晶玻璃是另一种极具潜力的光纤放大器增益介质。与 Cr^{4+} 相同，Ni^{2+} 的红外发光特性在六配位八面体的晶体场环境中才能表现出来，在四面体四配位环境以及玻璃基质(除极少数硫化物玻璃基质)中基本不发光。Ni^{2+} 具有 d^8 电子构型，价态为稳定的正二价，因此在制备过程中不需要特殊的气氛控制。另外作为发光中心离子，Ni^{2+} 的荧光寿命相比于其他过渡金属离子可以达到毫秒级，有利于使用较小的泵浦功率实现粒子数反转。Ni^{2+} 的发光比较稳定，受温度变化影响不大，具有较高的量子效率。Ni^{2+} 除了具有过渡金属离子的本征宽带发光特性外，其外层价电子跃迁对周围的晶体场环境非常敏感。利用这一特点，可以设计具有不同晶体场能量的纳米微晶，实现 Ni^{2+} 的宽带可调谐发光。Ni^{2+} 掺杂基质在不同的晶体场能量($10\Delta/B$)影响下，其近红外发光所对应的跃迁能级($^3T_2 \rightarrow {}^3A_2$)具有不同的能级间隙。如果其所处的晶体场能量强，则跃迁能级间隙大，发射短波长的荧光；反之晶体场能量弱，则发射长波长的荧光。2001 年，康宁公司在 Ni^{2+} 掺杂的尖晶石($ZnAl_2O_4$)和反尖晶石($Li(Ga,Al)_5O_8$)微晶玻璃内实现了近红外波段的宽带发光[38]。随后基于管棒法将微晶玻璃光纤化，成功制备了 Ni^{2+} 掺杂的微晶玻璃光纤。光纤的纤芯采用 Ni^{2+} 掺杂的玻璃材料，包层采用与纤芯拉丝性能相匹配的硅酸盐玻璃。先通过管棒法制备出纤芯为玻璃相的光纤，随后采用热处理方法使光纤均匀析出纳米微晶颗粒，该微晶玻璃光纤的损耗在 1000 nm 波段处为 3.5 dB/m。在 980 nm 半导体激光泵浦下，增益光纤发光中心位于 1250 nm，荧光峰半高宽达到 250 nm，具有 1 ms 左右的荧光寿命。随着光纤热处理温度的升高，光谱蓝移可以达到 150 nm。

华南理工大学在过渡金属离子掺杂玻璃与光纤方面进行了系列探索[39-42]。基于配位场调控，实现了过渡金属离子可调谐宽带发光，并且利用纳米微晶的晶格畸变和发光峰的组合实现了增益介质宽带发光[41,43]。特别地，提出了一种稳定的原位活化半导体纳米晶的方法，并通过自限制非晶相纳米化一步制备了活化的半导体纳米晶-玻璃复合材料[39]。以 Ga_2O_3 半导体纳米晶-硅酸盐玻璃为例，研究发现在 808 nm 或 980 nm 半导体激光器的激发下，Ni^{2+} 掺杂微晶玻璃中实现了 1100~1700 nm 的强近红外发光，发光可以归因于八面体局域环境中 Ni^{2+}: $^3T_2(F) \rightarrow {}^3A_2(F)$ 的辐射跃迁。而在制备的玻璃中则没有发射峰，这主要是由于低晶体场环境中的 Ni^{2+} 通过 $^3A_2'(P) \rightarrow {}^3E'(F)$ 非辐射跃迁发生热激活能量迁移。需要指出的是，Ni^{2+} 在玻璃中的这一电子跃迁在纳米晶样品中完全消失，反映了微晶玻璃完全阻断其非辐射弛豫通道的能力，并进一步证实了通过原位自限制纳米化实现高掺杂效率的可能性。研究还发现，Ni^{2+} 的发射峰可以从 1200 nm 不断调整到 1250 nm、1350 nm、1400 nm。荧光寿命也可以通过合理掺杂 Ni^{2+}、Ni^{2+}/In^{3+}、Ni^{2+}/F^-、Ni^{2+}/F^-/In^{3+} 进行调控,其最长的荧光寿命分别约为 1537 μs、1351 μs、639 μs、332 μs,如图 9-3 所示。从以上结果可知,在这些过渡金属激活的半导体纳米晶样品中仅需要调整光学非活性的共掺剂,即可观察到覆盖整个通信低损耗窗口(1200~1600 nm)的发射光谱。为了解释掺杂引起的独特的可调谐和超宽带发光特性,重新研究吸收和发光光谱发现共掺杂引起的发光特征趋势变化与吸收变化完全一致,说明它们与配体场效应有关的起源是相同的。由于晶体场的变化引起 Ni^{2+} 能级位置发生偏移,从而在 $^3T_2(F)$ 和 $^3A_2(F)$ 能级之间产生可控的能隙,并产生具有一定斯托克斯(Stokes)位移的可调谐发光。一般情况下,Ni^{2+} 的荧光衰减速率主要由多声子弛豫效应主导,这个过程可以用与振动激发态电子占据概率相关的阿伦尼乌斯(Arrhenius)因子来描述:

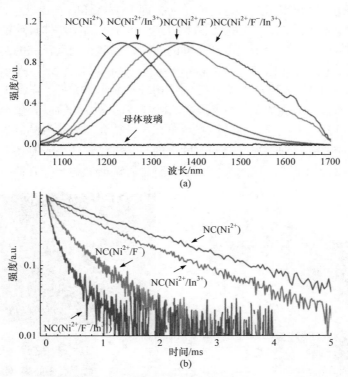

图 9-3　掺 Ni^{2+} 微晶玻璃的(a)发射光谱和(b)荧光寿命[39]

$$\tau = A\exp\left(\frac{\Delta E}{kT}\right) \qquad (9-3)$$

式中,A 为常数;k 为玻尔兹曼常数;T 为温度;ΔE 是活化能,即发光衰减速率受 ΔE 影响,ΔE 等于 $^3T_2(F)$ 基态能级和 $^3T_2(F)$ 与 $^3A_2(F)$ 能级交叉势能面之间的能量差。在位形坐标图中，在 $^3A_2(F)$ 基态能级抛物线不变的情况下，晶体场强度 D_q 参数的增加可以使 $^3T_2(F)$ 抛物线的位置升高，从而驱动 ΔE 的增强和衰减寿命的延长，依次为 $\tau(Ni^{2+}) > \tau(Ni^{2+}/In^{3+}) > \tau(Ni^{2+}/F^-) > \tau(Ni^{2+}/F^-/In^{3+})$，相应的晶体场强度为 $D_q(Ni^{2+}) > D_q(Ni^{2+}/In^{3+}) > D_q(Ni^{2+}/F^-) > D_q(Ni^{2+}/F^-/In^{3+})$。

　　图 9-4 给出了基于管内熔融法制备的多组分过渡金属氧化物微晶玻璃光纤[44]。通过搅拌和连续鼓泡工艺制备了大块掺 Ni^{2+} 玻璃，为了避免析晶，采用管内熔融法制备了微晶玻璃光纤，纤芯玻璃插入石英包层管并于 1950℃拉制成光纤，拉制温度控制在纤芯玻璃软化温度(约 1550℃)之上。为了有效地减少芯与包层之间的相互扩散，需要拉丝速度尽可能快。管内熔融法典型的光纤预制棒进料速度为 2 mm/min，光纤的拉丝速度为 1.5 m/min。得到的光纤具有良好的密度均匀性和标准的芯包结构，并且可以很好地与商用石英光纤连接。光纤的结构、成分和光学分析表明，关键功能单元，即 $LiTaO_3$ 和 $LiAlSi_2O_6$ 纳米晶体可以通过将光纤前驱体在 800℃前退火 20 h 得到。该温度高于块体玻璃的退火温度，这是因为在制备过程中，由于冷却速度的不同，玻璃和光纤样品的结构异质性程度。此外，还采用管内熔融法制备了 Cr^{3+}: $ZnAl_2O_4$、Cr^{4+}: Mg_2SiO_4、Ni^{2+}: $LiGa_5O_8$ 和 $Ba_2TiSi_2O_8$ 微晶玻璃光纤[45]。相较于前驱体光纤，微晶玻璃光纤中均检测到发光增强。研究表明，Ni^{2+} 掺杂的微晶玻璃增益介质以其稳定的发光中心价态、宽带可调谐发光的本征特性展示出在光纤放大器等领域的巨大应用潜力。管内熔融法能够有效抑制光纤拉制温度下的异常析晶，适用于制备多种体系的过渡金属离子掺杂的微晶玻璃光纤，为制备宽带可调谐增益光纤开辟了一条新的道

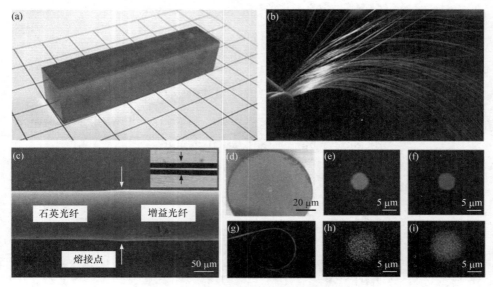

图 9-4　过渡金属掺杂的微晶玻璃光纤[44]

路。由于过渡金属离子的发光效率较稀土离子低，目前还未在过渡金属离子掺杂的微晶玻璃光纤中获得过激光输出，还需进一步优化工艺和材料性能，使微晶玻璃光纤带来的增益远远大于光纤损耗。

9.3 量子点有源光纤

量子点(QD)玻璃与光纤具有从近红外波段到中红外波段的可调谐宽带发射以及独特的量子限域效应与尺寸效应等，有望应用于新型光子器件[46,47]。表 9-2 总结了典型的 QD 玻璃及其光学性能。玻璃中 PbS QD 的大小和分布可以通过玻璃成分和热处理工艺(加热时间和温度)来控制，从而调整发射波长和带宽。图 9-5 给出了析出 PbS 的硅酸盐玻璃的吸收和发射光谱[48]。当热处理温度从 490℃升高到 520℃时，吸收峰从 824 nm 红移至 1578 nm。当将热处理温度进一步提高到 540℃时，发射峰波长从 1008 nm 红移到 1592 nm，甚至红移到 2182 nm。此外，随着热处理温度从 490℃升高到 540℃，发射的荧光半高宽(FWHM)也从 210 nm 增加到 253 nm。将 QD 与 GC 结合在玻璃中时，新颖的结构为稀土离子提供了独特的局部环境，将产生一些新的特性。例如，可以通过一步或两步热处理在含有 BaF_2 纳米晶体的硅酸盐微晶玻璃中析出 PbSe QD[49]。该玻璃中观察到了具有大 FWHM(约 500 nm)的双波段光致发光，这是由于形成了两组平均尺寸不同的 PbSe QD。另外，通过热处理可以在硅酸盐玻璃中析出由 PbS QD 和 $Na_2SrSi_2O_6$ 纳米晶体构成的核/壳结构，PbS QD 充当成核剂并促进纳米晶体的形成[50]。此外，采用热处理方法，还可以将量子点材料直接引入玻璃基质中制备 QD 玻璃。例如，将掺杂 Bi_2S_3 的 QD 粉末均匀地分布到玻璃中，该粉末会分解成 Bi 和 S 离子，并通过随后的热处理进行重建和生长[51]。该方法的局限性在于，在高掺杂情况下的溶解会导致更长的熔化时间并导致单质的形成。

表 9-2 典型的 QD 玻璃及其光学性能

玻璃基质	QD	尺寸/nm	吸收波长/nm	发射波长/nm	参考文献
硅酸盐玻璃	PbS	6～20	1070～1200	1200～1450	[52]
硅酸盐玻璃	PbSe	6～7.5	1580～2580	1300～2650	[53]
磷酸盐玻璃	PbSe	2～15	600～2500	—	[54]
氟锗酸盐玻璃	PbSe	8.6～15.6	860～1970	—	[55]
锗硅酸盐玻璃	PbSe	2.48～12.54	801～2593	1122～2615	[56]
碲酸盐玻璃	PbTe	5.6～13.0	1300	—	[57]
锗硅酸盐玻璃	PbTe	4.61	687，1055	—	[58]
锗酸盐玻璃	PbTe	6.6～12.4	810～1200	—	[59]

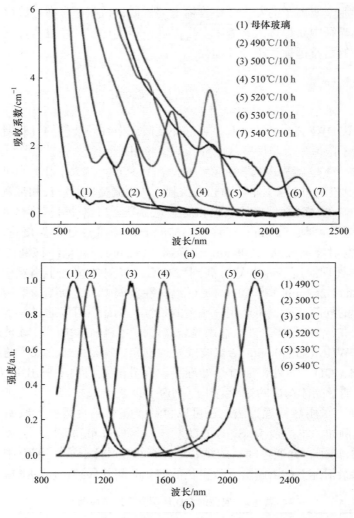

图 9-5　PbS QD 硅酸盐玻璃的(a)吸收光谱和(b)发射光谱[48]

　　目前，QD 玻璃光纤主要是通过将 QD 溶液填充到中空的石英光纤中以形成液体芯 QD 光纤[60,61]或 MOF[62]。通过使用胶体 PbSe QD 作为增益介质，已经实现了掺 QD 的液体芯光纤激光器和光纤放大器[63,64]。为了提高激光性能，进一步优化 QD 掺杂浓度、光纤长度和耦合器的耦合比。在 980 nm LD 激发后，在 1550 nm 处观察到了 19.2 mW 多模和 6.31 mW 单模连续激光输出，斜率效率分别为 28.2%和 9.3%(图 9-6)。这些工作为满足新型光纤放大器和激光器的需求提供了有效方法。

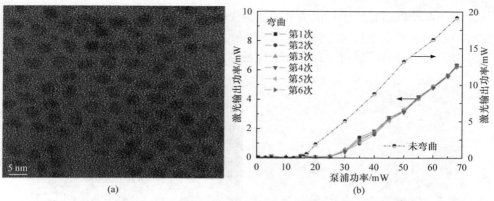

图 9-6　PbSe QD 光纤激光器的(a)TEM 图像和(b)激光性能[55]

　　将 QD 掺入玻璃中可产生机械和化学稳定性的额外优势，但 QD 填充中空玻璃光纤的方法仍存在局限性，例如，对液体芯材料的特殊要求、复杂的制备过程且难以产业化。因此，制备固体芯的 QD 玻璃光纤势在必行。通过快速拉制可以制备没有芯包结构的 PbS QD 玻璃光纤。但是，拉丝温度(约 750℃)仍然远高于最优的热处理温度(约 470℃)，这导致光纤中的 QD 尺寸较大。为了得到高温稳定的 QD，可以采用两步加热工艺以通过低温加热步骤稳定 QD 的生长，使其能够承受高达 1000℃的温度[65]。还可以从玻璃熔体中直接提拉出没有芯包结构的玻璃丝，通过随后的热处理获得 QD 玻璃光纤并控制 PbS QD 的形成，获得强的可调谐近红外发射。

　　最近的研究还集中在玻璃中的 QD 与稀土(或过渡金属[66]、贵金属[67,68])共掺，以实现增强的发光或可调谐发射。发光的增强可能是由于表面等离子共振效应所致，当泵浦半导体 QD 时，表面等离子共振效应会在掺杂离子周围产生增强的局域场，并可能发生能量传递过程。而且，与稀土离子相比，QD 的吸收截面更强(高达 10^4 倍)，也有助于获得高效的发光[69,70]。华南理工大学开展了系列 QD 掺杂玻璃光纤研究，制备出了 PbS QD 掺杂玻璃光纤，并且将量子点和稀土在玻璃中结合实现了 1400～2600 nm 的超宽带发光[71,72]。图 9-7 给出了 PbS 光纤预制棒和前驱体光纤[71]。为了得到透过率高、损耗低的高质量量子点光纤，需要严格控制纤芯中析出量子点的尺寸大小和尺寸分布。量子点与玻璃基质的折射率存在较大差异，因此尺寸过大会增加光散射，导致光损耗增加。若量子点的尺寸分布不均匀，则会导致量子点之间存在能量传递过程，导致量子点的发光效率降低。因此需要控制前驱体光纤均匀析出尺寸较小且尺寸分布窄的 PbS 量子点。图 9-7(c)、(d)是将前驱体光纤在 560℃热处理 10 h 后磨成粉末测得的透射电镜图，可以看到热处理后光纤中析出尺寸均匀的直径为 2.5 nm 的类球形晶体。进一步可以测得量子点的晶格常数为 0.21 nm，与 PbS 晶体(220)晶面的间距相符，表明热处理后光纤中析出的量子点为 PbS。此外，测得光纤在拉丝前段、中段和后段的量子点平均尺寸分别在 2.61 nm、2.55 nm 和 2.36 nm，并且量子点的尺寸分布在光纤前段最宽，在光纤后段最窄。

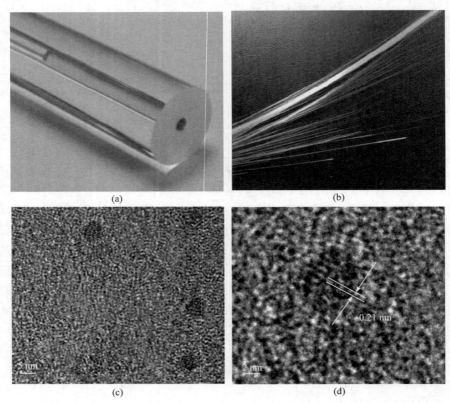

图 9-7　用于制备 PbS 量子点光纤的(a)光纤预制棒，(b)管内熔融法制备的前驱体光纤，(c)退火后的光纤研磨成粉末测得的透射电镜图，(d)单个量子点的高分辨透射电镜图[71]

为了获得覆盖整个光通信窗口的近红外可调谐发光，将前驱体光纤在 560℃、580℃、600℃分别热处理 10 h 以获得不同尺寸的 PbS 量子点。图 9-8 给出了 808 nm 激发下热处理后的 PbS 量子点光纤的发光特性。可以看到，由于量子点的电子-空穴对在受到激发光的照射后复合，从而在不同拉丝阶段的热处理光纤中均获得了宽带的近红外发光。在相同的热处理温度下，不同阶段光纤的发射光谱呈现出不同的峰位和荧光半高宽。随着光纤拉丝时间延长，发光峰位产生蓝移，并且荧光半高宽变窄。这意味着光纤中 PbS 量子点的尺寸在逐渐变小，尺寸分布逐渐变窄，这与前面的研究结果一致。当热处理温度从 560℃增加到 600℃，光纤中 PbS 的尺寸分布变大，荧光半高宽从 200 nm 增加到 270 nm，这种宽的半高宽有利于制备增益更宽更平坦的光纤放大器。由于芯层玻璃的熔融温度和拉丝温度相差过大，光纤拉丝过程中元素挥发导致光纤后段缺少 S 元素以生长 PbS 量子点，发光性质发生变化，因此还需进一步调整纤芯和包层玻璃之间的热学性质以及优化制备方法以获得性能更加优异的量子点玻璃光纤。

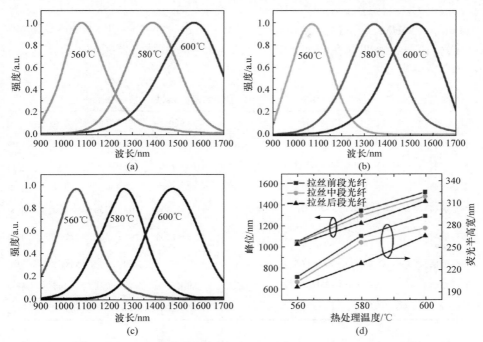

图 9-8　808 nm 激发下热处理后的 PbS 量子点光纤的发光特性[71]

(a) 拉丝前段光纤；(b) 拉丝中段光纤；(c) 拉丝后段光纤；(d) 峰位和荧光半高宽随热处理温度的变化曲线

　　类似于微晶玻璃光纤，QD 光纤制备的难点在于光纤拉制过程中精确控制量子点的生长和聚集，量子点尺寸过大或尺寸分布较大容易导致光纤损耗过高和难以实现高效近中红外发光或激光。QD 光纤目前的实际应用仍然受到较大光纤损耗的限制，克服此问题的一种可能方法是合理设计纤芯和包层玻璃的成分，以避免包层玻璃熔体和光纤纤芯受到大的腐蚀，最终使光纤损耗降到最低并实现宽带可调的激光输出。因此，量子点光纤领域仍然需要进一步深入研究其基本的科学与技术问题。

9.4　掺铋有源光纤

　　近年来，被称为"神奇金属"的铋(Bi)可实现从近红外波段到中红外波段的超宽带发光和激光输出而备受关注[73,74]。自 1999 年首次在掺 Bi 石英玻璃中实现近红外发光以来[75]，掺 Bi 玻璃的研究迅速扩展至硅酸盐[76]、锗酸盐[77]、磷酸盐[78]、硼酸盐[79]、铋酸盐[80]、氟化物[81]和硫系玻璃[82]等体系。表 9-3 给出了典型掺 Bi 玻璃的发光特性。Bi 的近红外发光寿命通常在数百微秒左右，在碱性锗酸盐玻璃中甚至可以达到毫秒级，其发射波长可以通过玻璃成分、熔制条件和激发波长进行调控[83]。在硫系玻璃中，Bi 的发射峰最宽可达 1000～2600 nm，FWHM 最高达 600 nm，在低温下可进一步扩展到 850 nm，覆盖了整个通信窗口，表明其在新型有源光纤激光器和光纤放大器领域具有广阔的应用前景[84]。

表 9-3　典型掺 Bi 玻璃的发光特性

玻璃基质	组成(摩尔分数)/ %	λ_p/nm	λ_e/nm	FWHM/nm	τ_m/μs	文献
石英玻璃	SiO_2, Bi_2O_3	500	1150	150	650	[75]
硅酸盐玻璃	$13Li_2O$-$23Al_2O_3$-SiO_2-$1Bi_2O_3$	700～974	1100～1350	506	549	[76]
锗酸盐玻璃	$94GeO_2$-$5Al_2O_3$-$1Bi_2O_3$	500	约1200	约300	约500	[77]
磷酸盐玻璃	$82P_2O_5$-$17Al_2O_3$-$1Bi_2O_3$	405～808	1173～1300	207～235	500	[78]
硼酸盐玻璃	$(95-x)B_2O_3$-$xBaO$-$5Al_2O_3$-$2Bi_2O_3$, $x = 20～40$	808	1252～1300	194～230	275～370	[79]
铋酸盐玻璃	$54Bi_2O_3$-$24B_2O_3$-$5SiO_2$-$17PbO$	785	约1230	约220	358～391	[80]
氟化物玻璃	$57ZrF_4$-$18BiF_3$-$25BaF_2$	532	约1200	约300	145	[81]
硫系玻璃	$70Ga_2S_3$-$23La_2S_3$-$6La_2O_3$-$1Bi_2S_3$	755～1064	1300～2600	600	160～175	[82]

掺 Bi 玻璃与光纤的发光机理及其调控是当前研究的焦点与难点。有研究者认为，Bi 的近红外发光可能源自 Bi^{5+}、Bi^+或 Bi 团簇(尤其是较低价态的 Bi)，然而，彻底理解和揭示其发光机理仍十分困难。目前可以确定的是 Bi^{2+} 和 Bi^{3+} 只能发出可见光而没有近红外发射[85]。同时，Bi 的价态对玻璃成分、制备条件和测试方法非常敏感，也进一步阻碍了相关发光机理的阐明。Bi 在熔化过程中存在氧化还原平衡，可以表示如下[81]：

$$Bi^{3+}+2Bi \longleftrightarrow 3Bi^+ \tag{9-4}$$

$$Bi^{3+}+4Bi \longleftrightarrow Bi_5^{3+} \tag{9-5}$$

当提高熔化温度时，Bi 离子的氧化还原平衡趋于还原态。在这种情况下，Bi 在玻璃中的价态变化可以表述为[80,86]

$$Bi_2O_3 \xrightarrow{1000～1300℃} 2Bi + \frac{3}{2}O_2 \uparrow \tag{9-6}$$

$$nBi \xrightarrow{1300℃} Bi_n \tag{9-7}$$

$$Bi^{3+} \to Bi^{2+} \to Bi^+ \to Bi / Bi_2, Bi_2^-, Bi_3, 等 \to Bi_n \tag{9-8}$$

式中，Bi_2、Bi_2^-、Bi_3 等代表 Bi 的团簇；Bi_n 是 Bi 的金属胶体。可以看出，过量的 Bi^{3+} 还原和 Bi 团簇或 Bi 金属胶体形成减少了光学活性中心的数量，损耗增大。因为还原反应广泛发生，所以很难控制该过程。

在掺 Bi 玻璃中引入共掺离子(如 Al^{3+}、Pb^{2+}、B^{3+} 和 Ta^{5+})可以增强其近红外发光[77,87,88]。以 Al 为例，研究表明，随结构中 Al 基团的演变，Bi 的吸收峰发生移动(如图 9-9(a)所示[88])，从而导致不同类型的 Bi 的 NIR 发射。此外，将 Al 引入玻璃后，Bi 的近红外发光较无 Al 时显著增强超过四个数量级(如图 9-9(b)所示[88])。这种增强可能与结构中$[AlO_4]$和$[AlO_5]$而非$[AlO_6]$的存在密切相关，它们可以充当催化剂确保低价态 Bi 的产生，也可以作为分散剂将 Bi 光学中心隔离。在掺 Bi 玻璃中引入 Ta_2O_5[89,90]或 PbO[91]也可以实现类似的增强。CeO_2、As_2O_5 或 Y_2O_3 的引入也可以增加掺 Bi 玻璃近红外发光中心的浓度，从而显著提升其发光强度[92]。将现代理论模拟如第一性原理[93]和拓扑理论[94]与实验结果结合，对掺 Bi 玻璃中可能存在的近红外发光中心进行研究，可以实现对 Bi 化学价态的调控。研究结果表明，掺 Bi 玻璃 1.1 μm 附近的发光可能是由 Ge 原子第二配位壳中的≡Bi···Ge≡中心或$(AlO_4)^-$中心引起。

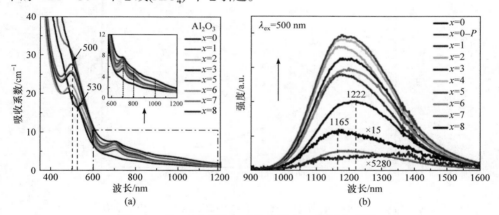

图 9-9　掺 Bi 玻璃的(a)吸收光谱和(b)发射光谱[88]

x 表示玻璃组成中 Al_2O_3 的摩尔分数，x 取间隔为 0～8 之间的整数，玻璃在刚玉坩埚中熔制；x=0-P 指玻璃组成中 Al_2O_3 的摩尔分数为 0，玻璃在铂金坩埚中熔制

尽管掺 Bi 玻璃 NIR 发光中心的确切来源尚不清晰，但掺 Bi 玻璃光纤激光器近年来已经取得了长足发展[95-97]。2005 年，Dianov 等研制出了第一台掺 Bi 光纤激光器，发射波长范围在 1150～1300 nm[98]。之后，该领域的大量研究推动了掺 Bi 光纤激光器输出功率的快速提升，从最初的毫瓦[98]到现在的瓦级水平[99]。由于作为泵浦源的商业大功率半导体激光器的不断涌现及掺 Bi 玻璃成分的优化等，Bi 掺杂光纤的放大性能和激光效率也得到了快速提升。例如，与 1047 nm 泵浦源相比，1120 nm 泵浦下增益提高了 70%[100]。基于掺 Bi 光纤已经开发了工

作于约 1460 nm 波段、激光效率超过 50%的掺 Bi 光纤激光器[99]。在较高的泵浦功率下，激光器的效率还会继续提升[101]。迄今，掺 Bi 光纤激光器可以在 1150～1775 nm 范围内工作，覆盖了整个低损耗通信窗口(该范围覆盖了稀土掺杂光纤激光器无法达到的波长)[99,102-105]，如图 9-10 所示。在 1150～1400 nm 的光谱范围内，掺 Bi 光纤的效率低于 50%，而激光效率最高的波段在 1.5 μm 左右。掺 Bi 光纤激光器的许多波长是稀土掺杂光纤激光器所不能达到的。例如，掺 Bi 光纤激光器的输出波长可达 1.7 μm，弥补了掺 Tm^{3+}光纤激光器较难覆盖的短波长区域。掺 Bi 光纤存在的问题是在拉制过程中容易形成 Bi^{2+}和氧空位，其形成效率取决于玻璃组分和熔化条件，加大了掺 Bi 光纤激光器的研制难度。此外，掺 Bi 光纤激光器大多基于石英光纤，掺杂浓度较低，活性离子挥发严重，特别是 MCVD 法以及高达 2000℃以上的拉丝温度加剧了这种情况，导致需要几十米甚至几百米的掺 Bi 光纤才能实现激光发射，不利于实现器件高效小型化和单频激光输出。

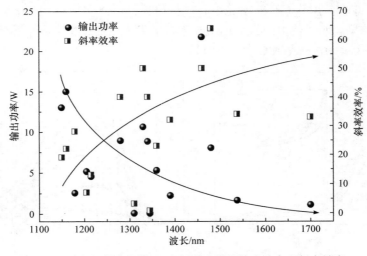

图 9-10　近红外波段掺 Bi 光纤激光器的输出功率和斜率效率

最近，华南理工大学通过管棒法和管内熔融法制备了掺 Bi 锗酸盐特种玻璃光纤[106-109]。图 9-11 给出了掺 Bi 锗酸盐玻璃和光纤的近红外荧光光谱，插图为块体玻璃到光纤的制备过程。通过优化玻璃组分、掺杂浓度、熔化温度和时间，在 47 cm 长的掺 Bi 锗酸盐光纤中实现了 1000～1600 nm(特别是 1000～1300 nm)强的放大自发辐射。从图中可以看到，块体玻璃和光纤中的发射光谱峰位基本一致，均位于 1270 nm 附近，半高宽为 260 nm，宽于掺 Bi 石英玻璃。这一结果也暗示经过光纤拉制后玻璃中的 Bi 发光中心比较稳定。由于光纤损耗较高(9.3 dB/m@1310 nm)，尚未能实现激光输出，损耗的部分原因是玻璃基体吸收的固有损耗、Bi 吸收以及残留的条纹甚至微小气泡。因此，有必要改进制备方法，并寻找兼具高效近红外发光性质和热稳定性优异的玻璃组分。

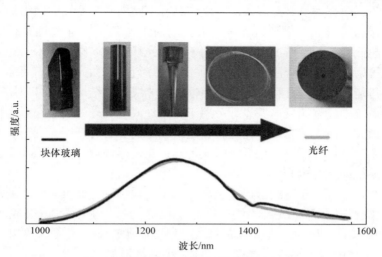

图 9-11　掺 Bi 锗酸盐玻璃和光纤的近红外荧光光谱
插图为块体玻璃到光纤的制备过程

　　目前，掺 Bi 光纤激光器主要基于石英玻璃光纤，其激光输出波长弥补了许多稀土掺杂光纤激光器所不能覆盖的范围。然而石英玻璃中 Bi 的掺杂浓度很低，导致难以实现高效的激光输出。因此，需要探索能够实现较高掺杂浓度且没有团簇的掺 Bi 光纤制备技术。对于特种掺 Bi 光纤而言，需要进一步降低光纤损耗并获得高的净增益，才能实现激光输出的突破。总体而言，当前对玻璃和光纤中 Bi 发光中心的本质还缺乏足够的理解，Bi 离子的价态变化难以有效控制，高温挥发导致的低光学增益及在光纤拉制过程中产生结晶或相分离等均阻碍着掺 Bi 光纤的进一步研究。Bi 的近红外发光本质仍缺乏广泛认可的理论，需要通过巧妙的实验设计和先进的测试手段来避免测试方法对 Bi 发光研究的干扰。同时，熔融气氛、兼具高掺杂和稳定性的玻璃基质选择也对制备高增益、低损耗掺Bi 玻璃光纤和激光器十分重要。

9.5　微结构有源光纤

　　微结构光纤是指在纤芯或包层中引入微小结构的新型光纤，包括光子晶体光纤(PCF)、多芯光纤(MCF)、玻璃包覆的半导体芯光纤、空芯反谐振光纤(HC-ARF)、空气孔包层光纤、悬浮芯光纤(或称悬吊光纤、悬吊芯光纤)等。此类光纤可以灵活设计光纤截面的微结构，并且微结构与光纤特性密切相关。相比传统阶跃型光纤有限的折射率调制，微结构光纤具有无截止单模传输、灵活的色散调制、高非线性、高双折射、空气纤芯的超低色散及高激光损伤阈值等独特优势。到目前为止，研究人员已经制备出了众多具有不同结构和特性的微结构光纤，包括无截止单模光纤、色散调制光纤、大模场面积光纤、高非线性光纤、高双折射光纤、超低损耗的反谐振光纤等，用于满足光纤通信、医疗手术、光纤传感、人工智能等诸多领域的应用需求。例如，在医疗行业，激光治疗需要高功率大模场面积的传能微结构光纤；在激光应用领域，非线性微结构光纤可应用于超连续光谱激光系统中，空芯反谐振光纤可用于深紫外或中红外的高功率激光传输，也适合气体填充、激发的光纤激光器；在通信领域，多芯光纤明显提升了光纤传输带宽，空芯反谐振光纤可实现低延时光传输；在传感领域，需要应用于长距离分布式传感系统的微结构光纤。

　　光子晶体光纤在超连续谱产生、高功率激光输出等方面具有广阔的潜在应用而广受关注[110]。与常规光纤不同，PCF 的纤芯为低折射率介质(通常是空气)，通过调控微气孔(或实心)结构的周期性阵列可以调控沿着光纤长度方向的光传播。PCF 还常用于各类传感器检测气体、小剂量样品以及特定化学和生物分子等[111]。PCF 最初在石英玻璃光纤中设计和实现，因为随着 PCF 周期数的增加，光波导对缺陷更加敏感，而石英玻璃的热稳定性和成熟的制备工艺能够满足这些需求。然而，石英玻璃的非线性系数较低，并非非线性超连续 PCF 的最佳选择。考虑到硫系玻璃具有更高的非线性折射率(比石英玻璃高 1000 倍)，硫系 PCF 逐渐引起了研究人员的兴趣[112]。2016 年，研究人员在硫系阶跃折射率光纤中实现了当时最宽的 MIR 超连续谱(SC)，传输范围为 2～15.1 μm[113]。随后，该纪录很快被范围更广的 2～16 μm 低损耗碲化物 PCF 所代替[114]。氟化物 PCF 可以实现深紫外至 MIR SC(波段范围覆盖 200～2500 nm)，弥补了石英和硫系 PCF 的不足[115]。MIR SC 在光纤放大器、非线性光学、传感、医学和生物成像等领域具有重要的应用前景[116,117]。PCF 当前的挑战主要是传统的堆叠法会导致较大的光纤损耗，限制了实际应用，而挤压法主要针对软化温度较低的碲化物玻璃，不适用于锗酸盐玻璃等其他特种玻璃光纤。此外，特种玻璃的激光损伤阈值通常较低，不能传输特别高的激光功率。因此，未来对高功率、高质量光传输和宽带光源产生的需求对 PCF 的发展提出了更高要求。

　　为了解决高密度光通信中光纤传输能力的局限性，研究人员提出了多芯光纤并研制了各种新功能光纤器件，如多频段光纤激光器和放大器、弯曲传感器、超连续谱产生和未来光网络[118-120]。MCF 的光学特性，如导光、色散、耦合和双折射，已在理论上进行了详细的研究和预测[121]。在一种由 19 芯组成的单模多芯光纤中，无须复杂的包层结构、高折射率对比度或模转换即可实现非常大的有效模场面积[122]。此外，类似结构还包括具有线性纤芯阵列的多芯扁平光纤，与六角形密堆积结构相比，其相邻纤芯较少，串扰较低[123]。在掺 Yb^{3+} 的多芯带状光纤激光器中也实现了相似的结构，这可以避免对光束进行整形，并保留了泵浦光束射入光纤时的亮度，以保持高功率输出和良好的光束质量[124]。MCF 应用中的技术难题包括当前执行信号处理操作的方法需要从传统的单模光纤到 MCF 的复杂转换过程。同时，长距离传输中 MCF 中的串扰仍是一个瓶颈。解决这些问题的一种可能方法是考虑针对 MCF 网络提供新的光信号处理设备，如将耦合器、开关、路由器、光交叉连接或分插多路复用器集成在 MCF 的纤芯和包层中，它可以在不影响 MCF 优势的情况下提供一个新的、紧凑的光纤内光学元器件[125]。

随着非线性光学和红外功率传输的发展，玻璃包覆的半导体芯光纤发展迅速[126]。研究人员通过使用熔融纤芯方法制备了包含 InSb 纤芯的磷酸盐玻璃光纤。即使纤芯成分熔化成液体，并且在光纤拉制过程中发生原位化学反应，仍能保持多晶微观结构[127,128]。包含二元Ⅲ-Ⅴ族半导体的光纤可以实现电光和非线性光学应用，这在玻璃、介电晶体或一元半导体系统中是无法实现的。目前，已有几种玻璃包层半导体芯光纤的报道(如 Si、Ge、Se、Te、InSb、GaAs、ZnSe、SeTe 和 GaAlSb)[129-132]。例如，磷酸盐玻璃包层包覆的 Sb_2Se_3 晶体芯光纤在 808 nm LD 激发下获得了增强的光电导性，在光电检测器、光学开关和温度传感设备中具有潜在应用。当用其他固体材料，如具有布里渊特性的单晶(如 YAG[133] 和 Al_2O_3)或金属(如具有等离子共振的 Au[134]和 Cu)代替半导体纤芯，同时保留玻璃包层时，可以产生其他特殊性能。这些复合光纤具备新颖的功能，其应用领域扩展到传统光纤之外。然而，由于大的传输损耗及需考虑光纤芯与包层之间的兼容性等，限制了其实际应用。对于新型复合光纤，包层设计及相应的制备工艺技术探索是当务之急。

总之，微结构光纤的结构多种多样，应用领域广泛，并且已经实现了产业化发展。目前，国外微结构光纤制备技术已趋于成熟，各种公司及研究机构，如丹麦 NKT 光子公司、美国的纽芬(Nufern)公司、日本的藤仓(Fujikura)公司、德国马普所、英国巴斯大学及南安普敦大学等已逐步实现了微结构光纤在一个或多个领域的产业化应用。在欧洲、日本、美国的光纤市场上，新一代光纤已逐渐成为高端用户的首选，如日本政府推行的 5G 通信改造项目，英国南安普敦大学推出的空芯光纤通信应用等。相较而言，国内对特种微结构光纤的基础与应用研究大多停留在基础研究阶段，先进的新型光纤产品主要依赖进口，尤其是尖端敏感产品，如低损耗空芯光纤、大模场单模微结构光纤、中红外空芯传能光纤、高分辨医疗多芯成像光纤等技术更是被技术垄断或封锁，成为制约我国整个高科技光电产业发展的核心关键问题之一。作为现代光电产业的核心器件之一，微结构光纤在我国市场规模巨大且增速很快，而在其他几类微结构光纤的发展上，也有巨大的潜在市场。例如，①光纤通信器件：超低损耗空芯光纤、可调色散补偿器、动态偏振模色散(PMD)补偿器、高功率放大器、光参量放大器(OPA)、慢光及全光缓存器、波长变换器件等，其中可调色散补偿器的市场总量将达到 5 亿美元以上；②能量光纤器件：全光纤化激光器，单频、窄线宽大功率有源光纤器件，无源光纤器件等；③医疗光纤器件：微创手术器件、内窥医疗器件等；④传感光纤器件：各种特殊环境应用的器件，如压力、温度、位移等参量的传感与探测器件，光纤陀螺等；⑤物联网和云计算的发展更加大了对新一代微结构光纤和各种新型光器件的需求。

9.6　特种光纤与标准石英光纤的低损耗熔接

光纤拼接的方法主要有热熔接和机械对接。光纤熔接是采用电弧、激光、气体火焰或通电钨丝等热源将两根光纤端对端连接的工艺，是制造全光纤器件时耦合光纤元件的首选。一般光纤熔接主要包括四个步骤：剥光纤(剥离保护涂层)、切割光纤(切割出平坦的端面)、熔断光纤(对齐并熔化光纤)、保护光纤(使用热缩管、机械压接保护器等防止接头受到外部元件和破损的影响)。机械对接是使用连接器而非加热的方式将两根或多根光纤进行连接，适用于快速、临时修复和拼接单模或多模光纤，通常也包括类似光纤熔接的四个步骤，不同的是以机械接头代替熔接接头。光纤熔接能够提供牢固的连接、持久的对准性、光纤器件的紧凑性、更好的热管理，不存在裸露的光学表面，因此避免了污染损坏，并且在接头处具有较低的反射和损耗。高质量的光纤熔接需要将两根光纤尽可能无损且高强度地连接在一起，使穿过光纤的光不会被接头散射或反射回来。同时，接头及其周围的区域强度与完整光纤应该尽量一致。目前商用的光纤熔接机主要针对标准石英光纤，然而，非石英光纤与标准石英光纤的低损耗熔接仍是本领域难点之一。对不同的光纤材料或光纤结构进行低损耗加工和熔接具有挑战性，非石英光纤或非标准光纤与标准石英光纤的连接质量决定了光纤及实际应用的性能。

通常，光纤熔接机可以较容易地熔接两根典型的标准石英光纤，熔接损耗低于 0.05 dB，抗拉强度在 0.5～1.5 lb[①]，熔接接头在正常操作过程中不易折断。然而，在许多情况下需要对具有不同成分、软化温度、结构、物理和光学性能的光纤进行熔接。例如，石英玻璃的软化温度大约是碲酸盐和磷酸盐玻璃的 2～3 倍，它们之间的折射率和热膨胀系数也存在很大差异(参见表 2-8)。特种玻璃光纤和石英光纤在高温条件下的界面质量也对熔接损耗和强度有显著影响。因此，优化熔接参数和操作是熔接的关键。利用非对称熔接方法可以在石英光纤和其他光纤(如磷酸盐、锗酸盐和碲酸盐玻璃光纤)之间产生温度梯度，从而得到低损耗且机械强度高的光纤熔接[135]。图 9-12(a)给出了这种熔接技术的示意图和得到的碲

---

① 1 lb=0.454 kg。

酸盐/石英光纤熔接照片[136]。从图中可以看出，加热元件沿石英光纤移动了一段
距离，而不是将其放置在两根光纤之间的间隙中，形成的温度梯度可用于改善两根
光纤之间的热扩散。尽管两类光纤之间的物理性能存在巨大差异，熔接损耗仍小于
0.53 dB。ZBLAN 氟化物光纤也可以与石英光纤熔接，如图 9-12(b)所示[137]。将石
英光纤的温度保持在高于 ZBLAN 玻璃的软化温度之上，然后将其立即压在
ZBLAN 光纤上，熔接结构的损伤阈值约为 21 MW/cm^2，已经报道的瓦级 Ho^{3+}掺
杂 ZBLAN 与石英光纤的低损耗熔接即采用了这种熔接方法[138]。非对称熔接法
甚至可以用于石英光纤和硫系玻璃光纤之间的熔接，如图 9-12(c)所示[139]。在不
考虑模场失配损耗以及两根光纤轴向和角度失配造成的损耗的情况下，测得的熔
接损耗小于 0.5 dB，接头的抗拉强度为 12 kpsi①。

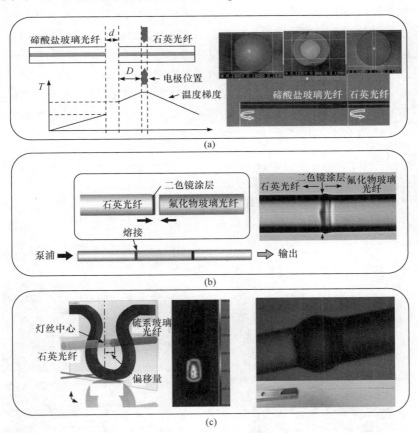

图 9-12　石英光纤与不同软玻璃光纤的熔接[136,137,139]

(a) 碲酸盐玻璃光纤；(b) 氟化物玻璃光纤；(c) 硫系玻璃光纤

---

① 压强单位，千磅每平方英寸，1 kpsi=6.895 MPa。

除了简单光纤结构的熔接，复杂微结构光纤与标准石英光纤的熔接是另一个难点。由于微结构光纤和标准石英光纤在模场直径上的巨大差异，它们之间的熔接非常困难，导致相当大的熔接损耗。此外，微结构光纤的形状也不同于常规的标准石英光纤。在熔接过程中，微结构光纤的坍塌是一个很大的挑战。多年来，研究者们进行了诸多尝试。图 9-13 给出了大模场(LMA)光纤、悬浮芯光纤和全固态微结构光纤的熔接过程和熔接图像[140-142]。为了在大模场磷酸盐光纤和单模石英光纤之间实现低损耗的熔接，采用了氢氟酸将单模石英光纤蚀刻至外径为 125 μm。此外，在熔接过程中，在两者之间插入了一截短的起缓冲作用的磷酸盐光纤，以保留微结构光纤的气孔。在降低熔接和耦合损耗后，光纤激光器的传播损耗为 3.8 dB，输出损耗为 7.7 dB[140,141]。在特种玻璃悬浮芯光纤和石英光纤间的熔接过程中，采用了低温铱灯丝和脉冲调制方式的熔接工艺，以实现更可控的加热和更低的熔接损耗。用于产生超连续波谱的全固态特种玻璃(硅酸铅和硼硅酸盐)微结构光纤与标准单模石英光纤之间的熔接损耗，在 1310 nm 处低至 2.10 dB，在 1550 nm 处低至 1.94 dB。当将单孔的空芯光纤拼接到微结构光纤上时，需要将两根光纤的中心孔对齐，并通过空芯光纤的实心包层密封包层孔。通常，借助于现代的熔接技术和丰富的操作经验，石英光纤可以以低损耗和足够的强度熔接至大多数软玻璃光纤或微结构光纤。

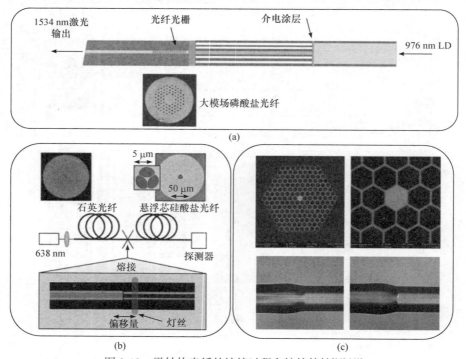

图 9-13　微结构光纤的熔接过程和熔接特性[140,141]

(a) 大模场磷酸盐光纤；(b) 悬浮芯硅酸盐光纤；(c) 全固态微结构化硅酸盐玻璃光纤

华南理工大学基于传统的电弧放电熔接技术，开发了一种具有温度梯度的非对称熔接技术，在此基础上系统地研究了特种光纤和标准石英光纤之间的低损耗熔接[143]。这种技术将一对放电电极的位置，即加热区域靠近石英光纤的一侧，而特种玻璃光纤位于较远的一侧。图 9-14(a)给出了磷酸盐光纤和石英光纤熔接的接头照片，可以看到两根光纤端面结合区域较为光滑平整，且纤芯轴线对准一致，结合效果非常理想，接头处没有观察到气泡、虚熔、错位等不良现象。从接头结合处的扫描电子显微镜图(图 9-14(b))可以进一步看到，两根光纤结合处连接非常紧密，纤壁表面平滑光洁，没有过粗、过细等熔接缺陷产生。通过优化拼接参数，石英光纤和磷酸盐光纤之间的最低损耗为 0.3 dB，相对弯曲断裂强度为85%。通过对熔接损耗和各种因素的研究，发现许多因素都可以显著地决定弯曲断裂，其中包括模场直径、数值孔径和折射率差异，这些因素影响了熔接损耗和熔接参数、熔接时出现的划痕、光纤表面的机械损伤、光纤缺陷、气泡和孔眼等。利用电子探针显微分析对熔接接头断裂后的两端面进行元素面分布扫描测试

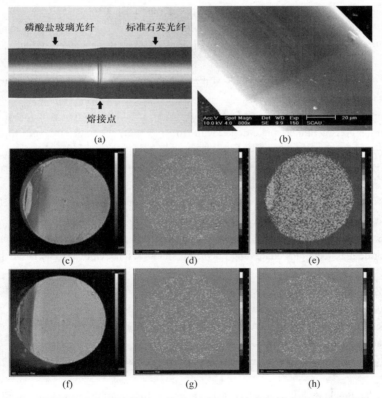

图 9-14　磷酸盐光纤和石英光纤熔接的(a)接头照片，(b)接头扫描电子显微镜照片，(c)～(e)磷酸盐光纤和石英光纤(f)～(h)的熔接接头断裂后的端面照片、P 元素、Si 元素的面分布扫描

和分析，发现端面的磷元素基本富集在整个端面上，且分布均匀。端面的硅元素基本弥散在整个断面上，元素分布稀疏且不均。结果表明，磷酸盐玻璃在光纤熔接时起到较强的黏结作用，接头界面成分均匀，接合强度高。在异质光纤的熔接方面，石英光纤和非石英光纤之间的高强度、低损耗熔接不再是无法解决的问题，今后的工作是如何进一步提高异质光纤的熔接强度、降低熔接损耗，以及提高熔接的可重复性和成功率。

参 考 文 献

[1] Fedorov P P, Luginina A A, Popov A I. Transparent oxyfluoride glass ceramics. Journal of Fluorine Chemistry, 2015, 172: 22-50.

[2] Zhang W J, Zhang Q Y, Chen Q J, et al. Enhanced 2.0 μm emission and gain coefficient of transparent glass ceramic containing BaF_2: Ho^{3+}, Tm^{3+} nanocrystals. Optics Express, 2009, 17: 20952-20958.

[3] Zhao J B, Zheng X L, Schartner E P, et al. Upconversion nanocrystal-doped glass: A new paradigm for photonic materials. Advanced Optical Materials, 2016, 4: 1507-1517.

[4] Du X, Zhang H, Zhou S F, et al. Femtosecond laser induced space-selective precipitation of a deep-ultraviolet nonlinear $BaAlBO_3F_2$ crystal in glass. Journal of Non-Crystalline Solids, 2015, 420: 17-20.

[5] Gonçalves M C, Santos L F, Almeida R M. Rare-earth-doped transparent glass ceramics. Comptes Rendus Chimie, 2002, 5: 845-854.

[6] Tikhomirov V K, Méndez-Ramos J, Rodríguez V D, et al. Gain cross-sections of transparent oxyfluoride glass-ceramics single-doped with Ho^{3+} (@2 μm) and with Tm^{3+} (@1.8 μm). Journal of Alloys and Compounds, 2007, 436: 216-220.

[7] Wu G B, Fan S H, Zhang Y H, et al. 2.7 μm emission in Er^{3+}: CaF_2 nanocrystals embedded oxyfluoride glass ceramics. Optics Letters, 2013, 38: 3071-3074.

[8] Kang S L, Chen D D, Pan Q W, et al. 2.7 μm emission in Er^{3+}-doped transparent tellurite glass ceramics. Optical Materials Express, 2016, 6:1861-1870.

[9] Kang S L, Song X Q, Huang X J, et al. Enhanced emission and spectroscopic properties in oxyfluoride glass ceramics containing LaOF: Er^{3+} nanocrystals. Optical Materials Express, 2016, 6: 2351-2359.

[10] Zhao Z Y, Liu C, Xia M L, et al. Effects of Y^{3+}/Er^{3+} ratio on the 2.7 μm emission of Er^{3+} ions in oxyfluoride glass-ceramics. Optical Materials, 2016, 54: 89-93.

[11] Wilfried B, Bernard D. Formation and applications of nanoparticles in silica optical fibers. Journal of Optics, 2015, 34: 1-8.

[12] Beall G H, Duk D A. Transparent glass-ceramics. Journal of Materials Science, 1969, 4: 340-352.

[13] Beall G H, Pinckney L R. Nanophase glass-ceramics. Journal of the American Chemical Society, 1999, 82: 5-16.

[14] Jones G C, Houde-Walter S N. Erbium partitioning in a heavily doped transparent glass ceramic.

Optics Letters, 2005, 30: 2122-2124.

[15] Macfarlane R M, Dejneka M. Spectral hole burning in thulium-doped glass ceramics. Optics Letters, 2001, 26: 429-431.

[16] Goutaland F, Jander P, Brocklesby W S, et al. Crystallisation effects on rare earth dopants in oxyfluoride glass ceramics. Optical Materials, 2003, 22: 383-390.

[17] Downey K E, Samson B N, Beall G H, et al. Cr^{4+}: forsterite nanocrystalline glass ceramic fiber//Conference on Lasers and Electro-optics, Baltimore, 2001.

[18] Reben M A, Dorosz D, Wasylak J, et al. Nd^{3+}-doped oxyfluoride glass ceramics optical fibre with SrF_2 nanocrystals. Optica Applicata, 2012, 42: 353-364.

[19] 段忠超. 上转换发光氟氧微晶玻璃及光纤的制备与研究. 上海: 中国科学院上海光学精密机械研究所, 2008.

[20] Rapp C F, Chrysochoos J. Neodymium-doped glass-ceramic laser material. Journal of Materials Science, 1972, 7: 1090-1092.

[21] Samson B N, Tick P A, Borrelli N F. Efficient neodymium-doped glass-ceramic fiber laser and amplifier. Optics Letters, 2001, 26: 145-147.

[22] Samson B N, Pinckney L R, Wang J, et al. Nickel-doped nanocrystalline glass-ceramic fiber. Optics Letters, 2002, 27: 1309-1311.

[23] Paull M C, Kir'yanov A V, Bysakh S, et al. In: Fabrication of large core Yb_2O_3 doped phase separated yttria-alumino silicate nano-particles based optical fiber for use as fiber laser//Yasin M. Selected Topicson Optical Fiber Technology. Rijeka: InTech, 2012.

[24] Blanc W, Mauroy V, Nguyen L, et al. Fabrication of rare earth-doped transparent glass ceramic optical fibers by modified chemical vapor deposition. Journal of the American Chemical Society, 2011, 94: 2315-2318.

[25] Blanc W, Dussardier B. New challenges and directions toward nanoscale control of rare-earth properties in silica amplifying optical fibres//Photonics 2014: 12th International Conference on Fiber Optics and Photonics, Kharagpur, 2014.

[26] Yoo S, Kalita M P, Boyland A J, et al. Ytterbium-doped Y_2O_3 nanoparticle silica optical fibers for high power fiber lasers with suppressed photodarkening. Optics Communications, 2010, 283: 3423-3427.

[27] Sahu J K, Paul M C, Kalita M P, et al. Ytterbium doped nanostructured optical fibers for high power fiber lasers//Conference Lasers and Electro-optics and the European Quantum Electronics Conference, Munich, 2009.

[28] Baker C C, Friebele E J, Burdett A A, et al. Nanoparticle doping for high power fiber lasers at eye-safer wavelengths. Optics Express, 2017, 25(12): 13903-13915.

[29] Zhang J, Pattnaik R K, Dubinskii M, et al. Power scaling of the in-band diode-pumped Er-nanoparticle-doped fiber laser. Proceedings of SPIE, 2018, 10528: 1052803.

[30] Kang S L, Huang Z P, Lin W, et al. Enhanced single-mode fiber laser emission by nano-crystallization of oxyfluoride glass-ceramic cores. Journal of Materials Chemistry C, 2019, 7(17): 5155-5162.

[31] Kang S L, Qiao T, Huang X J, et al. Enhanced CW lasing and Q-switched pulse generation

enabled by Tm^{3+}-doped glass ceramic fibers. Advanced Optical Materials, 2021, 9(3): 2001774.

[32] Kang S L, Wang W L, Qiu J R, et al. Intense continuous-wave laser and mode-locked pulse operation from Yb^{3+}-doped oxyfluoride glass ceramic fibers. Journal of the American Ceramic Society, 2022, 105(8): 5203-5212.

[33] 于泳泽. 多组分过渡金属氧化物玻璃的结构与光学性能研究. 广州: 华南理工大学, 2018.

[34] Bufetov I A, Firstov S V, Khopin V F, et al. Luminescence and optical gain in Pb-doped silica-based optical fibers. Optics Express, 2009, 17(16): 13487-13492.

[35] Petričević V, Gayen S K, Alfano R R, et al. Laser action in chromium-doped forsterite. Applied Physics Letters, 1988, 52(13): 1040-1042.

[36] Sharonov M Y, Bykov A B, Owen S, et al. Spectroscopic study of transparent forsterite nanocrystalline glass-ceramics doped with chromium. The Journal of the Optical Society of America B, 2004, 21(11): 2046-2052.

[37] Bykov A B, Sharonov M Y, Petricevic V, et al. Synthesis and characterization of Cr^{4+}-doped CaO-GeO$_2$-Li$_2$O-B$_2$O$_3$ (Al$_2$O$_3$) transparent glass-ceramics. Journal of Non-Crystalline Solids, 2006, 352(52-54): 5508-5514.

[38] Pinckney L R, Beall G H. Transition element-doped crystals in glass. International Society for Optics and Photonics, 2001, 4452: 93-100.

[39] Zhou S F, Li C Y, Yang G, et al. Self-limited nanocrystallization-mediated activation of semiconductor nanocrystal in an amorphous solid. Advanced Functional Materials, 2013, 23(43): 5436-5443.

[40] Zhou S F, Qiu J R. Topological engineering of doped photonic glasses. MRS Bulletin, 2017, 42(1): 34-38.

[41] Cao J K, Guo H, Hu F F, et al. Instant precipitation of KMgF$_3$: Ni^{2+} nanocrystals with broad emission (1.3-2.2 μm) for potential combustion gas sensors. Journal of the American Ceramic Society, 2018, 101(9): 3890-3899.

[42] Fang Z J, Zheng S P, Peng W C, et al. Ni^{2+} doped glass ceramic fiber fabricated by melt-in-tube method and successive heat treatment. Optics Express, 2015, 23(22): 28258-28263.

[43] Fang Z J, Li Y, Zhang F T, et al. Enhanced sunlight excited 1 μm emission in Cr^{3+}-Yb^{3+} codoped transparent glass-ceramics containing Y$_3$Al$_5$O$_{12}$ nanocrystals. Journal of the American Ceramic Society, 2015, 98(4): 1105-1110.

[44] Yu Y Z, Fang Z J, Ma C S, et al. Mesoscale engineering of photonic glass for tunable luminescence. NPG Asia Materials, 2016, 8(10): 318.

[45] 方再金, 郑书培, 关柏鸥, 等. 微晶玻璃光纤的研究进展. 激光与光电子学进展, 2019, 56(17): 170609.

[46] Dong G P, Wang H P, Chen G Z, et al. Quantum dot-doped glasses and fibers: Fabrication and optical properties. Frontiers in Materials, 2015, 2: 1-14.

[47] Liu C, Heo J. Band gap and diameter modulation of quantum dots in glasses. International Journal of Applied Glass Science, 2015, 6(4): 329-338.

[48] Han N, Liu C, Zhang J H, et al. Infrared photoluminescence from lead sulfide quantum dots in glasses enriched in sulfur. Journal of Non-Crystalline Solids, 2014, 391: 39-42.

[49] Yin Q Y, Zhang J H, Liu C, et al. Dual-band photoluminescence of lead selenide quantum dots doped oxyfluoride glass-ceramics containing BaF_2 nanocrystals. Journal of Non-Crystalline Solids, 2014, 385: 136-141.

[50] Xiao W F, Xu K, Liu C, et al. Formation of core/shell $PbS/Na_2SrSi_2O_6$ nanocrystals in glass. Optical Materials Express, 2016, 6: 578-586.

[51] Kadam S R, Panmand R P, Sonawane R S, et al. A stable Bi_2S_3 quantum dot-glass nanosystem: size tuneable photocatalytic hydrogen production under solar light. RSC Advances, 2015, 5: 58485-58490.

[52] Liu C, Heo J, Zhang X H, et al. Photoluminescence of PbS quantum dots embedded in glasses. Journal of Non-Crystalline Solids, 2008, 354:618-623.

[53] Zhang J, Liu C, Heo J. Mid-infrared luminescence from Sn-modified PbSe quantum dots in silicate glasses. Journal of Non-Crystalline Solids, 2016, 431: 93-96.

[54] Lipovskii A, Kolobkova E, Petrikov V, et al. Synthesis and characterization of PbSe quantum dots in phosphate glass. Applied Physics Letters, 1997, 71: 3406-3408.

[55] El-Rabaie S, Taha TA, Higazy A A. Novel PbSe nanocrystals doped fluorogermanate glass matrix. Materials Science Semiconductor Proceedings, 2015, 34: 88-92.

[56] Wang J, Zhang J H, Liu C, et al. Germanosilicate glasses containing PbSe quantum dots for mid-infrared luminescence. Journal of Non-Crystalline Solids, 2016, 431: 79-82.

[57] Jacob G J, Almeida D B, Faustino W M, et al. PbTe quantum dots in tellurite glass microstructured optical fiber. Proceedings of SPIE, 2008: 690206.

[58] Ju S, Watekar P R, Han W T. Fabrication of highly nonlinear germano-silicate glass optical fiber incorporated with PbTe semiconductor quantum dots using atomization doping process and its optical nonlinearity. Optics Express, 2011, 19: 2599-2607.

[59] El-Rabaie S, Taha T A, Higazy A A. PbTe quantum dots formation in a novel germanate glass. Journal of Alloys and Compounds, 2014, 594: 102-106.

[60] Hreibi A, Gérôme F, Auguste J L, et al. PbSe quantum dots liquid-core fiber//Conference on Lasers and Electro-optics, San Jose, 2010.

[61] Zhang L, Zhang Y, Kershaw S V, et al. Colloidal PbSe quantum dot-solution-filled liquid-core optical fiber for 1.55 μm telecommunication wavelengths. Nanotechnology, 2014, 25: 105704.

[62] Holton C E, Meissner K E, Herz E, et al. Colloidal quantum dots entrained in microstructured optical fibers. Proceedings of SPIE, 2004, 5335: 258-265.

[63] Cheng C, Bo J F, Yan J H, et al. Experimental realization of a PbSe-quantum-dot doped fiber laser. IEEE Photonics Technology Letters, 2013, 25: 572-575.

[64] Cheng C, Hu N, Cheng X. Experimental realization of a PbSe quantum dot doped fiber amplifier with ultra-bandwidth characteristic. Optics Communications, 2017, 382: 470-476.

[65] Bhardwaj A, Hreibi A, Liu C, et al. High temperature stable PbS quantum dots. Optics Express, 2013, 21: 24922-24928.

[66] Lourenço S A, Silva R S, Dantas N O. Tunable dual emission in visible and near-infrared spectra using Co^{2+}-doped PbSe nanocrystals embedded in a chalcogenide glass matrix. Physical Chemistry Chemical Physics, 2016, 18: 23036-23043.

[67] Xu K, Heo J. Electric field-assisted Ag+ migration for PbS quantum dot formation in glasses. Journal of Non-Crystalline Solids, 2013, 377: 254-256.

[68] So B, Liu C, Heo J. Plasmon-assisted precipitation of PbS quantum dots in glasses containing Ag nanoparticles. Journal of the American Ceramic Society, 2014, 97: 2420-2422.

[69] Neto M C, Silva G H, Carmo A P, et al. Optical properties of oxide glasses with semiconductor nanoparticles co-doped with rare earth ions. Chemical Physics Letters, 2013, 588: 188-192.

[70] Serqueira E O, Dantas N O. Luminescence of Nd^{3+} ions under excitation of CdSe quantum dots in a glass system: energy transfer. Optics Letters, 2014, 39: 131-134.

[71] 黄雄健. 近红外宽带荧光 PbS 量子点掺杂玻璃与光纤研究. 广州: 华南理工大学, 2018.

[72] Wang W C, Xiao Y B, Zhou B, et al. Quantum-dots-precipitated rare-earth-doped glass for ultra-broadband mid-infrared emissions. Journal of the American Ceramic Society, 2019, 102(4): 1560-1565.

[73] Sun H T, Zhou J J, Qiu J R. Recent advances in bismuth activated photonic materials. Progress in Materials Science, 2014, 64: 1-72.

[74] Qiu J R. Bi-doped glass for photonic devices. International Journal of Applied Glass Science, 2015, 6(3): 275-286.

[75] Murata K, Fujimoto Y, Kanabe T, et al. Bi-doped SiO_2 as a new laser material for an intense laser. Fusion Engineering and Design, 1999, 44: 437-439.

[76] Suzuki T, Ohishi Y. Ultrabroad and near-infrared emission from Bi-doped Li_2O-Al_2O_3-SiO_2 glass. Applied Physics Letters, 2006, 88: 191912.

[77] Peng M Y, Zhang N, Wondraczek L, et al. Ultrabroad NIR luminescence and energy transfer in Bi and Er/Bi co-doped germanate glasses. Optics Express, 2011, 19: 20799-20807.

[78] Meng X G, Qiu J R, Peng M Y, et al. Near infrared broadband emission of bismuth-doped aluminophosphate glass. Optics Express, 2005, 13: 1628-1634.

[79] Meng X G, Qiu J R, Peng M Y, et al. Infrared broadband emission of bismuth-doped barium-aluminum-borate glasses. Optics Express, 2005, 13: 1635-1642.

[80] Peng M Y, Zollfrank C, Wondraczek L. Origin of broad NIR photoluminescence in bismuthate glass and Bi-doped glasses at room temperature. Journal of Physics: Condensed Matter, 2009, 21: 285106.

[81] Romanov A N, Haula E V, Fattakhova Z T, et al. Near-IR luminescence from subvalent bismuth species in fluoride glass. Optical Materials, 2011, 34: 155-158.

[82] Ren J, Chen D P, Yang G, et al. Near infrared broadband emission from bismuth-dysprosium codoped chalcohalide glasses. Chinese Physics Letters, 2007, 24: 1958-1960.

[83] Ren J J, Qiu J R, Wu B T, et al. Ultrabroad infrared luminescences from Bi-doped alkaline earth metal germanate glasses. Journal of Materials Research, 2007, 22: 1574-1578.

[84] Hughes M A, Akada T, Suzuki T, et al. Ultrabroad emission from a bismuth doped chalcogenide glass. Optics Express, 2009, 17: 19345-19355.

[85] Peng M Y, Dong G P, Wondraczek L, et al. Discussion on the origin of NIR emission from Bi-doped materials. Journal of Non-Crystalline Solids, 2011, 357: 2241-2245.

[86] Khonthon S, Morimoto S, Arai Y, et al. Redox equilibrium and NIR luminescence of Bi_2O_3-

containing glasses. Optical Materials, 2009, 31: 1262-1268.

[87] Peng M Y, Qiu J R, Chen D P, et al. Bismuth-and aluminum-codoped germanium oxide glasses for super-broadband optical amplification. Optics Letters, 2004, 29: 1998-2000.

[88] Wang L P, Tan L L, Yue Y Z, et al. Efficient enhancement of bismuth NIR luminescence by aluminum and its mechanism in bismuth-doped germanate laser glass. Journal of the American Ceramic Society, 2016, 99: 2071-2076.

[89] Peng M Y, Qiu J R, Chen D P, et al. Superbroadband 1310 nm emission from bismuth and tantalum codoped germanium oxide glasses. Optics Letters, 2005, 30:2433-2435.

[90] Zhao Y Q, Peng M Y, Mermet A, et al. Precise frequency shift of NIR luminescence from bismuth-doped Ta_2O_5-GeO_2 glass via composition modulation. Journal of Materials Chemistry C, 2014, 2: 7830-7835.

[91] Hughes M, Suzuki T, Ohishi Y. Advanced bismuth-doped lead-germanate glass for broadband optical gain devices. The　Journal　of　the　Optical Society of America B, 2008, 25: 1380-1386.

[92] Qian Q, Zhang Q Y, Yang G F, et al. Enhanced broadband near-infrared emission from Bi-doped glasses by codoping with metal oxides. Journal of Applied Physics, 2008, 104: 043518.

[93] Sokolov V O, Plotnichenko V G, Dianov E M. Origin of near-IR luminescence in Bi_2O_3-GeO_2 and Bi_2O_3-SiO_2 glasses: First-principle study. Optical Materials Express, 2015, 5:163-168.

[94] Zhou S F, Guo Q B, Inoue H, et al. Topological engineering of glass for modulating chemical state of dopants. Advanced Materials, 2014, 26: 7966-7972.

[95] Dianov E M. Bi-doped glass optical fibers: is it a new breakthrough in laser materials? Journal of Non-Crystalline Solids, 2009, 355: 1861-1864.

[96] Dianov E M. Bismuth-doped optical fibers: a challenging active medium for near-IR lasers and optical amplifiers. Light: Science & Applications, 2012, 1: 1-7.

[97] Bufetov I A, Melkumov M A, Firstov S V, et al. Bi-doped optical fibers and fiber lasers. IEEE Journal of Selected Topics in Quantum Electronics, 2014, 20: 0903815.

[98] Dianov E M, Dvoyrin V V, Mashinsky V M, et al. CW bismuth fibre laser. Quantum Electronics, 2005, 35(12): 1083-1084.

[99] Shubin A V, Bufetov I A, Melkumov M A, et al. Bismuth-doped silica-based fiber lasers operating between 1389 and 1538 nm with output power of up to 22 W. Optics Letters, 2012, 37: 2589-2591.

[100] Thipparapu N K, Jain S, Umnikov A A, et al. 1120 nm diode-pumped Bi-doped fiber amplifier. Optics Letters, 2015, 40: 2441-2444.

[101] Thipparapu N K, Umnikov A A, Jain S, et al. Diode pumped Bi-doped fiber laser operating at 1360 nm//Workshop on Specialty Optical Fibers and Their Applications, Hong Kong, 2015.

[102] Dianov E M, Shubin A V, Melkumov M A, et al. High-power cw bismuth-fiber lasers. The Journal of the Optical Society of America B, 2007, 24: 1749-1755.

[103] Dvoyrin V V, Kir'yanov A V, Mashinsky V M, et al. Absorption, gain, and laser action in bismuth-doped aluminosilicate optical fibers. IEEE Journal of Quantum Electronics, 2010, 46:182-190.

[104] Bufetov I A, Melkumov M A, Khopin V F, et al. Efficient Bi-doped fiber lasers and amplifiers for the spectral region 1300-1500 nm. Proceedings of SPIE, 2010, 7580: 758014.

[105] Dianov E M, Firstov S V, Khopin V F, et al. Bismuth-doped fibers and fiber lasers for a new spectral range of 1600-1800 nm. Proceedings of SPIE, 2015, 9728: 97280U.

[106] 赵衍琪. 铋掺杂近红外发光钽锗酸盐玻璃的基础研究. 广州: 华南理工大学, 2015.

[107] 郑嘉裕. 热稳定铋掺杂镧铝钡镓锗酸盐玻璃与光纤的制备及性能研究. 广州: 华南理工大学, 2016.

[108] Zhang Z Y, Cao J K, Zheng J Y, et al. Bismuth-doped germanate glass fiber fabricated by the rod-in-tube technique. Chinese Optics Letters, 2017, 15: 121601.

[109] Fang Z J, Zheng S P, Peng M C, et al. Bismuth-doped multicomponent optical fiber fabricated by melt-in-tube method. Journal of the American Ceramic Society, 2016, 99: 856-859.

[110] Dudley J M, Genty G, Coen S. Supercontinuum generation in photonic crystal fiber. Reviews of Modern Physics, 2006, 78: 1135-1184.

[111] Nampoothiri A V V, Jones A M, Fourcade-Dutin C, et al. Hollow-core optical fiber gas lasers (HOFGLAS): A review. Optical Materials Express, 2012, 2, 948-961.

[112] Méchin D, Brilland L, Troles J, et al. Recent advances in very highly nonlinear chalcogenide photonic crystal fibers and their applications. Proceedings of SPIE, 2012, 8257: 82570C.

[113] Cheng T L, Nagasaka K, Tuan T H, et al. Mid-infrared supercontinuum generation spanning 2.0 to 15.1 μm in a chalcogenide step-index fiber. Optics Letters, 2016, 41: 2117-2120.

[114] Zhao Z M, Wu B, Wang X S, et al. Mid-infrared supercontinuum covering 2.0-16 μm in a low-loss telluride single-mode fiber. Laser & Photonics Reviews, 2017, 11: 1700005.

[115] Jiang X, Joly N Y, Finger M A, et al. Deep-ultraviolet to mid-infrared supercontinuum generated in solid-core ZBLAN photonic crystal fibre. Nature Photonics, 2015, 9:133-139.

[116] Chen W, Li J Y, Lu P X. Progress of photonic crystal fibers and their applications. Frontiers of Optoelectronics, 2009, 2: 50-57.

[117] Chillcce E F, Rodriguez E, Alves O L, et al. Fabrication of photonic optical fibers from soft glasses. Journal of the American Ceramic Society, 2010, 93: 456-460.

[118] Bookey H T, Lousteau J, Jha A, et al. Multiple rare earth emissions in a multicore tellurite fiber with a single pump wavelength. Optics Express, 2007, 15: 17554-17561.

[119] Cheng T L, Duan Z C, Liao M S, et al. A novel seven-core multicore tellurite fiber. Journal of Lightwave Technology, 2013, 31: 1793-1796.

[120] Awad E S. Data interchange across cores of multi-core optical fibers. Optical Fiber Technology, 2015, 26: 157-162.

[121] Romaniuk R, Dorosz J. Multicore single-mode soft-glass optical fibers. Optica Applicata, 1999, 29: 15-50.

[122] Vogel M M, Abdou-Ahmed M, Voss A, et al. Very-large-mode-area, single-mode multicore fiber. Optics Letters, 2009, 34: 2876-2878.

[123] Mahdiraji G A, Amirkhan F, Chow D M, et al. Multicore flat fiber: a new fabrication technique. IEEE Photonics Technology Letters, 2014, 26(19): 1972-1974.

[124] Cooper L J, Wang P, Williams R B, et al. High-power Yb-doped multicore ribbon fiber laser.

Optics Letters, 2005, 30: 2906-2908.

[125] Awad E S. Data interchange across cores of multi-core optical fibers. Optical Fiber Technology, 2015, 26: 157-162.

[126] Ballato J, Hawkins T, Foy P, et al. Advancements in semiconductor core optical fiber. Optical Fiber Technology, 2010, 16: 399-408.

[127] Ballato J, Hawkins T, Foy P, et al. Binary III-V semiconductor core optical fiber. Optics Express, 2010, 18: 4972-4979.

[128] Ballato J, McMillen C, Hawkins T, et al. Reactive molten core fabrication of glass-clad amorphous and crystalline oxide optical fibers. Optical Materials Express, 2012, 2: 153-160.

[129] Tang G W, Qian Q, Peng K L, et al. Selenium semiconductor core optical fibers. AIP Advances, 2015, 5: 27113.

[130] Tang G W, Qian Q, Wen X, et al. Phosphate glass-clad tellurium semiconductor core optical fibers. Journal of Alloys and Compounds, 2015, 633: 1-4.

[131] Tang G W, Qian Q, Wen X, et al. Reactive molten core fabrication of glass-clad $Se_{0.8}Te_{0.2}$ semiconductor core optical fibers. Optics Express, 2015, 23: 23624-23633.

[132] Tang G W, Liu W W, Qian Q, et al. Antimony selenide core fibers. Journal of Alloys and Compounds, 2017, 694: 497-501.

[133] Dragic P, Law P C, Ballato J, et al. Brillouin spectroscopy of YAG-derived optical fibers. Optics Express, 2010, 18: 10055-10067.

[134] Tyagi H K, Lee H W, Uebel P, et al. Plasmon resonances on gold nanowires directly drawn in a step-index fiber. Optics Letters, 2010, 35: 2573-2575.

[135] Jiang S B, Wang J F. Method of fusion splicing silica fiber with low-temperature multicomponent glass fiber: US Patent, US09963727. 2004.

[136] Li H X, Lousteau J, MacPherson W N, et al. Thermal sensitivity of tellurite and germanate optical fibers. Optics Express, 2007, 15: 8857-8863.

[137] Okamoto H, Kasuga K, Kubota Y. Efficient 521 nm all-fiber laser: splicing Pr^{3+}-doped ZBLAN fiber to end-coated silica fiber. Optics Letters, 2011, 36: 1470-1472.

[138] Zhu X S, Zong J, Wiersma K, et al. Watt-level short-length holmium-doped ZBLAN fiber lasers at 1.2 μm. Optics Letters, 2014, 39: 1533-1536.

[139] Thapa R, Gattass R R, Nguyen V, et al. Low-loss, robust fusion splicing of silica to chalcogenide fiber for integrated mid-infrared laser technology development. Optics Letters, 2015, 40: 5074-5077.

[140] Schülzgen A, Li L, Suzuki S, et al. Recent advances in phosphate glass fiber and its application to compact high-power fiber lasers. Proceedings of SPIE, 2008: 68730Z.

[141] Murawski M, Stępniewski G, Tenderenda T, et al. Low loss coupling and splicing of standard single mode fibers with all-solid soft-glass microstructured fibers for supercontinuum generation. Proceedings of SPIE, 2014, 8982: 898228.

[142] Martelli C, Canning J, Lyytikainen K, et al. Water-core fresnel fiber. Optics Express, 2005, 13: 3890-3895.

[143] 杨昌盛. 异质玻璃光纤间的熔接研究. 广州: 华南理工大学, 2008.

第 10 章　本篇结束语

10.1　内 容 精 要

本篇主要介绍了有源光纤，包括石英玻璃有源光纤、特种激光玻璃有源光纤及新型有源光纤，讨论了有源光纤的应用前景、面临的挑战与未来的发展方向。本篇主要讨论的问题和结论总结如下：

(1) 石英玻璃光纤具有物理和化学性质稳定、机械强度高、损耗低、抗损伤阈值高、制造工艺成熟等优点，是目前低损耗光纤放大器和大功率光纤激光器的首选。然而，石英玻璃光纤对稀土离子的溶解度较低，光纤增益不高，导致光纤长度动辄数米，器件小型化、高性能化受限。

(2) 稀土有源特种激光玻璃光纤具有稀土离子溶解度高、声子能量可控、发光效率高、发射带宽可调、折射率可调等优势，可望成为新一代光纤通信、高性能光纤激光与光纤传感器等的重要候选。

(3) 磷酸盐类激光玻璃(磷酸盐、氟磷酸盐、氟硫磷酸盐等玻璃)具有稀土溶解度高、受激发射截面大、光学光谱性质优异、热稳定性与化学耐久性及机械强度相对较高等特点，是高增益激光光纤的重要基质。

(4) 玻璃形成区通常位于相图中网络形成体含量较高的低共熔点附近。基于热力学方法探索玻璃形成区具有简单、快速、可预测的特点，理论预测对于实验探索具有重要的指导意义。

(5) 玻璃是熔融过冷的产物，相图中只有一致熔融化合物才能存在于玻璃中，非一致熔融化合物在高温时已经分解。玻璃的结构和性质只与玻璃相图中切实存在的一致熔融化合物相关，可以由相图中最邻近一致熔融化合物的结构和性质确定。以相图中一致熔融化合物的结构和性质可以定量预测玻璃物理和光学光谱等性质，并通过高通量计算建立玻璃的组成-结构-性质数据库，直观地呈现在相图上。

(6) 此外，本篇还讨论了玻璃光纤的制备与发展、激光玻璃及光纤掺杂与浓度猝灭、除铂除水、特种玻璃光纤与标准石英光纤的低损耗熔接等关键问题。

10.2　挑战与展望

高增益有源光纤是光纤激光器与光纤放大器的核心工作介质和关键科学难

题。与石英玻璃光纤相比，特种激光玻璃光纤具备稀土离子掺杂量高、发光效率高、增益系数高、声子能量可调控等优势，可望成为新一代新型高性能光纤激光器的核心工作介质。然而，特种激光玻璃光纤依然面临诸多挑战，特别是以下问题亟须解决：

(1) 新玻璃与光纤体系的选择与成分设计及其成分-结构-性质的内在关联机制问题。

(2) 稀土离子在玻璃与光纤中的高掺杂与高效发光问题。

(3) 低损耗高增益有源玻璃光纤的设计及其服役特性问题。

(4) 低损耗特种玻璃光纤的制造工艺技术问题：现有制备方法制备低损耗特种玻璃光纤问题；通过优化现有方法(如预制棒加工尤其是打孔、抛光方法等)减少纤芯-包层界面光纤损耗问题；借鉴微结构光纤与复合光纤等制备方法探索新制备方法问题等。

(5) 掺杂特种光纤实现高效 NIR 和 MIR 发光与激光的基本问题。

(6) 研发更匹配的高功率半导体激光器或光纤激光器作为泵浦源直接泵浦掺杂光纤。

(7) 掺杂稀土离子的 PCF 和 MCF 探索。

第三篇　光纤激光器与光纤放大器

第11章 本篇绪论

■ 光纤激光器在器件结构、设计集成、输出性能、服役特性等方面比传统固体激光器更加紧凑、简单、高效、稳定，是新一代激光技术。当前，光纤激光器是大功率激光、卫星激光通信、引力波探测、地球磁力探测等国家安全与科学前沿领域发展的迫切与重大需求。

■ 掺 Yb^{3+} 光纤激光器可获得极高的 1 μm 波段激光输出效率和功率，目前，商用掺 Yb^{3+} 石英玻璃光纤激光器系统能够提供 500 kW 的高功率激光输出。

■ 发射波长在 1.5 μm 的掺 Er^{3+} 光纤激光器对应石英光纤最低损耗窗口并且"人眼安全"，在通信、传感、激光测距等领域已得到广泛应用。

■ 掺杂光纤放大器利用掺入石英或多组分光纤的激活剂作为增益介质，在泵浦光的激发下实现光信号的放大，光纤放大器的特性主要由掺杂元素决定。工作波长为 1.5 μm 的掺铒光纤放大器(EDFA)是目前光纤通信系统核心器件之一。

■ 过渡金属离子、半金属离子及量子点掺杂光纤近年来备受青睐，有望拓宽通信波段、提高通信容量和速度。其中，工作波长范围可覆盖 1～1.8 μm 的掺铋超宽带光纤放大器(BDFA)受到广泛关注。

11.1 内容概览

本篇第 11 章简要介绍光纤激光器与光纤放大器的发展与研究现状。第 12 章详细阐述掺稀土石英玻璃光纤激光器的研究、发展与应用，包括掺 Nd^{3+}、掺 Yb^{3+}、掺 Er^{3+}、掺 Tm^{3+} 和掺 Ho^{3+} 等石英玻璃光纤激光器，以及工作波长在 1 μm、1.5 μm、2 μm 和 3 μm 波段的掺稀土特种玻璃光纤激光器及其研究、发展与应用。第 13 章介绍稀土掺杂光纤放大器与过渡金属掺杂超宽带光纤放大器及其发展与应用。第 14 章简要总结本篇要点，讨论光纤激光器与光纤放大器面临的挑战与未来的发展方向。

11.2 概 述

11.2.1 光纤激光器

光纤激光器通常由泵浦源、有源光纤和谐振腔组成，以灵巧的半导体激光二极管作为泵浦源，以柔软的有源光纤作为增益介质，同时可采用光纤光栅或耦合器等光纤元件构成谐振腔，因此无须空间光路机械调整、结构紧凑、便于集成，其特有的全光纤结构使器件具有抗电磁干扰性强、温度膨胀系数小等显著优势。光纤激光器的优异性能及其固有优点，如体积小、操作牢靠、易于热管理、光束优良、无须校准、低维护等，促进了光纤激光器在诸多重要前沿领域的广泛应用[1]。光纤激光器当前已经广泛应用于光纤通信、光纤传感、材料加工、医疗手术、远程遥感、军事国防以及科学前沿研究等领域[2-34]。特别是，近年来，光纤激光器成为大功率激光、卫星激光通信、引力波探测等国家安全与科学前沿领域发展的迫切与重大需求。与传统的半导体激光器和固体激光器相比，光纤激光器可以具有不同输出脉宽、线宽和偏振态，能够以小型、低维护的方式提供高效率和高输出功率，在器件结构、设计集成、输出性能和服役特性等方面更加简单、高效、稳定，是新一代激光技术。工业高功率光纤激光器利用主振荡功率放大器(MOPA)结构中光纤放大器的优秀功率缩放能力，提供了使用多个泵浦功率注入点的可能性，从而均匀地分配泵浦吸收和热负荷，提供可靠的工业激光。光纤激光器结合了平均功率高、光束质量高、占地面积小和激光效率高等优点，在现有应用中提供了更低的成本和更高的处理速度，并不断开拓新的应用。

　　近年来，研究人员利用稀土离子掺杂的玻璃光纤，实现了发射波长从可见光到中红外的光纤激光器，并且在新的光纤材料(多组分特种玻璃及光纤结构)、新的工作波长(近红外-中红外)、更窄的线宽(单频)、更短的脉冲持续时间(高重频)和更高的功率(万瓦)等方向不断取得突破，使得光纤激光器的应用空间得到进一步显著扩展。表 11-1 给出了近中红外稀土掺杂光纤激光器在输出功率与斜率效率方面的研究进展[5-49]。1 μm 波段掺 Yb^{3+} 光纤激光器已经在单根多模石英光纤中实现了功率达 100 kW 的连续波激光输出，以及从单根大模场光纤中实现了 10 kW 衍射极限的激光输出。高功率掺 Yb^{3+} 光纤激光器在材料加工领域具有广泛应用，并且在激光武器领域具有重要应用前景。2.025～2.25 μm 大气窗口波段可使用掺 Tm^{3+} 石英光纤激光器或掺 Ho^{3+} 石英光纤激光器直接用于远程大气监测。受益于掺 Tm^{3+} 光纤激光器产生的 2 μm 强激光的低碳化和极好的烧蚀性能，在软组织医疗中，掺 Tm^{3+} 光纤激光器已经用于烧蚀和切除衰竭的泌尿肿瘤和结石等。高效率紧凑尺寸的光纤激光器很适合用于自然孔内窥镜手术等。掺 Tm^{3+} 光纤激光器还用于产生倍频、生成超连续谱和载波包络偏移频率检测等。中红外波段(2.5～25 μm)区域，包括分子"指纹"，涉及分子气体、液体和固体，如温室气体、污染物和药物的强旋转-振动吸收。大气成分，如 CO_2、CO 和 NO_2 分别在 2.8 μm、2.4 μm和 2.9 μm 有强的吸收线，可以应用近中红外光纤激光器的差异吸收进行激光雷达(LiDAR)远程遥感。各种烃类、盐酸盐和通常使用的溶剂在 3.2～3.6 μm 展示出强吸收特征，近中红外光纤激光器能够通过强大而有效的途径实时探测这些化合物的光谱。此外，探测毒品、爆炸物、工厂和飞机废气的安全扫描都是依赖于可信赖的近中红外辐射源。目前，3 μm 波段掺 Er^{3+} 或 Ho^{3+} 氟化物中红外光纤激光器在商业中也已经广泛应用并造福人类，对医疗领域的发展和人们的生活带来了深刻变革。在军事领域，需要强光来进行直接能量应用和在大气透过窗口中长距离传输，发射波长在 1 μm、输出功率在 50 kW 的光纤激光器可以用于引爆地雷、未爆炸的炸弹和短程火箭，所有的这些都需要接近衍射极限的激光。未来单模数千瓦工作的掺 Tm^{3+} 光纤激光器可以用在防御巡航导弹、火箭和无人侦察飞行器的作战平台。对于红外制导导弹，3～5 μm 大气透过窗口可以使用光学参量振荡器或调 Q 掺 Ho^{3+} 晶体激光器，而它们可由掺 Tm^{3+} 石英光纤激光器直接泵浦。迄今，高功率光纤激光器已取得显著进步，材料和光纤设计的不断创新确保了光纤激光解决方案的进一步改进。将高功率光纤激光器的发射波长扩展到中红外将有利于大量现有的或新颖的未来应用。

表 11-1　近中红外稀土掺杂光纤激光器研究进展

波长/μm	稀土	跃迁	年份	输出功率/mW	斜率效率/%	文献
1	Nd^{3+}	$^4F_{3/2} \rightarrow ^4I_{11/2}$	1992	1.07×10^3	50	[5]
			1993	5×10^3	51	[6]
			1995	9.2×10^3	25	[7]
			1997	3.25×10^4	46	[8]
			2002	1×10^6	43	[9]
	Yb^{3+}	$^4F_{5/2} \rightarrow ^4F_{7/2}$	1994	470	42	[10]
			1997	3.55×10^4	65	[11]
			1999	1.1×10^5	58	[12]
			2002	1.35×10^5	51	[13]
			2003	2.72×10^5	85	[14]
			2004	1.36×10^6	83	[15]
			2005	1.96×10^6	—	[16]
			2006	3×10^6	—	[17]
			2010	1×10^7	—	[18]
			2013	1×10^8	—	[19]
			2014	1.013×10^8	—	[20]
1.5	Er^{3+}	$^4I_{13/2} \rightarrow ^4I_{15/2}$	1990	3.9×10^3	28	[21]
			2003	1.03×10^5	30	[22]
2	Tm^{3+}	$^3F_4 \rightarrow ^3H_6$	1992	约 115	34	[23]
			1998	5.4×10^3	22	[24]
			2005	8.5×10^4	56	[25]
			2007	4.15×10^5	60	[26]
			2009	8.85×10^5	49.2	[27]
			2010	1.05×10^6	53.2	[28]

续表

波长/μm	稀土	跃迁	年份	输出功率/mW	斜率效率/%	文献
2	Ho^{3+}	$^5I_7 \rightarrow {}^5I_8$	2007	8.3×10^4	42	[29]
			2012	1.4×10^5	57	[30]
			2013	4.07×10^5	—	[31]
3	Er^{3+}	$^4I_{11/2} \rightarrow {}^4I_{13/2}$	1999	1.7×10^3	27	[32]
			2007	1×10^4	21.3	[33]
			2010	1.1×10^4	12.2	[34]
			2011	2×10^3	35.4	[35]
			2013	2.7×10^4	30	[36]
			2015	3.05×10^5	22	[37]
	Ho^{3+}	$^5I_6 \rightarrow {}^5I_7$	2004	2.5×10^3	29	[38]
			2015	7.2×10^3	29	[39]
>3	Dy^{3+}	$^6H_{13/2} \rightarrow {}^6H_{11/2}$	2003	275	4.5	[40]
			2006	180	20	[41]
			2016	8	51	[42]
	Er^{3+}	$^4F_{9/2} \rightarrow {}^4I_{9/2}$	2013	40	6.5	[43]
			2014	260	52.3	[44]
			2016	1.5×10^3	19	[45]
			2017	5.6×10^3	26.4	[46]
	Ho^{3+}	$^5I_5 \rightarrow {}^5I_6$	1995	1	50	[47]
			1997	11	—	[48]
	Ce^{3+}	$^2F_{7/2} \rightarrow {}^2F_{5/2}$	2021	<0.1	—	[49]
	Tb^{3+}	$^5F_7 \rightarrow {}^5F_6$	2021	<0.01	—	[50]

　　除了石英玻璃、氟化物玻璃及硫系玻璃之外，多组分氧化物特种玻璃(如磷酸盐玻璃、锗酸盐玻璃、碲酸盐玻璃等)具有大的稀土离子溶解度、适中的声子能量、宽的红外透过范围，从而保证了较高的泵浦吸收和量子效率，特别适用于需要高增益短光纤作为增益介质的单频光纤激光器等高性能光纤激光器。一般的激光器线宽约为 0.1～10 nm，而单频光纤激光器可以达到 10^{-9} nm，较前者低近一亿倍。单频激光具有极窄线宽(10^{-9} nm，即千赫兹)、超远相干距离(可达百公里)，因此在高分辨率光谱学、引力波探测、高分辨率材料加工等领域有着广泛的应用前景，是激光技术领域最为活跃的研究方向之一[51]。单频激光具有超强的相干性，相干探测是目前光学检测中最精密的技术之一。一般的探测技术所能探测的范围仅为 10～30 km，精度为 1～10 m，而千赫兹线宽的光纤激光可以将探测范围拓展到

100 km，精度在 1 m 以下，灵敏度小于−100 dB(相当于十亿分之一)，可以对大坝、桥梁、高压线、铁路隧道、山体滑坡、输油管道等重大基础设施进行高灵敏度、超长距离和实时服役状态监控，构建具有超长相干长度和超低噪声的光纤传感系统。光纤传感器具有抗电磁干扰能力强、灵敏度高、耐腐蚀、耐高温、电无源、本质安全、质量轻、体积小、可远距离测量、融传感与通信于一体等特点，是物联网的基石和核心技术。不同于传统的"点"分布式光纤传感系统，"连续型"分布式光纤传感系统对激光和探测要求很高，可以准确地测出光纤沿线上任一点被测量场在时间和空间上的信息分布，能做到对大型基础工程设施的每一个部位像人的神经系统一样进行感知、远程监测和监控。在光通信领域中，单频光纤激光可以大幅度提高信道数，有望实现超高速、超大容量通信，是下一代互联网的关键核心技术之一。在军事领域，海洋和空间军事目标也亟须高灵敏度、超长距离和实时监控，是我国实施国家海洋战略和国家领空防护体系不可或缺的关键技术。单频光纤激光器可以作为水听器、激光雷达的种子源，在近海防御和导弹拦截等方面发挥巨大作用。

　　与半导体激光器相比，单频光纤激光器可以获得更窄的激光线宽、更低的噪声、更高的光束质量和优良的线偏振。带宽的理论极限也称肖洛克-汤斯(Schawlow-Towns)极限，它取决于激光腔中单个纵模的线宽以及受激辐射与谐振纵模的耦合数。前者与激光腔长成反比，后者与稀土离子的增益截面有关。单频光纤激光器需要光纤具有高掺杂、高增益特性以缩短腔长，光纤长度一般为厘米量级。相较其他类型的激光基质材料，玻璃光纤能获得最窄的激光线宽，在窄线宽激光器领域具有更广泛的应用。具体而言，多组分氧化物玻璃(如磷酸盐玻璃)的稀土溶解度比石英玻璃高 1～2 个数量级，因此光纤增益非常高，是单频光纤激光器优异的增益介质，可以将激光腔长缩短至 1～2 cm，能够实现千赫兹的单频激光输出。美国亚利桑那大学和我国华南理工大学等在磷酸盐玻璃光纤中实现了 1 μm 和 1.5 μm 波段的单频激光输出，以及在声子能量较低的锗酸盐玻璃光纤中实现了 2 μm 波段的单频激光输出[51-54]。此外，基于高增益氟化物特种玻璃光纤，单频光纤激光器将工作波长从近红外扩展到了中红外[55]。

　　综上，在过去 60 年里，光纤激光器取得了巨大成就，引起人们的广泛关注。本篇第 12 章将从石英玻璃光纤激光器和特种玻璃光纤激光器两方面展开，详述相关领域的研究进展。

11.2.2　光纤放大器

　　在光纤通信系统中，光放大器既可作为发送机的功率以提高发送功率，也可作为接收机的前置放大器以提高接收灵敏度，亦可代替传统的光-电-光中继器，延长传输距离，实现全光通信。光放大器不但可用于长途干线系统中，也可用于光纤分配网，尤其是在波分复用系统中，能够进行多信道的同时放大。

　　根据介质工作原理分类，目前的光放大器主要有两大类，包括半导体光放大器和光纤放大器。图 11-1 给出了光放大器的分类。光纤放大器(OFA)是指用于光纤通信线路中实现光信号放大的一种全光放大器，具体可细分为掺杂光纤放大器(如 EDFA、PDFA)和非线性光纤放大器(如拉曼光纤放大器(RFA)、布里渊光纤放大器(BFA))。OFA 除了依据基质材料划分外，还可以根据其在光纤线路中的位置和作用分为中继放大、前置放大、功率放大三种。光放大器在通信系统中的主要作用有：①线路放大(in-line)。周期性补偿各段光纤损耗。②功率放大(boost)。增加入纤功率，延长传输距离。③前置预防大(pre-amplify)。提高接收灵敏度。④局域网的功率放大器。补偿分配损耗，增大网络节点数。目前，光放大器的研究热点有：①带宽展宽。现有 EDFA 主要覆盖 C 波段(1530~1565 nm)带宽范围，如何进一步利用 L 波段(1565~1625 nm)或实现 C+L 波段宽带放大是一个主要研究方向；超宽带掺杂光纤放大器和理论上能够实现任意波长放大的拉曼光纤放大器等也备受青睐。②均衡功能。针对点对点系统的增益均衡和针对全光网的功率均衡。③监控管理功能。在线放大器及全光网路由改变。④动态响应特性。

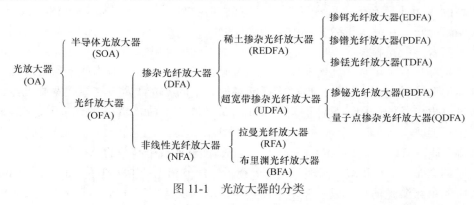

图 11-1　光放大器的分类

　　表 11-2 给出了各种光放大器的工作原理及性能对比。RFA 一般分为前向 RFA 和后向 RFA 两种，其原理是基于受激拉曼散射，以传输光纤作为增益介质，通过将强泵浦光功率转移到信号光上实现信号光的放大。RFA 由泵浦激光器和耦合器组成。需要注意的是，RFA 光信号的放大过程是在传输光纤中完成的，这点与 EDFA 不同。RFA 具有较宽的增益带宽，但需要极高的抽运功率，并且结构复杂，导致其实际应用比较困难。SOA 以半导体材料为增益介质，能够对小信号光进行功率放大并且不明显降低其他光学指标，可作为前置放大器、波长转换器、高速光快门等广泛应用于光通信传输系统和光纤传感系统。SOA 结构简单、体积小，可充分利用现有的半导体激光器技术，制作工艺成熟，成本低、寿命长、功耗小，且便于与其他光器件进行集成。另外，其工作波段可覆盖 1.3~1.6 μm 波段，这是 EDFA 或 PDFA 所无法实现的。但 SOA 最大的弱点是性能与光偏振方向有关，器件与光纤

的耦合损耗太大,噪声及串扰较大且易受环境温度影响,因此稳定性较差。与 SOA 相比,OFA 不需要经过光电转换、电光转换、信号再生等复杂过程,可直接对信号进行全光放大,具有透明度高、噪声系数低、容易与光纤系统耦合、不受光偏振态影响、稳定性高等优势,特别适用于长途光通信的中级放大。与 RFA 相比,掺杂光纤放大器具有工作物质长度小、与光偏振态无关、泵浦功率低等优势。

表 11-2   各种光放大器的工作原理及性能对比

放大器类型	原理	激励方式	工作长度	与光纤耦合	与光偏振关系	稳定性	噪声特性	噪声系数/dB
掺杂光纤放大器	受激辐射放大	光	数米到数十米	容易	不灵敏	好	好	3～4
半导体光放大器	受激辐射放大	电	100 μm～1 mm	很难	灵敏	差	差	约 6
光学非线性放大器	光学非线性效应(如受激散射放大)	光	数千米	容易	不灵敏	好	好	约 3

工作波段	带宽/THz	增益/dB	饱和功率/dBm	串话/dB	插入损耗/dB	抽运效率/(dB/mW)
C+L	2～10	约 40	10～24	<-40	<0.5	5～11
800～1600 nm	约 10	约 30	约 10	>-10	3～5	28dB/50mA
取决于抽运源	约 10	20～40	约 20	小	<0.5	0.05～0.1

随着高清电视、可视电话、远程学习、远程诊断、物联网、智慧城市等快速发展,信息容量、传输速率和传输距离等需求与日俱增,通信技术面临巨大挑战。日常信息形式需要的传输速率为:音频 9.6～128 Kb/s、电视(TV)1～10 Mb/s、高清电视(HDTV)10～100 Mb/s、3D HDTV 2.5 Gb/s,而通信媒介的传输容量为:卫星/微波 140 Mb/s、同轴电缆 60 Mb/s、光纤 50 Tb/s(1T = 1024G,1G = 1024M,1M = 1024 K)。表 11-3 和表 11-4 分别给出了通信速率与可容纳电话路数以及光纤通信、电缆通信和微波通信传输能力对比。由数据可知,仅有光纤通信能够满足海量信息传输需求,光纤通信技术是当今信息时代的基石。

表 11-3   通信速率与可容纳电话路数

通信速率/(Mb/s)	可容纳电话路数/路	通信速率/(Gb/s)	可容纳电话路数/路
2	30	2.5	30720
8	120	10	122880
34	480	40	491520
155	1920	160	1966080
622	7680	50 Tb/s	>1 亿

表 11-4　光纤通信、电缆通信和微波通信传输能力对比

通信方式	传输容量/电话路数	中继距离/km	1000 km 内中继器个数/个
微波无线电	960	50	20
小同轴电缆	960	4	250
大同轴电缆	1800	6	1600
光缆	30720(2.5 Gb/s)	150	7
光缆	122880(10 Gb/s)	100	10

　　光纤通信的优点如下：①频带宽、通信容量大。理论上光纤通信可利用频谱范围大致是 1.28～1.68 μm，其波长带宽可达 400 nm，如果相邻波长(信道)间隔为 0.4 nm，则一共有 1000 个信道，理论上单个信道的传输速率可达 400 Gb/s。②损耗低、中继距离长。目前商用石英光纤的损耗接近 0.15 dB/km，基于石英光纤的通信系统最大中继距离可达 200 km。③抗电磁干扰能力强。石英光纤属于绝缘材料，不受自然界的雷电、电离层、太阳黑子活动等干扰，也不受电线和高压设备等工业电器的干扰，能够与高压输电线平行架设或与电力导体复合构成复合光缆。④无串扰、保密性好。光波在光纤中以全反射形式传播，几乎不发生泄漏，结合消光措施，光纤之间不发生串扰，在光缆之外也无法窃听光纤中传输的信息。⑤光纤直径小、重量轻、柔性较好。单根通信光纤的直径为 0.1 mm 左右(125 μm)，仅为单管同轴电缆的百分之一。8 芯光缆的横截面直径约为 10 mm，而标准同轴电缆的横截面直径为 47 mm。因而，光纤传输系统占用空间更小。在重量方面，18 芯同轴电缆的质量为 11 kg/m，同等容量的光缆仅 90 g/m，轻量对于机载、星载等通信系统具有重要意义。光纤柔性可弯曲的特点有利于光路铺设。⑥光纤的原材料丰富、成本低。目前商用通信光纤的关键材料为石英(二氧化硅)，氧元素和硅元素在地壳中化学元素丰度排行第一和第二。而通信电缆的主要材料是铜，储量较低(地壳元素丰度排名第二十六)，用光纤取代电缆，有利于节约资源。此外，光纤还具有耐腐蚀能力强、抗核辐射、能耗低等优势。

　　20 世纪 60 年代，激光的发明和光纤制造工艺技术的革新推动光通信迅速从实验研究转化为实用通信技术。激光是加载信号的可靠光源，低损耗光纤材料是高效稳定的传输媒介。现代光纤通信系统的光源使用的是发射波长位于低损耗通信窗口、寿命长、体积小、便于维护和规模化生产的半导体激光。1970 年，美国(贝尔实验室)、日本(NEC)和苏联先后成功研制室温下连续振荡的镓铝砷(GaAlAs)双异质结半导体激光器(激光波长为 0.85 μm，第一通信窗口)。虽然当时寿命只有几个小时，但是为半导体激光器的发展奠定了基础。1973 年，半导体激光器寿命达到 7000 h。1976 年，日本电报电话公司(NTT)研制出波长为 1.3 μm(第二通信窗口)的铟镓砷磷(InGaAsP)激光器。1977 年贝尔实验室研制的半导体激光器寿命达到 10 万小时，外推寿命达到 100 万小时，完全满足应用要求。1979 年，美国电报电话(AT&T)公司和日本电报电话公司成功研制波长为 1.55 μm(第三通信窗口)的连续振荡半导体激光器。

低损耗光纤的发展掀起了光通信研究的热潮，并最终成为光通信的重要传输媒介。1966 年，高锟首次提出可以利用基于全反射原理的光导纤维传输光信号，通过改进制备工艺、减少原材料杂质等能够使石英光纤的损耗大幅度降低，从而拉制出损耗低于 20 dB/km(达到与同轴电缆相当的损耗值)满足通信需求的光纤。分贝(dB)是衡量光衰减的单位，其定义式为：$dB = -10\log(P_{out}/P_{in})$。其中，$P_{in}$ 为输入光功率，P_{out} 为经过光纤传输后输出的光功率。当时石英玻璃的损耗高达 1000 dB/km，这意味着输出光功率只有输入光功率的 $1/10^{100}$。高锟指出，光纤的损耗主要源自材料中的杂质，如过渡金属(Fe、Cu)离子的吸收，如果把金属离子的含量降低到 10^{-6}(ppm)以下，就可以使光纤损耗降低到 10 dB/km。通过改进制造工艺提高材料均匀性，可以进一步把损耗减小到分贝每千米(dB/km)量级。上述论断鼓舞了许多科学家为实现低损耗的光纤而努力。由于高锟在有关光在光纤中的传输以用于光通信方面取得了突破性成就，从而获得了 2009 年诺贝尔物理学奖。

光纤在通信领域的巨大应用潜力和经济价值驱动光纤制备技术和工艺飞速发展。图 11-2 为石英光纤损耗曲线及通信窗口。1970 年，美国康宁公司成功研制损耗低于 20 dB/km 的石英光纤[56]。从此，光纤通信展现美好前景，可以和同轴电缆通信竞争。1972 年，康宁公司研制的高纯石英多模光纤损耗达到 4 dB/km。1973 年，美国贝尔实验室研制的光纤损耗低至 2.5 dB/km。1974 年，贝尔实验室将光纤损耗进一步降低至 1.1 dB/km。1976 年，日本电报电话公司将光纤损耗降低到 0.47 dB/km(约 1.2 μm)。1986 年，石英光纤损耗为 0.154 dB/km(约 1.5 μm)，接近石英光纤最低损耗的理论极限。由于光纤材料和半导体激光器的支持，光纤通信技术在 20 世纪 70 年代快速发展。1976 年，美国在亚特兰大进行了世界上第一个实用光纤通信系统的现场测试，系统采用 GaAlAs 激光器作为光源，以多模光纤为传输介质，传输速率为 44.7 Mb/s，传输距离约 10 km。1980 年，美国标准化光纤系统投入商业应用。1983 年，日本铺设了纵贯南北的光缆长途干线(全长 3400 km)，初期传输速率为 400 Mb/s，后来扩容到 1.6 Gb/s。1988 年，由美、日、英、法发起建设第一条横跨大西洋的海底光缆。1989 年，建成第一条横跨太平洋海底通信光缆，全长 13200 km。迄今为止，已经逐渐实现了光纤到户(fiber to the home，FTTH)。

光纤通信的发展主要分为四个阶段：①1966～1979 年，从基础研究到商业应用的开发时期。激光器(GaAs)工作波长为 0.8 μm，采用多模光纤传输，最大中继距离 10 km(当时同轴电缆系统中继距离为 1 km)，比特率为 10～100 Mb/s。多模光纤芯径通常大于 50 μm，容易注入光功率，可以使用发光二极管 LED 作为光源，但是光纤中会存在大量传播模式，存在模间色散，只能用于短距离传输(2～10 km)。

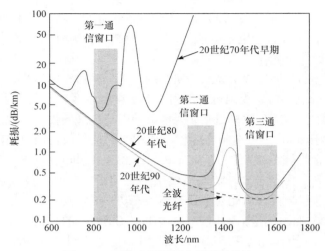

图 11-2　石英光纤损耗曲线及通信窗口

多模色散是限制中继距离的关键。②20 世纪 80 年代早期，主要目标是减小光纤色散。激光器(InGaAs)工作波长为 1.3 μm，采用单模光纤传输，最大中继距离为 50 km，比特率为 2 Gb/s。单模光纤芯径为 8~12 μm，只允许一种模式传输，不存在模间色散，传输带宽大，可用于长途传输(约 100 km)，但是需要使用半导体激光器 LD 作为光源。限制中继距离的另一个主要因素是光纤损耗，当时的光纤损耗为 0.5 dB/km。③20 世纪 80 年代后期到 90 年代初，主要目标是降低光纤损耗。激光器(InGaAsP)工作波长为 1.55 μm，采用单模(色散位移)光纤传输，比特率为 2.5~10 Gb/s，最大中继距离 100 km。这一阶段仍采用光-电-光的方式中继。④20 世纪 90 年代之后，人们引入波分复用技术和采用光纤放大器的全光放大技术，传输距离 14000 km，随后进一步提出了光通信智能化概念。

　　光纤放大器的发明是 20 世纪光纤通信重大技术突破之一。尽管光纤的传输损耗低至约 0.15 dB/km，但是实际传输距离较大，累积损耗较为严重，为了实现大容量、长距离甚至全球通信(地球赤道周长约 40000 km)，中继必不可少。当时采用的光-电-光中继方式面临设备复杂、维护困难、成本高等问题。为了解决这些问题，人们开展了大量的研究。1987 年，英国南安普敦大学报道了支持波分复用技术的掺铒光纤放大器(EDFA)[57]。其工作原理是在泵浦能量(通常是激光)的作用下，实现粒子数反转，然后通过受激辐射实现对入射光的放大。当时，世界各国工业界和学界已经开展了大量关于掺稀土光纤放大器的研究工作，提出了大量的方案和实验模型，EDFA 脱颖而出。EDFA 的发明是光纤通信发展史的重要里程碑。光放大器出现之前，光纤通信的中继器采用光-电-光转换方式，装置复杂、能耗高、不能同时放大多个波长信道，增加了 WDM 系统的复杂性和成本。而光放大器是光-光转换方式，其最大优点是可以同时实现多个波长信道实时在线放大，并且成本低。EDFA 的功能是提供光信号增益，以补偿光信号在光纤中的传输损耗，增大系统的无中继传输距离。EDFA 与第三通信窗口(约 1.5 μm)匹配，性质独特，符合通信产业界的强烈需求。因此，在短短几年时间内 EDFA 就从实验模型演化为成熟的通信设备，成为远程光纤通信系统的核心器件。利用 EDFA 放大和补偿信号，光纤通信距离可达数千甚至上万公里，成为沟通大洋彼岸和国家主要城市的通信干道。光纤通信系统在当时属于新型系统，带宽大、传输速率高(每秒可传输数千吉比特的信息)，直接挑战发展成熟的传统通信技术。EDFA 被进一步研究并且广泛应用于各类通信系统中，全球数十家制造商陆续推出商业化产品。进一步将新型光纤光栅与 EDFA 结合改良了原有放大器，使其具有与信号光波长无关的增益谱，这是构建通信网络的必备条件之一。EDFA 相关领域的研究取得了巨大成就，例如，掺镨光纤放大器(PDFA)成为在第二通信窗口(约 1.3 μm)使用的首个光纤放大器。

　　自南安普敦大学首先研制出 EDFA 以来，光纤放大器得到了迅猛发展，国外致力于光纤放大器的企业不断涌现，包括日本的 FiberLabs 公司、美国的 Thorlabs 公司、丹麦的 NKT 光子公司、美国的 AdValue 公司、英国的 Fibercore 公司等。作为后起之秀，在国内，也有一批专注于光纤放大器的企业和高校，包括武汉长飞光纤光缆股份有限公司、烽火通信科技股份有限公司、武汉光迅科技股份有限公司、武汉长盈通光电技术有限公司、武汉邮科院、华南理工大学、中国电子科技集团公司第二十三研究所等。

　　尽管光放大器(尤其是 EDFA)具有许多突出的优点，但是其目前也存在一定的问题。除了附加噪声使信号的信噪比下降外，还有一些其他的不足，如放大器带宽内增益谱不平坦影响多信道放大性能；光放大器级联应用时，ASE 噪声、光纤色散及非线性效应的影响累积等。这些问题在应用及系统设计中必须反复考虑。此外，由于超高速率、大容量、长距离光纤通信系统的发展，对作为光纤通信领域的关键器件——光纤放大器在功率、带宽和增益平坦方面提出了新的要求，因此，在未来的光纤通信网络中，光纤放大器的发展方向主要有以下几个方面：

　　(1) EDFA 从 C 波段向 L 波段以及其他长波段发展；

　　(2) 宽频谱、大功率的 RFA；

　　(3) 串联局部平坦的 EDFA 与 RFA，获得超宽带平坦增益放大器；

　　(4) 应变补偿的无偏振、单片集成、光横向连接的 SOA 光开关；

　　(5) 具有动态增益平坦技术的 OFA；

　　(6) 小型化、集成化 OFA；

　　(7) 新型超宽带掺杂光纤放大器，包括 BDFA 和 QDFA。

11.3　本篇主旨

　　20 世纪 60 年代，激光的发明和光纤制造工艺技术的革新推动光纤通信迅速从实验研究到实用通信技术。激光是加载信号的可靠光源，低损耗光纤材料是高效稳定的传输媒介。基于受激辐射放大原理的光纤放大器则进一步促进光通信扩大传输容量、提高传输速率和距离，从而占据市场主导地位。光纤激光器在器件结构、设计集成、输出性能、服役特性等方面比传统固体激光器更加紧凑、高效、稳定。目前，光纤激光器已经广泛应用于光纤通信、光纤传感、材料加工、医疗手术、军事国防以及科学前沿研究等领域。本篇主要介绍光纤激光器和光纤放大器，主要包括掺 Nd^{3+}、掺 Yb^{3+}、掺 Er^{3+}、掺 Tm^{3+} 和掺 Ho^{3+} 等石英玻璃光纤激光器的研究、发展与应用。与石英玻璃光纤激光器相比，特种玻璃光纤激光器可将光纤激光器的工作波长从传统的通信窗口扩展到近中红外区域，并且在超窄线宽单频光纤激光器等高性能激光器件中为科学探索和技术进步提供巨大的机会。然而，特种玻璃光纤激光器当前尚存在一些基本问题亟须解决，如：①低损耗高增益玻璃光纤制造问题；②高掺杂与浓度猝灭问题；③超短激光腔设计与光纤激光器服役问题等；④光纤放大器的带宽拓展以及新型超宽带有源光纤的设计和制备等。本篇在介绍石英玻璃光纤激光器和特种玻璃光纤激光器的基础上，将着重介绍新型高增益特种玻璃光纤在 1 μm、1.5 μm、2 μm 和 3 μm 光纤激光器特别是单频光纤激光器中的应用与发展。

参 考 文 献

[1] Shi W, Fang Q, Zhu X, et al. Fiber lasers and their applications. Applied Optics, 2014, 53(28): 6554-6568.

[2] Jackson S D. Towards high-power mid-infrared emission from a fibre laser. Nature Photonics, 2012, 6(7): 423-431.

[3] Wang W C, Zhou B, Xu S H, et al. Recent advances in soft optical glass fiber and fiber lasers. Progress in Materials Science, 2019, 101: 90-171.

[4] Dragic P D, Cavillon M, Ballato J. Materials for optical fiber lasers: A review. Applied Physics Reviews, 2018, 5(4): 041301.

[5] Minelly J D, Taylor E R, Jedrzejewski K P, et al. Laser-diode-pumped Nd-doped fibre laser with output power > 1 W//Conference on Lasers and Electro-Optics, Anaheim, 1992.

[6] Po H, Cao J D, Laliberte B M, et al. High power neodymium-doped single transverse mode fibre laser. Electronics Letters, 1993, 29(17): 1500-1501.

[7] Zellmer H, Willamwski U, Tünnermann A, et al. High-power cw neodymium-doped fiber laser operating at 9.2 W with high beam quality. Optics Letters, 1995, 20(6): 578-580.

[8] Zellmer H, Tünnermann A, Welling H, et al. Double-clad fiber laser with 30 W output power//Optical Amplifiers and Their Applications, Washington DC, 1997.

[9] Ueda K, Sekiguchi H, Kan H. 1 kW CW output from fiber-embedded disk lasers//Conference on Lasers and Electro-Optics, Optical Society of America, Long Beach, 2002: CPDC4.

[10] Pask H M, Archambault J L, Hanna D C, et al. Operation of cladding-pumped Yb^{3+}-doped silica fibre lasers in 1 μm region. Electronics Letters, 1994, 30(11): 863-865.

[11] Muendel M, Engstrom B, Kea D, et al. 35-Watt CW singlemode ytterbium fiber laser at 1.1 μm//Conference on Lasers and Electro-Optics, Baltimore, 1997:CPD30.

[12] Dominic V, MacCormack S, Waarts R, et al. 110 W fibre laser. Electronics Letters, 1999, 35(14): 1158-1160.

[13] Platonov N S, Gapontsev D V, Gapontsev V P, et al. 135 W CW fiber laser with perfect single mode output//Conference on Lasers and Electro-Optics, Long Beach, 2002: CPDC3.

[14] Jeong Y, Sahu J K, Williams R B, et al. Ytterbium-doped large-core fibre laser with 272 W output power. Electronics Letters, 2003, 39(13): 977-978.

[15] Jeong Y, Sahu J K, Payne D N, et al. Ytterbium-doped large-core fiber laser with 1.36 kW continuous-wave output power. Optics Express, 2004, 12(25): 6088-6092.

[16] Gapontsev V, Gapontsev D, Platonov N, et al. 2 kW CW ytterbium fiber laser with record diffraction-limited brightness//Conference on Lasers and Electro-Optics, Munich, 2005.

[17] Fomin V, Mashkin A, Abramov M, et al. 3 kW Yb fibre lasers with a single-mode output// International Symposium on High-power Fiber Lasers and their Applications, St. Petersburg, 2006.

[18] Gapontsev V, Fomin F A, Abramov M. Diffraction limited ultra-high power fibre lasers// Advanced Solid-State Photonics, San Diego, 2010.

[19] Shcherbakov E A, Fomin V V, Abramov A A, et al. Industrial grade 100 kW power CW fiber laser//Advanced Solid State Lasers. Optical Society of America, 2013:ATh4A. 2.

[20] Fomin V, Gapontsev V, Shcherbakov E, et al. 100 kW CW fiber laser for industrial applications. IEEE International Conference on Laser Optics, 2014, 1(1):1-3.

[21] Gapontsev V P, Samartsev L E. High-power fiber laser//Advanced Solid State Lasers, Salt Lake City, 1990.

[22] Sahu J K, Jeong Y, Richardson D J, et al. A 103 W erbium-ytterbium co-doped large-core fiber laser. Optics Communications, 2003, 227(1-3): 159-163.

[23] Percival R M, Szebesta D, Davey S T. Highly efficient CW cascade operation of 1.47 and 1.82 μm transitions in Tm-doped fluoride fibre laser. Electronics Letters, 1992, 28(20): 1866-1868.

[24] Jackson S D, King T A. High-power diode-cladding-pumped Tm-doped silica fiber laser. Optics Letters, 1998, 23(18): 1462-1464.

[25] Frith G, Lancaster D G, Jackson S D. 85 W Tm^{3+}-doped silica fibre laser. Electronics Letters, 2005, 41(12): 687-688.

[26] Meleshkevich M, Platonov N, Gapontsev D, et al. 415 W single-mode CW thulium fiber laser in all-fiber format//Conference on Lasers and Electro-Optics, Munich, 2007.

[27] Moulton P F, Rines G A, Slobodtchikov E V, et al. Tm-doped fiber lasers: fundamentals and power scaling. IEEE Journal of Selected Topics in Quantum Electronics, 2009, 15(1): 85-92.

[28] Hecht J. Novel fiber lasers offer new capabilities. Laser Focus World, 2014, 50: 51-54.

[29] Jackson S D, Sabella A, Hemming A, et al. High-power 83 W holmium-doped silica fiber laser operating with high beam quality. Optics Letters, 2007, 32(3): 241-243.

[30] Hemming A, Bennetts S, Simakov N, et al. Development of resonantly cladding-pumped holmium-doped fibre lasers//Fiber Lasers IX: Technology, Systems, and Applications. International Society for Optics and Photonics, 2012, 8237: 82371J.

[31] Hemming A, Simakov N, Davidson A, et al. A monolithic cladding pumped holmium-doped fibre laser//Conference on Lasers and Electro-Optics: Science and Innovations. Optical Society of America, 2013: CW1M. 1.

[32] Jackson S D, King T A, Pollnau M. Diode-pumped 1.7-W erbium 3-μm fiber laser. Optics Letters, 1999, 24(16): 1133-1135.

[33] Zhu X S, Jain R. 10-W-level diode-pumped compact 2.78 μm ZBLAN fiber laser. Optics Letters, 2007, 32(1): 26-28.

[34] Tokita S, Hirokane M, Murakami M, et al. Stable 10 W Er: ZBLAN fiber laser operating at 2.71-2.88 μm. Optics Letters, 2010, 35(23): 3943-3945.

[35] Faucher D, Bernier M, Androz G, et al. 20 W passively cooled single-mode all-fiber laser at 2.8 μm. Optics Letters, 2011, 36(7): 1104-1106.

[36] Fortin V, Bernier M, Caron N, et al. Towards the development of fiber lasers for the 2 to 4 μm spectral region. Optical Engineering, 2013, 52(5): 054202.

[37] Fortin V, Bernier M, Bah S T, et al. 30 W fluoride glass all-fiber laser at 2.94 μm. Optics Letters, 2015, 40(12): 2882-2885.

[38] Jackson S D. Single-transverse-mode 2.5-W holmium-doped fluoride fiber laser operating at 2.86 μm. Optics Letters, 2004, 29(4): 334-336.

[39] Crawford S. The development of a high power, broadly tunable 3 μm fibre laser for the measurement of optical fibre loss. Sydney: University of Sydney, 2015.

[40] Jackson S D. Continuous wave 2.9 μm dysprosium-doped fluoride fiber laser. Applied Physics Letters, 2003, 83(7): 1316-1318.

[41] Tsang Y H, El-Taher A E, King T A, et al. Efficient 2.96 μm dysprosium-doped fluoride fibre laser pumped with a Nd: YAG laser operating at 1.3 μm. Optics Express, 2006, 14(2): 678-685.

[42] Majewski M R, Jackson S D. Highly efficient mid-infrared dysprosium fiber laser. Optics Letters, 2016, 41(10): 2173-2176.

[43] Henderson-Sapir O, Ottaway D J, Munch J. Development of efficient mid-infrared 3.5 μm fiber laser//Frontiers in Optics, Orlando, Florida, 2013.

[44] Henderson-Sapir O, Munch J, Ottaway D J. Mid-infrared fiber lasers at and beyond 3.5 μm using dual-wavelength pumping. Optics Letters, 2014, 39(3): 493-496.

[45] Fortin V, Maes F, Bernier M, et al. Watt-level erbium-doped all-fiber laser at 3.44 μm. Optics Letters, 2016, 41(3): 559-562.

[46] Maes F, Fortin V, Bernier M, et al. 5.6 W monolithic fiber laser at 3.55 μm. Optics Letters, 2017, 42(11): 2054-2057.

[47] Schneider J. Fluoride fibre laser operating at 3.9 μm. Electronics Letters, 1995, 31(15): 1250-1251.

[48] Schneider J, Carbonnier C, Unrau U B. Characterization of a Ho^{3+}-doped fluoride fiber laser with a 3.9 μm emission wavelength. Applied Optics, 1997, 36(33): 8595-8600.

[49] Nunes J J, Crane R W, Furniss D, et al. Room temperature mid-infrared fiber lasing beyond 5 μm in chalcogenide glass small-core step index fiber. Optics Letters, 2021, 46(15): 3504-3507.

[50] Shiryaev V S, Sukhanov M V, Velmuzhov A P, et al. Core-clad terbium doped chalcogenide glass fiber with laser action at 5.38 μm. Journal of Non-Crystalline Solids, 2021, 567: 120939.

[51] 杨中民, 徐善辉. 单频光纤激光器. 北京: 科学出版社, 2017.

[52] Kaneda Y, Spiegelberg C, Geng J, et al. 200-mW, narrow-linewidth 1064.2-nm Yb-doped fiber laser//Conference on Lasers and Electro-Optics. Optical Society of America, 2004: CThO3.

[53] Spiegelberg C, Geng J, Hu Y, et al. Low-noise narrow-linewidth fiber laser at 1550 nm. Journal of Lightwave Technology, 2004, 22: 57-62.

[54] Geng J H, Wang Q, Luo T, et al. Single-frequency gain-switched Ho-doped fiber laser. Optics Letters, 2012, 37: 3795-3797.

[55] 王伟超, 袁健, 陈东丹, 等. 掺稀土光子玻璃近中红外发光与激光. 中国科学: 技术科学, 2015, 45: 809-824.

[56] 孙学康, 张金菊. 光纤通信技术. 北京: 人民邮电出版社, 2014.

[57] Mears R J, Reekie L, Jauncey I M, et al. Low-noise erbium-doped fibre amplifier at 1.54 μm. Electronics Letters, 1987, 23(19): 1026-1028.

第 12 章　光纤激光器

■　掺 Nd^{3+} 光纤激光器是最早报道和研究最为广泛的光纤激光器之一。Nd^{3+}: $^4F_{3/2}$ 能级三个典型跃迁所产生的三个不同波段激光：1.06 μm 波段($^4F_{3/2}{\rightarrow}^4I_{11/2}$)、1.3 μm 波段($^4F_{3/2}{\rightarrow}^4I_{13/2}$)、0.9 μm 波段($^4F_{3/2}{\rightarrow}^4I_{9/2}$)得到广泛关注。

■　掺 Yb^{3+} 光纤激光器可获得极高的 1 μm 波段激光输出效率和功率。商用光纤激光器系统能够提供 500 kW 的高功率激光输出，并应用于各种各样的用途，包括汽车和轮船工业中的切割和焊接。

■　1.5 μm 波段的掺 Er^{3+} 光纤激光器对应石英光纤最低损耗窗口并且"人眼安全"，在通信、传感、激光测距等领域得到广泛应用。

■　2 μm 波段的掺 Tm^{3+} 和掺 Ho^{3+} 光纤激光器在医疗手术、大气污染物监测、塑料和特殊材料加工、中红外泵浦光源、红外对抗等领域具有重要应用。

■　掺稀土高增益磷酸盐玻璃光纤激光器在千赫兹单频激光输出方面具有显著优势。1 μm 和 1.5 μm 波段千赫兹超窄线宽磷酸盐玻璃光纤单频光纤激光器已逐渐商业化。

12.1　掺稀土石英玻璃光纤激光器

光纤激光器的增益介质大多为掺稀土石英玻璃光纤，这主要因为：①石英玻璃的机械性能和物化稳定性优异，制备工艺成熟，光纤损耗极低，并且表现出极高的光学损伤阈值(接近 500 MW)，保证了光纤在高功率下长期稳定工作；②光纤激光器的其他元器件，如光纤光栅、波分复用器等，均以石英玻璃光纤为基质材料，因此，石英玻璃有源光纤可以很容易与其他光纤元器件实现低损耗、高强度熔接，为制备全光纤化的光纤激光器奠定了基础。由于石英玻璃光纤的这些突出优点，商用光纤激光器，特别是商用高功率光纤激光器均采用石英玻璃光纤作为核心增益介质，如工作在 1 μm 波段的掺 Nd^{3+} 石英光纤激光器(NDFL)、掺 Yb^{3+} 石英光纤激光器(YDFL)，工作在 1.5 μm 波段的掺 Er^{3+} 石英光纤激光器(EDFL)，以及工作在 2 μm 波段的掺 Tm^{3+} 和掺 Ho^{3+} 石英光纤激光器(TDFL 和 HDFL)。特别是，在掺 Yb^{3+} 石英光纤中获得了已知最高的光纤激光输出功率和效率。商用光纤激光器系统能够提供 500 kW 的高功率激光输出，并应用于各种各样的用途，包括在汽车和轮船工业中的切割和焊接。使用 Yb^{3+} 作为高功率激光的激活离子主要有两个原因：首先，Yb^{3+}激光跃迁的量子效率接近 100%，而量子数亏损(即泵浦和激光光子能量之差)不到 10%；其次，Yb^{3+}的能级结构简单，减轻了离子之间的能量传递，不易发生浓度猝灭，稀土掺杂量可以很高。除了高功率激光之外，掺稀土石英光纤还可以实现 1～2 μm 波段单频激光输出，激光线宽为几十千赫兹，输出功率为毫瓦量级。

　　图 12-1 给出了石英玻璃光纤激光器的波长范围[1-6]。图中的每个条形线代表特定离子所达到的波长的总范围，可能涉及不同的光纤激光器如不同的光纤长度、成分、反射腔镜等，但不一定代表单个光纤激光器所显示的调谐范围。可以看出，目前在石英玻璃光纤中已经实现了绝大部分稀土离子的激光输出，包括 Pr^{3+}、Nd^{3+}、Sm^{3+}、Tb^{3+}、Ho^{3+}、Er^{3+}、Tm^{3+}和 Yb^{3+}等。此外，还有少量的非稀土激活离子，如半金属 Bi 离子以及 PbSe 半导体量子点[2-4]。在各种激活离子掺杂的石英玻璃光纤中，稀土离子实现的激光波长范围最广，从 Sm^{3+}产生的 651 nm 最短波长到 Ho^{3+}产生的 2260 nm 最长波长。此外，一些激活离子(如 Nd^{3+})可以在几个不同波长范围内工作。除了稀土离子之外，掺 Bi 石英玻璃光纤实现了覆盖 1100～1500 nm 和 1600～1800 nm 的激光输出，掺 PbSe 量子点的石英玻璃光纤实现了 1550.46 nm 波段激光输出。在给定的稀土离子中，掺杂石英玻璃光纤可实现激光输出的跃迁比氟化物玻璃光纤中的少，并且波长范围更窄。由于石英玻璃具有较高的声子能量和较窄的红外透过范围，使得低能量跃迁的无辐射弛豫较强。因此，对于石英玻璃而言，超过 2.3 μm 的激光运转都非常困难。尽管如此，稀土掺杂石英玻璃光纤激光器已经覆盖了 650～2260 nm 范围的 50%以上。在单根石英光纤中观察到最宽的可调谐范围是 Tm^{3+}接近 300 nm 的可调谐激光输出，而 Tm^{3+}在石英光纤中最长的激光输出波长也已经拓展到了 2198 nm[5,6]。

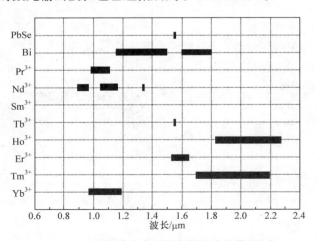

图 12-1　石英玻璃光纤激光器的波长范围[1-6]

12.1.1　掺钕石英光纤激光器

迄今,激光振荡已在许多三价稀土离子的几十个能级跃迁中得以实现,其中,稀土离子钕(Nd^{3+})一直备受关注。自激光发明以来的几十年里,人们已经研究了 Nd^{3+} 在数百种玻璃基质中的光谱与激光特性。一方面,在固体激光器发展的初期,人们便已专注于掺杂发光离子 Nd^{3+};另一方面,Nd^{3+} 的主要激光波长位于第二通信窗口,具有重要的实际应用价值。

掺 Nd^{3+} 光纤激光器是最早报道和研究的最为广泛的光纤激光器之一。1961年,Snitzer 在掺 Nd^{3+} 钡冕玻璃中率先实现了 Nd^{3+} 的激光输出,并提出了光纤激光器的构想[7,8]。1964 年,Koester 和 Snitzer 报道了第一个掺 Nd^{3+} 光纤激光器和光纤放大器,纤芯为含有质量分数 6.3%的 Nd_2O_3 的钡冕玻璃[9]。1973 年,Stone 和 Burrus 报道了第一个掺 Nd^{3+} 石英玻璃光纤激光器,在染料激光器和 Ar 离子激光器的激发下,在 1.06~1.08 μm 实现了激光输出[10]。虽然早期的掺 Nd^{3+} 光纤激光器由于没有足够高效的泵浦源,且只能在脉冲模式下工作,工作效率很低,但仍然是当时最重要的科学成就之一。掺 Nd^{3+} 光纤激光器可以采用多种泵浦波长获得激光输出,特别是 514.5 nm(Ar 离子激光器),752 nm(Kr 离子激光器),约 595 nm(染料激光器)及约 810 nm(半导体激光器)。其中,对应于 Nd^{3+}: $^4I_{9/2} \rightarrow {}^4F_{5/2}$ 跃迁的约 810 nm AlGaAs 半导体激光器是最适合和最高效的激光泵浦源之一。表 12-1 和表 12-2 分别给出了具有代表性的掺 Nd^{3+} 石英光纤激光器以及基于双包层、M 型及光子晶体光纤的掺 Nd^{3+} 石英光纤激光器的研究进展。随着石英玻璃光纤的制备方法与微结构光纤设计的快速进步,以及高功率半导体激光二极管泵浦源的日益成熟,近年来,掺 Nd^{3+} 石英玻璃光纤激光器的输出功率和斜率效率均得到大幅提高。Nd^{3+}: $^4F_{3/2}$ 能级具有典型的三个不同跃迁,分别产生三个不同的激光波段:1.06 μm 波段 ($^4F_{3/2} \rightarrow {}^4I_{11/2}$)、1.3 μm 波段($^4F_{3/2} \rightarrow {}^4I_{13/2}$)和 0.9 μm 波段($^4F_{3/2} \rightarrow {}^4I_{9/2}$)(参见图 2-28(a))。下面将逐一详细阐述掺 Nd^{3+} 石英玻璃光纤激光器在这三个典型波段激光所面临的问题与挑战及取得的研究进展。

表 12-1　具有代表性的掺 Nd^{3+} 石英光纤激光器研究进展

激光波长 /nm	泵浦波长 /nm	Nd^{3+}浓度	光纤长度 /cm	泵浦源	阈值[a] /mW	斜率效率 /%	输出功率[b] /mW	参考文献
905	—	0.5% Nd_2O_3(质量分数)	5	—	4.3	—	—	[11]
980	514.5	50 ppm	400	Ar 离子激光器	7.5	2.6	0.18@14.3	[12]
约 920	590	300 ppm	100	染料激光器	8	7.6	3.4@53	[13]
937	590	300 ppm	100	染料	8	7.1	3.2@53	[14]

续表

激光波长/nm	泵浦波长/nm	Nd³⁺浓度	光纤长度/cm	泵浦源	阈值 [a]/mW	斜率效率/%	输出功率 [b]/mW	参考文献
938	823	1200 ppm	110	LD	1.9	36	3@10.2	[15]
1.06 μm	807	0.5%Nd₂O₃(质量分数)	5	LD	90 μW	约 29	0.2@0.84	11
1.06 μm	822	300 ppm	—	染料激光器	1.3	59	18@32.5	[16]
1.06 μm	807	0.5% Nd₂O₃(质量分数)	约 14.5	LD	2.15	59.2	4.6@10	[17]
1088	830	150 ppm	1000	LD	1.5	55	4.1@8.9	[18]
1088	820	300 ppm	200	LD	约 100 μW	—	—	[19]
1078	595	300 ppm	70	环形激光器/染料	约 6	约 14	2@约 20	[17]
约 1.1 μm	514.5	—	<300	环形激光器/Ar 激光器	1.45	9.2	0.47@6.5	[20]
1363	815	3%(质量分数)	10	LD	5	10.8	3.5@38	[21]
1362	752	1% Nd₂O₃(质量分数)	20	Kr 离子激光器	67	0.95	1.9@265	[22]
1062.6	808	1.25%(质量分数)	4	LD	22	14.6	19.7@155	[23]
1062	802	1%(质量分数)	60	LD	约 $5.3×10^3$	41	约 $9.3×10^3$@$29×10^3$	[40]
910	808	—	970	LD	—	47	$22×10^3$@$47×10^3$	[24]
938	808	—	2500	LD	—	32	$11×10^3$@$35×10^3$	[51]
925	808, 808+880	—	1000;3000	LD	约 $1.8×10^3$; $1.3×10^3$	55, 35.3	$11.5×10^3$@约 $23×10^3$; $26.7×10^3$@约 $82×10^3$	[52]
926.7	808	—	6100	LD		49.3	810@$6.3×10^3$	[48]
1120	808	—	1.5	LD	10	8	15@180	[25]

a. 对应入射泵浦功率；b. 对应吸收泵浦功率。

表 12-2　具有代表性的基于双包层、M 型及光子晶体光纤的掺 Nd³⁺石英光纤激光器研究进展

激光波长/nm	泵浦波长/nm	Nd³⁺浓度	光纤长度/cm	光纤类型/泵浦源	阈值/mW	斜率效率/%	输出功率/mW	参考文献
1087	830	约 700 ppm	3000	双包层/LD 泵浦	约 27 [a]	27 [a]	51@215 W [a]	[26]
约 1064	约 807	1%(质量分数)	600	双包层/LD 阵列泵浦	约 22 [b]	约 25 [b]	120@0.5 W [b]	[27]
约 1064	805	0.7%(摩尔分数)	1100	双包层/Ti 蓝宝石泵浦	79 [a]	25 [a]	288@1.2 W [a]	[28]

续表

激光波长 /nm	泵浦波长 /nm	Nd³⁺浓度	光纤长度/cm	光纤类型/泵浦源	阈值 /mW	斜率效率 /%	输出功率 /mW	参考文献
约1064	807	0.26%(质量分数)	2000	双包层/LD 泵浦	70[c]	31[c]	0.75 W@2.5 W[c]	[29]
1057	808	3%(质量分数)	180	双包层/LD 阵列泵浦	约75[b]	34.7[b]	1.07W@3.16 W[b]	[30]
约1064	807	0.2%(质量分数)	4500	双包层/LD 棒泵浦	约70[b]	51[b]	5 W@9.8 W[b]	[31]
约1070	810	1300 ppm	—	双包层/9 个 LD 泵浦，MM	<10[c]	26[c]	9.2 W@35 W[c]	[32]
约1064	815	0.26%(摩尔分数)	6000	双包层/LD 阵列泵浦	约0.3 W[c]	40[c]	14 W@33.5 W[c]	[33]
约1064	810	0.7%(摩尔分数)	1000	双包层/LD 泵浦	10.9[a]	36[a]	15.9 W@55 W[a]	[34]
1065	810	0.13%(摩尔分数)	8000	双包层/LD 阵列泵浦	<2 W[c]	46[c]	32.7 W@72 W[c]	[35]
约1064	809	0.7%(摩尔分数)	600	M 型/LD 侧边泵浦	10.4[a]	66.3[a]	3.9@16.3[a]	[36]
1054	802	10²⁰/cm³	7	M 型/LD 阵列泵浦	0.38 W[b]	约3	10.3@0.71W[b]	[37]
1050	805	0.26%(质量分数)	190	M 型/LD 阵列泵浦	约4W[c]	约54[c]	9.1W@20.8 W[c]	[38]
1050	804	2×10¹⁹/cm³	40	多芯/LD 多模泵浦	约0.8W[b]	39[b]	515@2.14 W[b]	[39]
1062	802	2% (质量分数)	60	大模场/ LD 泵浦	约6 W[a]	41[a]	约9.3@约29 W	[40]

a. 对应吸收泵浦功率；b. 对应入射泵浦功率；c. 对应注入泵浦功率。

1. 1.06 μm 波段($^4F_{3/2} \rightarrow {^4I_{11/2}}$)掺 Nd³⁺石英光纤激光器

　　早期的 1.06 μm 波段掺 Nd³⁺光纤激光器受到当时石英光纤掺杂与设计以及激光二极管阵列泵浦源低功率的限制，仅可以获得毫瓦量级的输出功率[1]。双包层光纤的发明以及高功率激光二极管的成熟促进了包层泵浦技术的发展，使得掺Nd³⁺石英光纤激光器的输出功率提高了两三个数量级，从而突破了早期光纤激光器输出功率低的应用瓶颈[26-35]。例如，美国宝丽来公司的研究人员采用 15 W的 807 nm 激光二极管阵列泵浦矩形包层的掺 Nd³⁺双包层石英光纤，实现了 5 W的激光输出，打破了瓦量级的限制[31]。该光纤采用 MCVD 法制备，Nd³⁺掺杂浓度为质量分数 0.2%，光纤对单模纤芯的信号光和多模纤芯的泵浦光的损耗分别为 4 dB/km 和 6 dB/km。随后，德国汉诺威激光中心的研究人员基于耶拿物理与技术研究所采用 MCVD 法，结合溶液掺杂技术制备的圆形双包层掺 Nd³⁺石英光纤，利用最大输出功率为 50 W 的 810 nm 激光二极管阵列将 1.06 μm 波段激光输出功率的纪录提高到了 9.2 W[32]。在采用多模纤芯的 D 型光纤中，还有研究者报道了 30 W 的多模输出功率[33]。目前公布的功率纪录由双包层光纤激光器保持，通过弯曲光纤产生有效模式混合，激光输出功率可达 30 W 以上[35]。M 型光纤提供了比双包层光纤更大的模场面积，有望获得更高的输出功率。据报道，在 M 型光纤中通过光纤耦合激光二极管堆叠泵浦，输出泵浦功率为 21 W，在 1050 nm 处的激光输出功率为 10 W，斜率效率为 54%[38]。除了双包层光纤外，光子晶体光纤由于具有极低的色散和非线性特性，大幅降低了光纤非线性效应，同时可控的周期性折射率变化使其在各种有源和无源器件中具有广泛的应用前景，特别是其模场面积的可控性为开发新型光纤激光器和光纤放大器提供了方便[40,41]。圆盘光纤激光器是另一种特殊的高功率光纤激光器，该类型光纤激光器的抽运方案采用 LD 阵列侧边抽运，与典型包层抽运方案的芯抽运方式相比，抽运规模较大[42]。通过将若干个光纤圆盘激光器采用熔接技术耦合，可以获得千瓦级的激光输出，光功率传输系统的容量未来有望与电力传输系统相媲美。另一方面，为了提高石英玻璃的稀土掺杂量，日本大阪大学的研究人员提出不同于传统 MCVD 的沸石法制备掺杂浓度更高(质量分数 1.25%)的石英玻璃光纤,该方法还可以同时抑制玻璃中的浓度猝灭效应，大幅提高光纤吸收系数，仅在毫米量级的较短长度下即可获得激光输出[43,44]。

　　Nd^{3+} 的 $^4F_{3/2} \rightarrow {}^4I_{11/2}$ 跃迁除了可以实现 1064 nm 激光之外,还可以实现 1120 nm 波段激光。1120 nm 光纤激光器有望在天文学、生物医学成像和生物检测等领域具有重要应用[25]。例如，该波段激光可以作为 1178 nm 拉曼光纤激光器、掺 Tm^{3+} 和掺 Ho^{3+} 光纤激光器的泵浦源，还可以通过倍频获得 560 nm 的黄绿光激光，在生物医学、医疗美容、食品药品检测、信息储存、通信、军工、大气遥感等方面具有广泛应用。另外，黄光可以作为激光引星光源应用于地基大型望远镜的自适应光学系统中，使望远镜产生近衍射极限的高分辨率图像。当前报道的获得 1120 nm 激光的方法大多基于受激拉曼散射原理将 1070 nm 激光频移至 1120 nm。但是，拉曼频移法获得的 1120 nm 激光线宽非常宽，一般大于 25 nm。利用掺 Bi 光纤作为增益介质构建的光纤激光器也可实现 1120 nm 激光输出，然而，掺 Bi 光纤对泵浦光的吸收系数较低，通常需要采用相对较长的光纤以保证泵浦光的充分吸收，当泵浦功率增大时，光纤中的非线性效应和寄生振荡将阻碍激光功率的进一步增加，同时引起激光线宽的增大。掺 Yb^{3+} 光纤激光器也可以产生约 1120 nm 发射，并且已经报道了几种不同类型的光纤激光器，包括连续波高功率激光器、调 Q 高能脉冲激光器等。然而，Yb^{3+} 在 1100 nm 以上波长范围内发射截面低，通常需要数米有源光纤才可以提供较高的增益，难以实现单频光纤激光输出。

　　华南理工大学基于 Nufern 公司(型号为 PM-NDF-5/125)的掺 Nd^{3+} 石英光纤，实现了 1120 nm 窄线宽、低阈值单频光纤激光[25]。实验选择反射率为 80.5%的光纤光栅作为低反光纤布拉格光栅，因为其反射带宽在定制的低反光栅中最低，为 9.6 GHz(由其 3 dB 反射带宽 0.04 nm 决定)。HR-FBG 的反射率大于 99.9%，3 dB

线宽为 0.45 nm。经计算，为了满足单频光纤激光器运行的条件，最佳有效腔长应小于 2 cm，从而使纵模间距大于 5 GHz。考虑到两种光纤光栅的有效长度均小于 0.5 cm，确定了掺 Nd^{3+} 石英光纤长度为 1.5 cm。图 12-2(a)给出了 1120 nm 单频分布布拉格反射(DBR)掺 Nd^{3+} 石英光纤激光器的实验装置图[25]。两种光栅直接拼接到掺 Nd^{3+} 石英光纤上，808 nm 激光二极管与 808 nm/1120 nm 波分复用器的泵浦端熔接，波分复用器的公共端与低反光纤布拉格光栅熔接，1120 nm 光纤激光从 808 nm/1120 nm 波分复用器信号端口输出。图 12-2(b)给出了 1120 nm 单频光纤激光的输出光谱[25]。激光峰值波长位于 1120.32 nm，信噪比大于 67 dB。在最大泵浦功率下，1064 nm 附近也没有寄生激光。用扫描法布里-珀罗(Fabry-Perot，F-P)干涉仪进一步测试了激光的纵模特性，自由光谱范围(FSR)约为 1.5 GHz，干涉仪的主共振之间没有峰，说明腔内只有一个纵模工作，如图 12-2(c)所示。在严格温度控制下观察了 2 h 以上的 F-P 扫描谱，发现激光输出一直保持在单纵模稳定运行，并且没有观察到模式跳变或模式竞争现象。图 12-2(d)展示了 1120 nm 单频光纤激光的输出功率与泵浦功率的关系曲线，可以看到激光阈值低至 10 mW，表明在掺 Nd^{3+} 石英光纤中较易产生 1120 nm 激光。当泵浦功率高于该阈值时，输出功率随泵浦功率线性增加。当泵浦功率为 180 mW 时，最大输出功率达 15 mW，光-光转换效率达 8%。在 2 h 的监测时间内，输出功率相对于平均功率的波动小

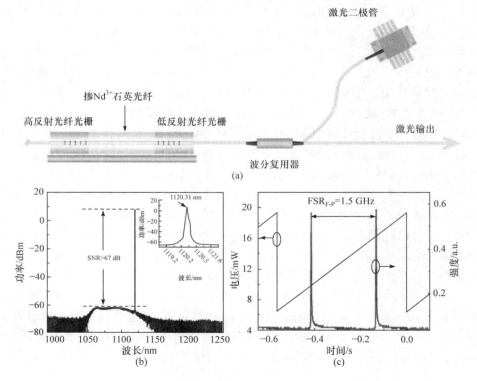

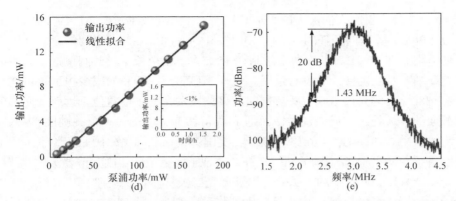

图 12-2　(a)1120 nm 单频掺 Nd³⁺石英光纤激光器的实验装置；(b)激光输出光谱，插图为分辨率为 0.02 nm 的激光光谱；(c)纵模特性；(d)输出功率与泵浦功率的关系曲线，插图为在 2 h 监测时间内的功率抖动；(e)估计谱线宽度的洛伦兹拟合轮廓外差信号[25]

于 1%(图 12-2(d)插图)。为了保护 808 nm LD 泵浦源在长期工作下不被反向光损坏，没有测试在最大输出功率时的功率稳定性。使用 10 km 长的单模光纤，采用延迟自外差法测量了激光线宽。电频谱分析仪的扫描时间约为 0.12 s，分辨率带宽为 100 Hz。图 12-2(e)给出了估计谱线宽度的洛伦兹拟合轮廓外差信号，在距离谱峰–20 dB 处为 1.43 MHz，表明 1120 nm 单频光纤激光器的线宽为 71.5 kHz。

2. 1.3 μm 波段($^4F_{3/2}$→$^4I_{13/2}$ 跃迁)掺 Nd³⁺石英光纤激光器

源自 Nd³⁺: $^4F_{3/2}$→$^4I_{13/2}$ 电子跃迁辐射的掺 Nd³⁺光纤激光器可以实现 1320～1450 nm 的激光输出，该跃迁为典型的四能级激光系统，不存在基态吸收的问题[45]，因而非常引人关注。此外，该波段覆盖第二通信窗口，石英光纤在该波段的光损耗非常低，是早期光纤激光器和光纤放大器的重要研究领域。需要指出的是，尽管 Nd³⁺: $^4F_{3/2}$→$^4I_{13/2}$ 跃迁在光纤中的荧光峰位达到 1.34 μm 的峰值，但激光发射却发生在 1.4 μm。偏移的原因是信号通过激发态吸收(ESA)跃迁到 $^4G_{7/2}$ 能级，ESA 谱在增益谱的中短波长范围内损耗很大，导致激光振荡发生在 1.4 μm 长波长边缘处。第二通信窗口通常在 1.28～1.33 μm 波段范围内，因此，需要研究调控或改变玻璃基质减小 ESA 信号以降低激光波长。研究发现，在石英玻璃中添加磷(摩尔分数 14%P₂O₅)可减少 ESA，从而在较短的 1363 nm 波长发生振荡。长波长尾部信号 ESA 减少，主要归因于磷导致荧光峰变窄[22]。尽管如此，对于通信而言这个波长仍然太长。由于之后发现了更有效的 1.3 μm 掺 Pr³⁺氟化物光纤放大器(PDFA)，有关 1.3 μm 掺 Nd³⁺石英光纤放大器的研究基本上就此停止。

近年来，人们发现 1.3～1.4 μm 波段激光光源可用于生命科学、材料加工、光谱学等应用。Nd³⁺的 $^4F_{3/2}$→$^4I_{13/2}$ 跃迁产生的激光波长可以从 1.3 μm 进一步拓展到 1.4 μm 波段，引起人们极大的兴趣。然而，该跃迁效率较低，因为 1.4 μm 的 ESA 和 1.06 μm 较强的跃迁($^4F_{3/2} \rightarrow ^4I_{11/2}$)以及 0.9 μm($^4F_{3/2} \rightarrow ^4I_{9/2}$)之间的竞争问题将光纤增益限制在 10 dB、平均功率限制在 15 mW，在很长一段时间里这一波段的 Nd^{3+}光纤激光器的发展几乎没有进展。此外，1350～1390 nm 很少报道也可能与 OH^-在 1380 nm 的光谱吸收有关。同时，该波段发光的正增益位于远超荧光峰值发射截面的波长处，较低的发射截面是 1.4 μm 激光面临的另一个关键挑战[46]。

为了获得高功率的 1.4 μm 光纤激光，美国劳伦斯利弗莫尔国家实验室采用堆叠法制备了 Nd^{3+}掺杂石英光子晶体光纤，实现了瓦量级的 1427 nm 激光输出[45]。该激光系统采用 100 mW 的 1428 nm 单模激光二极管作为三级掺 Nd^{3+}光纤放大器的种子源，用二级单模掺 Nd^{3+}光纤放大器将种子激光放大到 250 mW。二级放大器的输出信号经自由空间耦合到最后的高功率光纤放大器，末端功率放大器中的 Nd^{3+}光纤由直径为 21 μm 的掺 Nd^{3+}芯引导 1.4 μm 信号，以及直径为 185 μm、数值孔径为 0.4 的全固态熔融石英包层组成，此外包层上还涂有低折射率聚合物。该光纤可以将 1050～1150 nm 的耦合光从光纤芯分离到多模区域，该区域由于亮度较低而与纤芯有效隔绝。这种光纤结构可以防止 1050～1150 nm 的自发辐射放大，同时泵浦波长在 880 nm，足以在 1427 nm 处实现种子放大，小信号增益提高到 9.3 dB，平均功率比之前的结果提高近百倍，最高可达 10.2 W。由于 100 dB/km 的光纤损耗过大，且实验中使用的光纤太长，导致激光斜率效率较低，仅为 13%。该结果除了受到 1300～1500 nm 范围内光纤损耗过高的限制，还与 $^4F_{3/2} \rightarrow ^4I_{9/2}$ 跃迁之间的增益竞争有关。过高的损耗来自于堆叠拉制过程中引入的污染物，利用预制棒清洗和洁净室组装工艺可以减少光纤损耗，有望进一步提高激光效率和输出功率。通过提高 Nd^{3+}掺杂浓度和纤芯包层比，也可以显著缩短光纤长度。

3. 0.9 μm 波段($^4F_{3/2} \rightarrow ^4I_{9/2}$ 跃迁)掺 Nd^{3+}石英光纤激光器

掺 Nd^{3+}光纤在 900～945 nm 的激光通过倍频可以产生蓝光激光输出，在海洋探测、荧光光谱分析及生物基因排序等领域具有广泛应用。0.9 μm 波段激光主要通过掺钛(Ti)蓝宝石和掺 Nd^{3+}晶体或玻璃获得。钛蓝宝石激光器发射带宽非常宽，调谐范围覆盖 650～1100 nm，输出功率超过 15 W。然而，钛蓝宝石激光器的效率一般低于 25%，进一步的功率提升受到热效应和较短上能级寿命的限制。此外，钛蓝宝石激光器需要高效的主动冷却系统，光学准直复杂，泵浦源笨重，限制了它在紧凑激光源领域的应用。掺 Nd^{3+}晶体，如 Nd^{3+}: YAG 和 Nd^{3+}: YVO_4 可以实现波长低于 900 nm 的激光，研究者已经在这些晶体中实现了数瓦的该波段激光输出[47]。与晶体相比，掺 Nd^{3+}玻璃具有许多优势，比如更宽的调谐范围(900～950 nm)，可以设计不同的光纤结构(如双包层、光子晶体光纤)等。然而，以往在玻璃或光纤基质中该波段激光器或放大器的激光输出功率限制在 100 mW 以下，主要原因是该波段激光是三能级跃迁，并且和发射波长在 1060 nm 的 $^4F_{3/2} \rightarrow {}^4I_{11/2}$ 四能级跃迁存在竞争。

为了解决这一问题，国内外均开展了大量相关研究并取得了一系列进展。例如，英国南安普敦大学展示了一种 926.7 nm 紧凑大功率连续波掺 Nd^{3+} 双包层光纤激光器，最大输出功率达 810 mW，斜率效率达 49.3%[48]。该光纤激光器采用的增益光纤为高浓度掺 Nd^{3+} 铝硅光纤，高掺杂形成高泵浦吸收，因此可以使用较短的光纤长度。由于共掺杂铝，该掺 Nd^{3+} 光纤的荧光峰蓝移到约 932 nm。另外，W 型折射率和掺杂分布对 1060 nm 波段有较大的抑制作用。为了提高泵浦的吸收效率，将内包层设计成方形，将掺 Nd^{3+} 光纤以 2.5 cm 的弯曲半径盘绕，进一步抑制了 1.06 μm 四能级跃迁。

法国卡昂大学和 Ixfiber 公司通过增加掺 Nd^{3+} 光纤的芯/包比，获得了输出功率达 20 W 的 910 nm 激光[49]。该光纤在采用高功率泵浦时会形成强的粒子数反转，并且三能级跃迁上的增益足以产生 910 nm 附近激光发射。此外，泵浦模式与掺杂大模场纤芯的大量重叠也使其 Nd^{3+} 掺杂浓度不必太高，避免了离子聚集效应导致的激光效率降低。进一步地，他们还实现了约 900 nm 的连续和调 Q 可调谐掺 Nd^{3+} 光纤激光器。掺 Nd^{3+} 光纤由光纤耦合激光二极管泵浦，可以从 100 μm 的光纤中输出 60 W 的 808 nm 泵浦光。利用体布拉格光栅作为波长选择和光谱窄化元件，在线性腔的末端与高反射率的宽带反射镜耦合。体布拉格光栅的设计波长为 930 nm，峰值反射率估计为大于 99%，3 dB 带宽为 0.26 nm。为了获得较短的激光波长，须通过增加 Nd^{3+} 的粒子数反转以降低基态吸收。因此，Ixfiber 公司制作了一种纤芯直径为 20 μm，内包层直径为 60 μm，数值孔径约为 0.07 和 0.45 的掺 Nd^{3+} 光纤。为了避免 1060 nm 处的寄生振荡，通过滤除激光腔两侧的放大受激辐射以及将光纤端面研磨成约 15° 的夹角来抑制该波长处的反馈。在体布拉格光栅结构中，当光纤长度最短为 3.8 m 时可以实现 58 nm 宽的调谐范围和短至 872 nm 的激光波长。在这种结构中，当光纤长度为 9.7 m 时，在 915 nm 处获得了最高的激光效率。当注入泵浦功率为 47 W 时，在连续波运转下获得了最大输出功率为 22 W 的激光，光-光转换效率为 47%。在长波长方面，通过带通滤波片可以将激光发射波长调谐到 936 nm。由于激发态吸收的出现，不能实现更长的波长。在带通滤波片结构中，出现了约从 915 nm 到 920 nm 的多个激光发射峰，覆盖了约 5 nm 的波长范围，而基于体布拉格光栅的结构显示了 0.035 nm 稳定狭窄的线宽。

美国劳伦斯利弗莫尔国家实验室将 Nd^{3+} 光纤放大器的工作温度降至 77 K，通过包层抽运获得了输出功率为 2.1 W 的 938 nm 激光[50]。极低的工作温度减少了 Nd^{3+} 基态较高能级的粒子数，从而使放大器在 938 nm 处成为"准四能级"系统，可以有效地与 1088 nm 增益进行竞争。进一步地，他们通过在 Nd^{3+} 光纤激光器中优化纤芯和包层面积的比例，降低了激光器在室温下 1088 nm 波长处的增益，从

而产生了 11 W 的 938 nm 激光输出[51]，如图 12-3 所示。这种光纤激光器的设计
思路是，随着光纤纤芯面积与包层面积比的减小，经过包层的泵浦光吸收增加。
短腔放大器与高泵浦激光通量的组合促使 Nd³⁺具有高的平均粒子数反转率，反过
来缩小了 938 nm 和 1088 nm 之间的增益差异。实验用光纤来自 Nufern 公司，纤
芯直径为 30 μm，纤芯和 125 μm 矩形包层的数值孔径为 0.06，聚合物涂层与内包
层的数值孔径为 0.45，Nd³⁺在 810 nm 的吸收系数为 4 dB/m。该激光器经过了两
级功率放大，主振荡器由 500 mW 的 938 nm 可调谐外腔半导体激光器和锥形放
大器组成，光束质量(M^2)为 2.5。由于光束质量较差，只有大约 200 mW 的主振荡
激光可以有效耦合到放大器光纤的纤芯。光纤放大器有两级掺 Nd³⁺光纤，每级长
25 m。第一级提供了 10 dB 的增益，在 938 nm 处的功率为 2 W，并且在输出端没
有观察到 1088 nm 激光。在第一级种子激光之后是第二级放大部分，将 1.4 W 的
种子激光耦合到第二级放大部分的光纤纤芯。第二级采用两个 25 W 的激光二极

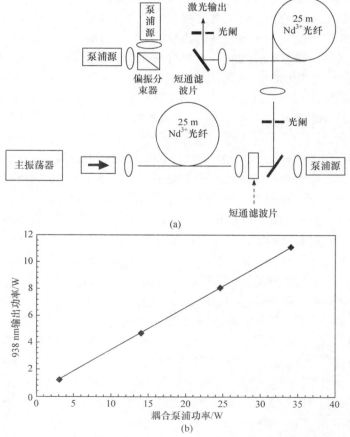

图 12-3　(a)938 nm 光纤激光器的光路图；(b)二级放大器的耦合泵浦功率和 938 nm 输出功率曲线[50]

管泵浦，不过因为二色镜的偏振灵敏度低以及将两个泵浦光同时耦合到第二级输出具有一定难度，所以只有大约 35 W 的 808 nm 激光可以耦合到第二级，第二级放大器的斜率效率为 32%。美国劳伦斯利弗莫尔国家实验室还设计并构建了一种新型大模场双包层掺 Nd^{3+} 石英光纤激光器[52]。将掺 Nd^{3+} 石英光纤缠绕成直径为 200 mm 的圆环以最小化高阶模含量，并调整抑制 1060～1140 nm 激光。当泵浦波长为 808 nm 时，该激光器在 925 nm 处产生了 11.5 W 的输出功率，斜率效率为 55%，与之前双包层光纤结构在这一跃迁上的最佳结果相当。采用 808 nm 和 880 nm 两种高功率泵浦光源时，尽管斜率效率较低，但输出功率达 27 W。这些结果受到可用泵浦光功率的限制，并且在所能得到的最高泵浦功率下没有显示出劣化的迹象，这表明进一步的功率缩放是可能的。

在 0.9 μm 单频光纤激光器方面，法国波尔多大学基于掺 Nd^{3+} 双包层石英光纤和功率放大装置，实现了 915～937 nm 瓦级单频激光输出[53]。如前所述，标准掺 Nd^{3+} 光纤通常在 $^4F_{3/2} \rightarrow {}^4I_{11/2}$ 跃迁(约 1060 nm)上呈现非常高的增益，这是由于该跃迁具有四能级本质，对 900 nm 附近的激光运转造成不利影响。他们采用的增益光纤为 iXblue 光子公司的掺 Nd^{3+} 双包层光纤，光纤设计为 W 型纤芯折射率分布，通过弯曲诱导损耗抑制 1060 nm 处的受激发射。两个直径为 5 m 的 Nd^{3+} 光纤盘绕成直径为 6 cm 的圆盘，用于实现前置放大器和升压放大器。前置放大器由一个 4 W 的 808 nm 激光二极管通过一个多模合束器泵浦。升压放大器则由一个 25 W 的 808 nm 激光二极管通过一个高功率多模合束器泵浦。为了避免杂散反射和实现放大级的稳定运行，使用了三个偏振不敏感的光纤耦合隔离器。此外，输出光纤端面劈裂一定角度。由于掺 Nd^{3+} 光纤的吸收较低，每级后的剩余泵浦由内光纤泵浦功率剥离器去除。

在国内，天津大学报道了 930 nm 单频分布式布拉格反射(DBR)光纤激光器[54]。光纤采用 Nufern 公司的 PM-NDF-5/125 型保偏高掺 Nd^{3+} 石英光纤，该光纤在 808 nm 的吸收系数约为 4.5 dB/cm。当光纤长度逐渐增加时，沿光纤长度方向泵浦强度逐渐减弱，其在 910 nm 处的发射强度逐渐降低，并由于短波长处的重吸收导致发射峰开始向长波方向移动，这一特性有利于利用短直腔实现波长小于 945 nm 的单频光纤激光。为了实现稳定的单纵模激光运转，选取 2.5 cm 长的掺 Nd^{3+} 石英光纤作为增益介质，实验装置如图 12-4(a)所示。单频激光输出功率如图 12-4(b)所示，相对于注入泵浦功率的激光阈值为 35 mW，当注入泵浦功率约为 125 mW 时获得最大的输出功率约为 1.9 mW。考虑到剩余泵浦功率、波分复用器的插损以及熔接损耗，结合激光输出功率与吸收泵浦功率之间的关系，得到激光斜率效率为 2.9%。效率低的原因主要是由于 930 nm 附近的激光发射属于三能级系统，与来自约 1060 nm 的准四能级激光竞争，另一个原因则是掺 Nd^{3+} 石英光纤与无源光纤在激光腔内的模式不匹配。通过监测激光输出功率的稳定性，可知单

频激光在 1 h 内的功率抖动约为 1.5%。激光输出谱如图 12-4(c)所示，其中心波长

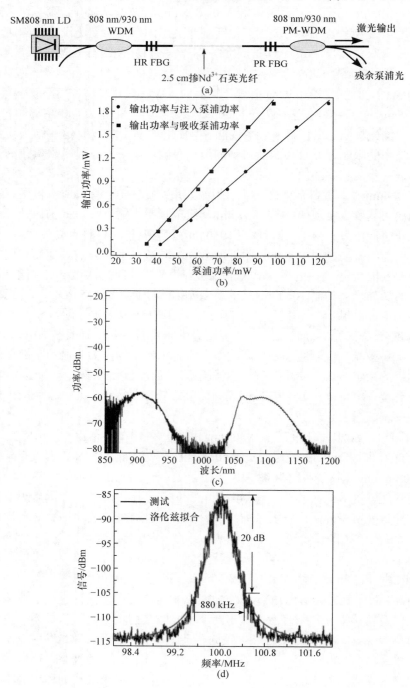

(a)

(b)

(c)

(d)

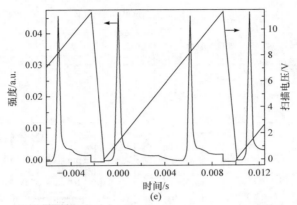

(e)

图 12-4　(a)930 nm 掺 Nd³⁺石英单频光纤激光器的实验装置；(b)808 nm 泵浦功率和 930 nm 单频激光输出功率曲线；(c)单频激光光谱；(d)激光线宽；(e)激光纵模特性[54]

位于 929.77 nm。考虑到 1100 nm 附近的自发辐射，930 nm 激光的信噪比达 40 dB。图 12-4(d)显示了激光输出功率为 1.8 mW 时的外差信号，通过洛伦兹线型拟合得到激光线宽为 44 kHz。通过扫描法布里-珀罗(F-P)干涉仪，测得激光器获得了稳定的单纵模运转，通过 1 h 的模式监测，未出现跳模或模式竞争现象(图 12-4(e))。

　　华南理工大学研究了掺 Nd³⁺石英光纤在更短波长(<920 nm)处的激光输出性能[55]。采用 Nufern 公司的单模掺 Nd³⁺石英光纤，纤芯和包层的直径分别为 5 μm 和 125 μm，光纤在 915 nm 处的单位长度净增益为 1 dB/cm。通过 X 射线荧光光谱分析可知，该光纤中 Nd³⁺的质量分数达 2.51%，高的增益系数有利于实现高的输出功率和斜率效率。图 12-5(a)给出了 915 nm 光纤激光器的实验装置[55]。激光腔由一个高反布拉格光栅(HR-FBG)和一个低反布拉格光栅(LR-FBG)组成，并与掺 Nd³⁺石英光纤熔接。HR-FBG 的线宽为 0.7 nm，在 915 nm 处的反射率为 99%。LR-FBG 的线宽为 0.06 nm，反射率为 70%。保偏光纤的双折射特性可以产生对应于两个不同线偏振的反射峰，采用保偏波分复用器分离残余泵浦和 915 nm 线偏振输出激光。图 12-5(b)显示了采用 5.1 cm 长石英光纤时获得的 915 nm 激光光谱，可以看到 915 nm 激光信号在 1.06 μm 和 1.1 μm 处也有较强的放大自发辐射，这由 $^4F_{3/2} \rightarrow {}^4I_{11/2}$ 四能级跃迁引起。图 12-5(c)给出了不同光纤长度下的激光输出功率和泵浦功率关系曲线。随着泵浦功率增加，没有出现功率饱和现象。同时可以看到，激光斜率效率随光纤长度的变化而变化，在 5.1 cm 光纤长度下最优值为 5.3%。这种较低的转换效率主要是由四能级跃迁产生的强放大自发辐射引起，其消耗了大量的泵浦功率。通过提高输出光纤光栅的反射率可以抑制放大自发辐射，但也会影响激光斜率效率。当光纤光栅的反射率增加到 90%时，斜率效率从 5.3% 显著降低到 1.9%。因此，70%反射率的 LR-FBG 是这种掺 Nd³⁺石英光纤实现高效的 915 nm 全光纤激光器的较优选择。

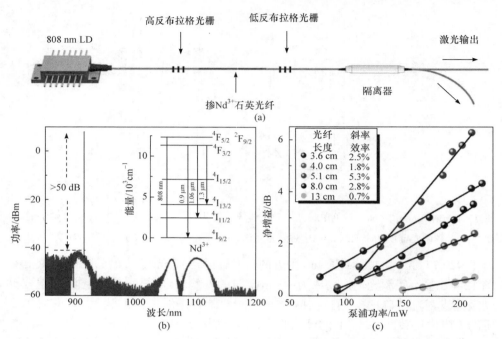

图 12-5　(a)915 nm 光纤激光器的实验装置；(b)在 5.1 cm 长石英光纤下的 915 nm 激光光谱；(c)不同光纤长度下的激光输出功率和泵浦功率关系曲线[55]

12.1.2　掺镱石英光纤激光器

在众多稀土掺杂光纤激光器中，掺镱(Yb³⁺)光纤激光器可获得最高的激光效率和输出功率。图 12-6 给出了掺 Yb³⁺光纤激光器典型的输出效率分布[56]。一般掺 Yb³⁺光纤激光器的激光输出效率可以达到 60%～80%，这在很大程度上由稀土离子 Yb³⁺在玻璃光纤中的增益特性所决定。泵浦功率损失的部分除了稀土离子吸收和由量子亏损引起的基本损耗外，还有额外的泵浦损耗和信号损耗以及未优化的空腔损耗。通过选择合适的纤芯和包层材料以及适当的腔体设计如选择最佳的反射波长和强度，可以将这些损耗降到最低。由量子数亏损引起的损耗取决于泵浦波长和激光波长的选择，一般情况下量子数亏损约为 8%～12%，在带内泵浦或串联泵浦的情况下，量子数亏损可低至 1%，光-光转换效率非常高。带内泵浦也是一种有效的热管理方法，超过 3 kW 的单模光纤激光器的功率缩放几乎完全依赖于它。

迄今，研究者已经采用化学气相沉积法(CVD)、改进的化学气相沉积法(MCVD)、外部气相沉积法(OVD)、堆叠法等制备出了各种类型的掺 Yb³⁺石英光纤，如双包层光纤、光子晶体光纤、大芯径光纤等[57,58]。美国空军实验室基于掺 Yb³⁺石英光子晶体光纤，获得了输出功率达 811 W 的接近衍射极限光束质量的单

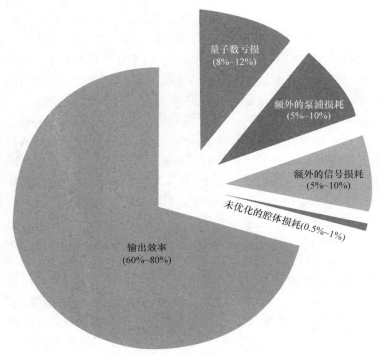

图 12-6　掺 Yb^{3+}光纤激光器典型的输出效率分布[56]

频激光输出[59]。除了光纤技术的进步，近衍射极限输出的光纤激光器的功率提升也依赖于泵浦技术的成熟，如从低亮度二极管到组合高亮度二极管模块，特别是最近的带内串联泵浦。2000 年后，高亮度二极管泵浦模块的引入，使单模激光的输出功率达到了前所未有的 20 kW。据预测，如果可以任意增加光纤的模场直径，单个光纤激光器可获得约 36 kW 的高功率激光输出。功率极限主要是由热和受激拉曼散射效应决定，而模式不稳定效应会大大降低功率极限。如前所述，将单模光纤激光的功率放大到 3 kW 以上需要带内或串联泵浦以减少最终功率放大器的热负载，可以将单模激光的输出功率提升到 20 kW。据预测，带内泵浦可以有效抑制热问题，并将单模运转的输出功率提升到约 70 kW。将单模激光的输出功率扩展到如此高的水平需要直径非常大的光纤，同时稳定的高功率单模运转相当具有挑战性。目前，掺 Yb^{3+}多模激光通过合束技术已达到 100 kW 量级，这一功率水平有望使光纤激光应用在工业和定向能领域[56]。

　　近年来，国内在高功率掺 Yb^{3+}光纤激光器的研究方面也取得了长足进展。2018 年，中国工程物理研究院激光聚变研究中心构建了基于(8+1)型泵浦增益一体化复合功能光纤((8+1)-PIFL)的万瓦级光纤激光器[60]。该复合功能光纤激光器是包含单根增益光纤与多根泵浦光纤的多功能集成器件，当泵浦激光功率为 10.66 kW

时，在 1079.4 nm 波长处实现了 8.72 kW 的激光输出，激光线宽为 2.76 nm，信噪比大于 30 dB。进一步，他们还基于(8+1)-PIFL 实现了最高输出功率为 11.23 kW 的激光输出，以及 10.45 kW 的稳定激光输出，斜率效率提高到了 82.5%[61]。基于同带泵浦 Yb-APS 光纤将激光器的斜率效率提升到了 86.8%，激光功率在 9.82 kW 稳定输出，中心波长为 1080.08 nm，3 dB 带宽为 1.62 nm[62]。此外，中国科学院上海光学精密机械研究所(简称中科院上海光机所)使用自主研发的双包层掺 Yb^{3+} 光纤，构建了国产化万瓦级光纤激光系统[63]。增益光纤同样基于铝磷掺杂石英玻璃光纤，通过提高稀土离子 Yb^{3+} 的溶解度并减少 Yb^{3+} 团簇，实现了光暗化抑制和高发光效率。系统构建方面，使用 3 dB 带宽为 2.1 nm 的谐振腔激光作为种子光源，采用双端抽运放大、稳定光纤及器件热控、大模场光纤精确模式控制等技术，实现了高效激光放大，并有效抑制了受激拉曼散射和受激布里渊散射。

在掺 Yb^{3+} 单频石英光纤激光器方面，研究主要围绕 980 nm 和 1064 nm 两个波段。980 nm 单频光纤激光器可以作为掺 Yb^{3+} 或掺 Er^{3+} 光纤激光器的泵浦源，同时在单光子探测、非线性频率转换等领域具有潜在应用前景。对 915 nm 泵浦源的基态吸收对应于从 $^2F_{7/2}$ 基态的最低能级到 $^2F_{5/2}$ 激发态的最高能级之间的跃迁，从 $^2F_{5/2}$ 激发态的最低能级到 $^2F_{7/2}$ 基态的最低能级的辐射跃迁对应于准三能级跃迁，该跃迁产生 980 nm 波段的激光。从 $^2F_{5/2}$ 激发态的最低能级到 $^2F_{7/2}$ 基态的最高能级的跃迁对应于准四能级跃迁，发射 1 μm 以上波长的激光。通常，掺 Yb^{3+} 光纤激光器或放大器倾向于工作在长波长区域(1030~1100 nm)。因为准四能级跃迁的粒子数反转仅为 5%，而准三能级跃迁需要强泵浦激发 50%的 Yb^{3+} 粒子数反转，才能实现短波长范围内的激光与增益。因此，实现 980 nm 高效单频激光由于需要克服 1 μm 波段附近的增益竞争，具有一定困难。

天津大学使用 2 cm 长商用高掺 Yb^{3+} 石英光纤作为增益介质，通过设计激光谐振腔中光纤光栅参数，获得了稳定的 980 nm 单频激光[64]。当泵浦功率为 150 mW 时，激光器的输出功率达到 25 mW，相对于注入泵浦功率的斜率效率约为 16.7%。激光器的斜率效率与光纤参数密切相关，可以通过优化光纤的掺杂浓度、纤芯结构以及光纤长度等参数进一步提高。此外，激光阈值接近于 17 mW，低于高掺 Yb^{3+} 磷酸盐单频光纤激光器的 45 mW 激光阈值[65]。较低的激光阈值得益于全石英光纤系统的低熔接损耗，特别是有源光纤和光纤光栅的低损耗熔接点。和 980 nm 激光相比，1064 nm 激光的量子亏损更低、功率输出更高。使用 CorActive 公司的 Yb406 光纤，当注入泵浦功率为 230 mW 时，获得的最高激光输出功率为 32 mW，斜率效率为 15%，激光阈值为 8 mW，激光中心波长为 1064.1 nm，信噪比大于 60 dB。和文献报道的其他掺 Yb^{3+} 石英光纤单频激光器相比，该 1064 nm 单频激光器具有较低的激光阈值以及高出一倍的斜率效率，主要得益于实验中各熔接点较好的熔接处理以及对整个激光谐振腔进行的实时温度控制以获得稳定的激光运转。此外，罗切斯特大学研究了掺 Yb³⁺ 石英光纤 1029.4 nm 单频激光特性，输出功率达到 35 mW，信噪比大于 65 dB[66]。

12.1.3 掺铒石英光纤激光器

发射波长在 1.5 μm 波段的掺铒(Er³⁺)光纤激光器已经得到了广泛应用，该激光波长对应石英光纤最低损耗窗口并且"人眼安全"，在光纤通信、光纤传感和许多其他领域，如激光雷达的光探测和测距、激光气体监测等领域具有重要应用。1.5 μm 激光对人眼安全，并且具有较强的大气透过能力，因此，可以与 1 μm 波段的掺 Yb³⁺ 或 Nd³⁺ 光纤激光器一样适用于远距离测量。此外，由于单通道的最大传输容量无法满足人们不断增长的需求，如高清电视、三网融合和网络电视等，将波长从 1 μm 扩展到 1.5 μm 成为研究热点。Er³⁺ 具有丰富的能级且 1540 nm 的发射位于低损耗的光通信窗口中。同时，Er³⁺ 与 LD 泵浦源在 800 nm、980 nm 和 1480 nm 处具有良好匹配的吸收带，使掺 Er³⁺ 光纤作为光放大介质在光通信领域引起了广泛关注。

1986 年，英国南安普敦大学在室温下实现了掺 Er³⁺ 光纤激光器的连续波激光输出，并且展示了波导激光器相对于块体激光器的优势，推动了掺 Er³⁺ 光纤放大器(EDFA)的发展[67,68]。EDFA 的发明极大地推动了光纤通信的快速发展。在 3 m 长的掺 Er³⁺ 光纤中，利用氩气激光器(655～675 nm)泵浦时在 1536 nm 处提供了 28 dB 的峰值增益，这种新型光放大器与先前研发的光学放大器如半导体光放大器和光纤拉曼放大器相比具有突出优势[69,70]。EDFA 与其他光放大器的另一个显著区别在于它具有与电信光纤的兼容性、低串扰、低过剩噪声、偏振独立性、高输出功率和高效率以及相对紧凑的特点。为了适应 EDFA 的应用发展及商业化，许多紧凑型半导体泵浦激光器快速发展并投入应用，如 0.67 μm、0.8 μm、0.98 μm、1.48 μm 和 1.53 μm 波段半导体激光器等。

在掺 Er³⁺ 光纤中，往往需要添加 Yb³⁺ 作为敏化剂。在石英光纤中引入 Yb³⁺ 敏化 Er³⁺ 具有许多优点：①掺入 Yb³⁺，可极大地提高泵浦吸收效率，从而进一步提高激光效率并减小腔长；②高浓度的 Yb³⁺ 缩短了离子之间的距离，因此有利于它们之间的能量传递过程；③Yb³⁺ 的吸收光谱很宽，可以提供很宽的泵浦波长范围，一般为 300 nm，其峰值在 930 nm；④Yb³⁺ 提供的强吸收带与 Er³⁺ 的泵浦激发态吸收重叠较小，所以 Yb³⁺ 足够强的基态吸收非常有利于其实际应用；⑤Yb³⁺ 有望改善光纤激光器的输出功率与温度稳定性，因为 Er³⁺ 的泵浦带非常窄，而激光二极管的波长强烈依赖于温度，所以需要将二极管的温度控制在较小的范围内，而引入 Yb³⁺ 则可以降低这种要求。众多研究结果也证明了 Er³⁺/Yb³⁺ 共掺光纤激光器的有效性，例如，在 Er³⁺/Yb³⁺ 共掺光纤激光器中，采用 976 nm 激光二极管泵浦 Er³⁺/Yb³⁺ 共掺双包层光纤后得到 1535 nm 种子激光，然后将 36 个输出功率均为 11 W 的 1535 nm 光纤激光带内泵浦另一段 18 m 长的 Er³⁺/Yb³⁺ 共掺双包层光纤，实现了输出功率达 264 W 和激光效率达 74%的 1585 nm 激光[71]。

Er^{3+}/Yb^{3+} 共掺光纤激光器的不足之处在于，Yb^{3+} 具有增加纤芯折射率的作用，意味着掺杂光纤的直径需要减小才能保持单模状态。此外，Yb^{3+} 的 1 μm 寄生辐射对人眼和光学器件也有危害。由于这些缺点，研究不使用 Yb^{3+} 作为共掺杂剂的高功率掺 Er^{3+} 光纤激光器是近年来一个重要的研究方向。2012 年，俄罗斯科学院研究者演示了无 Yb^{3+} 掺 Er^{3+} 光纤激光器，实现了 7.5 W 的输出功率，与 976 nm 发射泵浦功率相比，产生了 40%的效率[72]。2014 年，他们进一步将无 Yb^{3+} 掺 Er^{3+} 光纤激光器的输出功率提升到了 103 W[73]。虽然这一演示突出了一种非常高效的全光纤激光器结构，但大直径的方型光纤设计不适用于 125 μm 尾纤的传统激光二极管泵浦源。此外，尽管方型光纤有利于泵浦模式混合，这种多模大芯的光纤需要诱导弯曲损耗以确保单模工作。2018 年，南安普敦大学展示了一个无 Yb^{3+} 单掺 Er^{3+} 光纤激光器，并且展示了激光输出波长在 1601 nm 的高达 656 W 的激光功率，斜率效率为 35.6%[74]。该光纤为双包层结构，内包层为 D 型，用于增强泵浦吸收。然而，该装置使用的是自由空间单元，且泵浦源为 1.1 kW 的高功率多模激光二极管阵列，因此实现的光纤激光光束质量较差（$M^2 = 10.5$）。

在掺 Er^{3+} 光纤中引入 Ce^{3+} 共掺离子可以降低高功率掺 Er^{3+} 石英光纤激光器的光暗化效应。图 12-7 给出了基于 Er^{3+}/Ce^{3+} 共掺高功率全光纤激光器的原理图[75]。7 个波长稳定在 981 nm 的 90 W 激光二极管通过一个 7×1 高功率泵浦合束器、105 μm/125 μm 输入光纤和 125 μm 无芯输出光纤进行合束。这样的泵浦合束器对每一个输入光纤的功率限制在 60 W，从而限制了最大输入泵浦功率为 420 W。考虑到合束器的泵浦透过率为 94%，并保持泵浦输入功率的安全值，则合束器后的最大注入功率限制为 387 W。该激光腔由 25 m 长的 Er^{3+}/Ce^{3+} 共掺石英光纤构成，并由一对刻写在无源光纤中的光纤光栅连接，以减少热负载。该无源光纤也采用了与掺 Er^{3+} 光纤相同的纤芯组成，只是用 Ce^{3+} 代替了 Er^{3+}。光栅采用飞秒相位掩模技术在 800 nm 激光波长下经聚合物涂层写入，光栅经过热退火以减少其损耗并稳定其长期运行的性能。对有源光纤和无源光纤之间的连接进行了监测，以最大限度地减少它们的传输损耗。为了防止寄生反馈，将输出光纤的一端切割成 6°角。利用一个在 981 nm 高反的泵浦滤波片将输出功率分为 1598 nm 信号功率和剩余泵浦功率，从而可以同时测量它们的值。在高功率测试腔后，在传输光纤上使用包层模剥离器，确认在光纤纤芯中引导超过 96%的激光信号。根据吸收泵浦功率计算的斜率效率为 38.6%，根据注入功率计算的整体斜率效率为 31.2%。整体效率较低的主要原因是剩余泵浦功率较大，在最大激光功率时可达 87 W。获得的最大激光输出功率是 107 W，这是当时这种激光配置所获得的最高功率。和已报道的 40%的更高整体斜率效率的空间耦合激光腔相比，该全光纤激光结构由于其坚固性和简单的光纤几何形状，更容易制造，使其在工业激光应用中更具吸引力。使用具有更好规格的泵浦合束器可以将泵浦功率提高到 630 W，在相同的装置下，将产生大约 160 W 的激光输出功率。

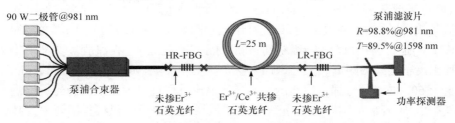

图 12-7 基于 Er^{3+}/Ce^{3+} 共掺石英有源光纤的高功率全光纤激光器原理图[75]

12.1.4 掺铥石英光纤激光器

2 μm 波段激光光源极具吸引力的应用领域包括医疗手术、大气污染物监测、塑料和特殊材料加工、泵浦中红外光源以及利用超过 2.1 μm 的大气传输窗口用于定向能或遥感等[76]。掺铥(Tm^{3+})石英玻璃光纤激光器可提供 2 μm 波段的发射，这也是在石英玻璃的 2.4 μm 多声子吸收边带之前可达到的最长波长。

Tm^{3+}存在 460 nm、670 nm、790 nm、1210 nm、1650 nm 五个主要吸收带，如图 12-8 所示。其中，790 nm 和 1650 nm 吸收带，有相应的商用高功率高亮度光纤耦合激光二极管泵浦源，是 Tm^{3+}掺杂光纤激光器特别是高功率激光系统首选。由于泵浦波长小于 790 nm 时存在较大的量子亏损，将会限制转换效率在 35%以下。而采用 1210 nm 泵浦 $^3H_5$ 能级在理论上可以达到 50%～60%的效率，但由于缺乏高功率 1210 nm 泵浦源，这一方案较难实施。典型的高功率 1210 nm 光源依赖于拉曼平移掺 Yb^{3+} 光纤激光器。因此，输出功率大于 100 W 的掺 Tm^{3+} 光纤激光器常选用 790 nm 或 1550～1910 nm 激光器泵浦，转换效率超过 60%。需要指出的是，在 790 nm 泵浦的掺 Tm^{3+} 光纤激光器中会显示蓝色荧光，其来自 $^1G_4$ 能级向 $^3H_6$ 基态跃迁产生的 470 nm 发光。$^1G_4$ 能级的布居有两个可能的过程，如图 12-8(a)所示。第一个可能的过程是 $^3H_5$ 能级的粒子通过激发态过程而跃迁至 $^1G_4$ 能级，随后向下辐射产生 470 nm 蓝光。但由于 $^3H_5$ 能级的非辐射衰减快，该能级粒子数布居较少，因此这种方式的作用较小。第二个可能的过程涉及 $^3H_4+^3H_4 \rightarrow ^3F_4+^1G_4$ 的能量传递上转换(ETU)过程，这一过程需要多声子辅助，因此该方式作用也不大。虽然目前还不清楚哪一种途径占主导地位，但总地来说，需要尽量减少上转换以防止光暗化，从而提高 2 μm 发光总的效率。以往的研究表明，Tm^{3+} 浓度超过 4%可以降低 $^1G_4$ 荧光的有害影响[77]。在 Tm^{3+} 掺杂的石英玻璃中，有几种可能的离子-离子能量传递过程，如图 12-8(b)所示。首先，Tm^{3+} 之间的交叉弛豫过程(CR1: $^3H_4+^3H_6 \rightarrow ^3F_4+^3F_4$，CR2: $^3H_4+^3H_6 \rightarrow ^3H_5+^3F_4$)是有益的，因为它布居了较高的 $^3F_4$ 激光能级，而能量传递上转换过程(ETU1: $^3F_4+^3F_4 \rightarrow ^3H_5+^3H_6$，

ETU2: $^3F_4 + {}^3F_4 \rightarrow {}^3H_4 + {}^3H_6$)是不希望的，因为它猝灭了 $^3F_4$ 能级。CR1 是主要的能量传递过程，而 CR2 可以忽略不计，因为这一过程需要多声子辅助。ETU1 和 ETU2 也需要多声子辅助，比 CR1 弱，但仍然是重要的过程，因为它们降低了交叉弛豫效率，并且在掺 Tm^{3+} 石英光纤中也观察到了 ETU2 过程。Tm^{3+} 之间的能量迁移(EM)是在 $^3H_4$ 和 $^3H_6$ 能级之间重新分配离子激发的共振过程。交叉弛豫速率与稀土离子之间的距离相关，进而与掺杂浓度相关。790 nm 泵浦实现 2 μm 发射产生了 60%的量子亏损，幸运的是，交叉弛豫过程可以为一个泵浦光子提供两个激发态电子，高功率掺 Tm^{3+} 光纤激光器依靠交叉弛豫过程将整体效率提高到了40%以上。Tm^{3+} 另外一个重要的特点是，$^3F_4 \rightarrow {}^3H_6$ 跃迁的发射波段是稀土离子掺杂石英玻璃中最宽的波段之一(1600~2200 nm)。利用交叉弛豫实现超过 40%的斜率效率需要掺杂浓度大于质量分数 2%，然而增加 Tm^{3+} 浓度超过质量分数 3.5%斜率效率没有进一步增加，甚至在超过质量分数 4%之后斜率效率呈现明显降低[76]。

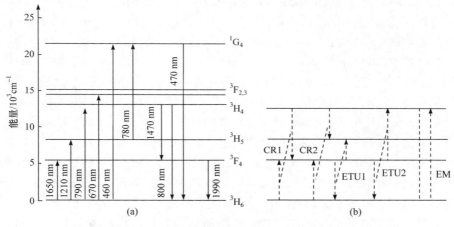

图 12-8　(a)Tm^{3+}的能级图；(b)能量传递过程

　　如上所述，Tm^{3+} 有多个吸收带，其中，790 nm 和 1650 nm 吸收带有匹配的商用高功率、高亮度光纤耦合激光二极管，是目前掺 Tm^{3+} 高功率光纤激光器的首选泵浦源。下面具体讨论不同泵浦方式下掺 Tm^{3+} 石英光纤激光器的特点。

　　1) 790 nm 泵浦的掺 Tm^{3+} 石英光纤激光器

　　2005 年，研究人员在 790 nm 泵浦下，获得了掺 Tm^{3+} 石英光纤激光器 85 W 高功率激光输出[78]。到了 2009 年，激光输出功率迅速提升至 885 W[79]。此后不久，掺 Tm^{3+} 全光纤两级功率放大器产生了超过 1 kW 的输出功率[80,81]。总体而言，大多数高功率掺 Tm^{3+} 石英光纤激光器的研究仅限于数百瓦输出，研究的重点是充分利用 Tm^{3+} 掺杂石英光纤的发射带宽以及改进激光系统设计[82]。南安普敦大学通过将溶液掺杂和气相技术与 MCVD 工艺相结合，获得了一系列具有较高增益的

掺 Tm^{3+} 石英光纤[83]。另一方面，掺 Tm^{3+} 石英光纤激光器已经实现了长达 2200 nm 和短至 1650 nm 的激光输出波长[6,84,85]。对于高功率 790 nm 包层泵浦掺 Tm^{3+} 光纤激光器，增加光纤长度和降低粒子数反转有利于长波长运转。因此，掺 Tm^{3+} 光纤激光器在 1900～2100 nm 范围内可以实现数百瓦激光输出[76]。2010 年，研究人员演示了激光波长为 1927～2097 nm 的可调谐高功率掺 Tm^{3+} 石英光纤激光器，激光输出功率大于 185 W，该系统由衍射光栅调谐并进行自由空间抽运主振荡功率放大。2 μm 光纤元器件的商业化使更简单的全光纤结构成为可能，例如，在一个全光纤主振荡功率放大结构中，实现了功率大于 270 W 的 1910～2050 nm 可调谐激光输出，在激光波长为 1930 nm 处输出功率达 327 W[86]。由光谱滤波放大自发辐射产生的大于 250 W 可调谐的全光纤主振荡功率放大种子源，其调谐范围为 1966～2001 nm，时间稳定性优异[87]。采用类似的腔型设计还实现了高达 364 W、调谐范围为 1940～2010 nm 的激光输出[88]。由于 Tm^{3+} 的准三能级特性，小于 1950 nm 的短波长激光运转会产生强的重吸收，因此需要较短的有源光纤长度和较高的泵浦吸收率以降低重吸收效应，或降低纤芯/包层比和增加 Tm^{3+} 浓度。对于 2100 nm 的长波长激光运转，放大自发辐射的竞争和高背景损耗限制了功率缩放[89,90]。目前，掺 Tm^{3+} 光纤激光器以全光纤结构在 1970 nm 产生了 567 W 的 2 μm 激光输出。在有源和无源光纤拼接时，稀土离子扩散到无源光纤区域时会导致界面上由于模式失配而产生过多的散射损耗。因此，优化拼接参数和无源光纤的纤芯比对当前高功率掺 Tm^{3+} 光纤激光器非常重要。

2) 1550～1910 nm 泵浦的掺 Tm^{3+} 石英光纤激光器

另一种实现高功率掺 Tm^{3+} 石英光纤激光器的方法是采用 1550～1910 nm 激光二极管带内泵浦，优点是相对于 790 nm 泵浦减少了量子亏损，具有高转换效率、低的热负荷以及大的调谐带宽。然而，目前少有高功率、高亮度的 1550～1910 nm 激光二极管可用，而使用掺 Er^{3+} 光纤激光器或另一种掺 Tm^{3+} 光纤激光器泵浦成为一种可供代替的选择。研究人员通过将 18 个 40 W 的掺 Er^{3+} 光纤激光器组合在一起，泵入一个掺 Tm^{3+} 光纤激光器获得了高达 415 W 的激光输出功率和 60% 的斜率效率[91]。然而，需要指出的是，采用约 1550 nm 掺 Er^{3+} 光纤激光器泵浦实现 2000 nm 发射，理论效率限制在 80% 以下，而使用 790 nm 抽运和优化交叉弛豫时激光效率可以达到约 80%。因此，从这一角度而言，使用掺 Er^{3+} 光纤激光器泵浦产生高功率掺 Tm^{3+} 光纤激光器并没有明显的优势。特别是与高功率掺 Er^{3+} 光纤激光器相比，高亮度 790 nm 激光二极管更容易获得。如果利用一个短波长掺 Tm^{3+} 光纤激光器泵浦另一个掺 Tm^{3+} 光纤激光器，效率受限的问题就可以很好地解决。通过这种方法，可以实现低至 10% 的量子亏损[92]。1908 nm 泵浦掺 Tm^{3+} 光纤激光器的输出功率可达 123 W，效率达 91.6%，证明了功率缩放的可行性[93]。在较长的波长中，背底损耗的增加将导致激光效率显著降低，表明高纯度光纤基质材料在高功

率掺 Tm^{3+} 光纤激光器中的重要性[94,95]。

3) 约 790 nm 和约 1900 nm 泵浦对比

如何选择掺 Tm^{3+} 光纤激光器的泵浦波长，需要根据实际情况灵活确定。当需要简单的泵浦结构时，约 790 nm 是首选，但它依赖于交叉弛豫过程是否得到充分利用。当热负荷需要最小化并且对泵浦系统的复杂性要求不高时，约 1900 nm 带内泵浦结构则是首选。对于高功率激光系统，获得更高的泵浦功率或亮度是功率缩放的限制因素。高的热负荷是输出功率的另一个限制因素，设计良好的热接触和光纤结构有利于降低单位长度泵浦的吸收率。由于较长的光纤长度和较高的 2 μm 背底损耗，激光效率会受到影响。高纯度的基质材料对于确保最佳转换效率非常重要，任何增加 2 μm 背底损耗的因素都会阻碍功率缩放。在非线性效应方面，受激拉曼散射(SRS)是高平均功率系统中最先遇到的非线性效应。以广泛研究的高功率掺 Yb^{3+} 光纤激光器为例，在没有 SRS 时可以实现大于 4 kW 的输出功率，由于 SRS 增益随着 λ^2 降低，模拟结果显示掺 Tm^{3+} 光纤激光器在超过 5 kW 之前不会受到 SRS 的限制[96,97]。在掺 Yb^{3+} 光纤激光器还观测到另一个非线性效应限制，即横模不稳定性，理论上掺 Tm^{3+} 光纤激光器的模式不稳定性初始阈值高于掺 Yb^{3+} 光纤激光器[98]。因此，和掺 Yb^{3+} 光纤激光器相比，掺 Tm^{3+} 光纤激光器的功率缩放受非线性效应限制较小。

综上，在高功率光纤激光器领域，掺 Tm^{3+} 石英光纤激光器已经成为掺 Yb^{3+} 石英光纤激光器的有力竞争者，并在 2 μm 波段展现了独特的应用。然而，掺 Yb^{3+} 石英光纤激光器的输出功率超过数千瓦量级的主要原因源于其高转换效率、低热负荷、高亮度泵浦，以及可以忽略的背底损耗等，而掺 Tm^{3+} 石英光纤激光器则不具备这些特性中的任何一个，使得数千瓦量级输出的掺 Tm^{3+} 石英光纤激光器成为一个重大挑战。尽管如此，在过去的 20 多年里，已经出现了数百瓦的掺 Tm^{3+} 石英光纤激光器,这些系统利用了掺 Tm^{3+} 石英光纤大的发射带宽,在 1908～2130 nm 波段产生了高功率激光输出。因此，可以期待，通过 790 nm 泵浦或 1908 nm 带内泵浦，掺 Tm^{3+} 石英光纤激光器有望在不远的将来实现数千瓦量级的激光输出。

12.1.5　掺钬石英光纤激光器

图 12-9 给出了钬离子(Ho^{3+})的能级示意图。掺 Ho^{3+} 石英光纤激光器可以产生超过 2.1 μm 的高功率激光[99]。使用 1.95 μm 泵浦时的泵浦功率相对吸收泵浦功率的效率超过82%，使用 1.15 μm 泵浦时的量子效率约为 42%～80%，这种效率的提高对于降低高功率运行的热负荷非常重要[100,101]。在 1.15 μm 泵浦时，还可能产生激发态吸收过程(ESA: $^5I_7$ +光子→$^5F_5$)和能量传递上转换(ETU1: $^5I_7$ + $^5I_7$ →$^5I_8$ + $^5I_6$，ETU2: $^5I_6$ + $^5I_6$ →$^5I_8$ + $^5F_5$)过程，从而发射 660 nm 可见光。掺 Ho^{3+} 光纤激光器也可以利用 1.95 μm 掺 Tm^{3+} 光纤激光器泵浦，从而在 400 W 的连续激光功率下运

行[102]。在连续波光纤激光器中，在较长波长下工作的优势在于提高了受激布里渊散射和受激拉曼散射的阈值。另外，降低光纤的应变或热梯度有利于减小种子激光的线宽，有望在掺 Ho^{3+}光纤中实现千瓦级窄线宽激光输出。

掺 Ho^{3+}光纤激光器的输出波长比掺 Tm^{3+}光纤激光器稍长，因此在 2.1 μm 的大气传输区域更有效，未来有望应用在遥感和自由空间光通信等领域。在该波长范围内，高功率超短脉冲激光(<100 ps)是一个相对较新的领域。包层泵浦掺 Ho^{3+}光纤激光器可以在高峰值和平均功率下工作，掺 Ho^{3+}光纤激光器的增益具有足够的带宽支持非常短的脉冲持续时间，这使其有望成为未来超短脉冲光纤激光器的候选器件。与 1 μm 光纤激光器相比，增加的非线性阈值和对非均匀展宽技术的敏感性进一步提高了掺 Ho^{3+}石英光纤应用于这些光源的实用性。光子晶体光纤的结构设计在掺 Yb^{3+}和 Tm^{3+}石英光纤实现高功率激光中得到了应用，未来可以在掺 Ho^{3+}石英光纤中进行类似的工作。掺 Ho^{3+}光纤激光器产生的连续波激光功率高达 407 W，但效率低于 50%。掺 Ho^{3+}光纤激光器泵浦波长为 1.95 μm，需要开发高功率掺 Tm^{3+}光纤激光器泵浦源。未来的工作将集中于进一步将掺 Ho^{3+}石英光纤激光器的功率提高到 1 kW 以上，高平均功率光源的发展将为 2 μm 飞秒或纳秒脉冲光源的高功率放大提供机会。

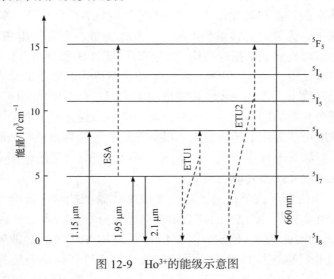

图 12-9　Ho^{3+}的能级示意图

12.2　掺稀土特种玻璃光纤激光器

12.2.1　1 μm 特种玻璃光纤激光器

由于工业加工、光纤通信、生物医学、光谱学及国防军事等领域的广泛而重要的应用需求，1 μm 波段掺稀土光纤激光器发展迅速并已成为目前最成熟的光纤激光器之一。实现 1 μm 波段激光的典型稀土离子跃迁主要包括 Yb^{3+}: $^2F_{5/2} \rightarrow {}^2F_{7/2}$ 和 Nd^{3+}: $^4F_{3/2} \rightarrow {}^4I_{11/2}$。

1.1 μm 波段掺 Yb^{3+} 特种玻璃光纤激光器

1 μm 波段掺 Yb^{3+} 特种玻璃光纤激光器已经经历了半个多世纪的发展。1962 年，美国海军实验室在掺 Nd^{3+} 和掺 Yb^{3+} 硅酸盐玻璃中演示了 1 μm 激光输出[103]。然而，由于当时实验条件和技术所限，该激光器只能在低温下工作，泵浦效率较低，阈值功率较高。Weber 等通过比较 Yb^{3+} 在不同玻璃基质中的发光特性，发现磷酸盐玻璃是最适合 Yb^{3+} 的激光增益介质之一[104]。2004 年，Wang 等通过外部气相沉积技术制造了具有高数值孔径的掺 Yb^{3+} 光纤，并获得了 110 W 的输出功率和接近 80% 的斜率效率[105]。2009 年，Devautour 等提出一种非化学气相沉积法制备掺 Yb^{3+} 大纤芯光纤，这一新技术方法使得光纤的设计更加灵活[106]。近年来，得益于有源光纤的设计和工艺进步以及激光技术等的迅速发展，掺 Yb^{3+} 光纤激光器在高功率输出方面获得了极大进展并得到广泛应用[107,108]。

与其他光纤激光器不同，1 μm 单频光纤激光器在引力波探测、远程遥感、相干合束、高功率激光器和激光雷达(LiDAR)等领域具有广泛应用，特别是在多路相干合束应用中，需要激光器输出低噪声、功率为数百毫瓦的单频激光[109,110]。实现单频激光需要构建短谐振腔结构，如分布反馈(DFB)和分布布拉格反射(DBR)型，有利于获得无模式跳变、更窄的线宽、更低的噪声和紧凑的全光纤设计。为了实现单模激光输出，需进一步缩短线形腔或采用复合布拉格光栅。然而，缩短谐振腔会限制激光器的输出功率。因此，需要进一步提高稀土离子掺杂浓度，但是，高掺杂浓度可能导致上转换发光，最终导致大量的热积累并降低光纤激光器量子效率等，对激光器性能产生不利影响。因此，研究合适的新型高增益玻璃光纤是实现高效单频光纤激光器的关键。

2010 年，华南理工大学报道了高浓度掺 Yb^{3+} 磷酸盐激光玻璃光纤和超窄线宽单频光纤激光器[109]。Yb_2O_3 的掺杂浓度达摩尔分数 6%(质量分数约 15.5%)，Yb^{3+}: $^2F_{5/2}$ 能级的寿命约 1.84 ms。以 1.4 cm 长的掺 Yb^{3+} 磷酸盐玻璃光纤作为增益介质，通过非对称熔接技术实现了磷酸盐玻璃光纤和标准石英光纤的低损耗熔接，以此构建了超短激光谐振腔，实现了 51.6 mW 的单频激光输出。图 12-10 给出了 1 μm 单频光纤激光器的原理示意图和激光性能。当光纤长度减小到 0.8 cm 并采用 2 个 976 nm 大功率 LD 泵浦，单频光纤激光器的输出功率进一步提高到约 408 mW，斜率效率为 72.7%[109]。通过控制温度，实现了无模式跳变和模式竞争的稳定单纵模激光输出。在小于 230 kHz 的低频下，激光光谱的相对强度噪声(RIN)为 −100 dB/Hz，归因于声音或环境振动的影响。当频率增加到 500 kHz

时，RIN 从-100 dB/Hz 增加到-120 dB/Hz。当频率大于 1.5 MHz 时，RIN 的稳定性小于-130 dB/Hz。采用零差法测量激光线宽，零差信号谱如图 12-10(d)中右内插图所示[109]。测量的激光线宽小于 7 kHz。由于单频激光器或谐振腔直接输出功率有限，一般采用主振荡功率放大(MOPA)提高单频激光器的输出功率。例如，在包层泵浦 Yb³⁺掺杂双包层光纤放大器中，实现了激光输出功率达 41 W，线宽小于 6 kHz，偏振消光比大于 22 dB 的 1.06 μm 偏振 MOPA 单频激光[111,112]。2014年,国防科技大学在一个四级 MOPA 结构中利用 Yb³⁺掺杂磷酸盐光纤激光器作为种子激光器，实现了 670 W 的连续单纵模激光输出[113]。

目前，大部分掺 Yb³⁺光纤激光器的输出波长集中在掺 Yb³⁺光纤的高增益区，即 1040～1080 nm 附近。由于掺 Yb³ 光纤激光器的发射带宽覆盖 970～1200 nm的宽波段范围，将掺 Yb³⁺光纤激光器输出波长拓展至 1100 nm 以上吸引了人们极大的关注。1120 nm 掺 Yb³⁺光纤激光器可以作为 1178 nm 拉曼光纤激光器、掺

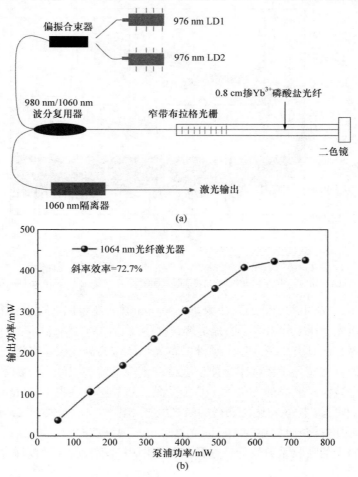

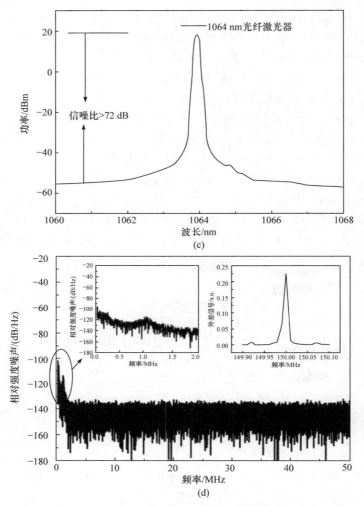

图 12-10 1 μm 单频光纤激光器的原理示意图和激光性能[109]
(a) 激光光路图；(b) 泵浦功率和输出功率的关系曲线；(c) 激光波长；(d) 激光噪声曲线

Ho³⁺和掺 Tm³⁺光纤激光器的泵浦源。1120 nm 激光还可以通过倍频获得 560 nm 的黄绿光激光，在生物医学、医疗美容、食品药品检测、信息储存、通信、军工、大气遥感等方面具有广泛应用。另外，黄光可以作为激光引星光源应用于地基大型望远镜的自适应光学系统中，使望远镜产生近衍射极限的高分辨率图像。当前报道的获得该波段激光的方法大多基于受激拉曼散射原理将 1070 nm 激光频移至 1120 nm。但是，拉曼频移法获得的激光线宽非常宽，一般大于 25 nm。利用掺 Bi 光纤作为增益介质构建的光纤激光器也可实现该波段激光输出，然而，掺 Bi 光纤对泵浦光的吸收系数较低，通常需要采用相对较长的光纤以保证泵浦光的充分吸收，当泵浦功率增大时，光纤中的非线性效应和寄生振荡将阻碍激光功率的增长，同时引起激光线宽的增大。而掺 Yb^{3+} 光纤激光器则可以直接实现 1120 nm 激光，具有结构紧凑、泵浦阈值功率低的优点。

实现 1100 nm 以上波长的掺 Yb^{3+} 单频光纤激光器的一个关键问题是信号波长处的发射截面急剧下降。在波长较短的情况下，放大自发辐射存在很强的增益竞争，可能导致光纤器件产生寄生激光和严重损伤。此外，短腔 DBR 结构需要通过缩短腔长来扩大纵模间距，而为了提高泵浦吸收并保证长波长激光和光学效率，又需要在腔内尽可能选择较长的有源光纤长度[114]。

迄今已经基于数米长石英光纤实现了 1120 nm 光纤激光，但是这种长腔光纤激光器的纵模间距很小，难以实现单频激光输出。短腔 DBR 型结构是实现单频激光的有效方法，一般商用的掺 Yb^{3+} 石英光纤掺杂浓度和光纤增益较低，所以需要采用高掺杂高增益的掺 Yb^{3+} 多组分特种玻璃光纤。华南理工大学基于 31 mm 长的高掺 Yb^{3+} 磷酸盐玻璃光纤，构建了 1120 nm 千赫兹线宽分布式反馈单频光纤激光器，实验装置如图 12-11(a)所示[114]。在线宽为 5.7 kHz 的情况下，实现了超过 62 mW 的单偏振单纵模激光输出。掺 Yb^{3+} 磷酸盐玻璃光纤采用管棒法制备，纤芯区域均匀掺杂质量分数 15.2%的 Yb_2O_3。纤芯玻璃在 976 nm 处的吸收截面和 1120 nm 处的发射截面分别为 $1.33×10^{-20}$ cm^2 和 $0.02×10^{-20}$ cm^2。光纤的纤芯和包层直径分别为 5 μm 和 125 μm，数值孔径为 0.14。将一个最大输出功率约为 360 mW 的 976 nm 光纤耦合激光二极管连接到 980 nm/1120 nm 保偏波分复用器 1 (PM-WDM 1)的泵浦端口上，然后将 PM-WDM 1 的公共端口连接到高反布拉格光栅(HR-FBG)上。掺 Yb^{3+} 磷酸盐光纤直接与两个光栅连接。另一个保偏波分复用器 2(PM-WDM 2)的公共端口连接到保偏光纤布拉格光栅(PM-FBG)。采用 PM-WDM 2 对信号激光和剩余泵浦进行分离。为了减少光学反射，PM-WDM 的所有备用端口均采用角度物理接触型光连接器熔接。激光腔直接安装在一个铜管中，铜管的温度由一个精度为 0.1℃的冷却系统控制。图 12-11(b)给出了 1120 nm 单频光纤激光器的输出功率与泵浦功率关系曲线。当注入泵浦功率约为 360 mW 时，最大输出功率为 62 mW，转换效率约为 17.2%，激光阈值约为 40 mW。由于泵浦功率的一部分是剩余的，如果排除剩余泵浦功率，此时的转换效率可以达到 19.7%。因此，可以通过进一步降低光学元件的损耗或增加注入泵浦功率来提高效率。在最大输出功率下，光纤激光器连续工作 2 h，观察到输出功率不稳定度小于±1%。该单频光纤激光器的信噪比(SNR)高于 67 dB，激光光谱集中在 1120 nm 左右。即使在最大泵浦功率下，也没有强的放大自发辐射或短波杂散激光。此外，光纤激光器的单频输出通过使用扫描法布里-珀罗干涉仪确定，其精度为 200，分辨率为 7.5 MHz，如图 12-11(c)的插图所示。如图所示，法布里-珀罗干涉仪的自由光谱范围约为 1.5 GHz。干涉仪的主共振之间没有任何峰，表明激光仅在一个纵模上工作。在严格的温度控制下，在 2 h 的观测中，激光器在单频范围内稳定工作，没有跳模和模式竞争现象。此外，光纤激光器的偏振消光比(PER)由光学偏振分析仪测量，PER 值大于 25 dB 足以证明该光纤激光器是单偏振工作。利用分辨率为 1 kHz 的电频谱分析仪，测量了不同泵浦功率下光纤激光器的相对强度噪声(RIN)。图 12-11(d)显示了在 0～50 MHz 的频率范围内相对强度噪声，可以看到相对强度噪声谱主要是弛豫共振频率位于 0.75 MHz 的峰，相对强度噪声在–110 dB/Hz，取决于激光腔的布局和泵浦电流。而在 2～50 MHz 的频率范围，光纤激光器的相对强度噪声从–140 dB/Hz 降低到–150 dB/Hz，接近散粒噪声的极限–154.5 dB/Hz。进一步地，采用延迟自外差法测得激光线宽为 5.7 kHz(图 12-11(e))。

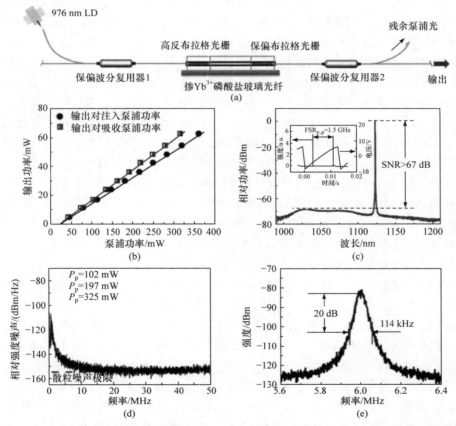

图 12-11　基于高掺 Yb³⁺磷酸盐玻璃光纤的 1120 nm 单频光纤激光器的(a)实验装置；(b)输出功率与泵浦功率的关系曲线；(c)光纤激光器的输出光谱，插图为激光纵模特性；(d)不同泵浦功率下的相对强度噪声光谱；(e)延迟自外差法测得的激光线宽[114]

掺 Yb³⁺光纤激光器也可以实现小于 1 μm 波段的单频激光输出。2012 年，美国亚利桑那大学和 NP 光子公司基于 2 cm 长的高掺 Yb³⁺磷酸盐玻璃光纤获得了 976 nm 单频光纤激光，激光功率大于 100 mW，线宽小于 3 kHz，偏振消光比大于 20 dB[65]。在此基础上，他们采用 976 nm 单频光纤激光器和一段 4 cm 长的高掺 Yb³⁺磷酸盐玻璃光纤，进一步将 976 nm 单频激光的输出功率放大到 350 mW，光-光转换效率达 52.5%[115]。此后，他们基于 976 nm 单频半导体激光器和一段 7 cm 长的高掺 Yb³⁺双包层磷酸盐光纤(纤芯直径为 18 μm，内包层为 135 μm，数值孔径为 0.04)，采用包层泵浦的方式，将单频激光的输出功率放大到 3.14 W，光-光转换效率为 6.8%[116]。2018 年，他们基于 976 nm 单频半导体激光器，采用两级全光纤放大结构，分别以一段 40 cm 的商用石英光纤(Nufern 公司 PLMA-YDF-10- 125-HI-8)和一段 45 cm 具有更大芯包比(纤芯直径为 20 μm，内包层为 130 μm，数值孔径为 0.03)的双包层掺 Yb³⁺磷酸盐玻璃光纤作为预放大器和功率放大器的增益介质，将 976 nm 单频激光的输出功率进一步放大到 10.1 W，光-光转换效率达 13.6%[117]。

　　华南理工大学基于自主研制的厘米级高掺 Yb³⁺磷酸盐玻璃光纤，设计并搭建了 978 nm 单频光纤激光器，如图 12-12 所示[118]。915 nm/978 nm 波分复用器的公共端与 978 nm 谐振腔的低布拉格反光栅(PR-FBG)连接，信号端则与 978 nm 光隔离器连接，反射端与光纤耦合输出的 915 nm 单模半导体激光器(LD)连接，采取后向泵浦的方式。光隔离器是激光输出端，保护谐振腔不受输出尾纤端面上发生的菲涅耳反射的影响。整个谐振腔放在温度控制装置(精细度 0.1℃)上进行温度控制，以保证谐振腔稳定的功率输出与单纵模工作状态。掺 Yb³⁺磷酸盐玻璃光纤的纤芯直径为 5 μm，包层直径为 125 μm，数值孔径为 0.14，吸收系数约为 5 dB/cm@915 nm[119]。在最高泵浦功率 270 mW 下，该激光器获得最高输出功率 30 mW，阈值泵浦功率约为 100 mW，光-光转换效率为 17.3%，没有出现饱和现象(图 12-12(b))。此外，测得在 2.5 h 的测试时间内，输出功率的不稳定性小于 1.7%，激光器输出功率的波动主要来源于泵浦源功率自身的波动以及外界环境的变化对谐振腔的影响。在测试光谱图时，进入到光谱分析仪的光功率固定为 1 mW，可以看出激光中心波长为 977.9 nm，信噪比为 60 dB，且没有 ASE(图 12-12(c))。这归因于在最终输出端光隔离器后加了光滤波器，有效滤除了 1 μm 以上的 ASE。利用 F-P 腔测到的激光纵模特性证明了该激光器能够长期在单纵模状态下运转。从输出激光在 0～10 MHz 频率范围内测到的相对强度噪声谱中可以看出，弛豫振荡峰的位置落在 2.95 MHz 处，相对强度噪声(RIN)为–98.9 dB/Hz(图 12-12(d))。从激光器在 0～50 MHz 频率范围内测到的相对强度噪声谱中可以看出，在 50 MHz 处的 RIN 值接近–140 dB/Hz。利用光纤延时自外差法对输出激光进行线宽测试，得到激光线宽为 6.24 kHz(图 12-12(e))。

　　表 12-3 总结了近年来稀土掺杂 1 μm 单频光纤激光器的研究进展情况。由表

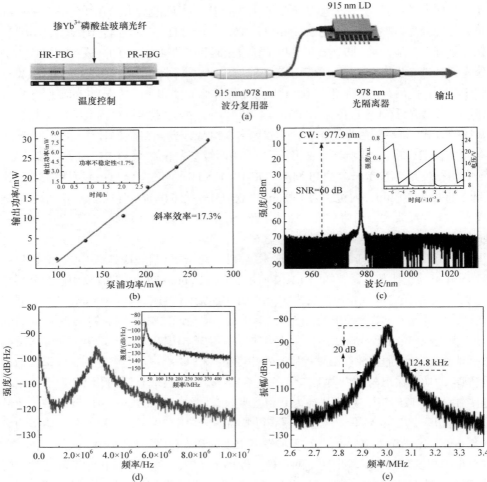

图 12-12 基于高掺 Yb³⁺磷酸盐玻璃光纤的 978 nm 单频光纤激光器的(a)光路图；(b)输出功率与泵浦功率对应关系曲线(插图为输出功率稳定性测试曲线)；(c)激光光谱(插图为单纵模运转测试图)；(d)输出激光在 0～10 MHz 频率范围内的相对强度噪声谱；(e)输出激光的线宽测试[118]

可知，目前报道的 1 μm 单频光纤激光主要由掺 Yb³⁺玻璃光纤激光器实现。此外，掺 Nd³⁺和掺 Ho³⁺光纤激光器也可实现 1 μm 单频光纤激光。单频光纤激光器通常采用两种不同的激光腔结构，即环形腔结构和线性腔结构(如 DFB 和 DBR)[109,110]。对于环形腔结构，存在的主要问题是激光器容易跳模，使得实现可调谐激光变得困难。线形腔结构需要缩短增益光纤长度，以增加激光纵向间距，从而实现单频激光输出。在基于掺稀土石英玻璃的光纤激光器中，已经通过构建线形腔实现了单频激光输出。然而，受激布里渊散射增益与光纤长度成正比，因此需要解决强受激布里渊散射(SBS)这个问题[120]。此外，石英玻璃较低的稀土溶解度导致吸收系数

表 12-3 1 μm 单频光纤激光器研究进展

年份	稀土离子	玻璃基质	跃迁	泵浦波长/nm	激光波长/nm	输出功率/mW	斜率效率/%	掺杂浓度	增益系数/(dB/cm)	激光线宽	增益长度/cm	参考文献
2007	Yb^{3+}	石英玻璃	$^2F_{5/2} \rightarrow {}^2F_{7/2}$	976	1064	5.02×10^5	—	1% Yb_2O_3(质量分数)	—	—	8.5×10^4	[121]
2013	Yb^{3+}	石英玻璃	$^2F_{5/2} \rightarrow {}^2F_{7/2}$	975	1064	32	33.8	21000 ppm Yb^{3+}	—	—	17	[122]
2016	Yb^{3+}	石英玻璃	$^2F_{5/2} \rightarrow {}^2F_{7/2}$	980	1064	266	66.2	21000 ppm Yb^{3+}	—	约 1 kHz	1×10^5	[123]
2017	Yb^{3+}	石英玻璃	$^2F_{5/2} \rightarrow {}^2F_{7/2}$	976	1065~1090	$>1 \times 10^6$	70.8	1.215×10^{26} /m^3 Yb^{3+}	—	约 0.12 nm	9×10^4	[124]
2017	Yb^{3+}	石英玻璃	$^2F_{5/2} \rightarrow {}^2F_{7/2}$	976	1033.3	约 19	24	0.84% Yb_2O_3(摩尔分数)	—	约 8 kHz	1.6	[125]
2004	Yb^{3+}	磷酸盐玻璃	$^2F_{5/2} \rightarrow {}^2F_{7/2}$	976	1064	200	31	—	2	3 kHz	1.5	[126]
2009	Yb^{3+}	磷酸盐玻璃	$^2F_{5/2} \rightarrow {}^2F_{7/2}$	972	1030	1.63×10^4	—	12% Yb_2O_3(质量分数)	—	—	74.5	[120]
2010	Yb^{3+}	磷酸盐玻璃	$^2F_{5/2} \rightarrow {}^2F_{7/2}$	976	1063.5	51.6	9.5	15.5% Yb_2O_3(质量分数)	—	—	1.4	[119]
2011	Yb^{3+}	磷酸盐玻璃	$^2F_{5/2} \rightarrow {}^2F_{7/2}$	976	1064	408	72.7	15.2% Yb^{3+}(质量分数)	5.7	<7 kHz	0.8	[109]
2013	Yb^{3+}	磷酸盐玻璃	$^2F_{5/2} \rightarrow {}^2F_{7/2}$	976	1083	100	29.6	18.3% Yb^{3+}(质量分数)	—	<2 kHz	1.8	[110]
2013	Yb^{3+}	磷酸盐玻璃	$^2F_{5/2} \rightarrow {}^2F_{7/2}$	915	976	350	52.5	6% Yb^{3+}(质量分数)	—	—	4	[115]
2014	Yb^{3+}	磷酸盐玻璃	$^2F_{5/2} \rightarrow {}^2F_{7/2}$	976	1064	6.70×10^5	—	—	—	1.8 GHz	—	[113]
2016	Yb^{3+}	磷酸盐玻璃	$^2F_{5/2} \rightarrow {}^2F_{7/2}$	976	1120	62	17.2	15.2% Yb^{3+}(质量分数)	—	5.7 kHz	3.1	[114],[127]
2017	Yb^{3+}	磷酸盐玻璃	$^2F_{5/2} \rightarrow {}^2F_{7/2}$	915	976	3.41×10^3	6.8	6% Yb^{3+}(质量分数)	—	—	4	[116]
1988	Nd^{3+}	石英玻璃	$^4F_{3/2} \rightarrow {}^4I_{9/2}$	594	1082	0.78	2.3	0.1 Nd^{3+}(质量分数)	—	1.3 MHz	2.7	[128]
2016	Nd^{3+}	石英玻璃	$^4F_{3/2} \rightarrow {}^4I_{9/2}$	808	930	1.9	低	—	—	约 44 kHz	2.5	[54]
2017	Nd^{3+}	石英玻璃	$^4F_{3/2} \rightarrow {}^4I_{9/2}$	808	928	2.6×10^3	11	—	—	—	5×10^4	[53]
2012	Ho^{3+}	氟化物玻璃	$^5I_6 \rightarrow {}^5I_8$	1150	1200	10	3.8	3% Ho^{3+}(摩尔分数)	—	<100 kHz	2.2	[129]

和增益系数较低，使激光输出限制在毫瓦级。虽然放大技术可以将激光输出功率提高到瓦级，但激光强度噪声和相位噪声相当高，直接限制了其在相干技术中的应用。为了提高光纤的增益系数，必须提高光纤中的稀土离子含量，可供选择的方法是使用多组分特种玻璃代替石英玻璃。磷酸盐激光玻璃光纤就是其中的典型代表，在超窄线宽单频光纤激光器中已经显示出了重要的应用价值。实验结果表明，磷酸盐激光玻璃的受激布里渊散射增益比石英玻璃小一半[120]。单频光纤激光器除了需要具有高增益之外，还必须具备低噪声的特点，特别是在多路相干合束应用中尤其重要。

2. 1 μm 掺 Nd^{3+} 特种玻璃光纤激光器

1961 年，美国光学公司 Snitzer 基于掺 Nd^{3+}硅酸盐玻璃激光器提出了光纤激光器构想[8]。Koester 和 Snitzer 随后报道了掺 Nd^{3+}光纤激光器和光纤放大器[9]。1973 年，Stone 和 Burrus 报道了在染料激光器和 Ar 离子激光器激发下工作于 1.06～1.08 μm 的掺 Nd^{3+}石英光纤激光器[10]。1992 年，英国南安普敦大学 Payne 等在掺 Nd^{3+}硅酸盐玻璃光纤中实现了瓦级 1.06 μm 激光输出[30]，使用的有源光纤以高掺质量分数 3%Nd^{3+}的肖特 F7 玻璃为纤芯，以矩形的肖特 F2 玻璃为内包层，圆形的 F8 玻璃为外包层。内包层的设计是为了匹配大的二极管衍射角和发射面积，与此同时最小化了纤芯/内包层面积比，因此优化了纤芯的泵浦吸收和最小化了激光阈值。随着泵浦二极管激光达到全功率运转，1.057 μm 的激光输出达到了 1.07 W。1995 年，南安普敦大学制备了掺质量分数 0.5%的 Nd$_2$O$_3$ 的硅酸盐玻璃光纤，在 1.06 μm 的光纤损耗为 1.5 dB/m，该值与掺 Nd^{3+}石英光纤相比相当大，主要是受限于多组分玻璃光纤的制备方法。采用 807 nm 激光二极管进行泵浦，光纤长度约为 14.5 cm，激光阈值为 2.15 mW，当吸收功率仅为 9 mW 时输出功率为 4.06 mW，对应斜率效率为 59.2%[17]。采用管棒法制作的掺 Nd^{3+}铅硅酸盐光纤也具有高效的激光性能[17]。在这种玻璃基质中，1.06 μm 荧光具有较高的发射截面，约为 2.4×10^{-20} cm^2。800 nm 的吸收截面也很高，大约是石英玻璃的两倍。重要的是，这种玻璃基质在 Nd$_2$O$_3$ 浓度达到质量分数约 3%时没有发生浓度猝灭。不足之处在于，它在 1.06 μm 处的传输损耗比在石英光纤中高很多，约为 1.5 dB/m。但由于 Nd^{3+}浓度非常高，增益光纤只需要很短的长度，因此光纤损耗的影响相对较小。基于该光纤的光纤激光器的阈值为 2.15 mW，转换效率为 46%。然而，由于硅酸盐玻璃的热光学性能差、增益较低，阻碍了其进一步的发展。

20 世纪 80 年代以来，美国、法国、俄罗斯等国家相继开展了大型激光器驱动的惯性约束激光核聚变(ICF)装置研究。为了减少大功率固体激光器中自聚焦和电致伸缩等非线性效应所引起的破坏，需要大幅降低激光玻璃的非线性折射率。当光泵浦脉冲宽度缩小时，必须增大受激发射截面以提高增益。磷酸盐玻璃和氟磷酸盐玻璃能同时满足上述要求，而且比硅酸盐玻璃热光系数更低，能改善由光泵引起的热畸变，因而逐渐成为国内外高功率固体激光器的首选增益介质材料。1965 年，我国在偏磷酸钡基磷酸盐玻璃中实现了 Nd³⁺的受激发射,但是由于当时对磷酸盐玻璃热机械性能和化学稳定性认识不足,同时缺乏制备光学均匀性好的玻璃工艺,激光系统功率较低,磷酸盐激光玻璃当时并不是一种实用的激光玻璃系统。1975 年,日本保谷公司研制出了 LHG5 商用磷酸盐激光玻璃。随后,国内外多家研究机构研制出了各种不同性能的磷酸盐激光玻璃作为高能量激光输出的基质材料,特别是到了 80~90 年代,掺钕磷酸盐激光玻璃已成为高功率激光系统的重要材料。目前,国际上知名的钕玻璃制造商和激光玻璃产品主要有美国 Owens-Illinois 公司的 ED 系列硅酸盐玻璃、Kigre 公司的 Q 系列磷酸盐和氟磷酸盐玻璃,德国 Schott 公司的 LG 系列硅酸盐和磷酸盐玻璃,日本 Hoya 公司的 LHG 系列磷酸盐玻璃,俄罗斯的 KGSS 系列磷酸盐玻璃,以及中科院上海光机所的 N 系列硅酸盐和磷酸盐玻璃[108]。

将掺稀土磷酸盐激光玻璃作为光纤激光器增益光纤,存在的一个主要问题是如何实现与石英玻璃光纤及无源光纤元器件的低损耗熔接? 两者间的热学力学性质差异和折射率差异会导致显著的插入损耗和插入热点。此外,在磷酸盐激光玻璃光纤制备过程中产生的芯/包界面缺陷也会导致高的光纤损耗。为了弥补这些缺点,一个办法是设计和制造用于激光产生和放大的大芯径磷酸盐玻璃光纤。相较于传统的小芯径光纤,这些大芯径光纤的非线性效应阈值更高,可以获得更高的功率输出。例如,通过设计光纤芯径为 270 μm,包层直径 800 μm 的大芯径磷酸盐玻璃光纤,使得光纤吸收的泵浦功率大约达到发射泵浦功率的 65%,当发射/吸收泵浦功率为 19.0 W/12.5 W 时,最大输出功率达 2.5 W,相对于注入泵浦功率和吸收泵浦功率的斜率效率分别为 30%和 44%[130]。然而这种光纤只能采用空间耦合的方式构建激光谐振腔,无法实现全光纤结构,在器件小型化和稳定性方面存在不足。

将磷酸盐激光玻璃作为纤芯、石英玻璃作为包层所形成的复合玻璃光纤有望具有足够的机械强度,可能实现与传统石英光纤的低损耗高强度熔接。基于此,英国巴斯大学制备出了掺 Nd³⁺磷酸盐激光玻璃纤芯/石英玻璃包层复合光纤,磷酸盐激光玻璃的摩尔组成(%)为 $72.5P_2O_5$-$25.9La_2O_3$-$1.1Nd_2O_3$-$0.5Al_2O_3$,所得光纤结构具有良好的光学质量,没有气泡和明显缺陷[131]。在 1.06 μm 波长处光纤损耗为 0.05 dB/cm,纤芯中 Nd³⁺的实测掺杂浓度为 $2.1×10^{20}$ions/cm³。在 488 nm 氩离子激光器的泵浦下,在 21 cm 长的复合光纤中获得了 1054~1062 nm 激光输出,斜率效率为 25%,激光阈值为 350 mW。利用商用光纤熔接机可以将这种光纤与传统的石英光纤熔接,实验测得在泵浦波长和激光波长处的熔接损耗分别为 1.2 dB 和 2.5 dB。

由于双包层有源光纤设计可以实现高功率的激光输出,通过管棒法制备掺 Nd³⁺双包层磷酸盐玻璃光纤,光纤在 1300 nm 的损耗为 5.7 dB/m[132]。在 793 nm 半导体激光器泵浦下,当注入泵浦功率为 930 mW 时在 9 cm 的光纤长度中获得了最高输出功率为 85 mW 的 1054 nm 激光输出,相对注入泵浦功率的斜率效率为 18%,光-光转换效率为 9.1%。光-光转换效率较低的原因在于:首先,泵浦光峰值波长并不是完全集中在 Nd^{3+} 吸收峰值，所以实际上并不是所有的泵浦光功率都被有效吸收；其次，所制备的光纤在两个包层之间的界面处存在缺陷，这必然影响泵浦光的吸收效率；最后，形成激光腔的光学元件之间不完美的对准也会导致效率降低。在国内，中科院上海光机所报道了高掺 Nd^{3+} 双包层磷酸盐连续波光纤激光器，在长为 26 cm 的最佳光纤长度时，激光器的最大输出功率为 2.87 W，而当光纤长度缩短为 6 cm 时，还获得了输出功率达 1 W、线宽为 1.6 nm 的 1053 nm 激光输出，并且即使在最高输出功率下也没有显示出输出饱和的迹象[133]。

自 2000 年以来，高功率大模场光子晶体光纤在光纤激光器中得到了广泛的研究。和空气芯光子晶体光纤相比，全固态光子晶体光纤可以和阶跃型光纤连接，有望应用于高功率光纤激光器。2012 年，中科院上海光机所报道了掺 Nd^{3+} 磷酸盐玻璃固态芯光子晶体光纤实现 1053 nm 激光[134]。采用截断法测得光纤在 1053 nm 的损耗为 2.1 dB/m。受益于其非圆形内包层产生的高泵浦功率吸收系数，在 36 cm 长的光纤中获得了 7.92 W 的激光输出功率，斜率效率为 38.1%。2014 年，进一步在掺 Nd^{3+} 双包层磷酸盐全固态芯光子晶体光纤中实现了输出功率为 5.4 W，斜率效率为 31% 的单模激光输出，即使在最大输出功率下，光束质量也没有下降[135]。多芯光子晶体光纤也可以用于光纤激光器。在这种光纤中，每个芯内都是单模运转，并且多芯彼此之间是倏逝耦合，产生几个与芯数量相等的超模。和单芯大模场光子晶体光纤相比，这些超模中同相模的光束质量最好，可以提供更好的光束质量和更大的有效模场面积。分离的芯还能有效分配热量，增加泵浦吸收。上述优点使得多芯光子晶体光纤具有扩大有效模场面积和进一步缩短光纤长度的潜力。基于此，他们制备出了一种具有全固态结构的单模七芯掺 Nd^{3+} 磷酸盐光子晶体光纤，有效模场直径达 108 μm，并且基于 25 cm 长的光纤在 802 nm 激光二极管泵浦下获得了输出功率为 15.5 W、斜率效率为 57% 的 1053 nm 激光输出[136]。

除了常见的 1.06 μm 波段激光，掺 Nd^{3+} 光纤在 850～900 nm 波段也实现了激光输出，在光谱、生物成像，特别是产生二次和四次谐波的高功率、高光束质量的深蓝-紫光激光器和深紫外光激光器等方面具有广泛的应用前景。因此，国内外对 930 nm 光纤激光器进行了系统的研究。人们已经在掺 Nd^{3+} 石英光纤中实现了调谐范围为 872～930 nm 的激光输出；然而，研究发现，当激光波长调整到 872 nm 的短波长边缘时，激光效率急剧下降到 4.3%。此外，由于常规石英光纤的掺杂能力较低，通常采用数米长掺 Nd^{3+} 石英光纤，长光纤引起的重吸收效应也不利于短波激光的输出。因此，寻找一种高增益掺 Nd^{3+} 玻璃光纤用于 900 nm 以下的高效三能级光纤激光器非常必要。美国亚利桑那大学将石英玻璃基质材料改为磷酸盐玻璃，实现了 60 nm 的三能级跃迁荧光光谱蓝移，进一步基于 25 cm 长的掺 Nd^{3+} 磷酸盐玻璃光纤，获得了 880 nm 全光纤激光器，斜率效率为 42.8%[137]。此外，他们还采用 2.5 cm 长的掺 Nd^{3+} 磷酸盐光纤作为增益介质，在 915 nm 处实现了单频光纤激光输出。在吸收泵浦功率为 240 mW 时，输出功率为 13.5 mW。这些结果表明，在 900 nm 波长范围内，掺 Nd^{3+} 磷酸盐玻璃光纤的单频激光效率高于掺 Nd^{3+} 石英玻璃光纤[138]。

碲酸盐玻璃是掺 Nd^{3+} 光纤激光器的另一种可供选择的基质材料，基于掺 Nd^{3+} 碲酸盐玻璃光纤的激光输出见于 1994 年美国罗格斯大学和贝尔实验室的合作研究[139]。他们采用 808 nm 的钛蓝宝石激光器作为泵浦源，在掺 Nd^{3+} 碲酸盐玻璃光纤中实现了 1.06 μm 单模激光输出。碲酸盐纤芯和包层玻璃的摩尔组成(%)分别为 $76.9TeO_2\text{-}15.5ZnO\text{-}6Na_2O\text{-}1.5Bi_2O_3\text{-}0.1Nd_2O_3$ 和 $75TeO_2\text{-}20ZnO\text{-}5Na_2O$，光纤长度为 0.6 m，数值孔径为 0.21，纤芯截面为 3 μm×6.5 μm 的椭圆形，包层直径为 150 μm。光纤腔采用两端 11.9%的菲涅耳反射建立反馈，没有使用二向色反射镜。该工作实现了碲酸盐玻璃在光纤激光器中的应用，为基于低声子能量的碲酸盐玻璃的光纤器件奠定了基础。1996 年，中科院上海光机所在碲酸盐块体玻璃中实现了调 Q 脉冲激光输出，玻璃摩尔组成(%)为 $86.6TeO_2\text{-}8.4BaO\text{-}4Na_2O\text{-}ZnO\text{-}2Nd_2O_3$，$Nd^{3+}$ 在 1066 nm 和 1340 nm 的荧光半高宽分别为 26 nm 和 55 nm，荧光寿命分别为 170 μs 和 140 μs[140]。在 804 nm 钛蓝宝石激光器泵浦下，获得了波长位于 1066 nm 的激光输出，激光脉冲为 6 ns，斜率效率为 14.7%[141]。

基于掺 Nd^{3+} 碲酸盐玻璃也可以实现 1.3 μm 波段激光。2009 年，土耳其科克大学在掺 Nd^{3+} 碲酸盐块体玻璃中实现了 1.37 μm 脉冲激光输出[142]，玻璃摩尔组成 (%)为 $80TeO_2\text{-}20WO_3$，密度为 5.82 g/cm^3，Nd_2O_3 的摩尔掺杂浓度为 0.5%，Nd^{3+} 浓度为 2.02×10^{20} $ions/cm^3$[143]。掺 Nd^{3+} 碲酸盐块体玻璃中的发射波长为 1342 nm，由于在发射波长处存在 $^4F_{3/2}\rightarrow{}^4G_{7/2}$ 跃迁的激发态吸收过程与其竞争，从而引入了额外的损耗，导致激光波长红移至 1370 nm。实现这个波段高效激光的一个主要问题是，1.06 μm 的荧光分支比约为 1.3 μm 的 5 倍，因此在 1.06 μm 处存在竞争放大自发辐射。为了实现 1.3 μm 的实际光放大器件，日本丰田工业大学基于碲酸盐玻璃基质设计了全固态光子带隙光纤，用于过滤 1.06 μm 的竞争发射从而抑制 Nd^{3+} 最突出的发射光谱[144]。碲酸盐玻璃的制备、熔化和成型工艺在手套箱中进行，以减少 OH^- 的影响。在设计的四层高折射率棒纤芯中，约 0.75 μm 和 1.3 μm 的光可以传播，在 1.06 μm 附近的光不能传播，这一特性是使用设计的碲酸盐全固态光子带隙光纤沿光纤长度抑制 Nd^{3+} 的 1.06 μm 发射的关键优势。结果表明，光纤的透射谱在 0.75 μm 和 1.33 μm(约−20 dB 和−19 dB)附近具有高透过率，在 1.06 μm 附近具有低透过率，约−27dB。相比同样掺杂浓度的块体样品，Nd^{3+} 的 $^4F_{3/2}\rightarrow{}^4I_{11/2}$ 跃迁 1.06 μm 发射峰得到约 12 倍的极大抑制。此外，用制备的碲酸盐光子晶体光纤代替块体样品对 0.9 μm 处的发射峰强度也有较小的抑制。

12.2.2　1.5 μm 特种玻璃光纤激光器

最初，1.5 μm 光纤激光器主要基于掺 Er^{3+} 石英玻璃有源光纤。然而，由于掺

Er³⁺石英玻璃光纤稀土离子溶解度低、增益系数低，所需设计的光纤激光器有效谐振腔长度太长，容易导致多模发射。因此，研制出高增益系数、低热沉积性能的高掺杂掺 Er³⁺高增益特种玻璃有源光纤十分必要[111,145-147]。

1965 年，美国光学公司在 Er³⁺/Yb³⁺共掺硅酸盐玻璃棒中实现了 1.5 μm 激光输出，Er₂O₃ 和 Yb₂O₃ 的掺杂浓度分别为质量分数 0.25%和 15%。Er³⁺: ⁴I₁₃/₂ 能级的寿命高达 14 ms，但是由于泵浦源为氙灯，激光阈值较高[148]。此后，意大利菲斯卡德尔理工学院和国内的南开大学等分别利用钛蓝宝石激光器和 969 nm 半导体激光器泵浦，在 Er³⁺/Yb³⁺共掺杂磷酸盐块体玻璃中获得了毫瓦级的 1.5 μm 激光输出[149,150]。1993 年，英国南安普敦大学在 7 cm 长的 Er³⁺/Yb³⁺共掺磷酸盐玻璃光纤中实现了 1.5 μm 单频激光输出，激光线宽小于 2.5 kHz，激光功率最大为 7.6 mW，斜率效率为 10%[151]。

表 12-4 给出了 1.5 μm 波段掺 Er³⁺单频光纤激光器的研究进展。2003 年，NP 光子公司采用净增益为 5 dB/cm 的高增益 Er³⁺/Yb³⁺共掺磷酸盐玻璃光纤，实现了输出功率超过 200 mW 的 1.5 μm 波段紧凑型单频光纤激光器，光纤仅为 5 cm，激光线宽小于 2 kHz，信噪比大于 70 dB[152]。华南理工大学通过选择合适的磷酸盐激光玻璃组成，将 Er³⁺和 Yb³⁺的掺杂浓度分别提高到摩尔分数 3%和 5%，光纤净增益提高到 5.2 dB/cm，光纤损耗低于 0.04 dB/cm。以高增益 Er³⁺/Yb³⁺共掺磷酸盐玻璃光纤作为增益介质，在超短线形激光腔中实现了超过 300 mW 的 1.5 μm 单频光纤激光[147]。Er³⁺/Yb³⁺共掺磷酸盐玻璃光纤的增益和噪声特性及激光性能，如图 12-13 所示[147]。在 1525～1565 nm 的波长范围内，噪声系数小于 5.5 dB。在 2 cm 磷酸盐玻璃光纤中获得了最大输出功率为 306 mW，斜率效率为 30.9%。进一步测试超过 40 h 的激光功率稳定性，结果表明，在 23℃下，长期输出功率波动小于 0.5%。采用零差法测得激光线宽仅为 1.6 kHz。该光纤激光器的低频相对噪声强度(＜50 kHz)通过增加频率从–86 dB/Hz 减少到 –120 dB/Hz，然后几乎保持在一个高频率。在 Er³⁺/Yb³⁺共掺磷酸盐玻璃光纤中，还进一步实现了双波长单频激光器和高功率单频激光器(高达 10.9 W)[112,153]。

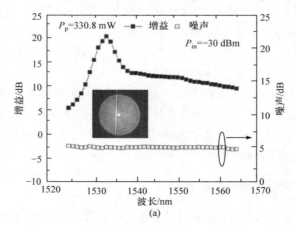

(a)

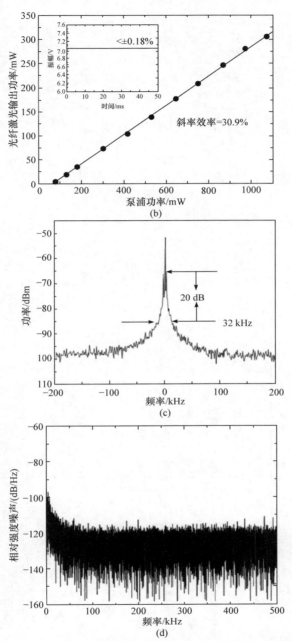

图 12-13　Er³⁺/Yb³⁺共掺杂磷酸盐玻璃光纤的增益和噪声特性及激光性能

(a) 增益和噪声曲线，插图为光纤端面；(b) 泵浦功率和激光输出功率关系曲线，插图为功率波动曲线；(c) 激光线宽；(d) 相对强度噪声光谱

表 12-4 1.5 μm 单频光纤激光器的研究进展

年份	稀土离子	玻璃基质	跃迁	泵浦波长/nm	激光波长/nm	输出功率/mW	斜率效率/%	掺杂浓度	增益系数/(dB/cm)	激光线宽/kHz	增益长度/cm	参考文献
1990	Er^{3+}	石英玻璃	$^4I_{13/2} \to {}^4I_{15/2}$	1480	1551.5	1.3	5	—	—	1.4	1.5×10^5	[154]
2014	Er^{3+}	硅酸盐玻璃	$^4I_{13/2} \to {}^4I_{15/2}$	974	1532	8.4×10^3	>56	1% Er_2O_3(质量分数)	—	—	50	[155],[156]
1998	Er^{3+}/Yb^{3+}	磷硅酸盐玻璃	$^4I_{13/2} \to {}^4I_{15/2}$	980	1535	58	12	—	—	500	1.5	[127]
2003	Er^{3+}/Yb^{3+}	磷酸盐玻璃	$^4I_{13/2} \to {}^4I_{15/2}$	976	1535	>120	27.5	—	5	2	—	[152]
2004	Er^{3+}/Yb^{3+}	磷酸盐玻璃	$^4I_{13/2} \to {}^4I_{15/2}$	976	1560	200	24.3	—	5	1.75	2	[127]
2005	Er^{3+}/Yb^{3+}	磷酸盐玻璃	$^4I_{13/2} \to {}^4I_{15/2}$	976	1550	1.6×10^3	5	1.1×10^{26} ions/m³ Er^{3+}/8.6×10^{26} /m³ Yb^{3+}	—	—	5.5	[127]
2005	Er^{3+}/Yb^{3+}	磷酸盐玻璃	$^4I_{13/2} \to {}^4I_{15/2}$	976	1535	1.9×10^3	11	1.1×10^{26} ions/m³ Er^{3+}/8.6×10^{26} /m³ Yb^{3+}	—	—	10	[127]
2006	Er^{3+}/Yb^{3+}	磷酸盐玻璃	$^4I_{13/2} \to {}^4I_{15/2}$	976	1534	2.3×10^3	12	1.6×10^{26} ions/m³ Er^{3+}/8.6×10^{26} /m³ Yb^{3+}	—	—	3.8	[127]
2010	Er^{3+}/Yb^{3+}	磷酸盐玻璃	$^4I_{13/2} \to {}^4I_{15/2}$	976	1535	306	30.9	—	5.2	1.6	2	[127]
2013	Er^{3+}/Yb^{3+}	磷酸盐玻璃	$^4I_{13/2} \to {}^4I_{15/2}$	975	1538	550	12	1% Er_2O_3/8% Yb_2O_3(质量分数)	—	<60	7	[127]
2016	Er^{3+}/Yb^{3+}	磷酸盐玻璃	$^4I_{13/2} \to {}^4I_{15/2}$	915	1560	1.09×10^4	—	3% Er_2O_3/5% Yb_2O_3(摩尔分数)	—	<3.5	—	[112]
2017	Er^{3+}/Yb^{3+}	磷酸盐玻璃	$^4I_{13/2} \to {}^4I_{15/2}$	976	1603	>20	11.6	1% Er_2O_3/2% Yb_2O_3(摩尔分数)	—	<1.9	1.6	[127]

最近，华南理工大学在高增益掺铒氟硫磷酸盐玻璃光纤(FSP-EYDF)中实现了 1.5 μm 单频光纤激光输出。图 12-14(a)给出了掺铒氟硫磷酸盐光纤的 1.5 μm 单频光纤激光器实验装置图。泵浦源采用 974 nm 激光二极管，增益光纤长度为 4.2 cm。光栅分别采用窄带布拉格光栅和宽带布拉格光栅，窄带布拉格光栅的慢轴反射波长落入宽带光栅的反射谱中，从而保证单一偏振态的起振。该装置采用反向泵浦结构，泵浦光经过 980 nm/1534 nm 波分复用器然后进入增益光纤并使得产生的信号光在两个光栅之间不断放大，当达到激光阈值后激光从窄带布拉格光栅经波分复用器和 1534 nm 隔离器而输出。同时采用温度控制器对光纤激光器的温度进行控制，以降低激光器运转过程中产生的热效应对激光性能的不利影响。

图 12-14(b)～(e)给出了 FSP-EYDF 的 1.5 μm 单频光纤激光器的激光光谱、输出功率和吸收泵浦功率关系曲线、扫描得到的激光纵模特性以及激光线宽。由图可知，激光中心波长为 1534 nm，输出光谱的信噪比大于 70 dB。同时，974 nm 泵浦光的强度非常低，表明增益光纤输出端的波分复用器可以将大部分残余泵浦光滤掉，而经放大的 1.5 μm 信号光的强度很高，表明耦合进光谱仪中的残留泵浦光对信号光测试的功率基本没有影响。随着泵浦功率不断增加，激光器的输出功率呈现线性增加趋势，并且当泵浦功率为 114 mW 时，获得了最大输出功率达 5.37 mW 的激光输出，斜率效率为 5.6%(图 12-14(c))。较低的斜率效率主要是由光纤质量较低、异质光纤的拼接损耗较大等因素所致，因此可以通过优化光纤组成和质量，降低激光腔的损耗，以及选择更加匹配的光纤光栅等方法提高激光器的输出性能。使用扫描法里-珀罗干涉仪在一个自由光谱范围(FSR = 1.5 GHz)进行扫描，测得在一个扫描周期内出现两个单峰，且在单峰附近没有出现任何其他杂峰，表明只有一个纵模模式在运转，证明了该激光输出特性为单频激光，进一步测得激光线宽为 3.15 kHz(图 12-14(d)、(e))。

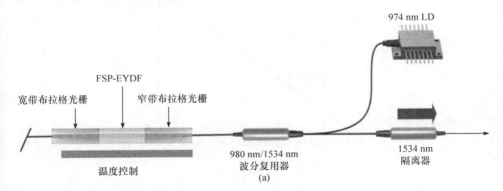

(a)

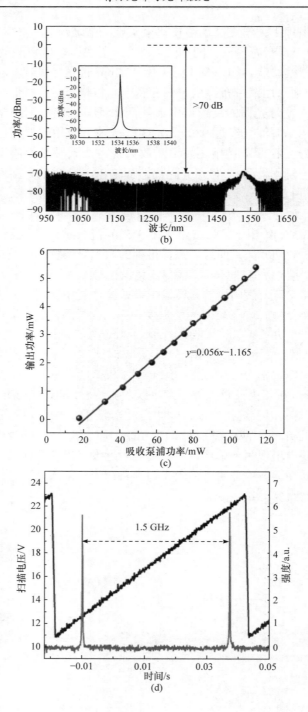

(b)

(c)

(d)

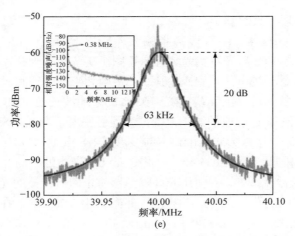

图 12-14　基于 FSP-EYDF 的 1.5 μm 单频光纤激光器的(a)实验装置图；(b)激光光谱，插图为放
大图；(c)输出功率和吸收泵浦功率关系曲线；(d)扫描得到的激光纵模特性；(e)激光线宽，插
图为相对强度噪声

掺 Er³⁺特种激光玻璃有源光纤所面临的主要困难之一是如何进一步降低杂质
和羟基含量，从而进一步提高有源光纤的增益特性。这一问题也是制备超低损耗
特种玻璃光纤所面临的主要问题。在材料设计方面，磷酸盐玻璃的物化性能和机
械强度均低于石英玻璃，激光损伤阈值低是一个很大的挑战。从技术上看，反应
气氛法可以大大降低磷酸盐玻璃熔体中的羟基含量，但仍需进一步探索有效的磷
酸盐玻璃的熔制与除水方法和工艺，以便充分展示磷酸盐激光玻璃的优势和广阔
的应用前景。在输出功率、激光线宽、信噪比、波长调谐、全光纤结构等方面，
磷酸盐玻璃基单频光纤激光器仍需进一步改进和完善。为了进一步提高单频激光
功率，应处理好热效应、光暗化效应和非线性效应等对激光性能造成的不利影响。
因此，实现输出功率更高、噪声更低、线宽更窄、调谐范围更广、全光纤结构的
1.5 μm 单频光纤激光器是今后的主要发展方向。

以往对掺 Er³⁺光纤激光器的研究主要集中在 1.5 μm(C 波段，1535～1565 nm)，
对波长大于 1.6 μm(L 波段，1565～1652 nm)的光纤激光器研究比较少，而该波段激
光器在一些特殊场合具有重要应用。例如，高分辨分子光谱学等应用尤其需要该波
段超窄线宽激光以实现理想的分辨率。此外，L 波段激光可以直接泵浦掺 Tm³⁺激
光器，从而极大降低量子亏损及光纤与元器件的热负荷。目前，L 波段激光光源方
案主要有两种，即：①基于 Er³⁺掺杂晶体或陶瓷的空间耦合固体激光器；②基于
Er³⁺掺杂石英光纤的光纤激光光源，分别存在转换效率低、稳定性差、维护成本高
等问题和稀土掺杂浓度低、声子能量高、红外透过范围窄等石英玻璃本征局限性，
成为制约激光器发展的重大瓶颈。

　　最近，华南理工大学基于高增益 Er³⁺/Yb³⁺共掺氟硫磷酸盐玻璃光纤，实现了重复频率达 1.6 GHz 的 L 波段高重频激光输出[157]。图 12-15(a)给出了基于 FSP-EYDF 的锁模光纤激光器实验装置示意图。实验在一个超紧凑的线性腔中实现，使用了 6.2 cm 长的 FSP-EYDF，其中二色膜和半导体饱和吸收镜(SESAM)分别在 FSP-EYDF 的两端提供反馈。在 976 nm 的泵浦波长处，DF 的透射率高达约 99.5%，在 C 波段和 L 波段的波长范围内，反射率大于 99%。SESAM 芯片面积为 4.0 mm×4.0 mm，厚度为 450 μm，调制深度为 18%，不饱和损耗为 12%，恢复时间为 5 ps，饱和通量为 50 μJ/cm²。由 976 nm LD 产生的泵浦光通过波分复用器(WDM)耦合到增益光纤中，并使用光纤隔离器防止向后传播的光，这可能会扭曲锁模状态的长期稳定性。连续波锁模的泵浦功率为约 90 mW。在这种情况下，实时高速示波器记录了一个周期为约 625 ps(对应于约 1.6 GHz 基频)的均匀脉冲迹线，如图 12-15(b)所示。图 12-15(c)为光谱分析仪记录的光谱。值得注意的是，光纤激光器发射的脉冲中心为 1610 nm，相关的 3 dB 带宽为约 7.0 nm。根据该激光器在 L 波段的锁模性能，其能支持的转换限制脉冲宽度为 390 fs。

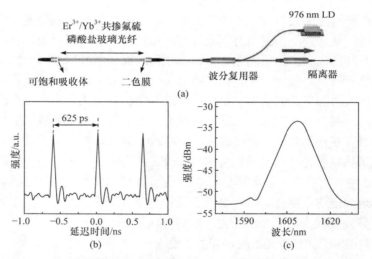

图 12-15　基于 Er³⁺/Yb³⁺共掺氟硫磷酸盐玻璃光纤的 L 波段锁模光纤激光器(a)实验装置; (b)示波器轨迹和(c)连续波模式锁定运转的光谱[157]

　　为了进一步表征输出脉冲在射频域的特性，使用频率信号分析仪记录射频频谱并进行噪声分析，如图 12-16 所示。1.2 GHz 和 26.5 GHz 频段的射频频谱证实了锁模的短期稳定性，频率尖峰位于约 1.6 GHz，与示波器波形所示的重复频率一致。信噪比(SNR)约为 80 dB，受到偏振旋转引起的谱旁瓣存在的限制。图 12-16(b)所示的全幅扫描显示了基峰和谐波，其结果没有噪声频率成分。在要求高灵敏度的应用中，高重频飞秒光纤激光器的噪声性能具有重要意义。图 12-16(c)、(d)给出了当前锁模激光系统在 10 Hz 到 1 MHz 范围内的相对强度噪声(RIN)和相位噪声特性。从 10 Hz 到 100 Hz,频率相关的 RIN 水平低于–40 dBc/Hz。从 100 Hz 到 1 MHz,它低于–110 dBc/Hz 的水平,从 10 Hz 积分到 1 MHz,其 RIN 抖动为 1.18%。同时, 如图 12-16(d)所示,相位噪声在频率为 10 Hz 时达到–40 dBc/Hz,右侧纵坐标表示的综合抖动为 880 fs。

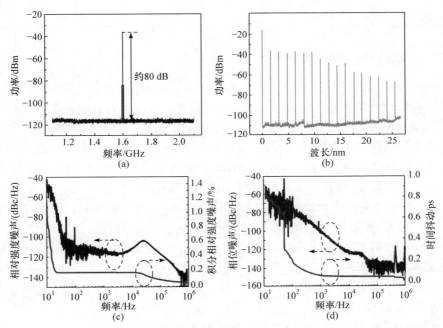

图 12-16　(a)1.2 GHz 和(b)26.5 GHz(全频段)频段的射频频谱;(c)范围从 10 Hz 到 1 MHz 的相对强度噪声和积分相对强度噪声以及(d)相位噪声和时间抖动[157]

　　表 12-5 总结了已报道的 L 波段吉赫兹重复频率的锁模光纤激光器性能比较。基于 FSP-EYDF 实现的锁模光纤激光中心波长为 1610 nm,该激光器的特色是泵浦阈值保持在一个相当低的水平。和商用石英光纤相比,FSP-EYDF 基的 L 波段吉赫兹重复频率锁模光纤激光器的重复频率更高,光纤长度更短。该增益光纤的长度比基于掺 Er^{3+} 石英光纤(Liekki Er80)的激光器短 40%,有利于进一步提高重复频率,这对于光频梳应用而言非常重要。与采用 Liekki Er80 光纤的激光器相比,该激光器的最大输出功率和重复频率提高了约 50%。此外,FSP 玻璃是一种很有前途的重掺杂高增益光纤材料,目前的 FSP-EYDF 在 1610 nm 处的增益系数达到 0.6 dB/cm。通过增加 Er^{3+} 和 Yb^{3+} 的浓度,缩短增益光纤长度,可以获得更高的重复频率。

表 12-5　L 波段吉赫兹锁模光纤激光器的激光性能比较

增益光纤	光纤长度/cm	重复频率/GHz	输出激光波长/nm	泵浦阈值/mW	参考文献
掺 Er^{3+}石英光纤	320	0.036	1605	894	[158]
掺 Er^{3+}石英光纤(Liekki Er80)	9.2	1	1573	200	[159]
掺 Er^{3+}石英光纤(Liekki Er80)	10	1	1609	60	[160]
Er^{3+}/Yb^{3+}共掺氟硫磷酸盐光纤	6.2	1.6	1610	90	[157]

12.2.3　2 μm 特种玻璃光纤激光器

2 μm 波段光纤激光器因在大气监测、红外遥感测量、生物医疗、材料加工等领域具有巨大的应用潜力而备受关注。1988 年，英国南安普敦大学首次利用掺 Tm^{3+}石英光纤实现了 2 μm 激光，开启了 2 μm 光纤激光器的研究热潮[161]。随着高功率半导体激光器泵浦源以及包层泵浦技术的快速发展，2 μm 光纤激光器及其激光输出性能发展迅速。通过采用 1640 nm 色心激光器和 1630 nm LD 泵浦掺 Tm^{3+}氟化物光纤，可将 2 μm 激光的斜率效率提高到 84%[162]。在掺 Tm^{3+}石英光纤中，利用 790 nm 激光二极管阵列和包层泵浦技术，可实现功率 5.4 W 斜率效率 31%的 2 μm 光纤激光输出[163]。通过 793 nm LD 泵浦掺 Tm^{3+}双包层石英光纤，进一步将 2 μm 激光的输出功率和斜率效率分别提高到了 85 W 和 56%[78]。在 Yb^{3+}/Tm^{3+}共掺石英光纤中，采用 975 nm 半导体激光器泵浦，也实现了高功率的 2 μm 激光输出[164]。利用 793 nm LD 泵浦 Tm^{3+}/Ho^{3+}共掺双包层石英光纤，Ho^{3+}的 2 μm 激光输出功率可达 83 W，这是 Tm^{3+}/Ho^{3+}共掺光纤激光器中实现的最高输出功率[165]。随后，在掺 Tm^{3+}双包层石英玻璃光纤中，采用 790 nm LD 泵浦获得了输出功率高达 885 W 的 2 μm 光纤激光[79]。在 2 μm 波段掺 Tm^{3+}光纤激光器中，通过共振泵浦获得了 90.2%的斜率效率[92]。迄今，掺 Tm^{3+}和 Ho^{3+}的石英玻璃光纤激光器的最长激光发射波长分别为 2.198 μm 和 2.21 μm[166,167]。2013 年，NP 光子公司基于高增益硅酸盐玻璃光纤报道了峰值功率达到 10 kW 的掺 Tm^{3+}硅酸盐玻璃光纤激光器[168]。随后，人们利用掺 Tm^{3+}光子晶体光纤作为增益介质将光纤激光器的峰值功率提高到了 200 MW[169]。

在高功率光纤激光器应用中，掺杂石英光纤是最常见的有源光纤材料，但是由于其声子能量较大，导致激光效率较低，且难以实现更长波长的激光输出。同时，石英光纤对稀土离子的溶解力较低，光纤增益系数不高，导致有源光纤长度动辄数米，严重制约了器件的小型化和在某些特殊要求中的用途(如需要超短腔设计的单频光纤激光器)。在中低功率光纤激光器应用中，氟化物玻璃光纤优于石英玻璃光纤，但是氟化物光纤物化性能较差，抗激光损伤阈值较低。近年来，多组分氧化物特种玻璃光纤引起广泛关注，特别是具有较低声子能量的锗酸盐玻璃光纤和碲酸盐玻璃光纤[170-175]。

2007 年，美国 NP 光子公司采用高浓度 Tm^{3+} 掺杂双包层锗酸盐玻璃光纤，获得了斜率效率为 68%、输出功率达 104 W 的 2 μm 波段光纤激光。值得指出的是，其有源增益光纤长度仅为 40 cm，远小于掺杂石英玻璃光纤的长度[60,61,176,177]，斜率效率值甚至大于掺 Tm^{3+} 石英玻璃光纤(61%)。较高的斜率效率归因于 Tm^{3+} 发生了有效的交叉弛豫，并且锗酸盐玻璃基质的声子能量较低。与石英玻璃相比，锗酸盐玻璃较低的声子能量降低了 Tm^{3+} 上激光能级的非辐射衰减速率，从而提高了激光器的量子效率。在掺 Ho^{3+} 锗酸盐玻璃光纤中，当 Ho^{3+} 的浓度从质量分数 0.5% 增加到 3% 时，$^5I_7$ 能级的寿命从 5.6 ms 锐减到 3.7 ms，而采用 1.9 μm 掺 Tm^{3+} 单模光纤激光器对掺 Ho^{3+} 锗酸盐光纤进行带内泵浦，可获得 60 mW 的 2.05 μm 单频激光，光纤长度仅为 2 cm[174]。

在碲酸盐激光玻璃与光纤研究领域，以英国利兹大学为代表的研究团队实现了掺 Tm^{3+} 和掺 Ho^{3+} 碲酸盐玻璃光纤的 2 μm 激光输出[178]。2008 年，英国利兹大学在 Tm^{3+} 掺杂碲酸盐玻璃光纤中，实现了斜率效率为 75.8% 的高效率 2 μm 光纤激光器，使用的光纤长度为 32 cm[179]。随后该课题组相继报道了一系列基于 Yb^{3+}/Tm^{3+}、Tm^{3+}/Ho^{3+} 和 $Yb^{3+}/Tm^{3+}/Ho^{3+}$ 掺杂碲酸盐玻璃光纤的 2 μm 激光，极大地丰富了碲酸盐玻璃光纤在 2 μm 波段光纤激光器中的应用[178]。俄罗斯研究者近年来在碲酸盐玻璃光纤中还实现了 2.3 μm 波段光纤激光输出[180]。未来有望进一步在碲酸盐玻璃光纤中实现超窄线宽单频光纤激光输出，以及更长波段的光纤激光输出。在国内，2010年，中科院上海光机所在 Tm^{3+} 掺杂双包层碲酸盐玻璃光纤中实现了 1.12 W 的激光输出[181]。随后，他们在 Tm^{3+} 高掺杂双包层碲酸盐玻璃光纤、Tm^{3+} 掺杂双包层碲酸盐-磷酸盐复合玻璃光纤和 Tm^{3+}/Ho^{3+} 共掺杂碲酸盐玻璃光纤中均实现了 2 μm 激光输出[182-184]。此外，在掺 Tm^{3+} 锗酸盐微片中也实现了斜率效率为 26%、输出功率为 364 mW 的 2 μm 激光输出，然而，由于光纤损耗较大，没有在光纤中实现激光输出[172]。2014 年，有研究报道采用 1.59 μm 光纤激光器泵浦掺 Tm^{3+} 锗酸盐光纤，获得了输出功率为 44.7 mW 斜率效率为 26% 的 2 μm 连续激光输出，并且采用碳纳米管被动调 Q，获得了脉冲时间 1.5 μs、最大脉冲能量 110 nJ、重复频率从 15～84 kHz 的脉冲激光输出[175]。此外，基于 Tm^{3+} 掺杂氟磷酸盐玻璃光纤也已经实现了 2 μm 激光输出，输出功率为 17 mW，斜率效率为 20%[185]。

华南理工大学在 2 μm 高增益特种玻璃光纤及光纤激光器方面开展了大量工作。在碲酸盐玻璃中，通过 Nd^{3+}/Ho^{3+} 共掺解决 Ho^{3+} 无法直接采用商用激光二极管泵浦的问题，并采用吮吸法制备出了低损耗高增益 Nd^{3+}/Ho^{3+} 共掺碲酸盐玻璃光纤，进一步在 795 nm 激光二极管泵浦下实现了 2 μm 光纤激光输出[186]。图 12-17(a) 给出了 Nd^{3+}/Ho^{3+} 共掺碲钨锌镧玻璃光纤激光器的实验装置，其包括 795 nm LD、准直聚焦透镜系统、前后高反腔镜、Nd^{3+}/Ho^{3+} 共掺碲酸盐光纤、高通滤波片、光功率计等。激光测量采取输出激光功率测量和激光光谱测量两种方式。在功率测量中，采取光功率计进行测量，具体方法是在紧贴后腔镜右侧的准直光路上放入滤波片，将光功率计的探头放于滤波片后侧测量激光功率。第二种方式是采用光谱仪测试激光光谱，调节泵浦光的焦点，将其聚焦至端面经超声波切割的有源光纤中，在后腔镜后端放置斩波器，对光纤输出的光进行放大后，利用光谱仪测试激光信号。图 12-17(b)所示为增益光纤长度为 5 cm 的 Nd^{3+}/Ho^{3+} 共掺碲钨锌镧玻璃光纤激光器的输出激光功率与泵浦光功率的斜率效率图，插图为输出激光光谱图[168]。由图可知，激光输出功率随着吸收的泵浦光功率的增加而增加，实验中最大激光输出功率为 12 mW，但还没有出现饱和，斜率效率为 11.2%，泵浦阈值功率为 38 mW。激光中心波长峰值位于 2052 nm 附近，比块状激光玻璃的发射峰红移 32 nm 左右。

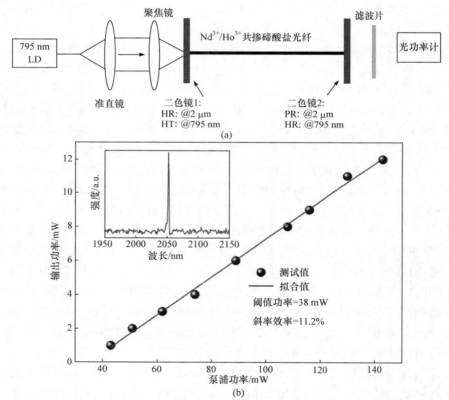

图 12-17　Nd^{3+}/Ho^{3+} 共掺碲钨锌镧玻璃光纤激光器的(a)实验装置图；(b)激光特性，插图为激光光谱[186]

表 12-6 给出了各种稀土掺杂碲酸盐玻璃光纤激光器的有源光纤长度、泵浦和激光波长、激光阈值、激光输出功率和斜率效率等特性参数[186]。与其他稀土离子

掺杂碲酸盐玻璃光纤相比，5 cm 长的 Nd^{3+}/Ho^{3+} 共掺光纤可以获得较高的单位长度增益。同时，激光阈值泵浦功率低至 38 mW，比具有相似泵浦方案和光纤几何形状的掺 Tm^{3+}/Yb^{3+} 碲酸盐光纤激光器低一个数量级。短光纤长度和低阈值泵浦功率使 Nd^{3+}/Ho^{3+} 共掺碲酸盐玻璃光纤材料成为开发超紧凑中红外激光器极有潜力的一种候选材料。需要指出的是，相比较而言 Nd^{3+}/Ho^{3+} 共掺碲酸盐玻璃光纤的激光输出功率和斜率效率不高，其原因有多个因素：①首先是 Nd^{3+} 的 $^4F_{3/2} \rightarrow {}^4I_{9/2}$、$^4F_{3/2} \rightarrow {}^4I_{11/2}$ 和 $^4F_{3/2} \rightarrow {}^4I_{13/2}$ 三个跃迁过程分别存在约 905 nm、1064 nm 和 1339 nm 三个强荧光峰，特别是 1064 nm 跃迁的分支比最大，这降低了从 Nd^{3+} 到 Ho^{3+} 的能量传递效率；②另一方面，Nd^{3+} 到 Ho^{3+} 的能量传递系数与重叠面积成正比，而 Ho^{3+} 在 900 nm 处的吸收强度相对较低，Nd^{3+}：$^4F_{3/2} \rightarrow {}^4I_{9/2}$ 的发射截面和 Ho^{3+}：$^5I_8 \rightarrow {}^5I_5$ 的吸收截面重叠面积较小，导致从 Nd^{3+} 到 Ho^{3+} 的能量传递系数较低；③实验制备的碲酸盐玻璃增益光纤的纤芯直径与泵浦半导体激光器输出光斑的直径不匹配，导致腔损耗增大，降低了耦合效率；④不断提高泵浦光功率会对光纤端面造成损伤，所以无法进一步提高泵浦源的输出功率。此外，纤芯玻璃的 OH^- 吸收系数较高，造成谐振腔内的损耗较高等因素。为了进一步提高能量传递效率，可在玻璃基质中加入其他敏化剂离子，如 Yb^{3+} 作为能量桥梁，以提高从 Nd^{3+} 到 Ho^{3+} 的能量传递效率。同时，需要采用较高输出功率的 LD 泵浦，通过优化碲酸盐玻璃光纤的芯径和数值孔径值来提高耦合效率。此外，还需要进一步降低 OH^- 吸收系数，减少光纤背景损耗等。

表 12-6　稀土掺杂碲酸盐玻璃光纤激光器特性参数

碲酸盐玻璃光纤	光纤长度/cm	泵浦波长/nm	激光波长/nm	激光阈值/mW	输出功率/mW	斜率效率/%
Nd^{3+}	60	818	1061	27	5	23
Tm^{3+}	32	1570～1610	1880～1990	153	280	20
Tm^{3+}/Ho^{3+}	76	1600	2100	100	26	62
Tm^{3+}/Yb^{3+}	9	1088	1910～1994	394	67	8
$Yb^{3+}/Tm^{3+}/Ho^{3+}$	17	1100	2100	15	60	25
Nd^{3+}/Ho^{3+}	5	795	2052	38	12	11.2

表 12-7 总结了基于 Tm^{3+} 和 Ho^{3+} 掺杂碲酸盐和锗酸盐玻璃光纤的 2 μm 光纤激光器研究进展。由表可知，锗酸盐玻璃光纤激光器的最大斜率效率略小于碲酸盐玻璃光纤激光器，但输出功率却远大于碲酸盐玻璃光纤，主要归因于锗酸盐玻璃光纤具有较高的激光损伤阈值，因此，可利用高功率半导体激光器作为泵浦源。碲酸盐玻璃光纤软化温度较低，其端面易因泵浦功率较高而损坏，从而限制了其激光输出功率的进一步提升。

表 12-7　基于 Tm³⁺和 Ho³⁺掺杂碲酸盐和锗酸盐玻璃光纤的 2 μm 光纤激光器研究进展

年份	稀土离子	玻璃基质	输出功率/mW	斜率效率/%	参考文献
2007	Tm³⁺	Ge-Ba-Al	$1.04×10^5$	68	[176], [187]
2008	Tm³⁺	Te-Zn-Na	280	76	[179]
2008	Tm³⁺/Ho³⁺	Te-Zn-Na	160	62	[178]
2008	Yb³⁺/Tm³⁺/Ho³⁺	Te-Zn-Na	60	25	[188]
2009	Yb³⁺/Tm³⁺	Te-Zn-Na	67	10	[178]
2009	Ho³⁺	Ge-Ba-Al	60	—	[174]
2010	Tm³⁺	Te-W-La	$1.12×10^3$	20	[181]
2011	Tm³⁺	Te-W-La	306	28.9	[182]
2011	Tm³⁺	Ge-Ga-Ba	22	24	[189]
2012	Tm³⁺/Ho³⁺	Te-W-La	106	23	[184]
2013	Tm³⁺	Ge-Ga-Ba	206	34.8	[189]
2014	Tm³⁺	Ge-Pb-Ba	44.7	26	[175]
2015	Tm³⁺	Ge-Te-Pb	50	—	[190]
2015	Tm³⁺	Ge-Te-Pb	750	28.7	[191]
2015	Tm³⁺	Ge-Ga-Ba	140	7.6	[192]
2015	Tm³⁺ (Ho³⁺)	Te-Ba-Y	85 (89)	17 (71.9)	[193]
2015	Ho³⁺	Te-Ba-Y	161	67.4	[194]
2016	Ho³⁺	Te-W-La	34	—	[195]
2016	Ho³⁺	Ge-Si-Pb	620	34.9	[196]
2016	Tm³⁺	Ge-Ga-Ba	165	17	[197]
2016	Tm³⁺	Ge-Ga-Ba	$1.17×10^4$	20.4	[198]
2016	Nd³⁺/Ho³⁺	Te-W-La	12	11.2	[186]
2017	Tm³⁺/Ho³⁺	Te-Ge-W	993	31.9	[199]
2017	Ho³⁺	Al-Te	82	68.8	[200]
2017	Tm³⁺	Te-Ba-Y	408	58.1	[201]
2018	Tm³⁺	Ge-Pb-Zn	约 250	8.75	[202]

　　常见的采用稀土共掺杂实现高效 2 μm 发光的方法可概括为：①提高吸收效率(如 Yb³⁺/Tm³⁺共掺杂体系中采用 980 nm LD 泵浦)；②提供合适的泵浦波长(如 Tm³⁺/Ho³⁺共掺杂体系中采用 808 nm LD 泵浦)；③猝灭低激光能级的粒子数(如 Ho³⁺/Yb³⁺/Ce³⁺共掺杂体系)。然而，当采用稀土离子敏化时，激光性能不仅没有提高，反而大幅降低，可能是由于光纤中出现了强的上转换发光，与 2 μm 发光相互竞争，造成了一部分的能量损失。此外，在敏化体系中由于难以控制浓度猝灭的负面影响，目前，这一方法在 2 μm 光纤器件中没有得到广泛应用。共掺体

系也不适合高功率激光运转，因为施主离子的受激辐射速率比能量传递到受主的速率要大或者相当。因此，如何有效利用稀土离子敏化改善 2 μm 激光的输出性能还有待进一步的深入研究探索。更重要的是，未来迫切需要开发出更多与稀土离子吸收带相匹配的高功率高效率半导体激光器和光纤激光器，采用直接泵浦的方式获得更高的激光效率和输出功率。在 Tm^{3+}和 Ho^{3+}掺杂玻璃与光纤中面临的另一个困难是如何进一步降低杂质和羟基的含量。此外，掺杂碲酸盐玻璃光纤激光器仍未实现 2 μm 波段单频光纤激光输出。

2 μm 波段单频激光器由于在高分辨光谱学、激光雷达、非线性光学以及无创医疗等领域的广泛应用而受到了大量关注[189,198]。此外，该波段单频激光器的非线性效应阈值比 1 μm 波段单频激光器高，在窄线宽高功率或高能量激光输出方面更具优势。基于 Tm^{3+}掺杂锗酸盐玻璃光纤(主要成分为 BaO-Ga$_2$O$_3$-GeO$_2$，简称 BGG)，华南理工大学设计了一种 2 μm 波段窄线宽单频环形腔激光器[189,203]，激光输出波长为 1950.06 nm，线宽小于 7 kHz，信噪比大于 68 dB(图 12-18(a))。当泵浦功率为 680 mW 时，输出功率为 206 mW，斜率效率为 34.8%。通过调整光纤光栅，获得了 1949.55～1951.23 nm 的可调谐激光。当仅在腔中使用 FBG 时，

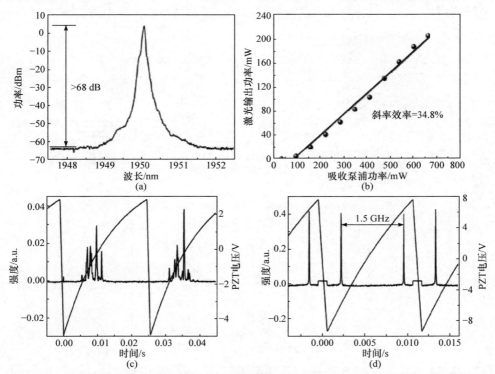

图 12-18　Tm^{3+}掺杂锗酸盐玻璃光纤的(a)激光光谱；(b)输出功率和吸收泵浦功率关系曲线；
(c)仅在腔中使用 FBG 或(d)将 Tm^{3+}掺杂锗酸盐玻璃光纤作为可饱和吸收体时的纵模特性[189]

在一个扫描循环内激光以多纵模运转。而将一根长 6.8 cm 的 Tm³⁺ 掺杂锗酸盐玻璃光纤作为可饱和吸收体时，可以获得稳定的单纵模运转。为了控制由于改变光纤光栅张力而产生的跳模现象，在黄铜中组装了一个具有严格温度控制的饱和吸收光纤。通过在光纤环形腔中内置一个可调谐滤波器或短法布里-珀罗(F-P)腔，有望获得更大的波长调谐范围[204]。

图 12-19(a)给出了 2 μm 高掺 Tm³⁺ 锗酸盐玻璃光纤激光器实验装置示意图，插图为高掺 Tm³⁺ BGG 光纤的显微照片[197]。激光腔由高掺 Tm³⁺ 的 BGG 单模光纤和一对窄谱的 1950 nm 光纤光栅组成。光纤光栅的芯径为 7 μm，包层直径为 125 μm，数值孔径为 0.2。光纤激光器腔放进铝管，温度由分辨率为 0.05℃的热电冷却器严格控制。利用自制的瓦级 1568 nm 光纤激光器带内泵浦，激光腔和 1550 nm/1950 nm 波分复用器熔接。谐振腔的有效长度包括 1.6 cm 长的高掺杂 Tm³⁺ 锗酸盐光纤和 10 mm 长的 PM-FBG 和 WB-FBG 各一半。谐振腔的有效长度小于 2.6 cm，从而纵向模式间距大于 3.2 GHz。实验中使用的 PM-FBG 的反射带宽小于 4.7 GHz。因此，在适当的温度控制下，激光器将工作在一个单一的纵向模式，没有跳模和模式竞争现象。图 12-19(b)显示了激光输出功率与吸收泵浦功率的函数关系。由于增益光纤的超短长度，只有约 28%的发射泵浦功率没有被吸收，激光阈值泵浦功率约

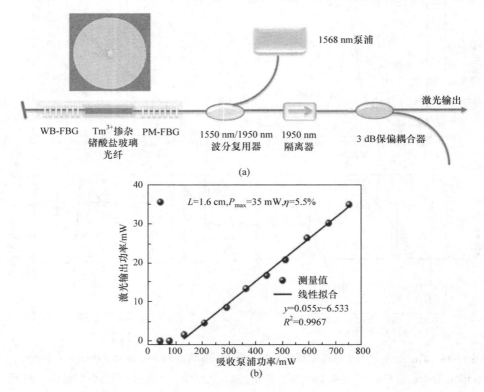

(a)

(b)

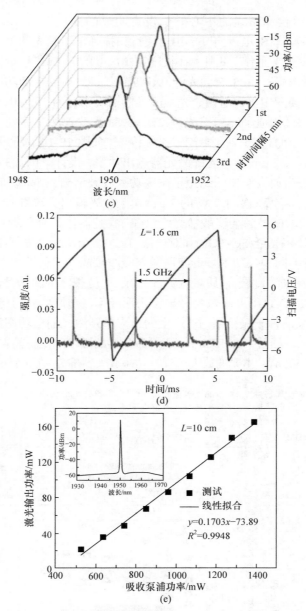

图 12-19　2 μm 高掺 Tm³⁺锗酸盐玻璃光纤激光器的(a)实验装置示意图；(b)1.6 cm 长的高掺杂 Tm³⁺光纤的吸收泵浦功率和激光输出功率关系曲线；(c)激光光谱；(d)激光纵模特性；(e)10 cm 长的高掺杂光纤的吸收泵浦功率和激光输出功率关系曲线，内插图为相应的激光光谱[197]

为 130 mW，光纤激光器最大输出功率为 35 mW，斜率效率为 5.5%。对 1948～1952 nm 的激光光谱进行了 3 次测量，时间间隔为 5 min，如图 12-19(c)所示。可

以看出，频谱形状和激光的中心波长没有明显的变化。激光的中心波长接近
1950.02 nm，信噪比(SNR)大于 65 dB。通过扫描确定了激光的单频运转，表明激
光器在单纵模模式下工作。此外，在长度为 10 cm 的高 Tm^{3+}掺杂锗酸盐光纤中实
现了多纵模激光输出。由于有源光纤的长度较长，发射的泵浦功率被完全吸收。
从图 12-19(e)的插图中可以看出，光纤激光器输出中心为 1950.01 nm，与 FBG 中
心匹配良好。激光阈值泵浦功率约为 250 mW，输出激光功率随吸收泵浦功率线
性上升，最大值为 165 mW，斜率效率为 17%，如图 12-19(e)所示。

　　为进一步放大 2 μm 单频光纤激光器输出功率，设计了以 2.3 cm 长的掺 Tm^{3+}
锗酸盐玻璃光纤为放大介质的超短主振荡功率放大结构，在高掺杂 Tm^{3+}锗酸盐光
纤中实现了输出功率高达 11.7 W 的 2 μm 单频激光输出，如图 12-20 所示[198]。激
光系统由低功率 Tm^{3+}掺杂锗酸盐光纤(TGF)激光器作为种子源以及两级单包层
Tm^{3+}掺杂锗酸盐短光纤(SC-TGF)和双包层 Tm^{3+}掺杂锗酸盐光纤(DC-TGF)放大器
组成。通过测量不同输入功率下的净增益与吸收泵浦功率的关系，发现在 1950 nm
处，由于 Tm^{3+}掺杂浓度较高(质量分数 5.1%)，单位长度的净增益高达 3.1 dB/cm。
DC-TGF 通过在 SC-TGF 上涂覆一种聚合物形成第二包层以获得更高的耦合效率。
当 793 nm LD 泵浦种子振荡器时，产生的最大单频激光输出功率为 15 mW，标称
线宽小于 10 kHz。然后，在 1568 nm 光纤激光器的激励下，前置放大器可以将其从
15 mW 放大到 350 mW。主要的放大过程是功率放大器部分，在 5 个联合的 793 nm LD

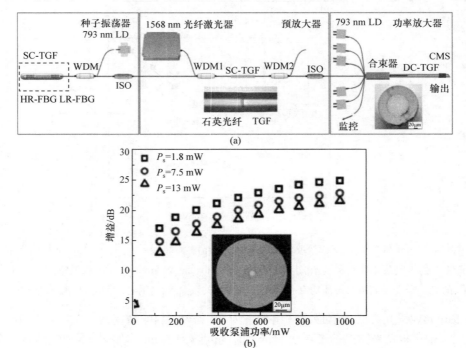

(a)

(b)

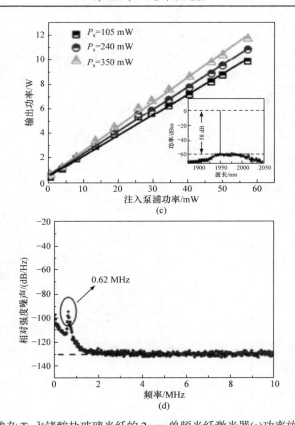

图 12-20 基于高掺杂 Tm³⁺锗酸盐玻璃光纤的 2 μm 单频光纤激光器(a)功率放大实验装置；(b)吸收泵浦功率和光纤增益的关系曲线；(c)注入泵浦功率和输出功率的关系曲线；(d)强度噪声谱[198]

激励下，它可以进一步提高激光功率达 11.7 W。需要注意的是，在 1310 nm 波长处，TGF 与激光器输出端口之间的拼接损耗仅为 0.5 dB，有利于实现高效的 2 μm 单频激光输出。根据模拟结果，在有效管理泵浦功率和热效应的情况下，在大约 40 cm 长的 TGF 中，同时在如此短的放大器中考虑横模不稳定性，单频输出功率可以超过 100 W。

表 12-8 总结了 2 μm 波段单频光纤激光器的研究进展。由表可知，2 μm 波段单频光纤激光器的波长范围通常为 1.7～2.1 μm，掺杂稀土离子主要是 Tm³⁺，也有少量掺杂 Ho³⁺的报道。最初，2 μm 单频光纤激光器的增益介质主要为石英玻璃，而实验表明，掺 Tm³⁺石英光纤的增益系数和斜率效率均较低。要获得足够的增益需要较长的光纤长度，而单频光纤激光器较窄的线宽却需要较短的激光腔设计，高增益短光纤长度更有利，因此，高掺杂高增益光纤是单频光纤激光器的关键。2004 年，丹麦技术大学基于掺 Tm³⁺石英光纤研制了第一个 DFB 2 μm 单频光纤激光器，然而激光器的输出功率仅为 1 mW，斜率效率仅为 0.2%[205]。此后，美

表 12-8　2 μm 波段单频光纤激光器的研究进展

年份	稀土离子	玻璃基质	跃迁	泵浦波长/nm	激光波长/nm	输出功率/mW	斜率效率/%	掺杂浓度	增益系数/(dB/cm)	激光线宽/kHz	增益长度/cm	参考文献
2004	Tm³⁺	石英玻璃	$^3F_4 \rightarrow {}^3H_6$	790	1735	1	0.2	—	—	—	< 5	[205]
2008	Tm³⁺	铝硅酸盐玻璃	$^3F_4 \rightarrow {}^3H_6$	1565	1943	3.1×10^3	27	1%(质量分数)	—	—	< 5	[206]
2009	Tm³⁺	石英玻璃	$^3F_4 \rightarrow {}^3H_6$	790	2040	6.08×10^5	54	4% Tm	—	—	3.1×10^4	[80]
2011	Tm³⁺	铝硅酸盐玻璃	$^3F_4 \rightarrow {}^3H_6$	1565	1943	2.9×10^3	约13	约1%(质量分数)	—	$<5\times10^3$	约2	[207]
2013	Tm³⁺	硅酸盐玻璃	$^3F_4 \rightarrow {}^3H_6$	793	1970	1.02×10^5	50	—	—	—	—	[208]
2015	Tm³⁺	石英玻璃	$^3F_4 \rightarrow {}^3H_6$	793	1950	18	11	—	—	约37	1.9	[209]
2017	Tm³⁺	石英玻璃	$^3F_4 \rightarrow {}^3H_6$	1570	1920	约140	—	—	—	约36	15	[210]
2007	Tm³⁺	锗酸盐玻璃	$^3F_4 \rightarrow {}^3H_6$	805	1893	50	35	$5\%Tm_2O_3$(质量分数)	—	约3	2	[127]
2009	Tm³⁺	硅酸盐玻璃	$^3F_4 \rightarrow {}^3H_6$	1575	1950	40	20.4	$5\%Tm_2O_3$(质量分数)	—	<3	2	[127]
2013	Tm³⁺	锗酸盐玻璃	$^3F_4 \rightarrow {}^3H_6$	1568	1950	206	34.8	约4.5×10^{26}个/m³ Tm³⁺	2.3	<7	6.8	[189]
2015	Tm³⁺	锗酸盐玻璃	$^3F_4 \rightarrow {}^3H_6$	1568	1950	100	24.7	约4.5×10^{26}个/m³ Tm³⁺	—	<6	2.1	[127]
2015	Tm³⁺	锗酸盐玻璃	$^3F_4 \rightarrow {}^3H_6$	1568	1950	35	5.5	7.6×10^{26} ions/m³ Tm³⁺	—	—	1.6	[127]
2016	Tm³⁺	锗酸盐玻璃	$^3F_4 \rightarrow {}^3H_6$	793	1950	1.17×10^4	20.4	5% Tm³⁺(质量分数)	3.1	—	31	[198]
2018	Tm³⁺	锗酸盐玻璃	$^3F_4 \rightarrow {}^3H_6$	1568	1950	227	30.2	8×10^{20} ions/cm³ Tm³⁺	3.6	—	1.5	[211]
2018	Tm³⁺	锗酸盐玻璃	$^3F_4 \rightarrow {}^3H_6$	1610	1950	约617	42.2	7.6×10^{20} ions/cm³ Tm³⁺	—	—	1.8	[212]
2009	Ho³⁺	锗酸盐玻璃	$^5I_7 \rightarrow {}^5I_8$	1950	2053	60	—	3% Ho_2O_3(质量分数)	—	—	2	[127]
2012	Ho³⁺	硅酸盐玻璃	$^5I_7 \rightarrow {}^5I_8$	1950	2052	约7	5	3% Ho_2O_3(质量分数)	—	—	2	[213]

国格鲁曼航空系统公司采用四级 Tm^{3+} 掺杂石英光纤放大器，实现了 608 W 的低相位噪声、单频、单模的 2 μm 激光输出[80]。为了改善石英玻璃光纤的稀土溶解度和激光性能，通过在光纤中共掺杂 Ge^{4+}、Al^{3+} 等改性剂，可将单频光纤激光器的斜率效率提高至 27%[206]。虽然掺 Tm^{3+} 石英光纤可作为 2 μm 单频光纤激光器的重要增益介质，但其输出功率通常只有几毫瓦，转换效率较低。而基于高增益锗酸盐玻璃光纤的 2 μm 波段单频光纤激光器，输出功率和激光线宽均明显优于石英玻璃基单频光纤激光器，因此，采用高增益系数的特种玻璃光纤作为 2 μm 单频光纤激光器增益介质目前是更好的选择。

12.2.4　3 μm 特种玻璃光纤激光器

3 μm 波段光纤激光器在频率梳激光光谱学、指纹区域分子光谱定量检测、国防军工等领域具有重要应用前景。3 μm 波段发光与激光所对应的稀土离子能级间隙窄，一般需要使用声子能量更低的基质材料，从而有效降低稀土离子无辐射弛豫速率才能实现。

图 12-21 给出了 3 μm 波段掺 Er^{3+} 氟化物光纤激光器研究进展[214]。1988 年，Brierley 等首次在 Ar 离子激光器泵浦下实现了掺 Er^{3+} 氟化物光纤的 2.7 μm 光纤激光[215]。由于发生交叉弛豫，掺 Er^{3+} 激光器一般需要 Er^{3+} 掺杂浓度为摩尔分数 5%～10%，而在 Brierley 等的工作中 Er^{3+} 的掺杂浓度仅为摩尔分数 0.086%，其 $^4I_{11/2}$ 上能级和 $^4I_{13/2}$ 下能级的寿命分别为 7.8 ms 和 10.2 ms。在这种低浓度下，Er^{3+}-Er^{3+} 离子间作用的上转换能量传递过程不太可能发生，仅靠上转换过程难以实现粒子数反转。所以，可能的机理是 476.5 nm Ar 离子激光器泵浦使得 Er^{3+}: $^4I_{13/2} \rightarrow$ $^4G_{7/2}, {}^2K_{15/2}, {}^4G_{9/2}$ 激发态吸收过程降低了下能级的粒子数，从 $^4I_{13/2}$ 能级的基态吸收和激发态吸收均有利于上能级的布居，并且辐射和无辐射到其他激发态能级和基态能级。然而，他们并没有解决 Er^{3+} 下能级寿命大于上能级的瓶颈，因此激光的输出功率受到很大的限制。为了解决这个问题，Jackson 等通过在氟锆酸盐玻璃(ZBLAN)光纤中引入 Pr^{3+} 来降低 Er^{3+} 下能级粒子数，从而将 2.7 μm 激光输出功率提升到了 1.7 W，斜率效率达 17%[216]。2009 年，日本京都大学通过猝灭较低激光能级、泵浦能量回收和方便可用的泵浦源，将激光功率显著提高到 20 W[217]。此外，还通过冷却整个光纤和泵浦源以及设计双向泵浦结构，使得激光的输出功率得到较大提升[218]。实验以液态氟碳化物作为冷却剂冷却激光器来获得稳定的激光输出，光纤采用 FiberLabs 公司制备的双包层 D 型氟化物光纤，光纤纤芯直径为 25 μm，数值孔径为 0.12，ErF_3 的掺杂浓度为摩尔分数 6%，光纤内包层的直径为 350 μm，数值孔径为 0.51，光纤高分子聚合物外包层的直径为 450 μm。采用两个光纤耦合二极管 LD1 和 LD2 作为连续波泵浦源，LD 最大输出功率分别为 89 W 和 77 W。当采用 LD1 单端后向泵浦结构时，可以获得 14 W 的最大输出功率，斜率效率为

16%。当采用 LD2 单端前向泵浦结构时，可以获得 8 W 的最大输出功率，斜率效率为 11%。两种情况下泵浦阈值均约为 1.5 W。氟化物光纤在 3 μm 附近典型的损耗值为 50～500 dB/cm，高于石英光纤。当光纤损耗较高时，输出性能强烈依赖于泵浦结构。因此，双端泵浦不一定适合获得高效率。然而，为了提高输出功率，双端抽运是降低光纤热负荷的可靠方法。

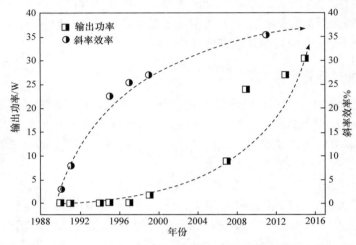

图 12-21 3 μm 波段掺 Er³⁺氟化物光纤激光器研究进展[214]

2018 年，加拿大拉瓦尔大学报道了一种 2824 nm 波段输出被动冷却掺 Er³⁺氟化物光纤激光器，在连续波工作中实现了 41.6 W 的平均输出功率[219]。激光腔采用基于掺 Er³⁺氟化物光纤纤芯直接写入光纤光栅的无拼接腔，同时利用 980 nm LD 双向泵浦以减少热负荷。激光器的实验装置如图 12-22(a)所示。激光腔的增益介质为 Le Verre Fluoré 公司提供的长度为 6.5 m、Er³⁺掺杂浓度为摩尔分数 7%的氟化锆双包层光纤(Er³⁺: ZrF₄)，光纤芯直径为 15 μm，数值孔径(NA)为 0.12，截止波长约为 2.4 μm。光纤包层为截断圆几何形状，直径为 240 μm×260 μm，NA 为 0.46。采用 FiberLabs 公司提供的 400 μm 芯尺寸的 AlF₃ 基多模光纤片段(L ≈ 650 μm)作为端帽，以降低 OH⁻在光纤端部的扩散。当激光腔注入 172.2 W 的约 980 nm 的整体(即从两端)注入泵浦功率，输出功率最高达 41.6 W，对注入泵浦功率的斜率效率为 22.9%。连续运转 7 h 后，观察到 AlF₃ 端帽的光降解，而 ZrF₄ 端盖的光降解时间小于 10 min。虽然 AlF₃ 基玻璃比 ZrF₄ 玻璃至少具有 10 倍的抗光降解能力，但从退化的 AlF₃ 尖端可以观察到 OH⁻扩散造成的严重损伤，因此它们仍然不是长期运行的 3 μm 高功率光纤激光器的良好选择。为了获得更高的输出功率和长期稳定，需要考虑其他不易渗透 OH⁻污染的端帽材料。在功率缩放方面，通过改进光纤设计、降低 Er³⁺浓度或降低芯包比，也可以降低增益光纤上的温度。此外，使用波长变化较小(980~984 nm)的泵浦源，可以借助 GSA 和 ESA 的降低而减小热负荷。使用泵浦合束器将是一种可能的解决方案，半导体激光器从两端泵浦掺 Er^{3+} 氟化物光纤，在保持热负荷在合理水平的同时，可以获得更高的泵浦效率。

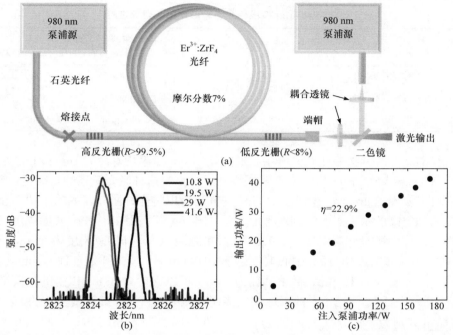

图 12-22　(a) 2.824 μm 氟化物光纤激光器实验装置；(b)不同泵浦功率时的激光输出光谱；(c)激光输出功率和总注入泵浦功率关系曲线[219]

　　表 12-9 总结了 3 μm 波段单频光纤激光器的研究进展。之前所报道的 3 μm 波段单频光纤激光器的增益光纤材料仅限于 Er^{3+} 掺杂或 Ho^{3+}/Pr^{3+} 共掺杂氟化物玻璃光纤，最近研究人员在掺 Dy^{3+} 氟化物光纤中也实现了单频激光输出。2015 年，加拿大拉瓦尔大学报道了首个 3 μm 波段掺 Er^{3+} 单频光纤激光器[220]。实验采用 974 nm 多模激光二极管进行双包层泵浦，泵浦源的最大输出功率为 30 W，由纤芯/包层直径为 105 μm/125 μm(NA = 0.12)的石英光纤传输。增益光纤的单模纤芯直径为 15 μm(NA=0.12)，Er^{3+} 掺杂量为摩尔分数 7%，双包层 D 型光纤的包层直径为 240 μm × 260 μm，外包层为涂覆低折射率的高分子聚合物，两种氟化物光纤均由 Le Verre Fluoré 公司提供。在多模抽运方案下，获得了 3 μm 单频激光输出，中心波长位于 2794.4 nm。需要指出的是，最大持续输出功率和斜率效率分别仅为 12 mW 和 0.19%，激光阈值为 6.1 W，这是因为腔长较短只吸收了一小部分的泵浦功率，大部分的泵浦功率处于腔外。此外，采用外差法测得激光线宽在 20 kHz 以下，并且单频光纤的功率稳定性可以通过在泵浦和光纤激光器之间增加一个模式扰频器或

使用单模激光泵浦源得到改进。随后，通过热电冷却器控制铝板温度，将激光输出波长在约 1 nm 的光谱范围内(2794.1～2795 nm)进行热调谐，分辨率为 3 pm(调谐系数为 28.6 pm/℃)[221]。

表 12-9 　3 μm 波段单频光纤激光器的研究进展

年份	稀土离子	跃迁	泵浦波长/nm	激光波长/nm	输出功率/mW	斜率效率/%	掺杂浓度(摩尔分数)/%	激光线宽/kHz	增益长度/cm	参考文献
2015	Er^{3+}	$^4I_{11/2} \rightarrow {}^4I_{13/2}$	974	2794.4	12	0.19	7	<20	20	[220]
2013	Ho^{3+}/Pr^{3+}	$^5I_6 \rightarrow {}^5I_7$	1150	2914	11	1.4	3/0.25	—	4.9	[222]
2022	Dy^{3+}	$^6H_{13/2} \rightarrow {}^6H_{15/2}$	2825	2925～3250	约 40	约 23	2000 ppm	<110	1.3 m	[223]

在 Ho^{3+}/Pr^{3+} 共掺氟化物光纤中，通过使用 Pr^{3+} 猝灭长寿命的 Ho^{3+}: $^5I_6$ 能级，将其从 12 ms 降至 1 ms 以下，并利用级联激光克服这种激光跃迁的自终止现象，从而可以实现 3 μm 激光输出，级联激光甚至可以将光纤激光器的输出功率和效率提高到更高的水平。澳大利亚悉尼大学 Jackson 等采用 Ho^{3+}/Pr^{3+} 共掺双包层氟化物光纤作为增益介质实现了 2.9 μm 波段单频激光，光纤的总长度为 69 mm，其中包括 20 mm 的光栅，激光中心波长位于 2914 nm[222]。该光纤来自日本 FiberLabs 公司，纤芯直径为 10 μm，数值孔径为 0.16，可以支持 2.61 μm 以上的单模激光运转[224]。光纤在 1～2 μm 的损耗均保持在 0.1 dB/m。光纤纤芯中掺杂的 Ho^{3+} 和 Pr^{3+} 浓度分别为摩尔分数 3%(30000 ppm)和 0.25%(2500 ppm)。Pr^{3+} 在 2.9 μm 的吸收截面面积为 7×10^{-24} cm^2，相当于吸收系数为 2.6 cm^{-1}。Ho^{3+} 在泵浦波长处提供足够的吸收，截断法测得其吸收系数为 63 cm^{-1}±5 cm^{-1}。如果没有 Pr^{3+} 的存在，从激光上能级和激光下能级的能量传递上转换过程都会发生，这对于实现 Pr^{3+} 的 2.9 μm 激光是不利的。D 型包层由低折射率的高分子层形成，数值孔径为 0.5，直径为 125 μm，矩形直径为 104 μm。在 Ho^{3+}/Pr^{3+} 共掺氟化物光纤末端采用点对点刻写技术直接刻写光纤光栅，与相同激光脉冲能量下直接在石英光纤上刻写的光栅相比，在氟化物光纤中刻写的光栅不会产生微空洞，氟化物光纤的这种能力对实现高强度的低损耗光栅非常有利。在两个 1120 nm 的激光器的激励下，利用该光纤实现了 2914 nm 的最长波段单频激光器，最大输出功率为 11 mW，斜率效率为 1.4%，阈值功率为 420 mW。当光纤激光器工作在单纵模时，预计 Schawlow-Towns 线宽将达到亚赫兹，但热振动和机械振动产生的技术噪声会使线宽变宽。因此，在单频激光器的制作过程中，必须控制光纤腔的温度，消除外部干扰对单频激光器性能的影响。

在掺 Dy^{3+} 氟化物光纤中，最近研究人员以 2.825 μm 掺 Er^{3+} 光纤激光器作为泵浦源进行带内泵浦，获得了输出波长在 2925～3250 nm 的单频激光输出[223]。氟化物玻璃光纤作为 3 μm 波段光纤激光器的增益介质取得了很大的成功。然而，由于氟化物玻璃光纤的本征局限性，如化学稳定性差和力学脆性差等，严重限制了氟化物玻璃光纤的进一步发展和应用。探索性能更加优异的 3 μm 波段新型激光玻璃光纤是一个重要的研究方向[224-226]。近年来，国内外对 3 μm 光纤激光器用掺 Er^{3+} 多组分氧化物特种玻璃进行了广泛研究[227-229]。碲酸盐玻璃具有较低的声子能量、较宽的红外透过范围以及适中的机械性能受到关注。利用碲酸盐光纤已经实现了工作在 1 μm、1.5 μm、2 μm 和 2.3 μm 波段的光纤激光输出，未来有望在碲酸盐玻璃光纤中实现 3 μm 波段激光输出。

为了获得高效的 2.7 μm 发光，研究者普遍通过双掺或三掺的方式对 Er^{3+} 进行敏化，并对其发光机理和光谱参数进行了细致的讨论。在 Er^{3+}/Nd^{3+} 共掺氟氧碲酸盐玻璃中，研究发现 Nd^{3+} 可以有效减少 Er^{3+}: $^4I_{13/2}$ 能级的粒子数布居，从而获得了增强的 2.7 μm 荧光，同时 Er^{3+} 的上转换绿光和 1.5 μm 近红外发光得到了有效抑制[230]。在 Er^{3+}/Pr^{3+} 共掺锗酸盐玻璃中，也观察到了增强的 2.7 μm 荧光，能量传递效率达 95%[231]。在高掺 Er^{3+} 氟碲酸盐玻璃中，高浓度掺杂促进了 Er^{3+}: $^4I_{13/2}$ 能级粒子数的消耗，从而获得了强的 2.7 μm 中红外发光[232]。利用 Ho^{3+} 猝灭 Er^{3+} 下能级也可以增强 Er^{3+} 的 2.7 μm 发光，经计算 Er^{3+}: $^4I_{13/2} \rightarrow Ho^{3+}$: $^5I_7$ 的能量传递系数约是 Er^{3+}: $^4I_{11/2} \rightarrow Ho^{3+}$: $^5I_6$ 的 24 倍，因此 Ho^{3+} 能有效敏化 Er^{3+}[223]。研究者还系统研究了 Er^{3+} 的掺杂浓度对 2.7 μm 和 1.5 μm 发光以及可见光的影响，并且采用管棒法制备了掺 Er^{3+} 碲酸盐玻璃光纤[234]，然而，在块体玻璃中可以获得强的 2.7 μm 发射，光纤中只产生了绿色上转换发光。

与氟化物玻璃光纤相比，在氧化物玻璃光纤中 Er^{3+} 的 3 μm 波段发光强度和发光效率均较低，制备低损耗高品质掺 Er^{3+} 多组分氧化物玻璃光纤尤为重要。迄今，仍然少有关于氧化物玻璃光纤激光器实现 3 μm 波段激光输出的报道[1,234-236]。为了探索掺 Er^{3+} 碲酸盐玻璃光纤的 2.7 μm 激光性能，华南理工大学通过建立数值模型对其进行了理论分析[238]。图 12-23 给出了理论模拟 Er^{3+} 掺杂碲酸盐玻璃光纤的 2.7 μm 激光特性，由图可知，当光纤长度小于 1 m 时，2.7 μm 激光输出功率随光纤长度增加显著增加，表明短长度的光纤吸收了足够的泵浦功率。随着光纤长度进一步增加，光纤中的损耗逐渐增大，激光输出功率略有下降。当输入泵浦功率低于 20 W 时，光纤长度在 1.5～2.5 m 时可以获得较高的激光输出功率。值得注意的是，光纤长度的最优值随着泵浦功率的增加而增大。因此，可以推测，随着泵浦功率的进一步增加，最佳光纤长度将向更大值移动。激光输出功率随着泵浦功率的不断增加而增加，呈现良好的线性关系(见图 12-23(b))。当增加光纤长度从 0.05 m 到 5 m，激光斜率效率和最大输出功率均显著提高了约 20 倍，从 1.32% 和 0.259 W 到 27.47% 和 5.209 W，而阈值泵浦功率只增加了约 7 倍，从 279.09 mW 到 1.936 W。同时，光纤激光器的斜率效率在开始阶段快速增加，随后缓慢上升至保持不变。

图 12-23(c)给出了泵浦功率为 20 W 时泵浦功率和激光功率沿 2.5 m 长的光纤的分布情况，前向传输的激光功率在靠近光纤的末端达到最大值，最后因为前向泵浦功率太低而无法进一步放大信号。泵浦功率的逐渐衰减归因于散射和吸收损耗的

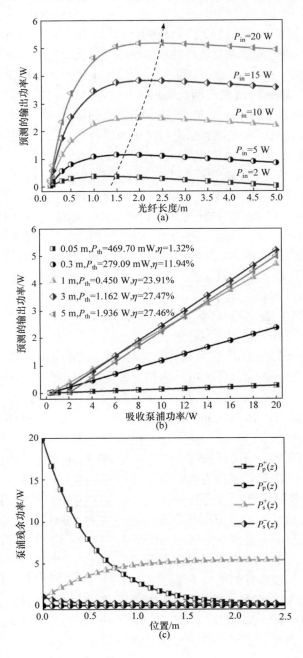

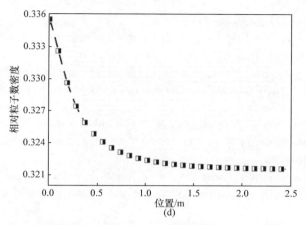

图 12-23　理论模拟 Er^{3+} 掺杂碲酸盐玻璃光纤的 2.7 μm 激光特性[237]

(a) 预测的输出功率随光纤长度的变化；(b) 预测的输出功率随吸收泵浦功率的变化；(c) 泵浦残余功率在不同光纤位置的变化；(d) 相对粒子数密度在不同光纤位置的变化

增强影响。相反，反向信号和泵浦光在整个光纤中是微不足道的。此外，粒子数布居密度沿光纤长度单调下降，即当光纤长度达到一定值时，增益达到饱和，不再增加(图 12-23(d))。

参 考 文 献

[1] Digonnet M J F. Rare-Earth-Doped Fiber Lasers and Amplifiers, Revised and Expanded. NewYork: CRC Press, 2001.

[2] Bufetov I A, Melkumov M A, Firstov S V, et al. Bi-doped optical fibers and fiber lasers. IEEE Journal of Selected Topicsin Quantum Electronics, 2014, 20: 0903815.

[3] Dianov E M, Firstov S V, Khopin V F, et al. Bismuth-doped fibers and fiber lasers for a new spectral range of 1600-1800 nm. Proceedings of SPIE, 2015, 9728: 97280U.

[4] Cheng C, Zhang H. Characteristics of bandwidth, gain and noise of a PbSe quantum dot-doped fiber amplifier. Optics Communications, 2007, 277(2): 372-378.

[5] Sacks Z S, Schiffer Z, David D. Long-wavelength operation of double-clad Tm: silica-fiber lasers//Fiber Lasers IV: Technology, Systems, and Applications. International Society for Optics and Photonics, 2007, 6453: 645320.

[6] Li J, Sun Z, Luo H, et al. Wide wavelength selectable all-fiber thulium doped fiber laser between 1925 nm and 2200 nm. Optics Express, 2014, 22(5): 5387-5399.

[7] Snitzer E. Optical maser action of Nd^{3+} in a barium crown glass. Physical Review Letters, 1961, 7(12): 444-446.

[8] Snitzer E. Proposed fibre cavities for optical masers. Journal of Applied Physics, 1961, 32(1): 36-39.

[9] Koester C J, Snitzer E. Amplification in a fiber laser. Applied Optics, 1964, 3: 1182-1186.

[10] Stone J, Burrus C A. Neodymium-doped silica lasers in end-pumped fiber geometry. Applied

Physics Letters, 1973, 23(7): 388-389.

[11] Po H, Hakimi F, Mansfield R J, et al. Neodymium fiber laser at 0.905, 1.06 and 1.4 μm//Proceeding OSA Meeting, Seattle, WA. Paper FD-4, 1986.

[12] Kimura Y, Nakazawa M. Mode competition between 0.9- and 1.08-μm laser transitions in a Nd^{3+}-doped fiber laser// Optical Fiber Communication Conference. Optical Society of America, 1989, TUG8.

[13] Alcock I P, Ferguson A I, Hanna D C, et al. Continuous-wave oscillation of a monomode neodymium-doped fibre laser at 0.9 μm on the $^4F_{3/2} \rightarrow\ ^4I_{9/2}$ transition. Optics Communications, 1986, 58(6): 405-408.

[14] Alcock I P, Ferguson A I, Hanna D C, et al. Tunable, continuous-wave neodymium-doped monomode-fiber laser operating at 0.900-0.945 and 1.070-1.135 μm. Optics Letters, 1986, 11(11): 709-711.

[15] Reekie L, Jauncey I M, Poole S B, et al. Diode-laser-pumped Nd^{3+}-doped fibre laser operating at 938 nm. Electronics Letters, 1987, 23(17): 884-885.

[16] Liu K, Digonnet M, Fesler K, et al. Broadband diode-pumped fibre laser. Electronics Letters, 1988, 24(14): 838-840.

[17] Wang J, Reekie L, Brocklesby W S, et al. Fabrication, spectroscopy and laser performance of Nd^{3+}-doped lead-silicate glass fibers. Journal of Non-Crystalline Solids, 1995, 180(2-3): 207-216.

[18] Shimizu M, Suda H, Horiguchi M. High-efficiency Nd-doped fibre lasers using direct-coated dielectric mirrors. Electronics Letters, 1987, 23(15): 768-769.

[19] Pask H M, Carman R J, Hanna D C, et al. Ytterbium-doped silica fiber lasers: versatile sources for the 1-1.2 μm region. IEEE Journal of Selected Topics in Quantum Electronics, 1995, 1(1): 2-13.

[20] Yue C Y, Peng J D, Zhou B K. Tunable Nd^{3+}-doped fibre ring laser. Electronics Letters, 1989: 25:101-102.

[21] Grubb S G, Barnes W L, Taylor E R, et al. Diode-pumped 1.36 μm Nd-doped fibre laser. Electronics Letters, 1990, 26(2): 121-122.

[22] Hakimi F, Po H, Tumminelli R, et al. Glass fiber laser at 1.36 μm from SiO$_2$: Nd. Optics Letters, 1989, 14(19): 1060-1061.

[23] Yamasaki Y, Hiraishi T, Kagebayashi Y, et al. Short-length CW laser of Nd^{3+} heavily doped single-mode silica glass fiber fabricated by zeolite method. Optics Communications, 2020, 475: 126270.

[24] Leconte B, Cadier B, Gilles H, et al. CW and Q-switched tunable Neodymium fiber laser sources at short IR wavelengths near 900nm//Advanced Solid State Lasers. Optical Society of America, 2015: AW2A. 3.

[25] Wang Y F, Wu J M, Zhao Q L, et al. Single-frequency DBR Nd-doped fiber laser at 1120 nm with a narrow linewidth and low threshold. Optics Letters, 2020, 45(8): 2263-2266.

[26] Petrov M P, Kiyan R V, Kuzin E A, et al. Gain and lasing in double-step-index Nd^{3+}-doped silica fibres. Soviet Lightwave Communications, 1992, 2(2): 125-132.

[27] Po H, Snitzer E, Tumminelli R, et al. Double clad high brightness Nd fiber laser pumped by GaAlAs phased array//Optical Fiber Communication Conference. Optical Society of America, 1989, PD7.

[28] Weber T, Lüthy W, Weber H P, et al. A longitudinal and side-pumped single transverse mode double-clad fiber laser with a special silicone coating. Optics Communications, 1995, 115(1-2): 99-104.

[29] Zenteno L. High-power double-clad fiber lasers. Journal of Lightwave Technology, 1993, 11(9): 1435-1446.

[30] Minelly J D, Taylor E R, Jedrzejewski K P, et al. Laser-diode-pumped neodymium-doped fiber laser with output power> 1W//Conference on Lasers and Electro-Optics. Optical Society of America, 1992, CWE6.

[31] Po H, Cao J D, Laliberte B M, et al. High power neodymium-doped single transverse mode fibre laser. Electronics Letters, 1993, 29(17): 1500-1501.

[32] Zellmer H, Willamowski U, Tünnermann A, et al. High-power cw neodymium-doped fiber laser operating at 9.2 W with high beam quality. Optics Letters, 1995, 20(6): 578-580.

[33] Reichel V, Unger S, Mueller H R, et al. High-power single-mode Nd-doped fiber laser//Solid State Lasers VII. International Society for Optics and Photonics, 1998, 3265: 192-199.

[34] Weber T, Luthy W, Weber H P, et al. Cladding-pumped fiber laser. IEEE Journal of Quantum Electronics, 1995, 31(2): 326-329.

[35] Zellmer H, Tünnermann A, Welling H, et al. Double-clad fiber laser with 30 W output power//Optical Amplifiers and Their Applications. Optical Society of America, 1997, FAW18.

[36] Weber T, Lüthy W, Weber H P. Side-pumped fiber laser. Applied Physics B, 1996, 63(2): 131-134.

[37] Glas P, Naumann M, Schirrmacher A. A novel design for a high brightness diode pumped fiber laser source. Optics Communications, 1996, 122(4-6): 163-168.

[38] Glas P, Naumann M, Schirrmacher A, et al. Short-length 10-W CW neodymium-doped M-profile fiber lase. Applied Optics, 1998, 37(36): 8434-8437.

[39] Glas P, Naumann M, Schirrmacher A, et al. The multicore fiber-A novel design for a diode pumped fiber laser. Optics Communications, 1998, 151(1-3): 187-195.

[40] Wang L, He D, Yu C, et al. Very large-mode-area, symmetry-reduced, neodymium-doped silicate glass all-solid large-pitch fiber. IEEE Journal of Selected Topics in Quantum Electronics, 2015, 22(2): 108-112.

[41] Li M, Wang L, Han S, et al. Large-mode-area neodymium-doped all-solid double-cladding silicate photonic bandgap fiber with a 32 μm core diameter. Optical Materials Express, 2018, 8(6): 1562-1568.

[42] Ueda K, Sekiguchi H, Kan H. 1kW CW output from fiber-embedded disk lasers//Conference on Lasers and Electro-Optics. Optical Society of America, 2002, CPDC4.

[43] Murakami M, Yoshida M, Nakano H, et al. Laser oscillation in 5-cm Nd-doped silica fiber fabricated by zeolite method. Journal of Non-Crystalline Solids, 2011, 357(3): 963-965.

[44] Murakami M, Fujimoto Y, Motokoshi S, et al. Short-length fiber laser oscillation in 4-mm

Nd-doped silica fiber fabricated by zeolite method. Optics Communications, 2014, 328: 121-123.

[45] Khitrov V V, Kiani L S, Pax P H, et al. 10 W single-mode Nd^{3+} fiber laser at 1428nm//Fiber Lasers XV: Technology and Systems. International Society for Optics and Photonics, 2018, 10512: 105121P.

[46] Dawson J W, Pax P H, Allen G S, et al. 1.2 W laser amplification at 1427 nm on the $^4F_{3/2}$ to $^4I_{13/2}$ spectral line in an Nd^{3+} doped fused silica optical fiber. Optics Express, 2016, 24(25): 29138-29152.

[47] Zeller P, Peuser P. Efficient, multiwatt, continuous-wave laser operation on the $^4F_{3/2} \rightarrow ^4I_{9/2}$ transitions of Nd: YVO_4 and Nd: YAG. Optics Letters, 2000, 25(1): 34-36.

[48] Fu L B, Ibsen M, Richardson D J, et al. Compact high-power tunable three-level operation of double cladding Nd-doped fiber laser. IEEE Photonics Technology Letters, 2005, 17(2): 306-308.

[49] Laroche M, Cadier B, Gilles H, et al. 20 W continuous-wave cladding-pumped Nd-doped fiber laser at 910 nm. Optics Letters, 2013, 38: 3065-3067.

[50] Dawson J, Beach R, Drobshoff A, et al. 938 nm Nd-doped high power cladding pumped fiber amplifier//Lawrence Livermore National Lab (LLNL), Livermore, 2002.

[51] Dawson J W, Beach R, Drobshoff A, et al. Scalable 11W 938 nm Nd^{3+} doped fiber laser//Advanced Solid-State Photonics. Optical Society of America, 2004: MD8.

[52] Pax P H, Khitrov V V, Drachenberg D R, et al. Scalable waveguide design for three-level operation in Neodymium doped fiber laser. Optics Express, 2016, 24(25): 28633-28647.

[53] Rota-Rodrigo S, Gouhier B, Laroche M, et al. Watt-level single-frequency tunable neodymium MOPA fiber laser operating at 915-937 nm. Optics Letters, 2017, 42(21): 4557-4560.

[54] Fang Q, Xu Y, Fu S, et al. Single-frequency distributed Bragg reflector Nd doped silica fiber laser at 930 nm. Optics Letters, 2016, 41(8): 1829-1832.

[55] Wang Y F, Li X Y, Wu J M, et al. Three-level all-fiber laser at 915 nm based on polarization-maintaining Nd^{3+}-doped silica fiber. Chinese Optics Letters, 2020, 18(1): 011401.

[56] Zervas M N, Codemard C A. High power fiber lasers: a review. IEEE Journal of Selected Topics in Quantum Electronics, 2014, 20(5): 219-241.

[57] Wang J, Walton D T, Zenteno L A. All-glass high NA Yb-doped double-clad laser fibres made by outside-vapour deposition. Electronics Letters, 2004, 40(10): 590-592.

[58] Devautour M, Roy P, Février S, et al. Nonchemical-vapor-deposition process for fabrication of highly efficient Yb-doped large core fibers. Applied Optics, 2009, 48(31): 139-142.

[59] Robin C, Dajani I, Pulford B. Modal instability-suppressing, single-frequency photonic crystal fiber amplifier with 811 W output power. Optics Letters, 2014, 39(3): 666-669.

[60] Zhan H, Peng K, Liu S, et al. Pump-gain integrated functional laser fiber towards 10 kW-level high-power applications. Laser Physics Letters, 2018, 15(9): 095107.

[61] 林傲祥, 湛欢, 彭昆, 等. 国产复合功能光纤实现万瓦激光输出. 强激光与粒子束, 2018, 30(6): 060101.

[62] 高聪, 代江云, 李峰云, 等. 自研万瓦级同带泵浦掺镱石英玻璃光纤. 中国激光, 2020,

47(3): 0315001.

[63] 陈晓龙, 楼风光, 何宇, 等. 高效率全国产化 10 kW 光纤激光器. 光学学报, 2019, 39(3): 0336001.

[64] 史伟, 付士杰, 房强, 等. 基于稀土掺杂石英光纤的单频光纤激光器. 红外与激光工程, 2016, 45(10): 003001.

[65] Zhu X, Shi W, Zong J, et al. 976 nm single-frequency distributed Bragg reflector fiber laser. Optics Letters, 2012, 37(20): 4167-4169.

[66] Guan W, Marciante J R. Single-polarisation, single-frequency, 2 cm ytterbium-doped fibre laser. Electronics Letters, 2007, 43(10): 558-559.

[67] Mears R J, Reekie L, Poole S B, et al. Low-threshold tunable CW and Q-switched fibre laser operating at 1.55 μm. Electronics Letters, 1986, 22(3): 159-160.

[68] Mears R J, Reekie L, Jauncey I M, et al. Low-noise erbium-doped fibre amplifier operating at 1.54 μm. Electronics Letters, 1987, 23(19): 1026-1028.

[69] Webb R P, Devlin W J. Travelling-wave laser amplifier experiments at 1.5 μm. Electronics Letters, 1984, 20(17): 706-707.

[70] Stolen R H, Ippen E P. Raman gain in glass optical waveguides. Applied Physics Letters, 1973, 22(6): 276-278.

[71] Jebali M A, Maran J N, LaRochelle S. 264 W output power at 1585 nm in Er-Yb codoped fiber laser using in-band pumping. Optics Letters, 2014, 39(13): 3974-3977.

[72] Kotov L V, Likhachev M E, Bubnov M M, et al. High-performace cladding-pumped erbium-doped fibre laser and amplifier. Quantum Electronics, 2012, 42(5): 432-436.

[73] Kotov L V, Likhachev M E, Bubnov M M, et al. Yb-free Er-doped all-fiber amplifier cladding-pumped at 976 nm with output power in excess of 100 W//Fiber Lasers XI: Technology, Systems, and Applications. International Society for Optics and Photonics, 2014, 8961: 89610X.

[74] Lin H, Feng Y, Feng Y, et al. 656 W Er-doped, Yb-free large-core fiber laser. Optics Letters, 2018, 43(13): 3080-3083.

[75] Michaud L C, Veilleux C, Bilodeau G, et al. 100-W-level single-mode ytterbium-free erbium fiber laser. Optics Letters, 2021, 46(10): 2553-2556.

[76] Sincore A, Bradford J D, Cook J, et al. High average power thulium-doped silica fiber lasers: review of systems and concepts. IEEE Journal of Selected Topics in Quantum Electronicsics, 2017, 24(3): 1-8.

[77] Frith G, Carter A, Samson B, et al. Mitigation of photodegradation in 790 nm-pumped Tm-doped fibers//Fiber Lasers VII: Technology, Systems, and Applications. International Society for Optics and Photonics, 2010, 7580: 75800A.

[78] Frith G, Lancaster D G, Jackson S D. 85 W Tm^{3+}-doped silica fibre laser. Electronics Letters, 2005, 41(12): 687-688.

[79] Moulton P F, Rines G A, Slobodtchikov E V, et al. Tm-doped fiber lasers: Fundamentals and power scaling. IEEE Journal of Selected Topics in Quantum Electronics, 2009, 15(1): 85-92.

[80] Goodno G D, Book L D, Rothenberg J E. Low-phase-noise, single-frequency, single-mode 608

W thulium fiber amplifier. Optics Letters, 2009, 34(8): 1204-1206.

[81] Goodno G D, Book L D, Rothenberg J E, et al. Narrow linewidth power scaling and phase stabilization of 2-μm thulium fiber lasers. Optical Engineering, 2011, 50(11): 111608.

[82] Ehrenreich T, Leveille R, Majid I, et al. 1-kW, all-glass Tm: fiber laser//SPIE Conference on Fiber lasers VII, 2010, 7580: 758016.

[83] Ramírez-Martínez N J, Núñez-Velázquez M, Umnikov A A, et al. Highly efficient thulium-doped high-power laser fibers fabricated by MCVD. Optics Express, 2019, 27(1): 196-201.

[84] Daniel J M O, Simakov N, Tokurakawa M, et al. Ultra-short wavelength operation of a thulium fibre laser in the 1660-1750 nm wavelength band. Optics Express, 2015, 23(14): 18269-18276.

[85] Li J, Sun Z, Luo H, et al. Wide wavelength selectable all-fiber thulium doped fiber laser between 1925 nm and 2200 nm. Optics Express, 2014, 22(5): 5387-5399.

[86] Yin K, Zhu R, Zhang B, et al. 300 W-level, wavelength-widely-tunable, all-fiber integrated thulium-doped fiber laser. Optics Express, 2016, 24(10): 11085-11090.

[87] Wang X, Jin X, Zhou P, et al. High power, widely tunable, narrowband superfluorescent source at 2 μm based on a monolithic Tm-doped fiber amplifier. Optics Express, 2015, 23(3): 3382-3389.

[88] Liu J, Shi H, Liu C, et al. Widely-tunable high-power narrow-linewidth thulium-doped all-fiber superfluorescent source//2015 Conference on Lasers and Electro-Optics (CLEO), IEEE, 2015: 1-2.

[89] Johnson B R, Creeden D, Limongelli J, et al. Comparison of high power large mode area and single mode 1908 nm Tm-doped fiber lasers//Fiber Lasers XIII: Technology, Systems, and Applications. International Society for Optics and Photonics, 2016, 9728: 972810.

[90] Anderson B, Flores A, Grosek J, et al. High power Tm-doped all-fiber amplifier at 2130 nm//CLEO: Science and Innovations. Optical Society of America, 2017.

[91] Meleshkevich M, Platonov N, Gapontsev D, et al. 415W single-mode CW thulium fiber laser in all-fiber format//The European Conference on Lasers and Electro-Optics. Optical Society of America, 2007.

[92] Creeden D, Johnson B R, Setzler S D, et al. Resonantly pumped Tm-doped fiber laser with > 90% slope efficiency. Optics Letters, 2014, 39(3): 470-473.

[93] Creeden D, Johnson B R, Rines G A, et al. High power resonant pumping of Tm-doped fiber amplifiers in core-and cladding-pumped configurations. Optics Express, 2014, 22(23): 29067-29080.

[94] Izawa T, Shibata N, Takeda A. Optical attenuation in pure and doped fused silica in the IR wavelength region. Applied Physics Letters, 1977, 31(1): 33-35.

[95] Humbach O, Fabian H, Grzesik U, et al. Analysis of OH absorption bands in synthetic silica. Journal of Non-Crystalline Solids, 1996, 203: 19-26.

[96] Beier F, Hupel C, Kuhn S, et al. Single mode 4.3 kW output power from a diode-pumped Yb-doped fiber amplifier. Optics Express, 2017, 25(13): 14892-14899.

[97] Agrawal G P. Nonlinear Fiber Optics//Nonlinear Science at the Dawn of the 21st Century.

Berlin, Heidelberg: Springer, 2000:195-211.

[98] Eidam T, Wirth C, Jauregui C, et al. Experimental observations of the threshold-like onset of mode instabilities in high power fiber amplifiers. Optics Express, 2011, 19(14): 13218-13224.

[99] Hemming A, Simakov N, Davidson A, et al. Development of high-power holmium-doped fibre amplifiers//Fiber Lasers XI: Technology, Systems, and Applications. International Society for Optics and Photonics, 2014, 8961: 89611A.

[100] Jackson S D. Midinfrared holmium fiber lasers. IEEE Journal of Quantum Electronics, 2006, 42(2): 187-191.

[101] Kurkov A S, Sholokhov E M, Tsvetkov V B, et al. Holmium fibre laser with record quantum efficiency. Quantum Electronics, 2011, 41(6): 492-494.

[102] Hemming A, Simakov N, Haub J, et al. A review of recent progress in holmium-doped silica fibre sources. Optical Fiber Technology, 2014, 20(6): 621-630.

[103] Gandy H W, Ginther R J. Simultaneous laser action of neodymium and ytterbium ions in silicate glass. Proceedings of the Institute of Radio Engineers, 1962, 50(10): 2114-2115.

[104] Weber M, Lynch J, Blackburn D, et al. Dependence of the stimulated emission cross section of Yb^{3+} on host glass composition. IEEE Journal of Quantum Electronics, 1983, 19(10): 1600-1608.

[105] Wang J, Walton D T, Zenteno L A. All-glass high NA Yb-doped double-clad laser fibres made by outside-vapour deposition. Electronics Letters, 2004, 40(10): 590-592.

[106] Devautour M, Roy P, Février S, et al. Nonchemical-vapor-deposition process for fabrication of highly efficient Yb-doped large core fibers. Applied Optics, 2009, 48(31): 139-142.

[107] 於海武, 段文涛, 徐美健, 等. Yb 激光材料综述. 激光与光电子学进展, 2007, 44: 30-41.

[108] 胡丽丽, 姜中宏. 磷酸盐激光玻璃研究进展. 硅酸盐通报, 2005, 5: 125-135.

[109] Xu S H, Yang Z M, Zhang W N, et al. 400 mW ultrashort cavity low-noise single-frequency Yb^{3+}-doped phosphate fiber laser. Optics Letters, 2011, 36(18): 3708-3710.

[110] Xu S H, Li C, Zhang W N, et al. Low noise single-frequency single-polarization ytterbium-doped phosphate fiber laser at 1083 nm. Optics Letters, 2013, 38(4): 501-503.

[111] Yang C S, Xu S H, Yang Q, et al. High OSNR watt-level single-frequency one-stage PM-MOPA fiber laser at 1083 nm. Optics Express, 2014, 22: 1181-1186.

[112] 杨昌盛. 高性能大功率 kHz 线宽单频光纤激光器及其倍频应用研究. 广州: 华南理工大学, 2015.

[113] Wang X L, Zhou P, Tao R M, et al. 670 W Single-frequency retrievable multi-tone all-fiber MOPA//Progress in Electromagnetics Research Symposium Proceedings, Guangzhou, 2014.

[114] Yang C S, Zhao Q L, Feng Z M, et al. 1120 nm kHz-linewidth single-polarization single-frequency Yb-doped phosphate fiber laser. Optics Express, 2016, 24(26): 29794-29799.

[115] Zhu X, Zhu G, Shi W, et al. 976 nm Single-polarization single-frequency Ytterbium-doped phosphate fiber amplifiers. IEEE Photonics Technology Letters, 2013, 25(14): 1365-1368.

[116] Wu J, Zhu X, Temyanko V, et al. Yb^{3+}-doped double-clad phosphate fiber for 976 nm single-frequency laser amplifiers. Optical Materials Express, 2017, 7(4): 1310-1316.

[117] Wu J, Zhu X, Wei H, et al. Power scalable 10 W 976 nm single-frequency linearly polarized

laser source. Optics Letters, 2018, 43(4): 951-954.

[118] 彭秀林. 0.9 μm 单频光纤激光器及倍频研究. 广州: 华南理工大学, 2020.

[119] 钱奇, 杨中民. Yb³⁺掺杂磷酸盐玻璃光纤与 1.06 μm 单频激光器的研制. 光学学报, 2010, 30(7): 1904-1909.

[120] Lee Y W, Digonnet M J F, Sinha S, et al. High-power Yb³⁺-doped phosphate fiber amplifier. IEEE Journal of Selected Topics in Quantum Electronics, 2009, 15: 93-102.

[121] Gray S, Liu A P, Walton D T, et al. 502 Watt, single transverse mode, narrow linewidth, bidirectionally pumped Yb-doped fiber amplifier. Optics Express, 2007, 15: 17044-17050.

[122] Yin M J, Huang S H, Lu B L, et al. Slope efficiency over 30% single-frequency ytterbium-doped fiber laser based on Sagnac loop mirror filter. Applied Optics, 2013, 52: 6799-6803.

[123] Kang J, Lu B L, Qi X Y, et al. An efficient single-frequency Yb-doped all-fiber MOPA laser at 1064.3 nm. Chinese Physics Letters, 2016, 33: 124202.

[124] Liu Y K, Su R T, Ma P F, et al. > 1 kW all-fiberized narrow-linewidth polarization-maintained fiber amplifiers with wavelength spanning from 1065 to 1090 nm. Applied Optics, 2017, 56: 4213-4218.

[125] Butov O V, Rybaltovsky A A, Bazakutsa A P, et al. 1030 nm Yb³⁺ distributed feedback short cavity silica-based fiber laser. Journal of the Optical Society of America B, 2017, 34: 43-48.

[126] Kaneda Y, Spiegelberg C, Geng J, et al. 200-mW, narrow-linewidth 1064.2-nm Yb-doped fiber laser. Conference on Lasers and Electro-Optics. Optical Society of America, 2004.

[127] Fu S J, Shi W, Feng Y, et al. Review of recent progress on single-frequency fiber lasers. Journal of the Optical Society of America B, 2017, 34: 49-62.

[128] Jauncey I M, Reekie L, Townsend J E, et al. Single-longitudinal-mode operation of an Nd³⁺-doped fibre laser. Electronics Letters, 1988, 24: 24-26.

[129] Zhu X, Zong J, Miller A, et al. Single-frequency Ho³⁺-doped ZBLAN fiber laser at 1200 nm. Optics Letters, 2012, 37(20): 4185-4187.

[130] Ceci-Ginistrelli E, Smith C, Pugliese D, et al. Nd-doped phosphate glass cane laser: from materials fabrication to power scaling tests. Journal of Alloys and Compounds, 2017, 722: 599-605.

[131] Martin R A, Knight J C. Silica-clad neodymium-doped lanthanum phosphate fibers and fiber lasers. IEEE Photonics Technology Letters, 2006, 18(4): 574-576.

[132] Boetti N G, Lousteau J, Mura E, et al. CW cladding pumped phosphate glass fibre laser operating at 1.054 μm// 2014 16th International Conference on Transparent Optical Networks (ICTON). IEEE, 2014:1-4.

[133] Zhang G, Wang M, Yu C, et al. Efficient generation of watt-level output from short-length Nd-doped phosphate fiber lasers. IEEE Photonics Technology Letters, 2010, 23(6): 350-352.

[134] Zhang G, Zhou Q, Yu C, et al. Neodymium-doped phosphate fiber lasers with an all-solid microstructured inner cladding. Optics Letters, 2012, 37(12): 2259-2261.

[135] Wang L, Liu H, He D, et al. Phosphate single mode large mode area all-solid photonic crystal fiber with multi-watt output power. Applied Physics Letters, 2014, 104(13): 131111.

[136] Wang L, He D, Feng S, et al. Seven-core neodymium-doped phosphate all-solid photonic crystal fibers. Laser Physics, 2015, 26(1): 015104.

[137] Fu S, Zhu X, Wang J, et al. High-efficiency Nd^{3+}-doped phosphate fiber laser at 880 nm. IEEE Photonics Technology Letters, 2020, 32(18): 1179-1182.

[138] Fu S, Zhu X, Zong J, et al. Single-frequency Nd^{3+}-doped phosphate fiber laser at 915 nm. Journal of Lightwave Technology, 2021, 39(6): 1808-1813.

[139] Wang J S, Machewirth D P, Wu F, et al. Neodymium-doped tellurite single-mode fiber laser. Optics Letters, 1994, 19(18): 1448-1449.

[140] Xu B, Lei N, Wu J G, et al. Lasing characteristics of tellurite neodymium-doped glass laser//Solid State Lasers V. International Society for Optics and Photonics, 1996, 2698: 193-199.

[141] Lei N, Xu B, Jiang Z. Ti: sapphire laser pumped Nd: tellurite glass laser. Optics Communications, 1996, 127(4-6): 263-265.

[142] Cankaya H, Sennaroglu A. Nd^{3+}-doped tellurite glass laser at 1.37 μm//IEEE LEOS Annual Meeting Conference Proceedings. IEEE, 2009, 747-748.

[143] Cankaya H, Sennaroglu A. Bulk Nd^{3+}-doped tellurite glass laser at 1.37 μm. Applied Physics B, 2010: 121-125.

[144] Tong H T, Demichi D, Nagasaka K, et al. Suppressing 1.06-μm spontaneous emission of neodymium ions using a novel tellurite all-solid photonic bandgap fiber. Optics Communications, 2018, 415: 87-92.

[145] Xu S H, Yang Z M, Zhang Q Y, et al. Gain characteristics of Er^{3+}-doped phosphate glass fibres. Chinese Physics Letters, 2006, 23: 633-634.

[146] Xu S H, Yang Z M, Zhang Q Y, et al. Er^{3+}/Yb^{3+} codoped phosphate glass fiber with gain per unit length greater than 3.0 dB/cm. Chinese Physics Letters, 2007, 24: 1955-1957.

[147] Xu S H, Yang Z M, Liu T, et al. An efficient compact 300 mW narrow-linewidth single frequency fiber laser at 1.5 μm. Optics Express, 2010, 18(2): 1249-1254.

[148] Snitzer E, Woodcock R. Yb^{3+}-Er^{3+} glass laser. Applied Physics Letters, 1965, 6(3): 45-46.

[149] Laporta P, De Silvestri S, Magni V, et al. Diode-pumped cw bulk Er: Yb: glass laser. Optics Letters, 1991, 16(24): 1952-1954.

[150] 宋峰, 陈晓波, 冯衍, 等. LD 泵浦的共掺 Er^{3+}, Yb^{3+}磷酸盐玻璃激光器. 中国激光, 1999, 26: 790-792.

[151] Kringlebotn J T, Morkel P R, Reekie L, et al. Efficient single-frequency Erbium: Ytterbium fibre laser//Proceedings of the 19th European Conference on Optical Communications, Swiss Electrotechnical Association, Zurich, 1993, 2: 65.

[152] Spiegelberg C, Geng J, Hu Y, et al. Compact 100 mW fiber laser with 2 kHz linewidth//Optical Fiber Communication Conference. Optical Society of America, 2003: PD45.

[153] Mo S P, Feng Z M, Xu S H, et al. Microwave signal generation from a dual-wavelength single-frequency highly Er^{3+}/Yb^{3+} co-doped phosphate fiber laser. IEEE Photonics Journal, 2013, 5: 5502306.

[154] Iwatsuki K, Okamura H, Saruwatari M. Wavelength-tunable single-frequency and single-polarisation Er-doped fibre ring-laser with 1.4 kHz linewidth. Electronics Letters, 1990,

26: 2033-2035.

[155] Jiang S B. High pulse energy single frequency fiber lasers//Applications of Lasers for Sensing and Free Space Communications, Arlington, Virginia, 2015.

[156] Qiang Z X, Geng J H, Luo T, et al. High-efficiency ytterbium-free erbium-doped all-glass double-cladding silicate glass fiber for resonantly-pumped fiber lasers. Applied Optics, 2014, 53: 643-647.

[157] Xiao Y, Kuang L, Hu X, et al. All-fiber mode-locked gigahertz femtosecond laser at 1610 nm using a self-developed long-wavelength gain fiber. Optics Letters, 2022, 47(4): 981-984.

[158] Wang Z, Zhan L, Fang X, et al. Generation of sub-60 fs similaritons at 1.6 μm from an all-fiber Er-doped laser. Journal of Lightwave Technology, 2016, 34(17): 4128-4134.

[159] Byun H, Sander M Y, Motamedi A, et al. Compact, stable 1 GHz femtosecond Er-doped fiber lasers. Applied Optics, 2010, 49(29): 5577-5582.

[160] Song J, Liu Y, Zhang J. L-band mode-locked femtosecond fiber laser with gigahertz repetition rate. Applied Optics, 2019, 58(27): 7577-7581.

[161] Hanna D C, Jauney I M, Percival R M, et al. Continous-wave oscillation of a monomode thulium-doped fiber laser. Electronics Letters, 1988, 28: 1222-1223.

[162] Percival R M, Szebesta D, Seltzer C P, et al. A 1.6-μm pumped 1.9-μm thulium-doped fluoride fiber laser and amplifier of very high efficiency. IEEE Journal of Quantum Electronics, 1995, 31(3): 489-493.

[163] Jackson S D, King T A. High-power diode-cladding-pumped Tm-doped silica fiber laser. Optics Letters, 1998, 23(18): 1462-1464.

[164] Jeong Y, Dupriez P, Sahu J K, et al. Power scaling of 2 μm ytterbium-sensitised thulium-doped silica fibre laser diode-pumped at 975 nm. Electronics Letters, 2005, 41(4): 173-174.

[165] Jackson S D, Sabella A, Hemming A, et al. High-power 83 W holmium-doped silica fiber laser operating with high beam quality. Optics Letters, 2007, 32(3): 241-243.

[166] Li J F, Sun Z Y, Luo H Y, et al. Wide wavelength selectable all-fiber thulium doped fiber laser between 1925 nm and 2200 nm. Optics Express, 2014, 22: 5387-5399.

[167] Antipov S O, Kamynin V A, Medvedkov O I, et al. Holmium fibre laser emitting at 2.21 μm. Quantum Electronics, 2013, 43: 603-604.

[168] Jiang S B. Fiber lasers: two-micro thulium-doped fiber lasers achieve 10 kW peak power. Laser Focus World, 2013, 49(2): 52-55.

[169] Stutzki F, Gaida C, Gebhardt M, et al. Tm-based fiber-laser system with more than 200 MW peak power. Optics Letters, 2015, 40(1): 9-12.

[170] Eliel G S N, Kumar K U, Udo P T, et al. Spectroscopic investigation and heat generation of Yb^{3+}/Ho^{3+} codoped aluminosilicate glasses looking for the emission at 2 μm. The Journal of the Optical Society of America B, 2013, 30: 1322-1328.

[171] Wang W C, Yuan J, Liu X Y, et al. Spectroscopic properties and energy transfer parameters of Yb^{3+}/Tm^{3+} co-doped fluorogermanate glasses. Journal of Non-Crystalline Solids, 2016, 431: 154-158.

[172] 徐茸茸. 掺稀土锗酸盐玻璃光纤中红外光谱与激光性能的研究. 上海: 中国科学院上海

光学精密机械研究所, 2012.

[173] Vanier F, Côté F, Amraoui M E, et al. Low-threshold lasing at 1975 nm in thulium-doped tellurite glass microspheres. Optics Letters, 2015, 40: 5227-5230.

[174] Wu J F, Yao Z D, Zong J, et al. Single frequency fiber laser at 2.05 μm based on Ho-doped germanate glass fiber. Fiber Lasers VI: Technology, Systems, and Applications. International Society for Optics and Photonics, 2009, 7195: 71951K.

[175] Fan X K, Kuan P W, Li K F, et al. A 2 μm continuous wave and passively Q-switched fiber laser in thulium-doped germanate glass fibers. Laser Physics, 2014, 24: 085107.

[176] Wu J F, Yao Z D, Zong J, et al. Highly efficient high-power thulium-doped germanate glass fiber laser. Optics Letters, 2007, 32: 060638.

[177] Chen D Y, Mackenzie J I, Sahu J K, et al. High-power and ultra-efficient operation of a Tm^{3+}-doped silica fiber laser//Advanced Solid-state Photonics, Vienna, 2005.

[178] Richards B, Jha A, Tsang Y, et al. Tellurite glass lasers operating close to 2 μm. Laser Physics Letters, 2010, 7(3): 177-193.

[179] Richards B, Tsang Y, Binks D, et al. Efficient 2 μm Tm^{3+}-doped tellurite fiber laser. Optics Letters, 2008, 33: 402-404.

[180] Tyazhev A, Starecki F, Cozic S, et al. Watt-level efficient 2.3 μm thulium fluoride fiber laser. Optics Letters, 2020, 45(20): 5788-5791.

[181] Li K F, Zhang G, Hu L L. Watt-level ~2 μm laser output in Tm^{3+}-doped tungsten tellurite glass double-cladding fiber. Optics Letters, 2010, 35: 4136-4138.

[182] Li K F, Hu L L, Zhang G, et al. ~2 μm laser output in short length highly Tm^{3+}-doped tungsten tellurite glass double-cladding fiber//Advances in Optical Materials, Istanbul, 2011.

[183] Li K F, Fan X K, Zhang L, et al. In band pumping of Tm doped single mode tellurite composite fiber//Optical Components and Materials XI. International Society for Optics and Photonics, 2014, 8982: 89821M.

[184] Li K F, Zhang G, Hu L L, et al. ~2.1 μm Tm^{3+}-Ho^{3+} co-doped tungsten tellurite single mode fiber laser//Proceedings Volume 8257, Optical Components and Materials IX, San Francisco, 2012, 8257: 82570A.

[185] 王孟. 2 μm 输出掺稀土氟磷酸盐玻璃光纤的研究. 上海: 中国科学院上海光学精密机械研究所, 2009.

[186] Li L X, Wang W C, Zhang C F, et al. 2.0 μm Nd^{3+}/Ho^{3+}-doped tungsten tellurite fiber laser. Optical Materials Express, 2016, 6: 2904-2914.

[187] Jiang S B. Thulium-doped heavy metal oxide glasses for 2 μm lasers: US Patent, US10990869. 2007-11-20.

[188] Richards B D O, Tsang Y H, Binks D J, et al. CW and Q-switched 2.1 μm Tm^{3+}/Ho^{3+}/Yb^{3+}-triply-doped tellurite fibre lasers//Lidar Technologies, Techniques, and Measurements for Atmospheric Remote Sensing IV. International Society for Optics and Photonics, 2008, 7111: 711105.

[189] He X, Xu S H, Li C, et al. 1.95 μm kHz-linewidth single-frequency fiber laser using self-developed heavily Tm^{3+}-doped germanate glass fiber. Optics Express, 2013, 21: 020800.

[190] Gao S, Kuan P W, Li X, et al. Tm³⁺-doped tellurium germanate glass and its double-cladding fiber for 2 μm laser. Materials Letters, 2015, 143: 60-82.

[191] Gao S, Kuan P W, Li X Q, et al. ~2 μm single-mode laser output in tellurite germanate double-cladding fiber. IEEE Photonics Technology Letters, 2015, 27: 1702-1704.

[192] Wen X, Tang G W, Wang J W, et al. Tm³⁺ doped barium gallo-germanate glass single-mode fibers for 2.0 μm laser. Optics Express, 2015, 23: 7722-7731.

[193] Yao C F, Jia Z X, Wang S B, et al. Tm³⁺ or Ho³⁺ doped fluorotellurite microstructure fiber for 2 μm lasing//Workshop on Specialty Optical Fibers and Their Applications, Hong Kong, 2015.

[194] Yao C F, He C F, Jia Z X, et al. Holmium-doped fluorotellurite microstructured fibers for 2.1 μm lasing. Optics Letters, 2015, 40: 4695-4698.

[195] Li D H, Xu W B, Kuan P W, et al. Spectroscopic and laser properties of Ho³⁺ doped lanthanum-tungsten-tellurite glass and fiber. Ceramics International, 2016, 42:10493-10497.

[196] Kuan P W, Fan X K, Li X, et al. High-power 2.04 μm laser in an ultra-compact Ho-doped lead germanate fiber. Optics Letters, 2016, 41: 2899-2902.

[197] Wen X, Tang G, Yang Q, et al. Highly Tm³⁺ doped germanate glass and its single mode fiber for 2.0 μm laser. Scientific Reports, 2016, 6(1): 20344.

[198] Yang C S, Chen D, Xu S H, et al. Short all Tm-doped germanate glass fiber MOPA single-frequency laser at 1.95 μm. Optics Express, 2016, 24: 10956-10961.

[199] Zhou D C, Bai X M, Zhou H. Preparation of Ho³⁺/Tm³⁺ co-doped lanthanum tungsten germanium tellurite glass fiber and its laser performance for 2.0 μm. Scientific Reports, 2017, 7: 44747.

[200] Wang S B, Jia Z X, Yao C F, et al. Ho³⁺-doped AlF₃-TeO₂-based glass fibers for 2.1 μm laser applications. Laser Physics Letters, 2017, 14(5): 055803.

[201] Wang S, Yao C, Jia Z, et al. 1887 nm lasing in Tm³⁺-doped TeO₂-BaF₂-Y₂O₃ glass microstructured fibers. Optical Materials, 2017, 66: 640-643.

[202] Slimen F B, Chen S, Lousteau J, et al. Tm³⁺ doped germanate large mode area single mode fiber for 2 μm lasers and amplifiers//Advanced Photonics Congress, Zurich, 2018.

[203] 王建文. 掺铥钡镓锗酸盐玻璃光纤的研制. 广州: 华南理工大学, 2011.

[204] 贺鑫. 基于 NPE 技术的 2 μm 脉冲光纤激光器. 广州: 华南理工大学, 2014.

[205] Agger S, Povlsen J H, Varming P. Single-frequency thulium-doped distributed-feedback fiber laser. Optics Letters, 2004, 29(13): 1503-1505.

[206] Zhang Z, Shen D Y, Boyland A J, et al. High-power Tm-doped fiber distributed-feedback laser at 1943 nm. Optics Letters, 2008, 33: 2059-2061.

[207] Zhang Z, Boyland A J, Sahu J K, et al. High-power single-frequency thulium-doped fiber DBR laser at 1943 nm. IEEE Photonics Technology Letters, 2011, 23: 417-419.

[208] Wang X, Zhou P, Wang X L, et al. 102 W monolithic single frequency Tm-doped fiber MOPA. Optics Express, 2013, 21: 32386-32392.

[209] Fu S J, Shi W, Lin J C, et al. Single-frequency fiber laser at 1950 nm based on thulium-doped silica fiber. Optics Letters, 2015, 40: 5283-5286.

[210] Fu S J, Shi W, Sheng Q, et al. Compact hundred-mW 2 μm single-frequency thulium-doped

silica fiber laser. IEEE Photonics Technology Letters, 2017, 29: 853-856.

[211] Tang G W, Wen X, Huang K M, et al. Tm^{3+}-doped barium gallo-germanate glass single-mode fiber with high gain per unit length for ultracompact 1.95 μm laser. Applied Physics Express, 2018, 11: 032701.

[212] Guan X C, Yang C S, Qiao T, et al. High-efficiency sub-watt in-band-pumped single-frequency DBR Tm^{3+}-doped germanate fiber laser at 1950 nm. Optics Express, 2018, 26: 6817-6825.

[213] Geng J H, Wang Q, Luo T, et al. Single-frequency gain-switched Ho-doped fiber laser. Optics Letters, 2012, 37: 3795-3797.

[214] 王伟超. 掺稀土多组分锗酸盐和碲酸盐玻璃光纤 2.0-3.0 μm 中红外高效发光. 广州: 华南理工大学, 2017.

[215] Brierley M C, France P W. Continuous wave lasing at 2.7 μm in an erbium-doped fluorozirconate fibre. Electronics Letters, 1988, 24(15): 935-937.

[216] Jackson S D, King T A, Pollnau M. Diode-pumped 1.7-W erbium 3-μm fiber laser. Optics Letters, 1999, 24(16): 1133-1135.

[217] Faucher D, Bernier M, Androz G, et al. 20 W passively cooled single-mode all-fiber laser at 2.8 μm. Optics Letters, 2011, 36: 1104-1106.

[218] Tokita S, Murakami M, Shimizu S, et al. Liquid-cooled 24 W mid-infrared Er: ZBLAN fiber laser. Optics Letters, 2009, 34: 3062-3064.

[219] Aydin Y O, Fortin V, Vallée R, et al. Towards power scaling of 2.8 μm fiber lasers. Optics Letters, 2018, 43(18): 4542-4545.

[220] Bernier M, Michaud-Belleau V, Levasseur S, et al. All-fiber DFB laser operating at 2.8 μm. Optics Letters, 2015, 40: 81-84.

[221] Michaud-Belleau V, Bernier M, Fortin V, et al. Tunable single-frequency DFB fiber laser at 2.8 μm//CLEO: Science and Innovations. Optical Society of America, 2015.

[222] Hudson D D, Williams R J, Withford M, et al. Single-frequency fiber laser operating at 2.9 μm. Optics Letters, 2013, 38: 2388-2390.

[223] Tang P, Wang Y, Vicentini E, et al. Single-frequency Dy: ZBLAN fiber laser tunable in the wavelength range from 2.925 to 3.250 μm. Journal of Lightwave Technology, 2022, 40(8): 2489-2493.

[224] Jackson S D. High-power and highly efficient diode-cladding-pumped holmium-doped fluoride fiber laser operating at 2.94 μm. Optics Letters, 2009, 34(15): 2327-2329.

[225] Schneider J. Fluoride fibre laser operating at 3.9 μm. Electronics Letters, 1995, 31: 1250-1251.

[226] Jiang X, Joly N Y, Finger M A, et al. Deep-ultraviolet to mid-infrared supercontinuum generated in solid-core ZBLAN photonic crystal fibre. Nature Photonics, 2015, 9: 133-139.

[227] Chen F Z, Wei T, Jing X F, et al. Investigation of mid-infrared emission characteristics and energy transfer dynamics in Er^{3+} doped oxyfluoride tellurite glass. Scientific Reports, 2015, 5: 10676.

[228] Huang F F, Liu X Q, Ma Y Y, et al. Origin of near to middle infrared luminescence and energy transfer process of Er^{3+}/Yb^{3+} co-doped fluorotellurite glasses under different excitations. Scientific Reports, 2015, 5: 8233.

[229] Cai M Z, Wei T, Zhou B E, et al. Analysis of energy transfer process based emission spectra of erbium doped germanate glasses for mid-infrared laser materials. Journal of Alloys and Compounds, 2015, 626: 165-172.

[230] Zhong H Y, Chen B J, Ren G Z, et al. 2.7 μm emission of Nd^{3+}, Er^{3+} codoped tellurite glass. Journal of Applied Physics, 2009, 106: 083114.

[231] Xu R, Tian Y, Hu L, et al. Enhanced emission of 2.7 μm pumped by laser diode from Er^{3+}/Pr^{3+}-codoped germanate glasses. Optics Letters, 2011, 36(7): 1173-1175.

[232] Wang R S, Meng X W, Yin F X, et al. Heavily erbium-doped low-hydroxyl fluorotellurite glasses for 2.7 μm laser applications. Optical Materials Express, 2013, 3: 1127-1136.

[233] Huang F F, Li X, Liu X Q, et al. Sensitizing effect of Ho^{3+} on the Er^{3+}: 2.7 μm-emission in fluoride glass. Optical Materials, 2014, 36: 921-925.

[234] Fan X K, Li K F, Li X, et al. Spectroscopic properties of 2.7 μm emission in Er^{3+} doped telluride glasses and fibers. Journal of Alloys and Compounds, 2014, 615: 475-481.

[235] Zhu X S, Peyghambarian N. High-power ZBLAN glass fibers: Review and prospect. Advances in OptoElectronics, 2010, 2010: 501956.

[236] 岳静, 薛天峰, 李夏, 等. 中红外重金属氧化物玻璃羟基的去除研究进展. 激光与光电子学进展, 2014, 51: 090002.

[237] Seddon A B, Tang Z Q, Furniss D, et al. Progress in rare-earth-doped mid-infrared fiber lasers. Optics Express, 2010, 18: 26704-26719.

[238] Wang W C, Li L X, Chen D D, et al. Numerical analysis of 2.7 μm lasing in Er^{3+}-doped tellurite fiber lasers. Scientific Reports, 2016, 6: 31761.

第13章　光纤放大器

■　掺杂光纤放大器利用掺入石英或多组分光纤的激活剂作为增益介质，在泵浦光的激发下实现光信号的放大，光纤放大器的特性主要由掺杂元素决定。

■　工作波长为 1.5 μm 的掺铒光纤放大器(EDFA)是目前光纤通信系统核心器件之一。

■　EDFA 主要特点有：工作频带位于光纤低损耗窗口(1525~1565 nm)；频带宽且能够对多路信号同时放大-波分复用(WDM)；对数据率/格式透明，系统升级成本低；增益高(>40 dB)、输出功率大(约 30 dBm)、噪声低(4~5 dB)；全光纤结构与光纤系统兼容；增益与信号偏振态无关，稳定性好；所需泵浦功率低(数十毫瓦)。

■　过渡金属离子、半金属离子以及量子点掺杂光纤有望拓宽通信波段提高通信容量和速度，其中，工作波长范围可覆盖 1~1.8 μm 的掺铋超宽带光纤放大器(BDFA)受到广泛关注。

13.1　稀土掺杂光纤放大器

光纤放大器在光纤通信、电力系统、医学与生命科学等领域有着广泛的应用。近年来，随着信息和通信技术的飞速发展，光纤放大器的研究将光纤通信系统推向了高速率、大容量、长距离方向发展。由于光纤放大器的独特性能，在密集波分复用(DWDM)传输系统、光纤有线电视(CATV)和光纤接入网(OFC)中有着广泛的应用。

掺杂光纤放大器利用掺入石英或多组分光纤的激活剂作为增益介质，在泵浦光的激发下实现光信号的放大，放大器的特性主要由掺杂元素决定。例如，工作波长约为 1.55 μm 的掺铒光纤放大器(EDFA)、工作波长约为 1.3 μm 的掺镨光纤放大器(PDFA)、工作波长为 1.47 μm 的掺铥光纤放大器(TDFA)等。目前，EDFA 最为成熟，是光纤通信系统核心器件之一。

13.1.1　掺铒光纤放大器

EDFA 的工作波长源自 Er^{3+}: $^4I_{13/2} \rightarrow {}^4I_{15/2}$ 的电子跃迁辐射，如图 13-1 所示，可以实现 1525~1565 nm 波段光放大。EDFA 通常采用掺 Er^{3+} 单模光纤作为增益介

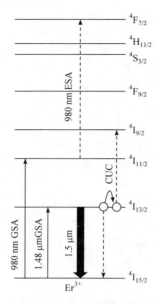

图 13-1　Er³⁺能级简图

质,采用 980 nm 和/或 1480 nm 激光为泵浦源。以 980 nm LD 为例,当泵浦光耦合到掺 Er³⁺光纤中时,Er³⁺从基态 $^4I_{15/2}$ 能级跃迁到 $^4I_{11/2}$ 能级,该能级寿命较短,很快以非辐射弛豫的形式跃迁到 $^4I_{13/2}$ 亚稳态能级,并且在该能级和 $^4I_{15/2}$ 能级之间形成"粒子数反转",信号光通过诱导处于激发态的离子实现受激辐射放大。信号光沿着光纤长度方向得到放大,泵浦光沿光纤长度不断衰减。由于光纤对 1480 nm 的传输损耗较低、光转换效率较高,所以该波段泵浦光常用于遥感系统(约 70 km)。波分复用耦合器的作用是将泵浦光耦合到掺 Er³⁺光纤中。光隔离器中光只能单向传播,使得放大器不受发射光影响,保证系统稳定工作。EDFA 常见的泵浦方式有三种:①同向泵浦,又称前向泵浦,其特点是噪声性能较好;②反向泵浦,又称后向泵浦,其优点是信号输出功率高;③双向泵浦,信号输出功率比单向泵浦高 3 dB 左右,且放大特性与信号传输方向无关。

EDFA 适用于 C 波段和 L 波段,可同时放大多个波长即信道,其主要特点有:①工作频带正好位于光纤损耗最低处(1525～1565 nm);②频带宽且能够对多路信息号同时放大-波分复用;③对数据率/格式透明,系统升级成本低;④增益高(>40 dB)、输出功率大(约 30 dBm)、噪声低(4～5 dB);⑤全光纤结构,与光纤系统兼容;⑥增益与信号偏振态无关,故稳定性好;⑦所需的泵浦功率低(数十毫瓦)。由于具有速率透明、大增益、大带宽、低噪声、高功率等特点,所以成为光通信低损耗窗口理想的光放大器。从应用角度而言,EDFA 存在单波长和多波长之分,近年来向小型化、阵列化的方向发展。

EDFA 的主要作用有:①解决了系统容量提高的最大限制——光损耗;②补偿了光纤本身的损耗,使长距离传输成为可能;③大幅度增加了功率预算的冗余,使得系统中引入各种新型器件成为可能;④支持增加光通信容量最有效的方式——WDM;⑤推动了全光网络的研究开发热潮。EDFA 的发明使得光纤通信领域发生迅猛发展。

图 13-2 给出了 EDFA 在光纤通信系统中的三种主要应用形式,包括作为前置放大器、作为发射机功率放大器以及作为光中继器。EDFA 在光通信系统中的主要作用是延长中继距离,当它与波分复用等技术结合时可实现超大容量、超长距离的传输。当它作为接收机的前置放大器时,要求具有高增益和低噪声特性,这样可以提高光接收机的灵敏度。当作为发射机功率放大器使用时,需要将其接在光发射机的输出端,用于提高输出功率,增加入纤光功率,延长传输距离。第三种应用形式最为广泛,可以代替传统的光-电-光中继器,对线路的光信号直接进

行放大，实现全光通信技术。

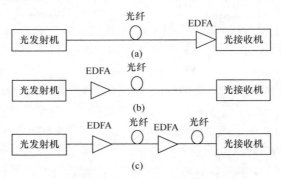

图 13-2　EDFA 在光纤通信系统中的应用

增益(G)是描述光放大器对信号放大能力的参数，$G(\text{dB}) = 10\lg \dfrac{P_{\text{s,out}}}{P_{\text{s,in}}}$，其中 $P_{\text{s,out}}$ 和 $P_{\text{s,in}}$ 分别为输出和输入信号光功率，G 与放大器的泵浦功率、掺杂光纤的参数(如增益系数)和输入光信号存在复杂关系。输入光功率较小时，G 为常数，即输出光功率 $P_{\text{s,out}}$ 与输入光功率 $P_{\text{s,in}}$ 成正相关。G_0 为光放大的小信号增益。当 $P_{\text{s,in}}$ 增大到一定值后，光放大器的增益 G 开始下降，这一现象称为增益饱和。放大器增益降至小信号增益一半时的输出功率称为饱和输出功率。EDFA 的增益 G 与信号光波长 λ 的关系称为增益谱 $G(\lambda)$，受到 Er^{3+} 辐射跃迁特性的影响，无法直接获得平坦的增益谱。此外，增益与泵浦功率有关。对于给定的放大器长度(EDF 长度)，泵浦功率增加，增益先呈指数增加，当泵浦功率超过某一数值时，增益增加幅度逐渐减小，并趋于一个恒定值。增益还受到放大器长度影响。当泵浦功率一定时，放大器在某一最佳长度时获得最大增益，如果放大器长度超过此值，由于泵浦光被消耗，最佳长度之后的掺铒光纤不能接收到足够的泵浦光，而且会吸收已放大的信号能量，导致增益降低。因此，在 EDFA 设计中，需要结合掺铒光纤结构参数，选择合适的泵浦功率和光纤长度，使放大器处于最佳工作状态。

所有光放大器在放大过程中都会把自发辐射(或散射)叠加到信号光上，导致被放大信号的信噪比(SNR)降低，其降低程度通常用噪声指数 F_{n} 表示，$F_{\text{n}} = \dfrac{\text{SNR}_{\text{in}}}{\text{SNR}_{\text{out}}}$。放大的自发辐射(ASE)噪声是主要的噪声源，导致与信号光一起放大的光子的宽谱背景。ASE 噪声近似为白噪声，噪声功率谱密度为：$S_{\text{sp}} = (G-1)n_{\text{sp}}h\nu$，其中 n_{sp} 为自发辐射因子或粒子数反转因子，$n_{\text{sp}} = \dfrac{N_2}{N_2 - N_1}$，其中 N_2 为激发态粒子数，N_1 为基态粒子数。对于激活剂都处于激发态或完全粒子数反转的光放大器，$n_{\text{sp}}=1$；当粒子数不完全反转时，$n_{\text{sp}}>1$。研究表明，接收机前端接入光放大器后，新增加的噪声主要来自 ASE 噪声与信号本身的差拍噪声。噪声指数为：$F_n = 2n_{sp}\dfrac{G-1}{G} \approx 2n_{sp}$，即使对 $n_{sp}=1$ 的完全粒子数反转的理想放大器,被放大信号的 SNR 也降低了一半(或 3 dB)。对于大多数实际的放大器 F_n 值均超过 3 dB，甚至可能达到 6～8 dB。实际应用中希望放大器 F_n 值尽可能降低。

　　EDFA 的增益恢复时间约为 10 ms(半导体光放大器(SOA)为 0.1～1 ns)，其增益不能响应调制信号的快速变化，不存在增益调制，四波混频效应很小，所以在多信道放大中不引入信道间串扰(SOA 则不然)，这是 EDFA 能够用于多信道放大的关键所在。EDFA 对信道的插入、分出或无光障碍等因素引起了输入功率的变化(较低速变化)能产生响应，这称为瞬态特性。瞬态特性使得剩余信道获得过大的增益，并输出过大的功率，而产生非线性效应，最终导致其传输性能恶化，因而需要进行自动增益控制，即增益钳制。对于级联 EDFA 系统，瞬态响应时间为几微秒到几十微秒，要求增益控制系统的响应时间相应为几微秒到几十微秒。增益钳制技术一般采用电控，即监测 EDFA 的输入光功率，根据其大小调整泵浦功率，从而实现增益钳制，此方法是目前最为成熟的方法。此外，还可以采用在系统中附加一路波长信道，根据其他信道的功率，改变附加波长的功率，实现增益钳制。多信道放大中需要解决的问题包括增益平坦、增益钳制、高的输出功率以及由于信道间增益竞争，多级级联使用导致"尖峰效应"。如图 13-3 所示，固有的增益曲线不平坦，增益差随着级联放大而积累增加，进而导致各信道的信噪比差别增大，接收灵敏度不同。增益谱的形状随信号功率而变，在有信道上、下的动态情况下，失衡情况更加严重，因此需要对增益进行平坦。增益平坦/均衡技术有如下几种：①滤波器均衡。采

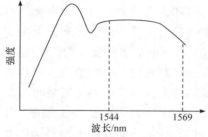

图 13-3　典型的 EDFA 增益谱

用透射谱与掺杂光纤增益谱反对称的滤波器使增益平坦，如薄膜滤波、紫外写入长周期光纤光栅、周期调制的双芯光纤等。这种方式只能实现静态增益的平坦，在信道功率突变时增益谱仍会发生变化。②使用新型宽谱带掺杂光纤，如掺铒氟化物光纤(30 nm 平坦带宽)、铒铝共掺光纤(20 nm 平坦带宽)。这一方法需要从材料角度有所突破，也属于静态增益谱平坦技术。③声光滤波调节。根据各信道功率，反馈控制放大器输出端的多通道声光带阻滤波器，调节各信道输出功率使之均衡。这一技术属于动态均衡技术，需要解复用和光电转换过程，其结构复杂，实用性受限。④预失真技术。对输入信号进行预处理，经过放大后达到平坦增益的效果。这一技术不够灵活，传输链路变换后，输入信号功率也要随之调整。

　　WDM 系统要求 EDFA 具有足够高的输出功率，以保证各信道获得足够的光

功率。一般主要采用多级泵浦提高泵浦功率和采用双包层光纤。双包层光纤,如图 13-4 所示,是实现 EDFA 的重要技术,信号光在纤芯中以单模传播,而泵浦光则在内包层以多模传输,有助于提高泵浦光功率。

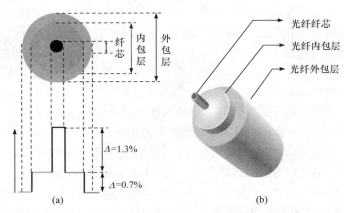

图 13-4　用于大功率 EDFA 的双包层光纤的(a)折射率分布和(b)结构示意图

13.1.2　EDFA 带宽展宽——L 波段(1.6 μm)光纤放大器

目前 EDFA 的工作波长主要位于 C 波段(1525～1565 nm),难以满足日益增长的海量信息传输需求,如何利用现有光纤传输系统,进一步提高通信容量以满足实际需求是光纤通信领域研究的热点之一。增加光纤通信容量的途径通常有三种[1]:①增加单个信道的数据传输速率。传输速率增加的同时色散对系统的影响随之增大,当每个信道速率超过 10 G/s 还会引起偏振模式色散、高阶色散等不利效应。②减小信道间隔。信道间隔减小带来的不利影响主要是非线性效应增强,当信道间隔小于 50 GHz 时,四波混频(FWM)效应将会引起信号在信道间的串扰。这是一种非线性效应,当有至少两个不同频率分量的光一同在非线性介质如光纤中传播时就有可能发生。此外,信道间隔减小对系统元器件波长稳定性要求更高,导致系统成本升高。③增加传输带宽。通过开发宽带光纤放大器、充分利用光纤丰富的通信带宽资源,相对而言是提高光通信容量最有效的途径。Er^{3+} 发光能够覆盖 L 波段(1565～1625 nm),但是受到 Er^{3+} 辐射跃迁特性的影响,其在石英基质中约 1600 nm 处的增益仅为 1550 nm 处增益的 20%。如何利用 Er^{3+} 发光实现高效的 L 波段光纤放大器引起了广泛关注。基于 EDFA 实现 L 波段主要有两种方式:增益平移 EDFA(GS-EDFA)和掺铒碲酸盐光纤放大器(EDTFA)。此外,光纤拉曼放大器也能够实现 L 波段的光放大。

1. 增益平移 EDFA(GS-EDFA)

EDFA 的可用增益带宽一般覆盖 C 波段,对应 Er^{3+}: $^4I_{13/2} \rightarrow {}^4I_{15/2}$ 能级跃迁的辐

射。1990 年，研究人员发现通过调控掺铒光纤(EDF)的长度，使 Er^{3+} 的粒子数反转程度降低，可实现 L 波段的光放大，1570～1610 nm 范围内增益高于 25 dB[2]。进一步研究表明，GS-EDFA 的增益谱偏离 Er^{3+}: $^4I_{13/2} \rightarrow {}^4I_{15/2}$ 跃迁的中心波长，发射截面较小，但是其增益平坦，1 dB 的增益带宽可达 30 nm，增益大于 25 dB[3]。由于粒子数反转程度较低、发射系数较小，GS-EDFA 中所需的 EDF 的长度为同等掺杂浓度条件下常规 C 波段 EDFA 的 4～5 倍[2]。增加光纤长度会导致吸收损耗增大、后向放大的自发辐射(ASE)能量累积更加严重，从而降低放大器的泵浦转换效率、增大噪声系数。因此，相当一部分的工作集中在改善 GS-EDFA 的这两大性能。减少 EDF 长度最有效的方式是使用高掺杂/低损耗的光纤，有利于降低吸收损耗和后向 ASE 能量累积。当掺杂浓度为 1900 ppm 时，EDF 增益显著提升，而主动损耗与常规掺杂浓度(300～500 ppm)的 EDF 相比无明显增加。除了长度和掺杂浓度对 GS-EDFA 的性能有影响外，在 1480 nm 双向泵浦条件下，EDF 的截止波长为 1100 nm 时放大器的增益效率最高，截止波长相同的情况下，数值孔径较大的 EDF 增益效率更高[4]。因此，可以通过优化组合 EDF 的各项参数(掺杂浓度、长度、截止波长和数值孔径等)提高 GS-EDFA 的性能。

此外，GS-EDFA 的性能受到泵浦源的影响。通常采用 980 nm 或 1480 nm 激光二极管(LD)泵浦，前者噪声系数更低，后者泵浦转换效率更高。研究发现，ASE 泵浦较为有利，即将 1560 nm 波段 EDFA 作为泵浦源，这种泵浦方式可以同时获得较高的转换效率和较低的噪声系数。利用 ASE 泵浦 GS-EDFA，在小信号增益情况下泵浦转换效率接近 100%，噪声系数小于 4 dB，比常规 EDFA 小 1 dB[5]。利用 1480 nm LD 作为主泵浦源(82 mW)、1555 nm LD 作为辅助泵浦的方法，在 1570 nm 的小信号增益达 31 dB，在 1570～1605 nm 范围内的增益高于 24 dB，噪声小于 5 dB，接近 1480 nm 泵浦的理论噪声极限。

将 GS-EDFA 与 C 波段 EDFA 组合应用于 WDM 系统的增益带宽可以达到常规 EDFA 的两倍，系统传输容量也成倍提升，其组合方式有并联和串联两种形式。采用并联结构可以实现两个波段信号同时放大，增益带宽达 54 nm(C 波段：1530～1570 nm；L 波段：1576～1600 nm)，增益大于 30 dB，增益起伏小于 1.7 dB[6]。采用串联结构组合的 EDFA，其平坦增益带宽达 66 nm(1533～1599 nm)，平均信号增益为 17 dB，增益起伏小于 3 dB，噪声系数小于 5 dB[7]。在串联结构中，C 波段的信号必须要经过 GS-EDFA 中较长的 EDF，导致部分能量被吸收和转移到 L 波段信号，所以互不干扰的并联结构更加有利。

2. 掺铒碲酸盐光纤放大器(EDTFA)

碲酸盐光纤具有稀土离子溶解性能高、声子能量低、红外透过范围宽以及优异的化学稳定性和耐腐蚀性等特点，是稀土掺杂特种玻璃有源光纤的潜在候选。

碲酸盐玻璃的稀土溶解度约为 10^{21} ions/cm³，比石英(10^{19} ions/cm³)高两个数量级左右，最大声子能量(约 700 cm⁻¹)比石英玻璃(约 1100 cm⁻¹)低。此外，碲酸盐玻璃的折射率(1.8～2.3)远大于石英玻璃(约 1.45)，Er^{3+} 的受激发射截面 σ 与基质玻璃的折射率 n 呈正相关($\sigma \propto (n^2+2)^2/9n$)，且非均匀展宽较大，因此，$Er^{3+}$ 在碲酸盐玻璃中有望在更大的带宽范围内实现更大的受激发射。掺铒碲酸盐玻璃在 1600 nm 附近的发射截面是掺铒石英玻璃和氟化物玻璃的两倍，有利于提高增益，同时减小激发态吸收，使得放大器在 1600 nm 之后仍保持较低的噪声系数。研究表明，EDTFA 增益高于 20 dB 的带宽可达 80 nm，在 1620 nm 仍维持较低的噪声系数[8]。

EDTFA 的基本结构与 L 波段 EDFA 相同，但是所需掺铒光纤的长度大幅度减小。对比研究 EDTFA 和 L 波段 EDFA 的增益特性可知，在放大器结构和泵浦功率相同的情况下，为实现相同的增益效果，两种放大器所需的掺铒光纤分别为：石英基 EDF 的掺杂浓度为 1120 ppm、长度为 180 m，碲酸盐基 EDF 的浓度为 1000 ppm、长度为 11 m[9]。碲酸盐基 EDF 的 Er^{3+} 浓度可以进一步提高到 4000 ppm，所需光纤长度则进一步减小到 1 m 左右。EDF 长度缩短有利于减小放大器的尺寸并降低成本。EDTFA 通常采用 1480 nm 激光为泵浦源，其泵浦转换效率值与同等情况下的 L 波段 EDFA 相近，为 48%～62%，增益平坦后在 1561～1611 nm(带宽为 50 nm)范围的增益高于 25.3 dB，噪声低于 6 dB。

尽管 EDTFA 具有增益带宽大等优势，但是仍面临一些问题。例如，EDTF 难以与商用石英光纤低损耗熔接，只能采用对接固定的方法，如 V 型槽连接法，插入损耗较大。有研究者提出一种"纤芯热扩散"(TCE)连接技术，即在常规光纤和 EDTF 之间引入一段高数值孔径的石英光纤，从而降低 V 型槽连接法的插入损耗，但是总的插入损耗仍大于 0.4 dB，远高于石英光纤之间的熔接损耗。此外，碲酸盐光纤具有较高的折射率，与石英光纤连接需要面临折射率失配的问题。碲酸盐光纤还具有较高的色散和非线性系数，接入 WDM 系统之后引起的交叉相位调制(XPM)和四波混频(FWM)效应远高于石英基 EDFA，对光纤通信的负面影响较大。

13.1.3 掺铥光纤放大器

TDFA 的工作波长源自 Tm^{3+}: $^3H_4 \rightarrow {}^3F_4$ 的电子跃迁辐射，如图 13-5 所示，可以实现 1.46～1.65 μm 波段光放大。研究人员曾采用 Tm^{3+}/Ho^{3+} 共掺 ZBLYAN(ZrF_4-BaF_2-LaF_3-YF_3-AlF_3-NaF)光纤在 790 nm LD 泵浦条件下实现了 1.46 μm 光放大，当泵浦功率为 150 mW 时 1.46 μm 处增益最大为 18 dB，增益系数为 0.25 dB/mW，光纤长度为 20 m，Tm^{3+} 和 Ho^{3+} 掺杂量分别为质量分数 0.05%和 1%，纤芯直径为 1.8 μm，芯包折射率差 Δn 为 3.7%[10]。相比于单掺 Tm^{3+} 的光纤，Tm^{3+}/Ho^{3+} 共掺体系增益和带宽均提高。

1.65 μm 波段放大器可应用于光传输线路监测系统。工作波长为 1.65 μm 的光学时域反射计(OTDR)能够在不干扰通信信号的前提下监测 1.3 μm 和 1.5 μm 的光传输。利用 Tm³⁺ 掺杂 ZBLYAN 光纤可在 1.65 μm 波段实现 35 dB 的增益,该放大器利用了 Tm³⁺: ³F₄→³H₆ 跃迁形成的短波长辐射,同时采用 Tb³⁺ 掺杂包层压制 1.75~2.0 μm 波段的 ASE 和激光振荡[11]。利用包层 Tb³⁺ 浓度为 4000 ppm、芯层 Tm³⁺ 浓度为 2000 ppm 的 ZBLYAN 光纤,增益系数可达 0.75 dB/mW,纤芯直径为 1.8 μm、Δn 为 3.7%、泵浦源为 1.22 μm LD。该两级放大器在泵浦功率为 140 mW 时增益可达 35 dB。在没有 Tb³⁺ 掺杂包层的光纤中不能实现 1.65 μm 光放大,表明包层中掺杂 Tb³⁺ 能够有效抑制 ASE 过程。

13.1.4 掺镨光纤放大器

PDFA 的工作波长源自 Pr³⁺: ¹G₄→³H₅ 的电子跃迁辐射,如图 13-6 所示,可以实现 1.3 μm 波段光放大。PDFA 的工作波长位于第二通信窗口,石英玻璃在该波段色散达到极小值。早期,世界上大多数光纤通信系统的工作波长都位于第二通信窗口,因此对于工作在该波段的高效光放大器需求强烈。然而,石英玻璃的最大声子能量约为 1100 cm⁻¹,Pr³⁺: ¹G₄→³H₅ 跃迁在石英玻璃中通常容易猝灭,因此利用掺 Pr³⁺ 的石英玻璃光纤无法实现光放大。重金属氟化物(HMF)玻璃最大声子能量较低(约 500 cm⁻¹),Pr³⁺ 在 HMF 基质中的 ¹G₄→³H₅ 跃迁可以辐射光子,掺 Pr³⁺: ZBLAN 玻璃中该跃迁的量子效率约为 3%。Pr³⁺ 掺杂氟化物光纤放大器是稀土掺杂 HMF 玻璃最重要的研究结果之一。目前,高增益 PDFA 已商业化。

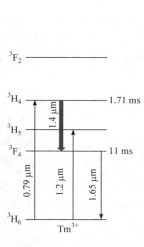

图 13-5　Tm³⁺能级简图

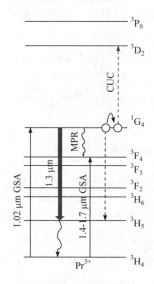

图 13-6　Pr³⁺能级简图

利用 Pr^{3+} 掺杂 ZBLYAN 光纤实现 1.3 μm 光放大已有较多报道[12-14]。早在 1991 年，日本 NTT 公司率先报道了高增益、高输出饱和度的 PDFA，其利用 Pr^{3+} 掺杂量为 500 ppm 的 ZBLYAN 光纤在 1.309 μm 处获得增益为 30.1 dB，增益系数为 0.04 dB/mW，饱和输出功率为 13 dBm[15]。Pr^{3+} 掺杂光纤长度为 23 m，纤芯直径为 3.3 μm，截止波长为 0.65 μm，Δn 为 0.6%。随后，该公司利用 Pr^{3+} 掺杂量为 2000 ppm 的 ZBLYAN 光纤，在工作波长为 1.017 μm、功率为 300 mW 激光器泵浦条件下，在 1.31 μm 处获得了 38.2 dB 的增益。纤芯直径为 2.3 μm，包层直径为 125 μm，截止波长为 1.26 μm，Δn 为 3.8%[16]。该实验使用的有源光纤长度约为 8 m，当泵浦功率为 100 mW 时增益系数为 0.21 dB/mW。其后，大量研究工作围绕优化光纤品质、数值孔径 NA、Pr^{3+} 掺杂浓度等方面展开，以期进一步提高 PDFA 的增益[17]。然而，受制于 ZBLYAN 玻璃中 Pr^{3+} 的 $^1G_4$ 能级较低的吸收系数和量子效率，研究者尝试通过选用其他 HMF 玻璃或者硫系玻璃以提高其量子效率。采用 NA 较高的 Pr^{3+} 掺杂 $PbF_2\text{-}InF_3$ 光纤，其增益系数为 0.36 dB/mW，量子效率(6.1%)约为 Pr^{3+} 掺杂 ZrF_4 基氟化物玻璃(3.4%)的两倍[18]。在 238 mW 泵浦条件下，1.3 μm 处的小信号增益系数为 22.5 dB。将上述光纤应用于插入式 PDFA 模块中，1.3 μm 处小信号增益系数为 24 dB、噪声系数为 6.6 dB[19]。研究者试图通过共掺敏化剂 Yb^{3+} 提高 Pr^{3+} 掺杂光纤的泵浦效率，并通过实验验证了 Yb^{3+} 敏化 Pr^{3+} 的可行性[20-22]。此外，研究者还报道了 $Er^{3+}/Yb^{3+}/Pr^{3+}$[23]共掺和 $Nd^{3+}/Yb^{3+}/Pr^{3+}$[24] 共掺等研究。然而，共掺光纤增益并未能显著提高。

13.1.5　第二通信窗口用其他放大器

尽管 Pr^{3+} 掺杂 ZBLYAN 光纤放大器已经商业化，但是其固有的量子效率较低的缺点不利于系统进一步发展。相对于氟化物玻璃而言，硫系玻璃具有更低的最大声子能量(约 350 cm^{-1})，因此 Pr^{3+} 在硫系玻璃中受激辐射量子效率可望大幅度提高，文献报道最高可达 90%左右[25]。此外，硫系玻璃的折射率(1.95～2.83)高于氟化物玻璃(1.4～1.6)，因此能够增大 $^1G_4 \rightarrow {}^3H_5$ 跃迁的振子强度，进而提高发射截面。然而由于电子云重排效应的影响，Pr^{3+} 在硫系玻璃中的发射峰值强度对应波长相对于 1.3 μm 通信波长有所红移。尽管如此，基于 Pr^{3+} 掺杂硫系玻璃光纤放大器的量子效率显著高于 Pr^{3+} 掺杂氟化物玻璃光纤放大器，因而更具应用潜力。

1993 年，英国南安普敦大学首次报道了 Pr^{3+} 掺杂硫系玻璃在 1.3 μm 波段光放大器的应用潜力[26]。随后，在一系列硫系玻璃中开展了相关研究。尽管大量组分表现出优异的光谱性能，但是其高损耗是阻碍其进一步发展的主要障碍。表 13-1 给出了一系列 Pr^{3+} 掺杂硫系玻璃在 1.3 μm 波段的光谱参数。1997 年，日本 Hoya 公司利用 Pr^{3+} 掺杂 GNS(Ga-Na-S)单模玻璃光纤实现 1.34 μm 波段正增益[27]。Pr^{3+} 掺杂浓度为 750 ppm，有源光纤长度为 6.1 m，采用 100 mW 工作波长为 1 μm 的激光器作为泵浦源，增益为 30 dB。

表 13-1　硫系玻璃中 Pr^{3+} 的 1.3 μm 波段光谱参数

玻璃体系	Pr^{3+} 掺杂量	τ/μs	η/%	σ_e/10^{-20}cm^2	$\sigma_e \cdot \tau$/10^{-26} cm$^2 \cdot$ s	参考文献
GLS	<1000 ppm	295	58	—	250	[26],[28]
BaGeGaS	0.01%(摩尔分数)	250	43			[29]
AsGaGeS	—	290	55			[29]
CsGaSCl	0.086%(质量分数)	2460	24	0.198	490	[29]
GeGaS	500 ppm	360	70	1.33	479	[30]
GeGaS	100 ppm	377	71~93			[25]
GeGaS	100 ppm	320	59		250	[31]
GeS$_x$	100 ppm	360	90			[31]
GeAsS	500 ppm	322	12			[25]
GeSI	350 ppm	360	82			[32]
As$_2$S$_3$	350 ppm	250	—			[25]
As$_2$S$_3$(w/I)	350 ppm	277	—			[25]
As-S	<500 ppm	250	—	1.05	263	[33],[34]
GNS	500 ppm	370	56	1.08	400	[27]

　　图 13-7 给出了 Dy^{3+} 的能级简图。研究者提出 Dy^{3+} 掺杂硫系玻璃在 1.3 μm 波段光放大器方面具有一定的应用潜力[35-37]。利用 Dy^{3+} 掺杂低声子能量晶体基质 LaCl$_3$ 实现了约 1.3 μm 的光放大[38]，相应的辐射跃迁为 ^{6}H$_{9/2}$,^{6}F$_{11/2}$→^{6}H$_{15/2}$。其能隙较小，约为 1800 cm^{-1}，在氧化物玻璃和氟化物玻璃中容易猝灭，仅在最大声子能量较低的硫系玻璃中(约 350 cm^{-1})可以实现受激辐射。与掺 Pr^{3+} 放大器相比，掺 Dy^{3+} 放大器在约 1.3 μm 通信窗口具有以下优势：①近红外波段存在多个吸收带能够使粒子布居到 ^{6}H$_{9/2}$、^{6}F$_{11/2}$ 能级；②在相同基质中，上述吸收带的吸收系数比 Pr^{3+} 的 ^{1}G$_4$ 能级吸收系数高 10 倍以上；③在相同基质中，^{6}H$_{9/2}$、^{6}F$_{11/2}$ 能级向下能级跃迁的发射截面通常大于 Pr^{3+} 的 ^{1}G$_4$ 亚稳态能级向下能级跃迁的发射截面[35]。与 Pr^{3+} 掺杂材料相比，Dy^{3+} 掺杂光纤的单位增益系数更高，有利于缩短增益光纤长度。

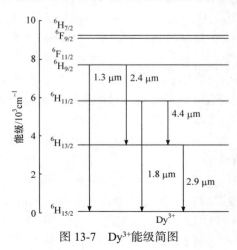

图 13-7　Dy^{3+} 能级简图

表 13-2 给出了 Dy^{3+} 掺杂硫系玻璃约 1.3 μm 光谱性质。1994 年，南安普敦大学首次报道了 Dy^{3+} 掺杂材料用于约 1.3 μm 光纤放大器的研究[35]。此后，相继报道了 Dy^{3+} 在多种硫系玻璃中约 1.3 μm 辐射跃迁性质，包括 GLS(Ga-La-S)[35,36,39]、GGS(Ga-Ge-S)[25,37]、GAS(Ge-As-S)[25]、GeSI[31] 和 Ge-Al-Se[40,41]。其中，Dy^{3+} 掺杂 GeAsSe 基玻璃的量子效率、荧光寿命和发射截面均为最高值。硫基玻璃的最大声子能量(约 425 cm^{-1})高于硒基玻璃(约 350 cm^{-1})[40]，多声子猝灭效应更大，因而掺 Dy^{3+} 硫基玻璃量子效率较低。值得一提的是，掺 Dy^{3+} 硒基玻璃在 1.3 μm 附近的吸收系数与其他吸收带相比最小。掺 Dy^{3+} 硒基玻璃在近红外波段吸收系数较大，一方面提高了量子效率，另一方面降低了 Dy^{3+} 跃迁到高能级的概率。此外，Dy^{3+} 泵浦带吸收系数比 Pr^{3+} 在 1.01 μm 处的吸收系数大 10 倍以上，因此可采用带内泵浦获得高的发光效率。

表 13-2　Dy^{3+}掺杂硫系玻璃约 1.3 μm 光谱性质

玻璃体系	Dy^{3+}掺杂量	τ/μs	η/%	σ_e/10^{-20} cm²	$\sigma_e \cdot \tau$/10^{-26}cm² · s	参考文献
GLS	500 ppm	59	29	3.8	220	[35],[37]
GLS	1%(摩尔分数)	25	6.9	—	—	[39]
GeGaS	500 ppm	38	16.8	4.35	165	[37]
GeGaS	0.1%(质量分数)	38	13～17	—	—	[25]
GeAsS	0.1%(质量分数)	20	4～9	—	—	[25]
GeSI	0.1%(质量分数)	45	8～12	—	—	[25]
GeAsSe	1100 ppm	310	90	2.7	864	[41]

然而，由于掺稀土硫系玻璃光纤的损耗较高，较难实现正增益。文献报道无包层 GLS(Ga-La-S)光纤在 4 μm 处的损耗最小值为 4 dB/m[42]，无包层 GeGaSe 光纤在 1.5 μm 和 6.6 μm 的损耗极小值分别为 2.4 dB/m 和 0.82 dB/m[41]。高损耗和稀土离子的 ESA 效应也是阻碍掺 Dy^{3+} 硫系玻璃实现约 1.3 μm 正增益的主要因素[43]。对 GLS 光纤放大器的理论模拟表明添加 Tb^{3+} 可能突破上述限制。对 Dy^{3+} 掺杂 GaAsSe 光纤的性能模拟表明若不考虑损耗，当泵浦功率为 100 mW 时增益可达 40 dB[44]。

13.2　新型超宽带掺杂光纤放大器

2021 年，在第五届国际光子与微电子国际工程科技高端论坛(OMTA2021)上，华为发布了光通信未来十年九项关键技术挑战，其中两项重要挑战与光纤材料特别是光纤放大器用增益光纤密切相关：①长途光系统单纤容量能否超过 100 T？②C 波段之外，可以利用的新频谱空间有多大？

目前，商用信号传输石英光纤的可用带宽覆盖范围为 1100~1800 nm，通信系统干线网络主要基于掺铒光纤放大器(EDFA)建立。但是，由于 Er^{3+} 的 4f 电子跃迁特性，EDFA 的增益带宽只能覆盖 C 波段(1530~1565 nm)和部分 L 波段(1565~1605 nm)[45]。拉曼光纤放大器理论上具有增益带宽大且可调谐的特点，但是需要较高的泵浦功率，而且结构比较复杂，实际应用仍面临挑战。通过设计增益介质中的激活剂从而实现光谱调控和展宽是一种有效策略。激活离子发光特性与其电子结构密切相关，稀土离子一般以三价稳定存在，三价稀土离子的 4f 电子在空间上受到外层的 5s5p 壳层电子的屏蔽，在不同的基质中 $4f^n$ 能级位置有所差异，但这种差异通常在几百波数(cm^{-1})以内，因为 $4f^n$ 层电子被同层和外层电子所屏蔽，不同基质对 $4f^n$ 电子能级位置影响很小，例如，Er^{3+} 的峰值发射波长位于 1535 nm 附近)[46]。如何拓展光纤放大器的增益带宽进一步提高频谱利用范围，从而提高通信容量和速率是目前面临的主要问题。

近年来，研究人员致力于探索新型超宽带掺杂光纤及光纤放大器。不同于稀土元素，过渡金属元素的电子构型特点则是具有未填满电子的 d 轨道，其价电子组态可以表示为 $(n-1)d^{1-9}ns^{1-2}$。过渡金属元素发光所对应的能级跃迁来自于其最外层 d 轨道的跃迁，因为 d 轨道直接暴露于周围基质环境中，没有最外电子层屏蔽效应，所以其能级跃迁对周围的基质环境如配位场十分敏感。因此过渡金属离子的受激吸收、发射和增益特性对基质材料的依赖性较强且具备宽带可调谐的特征[46]。

此外，量子点(QD)掺杂光纤具有从 NIR 到 MIR 的可调谐宽带发射以及独特的量子限域效应与尺寸效应等，也有望应用于新型宽带光纤放大器。综上，过渡金属离子、半金属离子以及量子点掺杂光纤近年来备受青睐，有望拓宽通信波段提高通信容量和速度。其中，工作波长范围可覆盖 1~1.8 μm 的掺铋超宽带光纤放大器(BDFA)尤为引起广泛关注。

13.2.1　掺铋光纤放大器

Bi 元素的电子结构为 $(Xe)4f^{14}5d^{10}6s^26p^3$，6s 和 6p 电子裸露在外，容易受局域环境影响，而且具有多价态特性。因此，Bi 离子的受激吸收、发射和增益特性受局域环境影响较大，发光呈宽带可调谐的特点。1999 年，日本大阪大学首次报道了 Bi 掺杂石英玻璃近红外宽带发光现象，引起广泛关注[47]。迄今，掺 Bi 光纤放大器和光纤激光器工作波长范围已覆盖 1150~1800 nm[48]。表 13-3 给出了 Bi 在不同基质玻璃中的光谱特性，图 13-8 给出了 Bi 掺杂铝硅酸盐玻璃光纤(BASF)、磷硅酸盐玻璃光纤(BPSF)、锗硅酸盐玻璃光纤(BGSF)和高锗(GeO_2 摩尔分数≥50%)硅酸盐玻璃光纤(BHiGSF)的归一化光谱，中心波长分别位于 1150 nm、1300 nm、1450 nm 和 1700 nm。

表 13-3　**Bi 掺杂玻璃的光谱特性**

玻璃组成(摩尔分数)/%	λ_p/nm	λ_e/nm	FWHM/nm	τ/μs	参考文献
95.7SiO$_2$-2.2Al$_2$O$_3$-0.3Bi$_2$O$_3$	500	750	140	3.62	[47]
	500	1140	220	630	[47]
	700	1122	160	—	[47]
	800	1250	300	—	[47]
96GeO$_2$-3Al$_2$O$_3$-Bi$_2$O$_3$	800	1300	320	255	[49]
96GeO$_2$-3Ga$_2$O$_3$-1Bi$_2$O$_3$	808	1325	345	500	[50]
96GeO$_2$-3B$_2$O$_3$-1Bi$_2$O$_3$	808	1315	355	500	[50]
96GeO$_2$-3Ta$_2$O$_5$-1Bi$_2$O$_3$	808	1310	400	>200	[51]
75GeO$_2$-20MgO-5Al$_2$O$_3$-1Bi$_2$O$_3$	980(808)	1150(1290)	315(330)	264	[52]
75GeO$_2$-20CaO-5Al$_2$O$_3$-1Bi$_2$O$_3$	980(808)	1150(1290)	440(300)	157	[52]
75GeO$_2$-20SrO-5Al$_2$O$_3$-1Bi$_2$O$_3$	980(808)	1150(1290)	510(225)	1725	[52]
82P$_2$O$_5$-17Al$_2$O$_3$-1Bi$_2$O$_3$	405	1210	235	—	[53]
	514	1173	207	—	
	808	1300	300	500	
63SiO$_2$-23Al$_2$O$_3$-13Li$_2$O-1Bi$_2$O$_3$	700	1100	250	—	[54]
	800	1250	450	—	
	900	1100	500	550	
	900	1350	—	—	
59P$_2$O$_5$-12B$_2$O$_3$-15La$_2$O$_3$-6Al$_2$O$_3$-7Li$_2$O-1Bi$_2$O$_3$	530	690	100	4	[55]
	530	1150	—	—	
	800	1270	290	220	
	980	1125	—	290	

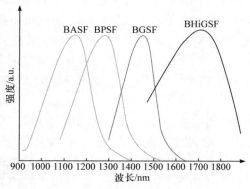

图 13-8　Bi 掺杂光纤光谱范围[45]

1) 掺 Bi 铝硅酸盐光纤(BASF)放大器

1999 年，Murata 等[47]报道了 Bi/Al 共掺石英玻璃的红外发光特性，其光谱覆盖 1100~1500 nm 范围。2005 年，Dvoyrin 等[56]通过改进的化学气相沉积法(MCVD)制备了第一根掺 Bi 铝硅酸盐玻璃光纤，实现了 1150~1300 nm 的激光输出，使得 Bi 掺杂光纤及掺 Bi 光纤放大器成为研究热点和焦点之一。2006 年，Seo 等[57,58]通过管棒法制备了 BASF，测试了长度为 5 cm 的光纤的增益特性，泵浦波长 810 nm，当泵浦功率为 100 mW 时，1310 nm 处增益可达 9.6 dB。2011 年，Chapman 等[59]采用表面等离子体化学气相沉积法制备了 BASF，光纤长度为 30 m，泵浦光波长为 1060 nm，室温下饱和增益约 5 dB，低温下(77 K)饱和增益可达 21.2 dB。2015 年，Thipparapu 等[60]采用 MCVD 法制备了 BASF，研究了光纤在单波长泵浦和双波长(1120 nm+1047 nm)泵浦条件下的增益和损耗特性。研究表明，分别采用 1120 nm、1047 nm 单波长泵浦和 1120 nm+1047 nm 双波长泵浦时，峰值增益分别约为 4.5 dB、8.0 dB 和 11.5 dB。

2) 掺 Bi 磷硅酸盐光纤(BPSF)和掺 Bi 磷锗硅酸盐光纤(BPGSF)放大器

2008 年，Bufetov 等[61]采用 MCVD 法制备了 BPGSF，在 1230 nm 和 808 nm 波长激光泵浦条件下，荧光谱覆盖 1100~1700 nm，其峰值分别约为 1300 nm 和 1400 nm。当泵浦光波长为 1230 nm 时，增益谱范围为 1240~1485 nm。当泵浦光波长为 808 nm 时，在小于 1380 nm 波长范围能够获得正增益，而大于 1380 nm 波长范围则不能获得可检测的增益信号。2010 年，Bufetov 等[62]报道了增益谱覆盖 1300~1500 nm 的 BPGSF。当泵浦光波长分别为 1230 nm 和 1318 nm、泵浦功率为 200~300 mW 时，在 1320 nm 和 1440 nm 处获得的净增益大于 20 dB，3 dB 带宽大于 30 nm，噪声系数为 4~6 dB。2011 年，Norizan 等[63]采用长度为 4 m、芯层和包层直径分别为 8.3 μm 和 110 μm 的 BPGSF 搭建了光纤放大器。当信号光功率为–30 dBm、泵浦光波长为 810 nm、功率为 270 mW 时，测试了信号光单次(单通)和两次通过(双通)增益光纤的增益谱。在 1340 nm 处获得峰值增益分别为 1.0 dB 和 2.0 dB，双通比单通增益提高约 1 倍。2016 年，Thipparapu 等[64]采用 MCVD 工艺制备了 BPGSF。在功率为 360 mW、波长为 1267 nm 激光二极管和功率为 400 mW、波长为 1240 nm 激光二极管双向泵浦条件下，当输入信号光功率为–10 dBm 时，在 1320~1360 nm 范围可获得大于 32 dB 的平坦增益和小于 6 dB 的噪声系数。

2020 年，Khegai 等[65]通过 MCVD 工艺制备了 BPSF。单向泵浦下峰值增益波长位置和增益带宽随泵浦光波长增大而增大，其最大增益带宽约为 55 nm。采用 1180 nm LD 和 1270 nm LD 双向泵浦，1180 nm LD 功率固定，峰值增益位置和增益带宽随 1270 nm LD 功率增大而增大，带宽最大值约为 67 nm，在 1280~1360 nm 范围内，增益通常大于 20 dB、噪声系数小于 7 dB。

3) 掺 Bi 石英光纤(BSF)和掺 Bi 锗硅酸盐光纤(BGSF)放大器

2011 年，Bufetov 等[66]通过管内粉末技术制得 Bi 掺杂石英单模光纤，芯层 Bi_2O_3 摩尔分数为 0.03%～0.05%，光纤截止波长约为 1.1 μm，芯包折射率差 Δn =0.008，泵浦光波长为 1230 nm，当泵浦功率为 120 mW 时，1435 nm 处增益与损耗相等，当泵浦功率为 360 mW 时，增益几乎饱和，约为 8 dB。相比于与其他基质玻璃，石英玻璃激活离子掺杂浓度较低，因而其增益相对较低。2019 年，Mikhailov 等[67]报道了增益大于 6 dB、带宽大于 80 nm 的 Bi 掺杂石英光纤放大器。

此后，Melkumov 等[68]研制了掺 Bi 锗硅酸盐光纤(BGSF)，Bi 含量为质量分数 0.1%，1100 nm 处损耗为 24 dB/km。当泵浦功率为 180 mW 时，1427 nm 处获得峰值增益为 34 dB。该放大器的 3 dB 带宽约为 40 nm，1427 nm 处峰值增益为 24 dB、噪声系数为 6 dB。2020 年，Dvoyrin 等[69]采用 MCVD 工艺制备了掺 Bi 锗硅酸盐光纤，泵浦波长为 1350 nm 时，光纤的放大范围覆盖 1425～1500 nm，当泵浦功率为 1955 mW 时，该波段可以获得大于 11.6 dB 的增益，而 1425～1475 nm 波段的增益则大于 20 dB，1445 nm 处峰值增益为 27.9 dB；当泵浦功率为 1425 mW 时，噪声系数最低，1470～1500 nm 范围内的噪声系数为 5 dB。

2016 年，Dianov 等[70]采用 MCVD 方法制备掺 Bi 高锗硅酸盐(BHiGSF)预制棒并通过拉丝工艺获得掺 Bi 高锗硅酸盐光纤，该掺 Bi 光纤能够实现 1150～1770 nm 波长范围的光放大，增益大小和带宽与掺 Bi 光纤基质玻璃的组成、泵浦光波长、功率等有关。

表 13-4 总结了掺 Bi 光纤放大器的增益特性。基于掺 Bi/Al 石英光纤(BASF)的放大器在 1180 nm 处增益大于 20 dB，有望应用于光纤放大器及可见激光(通过倍频获得 590 nm 激光)[45]。通过调整基质玻璃的组成如加入 P 和 Ge(GeO_2摩尔分数通常小于 50%)制备掺 Bi 磷硅酸盐光纤(BPSF)和掺 Bi 锗硅酸盐光纤(BGSF)，增益谱可覆盖 1280～1500 nm 范围。Ge 含量较高(GeO_2摩尔分数不小于 50%)的掺 Bi 高锗硅酸盐光纤(BHiGSF)可以将增益峰值波长拓展至约 1700 nm。为了避免 Bi 离子的激发态吸收(ESA)和非饱和损耗引起的光纤增益性能降低，Bi 的掺杂量通常较低。虽然 Bi 掺杂光纤放大器(BDFA)已在通信测试平台进行应用测试，然而，Bi 掺杂光纤近红外发光机理仍充满争议。此外，BDFA 所需泵浦源功率较高，部分放大组件需要专门定制，因此成本高于 EDFA[45]。

表 13-4 掺 Bi 光纤放大器的增益特性

玻璃体系	λ_p/nm	增益范围/nm	最大增益
	810	1260～1300	5.8 dB@1308 nm
BASF	810	1260～1360	9.6 dB@1310 nm
	1060	约 1160	6.3 dB@1160 nm

续表

玻璃体系	λ_p/nm	增益范围/nm	最大增益
BASF	1060	约 1180	5.5 dB@1180 nm
	1120	约 1180	8 dB@1180 nm
BPSF 和 BPGSF	1230	1260～1360	13 dB@1380 nm
	808	1260～1360	5 dB@1380 nm
	810	1260～1360	2 dB@1340 nm
	1230	1280～1370	24.5dB@1320 nm
	1318	1420～1600	20.7dB@1440 nm
	1267+1240	1320～1360	29 dB@1340 nm
	1178	1287～1354	30 dB@1270 nm
	1270+1310	1345～1460	31 dB@1420 nm
BSF 和 BGSF	1230	1420～1550	8 dB@1440 nm
	1310	1350～1650	34 dB@1427 nm
	1195	1272～1310	19 dB@1296 nm
	1350	1425～1475	27 dB@1445 nm
BHiGSF	1550	1640～1770	23 dB@1710 nm
	1568	1625～1775	23 dB@1710 nm

4) Bi/Er 共掺宽带光纤放大器

随着现代无水光纤制备工艺的发展，石英光纤在 1100～1800 nm 范围具备了优异的透光能力，其中 1300～1700 nm 范围的传输损耗低于 0.4 dB/km，适用于光通信系统。然而，目前基于掺铒光纤放大器(EDFA)建立的波分复用(WDM)光纤通信骨干网络只能利用约 80 nm 的带宽(1530～1610 nm)(C+L 波段)，在 1300～1500 nm 和 1610～1700 nm 波长范围仍缺乏高效可靠的光纤放大器，因此，亟需研制超宽带光纤放大器。稀土掺杂光纤能够实现近红外范围大部分波段的高效光放大，然而单一稀土离子的光谱范围较窄，并且稀土发光不能覆盖部分低损耗传输波段如 1150～1500 nm(参见图 2-24)。过渡金属离子掺杂光纤放大器，如 Bi 掺杂光纤放大器(BDFA)，能够实现 1150～1770 nm 波段超宽带光放大，然而仍存在掺杂浓度低、所需泵浦功率高等问题。通过共掺过渡金属和稀土离子，例如已投入商用光通信系统的 Er^{3+} 和最具应用潜力的 Bi，或许能够结合二者优势从而研制出新型超宽带光纤技术。

2007 年，Kuwada 等[71]报道了荧光范围覆盖 1160～1570 nm 的 Bi/Er 共掺的石英玻璃。2012 年，Hau 等[72]制备了 Bi/Er/Tm 掺杂的 SiO_2-Al_2O_3-La_2O_3 玻璃，荧

光谱覆盖 1190～1920 nm。同年，Luo 等[73]通过 MCVD 法制备了 Bi/Er/Al/P 共掺的锗硅酸盐光纤，观测到 1000～1570 nm 的荧光。2013 年，Zhang 等[74]通过 MCVD 工艺制备了具有宽带增益特性的 Bi/Er 共掺锗硅酸盐光纤。在 830 nm LD 泵浦条件下，观测到了 1000～1570 nm 波段的宽带荧光谱。共掺 Er 有两个作用：①产生 C+L 波段的荧光发射；②增强 1200 nm 附近荧光发射。表 13-5 给出了 Bi/Er/Yb 共掺光纤增益特性。2015 年，Sathi 等[75]报道了 Bi/Er 共掺硅酸盐光纤(BEDF)和 Bi/Er/Yb 共掺硅酸盐光纤(BEYDF)。泵浦波长为 830 nm 时，BEYDF 的增益比 BEDF 提高约 4 dB，BEYDF 发射带为 1000～1590 nm，而 BEDF 的发射带仅为 1250～1590 nm。2016 年，Yan 等[76]通过 MCVD 法制备了 Bi/Er 共掺硅酸盐光纤，在 830 nm 和 980 nm 激光联合泵浦条件下其荧光信号可覆盖 1000～1600 nm。在 830 nm 和 980 nm 激光单独泵浦条件下，在约 1050 nm 附近出现较强的宽带 ASE，在 830 nm 激光泵浦条件下可以实现 1350～1470 nm 范围内大于 3 dB/m 的开关增益。2017 年，Firstov 等[77]采用 MCVD 工艺制备了 Bi/Er 共掺锗硅酸盐光纤并搭建了光纤放大器，采用功率为 350 mW、波长为 1460 nm 的 LD 泵浦，放大器增益带宽达 250 nm(1515～1775 nm)，增益大于 15 dB，噪声系数小于 15 dB。

表 13-5　Bi/Er/Yb 共掺光纤增益特性

泵浦波长/nm	增益范围/nm	最大增益	参考文献
830	1300～1600	4.2 dB/m@1410 nm	[74]
830	1350～1470	4.3 dB/m@1410 nm	[76]
1460	1530～1770	15 dB@1700 nm	[77]
830	1450～1600	5.2 dB/m@1536 nm	[76]
980	1450～1600	5.9 dB/m@1536 nm	[76]
830	1300～1600	2.5 dB/m@1400 nm	[77]

综上，Bi/Er 共掺光纤有望实现覆盖 O(1260～1360 nm)、E(1360～1460 nm)、S(1460～1530 nm)、C(1530～1565 nm)、L(1565～1625 nm)以及 U(1625～1675 nm)波段宽带光放大。当 Er^{3+} 含量较高时，Bi/Er 共掺可减弱 Er^{3+} 团簇效应，提高发光效率。但是，BEDF 中 Er^{3+} 的激发态吸收(ESA)和上转换过程(UC)会降低 BEDF 的增益性能。由于荧光峰位及带宽受到泵浦波长和缺陷位点影响，目前采用单波长泵浦不足以实现全波段、超宽带放大。

13.2.2　半导体量子点掺杂光纤放大器

半导体量子点(QD)因具有量子产率高、易于制备、禁带宽度小、玻尔半径大以及发光中心波长可调谐且能够覆盖近红外通信窗口等优势，有望在光纤放大器领域具有潜在应用。2000 年，Klimov 等[78]报道了纳米晶量子点的光学增益和受激发射特性，研究表明量子点的发射谱可通过改变量子点尺寸来调谐并且具备阈值特征。2007 年，Cheng 等[79]报道了 PbSe 量子点掺杂光纤放大器(PSDFA)。表 13-6 给出了 PbSe 量子点的光谱特性及量子点尺寸[79]。该研究通过实验优化选择直径为 5.5 nm 的 PbSe 量子点作为掺杂剂，其发光谱覆盖 L 波段通信窗口，增益覆盖 1580～1750 nm 范围。当泵浦波长由 1460 nm 增加到 1580 nm，光纤 1640 nm 附近峰值增益从 14 dB 增加至 33 dB。

表 13-6　PbSe 量子点光谱特性

发光峰值波长/nm	FWHM/nm	激发波长/nm	吸收峰值波长/nm	QD 尺寸/nm
1200 ± 100	<200	<1100	1100 ± 100	4.5
1400 ± 100	<200	<1310	1310 ± 100	5.0
1630 ± 100	<200	<1550	1550 ± 100	5.5
1810 ± 100	<200	<1750	1750 ± 100	7
1950 ± 100	<200	<1900	1900 ± 100	8
2340 ± 100	<200	<2300	2300 ± 100	9

表 13-7 对比了 PSDFA 和 EDFA 的关键参数。PSDFA 的优势在于增益覆盖 L 波段、带宽较大、噪声较小，但是其增益小于 EDFA，主要原因是 PbSe 量子点的荧光寿命较短，仅为 0.3 μs，远小于 Er^{3+}(10 ms)。这一特点也导致 PbSe 量子点光纤所需泵浦功率较高(约 500 mW)。

表 13-7　PSDFA 与 EDFA 性能比较

光纤放大器	有效波段	增益峰值波段/nm	带宽/nm	信号增益/dB	噪声/dB	参考文献
PSDFA	L 波段	1635	50	20	3.2	[79]
EDFA	C 波段	约 1550	25～30	约 30	约 3.55	[80]

2009 年，Bufetov 等[81]采用 MCVD 技术制备了 PbS 掺杂的锗硅酸盐光纤(PbGSF)，当泵浦波长为 1058 nm、泵浦功率为 800 mW 左右时增益达到饱和，在 1140 nm 达到峰值为 10 dB。2010 年，Pang 等[82]采用溶胶凝胶法制备了 PbS 量子点光纤放大器(SQDFA)，可以实现 1200～1400 nm 波段放大，当泵浦功率为 140 mW 时，1310 nm 处增益可达 10 dB。2018 年，Wu 等[83]利用原子沉积技术(ALD)将 PbS 沉积到锥形光纤表面，泵浦波长为 980 nm，信号光功率 1 mW，泵浦功率从 25 mW 增加到 200 mW，其荧光波长为 1150～1700 nm；当泵浦功率达到 200 mW 时，1560 nm 处的增益约为 5.6 dB。2019 年，Zheng 等[84]采用 ALD 技术制备了 PbS 量子点掺杂的石英光纤。该光纤具有超宽带发光和平坦增益特性，当泵

浦功率达到 160 mW 时，1086 nm 达到峰值增益为 9.5 dB，3dB 增益带宽为 300 nm；1179 nm 和 1304 nm 处峰值增益为 7.0 dB 和 6.0 dB。

　　表 13-8 给出了多种 QD 光纤与掺铒光纤(EDF)的增益特性对比。QD 光纤的优势在于带宽大，最大为 EDF 的 10 倍，但是 QD 光纤的增益系数小于 EDF。综上，相比于稀土离子，量子点具有吸收波长和发射波长可调、带宽大的特点。PbS 和 PbSe 等量子点具有较强的发射谱，其光谱带宽可达 150 nm。然而，量子点掺杂光纤距离实际应用仍面临巨大挑战，比如 MCVD 工艺难以对 QD 含量实现精确控制、QD 的热稳定性较差等，导致其应用困难。此外，量子点光纤仍需要进一步优化，以解决提高增益、减少缺陷并降低损耗等难题。

表 13-8　QD 光纤和 EDF 增益特性对比

QD	泵浦波长/nm	增益范围/nm	净增益/dB	增益	3dB 带宽/nm	参考文献
Pb	1058	1120～1200	—	10 dB@1140 nm	40	[81]
PbS	980	1200～1400	—	10 dB@1310 nm	—	[82]
PbS	980	1450～1640	—	7 dB@1550 nm	—	[45]
PbS	980	1150～1700	—	5.6 dB@1560 nm	190	[83]
PbS	980	1050～1350	6.0～9.2	7.1～15.0 dB	300	[45]
EDF	980	1525～1565	26		25	[45]

参 考 文 献

[1] 董新永, 宁鼎, 蒙红云, 等. L-波段光纤放大器及其研究进展. 量子电子学报, 2002, 19(3): 193-199.

[2] Massicott J F, Armitage J R, Wyatt R, et al. High gain, broadband, 1.6 μm Er^{3+} doped silica fibre amplifier. Electronics Letters, 1990, 26(20): 1645-1646.

[3] Massieott J W R, Ainslie B J. Low noise operation of Er^{3+} doped silica fiber amplifier around 1.6 μm. Electronics Letters, 1992, 28(22): 1924-1925.

[4] Hansen K P, Nielsen M D, Bjarldev A. Design optimisation of erbium-doped fibres for use in L-band amplifiers. Electronics Letters, 2000, 36(20): 1685-1686.

[5] Buxens A, Poulsen H N, Clausen A T, et al. Gain flattened L-band EDFA based on upgraded C-band EDFA using forward ASE pumping in an EDF section. Electronics Letters, 2000, 36(9): 821-823.

[6] Yamada M, Ono H. Broadband and gain-flattened amplifier composed of a 1.55-μm-band and 1.58 μm-band Er^{3+}-doped fiber amplifier in a parallel configuration. Electronics Letters, 1997, 33(8): 710-711.

[7] Yamada M, Ono H, Ohishi Y. Gain-flattened broadband Er^{3+}-doped silica fibre amplifier with low noise characteristics. Electronics Letters, 1998, 34(18): 1747-1748.

[8] Ohishi Y, Mori A, Yamada M, et al. Gain characteristics of tellurite-based erbium-doped fiber

amplifiers for 1.5-μm broadband amplification. Optics Letters, 1998, 23(4): 274-276.

[9] Mori A, Sakamoto T, Kobayashi K, et al. A 50 nm broadband tellurite-based EDFA with a 0.6 dB gain excursion and a 25.3 dB gain for 1.58 μm-band WDM signals//European Conference on Optical Communications, 1999, 99: 1.

[10] Sakamoto T, Shimizu M, Kanamori T, et al. 1.4-μm-band gain characteristics of a Tm-Ho-doped ZBLYAN fiber amplifier pumped in the 0.8-μm band. IEEE Photonics Technology Letters, 1995, 7(9): 983-985.

[11] Sakamoto T, Shimizu M, Yamada M, et al. 35-dB gain Tm-doped ZBLYAN fiber amplifier operating at 1.65 μm. IEEE Photonics Technology Letters, 1996, 8(3): 349-351.

[12] Herrera A, Balzaretti N M. Effect of high pressure in the luminescence of Pr^{3+}-doped GeO_2-PbO glass containing Au nanoparticles. The Journal of Physical Chemistry C, 2018, 122(49): 27829-27835.

[13] Durteste Y, Monerie M, Allain J Y, et al. Amplification and lasing at 1.3 μm in praseodymium-doped fluorozirconate fibres. Electronics Letters, 1991, 27(8): 626-628.

[14] Carter S F, Szebesta D, Davey S T, et al. Amplification at 1.3 μm in a Pr^{3+}-doped single-mode fluorozirconate fibre. Electronics Letters, 1991, 27(8): 628-629.

[15] Ohishi Y, Kanamori T, Nishi T, et al. A high gain, high output saturation power Pr^{3+}-doped fluoride fiber amplifier operating at 1.3 μm. IEEE Photonics Technology Letters, 1991, 3:715.

[16] Miyajima Y, Komukai T, Sugawa T, et al. Rare earth-doped fluoride fiber amplifiers and fiber lasers. Optical Fiber Technology, 1994, 1(1): 35-47.

[17] Whitley T J. A review of recent system demonstrations incorporating 1.3 μm praseodymium-doped fluoride fiber amplifiers. Journal of Lightwave Technology, 1995, 13(5): 744-760.

[18] Nishida Y, Kanamori T, Ohishi Y, et al. Efficient PDFA module using high-NA PbF_2/InF_3-based fluoride fiber. IEEE Photonics Technology Letters, 1997, 9(3): 318-320.

[19] Nishida Y, Yamada M, Temmyo J, et al. Plug-in type 1.3-μm fiber amplifier module for rack-mounted shelves. IEEE Photonics Technology Letters, 1997, 9(8): 1096-1098.

[20] Allain J Y, Monerie M, Poignant H. Energy transfer in Pr^{3+}/Yb^{3+}-doped fluorozirconate fibres. Electronics Letters, 1991, 27(12): 1012-1014.

[21] Ohishi Y, Kanamori T, Nishi T, et al. Gain characteristics of Pr^{3+}/Yb^{3+} codoped fluoride fiber for 1.3 μm amplification. IEEE Photonics Technology Letters, 1991, 3(11): 990-992.

[22] Xie P, Gosnell T R. Efficient sensitisation of praesodymium 1.31 μm fluorescence by optically pumped ytterbium ions in ZBLAN glass. Electronics Letters, 1995, 31(3): 191-192.

[23] Galagan B I, Denker B I, Motsartov V V, et al. Erbium-sensitised glasses for praseodymium fibre laser amplifiers operating at 1.3 μm. Quantum Electronics, 1996, 26(2): 105-107.

[24] Galagan B I, Denker B I, Dmitruk L N, et al. Glasses for praseodymium laser amplifiers sensitised with neodymium and ytterbium. Quantum Electronics, 1996, 26(2): 99-104.

[25] Machewirth D P, Wei K, Krasteva V, et al. Optical characterization of Pr^{3+} and Dy^{3+} doped chalcogenide glasses. Journal of Non-Crystalline Solids, 1997, 213: 295-303.

[26] Hewak D W, Deol R S, Wang J, et al. Low phonon-energy glasses for efficient 1.3 μm optical

fibre amplifiers. Electronics Letters, 1993, 29(2): 237-239.

[27] Tawarayama H, Ishikawa E, Itoh K, et al. Efficient amplification at 1.3 μm in a Pr^{3+}-doped Ga-Na-S fiber//Optical Amplifiers and Their Applications. Optical Society of America, 1997, FAW19.

[28] Hewak D W, Neto J A M, Samson B, et al. Quantum-efficiency of praseodymium doped Ga: La: S glass for 1.3 μm optical fibre amplifiers. IEEE Photonics Technology Letters, 1994, 6(5): 609-612.

[29] Quimby R S, Gahagan K T, Aitken B G, et al. Self-calibrating quantum efficiency measurement technique and application to Pr^{3+}-doped sulfide glass. Optics Letters, 1995, 20(19): 2021-2023.

[30] Wei K, Machewirth D P, Wenzel J, et al. Pr^{3+}-doped Ge-Ga-S glasses for 1.3 μm optical fiber amplifiers. Journal of Non-Crystalline Solids, 1995, 182(3): 257-261.

[31] Simons D R, Faber A J, De Waal H. Pr^{3+}-doped GeS_x-based glasses for fiber amplifiers at 1.3 μm. Optics Letters, 1995, 20(5): 468-470.

[32] Krasteva V, Machewirth D, Sigel Jr G H. Pr^{3+}-doped Ge-S-I glasses as candidate materials for 1.3 μm optical fiber amplifiers. Journal of Non-Crystalline Solids, 1997, 213: 304-310.

[33] Ohishi Y, Mori A, Kanamori T, et al. Fabrication of praseodymium-doped arsenic sulfide chalcogenide fiber for 1.3-μm fiber amplifiers. Applied Physics Letters, 1994, 65(1): 13-15.

[34] Kirchhof J, Kobelke J, Scheffler M, et al. As-S based materials and fibres towards efficient 1.3 μm fibre amplification. Electronics Letters, 1996, 32(13): 1220-1221.

[35] Hewak D W, Samson B N, Neto J A M, et al. Emission at 1.3 μm from dysprosium-doped Ga: La: S glass. Electronics Letters, 1994, 30(12): 968-970.

[36] Samson B N, Neto J A M, Laming R I, et al. Dysprosium doped Ga-La-S glass for an efficient optical fibre amplifier operating at 1.3 μm. Electronics Letters, 1994, 30(19): 1617-1619.

[37] Wei K, Machewirth D P, Wenzel J, et al. Spectroscopy of Dy^{3+} in Ge-Ga-S glass and its suitability for 1.3-μm fiber-optical amplifier applications. Optics Letters, 1994, 19(12): 904-906.

[38] Page R H, Schaffers K I, Payne S A, et al. Dy-doped chlorides as gain media for 1.3 μm telecommunications amplifiers. Journal of Lightwave Technology, 1997, 15(5): 786-793.

[39] Tanabe S, Hanada T, Watanabe M, et al. Optical properties of dysprosium-doped low-phonon-energy glasses for a potential 1.3 μm optical amplifier. Journal of the American Ceramic Society, 1995, 78(11): 2917-2922.

[40] Cole B, Shaw L B, Pureza P C, et al. Rare-earth doped selenide glasses and fibers for active applications in the near and mid-IR. Journal of Non-Crystalline Solids, 1999, 256: 253-259.

[41] Shaw L B, Cole B J, Sanghera J S, et al. Dy-doped selenide glass for 1.3-μm optical fiber amplifiers//Optical Fiber Communication Conference. Optical Society of America, 1998, WG8.

[42] Schweizer T, Brady D J, Hewak D W. Fabrication and spectroscopy of erbium doped gallium lanthanum sulphide glass fibres for mid-infrared laser applications. Optics Express, 1997, 1(4): 102-107.

[43] Samson B N, Schweizer T, Hewak D W, et al. Properties of dysprosium-doped gallium lanthanum sulfide fiber amplifiers operating at 1.3 μm. Optics Letters, 1997, 22(10): 703-705.

[44] Schaafsma D T, Shaw L B, Cole B, et al. Modeling of Dy^{3+}-doped GeAsSe glass 1.3-μm optical

fiber amplifiers. IEEE Photonics Technology Letters, 1998, 10(11): 1548-1550.

[45] 焦艳, 邵冲云, 胡丽丽. 近红外超宽带光纤放大的研究进展. 应用科学学报, 2020, 38(4): 520-541.

[46] 徐叙瑢, 苏勉曾. 发光学与发光材料. 北京: 化学工业出版社, 2004.

[47] Murata K, Fujimoto Y, Kanabe T, et al. Bi-doped SiO_2 as a new laser material for an intense laser. Fusion Engineering and Design, 1999, 44(1-4): 437-439.

[48] Dianov E M. Bismuth-doped optical fibers: a challenging active medium for near-IR lasers and optical amplifiers. Light: Science & Applications, 2012, 1(5): e12

[49] Peng M Y, Qiu J R, Chen D P, et al. Bismuth-and aluminum-codoped germanium oxide glasses for super-broadband optical amplification. Optics Letters, 2004, 29(17): 1998-2000.

[50] Peng M Y, Meng X G, Qiu J R, et al. GeO_2: Bi, M (M = Ga, B) glasses with super-wide infrared luminescence. Chemical Physics Letters, 2005, 403(4-6): 410-414.

[51] Peng M Y, Qiu J R, Chen D P, et al. Superbroadband 1310 nm emission from bismuth and tantalum codoped germanium oxide glasses. Optics Letters, 2005, 30(18): 2433-2435.

[52] Ren J J, Qiu J R, Wu B T, et al. Ultrabroad infrared luminescences from Bi-doped alkaline earth metal germanate glasses. Journal of Materials Research, 2007, 22(6): 1574-1578.

[53] Meng X G, Qiu J R, Peng M Y, et al. Near infrared broadband emission of bismuth-doped aluminophosphate glass. Optics Express, 2005, 13(5): 1628-1634.

[54] Suzuki T, Ohishi Y. Ultrabroadband near-infrared emission from Bi-doped Li_2O-Al_2O_3-SiO_2 glass. Applied Physics Letters, 2006, 88(19): 191912.

[55] Denker B, Galagan B, Osiko V, et al. Luminescent properties of Bi-doped boro-alumino-phosphate glasses. Applied Physics B, 2007, 87(1): 135-137.

[56] Dvoyrin V V, Mashinsky V M, Dianov E M, et al. Absorption, fluorescence and optical amplification in MCVD bismuth-doped silica glass optical fibers//2005 31st European Conference on Optical Communication, Glasgow, 2005, 4: 949-950.

[57] Seo Y S, Lim C H, Fujimoto Y, et al. 9.6 dB Gain at a 1310 nm wavelength for a bismuth-doped fiber amplifier. Journal of the Optical Society of Korea, 2007, 11(2): 63-66.

[58] Seo Y S, Fujimoto Y, Nakatsuka M. Optical amplification in a bismuth-doped silica fiber//Passive Components and Fiber-Based Devices III, Korea, 2006, 6351: 63512C.

[59] Chapman B H, Kelleher E J R, Golant K M, et al. Amplification of picosecond pulses and gigahertz signals in bismuth-doped fiber amplifiers. Optics Letters, 2011, 36(8): 1446-1448.

[60] Thipparapu N K, Jain S, Umnikov A A, et al. 1120 nm diode-pumped Bi-doped fiber amplifier. Optics Letters, 2015, 40(10): 2441-2444.

[61] Bufetov I A, Firstov S V, Khopin V F, et al. Bi-doped fiber lasers and amplifiers for a spectral region of 1300-1470 nm. Optics Letters, 2008, 33(19): 2227-2229.

[62] Bufetov I A, Melkumov M A, Khopin V F, et al. Efficient Bi-doped fiber lasers and amplifiers for the spectral region 1300-1500 nm//Fiber Lasers VII: Technology, Systems, and Applications, California, 2010, 7580: 758014.

[63] Norizan S F, Chong W Y, Harun S W, et al. O-band bismuth-doped fiber amplifier with double-pass configuration. IEEE Photonics Technology Letters, 2011, 23(24): 1860-1862.

[64] Thipparapu N K, Umnikov A A, Barua P, et al. Bi-doped fiber amplifier with a flat gain of 25 dB operating in the wavelength band 1320-1360 nm. Optics Letters, 2016, 41(7): 1518-1521.

[65] Khegai A, Ososkov Y, Firstov S, et al. O-band bismuth-doped fiber amplifier with 67 nm bandwidth//2020 Optical Fiber Communications Conference and Exhibition, California, 2020: 1-3.

[66] Bufetov I A, Melkumov M A, Firstov S V, et al. Optical gain and laser generation in bismuth-doped silica fibers free of other dopants. Optics Letters, 2011, 36(2): 166-168.

[67] Mikhailov V, Melkumov M A, Inniss D, et al. Simple broadband bismuth doped fiber amplifier (BDFA) to extend O-band transmission reach and capacity//Optical Fiber Communication Conference, California, 2019: M1J. 4.

[68] Melkumov M A, Bufetov I A, Shubin A V, et al. Laser diode pumped bismuth-doped optical fiber amplifier for 1430 nm band. Optics Letters, 2011, 36(13): 2408-2410.

[69] Dvoyrin V V, Mashinsky V M, Turitsyn S K. Bismuth-doped fiber amplifier operating in the spectrally adjacent to EDFA range of 1425-1500 nm//Optical Fiber Communication Conference, California, 2020, W1C. 5.

[70] Dianov E M, Firstov S V, Khopin V F, et al. Bismuth-doped fibers and fiber lasers for a new spectral range of 1600-1800 nm//Fiber Lasers XIII: Technology, Systems, and Applications. International Society for Optics and Photonics, 2016, 9728: 97280U.

[71] Kuwada Y, Fujimoto Y, Nakatsuka M. Ultrawideband light emission from bismuth and erbium doped silica. Japanese Journal of Applied Physics, 2007, 46(4R): 1531.

[72] Hau T M, Wang R, Yu X, et al. Near-infrared broadband luminescence and energy transfer in Bi-Tm-Er co-doped lanthanum aluminosilicate glasses. Journal of Physics and Chemistry of Solids, 2012, 73(9): 1182-1186.

[73] Luo Y, Wen J, Zhang J, et al. Bismuth and erbium codoped optical fiber with ultrabroadband luminescence across O-, E-, S-, C-, and L-bands. Optics Letters, 2012, 37(16): 3447-3449.

[74] Zhang J, Sathi Z M, Luo Y, et al. Toward an ultra-broadband emission source based on the bismuth and erbium co-doped optical fiber and a single 830 nm laser diode pump. Optics Express, 2013, 21(6): 7786-7792.

[75] Sathi Z M, Zhang J, Luo Y, et al. Improving broadband emission within Bi/Er doped silicate fibres with Yb co-doping. Optical Materials Express, 2015, 5(10): 2096-2105.

[76] Yan B, Luo Y, Zareanborji A, et al. Performance comparison of bismuth/erbium co-doped optical fibre by 830 nm and 980 nm pumping. Journal of Optics, 2016, 18(10): 105705.

[77] Firstov S V, Riumkin K E, Khegai A M, et al. Wideband bismuth-and erbium-codoped optical fiber amplifier for C+ L+ U-telecommunication band. Laser Physics Letters, 2017, 14(11): 110001.

[78] Klimov V I, Mikhailovsky A A, Xu S, et al. Optical gain and stimulated emission in nanocrystal quantum dots. Science, 2000, 290(5490): 314-317.

[79] Cheng C, Zhang H. Characteristics of bandwidth, gain and noise of a PbSe quantum dot-doped fiber amplifier. Optics Communications, 2007, 277(2): 372-378.

[80] Cheng C, Xiao M. Optimization of an erbium-doped fiber amplifier with radial effects. Optics Communications, 2005, 254(4-6): 215-222.

[81] Bufetov I A, Firstov S V, Khopin V F, et al. Luminescence and optical gain in Pb-doped

silica-based optical fibers. Optics Express, 2009, 17(16): 13487-13492.

[82] Pang F F, Sun X L, Guo H R, et al. A PbS quantum dots fiber amplifier excited by evanescent wave. Optics Express, 2010, 18(13): 14024-14030.

[83] Wu Y, Shang Y, Kang Y, et al. Tapered optical fiber deposited with PbS as an optical fiber amplifier based on atomic layer deposition. Optical Engineering, 2018, 57(6): 066102.

[84] Zheng J, Dong Y, Pan X, et al. Ultra-wideband and flat-gain optical properties of the PbS quantum dots-doped silica fiber. Optics Express, 2019, 27(26): 37900-37909.

第 14 章　本篇结束语

14.1　内　容　精　要

本篇主要介绍了稀土有源光纤激光器与光纤放大器，讨论了光纤激光器与光纤放大器的发展与应用。本篇主要讨论的问题和结论总结如下：

(1) 掺 Nd^{3+} 光纤激光器是最早报道和研究最为广泛的光纤激光器之一。掺 Nd^{3+} 光纤激光器三个典型激光波段： 0.9 μm 波段($^4F_{3/2}\rightarrow^4I_{9/2}$)、1.06 μm 波段($^4F_{3/2}\rightarrow^4I_{11/2}$)、1.3 μm 波段($^4F_{3/2}\rightarrow^4I_{13/2}$)得到广泛关注和研究。

(2) 掺 Yb^{3+} 光纤激光器可获得极高的 1 μm 波段激光输出效率和功率。目前，商用光纤激光器系统能够提供 500 kW 的高功率激光输出，可应用于包括汽车和轮船工业中的切割和焊接等领域。

(3) 发射波长在 1.5 μm 的掺 Er^{3+} 光纤激光器对应石英光纤最低损耗窗口并且"人眼安全"，在光纤通信、光纤传感、激光测距等领域已得到广泛应用。

(4) 2 μm 波段掺 Tm^{3+} 或掺 Ho^{3+} 光纤激光器在医疗手术、大气污染物监测、工业加工、中红外泵浦光源以及大气传输窗口遥感等领域具有重要应用前景。

(5) 掺稀土高增益磷酸盐玻璃光纤激光器在千赫兹单频激光输出方面具有显著优势。1 μm 和 1.5 μm 波段千赫兹超窄线宽磷酸盐玻璃光纤单频光纤激光器已逐步商业化。

(6) 掺杂光纤放大器利用掺入石英或多组分玻璃光纤的激活剂作为增益介质，在泵浦光的激发下实现光信号的放大，光纤放大器的特性主要由掺杂元素决定。工作波长为约 1.55 μm 的掺铒光纤放大器(EDFA)是目前光纤通信系统核心器件。

(7) EDFA 的主要特点有：工作频带位于光纤低损耗窗口(1525~1565 nm)；频带宽且能够对多路信号同时放大；对数据率/格式透明，系统升级成本低；增益高(大于 40 dB)、输出功率大(约 30 dBm)、噪声低(4~5 dB)；全光纤结构与光纤系统兼容；增益与信号偏振态无关，稳定性好；所需泵浦功率低(数十毫瓦)。

(8) 过渡金属离子、半金属离子以及量子点掺杂光纤近年来备受青睐，有望拓宽光通信波段、提高光通信容量和速度。其中，工作波长范围可覆盖 1~1.8 μm 的掺铋超宽带光纤放大器(BDFA)受到广泛关注。

14.2 挑战与展望

光纤激光器在器件结构、设计集成、输出性能、服役特性等方面比传统固体激光器更加紧凑、简单、高效、稳定，是现代激光技术的重点方向和核心之一。未来光纤激光器的发展方向主要是进一步提高光纤激光器性能，包括：①继续提高光纤激光器的输出功率；②提高光纤激光器光束质量；③扩展新的光纤激光器波段；④扩展光纤激光器的可调谐范围；⑤压窄光纤激光器激光谱宽；⑥极高峰值的超短脉冲(皮秒、飞秒)高亮度光纤激光器；⑦进一步进行光纤激光器小型化、实用化、智能化等。

随着现代激光技术持续不断的发展，以及信息光电子和国防军工等各个领域对光纤激光器与光纤放大器不断快速增长的需求，掺杂有源光纤激光器与光纤放大器仍将面临诸多挑战，未来光纤激光器与光纤放大器亟须解决的具体问题包括：

(1) 掺杂石英玻璃光纤可以实现从可见到近红外波段的激光输出，并且在高功率激光输出方面具有绝对的优势。目前，$1\sim2$ μm 商用光纤激光器主要为稀土掺杂石英玻璃光纤激光器。其中，掺 Yb^{3+} 光纤激光器(YDFL)的最高功率已达到 100 kW 以上。掺 Yb^{3+} 光纤的高浓度掺杂、抑制 Yb^{3+} 团簇、有效泵浦与抑制非线性效应、光纤光致暗化与光致损伤等是如何进一步提升激光输出功率密度和能量密度的难题。

(2) 掺 Tm^{3+} 石英光纤激光器在高功率运转时存在光暗化效应，吸收泵浦功率的 $30\%\sim40\%$ 产生热量，如何降低这一部分损耗以提高激光效率？此外，如何实现 Tm^{3+} 高浓度掺杂，同时消除激活芯和泵浦芯大的折射率差以便于纤芯的灵活设计？共振泵浦具有量子数亏损低的优点，是一种有效的解决方法。利用工作在 $1.53\sim1.56$ μm 的二极管激光器共振泵浦掺 Tm^{3+} 光纤，可以有效改善光纤激光器的效率。同理，使用高功率掺 Tm^{3+} 光纤激光器泵浦双包层掺 Ho^{3+} 光纤，可以获得更高的量子效率。适当的低浓度稀土掺杂可以降低光纤激光器的热负荷，此外，通过合理设计光纤中激活芯和泵浦芯面积比例也可以有效除去激光器的热量，从而显著改善功率等级。

(3) 目前，3 μm 光纤激光器的基质材料主要局限于氟化物光纤。对于实现超过 3 μm 的中红外波段光纤激光，基质玻璃的问题，如纯度、声子能量和光学损伤阈值等，阻碍了相关研究的进展。许多能产生中红外荧光的稀土掺杂基质材料都可以拉制成光纤，如硫系玻璃和卤化银晶体等，但需要找到方法使稀土离子加入到硫系玻璃中而不产生析晶或增加声子能量，特别是有必要降低损耗来获得适当的输出功率等级。低声子能量的氧化物玻璃，如锗酸盐和碲酸盐玻璃，是另一种非常具有前景的基质材料，但面临着光纤损耗高等问题亟待解决。

(4) 稀土有源特种激光玻璃光纤具有稀土溶解度高、受激发射截面大、声子能量可控、光学光谱性质优异等特点，是高增益激光光纤的重要候选，并且在超窄线宽单频光纤激光器和超高重频飞秒光纤激光器中扮演了重要角色。高增益系数有源光纤是发展高功率单频光纤激光器和超高重频飞秒光纤激光器的关键所在，因此，如何实现稀土离子在特种玻璃中高效、高强度近中红外发光，如何解决近中红外波段发光与激光的基质玻璃热稳定性差、光纤增益低、高质量玻璃光纤制备困难等问题，以及异质光纤低损耗熔接、光纤激光器设计等基础问题，从而大幅度提高近中红外波段光纤激光器的材料与器件功能特性，是当前广泛关注的问题。

(5) 数据量暴增对光通信的容量和速度包括光纤放大器的增益带宽提出了挑战。目前，商用信号传输石英光纤的可用带宽覆盖范围为 1100～1800 nm，通信系统干线网络主要基于掺铒光纤放大器(EDFA)建立。但是，EDFA 的增益带宽只能覆盖 C 波段(1530～1565 nm)和部分 L 波段(1565～1605 nm)。如何拓展光纤放大器的增益带宽进一步提高频谱利用范围从而提高通信容量和速率是目前面临的主要问题。

(6) 通过设计和选择增益介质中的激活剂，从而实现光谱调控和展宽是一种有效方法。过渡金属离子具有完全充满的内电子层，外部电子与基质材料相互作用较强，其受激吸收、发射和增益特性对基质材料的依赖性较强，具备宽带可调谐的特点。此外，量子点发光特性与其尺寸相关，同样具备宽带可调谐的特点。因此，过渡金属离子、半金属离子以及量子点掺杂光纤近年来备受青睐，有望拓宽通信波段提高通信容量和速度。其中，工作波长范围可覆盖 1～1.8 μm 的掺铋超宽带光纤放大器(BDFA)受到广泛关注，然而仍存在掺杂浓度低、所需泵浦功率高等问题。

索　引

彩　　图

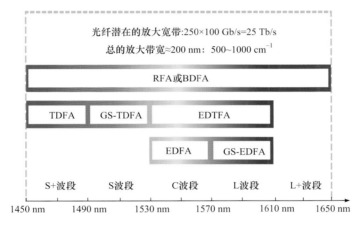

图 1-5　光纤通信系统中各种波段及光纤放大器的适用范围

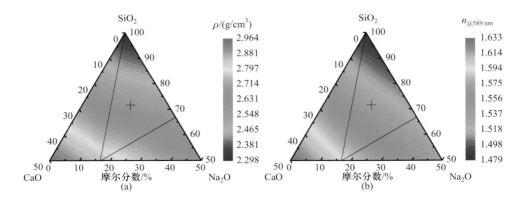

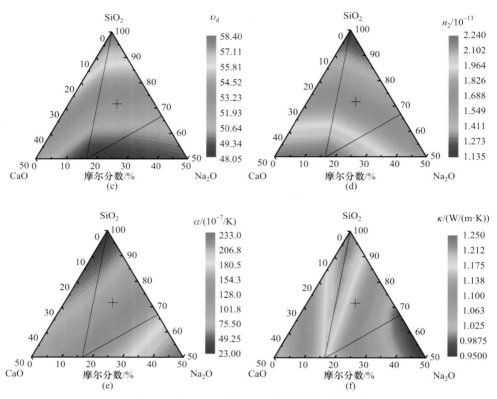

图 6-9 掺 Nd^{3+} 三元 NCS 玻璃体系物理性质

(a) ρ; (b) $n_{@589\,nm}$; (c) υ_d; (d) n_2; (e) α; (f) κ

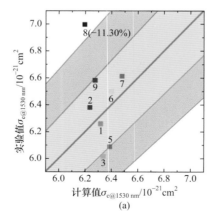

(a)

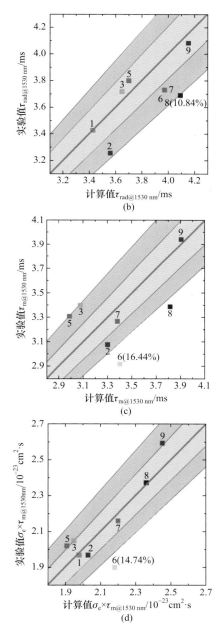

图 6-16 BGT 玻璃中 Er^{3+}: $^4I_{13/2} \rightarrow {}^4I_{15/2}$(a)发射截面、(b)辐射跃迁寿命、(c)荧光寿命和(d)光学增

益计算误差分布图

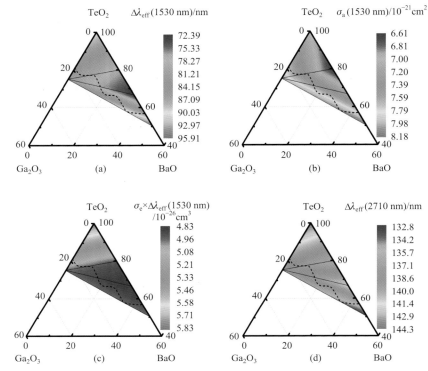

图 6-20　Er³⁺掺杂 BGT 三元玻璃体系 980 nm 激发下(a)和(d)有效线宽、(b)吸收截面和(c)增益带宽示意图

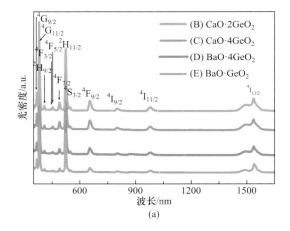

(a)

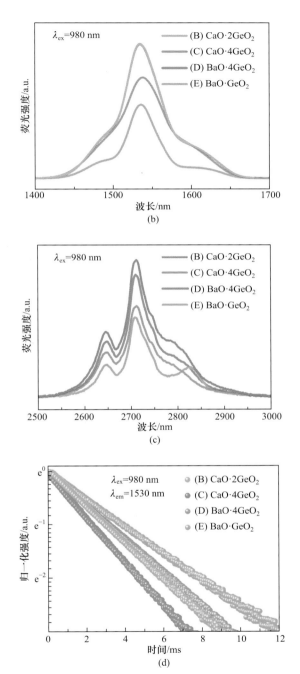

图 6-24 Er³⁺掺杂 BCG 三元玻璃体系一致熔融化合物的(a)吸收光谱(b), (c)发射光谱和(d)荧光衰减曲线

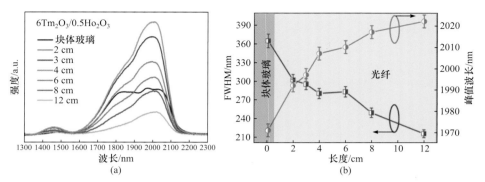

图 8-9　不同长度 Tm³⁺/Ho³⁺共掺碲酸盐玻璃光纤和块体玻璃中的(a)发射光谱和(b)荧光半高宽及峰值发射波长的变化规律

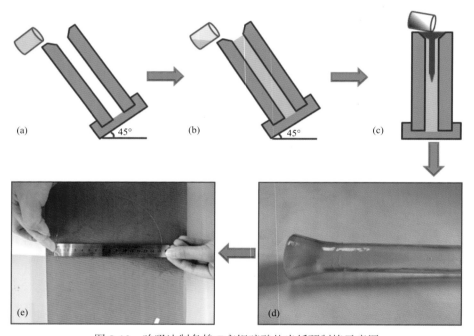

图 8-10　吮吸法制备掺 Er³⁺钡碲酸盐光纤预制棒示意图

(a) 将铜模具倾斜 45°；(b) 倒入包层玻璃；(c) 放平模具并倒入纤芯玻璃液；(d) 光纤预制棒和(e)光纤照片

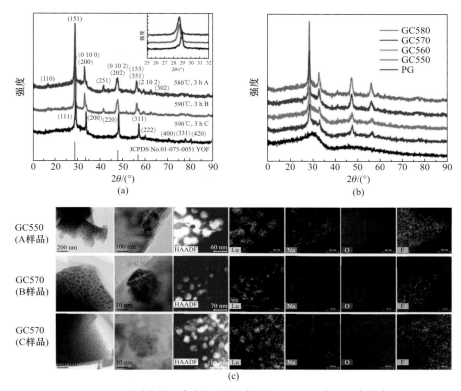

图 9-2 不同热处理条件下微晶玻璃的 XRD 图谱和元素分布

(a) 在 580℃(A)和 590℃(B, C)热处理并保温 3 h; (b) A 样品在不同温度下热处理; (c) 三个微晶玻璃样品中的 TEM 图和元素分布

作 者 简 介

张勤远，中国科学院上海光学精密机械研究所博士，华南理工大学教授，国家杰出青年科学基金获得者，教育部"长江学者奖励计划"特聘教授。曾获国家技术发明奖二等奖、广东省自然科学奖一等奖、教育部技术发明奖一等奖、广东省技术发明奖一等奖等奖励。

王伟超，华南理工大学-德国耶拿大学联合培养博士，华南理工大学副教授，国家博士后创新计划获得者。主要从事玻璃光纤与光纤激光器研究工作，在 *Progress in Material Science*、*Optics Letters* 等著名期刊发表论文 50 余篇。